詳解

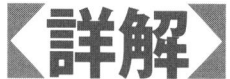

独立成分分析

信号解析の新しい世界

Aapo Hyvärinen, Juha Karhunen, Erkki Oja……著

根本 幾・川勝真喜……訳

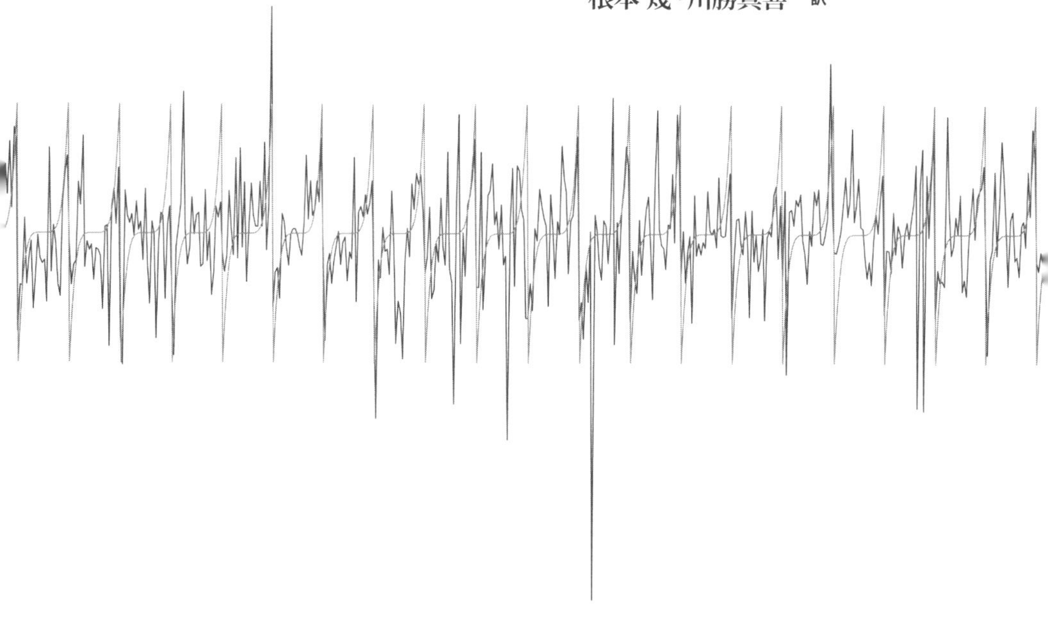

東京電機大学出版局

Independent Component Analysis
by Aapo Hyvärinen, Juha Karhunen, Erkki Oja
©2001 by John Wiley & Sons, Inc.
Translation Copyright ©2005 by Tokyo Denki University Press
All Rights Reserved. This translation published under license.
Japanese translation rights arranged with
John Wiley & Sons International Rights, Inc., Hoboken, New Jersey
through Tuttle-Mori Agency, Inc., Tokyo.

日本語版刊行に寄せて

信号解析の新しい世界

　現代社会は信号にあふれている．インターネットやテレビなどの日常生活はいうまでもなく，工学，生物学，人文科学の世界ではデータがいくらでも出てくる．データの山に埋もれずに，これを整理しようとなると，データを多変量の信号として扱い，その数学的構造を調べることになる．

　統計科学は，多変量の信号を整理し，その奥に潜む構造を明らかにしようと，これまでにいろいろな手法を発展させてきた．主成分分析 (PCA) や因子分析 (FA) などである．しかしこれでは何か物足りない．

　こうした中で，独立成分分析と名乗る新手法が現れ，これまでの信号処理の考え方に再考を迫った．平たく言えば，これまでの多変量の信号処理は，分布がガウス分布で記述できると，暗黙のうちに想定していたのである．しかし，現実の信号はガウス分布ではなくて，このことを利用すればガウス分布ではわからなかった構造が明らかにできる．

　独立成分分析は，混ぜ合わさった信号が観測されたときにこれを分離する手法である．大勢の人が同時に話しているときにその中から特定の人の声を抽出する方法，携帯電話などで多数の電波が歪んで混線しても，それを復元する方法，さらに脳波や脳磁波などを脳の外部で観測して，脳の内部に発生している信号を分離して捉まえるなど，いろいろな使い道がある．画像処理もその一つである．

　独立成分分析は，1980年代の半ば，フランスの研究者が考え始めた．妊婦の心電図を測り，ここから胎児の心音と母親の心音を分離したいと考えたのである．

　フランスに端を発したこの新技術は，アメリカで，フィンランドで，そして日本で独自の発展を遂げる．新しい手法の提案と，その背後にある数学的な構造をめぐって，論争，競争，そして協力が築かれ，大いに盛り上がった．今は手法も成熟し，共通の理解に達している．さらに，ここから信号処理の世界にさらなる発展が生まれようと

している.

　本書は，フィンランドを代表する研究者3人によるとても分かりやすい入門書である．フィンランド学派は，ニューラルネットなどの非線形の手法を用いた信号処理からこの分野に入り，若き俊英Hyvärinen博士がこれを大いに発展させて世界をうならせた．

　本書の特徴は，まず信号処理にかかわる基礎の概念をわかりやすく体系的に解説することから始め，独立成分分析の新しい考え方と応用について，その全貌がわかるように総合的な視点から概観していることにある．画像処理などへの応用も豊富で，これからの発展の方向を示唆する貴重な貢献である．

　本書の日本語版が出たことを喜びたい．

2004年12月
甘利俊一
理化学研究所脳科学総合研究センター
センター長

まえがき

独立成分分析(ICA)は確率変数，測定値または信号などの下に隠されている要因を明らかにするための，統計学的な，かつ計算方法に関する手法である．大きな標本のデータベースとして与えられることが多い多変量データに対して，ICA は生成的なモデルを提供する．そのモデルでは，データの変数は，何らかの未知で隠れている変数の線形，または非線形混合であると仮定されるが，その混合過程も未知とされる．それら未知の変数は非ガウス的(正規分布に従わない)で相互に独立であると仮定され，観測データの独立成分と呼ばれる．これらの独立成分はまた信号源とも因子とも呼ばれ，ICA によって見出されるのである．

ICA は主成分分析や因子分析の拡張とみなすことができる．しかしながら，ICA はずっと強力な手法であり，これらの古典的な方法がまったく歯が立たないような場合でも，隠れている因子や信号源を見出すことができる．

ICA の応用が可能な範囲は多くの異なる分野に及んでいて，ディジタル画像，ドキュメントのデータベースから経済指標とか計量心理学的測定値などまで含まれる．多くの場合，測定値は並列的に得られる複数の信号や時系列である．そのとき，この問題は暗中信号源分離(blind source separation)という言葉によって記述される．典型的な例としては，同時に話す複数の話者の声を複数のマイクロフォンで拾った，声が入り交じった信号や，脳波を複数の電極で記録したもの，携帯電話に入り込む複数の干渉電波，生産工程から並列的に発生する時系列などがある．

ICA は比較的新しく開発された手法である．最初に用いられたのは 1980 年代の初期で，ニューラルネットワークモデルに関連したものであった．1990 年代の中頃，複数の研究グループによって紹介されたアルゴリズムは成功を収めたもので，カクテルパーティ効果のような問題に対して驚くほど効果があることを示した．カクテルパーティの問題とは，複数の話者の声の波形を分離する問題である．ICA は刺激的な新しいトピックとなった．ニューラルネットワークの分野では特に「教師なし学習」において，またもっと一般的に，統計の先端分野や信号処理の分野で話題となった．そし

て，ICA の現実問題への応用が現れ始めた．医用生体工学関連の信号処理，聴覚信号の分離，通信，故障診断，特徴抽出，金融関係の時系列解析，さらにデータマイニングなどへの応用である．

ここ 20 年間に ICA に関する多くの論文が多くの雑誌や会議録に掲載された．分野で見ると，信号処理，人工ニューラルネットワーク，統計学，情報理論，その他多くの応用分野である．ICA に関する特別セッションやワークショップが最近行われ [70, 348]，ICA や暗中（ブラインド）信号源分離や関連する主題に関する，いくつかの論文集 [315, 173, 150] やモノグラフ [105, 267, 149] が出版されている．それらはその読者として意図された人達にとっては大変有益であるが，それぞれが ICA の方法の特定の部分のみについて集中して書かれている．簡潔な記述を旨とする科学技術論文では，数学や統計に関する初歩的事項は含めないのが普通であるから，より広い読者層にとって，このかなり高度な主題を十分理解するのは難しい状況である．

数学的な背景や原理，解法のアルゴリズムとともに現在の ICA の先端的な応用までも含めた，包括的で詳細にわたる教科書は現在までなかった．本書はそのギャップを埋めるために書かれたもので，ICA に対する基礎的な入門書となるべきものである．

読者としては広い学問分野の人々を想定している．すなわち，統計学，信号処理，ニューラルネットワーク，応用数学，神経および認知科学，情報理論，人工知能および工学分野の人々である．研究者も学生も実務家も本書を使うことができるであろう．この一冊で事足りるようにできるだけ努力したつもりであるから，大学 1, 2 年程度の微積分，行列演算，確率論，統計学の知識があれば，本書を読むことができる．また，ICA の教科書として大学院で用いるのにも適している．その際，多くの章末に用意された演習問題やコンピュータ課題が役立つであろう．

本書の範囲と内容

本書は統計および計算の手法としての ICA の全般的な入門書である．基本的な数学的原理と基礎的なアルゴリズムに主眼を置いた．内容の多くは，我々自身の研究グループ内で行われた独自の研究に基づいているので，トピック間の軽重の関係には当然それが反映している．特に取り上げたのは，大規模な問題，すなわち多くの観測変数やデータ点をもつような問題にまで適用可能なアルゴリズムである．最近までは，ICA の適用というと小規模問題とか，試験的な研究が主であったが，近い将来 ICA が実社会の現実問題に広く用いられるようになれば，これらのアルゴリズムがますます重要になるであろう．そのような理由で，畳み込み混合，遅延，さらに ICA 以外の暗中（ブラインド）信号源分離の方法を含むような，より特化した信号処理の方法については，ど

ちらかというと扱いが軽くなっている．

ICAは急速に進歩している分野であるから，教科書の中に新しい展開をすべて取り込むのは不可能である．我々は他の研究者の貢献による主要な結果を，その意図を誤らずに取り入れるよう努力し，また参照できるよう広範な文献リストを用意したつもりである．それでも見過ごしたかもしれない重要な貢献に対しては，お詫びを申し上げる．

読みやすくするため，本書は4部に分かれている．

- 第I部は数学の基礎的事項である．ここでは本書で必要となる一般的な数学の概念を導入する．第2章は，確率論に関する突貫コースである．読者はこの章に書かれた内容について勉強したことがあることを想定しているが，そのほかに，どちらかというと ICA に特有ないくつかの概念も導入する．たとえば高次キュムラントや多変量確率論である．次に第3章では，ICA のアルゴリズムを展開するのに必要とされる，最適化の理論や勾配法に関する基礎的な概念を述べる．推定理論は第4章で概観する．ICA に対する理論上の枠組みの補足は，第5章の情報理論で与えられる．第I部を締めくくるのは第6章で，主成分分析，因子分析，無相関化に関する方法について論じる．

  読者に自信があれば，第I部のある部分，あるいは全体を飛ばして第II部のICA の原理から直接読み始めてもよいであろう．

- 第II部では**基本 ICA モデル**を取り上げ解法を示す．これは雑音のない線形瞬時混合モデルで，ICA では古典的で，その理論の核となるものである．第7章でこのモデルを導入し混合行列の同定可能性を扱う．後続の各章ではモデルの推定法を扱う．中心的な原理は非ガウス性であり，その ICA との関係を第8章で調べる．次に最尤性の原理(第9章)と最小相互情報量(第10章)を概観し，次にこれら三つの基本的原理の間の関係を示す．入門的な講義には向いていないかもしれないが，第11章では高次キュムラントテンソルを用いた代数学的アプローチを，第12章では初期の成果である非線形無相関化に基づく ICA と非線形主成分分析について述べる．これらの各原理によって独立成分や混合行列を求める，実用的なアルゴリズムを示す．次に第13章では，いくつかの実際的な問題，特に前処理と次元の低減について述べる．ICA を現実問題に適用するときの実務家に対するヒントも含まれる．第14章は第II部のまとめとして，ICA の各種の方法を概括し比較する．

- 第III部では，基本 ICA モデルのいろいろな拡張について述べる．これらの拡張の大部分は最近提案されたもので，多くの未解決問題が残っているので，第

III 部はその性格上，第 II 部より不確定要素を多く含んでいる．ICA の入門の授業ならば，いくつか章を選んで用いればよい．まず第 15 章では，ICA において観測可能な雑音を導入する問題を扱う．第 16 章では，観測される混合信号よりも多くの独立成分がある場合について述べる．第 17 章ではモデルは一挙に一般化され，混合過程が広く一般的に非線形である場合を扱う．第 18 章は，ICA モデルと似た線形モデルを推定する問題であるが，仮定がかなり異なっている．ここでは，各成分の非ガウス性は仮定せず，その代わり何らかの時間依存性を仮定する．第 19 章は，混合過程が畳み込みを含んでいる場合である．第 20 章はその他の拡張，特に各成分が厳密に独立性を満足していない場合を扱う．

- 第 IV 部では ICA のいくつかの応用例を扱う．特徴抽出は (第 21 章) 画像処理と視覚研究のどちらにも関係している．脳イメージング (第 22 章) では，ヒトの脳活動の電気的および磁気的計測によるものについてのみ扱う．通信技術における応用は第 23 章で扱う．第 24 章では計量経済学や音声信号処理や，他の多くの応用の可能性について述べる．

全体を通じて，入門的な授業の場合には飛ばしてもよい節に星印をつけた．

本書で紹介したいくつかのアルゴリズムは，著者らの，あるいは他の研究者のホームページで，ウェブ上のソフトウェアとして公開され自由に使える．そこには現実のデータのデータベースも載せてあるので，各方法を試すこともできる．本書のために特にホームページを作成した．そこには必要なリンクも示されている．アドレスは，

> www.cis.hut.fi/projects/ica/book

である．詳しくはこのページを参照されたい．

本書は 3 人の著者の共同作業によるものである．A. Hyvärinen は 5, 7, 8, 9, 10, 11, 13, 14, 15, 16, 18, 20, 21, 22 の各章を，J. Karhunen は 2, 4, 17, 19, 23 章を，E. Oja は 3, 6, 12 章を担当した．第 1 章と第 24 章は全員で共同執筆した．

謝辞

多くの ICA の研究者の方々に感謝する．それらの方々の研究成果が ICA の基礎を形成し，また本書を可能にしてくれた．特に，このシリーズの編者である Simon Haykin 氏には，信号処理やニューラルネットワークに関する氏の論文や著書が，長年にわたって我々を鼓舞してくれたということについて，謝意を表したい．

本書のいくつかの部分は，ヘルシンキ工科大学の我々の研究グループの人々との密

接な共同作業によるものである．第21章はPatrik Hoyerとの共同研究に多くを負っている．彼は章中のすべての実験を行ってくれた．第22章はRicardo Vigárioの実験と資料に基づいている．13.2.2項はJaakko SäreläとRicardo Vigárioとの共同研究に基づいている．16.2.3項の実験はRazvan Cristescuが行ったものである．20.3節はElla Binghamと，14.4節はXavier Giannakopoulosと，20.2.3項はPatrik Hoyers Mika Inkiとの共同研究の結果である．第19章の一部はKari Torkkolaによる．第17章の多くの部分は，Harri ValpolaとPetteri Pajunenとの共同研究に基づくもので，24.1節はKimmo KiviluotoとSimona Malaroiuとの共同研究である．

本書の執筆中，何人かの方が原稿のある部分，あるいは全体を読んでご意見をくださった．Ella Bingham, Jean-Fraincois Cardoso, Adrian Flanagan, Mark Girolami, Antti Honkela, Jarmo Hurri, Petteri Pajunen, Tapani Ristaniemi, Kari Torkkolaの各氏である．Leila Koivisto氏は原稿作成の技術的な面でお世話になった．Antti Honkela, Mika Ilmoniemi, Merja Oja, Tapani Raikoの各氏には図のいくつかについて手伝っていただいた．

我々のICA関連の研究や本書の執筆は，主にフィンランドのヘルシンキ工科大学ニューラルネットワーク研究所において行った．研究の一部はBLISS (ヨーロッパ連合) および「新しい情報処理原理」(フィンランドアカデミー) などのプロジェクトの補助を受けたので，謝意を表する．また，A.H.は文民任務(civilian service)の期間を過ごしたヘルシンキ大学心理学科でお世話になり，本書の執筆も可能としてくださったGöte NymanとJukka Häkkinenに対してお礼を申し上げる．

2001年5月
フィンランド，エスポーにて
Aapo Hyvärinen, Juha Karhunen, Erkki Oja

日本語版にあたって

　私は根本幾，川勝真喜両氏に，我々の著書 "Independent Component Analysis (John Wiley and Sons, 2001)" の日本語訳の労苦をとられたことに，感謝の意を表したい．

　我々が 1999 年にこの本を書き始めた頃には，ICA はまだかなり新しい手法で，その将来性は不確実であった．それが実際の応用に役立つ手法になるのか，またその理論が十分完成したものであるのか，はっきりしてはいなかった．

　これら両面において我々は大変幸運であった．一方では，この手法が多数の応用分野で大変有用であることが分かったし，他方では，この本で展開した理論は時間の試練に耐え，現在では確立したものとなったからである．

　日本の研究者は ICA の理論に対して重要な貢献をされてきており（その中でも最大の貢献者は甘利俊一教授である），この本がさらに多くの方々の関心を引き起こすことを希望する．また，日本の研究者や実務家で，ICA を応用したいと考えておられる方にとっては，本書が有用なガイドラインとして，また理論の理解の助けとしてお役に立つことを願っている．

2004 年 9 月 24 日
ヘルシンキにて
Aapo Hyvärinen

訳者まえがき

 本書は A. Hyvärinen，J. Karhunen，E. Oja の3氏による "Independent Component Analysis" の全訳である．原著は独立成分分析に関する最初の詳しい教科書と言ってよいと思われる．大勢の人ががやがや談笑している場所で，自分とはまるで関係ない人が，会話中に「先生」などという言葉を発すると，思わずハッと振り向いてしまうのは，我々教師という種族の性である．これはカクテルパーティ効果と呼ばれ，我々の脳の働きの特徴を表す一つの現象としてよく知られている．カクテルパーティ問題，つまり多くの信号が混在する中から必要な信号を分離して取り出す問題が，信号源の独立性を仮定するだけで解けてしまう，という独立成分分析の手法の登場は，世の中に一つのショックを与えたと思う．しかもその原理は，それを知ってしまえば，なぜ今までこのような手法がなかったのかが不思議に思えるほど簡単で，理にかなっていると思われるものなので，なおさらであった．この手法は短時日のうちに，理論的側面から実用的な側面まで多くの研究者によって展開され，広く知られ使われるようになった．

 訳者らはこの手法自体の研究者ではなく，脳磁図解析などに使った経験があるというくらいの関わり方であるが，原著を読んでいくうちに，学部や大学院の学生の教育用にも，これから独立成分分析を利用しようと考えている研究者にとっても，大変良く出来た本だと気付いて，早速翻訳を計画した．完成まで2年以上経過してしまったが，本手法の広範な分野における本格的な応用はこれからだと思われるので，本書が各方面の研究者や学生諸氏にお役に立てば幸いである．

 原著の特徴は，必要となる数学的な基礎から，多くの応用分野についてまで大変丁寧に解説していることである．これならば理工系の大学1，2年生で学習する微積分や線形代数の力があれば，読み進むことができるであろう．

 原著は，応用も含めてかなり広い分野にわたっているので，訳語については苦労した面もある．大過ないことを願っているが，お気付きの点についてはご教示願えれば幸いである．一つだけここでご提案したい訳語がある．'Blind Signal Separation' とい

うときの 'blind' という言葉であるが，直訳が不可能なためか，「ブラインド信号分離」という表し方が，かなり定着している．これに対し訳者らは，暗中模索の「暗中」が意味の上からは最適だと考えている．日本語でブラインドと書くと，信号の受け手に問題があるか，信号をわざわざ覆い隠しているようにも聞こえるが，実際は信号源については本質的に (独立性以外) 何も分からない場合に分離する，という意味であるから，「暗中模索」とか「手探り状態」というニュアンスなのではないかと考えたわけである．新しい手法が登場する度にカタカナ言葉が増えることが好ましくないとは，誰もが思うことだろうが，いざ訳語を造ろうとなると二の足を踏むことになりがちだと思う．我々も 'blind' を「暗中」とするか「ブラインド」にするかで大変迷ったあげく，「暗中（ブラインド）」とルビを振ることにしたが，これでも大変な勇気が必要であった，読者諸氏に是非ご検討頂きたい．

　原著者の Hyvärinen 教授には，内容について何度もメールで問い合わせ，その都度丁寧なご教示を頂いた．また日本語版に心こもったメッセージを頂いた．この分野でも多大な貢献をされている理化学研究所の甘利俊一先生には，推薦文をお願いしたところ素晴らしい文を頂戴した．訳語について何人かの方々にご相談したが，特に東京電機大学の小林浩教授には，第 23 章について貴重なご意見をたくさん頂いた．東京電機大学出版局の植村八潮氏と松崎真理氏には，出版に漕ぎ着けるまで，叱咤激励と文章の細かい表現にまでご意見を頂いた．これらの方々に深甚なる感謝を捧げるとともに，それでも残っている本書の不備，また出版が遅れたことについては，当然ながらすべて訳者らの責任であることを申し添える．

2004 年 冬至
千葉県印西市にて
根本 幾・川勝真喜

目次

第1章　導入　　1
- 1.1　多変量データと線形表現 1
  - 1.1.1　一般的な統計学的設定 1
  - 1.1.2　次元を縮小する方法 2
  - 1.1.3　独立性の原則 3
- 1.2　暗中信号源分離 4
  - 1.2.1　未知の信号の混合の観測 4
  - 1.2.2　独立性をもとにした信号源分離 6
- 1.3　独立成分分析 7
  - 1.3.1　定義 7
  - 1.3.2　応用 8
  - 1.3.3　独立成分の求め方 9
- 1.4　ICAの歴史 13

第I部　数学的準備

第2章　確率変数と独立性　　16
- 2.1　確率分布と密度 16
  - 2.1.1　確率変数の密度関数 16
  - 2.1.2　確率ベクトルの分布 18
  - 2.1.3　結合分布と周辺分布 19
- 2.2　期待値とモーメント 20
  - 2.2.1　一般的な性質と定義 20

	2.2.2 平均ベクトルと相関行列	22
	2.2.3 共分散と結合モーメント	23
	2.2.4 期待値の推定	25
2.3	無相関性と独立性	26
	2.3.1 無相関性と白色性	26
	2.3.2 統計的独立性	29
2.4	条件つき密度とベイズの法則	31
2.5	多変量ガウス分布	34
	2.5.1 ガウス密度の性質	35
	2.5.2 中心極限定理	37
2.6	変換の分布	38
2.7	高次の統計量	39
	2.7.1 尖度と密度関数の分類	40
	2.7.2 キュムラント，モーメントとそれらの性質	44
2.8	確率過程*	47
	2.8.1 導入と定義	47
	2.8.2 定常性，平均と自己相関関数	48
	2.8.3 広義定常過程	50
	2.8.4 時間平均とエルゴード性	52
	2.8.5 パワースペクトル	53
	2.8.6 確率信号モデル	54
2.9	結語と参考文献	55
演習問題		56

第3章　勾配を用いた最適化法　62

3.1	ベクトル型と行列型の勾配	62
	3.1.1 ベクトル型勾配	62
	3.1.2 行列型勾配	64
	3.1.3 勾配の例	64
	3.1.4 多変数関数のテイラー級数展開	67
3.2	制約条件なし最適化のための学習則	68
	3.2.1 勾配降下法	68
	3.2.2 2次学習法	71

		3.2.3 自然勾配と相対的勾配 72
		3.2.4 確率的勾配降下 75
		3.2.5 確率的オンライン学習則の収束* 77
	3.3	制約条件つき最適化の学習則 79
		3.3.1 ラグランジュの未定乗数法 80
		3.3.2 射影法 80
	3.4	結語と参考文献 82
	演習問題 82

第4章　推定理論　85

4.1	基本的な概念 85
4.2	推定の性質 88
4.3	モーメント法 92
4.4	最小2乗推定 95
	4.4.1 線形最小2乗法 95
	4.4.2 非線形最小2乗推定と一般化最小2乗推定* 98
4.5	最尤推定 99
4.6	ベイズ推定法* 103
	4.6.1 確率的なパラメータのための最小平均2乗誤差推定量 104
	4.6.2 ウィーナフィルタ法 106
	4.6.3 最大事後確率推定量 107
4.7	結語と参考文献 109
演習問題 111

第5章　情報理論　116

5.1	エントロピー 116
	5.1.1 エントロピーの定義 116
	5.1.2 エントロピーと符号長 118
	5.1.3 微分エントロピー 119
	5.1.4 変換のエントロピー 120
5.2	相互情報量 121
	5.2.1 エントロピーを使った定義 121
	5.2.2 カルバック＝ライブラーのダイバージェンスを使った定義 122

5.3	最大エントロピー	123
	5.3.1 エントロピー最大の分布	123
	5.3.2 ガウス分布の最大エントロピーの性質	124
5.4	ネゲントロピー	125
5.5	キュムラントによるエントロピーの近似	126
	5.5.1 密度関数の多項式展開	126
	5.5.2 密度の展開によるエントロピーの近似	127
5.6	非多項式によるエントロピーの近似	128
	5.6.1 最大エントロピーの近似	129
	5.6.2 非多項式関数の選択	130
	5.6.3 簡単な例	131
	5.6.4 近似の比較	132
5.7	結語と参考文献	134
	演習問題	135
	付録 — 証明	136

第 6 章　主成分分析と白色化　　139

6.1	主成分	139
	6.1.1 分散の最大化による PCA	141
	6.1.2 最小平均 2 乗誤差からの導出	142
	6.1.3 主成分の数の決定	144
	6.1.4 PCA の閉じた解法	146
6.2	オンライン学習による PCA	147
	6.2.1 確率的最急勾配法	148
	6.2.2 部分空間学習アルゴリズム	149
	6.2.3 再帰的最小 2 乗法: PAST アルゴリズム*	150
	6.2.4 PCA と多層パーセプトロンの逆伝搬学習則*	152
	6.2.5 PCA の非 2 次の規準への拡張*	153
6.3	因子分析	153
6.4	白色化	155
6.5	直交化	157
6.6	結語と参考文献	159
	演習問題	160

第II部　基本的な独立成分分析

第7章　独立成分分析とは何か　164

- 7.1 動機 164
- 7.2 独立成分分析の定義 169
  - 7.2.1 生成モデルの推定としてのICA 169
  - 7.2.2 ICAにおける制約 170
  - 7.2.3 ICAの曖昧性 172
  - 7.2.4 変数の中心化 172
- 7.3 ICAの図解 173
- 7.4 白色化より強力なICA 176
  - 7.4.1 無相関化と白色化 176
  - 7.4.2 白色化はICAの半分だけである 178
- 7.5 ガウス的変数には使えない理由 180
- 7.6 結語と参考文献 181
- 演習問題 182

第8章　非ガウス性の最大化によるICA　184

- 8.1 「非ガウス性は独立性」 184
- 8.2 尖度によって非ガウス性を測る 190
  - 8.2.1 尖度の極値は独立成分を与える 190
  - 8.2.2 尖度を用いた勾配法 196
  - 8.2.3 尖度を用いた高速不動点アルゴリズム 197
  - 8.2.4 fastICAの動作例 198
- 8.3 ネゲントロピーによって非ガウス性を測る 201
  - 8.3.1 尖度に対する批判 201
  - 8.3.2 非ガウス性の尺度としてのネゲントロピー 202
  - 8.3.3 ネゲントロピーの近似 203
  - 8.3.4 ネゲントロピーを用いた勾配法 205
  - 8.3.5 ネゲントロピーを用いた高速不動点アルゴリズム ... 208
- 8.4 複数の独立成分の推定 214
  - 8.4.1 無相関性の制約 214
  - 8.4.2 逐次的直交化 215

	8.4.3	対称的直交化	215
8.5	ICA と射影追跡	218
	8.5.1	興味ある方向の探索	218
	8.5.2	非ガウス性に興味がある	219
8.6	結語と参考文献	220
演習問題	220
付録 — 証明	223

第 9 章　最尤推定による ICA　　226

9.1	ICA モデルにおける尤度	226
	9.1.1	尤度の導出	226
	9.1.2	密度の推定	227
9.2	最尤推定のアルゴリズム	230
	9.2.1	勾配アルゴリズム	231
	9.2.2	高速の不動点アルゴリズム	233
9.3	インフォマックスの原理	236
9.4	最尤推定の適用例	237
9.5	結語と参考文献	240
演習問題	241
付録 — 証明	243

第 10 章　相互情報量最小化による ICA　　244

10.1	相互情報量による ICA の定義	244
	10.1.1	情報理論的な概念	244
	10.1.2	従属性の尺度としての相互情報量	245
10.2	相互情報量と非ガウス性	245
10.3	相互情報量と尤度	247
10.4	相互情報量の最小化のアルゴリズム	247
10.5	相互情報量最小化の適用例	248
10.6	結語と参考文献	249
演習問題	250

第 11 章　テンソルを用いた ICA　251

- 11.1　キュムラントテンソルの定義 251
- 11.2　テンソルの固有値から独立成分を得る 252
- 11.3　べき乗法によるテンソル分解 254
- 11.4　固有行列の近似的同時対角化 256
- 11.5　荷重相関行列法 257
  - 11.5.1　FOBI アルゴリズム 258
  - 11.5.2　FOBI から JADE へ 258
- 11.6　結語と参考文献 259
- 演習問題 260

第 12 章　非線形無相関化による ICA と非線形 PCA　261

- 12.1　非線形相関と独立性 262
- 12.2　エロー＝ジュタンのアルゴリズム 264
- 12.3　チコツキ＝ウンベハウエンのアルゴリズム 266
- 12.4　推定関数法* 267
- 12.5　独立性による等分散適応的分離 269
- 12.6　非線形主成分分析 272
- 12.7　非線形 PCA 規準と ICA 275
- 12.8　非線形 PCA 規準の学習則 277
  - 12.8.1　非線形部分空間則 278
  - 12.8.2　非線形部分空間則の収束* 279
  - 12.8.3　非線形再帰的最小 2 乗学習則 283
- 12.9　結語と参考文献 286
- 演習問題 286

第 13 章　実際上の諸問題　288

- 13.1　時間フィルタによる前処理 288
  - 13.1.1　なぜ時間フィルタが許容されるか 288
  - 13.1.2　低域通過フィルタ 289
  - 13.1.3　高域通過フィルタとイノベーション 290
  - 13.1.4　最適フィルタ 292
- 13.2　PCA による前処理 292

目次

　　　13.2.1　混合行列を正方行列にする 293
　　　13.2.2　雑音の低減と過学習の防止 293
　13.3　推定すべき成分の数は? 296
　13.4　アルゴリズムの選択 297
　13.5　結語と参考文献 298
　演習問題 298

第 14 章　基本的な ICA の諸方法の概観と比較　　299

　14.1　「目的関数」対「アルゴリズム」 299
　14.2　ICA 推定原理の間の関係 300
　　　14.2.1　推定原理の間の類似性 300
　　　14.2.2　推定原理の間の相違点 301
　14.3　統計的に最適な非線形関数 302
　　　14.3.1　漸近的分散の比較* 303
　　　14.3.2　頑健性の比較* 304
　　　14.3.3　非線形関数の現実的な選び方 306
　14.4　実験による ICA アルゴリズムの比較 307
　　　14.4.1　実験方法とアルゴリズム 308
　　　14.4.2　シミュレーションデータに対する結果 309
　　　14.4.3　現実のデータを用いた比較 313
　14.5　参考文献 313
　14.6　基本 ICA の要約 314
　付録 — 証明 316

第 III 部　ICA の拡張および関連する手法

第 15 章　雑音のある ICA　　318

　15.1　定義 318
　15.2　センサ雑音と信号源雑音 319
　15.3　雑音源の数が少ない場合 320
　15.4　混合行列の推定 321

	15.4.1	偏差の除去 321
	15.4.2	高次のキュムラント法 324
	15.4.3	最尤法 324
15.5	独立成分からの雑音の除去 325
	15.5.1	最大事後確率推定 325
	15.5.2	縮小推定の特別な場合 326
15.6	スパース符号の縮小による雑音除去 329
15.7	結語 330

第16章　過完備基底のICA　　331

- 16.1 独立成分の推定 332
  - 16.1.1 最尤推定 332
  - 16.1.2 優ガウス的成分の場合 333
- 16.2 混合行列の推定 334
  - 16.2.1 結合尤度の最大化 334
  - 16.2.2 尤度の近似値の最大化 334
  - 16.2.3 準直交性を用いた近似推定 335
  - 16.2.4 他の考え方 339
- 16.3 結語 340

第17章　非線形ICA　　341

- 17.1 非線形ICAとBSS 341
  - 17.1.1 非線形ICAとBSS問題 341
  - 17.1.2 非線形ICAの存在と一意性 343
- 17.2 非線形活性化関数型混合の分離 345
- 17.3 自己組織写像を用いた非線形BSS 347
- 17.4 生成的トポグラフィック写像による非線形BSS解法* 350
  - 17.4.1 背景 350
  - 17.4.2 修正GTM法 351
  - 17.4.3 実験 354
- 17.5 アンサンブル学習による非線形BSSの解法 356
  - 17.5.1 アンサンブル学習 357
  - 17.5.2 モデルの構造 358

　　　　17.5.3　カルバック＝ライブラーの損失関数の計算* 359
　　　　17.5.4　学習法* 360
　　　　17.5.5　実験結果 362
　　17.6　他の方法 366
　　17.7　結語 368

第 18 章　時間的構造を利用する方法　　　　370

　　18.1　自己共分散による分離 371
　　　　18.1.1　非ガウス性の代わりとしての自己共分散 371
　　　　18.1.2　1 個の時間差を使う 372
　　　　18.1.3　複数の時間差を用いる 373
　　18.2　分散の非定常性による分離 376
　　　　18.2.1　局所的自己相関の使用 377
　　　　18.2.2　クロスキュムラントを用いる方法 378
　　18.3　統一的な分離の原理 381
　　　　18.3.1　分離の原理の比較 381
　　　　18.3.2　統一的な枠組みとしてのコルモゴロフの複雑度 382
　　18.4　結語 384

第 19 章　畳み込み混合と暗中逆畳み込み　　　　385

　　19.1　暗中逆畳み込み 386
　　　　19.1.1　問題の定義 386
　　　　19.1.2　ブスガング法 387
　　　　19.1.3　キュムラントに基づく方法 389
　　　　19.1.4　線形 ICA を用いた暗中逆畳み込み 390
　　19.2　畳み込み混合の暗中分離 391
　　　　19.2.1　畳み込み混合の BSS 問題 391
　　　　19.2.2　通常の ICA への書き換え 394
　　　　19.2.3　自然勾配法 395
　　　　19.2.4　フーリエ変換法 396
　　　　19.2.5　時空間無相関化の方法 398
　　　　19.2.6　畳み込み混合のための他の方法 399
　　19.3　結語 399

付録 — 離散時間フィルタと z 変換 401

第 20 章　その他の拡張の例　　404

20.1　混合行列に関する事前情報 404
 20.1.1　なぜ事前情報か 404
 20.1.2　古典的な事前分布 405
 20.1.3　スパースな事前分布 407
 20.1.4　時空間 ICA 411

20.2　独立性の仮定の緩和 412
 20.2.1　多次元 ICA 413
 20.2.2　独立部分空間分析 414
 20.2.3　トポグラフィック ICA 416

20.3　複素数値データ 418
 20.3.1　複素数値確率変数の基礎概念 418
 20.3.2　独立成分の不定性 419
 20.3.3　非ガウス性の尺度の選択 420
 20.3.4　推定量の一致性 421
 20.3.5　不動点アルゴリズム 422
 20.3.6　独立部分空間との関連 422

20.4　結語 423

第 IV 部　ICA の応用

第 21 章　ICA による特徴抽出　　426

21.1　線形表現 426
 21.1.1　定義 426
 21.1.2　ガボール解析 427
 21.1.3　ウェーブレット 429

21.2　ICA とスパース符号化 431

21.3　画像から ICA の基底を推定する 433

21.4　スパース符号縮小による画像の雑音除去 434

	21.4.1 成分の統計量	434
	21.4.2 窓に関する注意	436
	21.4.3 雑音除去の結果	437
21.5	独立部分空間とトポグラフィック ICA	438
21.6	神経生理学との関連	440
21.7	結語	441

第 22 章　脳機能の可視化への応用　　442

22.1	脳波と脳磁図	442
	22.1.1 脳の可視化の技術の種類	442
	22.1.2 脳内の電気活動の測定	443
	22.1.3 基本 ICA モデルの正当性	444
22.2	脳波と脳磁図中のアーチファクトの特定	445
22.3	誘発脳磁界の解析	448
22.4	他の測定法への ICA の応用	451
22.5	結語	451

第 23 章　通信技術への応用　　452

23.1	多ユーザ検出と CDMA 通信	452
23.2	CDMA 信号のモデルと ICA	457
23.3	伝送路のフェージングの推定	460
	23.3.1 複雑度の最小化	460
	23.3.2 伝送路推定*	461
	23.3.3 比較と考察	463
23.4	畳み込み CDMA 混合の暗中分離(ブラインド)*	466
	23.4.1 フィードバック構造	466
	23.4.2 半暗中分離法(セミブラインド)	468
	23.4.3 シミュレーションと考察	469
23.5	複素数値 ICA を用いた多ユーザ検出の改善*	471
	23.5.1 データモデル	471
	23.5.2 ICA に基づく受信機	472
	23.5.3 シミュレーション結果	475
23.6	結語と参考文献	476

第 24 章　その他の応用　　478

24.1 金融への応用 478
　24.1.1 金融データ中の隠れた要因を探す 478
　24.1.2 ICA による時系列予測 481
24.2 音声信号の分離 483
24.3 他の応用例 485

参考文献　　487

欧文索引　　524

和文索引　　527

第 1 章

導入

独立成分分析 (ICA: Independent Component Analysis) は多変量 (多次元) のデータから隠された因子や成分を見つけ出すための一手法である．他の手法との違いは，探すべき成分が統計的に独立であり，かつ非ガウス的であるということである．ここでは，基本的な概念や応用，ICA の推定の原理を簡単に紹介する．

1.1 多変量データと線形表現

1.1.1 一般的な統計学的設定

統計やその関連の領域において昔からある問題に，いかにして多変量データを適切な形に**表現**するかということがある．ここで表現とは，本質的な構造が見やすく，理解しやすくなるように，データに何らかの変換を施したものを意味することとする．

ニューラルコンピューティングでは，この基本的な問題は教師なし学習の分野に属する．それは，特別な入力なしに，データそのものからその表現を学習しなければならないからである．また，よい表現を得ることは，データマイニングや探索的なデータ解析などにおける多くの手法の中心的な目標でもある．さらに，信号処理の分野では，特徴抽出や後で述べる信号源分離においても同じ問題が現れる．

データは，同時に観察するいくつかの変数から構成されると仮定する．ここで，変数の数を m，観察数を T とし，i,t を $i = 1,\ldots,m$，$t = 1,\ldots,T$ という値をとる番号とすれば，データは $x_i(t)$ と表せる．次元 m, T は非常に大きな値となりうる．

この問題は，次のように非常に一般的な定式化ができる —— m 次元空間から n 次元空間への変換の関数としてどのようなものを使えば，もともと大きなデータの塊に隠れていた情報が，変換された変数には現れるようにできるか．すなわち，変換された変数はデータの本質的な構造を記述するような，データの基礎となる因子や成分と

なっていてほしい．さらにそれらの成分は，データをそもそも生み出した過程に含まれる，物理的な原因に対応していることが望ましい．

ほとんどの場合，我々は解釈と計算がより簡単な線形関数による表現だけを考える．したがって，すべての成分 y_i は観測された変量の線形結合として表せる．

$$y_i(t) = \sum_j w_{ij} x_j(t), \quad i = 1, \ldots, n, \quad j = 1, \ldots, m \tag{1.1}$$

ここで，w_{ij} は表現を定義する係数である．つまり，この問題はこの係数 w_{ij} を決定する問題として言い換えられる．次に，線形代数を用いて式 (1.1) を行列形式に書き換えることができ，w_{ij} をまとめて行列 $\mathbf{W}$ として表すと，次のように書くことができる．

$$\begin{pmatrix} y_1(t) \\ y_2(t) \\ \vdots \\ y_n(t) \end{pmatrix} = \mathbf{W} \begin{pmatrix} x_1(t) \\ x_2(t) \\ \vdots \\ x_m(t) \end{pmatrix} \tag{1.2}$$

統計学の基本的な立場から，$x_i(t)$ を m 個の確率変数の T 個の実現値の集合とみなすことができる．すると，各集合 $x_i(t)$ $(t = 1, \ldots, T)$ は確率変数の一つの標本であるから，その確率変数を x_i と書くことにする．このような枠組みの中で，変換後の成分 y_i の統計的な特性から行列 $\mathbf{W}$ を決定できる．次節以下で，用いることができるいくつかの統計的な性質について論じる．その中の一つが独立成分分析をもたらすことになる．

1.1.2 次元を縮小する方法

行列 $\mathbf{W}$ を決める一つの統計的な原則は，y_i の数をたとえば 1 または 2 と極めて少なくし，y_i に元のデータに関する情報をできるだけ多くもたせるよう $\mathbf{W}$ を決めることである．この考え方は，主成分分析や因子分析といった手法に結びつく．

Spearman [409] は古典になった彼の論文で，学校の生徒のいろいろな科目の成績順位のデータと，研究室で測ったデータを合わせて検討した．そして変数の一つの線形結合で，実験結果の示す変動を最大限説明できるように $\mathbf{W}$ を決定した．それにより知能の一般的な因子を見つけたと主張した．このようにして，因子分析が作られ，同時に長い心理学上の論争が始まったのである．

1.1.3 独立性の原則

$\mathbf{W}$ を決めるもう一つの原則は独立性,つまり変換された y_i は統計的に独立であるべきだということである.これは,どの成分の値も他の成分の値に関する情報を一切含んでいないということを意味する.

因子分析において各因子が独立であると実はしばしば主張されるが,これは部分的に正しいにすぎない.それは,因子分析はデータがガウス分布に従うことを仮定するからである.データがガウス分布に従うときには,相関のない成分同士は常に独立であり,独立な成分を見つけ出すことは容易である.

しかしながら,現実の多くの場合,データはガウス分布に従わないため,これらの方法が仮定するほど状況は簡単ではない.たとえば,多くの現実のデータは優ガウス的 (supergaussian) 分布に従う.これは,確率変数が 0 に近い値や非常に大きな値をとる頻度が,ガウス分布より大きいことを意味する.言い換えれば,同じ分散をもつガウス分布密度と比べて,そのデータの確率密度は 0 に鋭い山をもち,太い裾 (分布の端のほう) をもつ.このような確率密度の例を図 1.1 に示す.

ここから ICA が出発する.我々は,一般的にデータが非ガウス的である場合において,「統計的に独立な」成分を見つけようとしているのである.

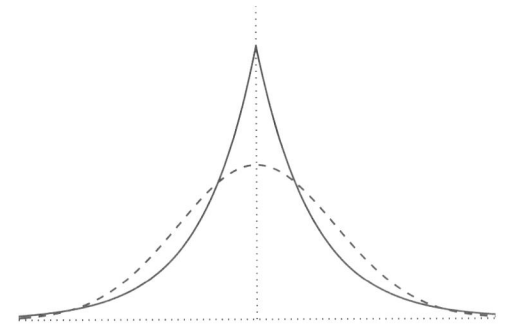

図 1.1 代表的な優ガウス的分布であるラプラス分布の密度関数.比較のためガウス分布を破線で示す.ラプラス密度は 0 におけるピークがより高く,裾がより厚い.どちらも平均が 0 で分散が 1 になるように正規化されている.

1.2 暗中信号源分離

よい表現を見出すという同じ問題を別の角度から見てみよう．このことは，信号処理における独立成分分析の歴史的背景を見ることにもなる．

1.2.1 未知の信号の混合の観測

何らかの物理的実体，あるいは信号源から発生した複数の信号が存在する状況を考えてみる．これらの物理的な信号源には，たとえば脳の異なる部位から発生する電気信号，人々が同じ部屋で話しているときの音声信号，または，複数の携帯電話が作る高周波信号などが考えられる．さらに，いくつかのセンサあるいは受信機があるものと仮定する．これらのセンサは異なる位置にあるため，センサの出力は，わずかに異なる荷重で信号源の信号を混合したものとなる．

説明を簡単にするために，三つの隠れた信号源があり，三つの観測信号があるとしよう．$x_1(t), x_2(t), x_3(t)$ は観測信号で，時間 t で記録された信号の振幅を示すものとする．また，$s_1(t), s_2(t), s_3(t)$ は，信号源の信号とする．$x_i(t)$ は $s_i(t)$ の荷重和であり，その荷重係数は信号源とセンサの距離に依存する．すなわち，

$$\begin{aligned} x_1(t) &= a_{11}s_1(t) + a_{12}s_2(t) + a_{13}s_3(t) \\ x_2(t) &= a_{21}s_1(t) + a_{22}s_2(t) + a_{23}s_3(t) \\ x_3(t) &= a_{31}s_1(t) + a_{32}s_2(t) + a_{33}s_3(t) \end{aligned} \tag{1.3}$$

である．ここで a_{ij} は混合行列を表す定数である．物理的な混合過程のすべての性質がわからないと a_{ij} の値はわからず，しかし一般にすべての性質を知ることは非常に困難であるため，a_{ij} の値は**未知**であると仮定する．信号源 s_i は直接記録することができないので，同じように**未知**である．

図 1.2 に示すように，三つの信号源からの信号が線形的に混合された x_i の波形を考える．それらはまったく雑音のように見える．しかし実際には，これらの観測信号中には，いくつかの潜在的な信号源の相当規則的な信号が隠されている．

我々の望みは，混合された信号 $x_1(t), x_2(t), x_3(t)$ から，信号源の信号を見つけ出すことである．これが暗中信号源分離 (BSS: Blind Source Separation) である．暗中 (blind) とは，我々が信号源からの信号について，まずほとんど知らないということを意味する．

混合係数 a_{ij} の値は互いに十分異なっていて，それからできる行列が正則であると

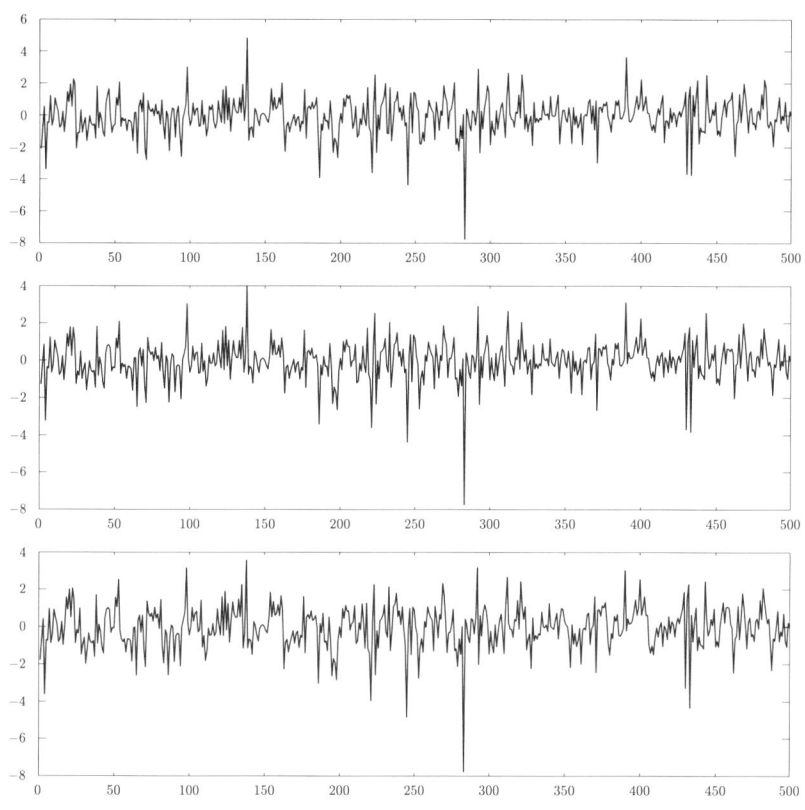

図 1.2 何らかの隠された信号の混合であると仮定された観測信号.

仮定しても差し支えない．したがって，係数 w_{ij} からなる行列 $\mathbf{W}$ が存在し，s_i を

$$s_1(t) = w_{11}x_1(t) + w_{12}x_2(t) + w_{13}x_3(t) \qquad (1.4)$$
$$s_2(t) = w_{21}x_1(t) + w_{22}x_2(t) + w_{23}x_3(t)$$
$$s_3(t) = w_{31}x_1(t) + w_{32}x_2(t) + w_{33}x_3(t)$$

のように分離することができる．このような行列 $\mathbf{W}$ は，式 (1.3) の混合係数 a_{ij} がわかっていれば，a_{ij} からなる行列の逆行列として見つけることができる．

ここでこの問題は，式 (1.2) で確率データ $x_i(t)$ のよい表現を求めようとしたことと，実は数学的に似ていることがわかる．実際，各信号 $x_i(t)$ ($t = 1, \ldots, T$) を確率変数 x_i の標本と考えることができる．このとき確率変数の値はその時刻の観測信号の

1.2.2 独立性をもとにした信号源分離

そこで問題は，「どのようにして式 (1.4) の係数 w_{ij} を推定するのか」ということである．さまざまな状況で使える一般的な方法が望ましい．我々が出発点とした「多変量データに対するよい表現を見つける」という，ごく一般的な問題に対して，実際に一つの解答を得る方法がほしいのである．したがって，非常に一般的な統計的な性質を用いる．我々の観察するのは x_1, x_2, x_3 がすべてであり，そこから信号 s_1, s_2, s_3 を表現するための行列 $\mathbf{W}$ を求める．

この問題の驚くべき簡単な解の一つが，信号の統計的独立性を考慮することにより見出される．実はその信号が非ガウス的である場合，信号

$$
\begin{aligned}
y_1(t) &= w_{11}x_1(t) + w_{12}x_2(t) + w_{13}x_3(t) \\
y_2(t) &= w_{21}x_1(t) + w_{22}x_2(t) + w_{23}x_3(t) \\
y_3(t) &= w_{31}x_1(t) + w_{32}x_2(t) + w_{33}x_3(t)
\end{aligned}
\tag{1.5}
$$

が統計的に独立になるように，w_{ij} を決めてやればよいのである．もし，y_1, y_2, y_3 が独立であるならば，それらは信号源の信号 s_1, s_2, s_3 と等しい (y_1, y_2, y_3 は，実定数倍されている場合もあるが，これはあまり重要なことではない)．

この，統計的に独立であるという情報だけを使って，実際に図 1.2 に示した観測信号に対する係数行列 $\mathbf{W}$ を推定することができる．それから得られた信号源の波形を図 1.3 に示す (これらの信号は，これからいくつかの章で出てくる fastICA のアルゴリズムを用いて推定された)．統計的に独立であるという情報だけを使ったアルゴリズムによって，雑音としか見えないデータから，信号源の波形を推定できたことがわかる．推定された信号は，図 1.2 の混合信号を作ったものと実際に一致している (信号源の波形は載せていないが，実際にこのアルゴリズムによって見つけられたものと事実上同一である)．このように，信号源分離問題において，信号源の波形はデータに含まれる「独立な成分」である．

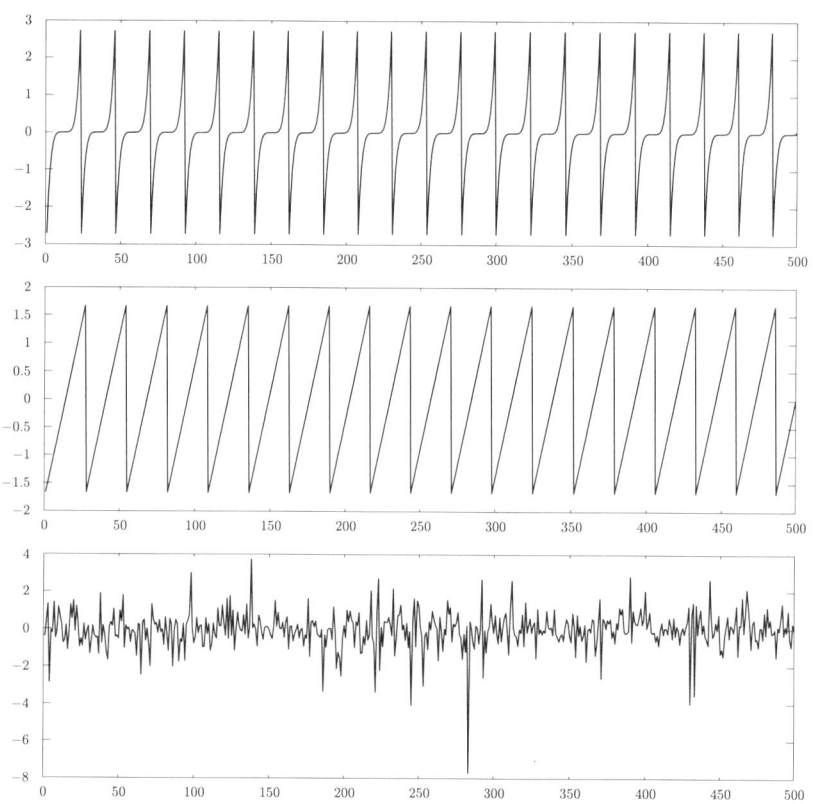

図 1.3 図 1.2 の観測混合信号のみを用いて得られた，もともとの信号源の推定．原信号が大変正確に求められた．

1.3 独立成分分析

1.3.1 定義

　暗中信号源分離の問題を煮つめると，成分が独立であるような線形表現を求めることになることがわかった．実際には，真に独立な成分をもつ線形表現を求めるのは一般に不可能であるが，できるだけ独立な成分を見つけるくらいのことはできる．

　この考えのもとに，次のような ICA の定義を導入する．これについては第 7 章でより詳しく検討する．t を時刻または標本の番号とし，複数の確率変数の観測値の集

合 $(x_1(t), x_2(t), \ldots, x_n(t))$ が与えられているとし，それらが独立な成分の線形混合によって生成されると仮定する．すなわち，

$$\begin{pmatrix} x_1(t) \\ x_2(t) \\ \vdots \\ x_n(t) \end{pmatrix} = \mathbf{A} \begin{pmatrix} s_1(t) \\ s_2(t) \\ \vdots \\ s_n(t) \end{pmatrix} \tag{1.6}$$

である．ここで $\mathbf{A}$ は未知の行列である．すると独立成分分析は，$x_i(t)$ のみを観測して行列 $\mathbf{A}$ と $s_i(t)$ を求める問題ということになる．ここで，独立成分 s_i の数が観測される変数の数と同じであると仮定したことに注意されたい．この仮定により問題は簡単になるが，絶対に必要な仮定というわけではない．

次のように ICA を定義してもよい——式 (1.2) のように行列 $\mathbf{W}$ で決まる線形変換で，確率変数 y_i $(i = 1, \ldots, n)$ を互いにできるだけ独立にするものを求めよ．前に述べた $\mathbf{A}$ が求まればその逆行列が $\mathbf{W}$ であるから，これら二つの定式化はそれほど違うものではない．

7.5 節で示すが，式 (1.6) のモデルは成分 s_i が**非ガウス的**であるとき，またそのときに限って推定可能であるという意味で，この「問題設定は適正」である．データの非ガウス性は根本的な必要条件であって，それを考慮しない因子分析との主な相違点を生み出すものである．実をいうと，ICA は**非ガウス的因子分析**と考えてもよいくらいである．それは，因子分析においても，隠れている何らかの因子の線形混合としてデータをモデル化するからである．

1.3.2 応用

ICA モデルは一般性が高いので，第 IV 部でいくつか扱うように，多くの分野で応用されている．たとえば，

- 脳機能の可視化では，多くの場合脳中にいくつかの信号源があり，それから出る信号が混ざったものが頭外のセンサに現れる．これは基本的な暗中信号源分離モデルと同じ状況である（第 22 章）．
- 計量経済学では並列的な時系列がよく出てくる．ICA によってそれらを独立な成分に分解すると，データの構造に対する洞察を得られることがある（24.1 節）．
- 多少異なる応用として画像の特徴抽出がある．この場合，特徴量としてできるだけ独立なものを得ようとする（第 21 章）．

1.3.3 独立成分の求め方

成分の線形混合から，独立性以外の仮定をまったく必要とせずに独立成分を推定できるのは，少々意外かもしれない．ここで手短に，なぜ，どのようにしてそれができるのかを説明しよう．もっともそれが本書の主題(特に第 II 部の)なのであるが．

無相関性だけでは十分でない　最初に注意すべきことは，独立性は無相関性よりもずっと強い性質だということである．実際，暗中信号源分離問題を考えると，独立ではなくまた信号源を分離しないような無相関となる信号の表現はたくさんある．無相関性だけでは成分を分離するのに十分ではないのである．同じ理由で，主成分分析(PCA: Principal Component Analysis)や因子分析は信号を分離することができない．それらから無相関な成分を得ることはできるが，それ以上は望めない．

これを説明する単純な例として，二つの独立な成分がそれぞれ一様分布に従う場合を考える．一様分布とは，その確率変数がある区間の中のすべての値を等確率でとる，というものである．図 1.4 はそのような二つの成分の値をプロットしたものである．独立であるから，データは正方形の中に一様に分布している．

さて，図 1.5 はそれらの独立成分の**無相関な混合**を示したものである．混合でできた 2 成分は無相関であるが，それらの分布は明らかに前のものとは異なる．平面の回転に対応する直交混合行列を乗じたものであるが，これもやはり独立成分を混合したものになっている．図 1.5 の成分が独立ではないことも次のようにわかる．もし水平軸で表される成分が正方形の右の頂点の近くにあったとすれば，これによって垂直軸

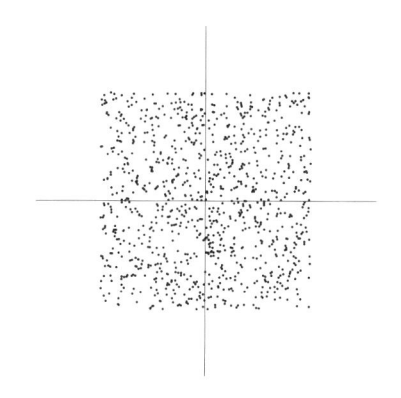

図 1.4　一様分布する独立成分 s_1 (横軸) と s_2 (縦軸) のある標本．

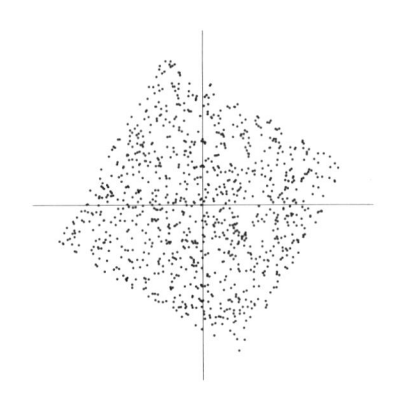

図 1.5　無相関な混合 x_1（横軸）と x_2（縦軸）．

の成分のとりうる値がかなり制限されることがわかるだろう．

　実際，よく知られた無相関化の方法を用いることによって，独立な成分のどのような線形混合であっても，無相関な成分に変換することができる．この場合，変換は直交変換である(7.4.2項で証明される)．したがってICAの特技は，無相関化の後にまだやるべき直交変換を推定することである．これは古典的な方法では推定できない．なぜならば，それらの方法は，無相関化と本質的に同じ共分散の情報を用いるからである．

　図 1.5はICAがどうして可能かということに対してもヒントを与えてくれる．正方形の辺の位置がわかれば，もともとの成分が得られるような回転を求めることができるであろう．以下ではICA推定のためのもう少し賢い方法を二つあげる．

非線形無相関化は ICA の基本的な方法である　　独立性が無相関性よりも強い性質だということは，独立性は**非線形的無相関性**を意味するということからもわかる．つまり s_1 と s_2 が独立ならば，任意の非線形変換 $g(s_1)$ と $h(s_2)$ は無相関である（共分散が0であるという意味で）．それに対して，単に無相関である二つの確率変数の非線形変換の共分散は，一般に0にならない．

　このことから，通常より強い意味の無相関化，すなわち表現 y_i として，それに何らかの非線形変換を施した後でもまだ無相関であるようなものを見出す，という方法でICAを試みてよいと思われる．そこで，行列 $\mathbf{W}$ の推定法の一つの簡単な原理が得られる．

> **ICA 推定の原理 1: 非線形無相関化**
>
> 適当な行列 $\mathbf{W}$ を見出し，任意の $i \neq j$ に対して成分 y_i, y_j を無相関とし，かつ何らかの適当な非線形関数 g, h に対して $g(y_i), h(y_j)$ も無相関とせよ．

これは ICA 推定法として正当な方法である——非線形変換がうまく選ばれれば，この方法により独立な成分が見出される．実際，図 1.5 の二つの成分を非線形変換して相関を調べれば (非線形相関)，それらが独立ではないことは直ちにわかる．

この原理はとても直観的だが，非線形関数 h, g をどのように選ぶかという重要な問題が残っている．これに対する答えは推定理論や情報理論を用いて導き出すことができる．推定理論からは，統計的モデルを推定する最も古典的な方法である**最尤推定**が得られる (第 9 章)．情報理論は，相互情報量 (第 10 章) などによる独立性の正確な尺度を与えてくれる．これらのどちらを用いても，非線形関数 g, h をうまく決定することができる．

独立な成分は非ガウス性が最大となる成分である　とても直観的で重要な ICA 推定の原理として，もう一つ最大非ガウス性 (第 8 章) がある．考え方は中心極限定理に基づいており，非ガウス的な確率変数でもそれらの和をとれば，ガウス分布に近づくということである．したがって，観測した混合値 x_i の線形結合 $y = \sum_i b_i x_i$ (線形混合モデルから，y 自身も独立成分の線形結合でもあることがわかる) は，それ自身が独立成分であるときに非ガウス性が極大となるであろう．なぜならば，もし 2 個以上の独立成分の和であれば，中心極限定理によってガウス分布により近いからである．

そこで原理は次のようになる．

> **ICA 推定の原理 2: 極大非ガウス性**
>
> 線形結合 $y = \sum_i b_i x_i$ の分散が一定という制約条件の下で，その極大を求めよ．各極大が各独立成分に対応する．

非ガウス性の尺度としては，たとえば尖度 (kurtosis) が用いられる．尖度は高次キュムラントであり，高次の多項式により分散を一般化したものと考えられる．キュムラントは代数的にも統計学的にもおもしろい性質をもっており，そのため ICA の理論でも重要な役を演じる．

たとえば，図 1.4 と図 1.5 の各軸の非ガウス性を比べると，図 1.5 のほうがそれらは

小さくなるので，図 1.5 は独立成分ではないと結論できる．

一つ興味深い点は，極大非ガウス性の原理によって，ICA とは独立に開発された**射影追跡** (projection pursuit) と呼ばれる手法と ICA との間の非常に密接な関係がわかることである．射影追跡においては，実際に非ガウス性を極大にする線形結合を探し，それを視覚化や他の目的に用いる．したがって独立成分は，射影追跡の方向のベクトルであると解釈できる．

最大非ガウス性の原理はまた，ICA による特徴抽出と，ニューラルネットワークにおける特徴抽出理論でのスパース符号（第 21 章）との間の重要な関係も明らかにする．スパース符号の考え方は，データを表現するとき，ほんのわずかの成分だけを同時に発火状態にするというものである．ある状況の下では，これは非ガウス性が極大の成分を求めるという問題と同値であることがわかる．

射影追跡やスパース符号との関係は，ICA は可能な限り構造化された線形表現を与えるという，大変深い結果に結びついている．その厳密な意味は情報理論的な概念（第 10 章）によって明らかになるが，このことは，元の確率変数よりも独立成分のほうがいろいろな意味で処理しやすいということも示している．たとえば，独立成分達は元の変数達よりも符号化（圧縮）しやすい．

ICA 推定には共分散だけでは不足である　　ICA モデル推定のためにはもっと多くの方法がある．本書ではそれらの多くについて述べる．それらの共通の特徴は，共分散行列（2 個の x_i の間の共分散をすべて含む行列）には含まれないある統計量を考慮するということである．

共分散行列を用いると成分を通常の線形の意味で無相関化できるが，それ以上のことはできない．したがって，すべての ICA の方法は，何らかの高次の統計量を用いるので，特に共分散行列には含まれない情報を用いるということになる．上ですでに非線形相関と尖度という 2 種類の高次の統計量を見た．ほかにも多くの種類の統計量が使用可能である．

数値計算法が重要である　　推定の原理に加えて，必要な計算を実装するアルゴリズムを見出すことも必要である．推定原理が非 2 次関数を用いるので，多くの場合，簡単な線形計算を用いて必要な計算を進めることができず，計算量が膨大になりやすい．したがって数値計算アルゴリズムは，ICA 推定方法において不可分の部分である．

多くの場合何らかの目的関数の最適化として数値解法が導かれる．基本的な最適

化の方法が勾配法である．特に重要なのが不動点アルゴリズムの一種で，高速 ICA (fastICA) と呼ばれるものである．これは，ICA 特有の構造をうまく利用している．たとえば，これらの方法のどちらを用いても，尖度の絶対値で評価した非ガウス性を最大化することができる．

1.4　ICA の歴史

その名前がつく前から，ICA の手法自体は 1980 年代に J. Hérault, C. Jutten, B. Ans らによって導入された [178, 179, 16]．最近の Jutten による概説 [227] によると，この問題は 1982 年に神経生理学的な問題から生じたとされている．筋肉収縮における動きを符号化する簡略モデルでは，出力 $x_1(t)$ と $x_2(t)$ を筋肉収縮を測る 2 種類の感覚信号，$s_1(t)$ と $s_2(t)$ を動く関節の角度位置と速度とする．すると，これらの信号間に ICA モデルが存在すると仮定することは不自然なことではない．この神経系は，観測される応答 $x_1(t), x_2(t)$ から，角度位置と速度の信号 $s_1(t), s_2(t)$ を，何らかの方法で推定できるに違いない．このための一つの可能性としては，簡単なニューラルネットワークにおいて，非線形の無相関化の原理を用いた逆モデルを学習することである．Hérault と Jutten はこの問題の解決のための具体的なフィードバック回路を提案した．この問題は第 12 章で取り扱う．

1980 年代を通して，ICA は世界的にはあまり影響力をもたなかったが，特にフランスの研究者の間ではよく知られていた．1980 年代半ばのニューラルネットワークに関する国際会議では，この時代に積極的に広められた誤差逆伝搬法 (back-propagation)，ホップフィールドのネットワークやコホーネンの自己組織化写像 (SOM: Self-Organizing Map) に対する興味が凄まじかったので，数少ない ICA の発表は埋もれてしまっていた．もう一つの関連する領域は高次スペクトル解析で，最初の国際ワークショップが 1989 年に行われた．このワークショップでは，J.-F. Cardoso [60] や P. Comon [88] の ICA の初期の論文が発表された．Cardoso は代数的方法，特に高次のキュムラントテンソルを用いたが，それから結局は JADE 法 [72] が導かれることになる．4 次のキュムラントを用いた方法は J.-L. Lacoume によって提案されている [254]．信号処理の分野では，フランスのグループによる古典的な論文がある [228, 93, 408, 89]．文献 [227] は，歴史についても書かれ，より完全な参考文献のリストもあり，よい参考文献である．

信号処理の分野では，暗中信号逆畳み込み (blind signal deconvolution) の問題が関連しており，以前から試みがあった [114, 398]．特に多変量の暗中逆畳み込み (blind deconvolution) は ICA の手法とよく似ている.

1980 年代の研究者達の仕事を発展させたのは,とりわけ A. Cichocki と R. Unbehauen であり,彼らは現在最も有名な ICA の方法の一つを最初に提案した [82, 85, 84]. 1990 年代初めからの ICA や信号分離に関する他の論文としては,たとえば文献 [57, 134] がある.「非線形 PCA」の手法は [332, 232] で著者らが導入した.しかしながら 1990 年代半ばまでは,ICA はかなりこじんまりとした研究上の成果にとどまっていた.やや限られた問題に使えるいくつかのアルゴリズムが提案されたが,統計的な最適化の規準との間の厳密な関係が明らかになるのは,後年のことである.

90 年代半ばに,A.J. Bell と T.J. Sejnowski がインフォマックス法 (infomax) [35, 36] に基づいた手法を発表した後,ICA は広い注目と興味を集めるようになった.このアルゴリズムは,S. Amari とその共同研究者によって自然勾配法を用いて改良され [12], 最尤推定法やチコツキ＝ウンベハウエンのアルゴリズムとの基本的な関係が明確にされた.数年後に,著者らにより不動点法である fastICA 法 [210, 192, 197] が発表された.この手法は,その計算の効率性から ICA の大規模な問題への適用に貢献した.

1990 年代半ば以来,論文,ワークショップ,特別セッションなど,ICA の大きな潮流がある.ICA に関する最初の国際ワークショップは 1999 年 1 月にフランスのオソワで,第 2 回は続く 2000 年にフィンランドのヘルシンキで行われた.両大会とも 100 名を超える ICA や暗中信号分離(ブラインド)の研究者を集め,ICA が確立し成熟した研究分野へと変容するのに貢献した.

第I部

数学的準備

第 2 章

確率変数と独立性

　この章では，確率論，統計学，および確率過程における最も重要な概念について復習する．多変量統計学と確率ベクトルに特に重点を置く．たとえば統計的独立性や高次統計量など，本書で後に必要となる事項については，より詳しく説明する．読者は1変数確率論に関する基本的な知識をもっていて，たとえば確率，基本事象，確率変数などの定義などは知っていることを想定している．多変量の統計学についてかなり知識のある読者は，この章のほとんどの節を飛ばしてかまわない．もっと幅広く復習したい人やもっと高度な内容についてさらに知りたい人のためには，初等的なものから高度なものまで多くの優れた教科書がある．確率，確率変数，確率過程などを扱っていて広く用いられている教科書の一つに [353] [1]がある．

2.1　確率分布と密度

2.1.1　確率変数の密度関数

　本書では特に断らない限り確率変数は連続値をとるとする．確率変数 x の点 $x = x_0$ における**累積分布関数** (cdf) を F_x と書き，$x \leq x_0$ となる確率として定義する．すなわち，

$$F_x(x_0) = P(x \leq x_0) \tag{2.1}$$

とする．分布関数は x のすべての実数値 x_0 に対して定義できる．

---

[1]. 訳注: 文献 [353] は東海大学出版会より「パポリス応用確率論シリーズ (全 3 巻)」として翻訳されている．中山謙二・根本幾ほか訳『確率とランダム変数』1992 年，垣原祐一郎・根本幾ほか訳『確率過程』1989 年，垣原祐一郎・根本幾ほか訳『確率論の応用』1990 年．

明らかに，連続確率変数の分布関数は非負，非減少 (多くの場合単調増加) な連続関数で，$0 \leq F_x(x) \leq 1$ を満たす．定義から極限値として $F_x(-\infty) = 0$，$F_x(+\infty) = 1$ が直ちに従う．

確率分布は分布関数よりも密度関数で表すことが多い．形式的には，連続確率変数 x の **確率密度関数** (pdf) $p_x(x)$ は分布関数の微係数として与えられる．すなわち，

$$p_x(x_0) = \left. \frac{dF_x(x)}{dx} \right|_{x=x_0} \tag{2.2}$$

実際には，既知の密度関数から逆の関係を用いて分布関数を求めることが多い．すなわち，

$$F_x(x_0) = \int_{-\infty}^{x_0} p_x(\xi)\,d\xi \tag{2.3}$$

である．簡単のため，$F_x(x)$ の代わりに $F(x)$，$p_x(x)$ の代わりに $p(x)$ と書くことも多い．確率変数の名前を示す添え字は，誤解を招くおそれがある場合には省けない．

例 2.1　ガウス (または正規) 分布は，たとえば加法的な雑音など，数多くのモデルにおいて用いられる確率分布である．その密度関数は，

$$p_x(x) = \frac{1}{\sqrt{2\pi\sigma^2}} \exp\left(-\frac{(x-m)^2}{2\sigma^2}\right) \tag{2.4}$$

である．ここでパラメータ m (平均) は対称な密度関数の最高点の位置を決め，σ (標準偏差) は実効的な幅 (山の鋭さあるいは平坦さ) を決める．図 2.1 を参照されたい．

式 (2.4) の密度関数の先頭の $1/\sqrt{2\pi\sigma^2}$ は正規化のための係数で，$x_0 \to \infty$ のとき分布関数の極限値が 1 となることを保証するものである．一般に，ガウス分布関数は

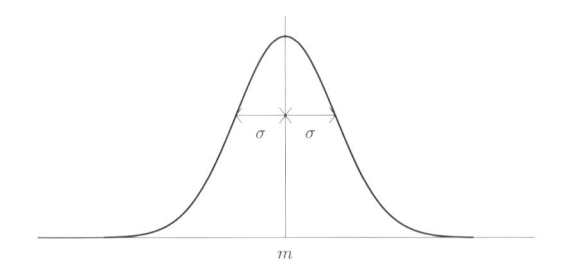

図 2.1　平均 m，標準偏差 σ のガウス確率密度関数．

式 (2.3) を使って閉じた形で求めることはできない．しかし分布関数の値は誤差関数

$$\mathrm{erf}(x) = \frac{1}{\sqrt{2\pi}} \int_0^x \exp\left(-\frac{\xi^2}{2}\right) d\xi \tag{2.5}$$

の値の表から数値的に計算できる．誤差関数は平均 $m=0$ で分散 $\sigma^2=1$ である標準ガウス分布と密接な関係がある．詳しくは [353] を参照されたい．

2.1.2 確率ベクトルの分布

$\mathbf{x}$ を n 次元**確率ベクトル**

$$\mathbf{x} = (x_1, x_2, \ldots, x_n)^T \tag{2.6}$$

とする．ここで T は転置を表す（本書ではすべてのベクトルは縦ベクトルとするので転置をとる．またベクトルは太い小文字で表す）．縦ベクトル $\mathbf{x}$ の各要素 $x_1, x_2, \ldots, x_n$ は連続確率変数である．確率分布の概念はこのような確率ベクトルへ容易に拡張できる．たとえば $\mathbf{x}$ の分布関数は，

$$F_{\mathbf{x}}(\mathbf{x}_0) = P(\mathbf{x} \leq \mathbf{x}_0) \tag{2.7}$$

である．ここでも $P(\cdot)$ は括弧内の事象の生起する確率を表し，$\mathbf{x}_0$ は任意の定数値ベクトルである．$\mathbf{x} \leq \mathbf{x}_0$ とは，$\mathbf{x}$ の各要素が $\mathbf{x}_0$ の対応する各要素の値以下であると約束する．多変量分布関数 (2.7) は単一の確率変数のそれと似た性質をもつ．それは各成分の非減少関数であり，$0 \leq F_{\mathbf{x}}(\mathbf{x}) \leq 1$ を満たす．$\mathbf{x}$ のすべての成分が ∞ へ限りなく増大するときの $F_{\mathbf{x}}(\mathbf{x})$ の極限値は 1 である．$\mathbf{x}$ の成分のどれか一つでも $-\infty$ に向かって限りなく減少するとき，$F_{\mathbf{x}}(\mathbf{x})$ の極限値は 0 である．

$\mathbf{x}$ の多変量密度関数は分布関数 $F_{\mathbf{x}}(\mathbf{x})$ の $\mathbf{x}$ のすべての成分に関する偏微係数である．すなわち，

$$p_{\mathbf{x}}(\mathbf{x}_0) = \left. \frac{\partial}{\partial x_1} \frac{\partial}{\partial x_2} \cdots \frac{\partial}{\partial x_n} F_{\mathbf{x}}(\mathbf{x}) \right|_{\mathbf{x}=\mathbf{x}_0} \tag{2.8}$$

であり，したがって，

$$F_{\mathbf{x}}(\mathbf{x}_0) = \int_{-\infty}^{\mathbf{x}_0} p_{\mathbf{x}}(\mathbf{x}) \, d\mathbf{x} = \int_{-\infty}^{x_{0,1}} \int_{-\infty}^{x_{0,2}} \cdots \int_{-\infty}^{x_{0,n}} p_{\mathbf{x}}(\mathbf{x}) \, dx_n \ldots dx_2 dx_1 \tag{2.9}$$

である．ここで $x_{0,i}$ はベクトル $\mathbf{x}_0$ の i 番目の成分である．明らかに，

$$\int_{-\infty}^{+\infty} p_{\mathbf{x}}(\mathbf{x}) \, d\mathbf{x} = 1 \tag{2.10}$$

である．これは $p_\mathbf{x}(\mathbf{x})$ が多変量確率密度関数として満たすべき条件である．

確率ベクトルの確率密度関数は，ある区間においてのみ正である場合も多い．例2.2 がそのよい例である．

例 2.2 2次元の確率ベクトル $\mathbf{z} = (x,y)^T$ が密度関数

$$p_\mathbf{z}(\mathbf{z}) = p_{x,y}(x,y) = \begin{cases} \frac{3}{7}(2-x)(x+y), & x \in [0,2], \ y \in [0,1] \\ 0, & \text{その他の場合} \end{cases}$$

に従うとする．$\mathbf{z}$ の分布関数を求めるには，密度が正となる領域の境界を考慮して，x と y 両方について積分すればよい．$x \leq 0$ か $y \leq 0$ であれば，密度 $p_\mathbf{z}(\mathbf{z})$ は 0 だから分布関数も 0 である．$0 < x \leq 2$ かつ $0 < y \leq 1$ である領域では，分布関数は，

$$F_\mathbf{z}(\mathbf{z}) = F_{x,y}(x,y) = \int_0^y \int_0^x \frac{3}{7}(2-\xi)(\xi+\eta)\,d\xi d\eta$$
$$= \frac{3}{7}xy\left(x+y-\frac{1}{3}x^2-\frac{1}{4}xy\right)$$

となる．$0 < x \leq 2$ かつ $y > 1$ である領域では，y についての積分範囲の上端は 1 だから，分布関数は上の式に $y = 1$ を代入すればよい．同様に，$x > 2$ かつ $0 < y \leq 1$ である領域については，$x = 2$ を同じ式に代入すればよい．最後に $x > 2$ かつ $y > 1$ に対しては，分布関数は 1 となり，密度関数 $p_\mathbf{z}(\mathbf{z})$ に対する正規化が正しく行われていたことがわかる．これらを全部まとめると，

$$F_\mathbf{z}(\mathbf{z}) = \begin{cases} 0, & x \leq 0 \text{ または } y \leq 0 \\ \frac{3}{7}xy\left(x+y-\frac{1}{3}x^2-\frac{1}{4}xy\right), & 0 < x \leq 2, \ 0 < y \leq 1 \\ \frac{3}{7}x\left(1+\frac{3}{4}x-\frac{1}{3}x^2\right), & 0 < x \leq 2, \ y > 1 \\ \frac{6}{7}y\left(\frac{2}{3}+\frac{1}{2}y\right), & x > 2, \ 0 < y \leq 1 \\ 1, & x > 2, \ y > 1 \end{cases}$$

となる．

2.1.3 結合分布と周辺分布

二つの異なる確率ベクトルの結合分布も同様に扱える．たとえば $\mathbf{x}$ が n 次元で $\mathbf{y}$ が m 次元であるような確率ベクトルとする．これら二つのベクトルを単につないで「超ベクトル」 $\mathbf{z}^T = (\mathbf{x}^T, \mathbf{y}^T)$ として，上の式を直接用いる．それによってできる分布関数は $\mathbf{x}$ と $\mathbf{y}$ の**結合分布関数**と呼ばれ，

$$F_{\mathbf{x},\mathbf{y}}(\mathbf{x}_0, \mathbf{y}_0) = P(\mathbf{x} \leq \mathbf{x}_0, \mathbf{y} \leq \mathbf{y}_0) \tag{2.11}$$

で与えられる．ここで $\mathbf{x}_0$ と $\mathbf{y}_0$ はそれぞれ $\mathbf{x}$ と $\mathbf{y}$ と同次元の定数ベクトルであり，式 (2.11) は $\mathbf{x} \leq \mathbf{x}_0$ かつ $\mathbf{y} \leq \mathbf{y}_0$ という事象の結合確率を表す．

$\mathbf{x}$ と $\mathbf{y}$ との**結合密度関数** $p_{\mathbf{x},\mathbf{y}}(\mathbf{x},\mathbf{y})$ は，結合分布関数 $F_{\mathbf{x},\mathbf{y}}(\mathbf{x},\mathbf{y})$ を確率変数 $\mathbf{x}$ と $\mathbf{y}$ のすべての成分に関して偏微分したものと定義する．したがって，

$$F_{\mathbf{x},\mathbf{y}}(\mathbf{x}_0, \mathbf{y}_0) = \int_{-\infty}^{\mathbf{x}_0} \int_{-\infty}^{\mathbf{y}_0} p_{\mathbf{x},\mathbf{y}}(\boldsymbol{\xi},\boldsymbol{\eta})\, d\boldsymbol{\eta} d\boldsymbol{\xi} \tag{2.12}$$

が成立し，また $\mathbf{x}_0 \to \infty$ かつ $\mathbf{y}_0 \to \infty$ であるとき積分値は 1 となる．

$\mathbf{x}$ と $\mathbf{y}$ の周辺分布，すなわち $p_{\mathbf{x}}(\mathbf{x})$ と $p_{\mathbf{y}}(\mathbf{y})$ は結合密度 $p_{\mathbf{x},\mathbf{y}}(\mathbf{x},\mathbf{y})$ をそれぞれもう一方の確率ベクトルに関して積分すれば得られる．すなわち，

$$p_{\mathbf{x}}(\mathbf{x}) = \int_{-\infty}^{\infty} p_{\mathbf{x},\mathbf{y}}(\mathbf{x},\boldsymbol{\eta})\, d\boldsymbol{\eta} \tag{2.13}$$

$$p_{\mathbf{y}}(\mathbf{y}) = \int_{-\infty}^{\infty} p_{\mathbf{x},\mathbf{y}}(\boldsymbol{\xi},\mathbf{y})\, d\boldsymbol{\xi} \tag{2.14}$$

である．

例 2.3 例 2.2 の結合密度を考える．確率変数 x と y のそれぞれの周辺密度は，

$$p_x(x) = \int_0^1 \frac{3}{7}(2-x)(x+y)\, dy, \quad x \in [0,2]$$
$$= \begin{cases} \frac{3}{7}\left(1 + \frac{3}{2}x - x^2\right), & x \in [0,2] \\ 0, & \text{その他の場合} \end{cases}$$
$$p_y(y) = \int_0^2 \frac{3}{7}(2-x)(x+y)\, dx, \quad y \in [0,1]$$
$$= \begin{cases} \frac{2}{7}(2+3y), & y \in [0,1] \\ 0, & \text{その他の場合} \end{cases}$$

2.2 期待値とモーメント

2.2.1 一般的な性質と定義

実際問題として，ベクトル値またはスカラー値の確率変数の正確な確率密度関数は普通はわからない．しかしながら，代わりにその確率変数の何らかの関数の期待値を使用して，有効な分析や処理をすることもできる．期待値の一番好都合なことは，密

度関数によって形式的に定義されているが，データから直接に推定が可能なことである．

ここで，$\mathbf{g}(\mathbf{x})$ は確率ベクトル $\mathbf{x}$ から得られる任意の変量を表すとする．変量 $\mathbf{g}(\mathbf{x})$ はスカラーでもベクトルでも行列でもよい．$\mathbf{g}(\mathbf{x})$ の期待値を $\mathrm{E}\{\mathbf{g}(\mathbf{x})\}$ で示し，

$$\mathrm{E}\{\mathbf{g}(\mathbf{x})\} = \int_{-\infty}^{\infty} \mathbf{g}(\mathbf{x}) p_{\mathbf{x}}(\mathbf{x})\,d\mathbf{x} \tag{2.15}$$

で定義する．ここで，積分は $\mathbf{x}$ のすべての成分にわたって計算される．積分はベクトルの成分または行列の要素ごとに別々に計算され，その結果，同じ大きさの新たなベクトルあるいは行列ができる．もし $\mathbf{g}(\mathbf{x}) = \mathbf{x}$ なら，式(2.15)は $\mathbf{x}$ の期待値 $\mathrm{E}\{\mathbf{x}\}$ となる．このことは，次項でより詳しく議論する．

期待値はいくつかの重要な基本的性質をもつ．

1. **線形性** —— いま，$\mathbf{x}_i\,(i=1,\ldots,m)$ を異なる確率ベクトルの集合とし，$a_i\,(i=1,\ldots,m)$ をスカラー定数係数とする．すると，

$$\mathrm{E}\left\{\sum_{i=1}^{m} a_i \mathbf{x}_i\right\} = \sum_{i=1}^{m} a_i \mathrm{E}\{\mathbf{x}_i\} \tag{2.16}$$

2. **線形変換** —— $\mathbf{x}$ を m 次元の確率ベクトルとし，$\mathbf{A}$ と $\mathbf{B}$ を $k \times m$ と $m \times l$ の定数行列とすると，

$$\mathrm{E}\{\mathbf{A}\mathbf{x}\} = \mathbf{A}\mathrm{E}\{\mathbf{x}\},\quad \mathrm{E}\{\mathbf{x}\mathbf{B}\} = \mathrm{E}\{\mathbf{x}\}\mathbf{B} \tag{2.17}$$

3. **変換不変性** —— $\mathbf{y} = \mathbf{g}(\mathbf{x})$ をベクトル値をとる $\mathbf{x}$ の関数とすると，

$$\int_{-\infty}^{\infty} \mathbf{y} p_{\mathbf{y}}(\mathbf{y})\,d\mathbf{y} = \int_{-\infty}^{\infty} \mathbf{g}(\mathbf{x}) p_{\mathbf{x}}(\mathbf{x})\,d\mathbf{x} \tag{2.18}$$

つまり，もし積分が異なる確率密度関数について行われても，$\mathrm{E}\{\mathbf{y}\} = \mathrm{E}\{\mathbf{g}(\mathbf{x})\}$ である．

これらの性質は，期待値の演算の定義や確率密度関数の性質から証明することができる．これらにより，期待値の計算を含んだ表現を，積分をまったく計算しないですむように簡単化できるので(最終段階では必要になるかもしれないが)，これらの性質は実際面で重要かつ非常に便利である．

2.2.2 平均ベクトルと相関行列

確率ベクトル $\mathbf{x}$ のモーメントは，その確率ベクトルを特徴づける典型的な期待値である．これは，$\mathbf{g}(\mathbf{x})$ が $\mathbf{x}$ の成分の積からなる場合に得られる．特に，確率ベクトル $\mathbf{x}$ の 1 次モーメントを $\mathbf{x}$ の平均ベクトル $\mathbf{m_x}$ と呼び，$\mathbf{x}$ の期待値

$$\mathbf{m_x} = \mathrm{E}\{\mathbf{x}\} = \int_{-\infty}^{\infty} \mathbf{x} p_\mathbf{x}(\mathbf{x}) \, d\mathbf{x} \tag{2.19}$$

で定義する．n 項ベクトル $\mathbf{m_x}$ の成分 m_{x_i} は次式で与えられる．

$$m_{x_i} = \mathrm{E}\{x_i\} = \int_{-\infty}^{\infty} x_i p_\mathbf{x}(\mathbf{x}) \, d\mathbf{x} = \int_{-\infty}^{\infty} x_i p_{x_i}(x_i) \, dx_i \tag{2.20}$$

ここで，$p_{x_i}(x_i)$ は $\mathbf{x}$ の i 番目の成分 x_i の周辺密度である．これは $\mathbf{x}$ の他のすべての成分に関する積分が，周辺密度の定義により 1 になるからである．

もう一つの重要なモーメントは，$\mathbf{x}$ の二つの成分の相関からなるものである．$\mathbf{x}$ の i 番目と j 番目の成分の相関 r_{ij} は次の 2 次モーメントで与えられる．

$$r_{ij} = \mathrm{E}\{x_i x_j\} = \int_{-\infty}^{\infty} x_i x_j p_\mathbf{x}(\mathbf{x}) \, d\mathbf{x} = \int_{-\infty}^{\infty} \int_{-\infty}^{\infty} x_i x_j p_{x_i,x_j}(x_i, x_j) \, dx_j dx_i \tag{2.21}$$

相関は正の値も負の値もとりうる．

ベクトル $\mathbf{x}$ に関する $n \times n$ の相関行列

$$\mathbf{R_x} = \mathrm{E}\{\mathbf{x}\mathbf{x}^T\} \tag{2.22}$$

は，すべての相関を表現する便利な行列で，r_{ij} は $\mathbf{R_x}$ の i 行 j 列の要素である．

相関行列 $\mathbf{R_x}$ は，いくつかの重要な性質をもつ．

1. 対称行列である．すなわち，$\mathbf{R_x} = \mathbf{R_x}^T$．
2. 半正定値である．すなわち，すべての n 項ベクトル $\mathbf{a}$ に対して，

$$\mathbf{a}^T \mathbf{R_x} \mathbf{a} \geq 0 \tag{2.23}$$

   で，通常現れる $\mathbf{R_x}$ は，正定値である．つまり $\mathbf{a} \neq \mathbf{0}$ であるすべてのベクトルに対して式 (2.23) が不等号のみで成り立つ．
3. $\mathbf{R_x}$ のすべての固有値は実数かつ非負である（もし，$\mathbf{R_x}$ が正定値であれば正である）．さらに，固有ベクトルは実数ベクトルであり互いに直交するように選ぶことができる．

高次のモーメントも同じように定義できるが，これらは 2.7 節で議論する．ここではまず，二つの確率ベクトルに対して中心モーメントと 2 次モーメントを考える．

2.2.3 共分散と結合モーメント

中心モーメントの定義は通常のモーメントの定義と似ているが，期待値を計算する前に確率ベクトルからその平均ベクトルが引かれる．中心モーメントは，明らかに 2 次以上のモーメントについてのみ意味がある．相関行列 $\mathbf{R_x}$ に対応する $\mathbf{C_x}$ は $\mathbf{x}$ の共分散行列と呼ばれ，以下の式で与えられる．

$$\mathbf{C_x} = \mathrm{E}\left\{(\mathbf{x} - \mathbf{m_x})(\mathbf{x} - \mathbf{m_x})^T\right\} \tag{2.24}$$

この $n \times n$ 行列 $\mathbf{C_x}$ の要素

$$c_{ij} = \mathrm{E}\left\{(x_i - m_i)(x_j - m_j)\right\} \tag{2.25}$$

は共分散と呼ばれ，式 (2.21) で定義される相関[2] r_{ij} に対応する中心モーメントである．

共分散行列 $\mathbf{C_x}$ は，相関行列 $\mathbf{R_x}$ と同じ性質をもつ．期待値の演算の性質を利用して，

$$\mathbf{R_x} = \mathbf{C_x} + \mathbf{m_x}\mathbf{m_x}^T \tag{2.26}$$

が，容易に導かれる．平均ベクトルが $\mathbf{m_x} = \mathbf{0}$ であるとき，相関行列と共分散行列は同じになる．もし必要なら，データは前処理の段階で (推定された) 平均ベクトルを引くことにより簡単に平均 0 にすることができる．これは，独立成分分析ではよく行われることであり，したがって，この後の章では，$\mathbf{C_x}$ で相関行列あるいは共分散行列を示し，簡単のため添え字の $\mathbf{x}$ を省略することもある．

単一の確率変数 x に対して，平均ベクトルは平均値 $m_x = \mathrm{E}\{x\}$，相関行列は 2 次モーメント $\mathrm{E}\{x^2\}$，共分散行列は x の分散

$$\sigma_x^2 = \mathrm{E}\left\{(x - m_x)^2\right\} \tag{2.27}$$

となる．そこで式 (2.26) は，簡単な形 $\mathrm{E}\{x^2\} = \sigma_x^2 + m_x^2$ になる．

---

[2] 古典的な統計学では，相関係数 $\rho_{ij} = \dfrac{c_{ij}}{(c_{ii}c_{jj})^{1/2}}$ を用い，これによって構成される行列を相関行列という．本書では，相関行列を式 (2.22) の形で定義する．これは，信号処理やニューラルネットワーク，工学の分野では共通している．

二つの異なる確率ベクトル $\mathbf{x}$ と $\mathbf{y}$ の関数 $\mathbf{g}(\mathbf{x},\mathbf{y})$ については，期待値演算は結合密度を使って次式のように拡張できる．

$$\mathrm{E}\{\mathbf{g}(\mathbf{x},\mathbf{y})\} = \int_{-\infty}^{\infty}\int_{-\infty}^{\infty} \mathbf{g}(\mathbf{x},\mathbf{y})\, p_{\mathbf{x},\mathbf{y}}(\mathbf{x},\mathbf{y})\, d\mathbf{y}\, d\mathbf{x} \tag{2.28}$$

この積分は $\mathbf{x},\mathbf{y}$ のすべての成分について計算される．

結合の期待値で，一番広く使われるのが相互相関行列

$$\mathbf{R_{xy}} = \mathrm{E}\{\mathbf{xy}^T\} \tag{2.29}$$

と相互共分散行列

$$\mathbf{C_{xy}} = \mathrm{E}\left\{(\mathbf{x}-\mathbf{m_x})(\mathbf{y}-\mathbf{m_y})^T\right\} \tag{2.30}$$

である．ここで，ベクトル $\mathbf{x},\mathbf{y}$ の次元が異なっていてもよいことに注意したい．このため，相互相関行列と相互共分散行列は正方行列であるとは限らず，一般に対称行列ではない．しかしながら，その定義から次のことが簡単に導かれる．

$$\mathbf{R_{xy}} = \mathbf{R_{yx}}^T, \quad \mathbf{C_{xy}} = \mathbf{C_{yx}}^T \tag{2.31}$$

もし，$\mathbf{x}$ と $\mathbf{y}$ の平均ベクトルが 0 であれば，相互相関行列と相互共分散行列は同じになる．二つの同じ次元をもつ確率ベクトル $\mathbf{x},\mathbf{y}$ の，和の共分散行列 $\mathbf{C_{x+y}}$ が必要なことがよくある．これは，次のようになることが簡単にわかる．

$$\mathbf{C_{x+y}} = \mathbf{C_x} + \mathbf{C_{xy}} + \mathbf{C_{yx}} + \mathbf{C_y} \tag{2.32}$$

相関と共分散は，確率ベクトル間の 2 次の統計量を使って，それらの間の依存性を定量化している．これは以下の例でよくわかる．

|例 2.4| 平均が 0 の確率変数 x, y が，図 2.2，2.3 で示されるような二つの異なる結合密度 $p_{x,y}(x,y)$ に従う場合を考える．図 2.2 において，x と y は明らかな負の共分散（あるいは相関）をもつ．x の正の値はもっぱら負の y を伴い，逆もまた同様である．一方，図 2.3 の場合には x の観測値から y の値について何も推論することはできない．したがって，共分散 $c_{xy} \approx 0$ である．

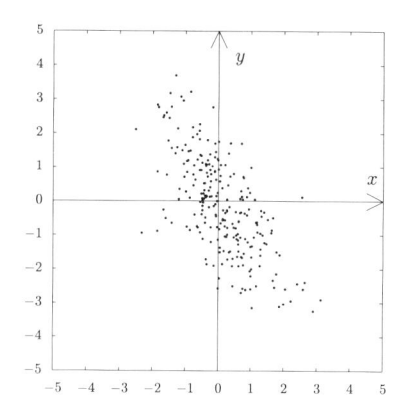

図 2.2 共分散が負になる確率変数 x と y の例.

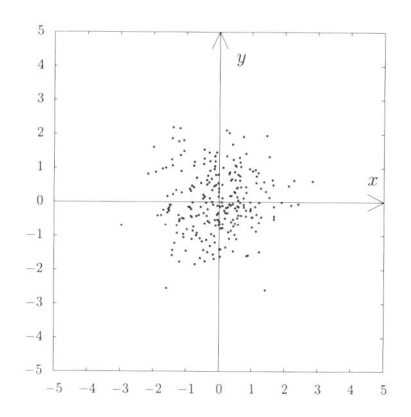

図 2.3 共分散が 0 になる確率変数 x と y の例.

2.2.4 期待値の推定

通常,確率ベクトル $\mathbf{x}$ の確率密度は未知であるが,しばしば,$\mathbf{x}$ から K 個の標本,$\mathbf{x}_1, \mathbf{x}_2, \ldots, \mathbf{x}_K$ を利用することができる.これらの標本の平均から,次式を使って期待値を推定することができる [419].

$$\mathrm{E}\{\mathbf{g}(\mathbf{x})\} \approx \frac{1}{K} \sum_{j=1}^{K} \mathbf{g}(\mathbf{x}_j) \tag{2.33}$$

たとえば,式 (2.33) を使うと,$\mathbf{x}$ の平均ベクトル $\mathbf{m_x}$ の標準的な推定として,標本

平均

$$\hat{\mathbf{m}}_{\mathbf{x}} = \frac{1}{K} \sum_{j=1}^{K} \mathbf{x}_j \tag{2.34}$$

が得られる．ここで，$\mathbf{m}$ の上の $\hat{}$ (hat) は，変量の推定値を示すのによく使われる表記法である．

同様に，確率ベクトル $\mathbf{x}$ と $\mathbf{y}$ の結合密度 $p_{\mathbf{x},\mathbf{y}}(\mathbf{x},\mathbf{y})$ の代わりに K 個の対の標本 $(\mathbf{x}_1, \mathbf{y}_1), (\mathbf{x}_2, \mathbf{y}_2), \ldots, (\mathbf{x}_K, \mathbf{y}_K)$ が既知の場合，その期待値を

$$\mathrm{E}\{\mathbf{g}(\mathbf{x},\mathbf{y})\} \approx \frac{1}{K} \sum_{j=1}^{K} \mathbf{g}(\mathbf{x}_j, \mathbf{y}_j) \tag{2.35}$$

で推定することができる．たとえば，相互相関行列に対して，次の推定式を導くことができる．

$$\hat{\mathbf{R}}_{\mathbf{xy}} = \frac{1}{K} \sum_{j=1}^{K} \mathbf{x}_j \mathbf{y}_j^T \tag{2.36}$$

他の相関などの行列 $\mathbf{R}_{\mathbf{xx}}, \mathbf{C}_{\mathbf{xx}}, \mathbf{C}_{\mathbf{xy}}$ に対して同様の式を簡単に得ることができる．

2.3　無相関性と独立性

2.3.1　無相関性と白色性

二つの確率ベクトル $\mathbf{x}$ と $\mathbf{y}$ は，その共分散行列 $\mathbf{C}_{\mathbf{xy}}$ が零行列であるとき**無相関**であるといわれる．すなわち，

$$\mathbf{C}_{\mathbf{xy}} = \mathrm{E}\left\{(\mathbf{x} - \mathbf{m}_{\mathbf{x}})(\mathbf{y} - \mathbf{m}_{\mathbf{y}})^T\right\} = \mathbf{0} \tag{2.37}$$

であり，これは，

$$\mathbf{R}_{\mathbf{xy}} = \mathrm{E}\{\mathbf{x}\mathbf{y}^T\} = \mathrm{E}\{\mathbf{x}\}\mathrm{E}\{\mathbf{y}^T\} = \mathbf{m}_{\mathbf{x}}\mathbf{m}_{\mathbf{y}}^T \tag{2.38}$$

という条件と同値である．

特に，二つの確率変数 x と y（たとえば確率ベクトル $\mathbf{z}$ の二つの成分）を考えるときには，x と y とが無相関であるのは，それらの共分散 c_{xy} が 0，すなわち，

$$c_{xy} = \mathrm{E}\{(x - m_x)(y - m_y)\} = 0 \tag{2.39}$$

のときである．これは，

$$r_{xy} = \mathrm{E}\{xy\} = \mathrm{E}\{x\}\mathrm{E}\{y\} = m_x m_y \tag{2.40}$$

と同値である．さらに x と y の平均値が 0 である場合には，共分散が 0 ということは相関が 0 ということと同値である．

特別な場合として，一つの確率ベクトル $\mathbf{x}$ の共分散行列 $\mathbf{C_x}$ は式 (2.24) で定義されるが，これは一つのベクトルの成分間の相関を表している．この場合，式 (2.37) に対応する条件を完全に満たすことはあり得ない．なぜならば，$\mathbf{x}$ の各成分は自分自身とは完全な相関があるからである．この場合は，$\mathbf{x}$ の異なる成分同士が互いに無相関であるというのが関の山であり，したがって無相関の条件は，

$$\mathbf{C_x} = \mathrm{E}\left\{(\mathbf{x}-\mathbf{m_x})(\mathbf{x}-\mathbf{m_x})^T\right\} = \mathbf{D} \tag{2.41}$$

となる．ここで $\mathbf{D}$ は $n \times n$ の対角行列

$$\mathbf{D} = \mathrm{diag}(c_{11}, c_{22}, \ldots, c_{nn}) = \mathrm{diag}(\sigma^2_{x_1}, \sigma^2_{x_2}, \ldots, \sigma^2_{x_n}) \tag{2.42}$$

であり，その n 個の対角要素は $\mathbf{x}$ の成分 x_i の分散 $\sigma^2_{x_i} = \mathrm{E}\left\{(x_i - m_{x_i})^2\right\} = c_{ii}$ である．

特に，平均値が 0 で共分散行列が (したがって相関行列も) 単位行列，場合によってその定数 (分散 σ^2) 倍となる確率ベクトルは，白色であると呼ばれる．すなわち白色確率ベクトルは，$\mathbf{I}$ を $n \times n$ の単位行列とするとき，

$$\mathbf{m_x} = \mathbf{0}, \quad \mathbf{R_x} = \mathbf{C_x} = \mathbf{I} \tag{2.43}$$

を満たすものである．

次に $n \times n$ 行列 $\mathbf{T}$ によって定まる直交変換を確率ベクトル $\mathbf{x}$ に施す．これは，

$$\mathbf{y} = \mathbf{T}\mathbf{x}, \quad \text{ここで } \mathbf{T}^T\mathbf{T} = \mathbf{T}\mathbf{T}^T = \mathbf{I} \tag{2.44}$$

と表される．直交行列 $\mathbf{T}$ は n 次元空間においてノルムと距離を保存しながら回転 (座標軸の変換) させる働きをもつ．$\mathbf{x}$ が白色であるとき，

$$\mathbf{m_y} = \mathrm{E}\{\mathbf{T}\mathbf{x}\} = \mathbf{T}\mathrm{E}\{\mathbf{x}\} = \mathbf{T}\mathbf{m}_x = \mathbf{0} \tag{2.45}$$

で，

$$\begin{aligned}\mathbf{C_y} = \mathbf{R_y} &= \mathrm{E}\left\{\mathbf{T}\mathbf{x}(\mathbf{T}\mathbf{x})^T\right\} = \mathbf{T}\mathrm{E}\{\mathbf{x}\mathbf{x}^T\}\mathbf{T}^T \\ &= \mathbf{T}\mathbf{R_x}\mathbf{T}^T = \mathbf{T}\mathbf{T}^T = \mathbf{I}\end{aligned} \tag{2.46}$$

であるから，**y** も白色であることがわかる．そこで，白色性は直交変換によって保存される性質であると結論できる．したがって，データの白色化の方法は無数に存在することになる．白色化は独立成分分析の前処理として大変有用でよく用いられる方法なので，第 6 章で少し詳しく述べる．

白色性は無相関性の特別な場合であるから，データを無相関化する方法も無数に存在することは明らかである．

例 2.5 線形信号モデル

$$\mathbf{x} = \mathbf{A}\mathbf{s} + \mathbf{n} \tag{2.47}$$

を考える．ここで **x** は確率ベクトルでデータ，**A** は $n \times m$ の定数行列で，**s** は m 次元の確率信号ベクトルであり，**n** は n 次元の確率ベクトルで通常加法的な雑音を表す．**x** の相関行列は，

$$\begin{aligned}\mathbf{R_x} &= \mathrm{E}\left\{\mathbf{x}\mathbf{x}^T\right\} = \mathrm{E}\left\{(\mathbf{A}\mathbf{s} + \mathbf{n})(\mathbf{A}\mathbf{s} + \mathbf{n})^T\right\} \\ &= \mathrm{E}\left\{\mathbf{A}\mathbf{s}\mathbf{s}^T\mathbf{A}^T\right\} + \mathrm{E}\left\{\mathbf{A}\mathbf{s}\mathbf{n}^T\right\} + \mathrm{E}\left\{\mathbf{n}\mathbf{s}^T\mathbf{A}^T\right\} + \mathrm{E}\left\{\mathbf{n}\mathbf{n}^T\right\} \\ &= \mathbf{A}\mathrm{E}\left\{\mathbf{s}\mathbf{s}^T\right\}\mathbf{A}^T + \mathbf{A}\mathrm{E}\left\{\mathbf{s}\mathbf{n}^T\right\} + \mathrm{E}\left\{\mathbf{n}\mathbf{s}^T\right\}\mathbf{A}^T + \mathrm{E}\left\{\mathbf{n}\mathbf{n}^T\right\} \\ &= \mathbf{A}\mathbf{R_s}\mathbf{A}^T + \mathbf{A}\mathbf{R_{sn}} + \mathbf{R_{ns}}\mathbf{A}^T + \mathbf{R_n} \end{aligned} \tag{2.48}$$

となる．通常，雑音ベクトル **n** は平均値 0 で，信号ベクトル **x** とは無相関であると仮定する．すると信号と雑音との相互相関行列は，

$$\mathbf{R_{sn}} = \mathrm{E}\left\{\mathbf{s}\mathbf{n}^T\right\} = \mathrm{E}\left\{\mathbf{s}\right\}\mathrm{E}\left\{\mathbf{n}^T\right\} = \mathbf{0} \tag{2.49}$$

によって零行列となる．同様に $\mathbf{R_{ns}} = \mathbf{0}$ であり，**x** の相関行列は簡単化され，

$$\mathbf{R_x} = \mathbf{A}\mathbf{R_s}\mathbf{A}^T + \mathbf{R_n} \tag{2.50}$$

となる．

雑音が白色であるという仮定もよく用いられる．ここでのその意味は，雑音ベクトル **n** の成分がすべて無相関で，分散が共通な値 σ^2 であるということにする．すると式 (2.50) において，

$$\mathbf{R_n} = \sigma^2 \mathbf{I} \tag{2.51}$$

と置ける．

たとえば雑音がある場合のICA (第15章) などにおいては，しばしば信号ベクトル $\mathbf{s}$ の成分も互いに無相関であると仮定される．そのときには信号相関行列は対角行列

$$\mathbf{D_s} = \mathrm{diag}\left(\mathrm{E}\left\{s_1^2\right\}, \mathrm{E}\left\{s_2^2\right\}, \ldots, \mathrm{E}\left\{s_m^2\right\}\right) \tag{2.52}$$

となる．ここで $s_1, s_2, \ldots, s_m$ は信号ベクトル $\mathbf{s}$ の成分である．すると式 (2.50) は，

$$\mathbf{R_x} = \mathbf{A}\mathbf{D_s}\mathbf{A}^T + \sigma^2 \mathbf{I} = \sum_{i=1}^{m} \mathrm{E}\left\{s_i^2\right\} \mathbf{a}_i \mathbf{a}_i^T + \sigma^2 \mathbf{I} \tag{2.53}$$

という形に書き直せる．ここで $\mathbf{a}_i$ は行列 $\mathbf{A}$ の第 i 列ベクトルである．

式 (2.47) で表されるような雑音のある線形信号モデル，あるいは線形データモデルは，信号処理や他の分野でよく出てくるものであり，$\mathbf{s}$ や $\mathbf{n}$ に対する仮定は扱う問題に依存する．この例について得られた結果が，対応する共分散行列についても成立するということは直ちにわかる．

2.3.2 統計的独立性

独立成分分析の基礎となる中心的な概念は統計的独立性である．簡単のため，まず二つの確率変数 x と y について考える．もし y の値を知っても x に関して何も情報が得られないとしたら，x と y とは独立である．たとえば x と y とはまったく関連のない二つの事象の結果であることもあるし，まったく関連のない二つの物理的過程が発生する確率的な信号であるかもしれない．そのような例としては，サイコロとコインを投げたときの結果や，ある時刻における音声信号と換気装置から発生する背景雑音などがある．

数学的には，統計的独立性は確率密度を用いて定義される．確率変数 x と y とが**独立**であるとは，

$$p_{x,y}(x,y) = p_x(x) p_y(y) \tag{2.54}$$

が成立することである．すなわち，x と y との結合密度 $p_{x,y}(x,y)$ がそれぞれの周辺分布 $p_x(x)$ と $p_y(y)$ の積に因数分解できるということである．同値であるが，式 (2.4) における密度関数を分布関数に置き換えても，独立性を定義することができる．この場合も同じように因数分解されることが条件である．独立な x, y は，

$$\mathrm{E}\{g(x)h(y)\} = \mathrm{E}\{g(x)\} \mathrm{E}\{h(y)\} \tag{2.55}$$

という基本的な性質を満たす．ここで $g(x)$ と $h(y)$ はそれぞれ x, y の絶対可積分な関

数である．これは次のように導かれる．

$$\mathrm{E}\{g(x)h(y)\} = \int_{-\infty}^{\infty}\int_{-\infty}^{\infty} g(x)h(y)p_{x,y}(x,y)dydx \quad (2.56)$$
$$= \int_{-\infty}^{\infty} g(x)p_x(x)dx \int_{-\infty}^{\infty} h(y)p_y(y)dy = \mathrm{E}\{g(x)\}\mathrm{E}\{h(y)\}$$

式 (2.55) からわかるように，統計的独立性は無相関性よりもずっと強い性質である．無相関性を定義している式 (2.40) は，独立性を表す式 (2.55) において，$g(x)$ と $h(y)$ がどちらも線形関数であり，したがって 2 次の統計量 (相関あるいは共分散) のみを考慮するという特別な場合として導かれる．しかしながら，もし確率変数達がガウス分布に従うならば，独立性と無相関性とは同値になる．ガウス分布のこの特別な性質は 2.5 節においてもっと詳しく扱う．

独立性の定義 (2.54) は 3 個以上の確率変数や確率ベクトルに対して，自然に拡張できる．$\mathbf{x}, \mathbf{y}, \mathbf{z}, \ldots$ を一般に異なる次元の確率ベクトルとする．$\mathbf{x}, \mathbf{y}, \mathbf{z}, \ldots$ の独立性の条件は，

$$p_{\mathbf{x},\mathbf{y},\mathbf{z},\ldots}(\mathbf{x}, \mathbf{y}, \mathbf{z}, \ldots) = p_{\mathbf{x}}(\mathbf{x})\, p_{\mathbf{y}}(\mathbf{y})\, p_{\mathbf{z}}(\mathbf{z})\ldots \quad (2.57)$$

となる．また基本的な性質 (2.55) は，

$$\mathrm{E}\{\mathbf{g}_{\mathbf{x}}(\mathbf{x})\mathbf{g}_{\mathbf{y}}(\mathbf{y})\mathbf{g}_{\mathbf{z}}(\mathbf{z})\ldots\} = \mathrm{E}\{\mathbf{g}_{\mathbf{x}}(\mathbf{x})\}\mathrm{E}\{\mathbf{g}_{\mathbf{y}}(\mathbf{y})\}\mathrm{E}\{\mathbf{g}_{\mathbf{z}}(\mathbf{z})\}\ldots \quad (2.58)$$

と一般化される．ここで $\mathbf{g}_{\mathbf{x}}(\mathbf{x}), \mathbf{g}_{\mathbf{y}}(\mathbf{y}), \mathbf{g}_{\mathbf{z}}(\mathbf{z})$ は，式 (2.58) の右辺中の各期待値が存在するような確率ベクトル $\mathbf{x}, \mathbf{y}, \mathbf{z}$ の任意の関数である．

式 (2.57) の一般的な定義を用いると，統計的独立性の標準的な概念を一般化することができる．確率ベクトル $\mathbf{x}$ の各成分はそれ自身スカラーの確率変数である．$\mathbf{y}$ や $\mathbf{z}$ についても同じである．$\mathbf{x}$ の成分達は $\mathbf{y}$ と $\mathbf{z}$ の成分達とは独立であり，式 (2.57) が成立するが，$\mathbf{x}$ 自身の成分達の間は独立でないという状況は当然ありうる．これは確率ベクトル $\mathbf{y}, \mathbf{z}$ についても当てはまることである．

例2.6　まず例 2.2 (p.19) と例 2.3 (p.20) で検討した確率変数 x と y について考えよう．結合密度を便宜上ここでもう一度書くと，

$$p_{x,y}(x,y) = \begin{cases} \frac{3}{7}(2-x)(x+y), & x \in [0,2],\ y \in [0,1] \\ 0, & \text{その他の場合} \end{cases}$$

であるが，これは各周辺分布 $p_x(x)$ と $p_y(y)$ の積ではない．したがって式 (2.54) は満たされないから x と y は独立ではない．実際には，この $p_{x,y}(x,y)$ はそれぞれ x と y

だけの関数である $g(x)$ と $h(y)$ の積に分解できないということから，独立性は上式を見ただけでもわかることである．

次に 2 次元の確率ベクトル $\mathbf{x} = (x_1, x_2)^T$ と 1 次元の確率ベクトル $\mathbf{y} = y$ の結合密度関数として次のようなものを考える [419]．

$$p_{\mathbf{x},\mathbf{y}}(\mathbf{x},\mathbf{y}) = \begin{cases} (x_1 + 3x_2)y, & x_1, x_2 \in [0,1], \quad y \in [0,1] \\ 0, & \text{その他の場合} \end{cases}$$

上の議論から，確率ベクトル $\mathbf{x}$ と $\mathbf{y}$ とは互いに独立であるが，$\mathbf{x}$ の成分 x_1 と x_2 は互いに独立ではないことがわかる．正確な証明は読者の演習問題とする．

2.4 条件つき密度とベイズの法則

ここまで，通常の確率密度，結合密度，周辺密度を扱ってきた．しかし，確率密度関数にはもう一つ，条件つき密度がある．これは第 4 章で扱う推定理論では特に重要である．条件つき密度は次の問題に答えるときに現れるものである —— $\mathbf{y}$ が固定値 $\mathbf{y_0}$ をとるとき，確率ベクトル $\mathbf{x}$ の確率密度はどうなるか？ ここで，$\mathbf{y_0}$ はベクトル $\mathbf{y}$ の実際の観測値である場合が多い．

$\mathbf{x}$ と $\mathbf{y}$ の結合密度 $p_{\mathbf{x},\mathbf{y}}(\mathbf{x},\mathbf{y})$ と各周辺密度が存在すると仮定すると，$\mathbf{x}$ と $\mathbf{y}$ の条件つき確率密度は次のように定義される．

$$p_{\mathbf{x}|\mathbf{y}}(\mathbf{x}|\mathbf{y}) = \frac{p_{\mathbf{x},\mathbf{y}}(\mathbf{x},\mathbf{y})}{p_{\mathbf{y}}(\mathbf{y})} \tag{2.59}$$

この式は，次のように理解することができる．すなわち，確率ベクトル $\mathbf{y}$ が $\mathbf{y_0} < \mathbf{y} \leq \mathbf{y_0} + \Delta \mathbf{y}$ の領域にあるとき，$\mathbf{x}$ が $\mathbf{x_0} < \mathbf{x} \leq \mathbf{x_0} + \Delta \mathbf{x}$ の領域にある確率は $p_{\mathbf{x}|\mathbf{y}}(\mathbf{x_0}|\mathbf{y_0}) \Delta \mathbf{x}$ である．ここで，$\mathbf{x_0}$ と $\mathbf{y_0}$ はある一定のベクトルであり，$\Delta \mathbf{x}$ と $\Delta \mathbf{y}$ は小さいものとする．

$$p_{\mathbf{y}|\mathbf{x}}(\mathbf{y}|\mathbf{x}) = \frac{p_{\mathbf{x},\mathbf{y}}(\mathbf{x},\mathbf{y})}{p_{\mathbf{x}}(\mathbf{x})} \tag{2.60}$$

も同じように考えることができる．

条件つき密度において条件づけする変量，式 (2.59) の $\mathbf{y}$ と式 (2.60) の $\mathbf{x}$ は，本当は確率ベクトルであるが，非確率的な一種のパラメータベクトルと考えることができる．

例 2.7 図 2.4 に描かれた 2 次元の結合密度 $p_{x,y}(x,y)$ を考える．与えられた定数 x_0 に対して，条件つき密度は，

$$p_{y|x}(y|x_0) = \frac{p_{x,y}(x_0,y)}{p_x(x_0)}$$

で表される．ここで，この密度は結合密度 $p(x,y)$ を y 軸と平行に $x=x_0$ で「切り取って」得られる 1 次元の密度である．分母の $p_x(x_0)$ は単に正規化のための定数であり，y の関数としての条件つき密度 $p_{y|x}(y|x_0)$ の形状には影響しないことに注意しよう．

同様に，条件つき密度 $p_{x|y}(x|y_0)$ も幾何学的に得られる．図 2.4 の結合分布を $y=y_0$ で x 軸と平行に切り取ればよい．例として $x_0=1.27$ に対する条件つき密度を図 2.5 に，$y_0=-0.37$ に対するものを図 2.6 に示す．

式 (2.13) と式 (2.14) で与えられる $\mathbf{x}$ と $\mathbf{y}$ の周辺密度 $p_{\mathbf{x}}(\mathbf{x})$ と $p_{\mathbf{y}}(\mathbf{y})$ の定義から，式 (2.59) と式 (2.60) の分母は，結合密度 $p_{\mathbf{x},\mathbf{y}}(\mathbf{x},\mathbf{y})$ を，条件がつかないほうの確率ベクトルについて積分すれば得ることができる．これからすぐわかるように，条件つき密度は次の式を満足し，それ自身確かに確率密度である．

$$\int_{-\infty}^{\infty} p_{\mathbf{x}|\mathbf{y}}(\boldsymbol{\xi}|\mathbf{y})\,d\boldsymbol{\xi} = 1, \quad \int_{-\infty}^{\infty} p_{\mathbf{y}|\mathbf{x}}(\boldsymbol{\eta}|\mathbf{x})\,d\boldsymbol{\eta} = 1 \qquad (2.61)$$

ここで，確率ベクトル $\mathbf{x}$ と $\mathbf{y}$ が統計的に独立であるとすると，$\mathbf{x}$ は $\mathbf{y}$ にまったく依存しないのだから，その条件つき密度 $p_{\mathbf{x}|\mathbf{y}}(\mathbf{x}|\mathbf{y})$ は $\mathbf{x}$ の無条件の密度 $p_{\mathbf{x}}(\mathbf{x})$ と等しくなる．同様に，$p_{\mathbf{y}|\mathbf{x}}(\mathbf{y}|\mathbf{x}) = p_{\mathbf{y}}(\mathbf{y})$ である．したがって式 (2.59) と式 (2.60) はどち

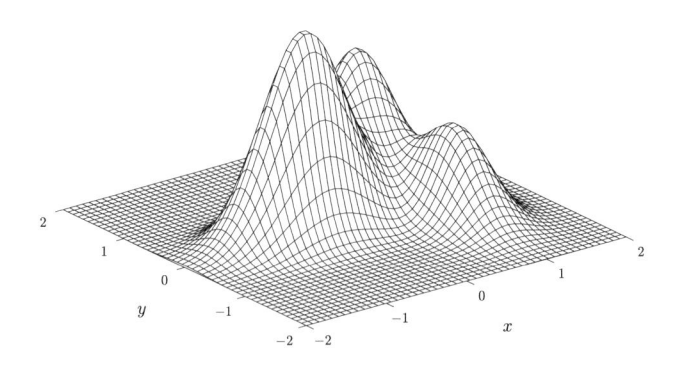

図 2.4　確率変数 x と y の 2 次元結合密度の例．

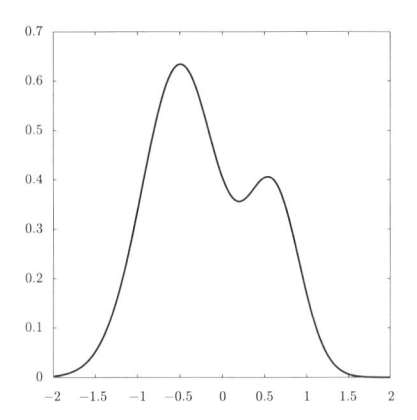

図 2.5 条件付確率密度 $p_{x|y}(y|x=1.27)$.

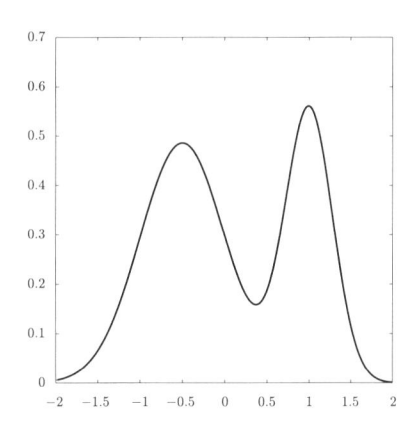

図 2.6 条件付確率密度 $p_{y|x}(x|y=-0.37)$.

らも，

$$p_{\mathbf{x},\mathbf{y}}(\mathbf{x},\mathbf{y}) = p_{\mathbf{x}}(\mathbf{x})\,p_{\mathbf{y}}(\mathbf{y}) \tag{2.62}$$

という形となり，この式はまさに確率ベクトル $\mathbf{x}$ と $\mathbf{y}$ の独立の定義となる．

一般的な場合には式 (2.59) と式 (2.60) から，2通りの表現で $\mathbf{x}$ と $\mathbf{y}$ の結合密度が表される．すなわち，

$$p_{\mathbf{x},\mathbf{y}}(\mathbf{x},\mathbf{y}) = p_{\mathbf{y}|\mathbf{x}}(\mathbf{y}|\mathbf{x})\,p_{\mathbf{x}}(\mathbf{x}) = p_{\mathbf{x}|\mathbf{y}}(\mathbf{x}|\mathbf{y})\,p_{\mathbf{y}}(\mathbf{y}) \tag{2.63}$$

であり，これから，たとえば $\mathbf{x}$ で条件づけした $\mathbf{y}$ の条件密度を，

$$p_{\mathbf{y}|\mathbf{x}}(\mathbf{y}|\mathbf{x}) = \frac{p_{\mathbf{x}|\mathbf{y}}(\mathbf{x}|\mathbf{y}) p_{\mathbf{y}}(\mathbf{y})}{p_{\mathbf{x}}(\mathbf{x})} \tag{2.64}$$

で求めることもできる．ここで必要ならば，分母は分子の積分で計算される．つまり，

$$p_{\mathbf{x}}(\mathbf{x}) = \int_{-\infty}^{\infty} p_{\mathbf{x}|\mathbf{y}}(\mathbf{x}|\boldsymbol{\eta}) p_{\mathbf{y}}(\boldsymbol{\eta}) d\boldsymbol{\eta} \tag{2.65}$$

である．

式 (2.64) は (式 (2.65) とまとめて) ベイズの法則と呼ばれる．この法則は統計学の推定の理論において特に重要である．その場合，$p_{\mathbf{x}|\mathbf{y}}(\mathbf{x}|\mathbf{y})$ は計測ベクトル $\mathbf{x}$ の条件つき密度で，$\mathbf{y}$ は未知の確率的なパラメータベクトルであることが多い．ベイズの法則 (2.64) から，ある計測ベクトル (観測ベクトル) $\mathbf{x}$ が与えられたとき，確率パラメータ $\mathbf{y}$ の**事前密度** $p_{\mathbf{y}}(\mathbf{y})$ が既知であるか仮定すれば，パラメータ $\mathbf{y}$ の**事後密度** $p_{\mathbf{y}|\mathbf{x}}(\mathbf{y}|\mathbf{x})$ の計算ができることになる．これらは第 4 章で詳細に扱う．

条件つき期待値は先に定義した期待値と似た形で定義されるが，積分の中の確率密度関数は対応する条件つき密度になる．よって，たとえば，

$$\mathrm{E}\{\mathbf{g}(\mathbf{x},\mathbf{y})|\mathbf{y}\} = \int_{-\infty}^{\infty} \mathbf{g}(\boldsymbol{\xi},\mathbf{y}) p_{\mathbf{x}|\mathbf{y}}(\boldsymbol{\xi}|\mathbf{y}) d\boldsymbol{\xi} \tag{2.66}$$

となる．上の期待値を計算する際には $\mathbf{y}$ を確定的なものと考えて計算するが，結果の式は，依然として確率ベクトル $\mathbf{y}$ の関数である．$\mathbf{x}$ と $\mathbf{y}$ に関する完全な期待値は，式 (2.66) の $\mathbf{y}$ に関する期待値を計算することによって得られる．つまり，

$$\mathrm{E}\{\mathbf{g}(\mathbf{x},\mathbf{y})\} = \mathrm{E}\{\mathrm{E}\{\mathbf{g}(\mathbf{x},\mathbf{y})|\mathbf{y}\}\} \tag{2.67}$$

である．この式は 2 段階で期待値を計算するものだが，式 (2.28) の計算の代わりに用いてよいことは，ベイズの法則から容易に導ける．

2.5　多変量ガウス分布

多変量ガウス (あるいは正規) 分布にはいくつかの特別な性質があって，確率密度関数の中で特別な存在となっている．重要な分布であるので，この節でもっと詳しく調べることにする．

n 次元確率ベクトル $\mathbf{x}$ を考える．$\mathbf{x}$ の確率密度関数が，

$$p_{\mathbf{x}}(\mathbf{x}) = \frac{1}{(2\pi)^{n/2} (\det \mathbf{C}_{\mathbf{x}})^{1/2}} \exp\left(-\frac{1}{2}(\mathbf{x}-\mathbf{m}_{\mathbf{x}})^T \mathbf{C}_{\mathbf{x}}^{-1}(\mathbf{x}-\mathbf{m}_{\mathbf{x}})\right) \tag{2.68}$$

で与えられるとき，$\mathbf{x}$ はガウス的であるという．n は $\mathbf{x}$ の次元，$\mathbf{m_x}$ はその平均，$\mathbf{C_x}$ は共分散行列である．$\det \mathbf{A}$ は行列 $\mathbf{A}$ の行列式を表す．$n=1$ の場合この密度関数は，例 2.1 (p.17) で簡潔に述べた単一の確率変数 x の，1 次元ガウス密度関数 (2.4) に帰着することが容易にわかる．また $\mathbf{C_x}$ は正定値であると仮定され，したがってその逆行列が存在するということにも注意されたい．

この密度 (2.68) に対して，

$$\mathrm{E}\{\mathbf{x}\} = \mathbf{m_x}, \quad \mathrm{E}\left\{(\mathbf{x}-\mathbf{m_x})(\mathbf{x}-\mathbf{m_x})^T\right\} = \mathbf{C_x} \tag{2.69}$$

が示される．これにより，$\mathbf{m_x}$, $\mathbf{C_x}$ をそれぞれ多変量ガウス分布の平均ベクトル，共分散行列と呼ぶことが正当であることがわかる．

2.5.1 ガウス密度の性質

以下に証明なしに，多変量ガウス分布の最も重要な性質をあげる．証明は多くの本に書かれている．たとえば [353, 419, 407] を参照されたい．

1 次および 2 次統計量のみが必要 多変量ガウス分布 (2.68) を完全に規定するのに必要なのは，平均ベクトル $\mathbf{m_x}$ と共分散行列 $\mathbf{C_x}$ だけである．したがって，他のすべての高次統計量も $\mathbf{m_x}$ と $\mathbf{C_x}$ によって決まる．つまりこれらの高次統計量は多変量ガウス分布に対して，いかなる新しい情報も与えない．これと密度関数の形から，ガウス的なデータに対しては 1 次と 2 次の統計量に基づく線形信号処理法が通常最適であるという，重要な事実が導かれる．たとえば，ガウス的なデータに対して独立成分分析を行っても，通常の主成分分析 (第 6 章) で得られるもの以上のものは何も得られない．同様に，古典的な統計信号処理で用いられる時間不変な離散時間フィルタは，ガウス的なデータに対しては最適なのである．

線形変換してもガウス性は保存される $\mathbf{x}$ がガウス確率ベクトルであるとき，その線形変換 $\mathbf{y} = \mathbf{A}\mathbf{x}$ もガウス確率ベクトルであり，その平均ベクトルは $\mathbf{m_y} = \mathbf{A}\mathbf{m_x}$ で，共分散行列は $\mathbf{C_y} = \mathbf{A}\mathbf{C_x}\mathbf{A}^T$ で与えられる．特に，ガウス確率変数達の任意の線形結合もまた，ガウス確率変数である．これからまた，ガウス性のデータに対して標準的な独立成分分析を行っても，モデル推定はできないということがわかる．第 7 章で述べることであるが，信号源について何らかの特別な知識がない限り，ガウス性の信号

源の暗中分離はできない[3].

周辺分布も条件つき分布もガウス分布である　二つの確率ベクトル $\mathbf{x}$ と $\mathbf{y}$ の次元がそれぞれ n, m であるとする．これらをまとめて $n+m$ 次元の一つの確率ベクトル $\mathbf{z}^T = (\mathbf{x}^T, \mathbf{y}^T)$ とする．その平均ベクトル $\mathbf{m_z}$ と共分散行列 $\mathbf{C_z}$ は，

$$\mathbf{m_z} = \begin{pmatrix} \mathbf{m_x} \\ \mathbf{m_y} \end{pmatrix}, \quad \mathbf{C_z} = \begin{bmatrix} \mathbf{C_x} & \mathbf{C_{xy}} \\ \mathbf{C_{yx}} & \mathbf{C_y} \end{bmatrix} \tag{2.70}$$

で与えられる．二つの相互共分散行列は互いに他の転置行列であることを思い出そう．すなわち $\mathbf{C_{xy}} = \mathbf{C_{yx}}^T$ である．

$\mathbf{z}$ が結合ガウス分布（つまり多変量ガウス分布）に従うと仮定する．すると結合ガウス密度 $p_{\mathbf{z}}(\mathbf{z})$ の周辺密度 $p(\mathbf{x})$ と $p(\mathbf{y})$ がガウス密度であることが示される．さらに条件つき密度 $p_{\mathbf{x}|\mathbf{y}}$ と $p_{\mathbf{y}|\mathbf{x}}$ もそれぞれ n 次元と m 次元のガウス密度である．条件つき密度 $p_{\mathbf{y}|\mathbf{x}}$ の平均ベクトルと共分散行列は，

$$\mathbf{m_{y|x}} = \mathbf{m_y} + \mathbf{C_{yx}} \mathbf{C_x}^{-1} (\mathbf{x} - \mathbf{m_x}) \tag{2.71}$$

$$\mathbf{C_{y|x}} = \mathbf{C_y} - \mathbf{C_{yx}} \mathbf{C_x}^{-1} \mathbf{C_{xy}} \tag{2.72}$$

で与えられる．条件つき密度 $p_{\mathbf{x}|\mathbf{y}}$ の平均ベクトル $\mathbf{m_{x|y}}$ と共分散行列 $\mathbf{C_{x|y}}$ についても同様の式が得られる．

無相関性と幾何学的な構造　前に述べたように，無相関のガウス確率変数はまた独立でもあるが，これは他の一般の分布について成立する性質ではない．この性質の導出は読者の演習問題とする．ガウス密度 (2.68) の共分散行列 $\mathbf{C_x}$ が対角行列でなければ，$\mathbf{x}$ の成分同士に相関がある．$\mathbf{C_x}$ は正定値対称行列であるから，常に，

$$\mathbf{C_x} = \mathbf{E D E}^T = \sum_{i=1}^{n} \lambda_i \mathbf{e}_i \mathbf{e}_i^T \tag{2.73}$$

という形で書ける．ここで $\mathbf{E}$ は直交行列（すなわち回転を表す）で，その列ベクトル $\mathbf{e}_1, \mathbf{e}_2, \ldots, \mathbf{e}_n$ は $\mathbf{C_x}$ の n 個の固有ベクトルであり，$\mathbf{D} = \mathrm{diag}(\lambda_1, \lambda_2, \ldots, \lambda_n)$ は対応する固有値 λ_i からなる．$\mathbf{x}$ に，

$$\mathbf{u} = \mathbf{E}^T (\mathbf{x} - \mathbf{m_x}) \tag{2.74}$$

---

[3]. ただしある条件の下では，時間的相関のある（非白色の）ガウス的信号源を，2次の時間的統計量を用いて分離できる場合もある．そのような手法は，標準的な独立成分分析とはかなり異なるもので，第18章で論じる．

で表される回転を与えることにより，$\mathbf{u}$ の成分達は無相関になり，したがって独立になることは容易に示すことができる．

さらに共分散行列 $\mathbf{C_x}$ の固有値 λ_i と固有ベクトル $\mathbf{e}_i$ は，多変量ガウス分布の幾何学的な構造を見せてくれる．確率密度関数の等高線は，密度関数がある定数をとる曲線であり，$p_{\mathbf{x}}(\mathbf{x}) = $ 定数，という方程式で与えられる．多変量ガウス密度関数の場合，これは指数部分が定数 c であるということと同値である．すなわち，

$$(\mathbf{x} - \mathbf{m_x})^T \mathbf{C_x}^{-1} (\mathbf{x} - \mathbf{m_x}) = c \tag{2.75}$$

である．式 (2.73) を用いると，多変量ガウス分布の等高線(面) は平均ベクトル $\mathbf{m_x}$ に中心をもつような超楕円面であることが容易に示される [419]．この超楕円体の主軸は固有ベクトル $\mathbf{e}_i$ と平行で，固有値 λ_i は対応する分散になっている．図 2.7 を参照されたい．

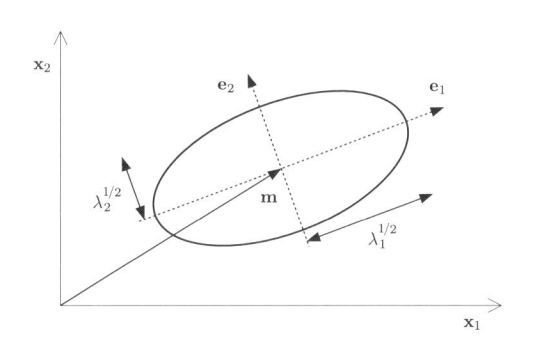

図 2.7　多変量ガウス確率密度の説明．

2.5.2　中心極限定理

ガウス分布の重要性を示すもう一つの根拠は中心極限定理である．

$$x_k = \sum_{i=1}^{k} z_i \tag{2.76}$$

を，独立で同一分布をする確率変数 z_i の列 $\{z_i\}$ の部分和とする．x_k の平均と分散は $k \to \infty$ のとき限りなく大きくなるだろうから，x_k の代わりに標準化された変数，

$$y_k = \frac{x_k - m_{x_k}}{\sigma_{x_k}} \tag{2.77}$$

を考えよう．ここで m_{x_k} と σ_{x_k} は x_k の平均と標準偏差である．y_k の分布は $k \to \infty$ のとき，平均 0 で分散が 1 のガウス分布に収束することが示される．これがよく知られた**中心極限定理**である．独立性や同一分布に関する仮定を弱めた形の定理もいくつか存在する．ガウス確率変数が，多くの確率的な現象のモデルとして用いられる一つの根拠が，中心極限定理で与えられる．たとえば加法的な雑音は，多くの場合数多くの小さな素過程の和として現れるので，ガウス確率変数としてモデル化されるのは自然である．

中心極限定理は，共通の平均 $\mathbf{m_z}$ と共分散行列 $\mathbf{C_z}$ をもつ，独立で同一分布する確率ベクトル $\mathbf{z}_i$ に，容易に一般化できる．確率ベクトル，

$$\mathbf{y}_k = \frac{1}{\sqrt{k}} \sum_{i=1}^{k} (\mathbf{z}_i - \mathbf{m_z}) \tag{2.78}$$

の分布の極限は，平均 $\mathbf{0}$ で共分散行列が $\mathbf{C_z}$ であるような多変量ガウス分布である．

中心極限定理から，独立成分分析と暗中信号源分離(ブラインド)に対して一つの重要な結論が導かれる．データベクトル $\mathbf{x}$ の一つの成分は，通常，

$$x_i = \sum_{j=1}^{m} a_{ij} s_j \tag{2.79}$$

のような混合として表される．ここで $s_j\,(j=1,\ldots,m)$ は m 個の未知の信号源で，$a_{ij}\,(j=1,\ldots,m)$ は混合の係数を表す定数である．信号源の数がかなり少なくても (たとえば $m=10$)，混合 x_k の分布は通常，ガウス分布に近い．実際問題では，各信号源の分布が互いに大きく異なっていても，またガウス分布から非常に離れていても，この性質はよく成立するようである．この性質の例は第 8 章や [149] に見られる．

2.6　変換の分布

いま，$\mathbf{x}$ と $\mathbf{y}$ がどちらも n 次元の確率ベクトルで，ベクトル写像

$$\mathbf{y} = \mathbf{g}(\mathbf{x}) \tag{2.80}$$

によって関係していて，この写像には逆写像

$$\mathbf{x} = \mathbf{g}^{-1}(\mathbf{y}) \tag{2.81}$$

が一意に存在すると仮定する．$\mathbf{y}$ の密度 $p_{\mathbf{y}}(\mathbf{y})$ は $\mathbf{x}$ の密度 $p_{\mathbf{x}}(\mathbf{x})$ から次の式で得られることが証明される．

$$p_{\mathbf{y}}(\mathbf{y}) = \frac{1}{|\det J\mathbf{g}(\mathbf{g}^{-1}(\mathbf{y}))|} p_{\mathbf{x}}(\mathbf{g}^{-1}(\mathbf{y})) \tag{2.82}$$

ここで，$J\mathbf{g}$ はヤコビ行列

$$J\mathbf{g}(\mathbf{x}) = \begin{bmatrix} \frac{\partial g_1(\mathbf{x})}{\partial x_1} & \frac{\partial g_2(\mathbf{x})}{\partial x_1} & \cdots & \frac{\partial g_n(\mathbf{x})}{\partial x_1} \\ \frac{\partial g_1(\mathbf{x})}{\partial x_2} & \frac{\partial g_2(\mathbf{x})}{\partial x_2} & \cdots & \frac{\partial g_n(\mathbf{x})}{\partial x_2} \\ \vdots & \vdots & \ddots & \vdots \\ \frac{\partial g_1(\mathbf{x})}{\partial x_n} & \frac{\partial g_2(\mathbf{x})}{\partial x_n} & \cdots & \frac{\partial g_n(\mathbf{x})}{\partial x_n} \end{bmatrix} \tag{2.83}$$

であり，$g_j(\mathbf{x})$ はベクトル関数 $\mathbf{g}(\mathbf{x})$ の j 番目の要素である．

式 (2.80) における特別の場合として，変換が線形でかつ正則である場合がある．つまり，$\mathbf{y} = \mathbf{A}\mathbf{x}$, $\mathbf{x} = \mathbf{A}^{-1}\mathbf{y}$ であり，このとき式 (2.82) は，

$$p_\mathbf{y}(\mathbf{y}) = \frac{1}{|\det \mathbf{A}|} p_\mathbf{x}(\mathbf{A}^{-1}\mathbf{y}) \tag{2.84}$$

となる．もし式 (2.84) の $\mathbf{x}$ が多変量ガウス分布に従うならば，前項で見たように $\mathbf{y}$ もまた多変量ガウス分布に従う．

その他の種類の変換に関することは，確率論の教科書に述べられている [129, 353]．たとえば，統計的に独立である確率変数 x と y の和，$z = x + y$ はしばしば演習問題に使われる．この場合の確率変数間の変換は一対一ではないため，上の結果を直接適用できない．しかし，z の確率密度関数は x と y の密度の畳み込み積分となることが証明される[4][129, 353, 407]．

式 (2.82) の特別な場合で実際問題で重要なものとして，いわゆる確率積分変換がある．もし，$F_x(x)$ が確率変数 x の累積分布関数であるとすると，確率変数

$$z = F_x(x) \tag{2.85}$$

は，$[0, 1]$ の区間において一様に分布する．これからわかるように，一様分布する乱数から，望みの分布に従う確率変数の生成が可能である．はじめに，望みの密度の累積分布関数を計算する．次に式 (2.85) の逆変換を求める．これより，式 (2.85) の逆変換が計算可能であれば，希望する密度をもつ確率変数 x を得ることができる．

2.7　高次の統計量

今までのところ，我々は主に 2 次の統計量を使って確率ベクトルの性質を述べてきた．標準的な統計的信号処理の方法は，この統計的な情報を線形離散時間システムに

---

[4]. 訳注: $z = x + y$, $w = x$ という一対一変換を用いれば式 (2.84) が直接適用可能で，結果は容易に導かれる．

おいて利用するという考えをもとにしている．それらの理論は整備され，多くの状況に対して大変有用である．それにもかかわらず，ガウス性，線形性，定常性などの仮定により制約を受けている．

1980年代の中頃から信号処理に携わる人々の間で，高次統計量を用いた方法に対する興味が起こってきた．同じころ，効率的な学習の方法論がいくつか発展したおかげで，ニューラルネットワークの人気が高まってきた．ニューラルネットワークの基本的な考え方の一つに，入力データの非線形で分散的な処理がある．ニューラルネットワークとは，ニューロンと呼ばれる単純な演算素子が互いに結合したものである．各ニューロンの出力は普通，入力の非線形関数である．非線形関数としては，たとえば双曲線関数 $\tanh(u)$ が使われるが，これにより高次の統計量が信号処理に入り込むことになる．それは，この関数をたとえばテイラー級数で書くと，

$$\tanh(u) = u - \frac{1}{3}u^3 + \frac{2}{15}u^5 - \cdots \tag{2.86}$$

となることからも明らかである．多くのニューラルネットワークでは，スカラー u は，荷重ベクトル $\mathbf{w}$ と入力ベクトル $\mathbf{x}$ の内積 $u = \mathbf{w}^T\mathbf{x}$ である．これを式 (2.86) に代入すれば，ベクトル $\mathbf{x}$ の成分達の高次の統計量が計算に入ってくることは明らかである．

独立成分分析や暗中(ブラインド)信号源分離は，直接間接に非線形関数を通して高次統計量を用いる必要がある．そこで，後で必要となる基本的な概念や結果を次に述べる．

2.7.1 尖度と密度関数の分類

本項では，1個のスカラー確率変数の単純な高次統計量を扱う．単純ではあっても，これらの統計量は多くの状況に対して大変役に立つ．

確率変数 x とその確率密度関数 $p_x(x)$ を考える．x の j 次モーメント α_j は，期待値

$$\alpha_j = \mathrm{E}\{x^j\} = \int_{-\infty}^{\infty} \xi^j p_x(\xi)\, d\xi, \quad j = 1, 2, \ldots \tag{2.87}$$

によって定義され，x の j 次中心モーメント μ_j は，

$$\mu_j = \mathrm{E}\{(x - \alpha_1)^j\} = \int_{-\infty}^{\infty} (\xi - m_x)^j p_x(\xi)\, d\xi, \quad j = 1, 2, \ldots \tag{2.88}$$

で定義される．したがって x の平均 m_x は1次モーメント α_1 でもあり，中心モーメントは平均 m_x の周囲で計算されるものである．2次モーメント $\alpha_2 = \mathrm{E}\{x^2\}$ は x の平均パワーである．中心モーメント $\mu_0 = 1$ と $\mu_1 = 0$ は重要ではない．2次中心モーメント $\mu_2 = \sigma_x^2$ は x の分散である．

先へ進む前に，すべてのモーメントが有限ではないような分布が存在することを注意しておく．モーメントのもう一つの欠点は，すべてのモーメントがわかっても分布は一意に決まらないということである．幸い，普通に現れる分布の大部分については，そのすべてのモーメントが有限であり，すべてのモーメントがわかれば実質的に確率密度がわかる [315]．

3次中心モーメント

$$\mu_3 = \mathrm{E}\left\{(x - m_x)^3\right\} \tag{2.89}$$

は歪度(skewness)と呼ばれる．これは密度関数の非対称性のよい尺度である．密度関数がその平均を中心として対称であれば，歪度は 0 であることが容易に示される．

4次のモーメントについてより詳しく見てみよう．5次以上のモーメントや統計量はほとんど用いられないので，ここでは扱わない．4次モーメント $\alpha_4 = \mathrm{E}\{x^4\}$ は簡単なため，独立成分分析で用いられる場合がある．4次中心モーメント $\mu_4 = \mathrm{E}\left\{(x - m_x)^4\right\}$ の代わりに，それにない有用な性質をもっている尖度と呼ばれる 4次統計量がよく用いられる．尖度(kurtosis)は，次の項において，キュムラントの一般的な理論の枠組みの中で導出されるが，尖度は簡単で，しかも独立成分分析や暗中信号源分離において重要であるので，ここで説明することにする．

平均値が 0 の場合，尖度は，

$$\mathrm{kurt}\,(x) = \mathrm{E}\left\{x^4\right\} - 3\left[\mathrm{E}\left\{x^2\right\}\right]^2 \tag{2.90}$$

で定義される．その代わりに正規化尖度

$$\tilde{\kappa}\,(x) = \frac{\mathrm{E}\left\{x^4\right\}}{\left[\mathrm{E}\left\{x^2\right\}\right]^2} - 3 \tag{2.91}$$

も用いられる．白色化したデータに対しては $\mathrm{E}\{x^2\} = 1$ だから，両者は同じになって，

$$\mathrm{kurt}\,(x) = \tilde{\kappa}\,(x) = \mathrm{E}\left\{x^4\right\} - 3 \tag{2.92}$$

に帰着する．これからわかることであるが，データが白色のときには，分布の特徴を記述するのに尖度の代わりに 4次モーメントを用いてよい．尖度とは，基本的に 4次モーメントを正規化したものである．

尖度の一つの有用な性質はその加法性である．x と y が独立な確率変数であるとき，

$$\mathrm{kurt}\,(x + y) = \mathrm{kurt}\,(x) + \mathrm{kurt}\,(y) \tag{2.93}$$

が示される．これは4次モーメントについては成立しないので，モーメントの代わりに尖度を用いることの一つの利点である．また，任意のスカラーのパラメータ β に対して，

$$\mathrm{kurt}\,(\beta x) = \beta^4 \mathrm{kurt}\,(x) \tag{2.94}$$

である．したがって，尖度は変数について線形ではない．

さらに，尖度の重要な特徴として，それは確率変数の非ガウス性を示す最も簡単な統計量であるということがある．x がガウス分布に従うとき，その尖度 $\mathrm{kurt}\,(x)$ が0になることが示される．4次モーメントはガウス的変数について0ではないから，それと比較すると，尖度はその意味で「正規化されている」と考えられる．

尖度が0であるような分布を，統計学の分野ではメソクルティック (mesokurtic: 尖度中立的) と呼んでいる．一般に，負の尖度をもつ分布を**劣ガウス的** (subgaussian) と呼んでいる (統計学ではプラチクルティック: platykurtic)．尖度が正のとき，その分布を**優ガウス的** (supergaussian) と呼んでいる (またはレプトクルティック：leptokurtic)．劣ガウス的確率密度はガウス分布と比べて扁平であったり多峰性であったりする．優ガウス的確率密度は，だいたいにおいてガウス分布と比べて山がより急峻で，より長い裾をもっている．

尖度は，確率変数や信号の非ガウス性の定量的な尺度としてよく用いられるが，その際少し注意が必要である．それは，優ガウス的信号の尖度は非常に大きな値をとりうる (原理的には上界がない) のに対し，劣ガウス的信号の尖度は -2 という最小値によって下に有界であるからである．したがって，優ガウス的信号と劣ガウス的信号との非ガウス性を，尖度を用いて比較するのは適当ではない．しかし，信号が同種のものであるとき，つまり両者が劣ガウス的であるか，もしくは優ガウス的であれば，尖度は非ガウス性の簡便な尺度として用いることができる．

コンピュータシミュレーションでしばしば用いられる劣ガウス的分布は，**一様分布**である．平均0で一様分布する確率変数 x の密度関数は，

$$p_x(x) = \begin{cases} \frac{1}{2a}, & x \in [-a, a] \\ 0, & \text{その他の場合} \end{cases} \tag{2.95}$$

である．ここでパラメータ a は図2.8からもわかるように密度関数の幅 (と高さ) を決める．広く用いられる優ガウス的分布に，ラプラス (または二重指数) 分布がある．その確率密度関数 (ここでも平均0の場合) は，

$$p_x(x) = \frac{\lambda}{2} \exp(-\lambda |x|) \tag{2.96}$$

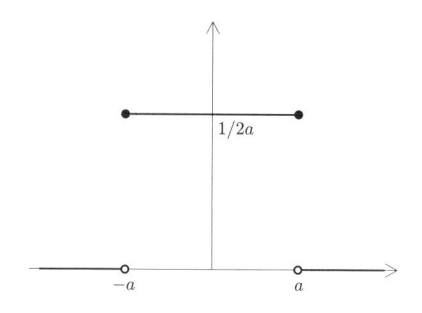

図 2.8 平均 0 の一様分布の例.

である．唯一のパラメータ $\lambda > 0$ は，ラプラス密度の分散とピークの高さを決める．容易にわかるように，λ を大きくすると，ラプラス分布の分散は小さくなって，$x = 0$ における最大値 $\lambda/2$ は小さくなる (図 2.9 を参照).

一様分布もラプラス分布も，一般化ガウス族または指数べき乗族と呼ばれる確率分布の特別な場合として導ける [53, 256]．この族に属する密度の式は (平均 0 の場合),

$$p_x(x) = C \exp\left(-\frac{|x|^\nu}{\nu \mathrm{E}\{|x|^\nu\}}\right) \tag{2.97}$$

と書ける．正の指数 ν は分布の型を決め，C は積分値が 1 となるように正規化するための定数 (分母中の期待値も正規化定数である) である ([53] を参照)．$\nu = 0$ のとき通常のガウス分布となる．$\nu = 1$ とすればラプラス分布となり，$\nu \to \infty$ のとき一様分布となる．パラメータ値が $\nu < 2$ のとき優ガウス的密度，$\nu > 2$ のとき劣ガウス的密度を与える．$0 < \nu < 1$ であるとき，式 (2.97) はインパルス状の密度関数を与える．

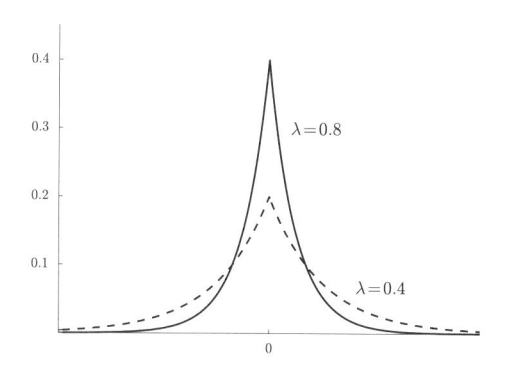

図 2.9 ラプラス密度の 2 例.

2.7.2 キュムラント，モーメントとそれらの性質

次にキュムラントの一般的な定義を述べる．x を平均 0 の実数連続値をとるスカラーの確率変数で，その確率密度関数を $p_x(x)$ とする．

第一特性関数は $p_x(x)$ の (連続) フーリエ変換[5]

$$\varphi(\omega) = \mathrm{E}\{\exp(j\omega x)\} = \int_{-\infty}^{\infty} \exp(j\omega x)\, p_x(x)\, dx \tag{2.98}$$

で定義される．ここで $j = \sqrt{-1}$ で，ω は x に対応する変換後の変数である．すべての確率分布はその特性関数によって一意に決定されるし，その逆も正しい [353]．特性関数 $\varphi(\omega)$ をテイラー展開すると [353, 149]，

$$\varphi(\omega) = \int_{-\infty}^{\infty} \left(\sum_{k=0}^{\infty} \frac{x^k (j\omega)^k}{k!} \right) p_x(x)\, dx = \sum_{k=0}^{\infty} \mathrm{E}\{x^k\} \frac{(j\omega)^k}{k!} \tag{2.99}$$

となる．これで見られるように，各係数項が x のモーメント $\mathrm{E}\{x^k\}$ となっている (それらが存在すると仮定して)．そのため，特性関数 $\varphi(\omega)$ は**モーメント生成関数**とも呼ばれる．

後でその理由は説明するが，x の第二特性関数またはキュムラント生成関数とも呼ばれる $\phi(\omega)$ が，しばしば好んで用いられる．これは第一特性関数 (2.98) の自然対数で与えられる．すなわち，

$$\phi(\omega) = \ln(\varphi(\omega)) = \ln(\mathrm{E}\{\exp(j\omega x)\}) \tag{2.100}$$

である．x のキュムラント κ_k も対応するモーメントと同じように，第二特性関数 (2.100) のテイラー展開

$$\phi(\omega) = \sum_{k=0}^{\infty} \kappa_k \frac{(j\omega)^k}{k!} \tag{2.101}$$

の係数として定義される．ここで第 k キュムラントは微係数

$$\kappa_k = (-j)^k \left. \frac{d^k \phi(\omega)}{d\omega^k} \right|_{\omega=0} \tag{2.102}$$

として求められる．平均 0 の確率変数 x に対しては，最初の 4 個のキュムラントは，

$$\kappa_1 = 0, \quad \kappa_2 = \mathrm{E}\{x^2\}, \quad \kappa_3 = \mathrm{E}\{x^3\}, \\ \kappa_4 = \mathrm{E}\{x^4\} - 3\left[\mathrm{E}\{x^2\}\right]^2 \tag{2.103}$$

---

[5] 訳注: 時間 t の関数 $f(t)$ のフーリエ変換の定義は，$\int_{-\infty}^{\infty} \exp(-j\omega x)\, f(x)\, dx$ とするのが普通である．

である．したがって最初の三つのキュムラントは対応するモーメントと等しく，第 4 キュムラント κ_4 は式 (2.90) ですでに定義した尖度に等しいことがわかる．

以下に x の平均 $\mathrm{E}\{x\}$ が 0 でないときのキュムラントの式をあげる [319, 386, 149]．

$$\begin{aligned}
\kappa_1 &= \mathrm{E}\{x\} \\
\kappa_2 &= \mathrm{E}\{x^2\} - [\mathrm{E}\{x\}]^2 \\
\kappa_3 &= \mathrm{E}\{x^3\} - 3\mathrm{E}\{x^2\}\mathrm{E}\{x\} + 2[\mathrm{E}\{x\}]^3 \\
\kappa_4 &= \mathrm{E}\{x^4\} - 3[\mathrm{E}\{x^2\}]^2 - 4\mathrm{E}\{x^3\}\mathrm{E}\{x\} + 12\mathrm{E}\{x^2\}[\mathrm{E}\{x\}]^2 - 6[\mathrm{E}\{x\}]^4
\end{aligned} \quad (2.104)$$

これらの公式は，第二特性関数 $\phi(\omega)$ の面倒な計算をして得られるものである．より高次のキュムラントの式はますます複雑になり [319, 386]，実際にはめったに用いられもしないので省略する．

ここで多変量の場合について少し考えておこう．$\mathbf{x}$ を確率ベクトル，$p_\mathbf{x}(\mathbf{x})$ をその確率密度関数とする．$\mathbf{x}$ の特性関数はやはり密度関数のフーリエ変換で，

$$\varphi(\boldsymbol{\omega}) = \mathrm{E}\{\exp(j\boldsymbol{\omega}\mathbf{x})\} = \int_{-\infty}^{\infty} \exp(j\boldsymbol{\omega}\mathbf{x})p_\mathbf{x}(\mathbf{x})d\mathbf{x} \quad (2.105)$$

で与えられる．ここで $\boldsymbol{\omega}$ は $\mathbf{x}$ と同次元の行ベクトルで，積分は $\mathbf{x}$ のすべての成分について行う．モーメントやキュムラントは 1 変数の場合と同様に得られる．したがって，$\mathbf{x}$ の各モーメントは第一特性関数 $\varphi(\boldsymbol{\omega})$ のテイラー展開に現れる各係数で，各キュムラントは第二特性関数 $\phi(\boldsymbol{\omega}) = \ln(\varphi(\boldsymbol{\omega}))$ のテイラー展開の各係数である．多変量の場合，キュムラントは相互共分散との類似からしばしばクロス (相互) キュムラント (cross-cumulant) と呼ばれる．

平均 0 の確率ベクトル $\mathbf{x}$ の 2 次，3 次および 4 次キュムラントは [319, 386, 149]，

$$\begin{aligned}
\mathrm{cum}(x_i, x_j) &= \mathrm{E}\{x_i x_j\} \\
\mathrm{cum}(x_i, x_j, x_k) &= \mathrm{E}\{x_i x_j x_k\} \\
\mathrm{cum}(x_i, x_j, x_k, x_l) &= \mathrm{E}\{x_i x_j x_k x_l\} - \mathrm{E}\{x_i x_j\}\mathrm{E}\{x_k x_l\} \\
&\quad - \mathrm{E}\{x_i x_k\}\mathrm{E}\{x_j x_l\} - \mathrm{E}\{x_i x_l\}\mathrm{E}\{x_j x_k\}
\end{aligned} \quad (2.106)$$

であることが示される．したがって 2 次キュムラントは 2 次モーメント $\mathrm{E}\{x_i x_j\}$ に等しく，それは x_i と x_j との間の相関 r_{ij} であり，さらに共分散 c_{ij} でもある．同様に 3 次キュムラントは 3 次モーメント $\mathrm{E}\{x_i x_j x_k\}$ に等しい．しかし 4 次キュムラントは確率変数 x_i, x_j, x_k, x_l の 4 次モーメント $\mathrm{E}\{x_i x_j x_k x_l\}$ とは異なる．

一般的に，高次モーメントは 2 次統計量で用いられる相関を高次に拡張したもので，キュムラントは共分散を高次に拡張したものである．キュムラントはモーメントの積

の和の形で書けるから，モーメントとキュムラントは，統計的に同じ情報をもっている．キュムラントを用いると高次の統計量によって追加される情報がより明瞭に見えてくるので，キュムラントがより好まれて用いられることが多い．特に，キュムラントはモーメントにはない以下のような性質をもっていることが示される [319, 386]．

1. $\mathbf{x}$ と $\mathbf{y}$ を，同じ次元をもつ統計的に独立な確率ベクトルとすると，それらの和 $\mathbf{z} = \mathbf{x} + \mathbf{y}$ のキュムラントはそれぞれのキュムラントの和に等しい．3個以上の確率ベクトルの和に対してもこの性質は成立する．
2. 確率ベクトルまたは確率過程 $\mathbf{x}$ が多変量ガウス分布に従うならば，その3次以上のすべてのキュムラントは0となる．

したがって高次キュムラントにより，ある確率ベクトルがそれと同じ平均ベクトルと共分散行列をもつガウス確率ベクトルと，どれくらい離れているかを測ることができる．この性質は大変有用で，これにより信号の非ガウス性の部分を取り出すのにキュムラントを用いることが可能となる．

モーメント，キュムラントならびに特性関数には，ここで述べなかったような他のいくつかの性質がある．たとえば [149, 319, 386] のような本に記述がある．しかし，モーメントにもキュムラントにも対称的な性質があり，その性質をうまく用いると，それらを推定する際の計算量を減らすことができることは述べておかなければなるまい [319]．

モーメントとキュムラントの推定には，2.2.4項で示した方法を用いることができる．しかし，4次キュムラントを直接推定することはできず，式 (2.106) からもわかるように，まず必要なモーメントを推定しなければならない．実際的な推定公式は [319, 315] で見てほしい．

高次統計量を利用することの欠点の一つに，信頼度の高い推定値を得るには，2次統計量を得るときに比較して，ずっと数多い標本値を必要とすることがある [318]．高次統計量のもう一つの欠点は，データの外れ値 (outlier) に対して非常に敏感だということである (8.3.1項を参照)．たとえば，最も大きな絶対値をもつ 2, 3 個のデータだけで，尖度の値がほぼ決定してしまうこともありうる．高次統計量をもっと頑健な (robust) やり方で取り込むのに，関数の値を区間 $(-1, 1)$ にもつ非線形関数である $\tanh(u)$ を用いる方法がある．ほかにも，変数の増加に対して線形な関数よりもゆっくり増大するような非線形関数を用いることができる．

2.8 確率過程*

2.8.1 導入と定義

この節[6]では，確率過程について簡潔に論ずる．すなわち，その定義を行っていくつかの基本的な考え方を紹介する．この内容は基本的な独立成分分析には必要がない．しかしながら，第 18, 19 章で扱うデータの時間相関や時間情報を用いた暗中信号分離法の理論的な基礎となる．確率過程のより詳細については，それだけを扱った本や，あるいは確率論の一部として扱った多くの本が参照できる [141, 157, 353, 419]．

一言でいえば，確率過程は確率的な時間関数である．確率過程には二つの基本的な特徴がある．まず，ある観測期間で定義される時間の関数である．次に，確率過程は観察される波形を実験前に正確に記述することが不可能であるという意味で，確率的である．それらの性質により，確率過程は音声，レーダー，地震，医療的な信号など，現実にある多くの確率的な信号の特徴を記述するのに適している．

図 2.10 に，標本関数 $\{x_j(t)\}$ ($j = 1, 2, \ldots, n$) の集合によって表現されたスカラーの確率過程の例を示す．i 番目の標本関数 $x_i(t)$ が発生する確率を P_i と仮定し，その他の標本関数についても同様とする．そこで図 2.10 のように波形 $\{x_j(t)\}$ ($j = 1, 2, \ldots, n$) の集合をある時間 $t = t_1$ において同時に観測したと仮定しよう．明らかに，n 個の波形の時刻 t_1 における値 $\{x_j(t_1)\}$ ($j = 1, 2, \ldots, n$) は，とりうる値が n 個で，それぞれの生起確率が P_j であるような，一つの離散確率変数を作っている．次に別の時刻 $t = t_2$ を考える．先ほどと同じく一つの確率変数 $x_j(t_2)$ を得るが，その分布は $x_j(t_1)$ とは違うかもしれない．

通常，実験から得られる波形の数は，加法的な雑音があるため無限に多い．各時刻で，上で論じた離散確率変数ではなく，何らかの分布をもつ連続確率変数が発生することになる．しかしながら，標本化を行うから，確率過程を観測する時刻 $t_1, t_2, \ldots$ は離散的である．普通，観測間隔は等間隔であるので，表記を簡単にするため，各標本は整数の添え字により $x_j(1) = x_j(t_1), x_j(2) = x_j(t_2), \ldots$ と表現される．この結果，1 個の確率過程の典型的な表現は，離散 (整数) 時刻における連続な確率変数達から構成される．

---

[6] 見出しの後に*がついている場合には，その章は進んだ内容であることを示しており，飛ばして読んでも差し支えない．

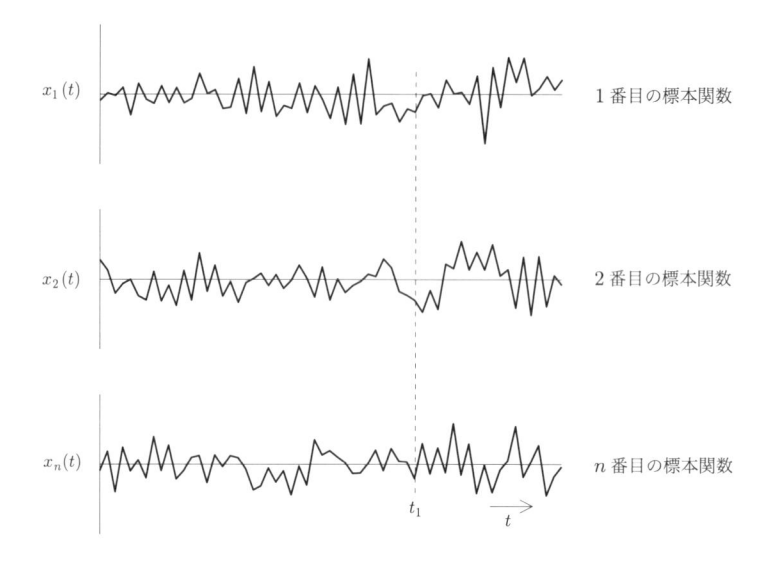

図 2.10　一つの確率過程の三つの標本関数.

2.8.2　定常性，平均と自己相関関数

離散時間 $t_1, t_2, \ldots, t_k$ 上で定義された確率過程 $\{x_j(t)\}$ を考える．この過程 $\{x_j(t)\}$ の特徴づけを完全にするため，すべての確率変数 $\{x_j(t_1)\}, \{x_j(t_2)\}, \ldots, \{x_j(t_k)\}$ の結合確率密度を知る必要がある．結合密度分布が原点の時間移動に対して不偏であるとき，この確率過程は**強定常**であるという(狭義の定常ともいう)．これは，その確率過程の結合確率密度関数が時刻 $t_1, t_2, \ldots, t_k$ 間の差 $t_i - t_j$ にのみ依存し，時刻そのものには依存しないことを意味する．

実際には，結合確率密度は未知であり，標本から推定するには途方もない数の標本が必要で，たとえそれが手に入ったとしても推定は大変である．それゆえ通常は，確率過程はその最初の二つのモーメント，すなわちその平均と自己相関，あるいは自己共分散関数によって特徴づけられる．これらは，その分布の大雑把ではあるが有用な記述となる．これらの統計量を使っても，確率過程の線形処理(たとえばフィルタ)に対しては十分であり，これらの統計量の推定に必要な標本数は実用的な範囲にある．

確率過程 $\{x(t)\}$ の**平均関数**は，

$$m_x(t) = \mathrm{E}\{x(t)\} = \int_{-\infty}^{\infty} x(t)\, p_{x(t)}(x(t))\, dx(t) \tag{2.107}$$

で定義される．一般にこれは時間 t の関数となる．しかしながら，過程 $\{x(t)\}$ が定常

的ならば，その異なる時刻に対応する確率変数達の密度関数は，すべて同じである．この共通の確率密度関数を $p_x(x)$ とする．この場合，この平均関数は時間に依存しない定数の平均 m_x になる．

同様に，確率過程 $\{x(t)\}$ の**分散関数**

$$\sigma_x^2(t) = \mathrm{E}\left\{[x(t) - m_x(t)]^2\right\} = \int_{-\infty}^{\infty} [x(t) - m_x(t)]^2 \, p_{x(t)}(x(t)) \, dx(t) \tag{2.108}$$

は，定常過程に対しては時不変の定数 σ_x^2 となる．確率過程 $\{x(t)\}$ のその他の 2 次の統計量は同様に定義される．特に，確率過程 $\{x(t)\}$ の**自己共分散関数**は，

$$c_x(t,\tau) = \mathrm{cov}\,[x(t), x(t-\tau)] = \mathrm{E}\{[x(t) - m_x(t)][x(t-\tau) - m_x(t-\tau)]\} \tag{2.109}$$

で与えられる．この期待値は，確率変数 $x(t)$ と $x(t-\tau)$ の結合確率密度を用いて計算される．ここで，τ は観測時間 t と $t-\tau$ の間の一定の時間遅れである．時間遅れ $\tau = 0$ に対しては，自己共分散は分散関数 (2.108) になる．定常過程に対しては，自己共分散関数 (2.109) は時間に依存しないが，時間遅れ τ には依存し，$c_x(t,\tau) = c_x(\tau)$ となる．

同様に，確率過程 $\{x(t)\}$ の**自己相関関数**は，

$$r_x(t,\tau) = \mathrm{E}\{x(t)\,x(t-\tau)\} \tag{2.110}$$

で定義される．もし，$\{x(t)\}$ が定常ならば，これも時間遅れ τ だけに依存し，$r_x(t,\tau) = r_x(\tau)$ となる．一般に，その過程の平均関数 $m_x(t)$ が 0 ならば，自己共分散関数と自己相関関数は同じになる．もし，時間遅れ $\tau = 0$ ならば $r_x(t,0) = \mathrm{E}\{x^2(t)\}$ で自己相関関数はその過程の平均 2 乗関数になり，定常過程 $\{x(t)\}$ に対しては定数 $r_x(0)$ になる．

これらの定義は二つの異なった確率過程 $\{x(t)\}$ と $\{y(t)\}$ について，自明な方法で拡張することができる (2.2.3 項を参照)．特に，確率過程 $\{x(t)\}$ と $\{y(t)\}$ の**相互相関関数** $r_{xy}(t,\tau)$ と**相互共分散関数** $c_{xy}(t,\tau)$ は，それぞれ

$$r_{xy}(t,\tau) = \mathrm{E}\{x(t)\,y(t-\tau)\} \tag{2.111}$$

$$c_{xy}(t,\tau) = \mathrm{E}\{[x(t) - m_x(t)][y(t-\tau) - m_y(t-\tau)]\} \tag{2.112}$$

で定義される．暗中信号分離法(ブラインド)のうちのいくつかは，この相互共分散関数 (2 次の時間統計量) を用いることに基づいている．これらの方法については第 18 章で述べられる．

2.8.3 広義定常過程

確率過程の中で特に重要なのは**広義定常** (WSS: Wide-Sense Stationary) 過程 (弱定常過程ともいう) であり，次の性質を満足しなければならない．

1. その過程の平均関数 $m_x(t)$ はすべての時刻 t に対して定数 m_x になる．
2. その過程の自己相関関数は時刻に依存しない．つまりすべての t に対して $\mathrm{E}\{x(t)\,x(t-\tau)\} = r_x(\tau)$ である．
3. その過程の分散，または平均 2 乗値，$r_x(0) = \mathrm{E}\{x^2(t)\}$ は有限値である．

広義定常確率過程の重要性は次の二つの事実に由来する．まず，それらは多くの場合，物理的な状況の記述に十分である．多くの実際の確率過程は，実は少なくともある程度非定常的である．つまり，それらの統計的な性質は緩やかに変化する．しかしながら，それらの過程でも，通常短い時間の間では，大まかには広義定常的である．次に，広義定常過程に対しては，比較的簡単に有用な数学的アルゴリズムの開発ができることである．逆にいうと，これは確率過程の特徴を，1 次と 2 次の統計量に制限することによってできる．

例 2.8 次の確率過程を考える．

$$x(t) = a\cos(\omega t) + b\sin(\omega t) \tag{2.113}$$

ここで，a と b はスカラーの確率変数であり，ω は定数のパラメータ (角周波数) である．過程 $x(t)$ の平均は，

$$m_x(t) = \mathrm{E}\{x(t)\} = \mathrm{E}\{a\}\cos(\omega t) + \mathrm{E}\{b\}\sin(\omega t) \tag{2.114}$$

で計算され，自己相関関数は次のように書かれる．

$$\begin{aligned}
r_x(t,\tau) &= \mathrm{E}\{x(t)\,x(t-\tau)\} \\
&= \frac{1}{2}\mathrm{E}\{a^2\}[\cos(\omega(2t-\tau)) + \cos(-\omega\tau)] \\
&\quad + \frac{1}{2}\mathrm{E}\{b^2\}[-\cos(\omega(2t-\tau)) + \cos(-\omega\tau)] \\
&\quad + \mathrm{E}\{ab\}[\sin(\omega(2t-\tau))]
\end{aligned} \tag{2.115}$$

ここではよく知られた三角恒等式を用いている．明らかに，平均も自己相関関数も時間 t に依存しているため，過程 $x(t)$ は非定常的である．

しかしながら，確率変数 a と b が平均 0 で，等分散，無相関な場合，つまり，

$$\mathrm{E}\{a\} = \mathrm{E}\{b\} = \mathrm{E}\{ab\} = 0, \quad \mathrm{E}\{a^2\} = \mathrm{E}\{b^2\}$$

であるとき，この過程の平均 (2.114) は 0 で，この自己相関関数 (2.115) は簡単化され，

$$r_x(\tau) = \mathrm{E}\left\{a^2\right\}\cos(\omega\tau)$$

となり，時間遅れ τ だけに依存する．したがって，この過程はこの特別な場合において広義定常である ($\mathrm{E}\{a^2\}$ を有限と仮定して)．

$\{x(t)\}$ を広義の定常と仮定する．もし必要なら，平均 m_x を引くことにより，この過程を簡単に平均 0 にすることができる．その場合には $\{x(t)\}$ の自己共分散関数 $c_x(\tau)$ と自己相関関数は同じになるから，後者だけを考えれば十分である．自己相関関数は以下のような注意すべき性質をもっている．第一に，それは時間遅れ τ の偶関数である．

$$r_x(-\tau) = r_x(\tau) \tag{2.116}$$

第二に，自己相関関数の絶対値は時間遅れ 0 のときに最大となる．

$$-r_x(0) \leq r_x(\tau) \leq r_x(0) \tag{2.117}$$

自己相関関数 $r_x(\tau)$ は，τ 時点だけ離れた二つの確率変数 $x(t)$ と $x(t-\tau)$ の相関を測るものである．したがって，これらの関数の間の独立性の簡単な尺度を与える．これは，広義の定常の特性から時間 t に依存しないものである．大まかにいうと，確率過程が，その平均の周囲でより速く時間的に変動すると，自己相関関数の値 $r_x(\tau)$ は，最大値 $r_x(0)$ から τ の増加に従ってより速く減少する．

確率過程の標本 $x(i)$ を整数表記すると，その時刻 n における最新の $m+1$ 個の標本は，確率ベクトルを用いて次のように表される．

$$\mathbf{x}(n) = [x(n), x(n-1), \ldots, x(n-m)]^T \tag{2.118}$$

自己相関関数の値 $r_x(0), r_x(1), \ldots, r_x(m)$ が m 時間遅れまで既知であるとすると，$(m+1) \times (m+1)$ の $\{x(n)\}$ の相関行列 (あるいは共分散行列) が次のように定義される．

$$\mathbf{R_x} = \begin{bmatrix} r_x(0) & r_x(1) & r_x(2) & \cdots & r_x(m) \\ r_x(1) & r_x(0) & r_x(1) & \cdots & r_x(m-1) \\ \vdots & \vdots & \vdots & \ddots & \vdots \\ r_x(m) & r_x(m-1) & r_x(m-2) & \cdots & r_x(0) \end{bmatrix} \tag{2.119}$$

この行列 $\mathbf{R_x}$ は 2.2.2 項であげた相関行列の性質をすべて満足する．その上，これは，テプリッツ (Toeplitz) 行列である．この行列は一般に，対角要素に同じ要素が並

び，同様に対角線と平行な各線上に同じ要素が並んだものとして定義される．テプリッツ行列の性質は便利であり，たとえば，線形方程式の解法において，一般の行列より速いアルゴリズムが使えるようになる．

定常確率過程 $x(n)$ の高次統計量は同様に定義される．特に $x(n)$ のキュムラントは，

$$\begin{aligned}
\mathrm{cum}_{xx}(j) &= \mathrm{E}\{x(i)\,x(i+j)\} \\
\mathrm{cum}_{xxx}(j,k) &= \mathrm{E}\{x(i)\,x(i+j)\,x(i+k)\} \\
\mathrm{cum}_{xxx}(j,k,l) &= \mathrm{E}\{x(i)\,x(i+j)\,x(i+k)\,x(i+l)\} \\
&\quad - \mathrm{E}\{x(i)\,x(j)\}\,\mathrm{E}\{x(k)\,x(l)\} - \mathrm{E}\{x(i)\,x(k)\}\,\mathrm{E}\{x(j)\,x(l)\} \\
&\quad - \mathrm{E}\{x(i)\,x(l)\}\,\mathrm{E}\{x(j)\,x(k)\}
\end{aligned} \tag{2.120}$$

という形をしている [315]．これらの定義は一般の確率変数 **x** のために与えられた式 (2.106) に相当する．繰り返すが，2次と3次のキュムラントは対応するモーメントと同じであるが，4次のキュムラントは4次のモーメント

$$\mathrm{E}\{x(i)\,x(i+j)\,x(i+k)\,x(i+l)\}$$

とは異なる．2次のキュムラント $\mathrm{cum}_{xx}(j)$ は自己相関 $r_x(j)$ と自己共分散 $c_x(j)$ と同じである．

2.8.4 時間平均とエルゴード性

確率過程の概念を定義したとき，固定された時刻 $t=t_0$ でその過程がとりうる値達 $x(t_0)$ は，ある確率分布をもつ確率変数を構成することに注意した．実際上の重要な問題であるが，これらの分布 (非定常の過程である場合，これらは異なる時刻では異なる分布をもつ) は未知であるか，少なくとも正確にはわからない．実際，その過程の各離散時間に対してたった一つの標本しか手に入らないことが多い (なぜなら，多くの標本を得るために時間を止めることができないからである)．このような標本系列は，その確率過程の**実現値**と呼ばれる．広義の定常過程を扱うとき，多くの場合その平均値と自己相関値だけが必要であるが，それさえもしばしば未知である．

この困難を回避する一つの実際的な方法は，確率変数の通常の期待値である**集合平均** (アンサンブル平均) に替えて，長い時間にわたる標本平均，つまり得られる一つの実現系列から計算される**時間平均**を使うことである．この実現値が K 個の標本，$x(1), x(2), \ldots, x(K)$ からなっているとする．この考え方に従えば，この過程の平均

はその時間平均

$$\hat{m}_x(K) = \frac{1}{K} \sum_{k=1}^{K} x(k) \qquad (2.121)$$

から推定できる．また時間遅れ l に対する自己相関関数は，

$$\hat{r}_x(l, K) = \frac{1}{K-l} \sum_{k=1}^{K-l} x(k+l) x(k) \qquad (2.122)$$

で推定できる．これらの推定値の正確さは標本の数 K に依存する．ここで式 (2.122) の推定には，標本集合の中で時間差 τ をもてる $K-l$ 個の標本の対にわたって計算されることに気をつけなければならない．この推定は不偏であるが，推定に使うことのできる標本の対の数 $K-l$ が少ない場合，この分散は大きくなる．それゆえ，自己相関の値 $\hat{r}_x(l,K)$ の分散を減らすため，推定値に偏差が生じるにもかかわらず，式 (2.122) の定数倍の係数 $K-l$ の代わりに，K を用いる場合も多い [169]．$K \to \infty$ のとき，双方の推定値は同じ値に近づく．

確率過程の各集合平均がそれぞれの時間平均と等しいと置けるとき，その確率過程は**エルゴード的**であるといわれる．大雑把にいうと，定常的な確率過程は，その平均と自己相関関数に関してエルゴード性をもつ．この話題のより厳密な取り扱いについては，たとえば [169, 353, 141] を参照されたい．

非定常性がそれほど強くない過程ならば，おおよそ広義の定常であると考えられる短い時間にわたって時間平均を計算して，推定式 (2.121) と (2.122) を適用することができる．これに留意することは重要である．時に，過程の定常性を考慮しないで，その自己相関値の推定に式 (2.122) が適用されることがある．その結果はひどいものになることがある．たとえば，その過程のエルゴード性の仮定が実際にはまったく成り立たない場合には，この推定で得られる相関行列 (2.120) の固有ベクトルは，実際上の目的に役に立たない．

2.8.5 パワースペクトル

周波数領域における表現はしばしば，広義定常過程に対して多くの洞察を与えてくれる．確率過程 $x(n)$ の**パワースペクトル**または**スペクトル密度**は，そのような表現の一つである．これは，自己相関の数列 $r_x(0), r_x(1), \ldots$ の離散フーリエ変換

$$S_x(\omega) = \sum_{k=-\infty}^{\infty} r_x(k) \exp(-jk\omega) \qquad (2.123)$$

で定義される．ここで，$j = \sqrt{-1}$ は虚数単位であり，ω は角周波数である．自己相関の数列は確率過程の時間領域の表現であるが，パワースペクトル $S_x(\omega)$ の逆離散フーリエ変換

$$r_x(k) = \frac{1}{2\pi} \int_{-\pi}^{\pi} S_x(\omega) \exp(jk\omega) \, d\omega, \quad k = 1, 2, \ldots \tag{2.124}$$

で得られる．パワースペクトル (2.123) は，常に実数値をとり，角周波数 ω の周期的な偶関数であることは明らかである．また，自己相関系列は離散的であるが，パワースペクトルは ω の連続関数であることにも注意されたい．実際問題として，パワースペクトルは有限個の自己相関値から推定しなければならない．もし，自己相関の値が時間遅れ k の増加に対して十分速く $r_x(k) \to 0$ となるなら，それでも十分な近似を与えてくれる．

パワースペクトルは，確率過程の周波数成分を記述する．つまり，その確率過程にどのような周波数があり，どのくらいのパワーをもっているかということを示す．正弦波の信号に対するパワースペクトルは，その振動周波数で先鋭なピークを示す．パワースペクトル推定のいろいろな方法については，[294, 241, 411] で論じられている．

高次のスペクトルは，パワースペクトルと同じようにして，高次の統計量のフーリエ変換として定義できる [319, 318]．パワースペクトルに反して，それらは信号の位相情報を保存しているので，非ガウス的信号や，非線形的信号や，非最小位相の信号などを記述するのに，多くの応用が見出されている [318, 319, 315]．

2.8.6　確率信号モデル

パワースペクトルがすべての周波数 ω に対して定数をとる確率過程を，**白色雑音** (white noise) と呼ぶ．あるいは，白色雑音 $v(n)$ は二つの異なる標本が無相関である過程と定義することもできる．つまり，

$$r_v(k) = \mathrm{E}\{v(n)v(n-k)\} = \begin{cases} \sigma_v^2, & k = 0 \\ 0, & k = \pm 1, \pm 2, \ldots \end{cases} \tag{2.125}$$

である．ここで，σ_v^2 は白色雑音の分散である．このことから，白色雑音のパワースペクトルはすべての ω に対して，$S_v(\omega) = \sigma_v^2$ であることが容易にわかり，式 (2.125) は逆変換 (2.124) から導ける．白色雑音を構成する確率変数 $v(n)$ の分布は，異なる時刻における標本が独立でありさえすれば，もっともらしいものなら何でもよい．通常は，この分布はガウス分布であると仮定する．その理由は，ガウス分布する二つの確率変数が無相関ならば独立であることから，白色ガウス雑音は最大限に不規則であるとい

えるからである．さらに，このような雑音過程をより簡単なモデルで表すことはできない．

確率過程や時系列は，**自己回帰**(AR: AutoRegressive)過程としてよくモデル化される．これらは差分方程式

$$x(n) = -\sum_{i=1}^{M} a_i x(n-i) + v(n) \qquad (2.126)$$

で定義される．ここで，$v(n)$ は白色雑音であり，$a_1,\ldots,a_M$ は AR モデルの定数の係数(パラメータ)である．モデルの次数 M は，AR 過程の現時刻の値 $x(n)$ が，過去いくつの時点の標本に依存するかを決定している．雑音項 $v(n)$ はこのモデルに確率性をもたらす．この項がなければ AR モデルは完全に決定的である．AR モデルの係数 $a_1,\ldots,a_M$ は，得られるデータから推定される自己相関の値から，線形計算で推定できる [419, 241, 169]．AR モデルは，たとえば音声信号など，多くの自然界の確率過程をかなりよく記述することができるので，多くの応用に用いられている．ICA や BSS では，これを各信号源 $s_i(t)$ の時間相関のモデルに用いることがある．これにより，アルゴリズムの性能が大きく改善されることがある．

自己回帰移動平均(ARMA: AutoRegressive Moving Average)モデルは次の差分方程式で表される．

$$x(n) + \sum_{i=1}^{M} a_i x(n-i) = v(n) + \sum_{i=1}^{N} b_i v(n-i) \qquad (2.127)$$

AR モデルは ARMA モデルの特別な場合である．すなわち，AR モデル (2.126) は，ARMA モデル (2.127) の**移動平均係数** $b_1,\ldots,b_N$ がすべて 0 の場合である．一方，AR 係数 a_i がすべて 0 のとき，ARMA 過程は N 次の MA 過程に帰着する．ARMA モデルと MA モデルもまた，確率過程の記述に用いることができる．しかしながら，パラメータの推定に非線形手法が要求されるためあまり頻繁には用いられない [241, 419, 411]．ARMA モデルの安定性とディジタルフィルタへの応用について，第 19 章の付録 (p.401) で論じる．

2.9　結語と参考文献

本章では，確率ベクトル，独立性，高次の統計量，確率過程などに関する予備知識などについて一通り述べた．独立成分分析や暗中信号源分離に必要とされる事柄については，より重点を置いた．より詳しく確率ベクトルを扱っている本としては，た

とえば [293, 308, 353] がある．確率過程については [141, 157, 353] など，高次統計量については [386] に詳しい．

確率ベクトルをその 1 次と 2 次の統計量を用いて分析する考え方から，信号処理，統計処理などの分野の多くの有用な手法が生まれ確立した．これらの手法は適用が比較的簡単であるという利点をもっている．これらの手法では，2 次の誤差の規準 (たとえば平均 2 乗誤差) を一緒に用いることが多い．そうすると，多くの場合に問題は 1 次方程式を解くことに帰着し，それは標準的な数値解法で簡単にできる．その一方で，2 次統計量に基づいた各種の方法は，ガウス的信号に対してのみ最適だという主張は正しい．なぜなら，非ガウス的信号の性質の記述には，高次統計量の中に含まれる情報が必要であるのに，これらの方法はそれを無視してしまうからである．独立成分分析はこの高次統計量に含まれる情報を利用しており，それが，その強力な手法たるゆえんである．

演習問題

1. 式 (2.4) で表されるガウス変数の cdf の値を，誤差関数 (2.5) の表から計算する方法を導け．
2. $x_1, x_2, \ldots, x_K$ を累積分布関数 $F_x(x)$ に従う，独立で同一の分布をもつ標本だとする．$y_1, y_2, \ldots, y_K$ を $x_1, x_2, \ldots, x_K$ を値の小さなものから順に並べた標本集合とする．
   (a) $y_K = \max\{x_1, \ldots, x_K\}$ の cdf と pdf が，それぞれ
   $$F_{y_K}(y_K) = [F_x(y_K)]^K$$
   $$p_{y_K}(y_K) = K [F_x(y_K)]^{K-1} p_x(y_K)$$
   であることを示せ．
   (b) 確率変数 $y_1 = \min\{x_1, \ldots, x_K\}$ についても cdf と pdf の式を導け．
3. 2 次元確率ベクトル $\mathbf{x} = (x_1, x_2)^T$ の密度関数が
   $$p_{\mathbf{x}}(\mathbf{x}) = \begin{cases} \frac{1}{2}(x_1 + 3x_2), & x_1, x_2 \in [0, 1] \\ 0, & \text{その他の場合} \end{cases}$$
   だとする．
   (a) この密度関数は適正に正規化されていることを示せ．
   (b) 確率ベクトル $\mathbf{x}$ の cdf を計算して求めよ．
   (c) 周辺密度 $p_{x_1}(x_1)$, $p_{x_2}(x_2)$ を計算して求めよ．

4. 区間 $[a,b]$ $(b > a)$ で一様分布する確率変数の平均，2次モーメント，分散を求めよ．
5. 期待値は線形性 (2.16) を満たすことを証明せよ．
6. n 個のスカラー確率変数 x_i $(i = 1, 2, \ldots, n)$ の分散が，それぞれ $\sigma_{x_i}^2$ であるとする．確率変数 x_i 達が相互に無相関であれば，それらの和 $y = \sum_{i=1}^n x_i$ の分散 σ_y^2 は，x_i の分散の和に等しいこと，すなわち

$$\sigma_y^2 = \sum_{i=1}^n \sigma_{x_i}^2$$

であることを示せ．
7. x_1, x_2 を平均 0 で相関のある確率変数とする．x_1, x_2 の任意の直交変換は

$$y_1 = \cos(\alpha)x_1 + \sin(\alpha)x_2$$
$$y_2 = -\sin(\alpha)x_1 + \cos(\alpha)x_2$$

と表現できる．ここでパラメータ α は座標軸の回転角度を決める．$\mathrm{E}\{x_1^2\} = \sigma_1^2$, $\mathrm{E}\{x_2^2\} = \sigma_2^2$, $\mathrm{E}\{x_1 x_2\} = \rho \sigma_1 \sigma_2$ とする．y_1 と y_2 とが無相関になるような角度 α を求めよ．
8. 例 2.6 (p.30) の確率ベクトル $\mathbf{x} = (x_1, x_2)^T$，$\mathbf{y} = y$ の結合確率密度関数

$$p_{\mathbf{x},\mathbf{y}}(\mathbf{x}, \mathbf{y}) = \begin{cases} (x_1 + 3x_2)y, & x_1, x_2 \in [0,1], \ y \in [0,1] \\ 0, & \text{その他の場合} \end{cases}$$

を考える．
  (a) 周辺密度 $p_{\mathbf{x}}(\mathbf{x})$，$p_{\mathbf{y}}(\mathbf{y})$，$p_{x_1}(x_1)$，$p_{x_2}(x_2)$ を計算して求めよ．
  (b) 例 2.6 における x_1，x_2，y の独立性の主張を証明せよ．
9. 行列

$$\mathbf{R} = \begin{bmatrix} a & b \\ c & d \end{bmatrix}$$

が以下の列となりうるには，$\mathbf{R}$ の要素にはどのような条件が必要か．
  (a) 2次元確率ベクトルの自己相関行列
  (b) スカラー値定常確率過程の自己相関行列
10. 相関行列と共分散行列はそれぞれ式 (2.26) と式 (2.32) を満たすことを示せ．
11. 例 2.5 (p.28) の $\mathbf{x}$ の共分散行列 $\mathbf{C_x}$ について計算し，同様の結果が得られることを示せ．同じような仮定が必要となるだろうか．

12. n 次元の (縦) 確率ベクトル $\mathbf{x}$ の相関行列の逆 $\mathbf{R}_\mathbf{x}^{-1}$ が存在すると仮定する．

$$\mathrm{E}\{\mathbf{x}^T \mathbf{R}_\mathbf{x}^{-1} \mathbf{x}\} = n$$

を示せ．

13. 2 次元ガウス確率ベクトル $\mathbf{x}$ の平均ベクトルが $\mathbf{m}_\mathbf{x} = (2,1)^T$ で，共分散行列が

$$\mathbf{C}_\mathbf{x} = \begin{bmatrix} 2 & -1 \\ -1 & 2 \end{bmatrix}$$

であるとする．

(a) $\mathbf{C}_\mathbf{x}$ の固有値と固有ベクトルを求めよ．

(b) このガウス密度関数に対して図 2.7 (p.37) のような等高線を描け．

14. 前問を，平均を $\mathbf{m}_\mathbf{x} = (-2,3)^T$，共分散行列を

$$\mathbf{C}_\mathbf{x} = \begin{bmatrix} 2 & -2 \\ -2 & 5 \end{bmatrix}$$

として繰り返せ．

15. 確率変数 x, y は二つの無相関なガウス確率変数 u, v の線形結合

$$x = 3u - 4v$$
$$y = 2u + v$$

だと仮定する．u, v の平均と分散はどちらも 1 であると仮定する．

(a) x, y の平均を求めよ．

(b) x, y の分散を求めよ．

(c) x, y の結合密度関数を作れ．

(d) x で条件づけた y の条件つき密度を求めよ．

16. 対称的な pdf をもつ確率変数の歪度は 0 であることを示せ．

17. ガウス確率変数の尖度は 0 であることを示せ．

18. 以下を示せ．

(a) 区間 $[-a, a]$ $(a > 0)$ で一様分布する確率変数は優ガウス的である．

(b) ラプラス分布に従う確率変数は劣ガウス的である．

19. 指数密度関数の pdf は

$$p_x(x) = \begin{cases} \beta \exp(-\beta x), & x \geq 0 \\ 0, & x < 0 \end{cases}$$

で与えられる．ただし β は正の定数である．

(a) 指数密度関数の第一特性関数を計算で求めよ．

(b) 特性関数を用いて指数密度のモーメントを求めよ．

20. スカラー値確率変数 x がガンマ分布に従い，その pdf は

$$p_x(x) = \begin{cases} \gamma x^{b-1} \exp(-cx), & x \geq 0 \\ 0, & x < 0 \end{cases}$$

であるとする．ここで b, c は正の定数で

$$\gamma = \frac{c^b}{\Gamma(b)}$$

はガンマ関数

$$\Gamma(b+1) = \int_0^\infty y^b \exp(-y) dy, \quad b > -1$$

で定義されるパラメータである．ガンマ関数は階乗関数を一般化したもので $\Gamma(b+1) = b\Gamma(b)$ を満たす．b が整数ならばこの関係は $\Gamma(n+1) = n!$ となる．

(a) $b = 1$ ならば，ガンマ分布は標準指数分布に帰着することを示せ．

(b) ガンマ分布の第一特性関数は

$$\varphi(\omega) = \frac{c^b}{(c - j\omega)^b}$$

であることを示せ．

(c) 上の結果を用いて，ガンマ分布の平均，2次モーメント，分散を求めよ．

21. スカラー値確率変数 x, y の k 次キュムラントをそれぞれ $\kappa_k(x)$, $\kappa_k(y)$ とする．

(a) x, y が独立なとき

$$\kappa_k(x + y) = \kappa_k(x) + \kappa_k(y)$$

を示せ．

(b) β を定数とするとき，$\kappa_k(\beta x) = \beta^k \kappa_k(x)$ を示せ．

22. *パワースペクトル $S_x(\omega)$ は角周波数の実数値偶関数でかつ周期関数であることを示せ．

23. *$x(n)$ を平均 0 の広義定常確率過程として確率過程

$$y(n) = x(n + k) - x(n - k)$$

を考える．ここで k は整数の定数である．$x(n)$ のパワースペクトルを $S_x(\omega)$ とし，自己相関系列を $r_x(0), r_x(1), \ldots$ とする．

(a) 過程 $y(n)$ の自己相関系列 $r_y(m)$ を決定せよ．

(b) $y(n)$ のパワースペクトルは

$$S_y(\omega) = 4S_x(\omega)\sin^2(k\omega)$$

であることを示せ．

24. 自己回帰過程 (2.126) を考える．

(a) この過程の自己相関関数は，差分方程式

$$r_x(l) = -\sum_{i=1}^{M} a_i r_x(l-i), \quad l > 0$$

を満たすことを示せ．

(b) 上の結果を用いて，AR 係数 a_i はユール＝ウォーカーの方程式

$$\mathbf{R_x a} = -\mathbf{r_x}$$

から決定されることを示せ．ここで式 (2.119) で定義される自己相関行列 $\mathbf{R_x}$ において $m = M-1$ であり，

$$\mathbf{r_x} = [r_x(1), r_x(2), \ldots, r_x(M)]^T$$

で，係数ベクトルは

$$\mathbf{a} = [a_1, a_2, \ldots, a_M]^T$$

である．

(c) 式 (2.126) の白色雑音過程 $v(n)$ の分散と自己相関との間には

$$\sigma_v^2 = r_x(0) + \sum_{i=1}^{M} a_i r_x(i)$$

という関係があることを示せ．

コンピュータ課題

1. 2 次元ガウス確率ベクトルで，平均 0，共分散行列が

$$\mathbf{C_x} = \begin{bmatrix} 4 & -1 \\ -1 & 2 \end{bmatrix}$$

であるものの標本を生成せよ．以下の数の標本に対して，共分散行列を推定し，理論値と比較せよ．同時に標本ベクトルをプロットせよ．

(a) $K = 20$
   (b) $K = 200$
   (c) $K = 2000$
2. シミュレーションの目的のため,ラプラス分布する確率変数を生成したい.
   (a) 一様分布する標本から,与えられたラプラス分布に従うスカラー確率変数を生成する式を,確率積分変換を使って導出せよ.
   (b) 上の手続きを拡張して,二つのラプラス確率変数からなる確率ベクトルで,与えられた平均ベクトルと共分散行列をもつものを生成できるようにせよ.
      ☞ 与えられた共分散行列を得るため,共分散行列の固有値分解を用いる.
   (c) 上の手続きを使って,平均ベクトル $\mathbf{m_x} = (2, -1)^T$ で共分散行列が
   $$\mathbf{C_x} = \begin{bmatrix} 4 & -1 \\ -1 & 2 \end{bmatrix}$$
   であるラプラス確率ベクトル $\mathbf{x}$ の 200 個の標本を生成せよ.生成された標本をプロットせよ.
3. 差分方程式
   $$x(n) + a_1 x(n-1) + a_2 x(n-2) = v(n)$$
   で記述される 2 次の自己回帰モデルを考える.ここで $x(n)$ は時刻 n において過程がとる値で,$v(n)$ は平均 0 で分散が σ_v^2 の白色ガウス雑音で,これが AR 過程を駆動している.以下の係数を用いて,初期値 $x(0) = x(-1) = 0$ として 200 個の標本を生成し,それぞれの AR 過程をプロットせよ.
   (a) $a_1 = -0.1,\ a_2 = -0.8$
   (b) $a_1 = 0.1,\ a_2 = -0.8$
   (c) $a_1 = -0.975,\ a_2 = 0.95$
   (d) $a_1 = 0.1,\ a_2 = -1.0$

第 3 章

勾配を用いた最適化法

第 1 章で定式化した独立成分分析における主な仕事は，独立成分を求めるための分離行列 $\mathbf{W}$ を推定することである．$\mathbf{W}$ は一般に，閉じた形では求まらないということも明らかになった．つまり，実際の測定値の関数や，あるいは学習のためのデータの関数として書いて，直接値を計算できるものではない．この問題を解くには，損失関数，あるいは目的関数とかコントラスト関数などと呼ばれるものに基づいた方法を用いることになる．ICA の解 $\mathbf{W}$ はこれらの関数の最大，あるいは最小として得られる．本書の第 II 部および第 III 部では，いくつかの ICA 損失関数をあげて詳細に考察する．第 4 章で見るように，一般的に統計的な推定は，損失関数あるいは目的関数の最適化に基づくことが多い．

解に対する何らかの制約条件がある場合も含めて，多変数関数の最小化は**最適化理論**の扱う問題である．本章では，いくつかの典型的な反復アルゴリズムとその性質について述べる．それらのアルゴリズムは，だいたいにおいて損失関数の勾配を用いるものである．そこでまずベクトル型の勾配と行列型の勾配について復習し，制約条件なし，および制約条件つきの最適化問題の，勾配を用いた学習法について述べる．

3.1　ベクトル型と行列型の勾配

3.1.1　ベクトル型勾配

m 変数のスカラー値関数

$$g = g(w_1, \ldots, w_m) = g(\mathbf{w})$$

を考える．ここで $\mathbf{w} = (w_1, \ldots, w_m)^T$ という書き方をしているが，これは単に $\mathbf{w}$ と書けば列ベクトルを表すと約束するからである．関数 g が微分可能であると仮定すれば，

その $\mathbf{w}$ に関する勾配ベクトルは，偏微係数からなる m 次元列ベクトル

$$\frac{\partial g}{\partial \mathbf{w}} = \begin{pmatrix} \frac{\partial g}{\partial w_1} \\ \vdots \\ \frac{\partial g}{\partial w_m} \end{pmatrix} \tag{3.1}$$

である．$\frac{\partial g}{\partial \mathbf{w}}$ という記法は，勾配を表すための省略形であって，ベクトルによる割り算という定義されていないものと解釈しないでいただきたい．ほかには ∇g や $\nabla_{\mathbf{w}} g$ などの記号もよく用いられる．

反復法によっては2階の勾配を用いる．関数 g の $\mathbf{W}$ に関する2階の勾配を

$$\frac{\partial^2 g}{\partial \mathbf{w}^2} = \begin{pmatrix} \frac{\partial^2 g}{\partial w_1^2} & \cdots & \frac{\partial^2 g}{\partial w_1 w_m} \\ \vdots & & \vdots \\ \frac{\partial^2 g}{\partial w_m w_1} & \cdots & \frac{\partial^2 g}{\partial w_m^2} \end{pmatrix} \tag{3.2}$$

で定義する．これは2階の偏微係数を要素とする $m \times m$ 行列で，**ヘッセ行列**と呼ばれる．これが対称行列であることは容易に示される．

これらの概念は**ベクトル値関数**，つまり n 項ベクトル

$$\mathbf{g}(\mathbf{w}) = \begin{pmatrix} g_1(\mathbf{w}) \\ \vdots \\ g_n(\mathbf{w}) \end{pmatrix} \tag{3.3}$$

に拡張できる．$g_i(\mathbf{w})$ はそれ自身 $\mathbf{w}$ の関数である．$\mathbf{g}$ の $\mathbf{w}$ に関する**ヤコビ行列**は，

$$\frac{\partial \mathbf{g}}{\partial \mathbf{w}} = \begin{pmatrix} \frac{\partial g_1}{\partial w_1} & \cdots & \frac{\partial g_n}{\partial w_1} \\ \vdots & & \vdots \\ \frac{\partial g_1}{\partial w_m} & \cdots & \frac{\partial g_n}{\partial w_m} \end{pmatrix} \tag{3.4}$$

で定義される．したがってヤコビ行列の第 i 列は $g_i(\mathbf{w})$ の $\mathbf{w}$ に関する勾配ベクトルである．ヤコビ行列はしばしば $J\mathbf{g}$ と書かれる．

関数の積や商，さらには合成関数の勾配を求めるには，通常の1変数関数と同じ規則が適用される．つまり，

$$\frac{\partial f(\mathbf{w}) g(\mathbf{w})}{\partial \mathbf{w}} = \frac{\partial f(\mathbf{w})}{\partial \mathbf{w}} g(\mathbf{w}) + f(\mathbf{w}) \frac{\partial g(\mathbf{w})}{\partial \mathbf{w}} \tag{3.5}$$

$$\frac{\partial f(\mathbf{w})/g(\mathbf{w})}{\partial \mathbf{w}} = \left[\frac{\partial f(\mathbf{w})}{\partial \mathbf{w}} g(\mathbf{w}) - f(\mathbf{w}) \frac{\partial g(\mathbf{w})}{\partial \mathbf{w}} \right] / g^2(\mathbf{w}) \tag{3.6}$$

$$\frac{\partial f(g(\mathbf{w}))}{\partial \mathbf{w}} = f'(g(\mathbf{w})) \frac{\partial g(\mathbf{w})}{\partial \mathbf{w}} \tag{3.7}$$

である．合成関数 $f(g(\mathbf{w}))$ の勾配は，任意の個数の関数が入れ子になっている合成関数に拡張できるから，1変数関数のときと同様な鎖状則が導ける．

3.1.2 行列型勾配

本書に現れる多くのアルゴリズムに対しては、$m \times n$ 行列 $\mathbf{W} = (w_{ij})$ の要素の関数 g、すなわち、

$$g = g(\mathbf{W}) = g(w_{11}, \ldots, w_{ij}, \ldots, w_{mn}) \tag{3.8}$$

を考える必要がある．もちろんどのような行列でも，行ごとにたどってすべての要素を走査し，番号を付け替えれば，簡単にベクトルに直すことはできる．そこで行列の要素に関する関数 g の勾配を考えるときにも，上のベクトル型勾配を用いれば十分とも思える．しかし，新たに行列型勾配の考えを導入すれば，記法が簡単になったり，時には結果が直観的に理解しやすいものになるという利点がある．

ベクトル型勾配と同様の考えで，行列型勾配を行列 $\mathbf{W}$ と同次元の，すなわち $m \times n$ 行列で，その ij 要素が g を w_{ij} で偏微分したものと定義する．式で書くと，

$$\frac{\partial g}{\partial \mathbf{W}} = \begin{pmatrix} \frac{\partial g}{\partial w_{11}} & \cdots & \frac{\partial g}{\partial w_{1n}} \\ \vdots & & \vdots \\ \frac{\partial g}{\partial w_{m1}} & \cdots & \frac{\partial g}{\partial w_{mn}} \end{pmatrix} \tag{3.9}$$

となる．

ここでも $\frac{\partial g}{\partial \mathbf{W}}$ という書き方は，行列型勾配を表すための短縮形である．

次にベクトル型勾配と行列型勾配のいくつかの例を見てみよう．これらの例に現れる公式達は後でたびたび必要となる．

3.1.3 勾配の例

例 3.1 　$\mathbf{w}$ の簡単な線形汎関数である内積

$$g(\mathbf{w}) = \sum_{i=1}^{m} a_i w_i = \mathbf{a}^T \mathbf{w}$$

を考える．ここで $\mathbf{a} = (a_1 \ldots a_m)^T$ は定数ベクトルである．式 (3.1) によれば，勾配は，

$$\frac{\partial g}{\partial \mathbf{w}} = \begin{pmatrix} a_1 \\ \vdots \\ a_m \end{pmatrix} \tag{3.10}$$

すなわちベクトルである．これは，

$$\frac{\partial \mathbf{a}^T \mathbf{w}}{\partial \mathbf{w}} = \mathbf{a}$$

と書くことができる．勾配が定数である（$\mathbf{w}$によらない）から，$g(\mathbf{w}) = \mathbf{a}^T\mathbf{w}$のヘッセ行列は零行列である．

例 3.2 次に 2 次形式

$$g(\mathbf{w}) = \mathbf{w}^T\mathbf{A}\mathbf{w} = \sum_{i=1}^{m}\sum_{j=1}^{m}w_iw_ja_{ij} \tag{3.11}$$

を考えよう．ここで$\mathbf{A} = (a_{ij})$は$m \times m$の正方行列である．

$$\frac{\partial g}{\partial \mathbf{w}} = \begin{pmatrix} \sum_{j=1}^{m}w_ja_{1j} + \sum_{i=1}^{m}w_ia_{i1} \\ \vdots \\ \sum_{j=1}^{m}w_ja_{mj} + \sum_{i=1}^{m}w_ia_{im} \end{pmatrix} \tag{3.12}$$

となるが，これはベクトル$\mathbf{A}\mathbf{w} + \mathbf{A}^T\mathbf{w}$と等しい．したがって

$$\frac{\partial \mathbf{w}^T\mathbf{A}\mathbf{w}}{\partial \mathbf{w}} = \mathbf{A}\mathbf{w} + \mathbf{A}^T\mathbf{w}$$

である．$\mathbf{A}$が対称行列であれば，これは$2\mathbf{A}\mathbf{w}$となる．

2 次の勾配すなわちヘッセ行列は

$$\frac{\partial^2 \mathbf{w}^T\mathbf{A}\mathbf{w}}{\partial \mathbf{w}^2} = \begin{pmatrix} 2a_{11} & \cdots & a_{1m} + a_{m1} \\ \vdots & & \vdots \\ a_{m1} + a_{1m} & \cdots & 2a_{mm} \end{pmatrix} \tag{3.13}$$

となるが，これは$\mathbf{A} + \mathbf{A}^T$と等しい．$\mathbf{A}$が対称行列ならば，$\mathbf{w}^T\mathbf{A}\mathbf{w}$のヘッセ行列は$2\mathbf{A}$に等しい．

例 3.3 2 次形式 (3.11) に対して，$\mathbf{w}$を定数ベクトルとして$\mathbf{A}$について勾配をとることもできる．すると$\frac{\partial \mathbf{w}^T\mathbf{A}\mathbf{w}}{\partial a_{ij}} = w_iw_j$である．これをまとめて行列形式で書くと，この行列型勾配は$m \times m$行列$\mathbf{w}\mathbf{w}^T$となることがわかる．

例 3.4 ICA のモデルでは，しばしば行列式の行列型勾配を求める必要がある．行列式は行列の要素の掛け算とその和からなるスカラー値関数であるから，その偏微係数を求めるのは比較的容易である．以下で証明するが，$\mathbf{W}$が正則な$m \times m$の正方行列でその行列式を$\det \mathbf{W}$と書くと，

$$\frac{\partial}{\partial \mathbf{W}} \det \mathbf{W} = \left(\mathbf{W}^T\right)^{-1} \det \mathbf{W} \tag{3.14}$$

である．これは行列型勾配を用いることにより式が簡単になるよい例である．もし $\mathbf{W}$ を長いベクトルに直して，ベクトル型勾配だけを用いたとしたら，このような簡単な結果は得られない．

素手で証明に取りかかるのはやめて，行列計算でよく知られた結果 (たとえば [159] を参照) を用いることにする．それは，$\mathbf{W}$ の逆行列は，

$$\mathbf{W}^{-1} = \frac{1}{\det \mathbf{W}} \mathrm{adj}\,(\mathbf{W}) \tag{3.15}$$

と書けるということである．ここで $\mathrm{adj}\,(\mathbf{W})$ は $\mathbf{W}$ の余因子行列であり，

$$\mathrm{adj}\,(\mathbf{W}) = \begin{pmatrix} W_{11} & \ldots & W_{n1} \\ & & \\ W_{1n} & \ldots & W_{nn} \end{pmatrix} \tag{3.16}$$

で与えられる．ただしスカラー W_{ij} は余因子である．余因子 W_{ij} を求めるには，まず $\mathbf{W}$ からその第 i 行と第 j 列を取り去ってできる $(n-1) \times (n-1)$ の部分行列を作り，その行列式を計算し，それに $(-1)^{i+j}$ を乗ずる．

行列式 $\det \mathbf{W}$ は，余因子展開

$$\det \mathbf{W} = \sum_{k=1}^{n} w_{ik} W_{ik} \tag{3.17}$$

で表すことができる．ここで行 i としてどの行を用いても結果は同じである．余因子達 W_{ik} の中に，行列の i 行の要素は一つも含まれていないから，行列式は i 行の要素の線形関数である．そこで式 (3.17) を一つの要素，たとえば w_{ij} に関して偏微分すると，

$$\frac{\partial \det \mathbf{W}}{\partial w_{ij}} = W_{ij}$$

を得る．定義 (3.9) および (3.16) を用いれば，これから直接

$$\frac{\partial \det \mathbf{W}}{\partial \mathbf{W}} = \mathrm{adj}\,(\mathbf{W})^T$$

を得る．ところが式 (3.15) によれば $\mathrm{adj}\,(\mathbf{W})^T$ は $(\det \mathbf{W})(\mathbf{W}^T)^{-1}$ に等しいから，式 (3.14) が得られたことになる．

これからさらに

$$\frac{\partial \log |\det \mathbf{W}|}{\partial \mathbf{W}} = \frac{1}{|\det \mathbf{W}|} \frac{\partial |\det \mathbf{W}|}{\partial \mathbf{W}} = (\mathbf{W}^T)^{-1} \tag{3.18}$$

がわかる．式 (3.15) を参照されたい．この例は対数，絶対値，行列式という三つの関数の合成関数の行列型勾配である．これは第 9 章において ICA 問題を最尤推定で解く場合に必要となる．

3.1.4 多変数関数のテイラー級数展開

勾配を用いる学習アルゴリズムを導くとき，多変数関数のテイラー級数展開のお世話にならなければならないことがしばしばある．スカラー変数 w の関数 $g(w)$ のテイラー級数展開は，

$$g(w') = g(w) + \frac{dg}{dw}(w'-w) + \frac{1}{2}\frac{d^2g}{dw^2}(w'-w)^2 + \ldots \tag{3.19}$$

であるが，これと同様に m 変数関数 $g(\mathbf{w}) = g(w_1,\ldots,w_m)$ を展開することができる．結果は，

$$g(\mathbf{w}') = g(\mathbf{w}) + \left(\frac{\partial g}{\partial \mathbf{w}}\right)^T (\mathbf{w}'-\mathbf{w}) + \frac{1}{2}(\mathbf{w}'-\mathbf{w})^T \frac{\partial^2 g}{\partial \mathbf{w}^2}(\mathbf{w}'-\mathbf{w}) + \ldots \tag{3.20}$$

である．ここで偏導関数はすべて点 $\mathbf{w}$ で評価する．第 2 項は勾配ベクトルとベクトル $\mathbf{w}'-\mathbf{w}$ との内積であり，第 3 項はヘッセ行列 $\frac{\partial^2 g}{\partial \mathbf{w}^2}$ の 2 次形式となっている．打ち切り誤差は距離 $\|\mathbf{w}'-\mathbf{w}\|$ に依存する．$g(\mathbf{w}')$ を第 2 項までを用いて推定しようというのならば，この距離は小さくなければならない．

独立変数が行列であるようなスカラー値関数についても同様な展開ができる．2 階の勾配は 4 次元のテンソルになるので，2 次の項でもすでに複雑である．しかし式 (3.20) の 1 次の項，すなわち勾配ベクトルとベクトル $\mathbf{w}'-\mathbf{w}$ との内積の項を，行列の場合に拡張するのは容易である．ベクトルの内積を思い出せば，

$$\left(\frac{\partial g}{\partial \mathbf{w}}\right)^T (\mathbf{w}'-\mathbf{w}) = \sum_{i=1}^m \left(\frac{\partial g}{\partial \mathbf{w}}\right)_i (w_i'-w_i)$$

である．行列の場合には，これは，$\sum_{i=1}^m \sum_{j=1}^m \left(\frac{\partial g}{\partial \mathbf{w}}\right)_{ij} (w_{ij}'-w_{ij})$ と書かなければならない．これはベクトルの内積の場合と同様に，対応する要素の積の和である．これを見やすく表すため，任意の二つの行列 $\mathbf{A}$ と $\mathbf{B}$ に対して，

$$\mathrm{tr}\left(\mathbf{A}^T \mathbf{B}\right) = \sum_{i=1}^m \left(\mathbf{A}^T \mathbf{B}\right)_{ii} = \sum_{i=1}^m \sum_{j=1}^m (\mathbf{A})_{ij} (\mathbf{B})_{ij}$$

が成立することを思い出そう．ここの記法の説明は不要だろう．したがって，行列の関数 g のテイラー展開の最初の 2 項まで書くと，

$$g(\mathbf{W}') = g(\mathbf{W}) + \mathrm{tr}\left[\left(\frac{\partial g}{\partial \mathbf{W}}\right)^T (\mathbf{W}'-\mathbf{W})\right] + \ldots \tag{3.21}$$

となる．

3.2 制約条件なし最適化のための学習則

3.2.1 勾配降下法

ICA の規準の多くは，損失関数 $\mathcal{J}(\mathbf{W})$ をパラメータ行列 $\mathbf{W}$ について，あるいはその行列の一つの列 $\mathbf{w}$ について最小化するというのが基本的な形式である．多くの場合，可能な解の集合について制約も課せられる．代表的な制約条件としては，解のベクトルのノルムが有界である，あるいは，解の行列の列が直交するなどである．

多変量関数の最小化の制約条件なしの問題に対する最も古典的な手法は，勾配降下法 (あるいは最急降下法) である．ここで，解がベクトル $\mathbf{w}$ である場合についてより詳しく考えよう．解が行列の場合もまったく同様の方法で解ける．

勾配降下法では，反復的に関数 $\mathcal{J}(\mathbf{w})$ を最小化する．初期値 $\mathbf{w}(0)$ から始めて，$\mathcal{J}(\mathbf{w})$ の勾配をその点で計算し，勾配ベクトルの逆向き方向，つまり最急降下する方向に適切な距離だけ移動する．移動した後，新しい点において同じことを繰り返し，これを続ける．時刻 $t = 1, 2, \ldots$ における更新則は，

$$\mathbf{w}(t) = \mathbf{w}(t-1) - \alpha(t) \frac{\partial \mathcal{J}(\mathbf{w})}{\partial \mathbf{w}} |_{\mathbf{w}=\mathbf{w}(t-1)} \tag{3.22}$$

で，勾配は点 $\mathbf{w}(t-1)$ におけるものを用いる．パラメータ $\alpha(t)$ は勾配ベクトルの反対方向へ動く距離を決める．これは，しばしば**刻み幅**や**学習係数**と呼ばれる．反復 (3.22) は収束するまで繰り返される．実際には，更新前後の解のユークリッド距離 $\|\mathbf{w}(t) - \mathbf{w}(t-1)\|$ が，何らかの小さな許容値以下になったとき収束したと判定する．

時間，すなわち反復数を強調する理由がない場合，前述の更新則を示すのに，以下の略記法を本書全体を通じて使用することにする．新旧の値の間の差を

$$\mathbf{w}(t) - \mathbf{w}(t-1) = \Delta \mathbf{w} \tag{3.23}$$

で表すと，更新規則 (3.22) は，

$$\Delta \mathbf{w} = -\alpha \frac{\partial \mathcal{J}(\mathbf{w})}{\partial \mathbf{w}}$$

と，あるいはさらに短く，

$$\Delta \mathbf{w} \propto -\frac{\partial \mathcal{J}(\mathbf{w})}{\partial \mathbf{w}}$$

と書ける．記号 $\propto$ は「～に比例する」と読む．つまりこれは左辺のベクトル $\Delta \mathbf{w}$ と右辺のベクトルとは同じ**方向**であるということである．しかし，動く距離を調節する

ための正のスカラー係数があり，上段の更新規則ではそれを α と書いた．多くの場合，この学習係数は時間に依存するし，実は依存させるべきである．さらに，そのような更新規則を書く3番目の非常に便利な方法は，プログラミング言語にも適合していて，

$$\mathbf{w} \leftarrow \mathbf{w} - \alpha \frac{\partial \mathcal{J}(\mathbf{w})}{\partial \mathbf{w}}$$

である．記号 $\leftarrow$ は代入という意味である．つまり，右辺の値が計算され $\mathbf{w}$ に代入される．

幾何学的には，式 (3.22) のような勾配降下は，下り坂を降りることを意味する．実際は多次元空間であるが，3次元空間で考えると $\mathcal{J}(\mathbf{w})$ のグラフは山の地形のようなものであり，常に一番急な傾斜に沿って下降する．これから直ちに最急降下法の不利な点も明らかになる．関数 $\mathcal{J}(\mathbf{w})$ が非常に単純で滑らかでない限り，最急降下法は全体の最小ではなく，一番近い局所的な最小(極小)を求めることになる．この手法そのものは，極小から逃れられることはできない．非2次の評価関数には多くの極小や極大の点がある可能性がある．したがって，このアルゴリズムの適用には，よい初期値を選ぶことが重要である．

例として，図 3.1 の場合を考える．この図には関数 $\mathcal{J}(\mathbf{w})$ が等高線図として表されている．図に示された領域では，一つの極小と大局的な最小がある．勾配ベクトルが描かれている点を初期値として選んだとすると，このアルゴリズムでは極小に収束するだろう．

一般的に収束の速さは，極小の近くでは非常に遅くなりやすい．それは，極小では

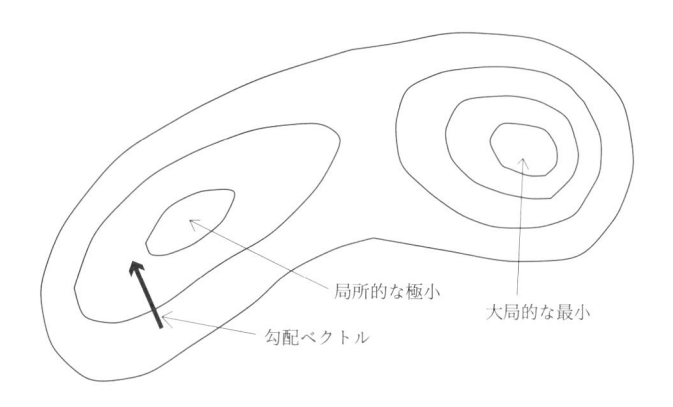

図 3.1 極小をもつ損失関数の等高線．

その勾配は 0 に近づくからである．その速さは次のように解析することができる．いま，このアルゴリズムで最終的に収束する極小あるいは最小を $\mathbf{w}^*$ とする．式 (3.22) から，

$$\mathbf{w}(t) - \mathbf{w}^* = \mathbf{w}(t-1) - \mathbf{w}^* - \alpha(t)\frac{\partial \mathcal{J}(\mathbf{w})}{\partial \mathbf{w}}|_{\mathbf{w}=\mathbf{w}(t-1)} \tag{3.24}$$

が得られる．勾配ベクトル $\frac{\partial \mathcal{J}(\mathbf{w})}{\partial \mathbf{w}}$ を要素ごとに，3.1.4 項で説明したように，点 $\mathbf{w}^*$ の周辺でテイラー展開しよう．i 番目の要素の展開の 0 次と 1 次の項のみを見せると，

$$\frac{\partial \mathcal{J}(\mathbf{w})}{\partial w_i}|_{\mathbf{w}=\mathbf{w}(t-1)}$$
$$= \frac{\partial \mathcal{J}(\mathbf{w})}{\partial w_i}|_{\mathbf{w}=\mathbf{w}^*} + \sum_{j=1}^{m} \frac{\partial^2 \mathcal{J}(\mathbf{w})}{\partial w_i w_j}|_{\mathbf{w}=\mathbf{w}^*}[w_j(t-1) - w_j^*] + \ldots$$

となる．ここで，$\mathbf{w}^*$ は収束点であるから，評価関数の偏微分は $\mathbf{w}^*$ で 0 にならなければならない．このことを使って，先ほどの式をベクトル形式で書き直すと，

$$\frac{\partial \mathcal{J}(\mathbf{w})}{\partial \mathbf{w}}|_{\mathbf{w}=\mathbf{w}(t-1)} = \mathbf{H}(\mathbf{w}^*)[\mathbf{w}(t-1) - \mathbf{w}^*] + \ldots$$

となる．ここで，$\mathbf{H}(\mathbf{w}^*)$ は，点 $\mathbf{w}^*$ で計算されるヘッセ行列である．これを式 (3.24) に代入すると，

$$\mathbf{w}(t) - \mathbf{w}^* \approx [\mathbf{I} - \alpha(t)\mathbf{H}(\mathbf{w}^*)][\mathbf{w}(t-1) - \mathbf{w}^*]$$

となる．これは行列を何回もその行列自身にかける操作と本質的に同値であり，この種の収束は**線形**収束と呼ばれる．その収束の速さは学習係数とヘッセ行列の大きさによる．もし，評価関数 $\mathcal{J}(\mathbf{w})$ が最小付近で非常に平坦で，2 次偏微分の値もまた小さければ，そのヘッセ行列は小さく，その収束は遅い（$\alpha(t)$ が固定値の場合）．通常は評価関数の形を変えることはできないので，与えられた評価関数に対して学習係数 $\alpha(t)$ を決めなければならない．

したがって，適当な刻み幅，すなわち $\alpha(t)$ は重要である．値が小さすぎると収束が遅くなり，値が大きすぎると最小を通り過ぎたり不安定性を招いたりし，収束がまったく不可能になる．図 3.1 において学習係数が大きすぎると，解が局所解の周辺をジグザグ回ることになる．問題は，ヘッセ行列がわからないため，学習係数を決めるのが難しいことである．

勾配法の一つの簡単な拡張は，ニューラルネットワークの誤差逆伝搬法の学習則では有名な慣性法で，式 (3.22) のような 1 段階の方法ではなく 2 段階の反復法を用いる．ニューラルネットワークの分野の研究では，学習係数の調整，うまい初期値の選択な

ど,数多くの工夫により,最急降下学習法の性能を上げてきた.しかしながら,ICAでは,数多くの有名なアルゴリズムはいまだに単純な勾配降下法であり,評価関数の勾配はアルゴリズム中で計算されたものがそのまま用いられている.

3.2.2　2次学習法

数値解析においては,多変数スカラー値関数の最大化あるいは最小化のため,簡単な勾配降下法より効率的な数多くの方法が導入されている.それらを直接 ICA に使うこともできる.それらの利点はより速い収束,言い換えれば必要な反復数が少ないことであるが,しばしば,1回の反復に必要な計算がより複雑になるのが欠点である.ここで,損失関数の 2 次導関数に含まれる情報を利用するという意味の 2 次の方法を考える.明らかに,この情報は損失関数の表す地形の曲率に関連するから,単純な 1 次の勾配よりも次の更新のよりよい方向を見つけるのに役立つだろう.多変数関数のテイラー級数から考える (3.1.4 項を参照).関数 $\mathcal{J}(\mathbf{w})$ の $\mathbf{w}$ の周囲でのテイラー級数展開は,

$$\mathcal{J}(\mathbf{w}') = \mathcal{J}(\mathbf{w}) + \left[\frac{\partial \mathcal{J}(\mathbf{w})}{\partial \mathbf{w}}\right]^T (\mathbf{w}' - \mathbf{w}) + \frac{1}{2}(\mathbf{w}' - \mathbf{w})^T \frac{\partial^2 \mathcal{J}(\mathbf{w})}{\partial \mathbf{w}^2}(\mathbf{w}' - \mathbf{w}) + \ldots \tag{3.25}$$

となる.

関数 $\mathcal{J}(\mathbf{w})$ を最小化しようとするとき,どのように新しい点 $\mathbf{w}'$ を選択すれば,$\mathcal{J}(\mathbf{w})$ の値を一番減少させるであろうか.$\mathbf{w}' - \mathbf{w} = \Delta \mathbf{w}$ と書いて,関数 $\mathcal{J}(\mathbf{w}') - \mathcal{J}(\mathbf{w}) = \left[\frac{\partial \mathcal{J}(\mathbf{w})}{\partial \mathbf{w}}\right]^T \Delta \mathbf{w} + 1/2 \Delta \mathbf{w}^T \frac{\partial^2 \mathcal{J}(\mathbf{w})}{\partial \mathbf{w}^2} \Delta \mathbf{w}$ を $\Delta \mathbf{w}$ に関して最小化する.この関数の $\Delta \mathbf{w}$ に関する勾配は $\frac{\partial \mathcal{J}(\mathbf{w})}{\partial \mathbf{w}} + \frac{\partial^2 \mathcal{J}(\mathbf{w})}{\partial \mathbf{w}^2}\Delta \mathbf{w}$ である (例 3.2 (p.65) を参照).ここで,ヘッセ行列は対称であることに注意されたい.もし,そのヘッセ行列が正定値行列でもあれば,この関数は放物面の形をもち,その最小値は勾配の零点で与えられる.勾配を 0 と置くと,

$$\Delta \mathbf{w} = -\left[\frac{\partial^2 \mathcal{J}(\mathbf{w})}{\partial \mathbf{w}^2}\right]^{-1} \frac{\partial \mathcal{J}(\mathbf{w})}{\partial \mathbf{w}}$$

が得られる.これより,次の 2 次の反復則が現れる.

$$\mathbf{w}' = \mathbf{w} - \left[\frac{\partial^2 \mathcal{J}(\mathbf{w})}{\partial \mathbf{w}^2}\right]^{-1} \frac{\partial \mathcal{J}(\mathbf{w})}{\partial \mathbf{w}} \tag{3.26}$$

ここで,右辺の勾配とヘッセ行列は点 $\mathbf{w}$ において計算しなければならない.

アルゴリズム (3.26) は**ニュートン法**と呼ばれる，関数の最小化に最も効率的な方法の一つである．これは，実は方程式を解くための有名なニュートン法の特別の場合であり，ここでは勾配が 0 であるという方程式の解を求めることである．

ニュートン法は，ヘッセ行列が最小の周辺で正定値であれば，最小の周辺で速い収束をもたらす．しかし，最小から遠く離れたところではうまくいかない場合もある．完全な収束の解析は [284] で行われている．また，ニュートン法の収束は 2 次収束であることがこの参考文献で証明されている．それは，$\mathbf{w}^*$ が収束の極限であったとすると，

$$\|\mathbf{w}' - \mathbf{w}^*\| \leq \gamma \|\mathbf{w} - \mathbf{w}^*\|^2$$

を意味する．ここで，γ はある定数である．これは非常に強力な収束の型である．右辺の誤差がある程度小さければ，その 2 乗は何桁も小さな数になりうる (もし，べき指数が 3 であればその収束は 3 次収束という．それは 2 次収束よりある程度よいが，その違いは，線形と 2 次の収束の間の違いほどは大きくない)．

一方，ニュートン法は最急降下法に比べ，1 回の反復にはるかに多くの計算量が必要である．毎回，ヘッセ行列の逆行列の計算が必要であり，それは高次元の多くの実際の評価関数に対しては，実用にならないほど重い負担となる．また，このアルゴリズムの計算のどこかの段階でヘッセ行列の条件が悪くなり，すなわち特異行列に近くなり，反復において数値誤差が生じることもありうる．一つの可能な対策は，逆行列を求める前のヘッセ行列に，δ を小さな数として，対角行列 $\delta \mathbf{I}$ を加えることにより，アルゴリズムを正則化することである．これが，マルカート＝レーベンベルグ法の基礎である (たとえば [83] を参照)．

誤差の 2 乗和で表現される誤差関数に対しては，ニュートン法に代わって，**ガウス＝ニュートン法**と呼ばれる方法を適用することができる．これは，計算量と収束速度の両方について，最急降下法とニュートン法の中間にある方法である．また**共役勾配法**も，同様に二つの方法の中間に位置する．

ICA ではこれらの 2 次の方法はあまり使われないが，fastICA 法は ICA 問題用に修正した近似的なニュートン法を用いており，反復 1 回当たりの計算量が少なく，速い収束を実現している．

3.2.3 自然勾配と相対的勾配

関数 $\mathcal{J}$ の勾配はユークリッドの直交座標系において，傾斜最大の方向を指している．しかしながら，Amari [4] が指摘するように，パラメータ空間は，必ずしもユーク

リッド計量構造ではなくリーマン計量構造をもっている．このような場合，最急降下の方向は**自然勾配**と呼ばれるものによって与えられる．ICA の学習則で重要である正則な $m \times m$ の行列だけを考えよう．それらの空間は，計算が容易な自然勾配を備えたリーマン構造をもっている．

いま，我々は点 $\mathbf{W}$ におり，2 乗ノルム $\|\delta \mathbf{W}\|^2$ が一定であるという条件の下で，$\mathcal{J}(\mathbf{W} + \delta \mathbf{W})$ を最小にするための小さな行列増分 $\delta \mathbf{W}$ を見つけたいとしよう．これは非常に自然な要求である．なぜならば，関数 g を最小化するための勾配アルゴリズムによって進む一歩は，その方向と長さで決まるからである．長さを一定にして，最適な方向を探すことになる．

行列の 2 乗ノルムは，次のように考え定義する[1]．いま，$\mathbf{x} \in E^n$ が二つの基底 $\{\mathbf{w}_i\}, \{\mathbf{g}_i\}$ で 2 通りに表されていたとする．$\mathbf{W} = (\mathbf{w}_1, \ldots, \mathbf{w}_n)$，$\mathbf{G} = (\mathbf{g}_1, \ldots, \mathbf{g}_n)$ とする．すると，

$$\begin{aligned}\mathbf{x} &= y_1 \mathbf{w}_1 + y_2 \mathbf{w}_2 + \cdots + y_n \mathbf{w}_n (= \mathbf{W}\mathbf{y}) \\ &= z_1 \mathbf{g}_1 + z_2 \mathbf{g}_2 + \cdots + z_n \mathbf{g}_n (= \mathbf{G}\mathbf{z})\end{aligned}$$

である．$\mathbf{y}$ は基底 $\mathbf{W}$ による $\mathbf{x}$ の表現，$\mathbf{z}$ は基底 $\mathbf{G}$ による $\mathbf{x}$ の表現である．空間の座標軸が異なる．$\mathbf{W}$ は正則だから $\mathbf{y} = \mathbf{W}^{-1}\mathbf{G}\mathbf{z} = \mathbf{M}\mathbf{z}$ と書くことができる．行列は，ベクトルからベクトルへの線形変換を引き起こす演算子と考えられる．すなわち，

$$\mathbf{B} : \mathbf{y} \to \mathbf{B}\mathbf{y}$$

である．

$\mathbf{B}\mathbf{y} = \mathbf{B}\mathbf{M}\mathbf{z}$ であるから基底 $\mathbf{G} = \mathbf{W}\mathbf{M}$ の空間における同じ作用は $\mathbf{B}\mathbf{M}$ で表される．演算子のノルムは座標軸によらないノルムであるべきだから，

$$< \mathbf{B}, \mathbf{B} >_{\mathbf{W}} = < \mathbf{B}\mathbf{M}, \mathbf{B}\mathbf{M} >_{\mathbf{W}\mathbf{M}}$$

となっていてほしい．さらに，直交座標系，すなわち基底を単位行列とする空間では，

$$\sqrt{< \mathbf{B}, \mathbf{B} >_{\mathbf{I}}} = \sqrt{\sum_{i,j=1}^{m} (b_{ij})^2}$$

は，一つの自然なノルムである．よって，$\delta \mathbf{W}$ の 2 乗ノルムとして次の式を得る．

$$\begin{aligned}\|\delta \mathbf{W}\|^2 &= < \delta \mathbf{W}, \delta \mathbf{W} >_{\mathbf{W}} = < \delta \mathbf{W}\mathbf{W}^{-1}, \delta \mathbf{W}\mathbf{W}^{-1} >_{\mathbf{I}} \\ &= \mathrm{tr}\left((\mathbf{W}^T)^{-1} \delta \mathbf{W}^T \delta \mathbf{W} \mathbf{W}^{-1}\right)\end{aligned}$$

---

[1] 定義を導く過程の記述は原文と多少異なる．

この内積を一定にしつつ，$\mathcal{J}(\mathbf{W} + \delta\mathbf{W})$ の増加を最大にする方向は，自然勾配

$$\frac{\partial \mathcal{J}}{\partial \mathbf{W}_{nat}} = \frac{\partial \mathcal{J}}{\partial \mathbf{W}} \mathbf{W}^T \mathbf{W}$$

の方向で得られることが示された [4]．つまり，$\mathbf{W}$ における通常の勾配に右から $\mathbf{W}^T\mathbf{W}$ をかける必要があるということになる．これから，関数 $\mathcal{J}(\mathbf{W})$ に対して自然勾配法の更新則

$$\Delta \mathbf{W} \propto -\frac{\partial \mathcal{J}}{\partial \mathbf{W}} \mathbf{W}^T \mathbf{W} \tag{3.27}$$

が得られる．この種の ICA の学習則は本書でも後で論じる．

Cardoso によって，これと関連する結果が多少異なる出発点から導かれた [71]．$\mathcal{J}(\mathbf{W} + \delta\mathbf{W})$ のテイラー級数は，

$$\mathcal{J}(\mathbf{W} + \delta\mathbf{W}) = \mathcal{J}(\mathbf{W}) + \mathrm{tr}\left[\left(\frac{\partial \mathcal{J}}{\partial \mathbf{W}}\right)^T \delta\mathbf{W}\right] + \ldots$$

である．ここで変位 $\delta\mathbf{W}$ は常に $\delta\mathbf{W} = \mathbf{DW}$ というように，$\mathbf{W}$ 自身にいわば比例するとしよう．すると，

$$\mathcal{J}(\mathbf{W} + \mathbf{DW}) = \mathcal{J}(\mathbf{W}) + \mathrm{tr}\left[\left(\frac{\partial \mathcal{J}}{\partial \mathbf{W}}\right)^T \mathbf{DW}\right] + \ldots$$

$$= \mathcal{J}(\mathbf{W}) + \mathrm{tr}\left[\mathbf{DW}\left(\frac{\partial \mathcal{J}}{\partial \mathbf{W}}\right)^T\right] + \ldots$$

となる．上では tr (trace: 固有和) の定義より，適切な次元の $\mathbf{M}_1, \mathbf{M}_2$ に対して，$\mathrm{tr}(\mathbf{M}_1\mathbf{M}_2) = \mathrm{tr}(\mathbf{M}_2\mathbf{M}_1)$ が成り立つことを使った．これはさらに，

$$\mathrm{tr}\left[\mathbf{D}\left(\frac{\partial \mathcal{J}}{\partial \mathbf{W}}\mathbf{W}^T\right)^T\right] = \mathrm{tr}\left[\left(\frac{\partial \mathcal{J}}{\partial \mathbf{W}}\mathbf{W}^T\right)^T \mathbf{D}\right]$$

となる．$\mathbf{D}$ に乗ずる行列 $\frac{\partial \mathcal{J}}{\partial \mathbf{W}}\mathbf{W}^T$ は，Cardoso によって相対的勾配と名づけられた．これは，普通の行列の勾配に $\mathbf{W}^T$ がかけられたものである．

更新による変化量 $\mathcal{J}(\mathbf{W} + \mathbf{DW}) - \mathcal{J}(\mathbf{W})$ を負の方向に最大にするには，明らかに $\mathrm{tr}\left[\left(\frac{\partial \mathcal{J}}{\partial \mathbf{W}}\mathbf{W}^T\right)^T \mathbf{D}\right]$ の項を最小化すればよい．これは $\mathbf{D}$ が $-\left(\frac{\partial \mathcal{J}}{\partial \mathbf{W}}\mathbf{W}^T\right)$ に比例するときに起こる．$\delta\mathbf{W} = \mathbf{DW}$ であるから，勾配降下学習則として，

$$\Delta \mathbf{W} \propto -\left(\frac{\partial \mathcal{J}}{\partial \mathbf{W}}\mathbf{W}^T\right)\mathbf{W}$$

を得る．これは，自然勾配学習則の式 (3.27) と完全に等しい．

3.2.4 確率的勾配降下

これまでは，損失関数 $\mathcal{J}(\mathbf{W})$ や $\mathcal{J}(\mathbf{w})$ に対して何も具体的な形を仮定せず，一般的な観点から勾配法を考えてきた．この項では，ある特定の種類の関数を考慮する．

ICA は，ほかの多くの統計的手法，あるいはニューラルネットワークの手法と同じように，完全にデータ依存の，すなわちデータによって動く手法である．もし観測データがなければ，ICA の問題を解くことはまったく不可能である．したがって，ICA における損失関数は観測データに依存する．典型的な損失関数は，

$$\mathcal{J}(\mathbf{w}) = \mathrm{E}\{g(\mathbf{w}, \mathbf{x})\} \tag{3.28}$$

という形をもつ．ここで，$\mathbf{x}$ は観測ベクトルであり，ある未知の密度分布 $f(\mathbf{x})$ をもった確率ベクトルとしてモデル化されている．式 (3.28) の期待値はこの密度についてのものである．実際には，これらのベクトルの標本 $\mathbf{x}(1), \mathbf{x}(2), \ldots$ が必要である．通常，我々が得られるデータはこれだけである．

条件つき最適化の場合には特に，損失関数は式 (3.28) よりいくぶん複雑になるが，中心になる要素は式 (3.28) であるので，この簡単な場合をまず考えることにする．最急降下学習則は，次のようになる．

$$\mathbf{w}(t) = \mathbf{w}(t-1) - \alpha(t) \frac{\partial}{\partial \mathbf{w}} \mathrm{E}\{g(\mathbf{w}, \mathbf{x}(t))\}|_{\mathbf{w}=\mathbf{w}(t-1)} \tag{3.29}$$

繰り返すが，勾配ベクトルは点 $\mathbf{w}(t-1)$ で計算する．実際には，この期待値は，標本 $\mathbf{x}(1), \ldots, \mathbf{x}(T)$ にわたるこの関数の標本平均で近似する．このアルゴリズムでは，各反復段において，期待値を求めるためにすべての訓練集合が使わるが，これをバッチ学習法と呼ぶ．

ベクトル $\mathbf{w}$ の要素の 1 次と 2 次の微分は $\mathbf{x}$ に関する期待値の中に取り込むことができるので，式 (3.29) の勾配とヘッセ行列は原理的には簡単に求められる．たとえば，

$$\frac{\partial}{\partial \mathbf{w}} \mathrm{E}\{g(\mathbf{w}, \mathbf{x})\} = \frac{\partial}{\partial \mathbf{w}} \int g(\mathbf{w}, \boldsymbol{\xi}) f(\boldsymbol{\xi}) d\boldsymbol{\xi} \tag{3.30}$$

$$= \int \left[\frac{\partial}{\partial \mathbf{w}} g(\mathbf{w}, \boldsymbol{\xi})\right] f(\boldsymbol{\xi}) d\boldsymbol{\xi} \tag{3.31}$$

である．この演算が許されるためには，関数 $g(\mathbf{w}, \mathbf{x})$ が要素 $\mathbf{w}$ について 2 回微分可能であれば十分である．

しかしながら，各反復段で必要な関数の平均値，つまり標本平均の計算をするのは面倒である．これは，標本 $\mathbf{x}(1), \mathbf{x}(2), \ldots$ が固定されておらず，新しい観測が反復の過程の間に入力され続ける場合には，特に問題となる．この標本ベクトルの統計量は，ゆっくりと変化することが多く，このアルゴリズムではこの変化を追跡しなければな

らない．オンライン学習と呼ばれる学習方法では，アルゴリズムの各反復段で，すべての標本をひとまとまり (batch) として用いないで，最新の観測ベクトル $\mathbf{x}(t)$ だけを使う．結局，これにより学習則 (3.29) 内の期待値演算が落ちることとなり，オンライン学習則は，

$$\mathbf{w}(t) = \mathbf{w}(t-1) - \alpha(t) \frac{\partial}{\partial \mathbf{w}} g(\mathbf{w}, \mathbf{x})|_{\mathbf{w}=\mathbf{w}(t-1)} \tag{3.32}$$

となる．

これに従うと，各反復段での勾配の方向は，毎回大きく変動することになるが，アルゴリズムの進む平均的な方向は，バッチ学習のときの損失関数の最急降下の方向に，おおよそ一致する．一般に確率的勾配法の収束速度は，対応する最急降下法のそれより非常に遅い．しかし，これは確率的勾配法はしばしば計算量が非常に少ないことにより埋め合わされる．実際，1回の反復における計算量はかなり減少する．なぜならば，関数 $\frac{\partial}{\partial \mathbf{w}} g(\mathbf{w}, \mathbf{x})$ は，ベクトル $\mathbf{x}(t)$ に対するたった一度の計算で済むからである．バッチ学習法で $\frac{\partial}{\partial \mathbf{w}} \mathrm{E}\{g(\mathbf{w}, \mathbf{x})\}$ を計算するためには，一つの標本ベクトル $\mathbf{x}(t)$ に対してこの計算を1回ずつ，計 T 回行う必要があり，結果を合計して T で割って平均を出す．

その代わり，通常オンラインアルゴリズムは，収束のためにはずっと多くの反復が必要である．学習のための訓練集合が決まっている場合，その標本は学習中に何度も使わなければならない．よく行われるのは，標本ベクトル $\mathbf{x}(t)$ を一つひとつ順番に周期的に抽出したり，あるいはランダムな順で抽出することである．通常，ランダムな順に，つまりシャッフルして抽出するほうがよい．訓練集合に対してこのアルゴリズムを十分な回数反復することにより，最終的にかなり正確な結果が得られる．

このような確率的勾配法の例は後の章で述べる．たとえば，いくつかの主成分分析ネットワークの学習法や，よく知られた最小2乗法のアルゴリズムは，各段での勾配を計算する確率的勾配法である．

例3.5　信号源ベクトル $\mathbf{s}$ の要素が統計的に独立で，$\mathbf{A}$ を混合行列としたとき，$\mathbf{x}$ が ICA モデル $\mathbf{x} = \mathbf{As}$ を満足すると仮定する．問題は，既知の $\mathbf{x}$ から (実際上は $\mathbf{x}$ の標本から) $\mathbf{s}$ と $\mathbf{A}$ を得ることである．このモデルの線形性より，解 $\mathbf{s}$ を $\mathbf{x}$ の線形関数として解くことは妥当である．この問題の一つの解き方は，スカラー変数 $y = \mathbf{w}^T\mathbf{x}$ を考え，y が $\mathbf{s}$ の要素の一つと同じになるようにパラメータ，つまり重みベクトル $\mathbf{w}$ を求めることである．ICA のための考えられる一つの規準としては，第8章に出てくる4次モーメント $\mathrm{E}\{y^4\} = \mathrm{E}\{(\mathbf{w}^T\mathbf{x})^4\}$ を最大とする $y = \mathbf{w}^T\mathbf{x}$ を求めることであ

る．ベクトル $\mathbf{x}$ の標本 $\mathbf{x}(1), \mathbf{x}(2), \ldots, \mathbf{x}(T)$ があるという設定の下で，$\mathbf{w}^T\mathbf{x}$ の 4 次モーメントを最大化するベクトル $\mathbf{w}$ を求めたい．

いま，スカラー値関数 $\mathcal{J}(\mathbf{w}) = \mathrm{E}\left\{\left(\mathbf{w}^T\mathbf{x}\right)^4\right\}$ の勾配は，$\frac{\partial \mathcal{J}(\mathbf{w})}{\partial \mathbf{w}} = 4\mathrm{E}\left\{\left(\mathbf{w}^T\mathbf{x}\right)^3\mathbf{x}\right\}$ で与えられる．したがって，この目的関数を最大にする荷重ベクトル $\mathbf{w}$ の，簡単なバッチ学習則は，

$$\mathbf{w}(t) = \mathbf{w}(t-1) + \alpha(t)\,\mathrm{E}\left\{\left[\mathbf{w}(t-1)^T\mathbf{x}(t)\right]^3\mathbf{x}(t)\right\}$$

であり，以前に導入した略記法で書けば，

$$\Delta \mathbf{w} \propto \mathrm{E}\left\{\left(\mathbf{w}^T\mathbf{x}\right)^3\mathbf{x}\right\} \tag{3.33}$$

となる．ここで，勾配にかけられる数 4 は学習係数 $\alpha(t)$ に吸収されたことに注意されたい．$\alpha(t)$ の大きさはいずれにせよ決めなければならない．実際には，各反復での期待値を標本 $\mathbf{x}(1), \mathbf{x}(2), \ldots, \mathbf{x}(T)$ にわたる標本の平均 $\mathrm{E}\left\{\left(\mathbf{w}^T\mathbf{x}\right)^3\mathbf{x}\right\} \approx 1/T \sum_{t=1}^{T}\left[\mathbf{w}^T\mathbf{x}(t)\right]^3\mathbf{x}(t)$ として計算する．ここで，$\mathbf{w}$ は各反復時点における解ベクトルの値である．

このアルゴリズムに関していくつかの注意をする．第一に，勾配の項の前には正の符号をつけているが，それは，ここでは目的関数を最小化ではなく最大化しようとしているからである．したがって，関数の値が最も速く大きくなる勾配方向に動くことになる．第二に，$\mathbf{w}$ のノルムがまったく制限されていないので，最大化問題の解法のアルゴリズムとして，これはよいものとはいえない．$\mathbf{w}$ のノルムが大きくなると，結果として目的関数の値を増加させるので，ノルムは限りなく大きくなっていくであろう．3.3 節で述べる簡単な正規化がこの問題を解決してくれる．

3.2.5 確率的オンライン学習則の収束*

オンライン学習則 (3.32) と対応するバッチ学習則 (3.29) の間に，正確にはどのような関係があるのか，つまり「オンライン学習則は理論的に同じ解にたどり着くのか」ということは，正当な疑問である．数学的には，二つのアルゴリズムは非常に異なっている．バッチ学習則は，確率ベクトル $\mathbf{x}$ が右辺で平均されているので決定的である．それは，1 段ずつ進める反復則に対して使える，不動点定理や縮小写像の定理など多くの技術を使って解析できる．対照的に，オンライン学習則は右辺が $\mathbf{x}(t)$ に基づく確率変数であるため，確率的な差分方程式である．このアルゴリズムは，その収束の問題さえ一筋縄ではいかないが，それは確率変数による揺らぎが，学習係数を 0 にして意図的に凍結しない限り決して消えないからである．

式 (3.32) のような確率的なアルゴリズムの解析は，**確率的近似** (stochastic approximation) の問題である．[253] を参照されたい．簡単にいうと，その解析は式 (3.32) の右辺を x について平均して得られる**平均微分方程式**に基づいている．式 (3.32) に対応する微分方程式は，

$$\frac{d\mathbf{w}}{dt} = -\frac{\partial}{\partial \mathbf{w}} \mathrm{E}\{g(\mathbf{w}, \mathbf{x})\} \tag{3.34}$$

である．これは結局，バッチ学習則 (3.29) の連続時間版になっている．右辺が w のみの関数になっていることに注意が必要である．x や t にはよらない (期待値を通じて x の確率密度に当然依存するが)．このような微分方程式を**自励系**といい，解析するのが最も簡単なものである．

自励系の理論は非常によくわかっている．解が収束できる点は不動点，または停留点と呼ばれる点のみである．つまり右辺の零点であるが，それは，これらが w の時間的変化が 0 になる点であるからである．さらに，右辺を w に関して線形化することにより，これらの不動点の安定性の分析をする方法もよく知られている．特に局所的な吸引点である，いわゆる**漸近的安定不動点**は重要である．

いま，学習係数 $\alpha(t)$ が必要な速さで減少する系列であるとする．よく使われるのが，

$$\sum_{t=1}^{\infty} \alpha(t) = \infty \tag{3.35}$$

$$\sum_{t=1}^{\infty} \alpha^2(t) < \infty \tag{3.36}$$

などの条件である．また，非線形関数 $g(\mathbf{w}, \mathbf{x})$ には，いくつかの技術的な仮定 [253] を置く．すると，オンラインアルゴリズム (3.32) は微分方程式 (3.34) の漸近的安定な不動点の一つに必ず収束することが証明できる．それらはまたバッチ学習則の収束点であり，したがって二つのアルゴリズムは通常は同じ最終的な解に到達する．実際には，収束性の証明が不可能であっても，多くの場合，不動点の分析は可能である．

条件 (3.35) は理論的なもので，実際には必ずしもうまくいくとは限らない．学習係数は最初の段階では減少させ，その後一定の小さな値をもたせることがときどきある．両条件を満たす一つのよい決め方と思われるものに，

$$\alpha(t) = \frac{\beta}{\beta + t}$$

がある．ここで，β は適切な定数 (たとえば，$\beta = 100$) である．これは，反復の早い段階で学習係数が速く小さくなりすぎることを防ぐ．

しかしながら，オンライン学習則は，変化する環境に対して速く適応するために用いられることが多い．その場合，学習係数は一定に保たれる．それにより，入力されるデータが非定常である場合，すなわちその統計的な構造が時間の関数として変化する場合でも，アルゴリズムがこのような変化を追跡し，変化する環境にすばやく適応することが可能になる．

例 3.6　第 6 章で，オンライン主成分分析が論じられる．その一つの学習則は次のようなものである．

$$\Delta \mathbf{w} \propto \mathbf{x} y - y^2 \mathbf{w} \tag{3.37}$$

ここで $y = \mathbf{w}^T \mathbf{x}$ で，$\mathbf{x}$ は確率ベクトルである．問題はオンライン学習則がいつ収束するかということである．これは，次の平均常微分方程式を作って解析することができる．

$$\begin{aligned}
\frac{d\mathbf{w}}{dt} &= \mathrm{E}\left\{\mathbf{x}\left(\mathbf{x}^T \mathbf{w}\right) - \left(\mathbf{w}^T \mathbf{x}\right)\left(\mathbf{x}^T \mathbf{w}\right)\mathbf{w}\right\} \\
&= \mathrm{E}\left\{\mathbf{x}\mathbf{x}^T\right\}\mathbf{w} - \left(\mathbf{w}^T \mathrm{E}\left\{\mathbf{x}\mathbf{x}^T\right\}\mathbf{w}\right)\mathbf{w} \\
&= \mathbf{C}_\mathbf{x}\mathbf{w} - \left(\mathbf{w}^T \mathbf{C}_\mathbf{x}\mathbf{w}\right)\mathbf{w}
\end{aligned}$$

ここで，$\mathbf{C}_\mathbf{x} = \mathrm{E}\left\{\mathbf{x}\mathbf{x}^T\right\}$ は $\mathbf{x}$ (ここでは，平均 0) の共分散行列である．この平均は，$\mathbf{w}$ が一定であるとして $\mathbf{x}$ について平均することであることに注意されたい．この常微分方程式の不動点は $\mathbf{C}_\mathbf{x}\mathbf{w} - \left(\mathbf{w}^T \mathbf{C}_\mathbf{x}\mathbf{w}\right)\mathbf{w} = 0$ の解で与えられる．$\mathbf{w}^T \mathbf{C}_\mathbf{x}\mathbf{w}$ はスカラーであるから，初歩的な行列の計算から，解 $\mathbf{w}$ はすべて行列 $\mathbf{C}_\mathbf{x}$ の**固有ベクトル**であることがわかる．数値 $\mathbf{w}^T \mathbf{C}_\mathbf{x}\mathbf{w}$ は対応する固有値である．第 6 章で議論するように，確率ベクトル $\mathbf{x}$ の主成分は，固有ベクトルで定義される．少し深く解析すると，唯一の漸近安定な不動点は最大固有値に対応する固有ベクトルであり，それは第一主成分になっていることが示される [324]．

この例は，理論解析しにくい確率的なオンライン学習則が，常微分方程式の分析のための既存の強力な道具によって，うまく解析できる様子を示している．

3.3　制約条件つき最適化の学習則

関数 $\mathcal{J}(\mathbf{w})$ の最大または最小を求める際，解 $\mathbf{w}$ に条件が付帯する場合も多い．一般に，制約条件つき最適化問題は，

$$\min \mathcal{J}(\mathbf{w}), \quad \text{subject to } H_i(\mathbf{w}) = 0, \quad i = 1, \ldots, k \tag{3.38}$$

と定式化される.ここで $\mathcal{J}(\mathbf{w})$ は前と同様に最小化したい損失関数で,$H_i(\mathbf{w}) = 0\,(i=1,\ldots,k)$ が $\mathbf{w}$ に課せられる k 個の制約方程式である.

3.3.1 ラグランジュの未定乗数法

制約条件を取り入れる最も有名で広く用いられる方法は,**ラグランジュの未定乗数法**である.**ラグランジュ関数**を,

$$\mathcal{L}(\mathbf{w},\lambda_1,\ldots,\lambda_k) = \mathcal{J}(\mathbf{w}) + \sum_{i=1}^{k} \lambda_i H_i(\mathbf{w}) \tag{3.39}$$

で定義する.ここで $\lambda_1,\ldots,\lambda_k$ を**ラグランジュ乗数**と呼ぶ.その個数 k は制約条件式のスカラー式としての個数と同じである.

結果を一般的に述べると,ラグランジュ関数 (3.39) の最小,すなわちその $\mathbf{w}$ と λ_i の両方に関する勾配が 0 になる点が,もともとの制約条件つきの最適化問題 (3.38) の解を与える.$\mathcal{L}(\mathbf{w},\lambda_1,\ldots,\lambda_k)$ の λ_i に関する勾配は,単に i 番目の制約関数 $H_i(\mathbf{w})$ となるから,これらすべてを 0 と置くことは,もともとの制約条件と同じことである.注目すべき点は,$\mathcal{L}(\mathbf{w},\lambda_1,\ldots,\lambda_k)$ の $\mathbf{w}$ に関する勾配を求めてそれを 0 と置くと,

$$\frac{\partial \mathcal{J}(\mathbf{w})}{\partial \mathbf{w}} + \sum_{i=1}^{k} \lambda_i \frac{\partial H_i(\mathbf{w})}{\partial \mathbf{w}} = 0 \tag{3.40}$$

となるが,これらの方程式を解くのは,もともとの最小化問題を解くのよりもずっと容易だということである.

制約条件の方程式の組と,式 (3.40) の方程式の組を解くには,たとえばニュートン法など,適当な反復法が使えるだろう.それらの方法を用いると,前項で述べたものと類似の学習則が得られるが,ここでは $\mathcal{J}(\mathbf{w})$ の勾配ではなく $\mathcal{L}(\mathbf{w},\lambda_1,\ldots,\lambda_k)$ の勾配が用いられる.

3.3.2 射影法

本書に現れるほとんどの制約条件つき最適化問題の制約条件は,等式で与えられる比較的簡単なものである.よくある例は,$\mathbf{w}$ のノルムが定数であるとか,$\mathbf{w}$ の 2 次形式が定数であるとかいう条件である.この場合には,**制約集合上への射影**によって,制約条件つき最適化問題を解くことができる.これは最小化問題を,制約条件なしの学習則,たとえば単純な最急降下法やニュートン法など適当な方法で解きながら,各反復段で得られる $\mathbf{w}$ を,制約条件を満たすように制約集合上に直交射影するのである.

例 3.7　例 3.5 (p.76) の続きとして，次の制約条件つき問題を考える —— $\mathbf{x}$ を確率ベクトルとし，制約 $\|\mathbf{w}\|^2 = 1$ の下で 4 次モーメント $\mathrm{E}\left\{\left(\mathbf{w}^T\mathbf{x}\right)^4\right\}$ を最大にせよ．式 (3.38) の形式にすると，$\mathcal{J}(\mathbf{w}) = -\mathrm{E}\left\{\left(\mathbf{w}^T\mathbf{x}\right)^4\right\}$ であり (最小化ではなく最大化のために負号がついた)，制約条件は $H(\mathbf{w}) = \|\mathbf{w}\|^2 - 1 = 0$ の 1 個のみである．

ラグランジュ法で解くためラグランジュ関数を作ると，
$$L(\mathbf{w}, \lambda) = -\mathrm{E}\left\{\left(\mathbf{w}^T\mathbf{x}\right)^4\right\} + \lambda\left(\|\mathbf{w}\|^2 - 1\right)$$
である．この λ に関する勾配から前述のように制約条件 $\|\mathbf{w}\|^2 - 1 = 0$ が出る．$\mathbf{w}$ に関する勾配は $-4\mathrm{E}\left\{\left(\mathbf{w}^T\mathbf{x}\right)^3\mathbf{x}\right\} + \lambda(2\mathbf{w})$ である．この零点を求めるのに，たとえばニュートン法，あるいはもっと単純な反復法で，
$$\Delta\mathbf{w} \propto \mathrm{E}\left\{\left(\mathbf{w}^T\mathbf{x}\right)^3\mathbf{x}\right\} - \frac{\lambda}{2}\mathbf{w}$$
という形式のものを，適当な学習係数と適当な λ の値を選んで使うことも可能ではある．これを例 3.5 の式 (3.33) と比較すると，ここでは線形項 $\frac{\lambda}{2}\mathbf{w}$ が加わったことがわかる．λ をうまく選ぶことによって，$\mathbf{w}$ のノルムの増大を抑えられる．

しかし，この単純な制約条件に対しては，制約集合への射影を用いるほうがはるかに簡単である．式 (3.33) のような単純な最急降下方向を考えてみる．各段で単に $\mathbf{w}$ を正規化すればよいだけであるが，これは $\mathbf{w}$ を m 次元空間内の単位球面に直交射影することと同値である．この単位球面が制約集合である．学習則は，
$$\mathbf{w} \leftarrow \mathbf{w} + \alpha\mathrm{E}\left\{\left(\mathbf{w}^T\mathbf{x}\right)^3\mathbf{x}\right\} \tag{3.41}$$
$$\mathbf{w} \leftarrow \mathbf{w}/\|\mathbf{w}\| \tag{3.42}$$
である．任意の損失関数に対しても，まったく同様の考え方が適用できる．後続の章で，この方法は ICA の学習則において重要な役割を担うことになる．

時には，正規化の手続きを近似的に行うことによって，計算のより容易な学習則が得られる場合もある．ノルムに関する制約の下での最急降下法において，簡単のため更新則を
$$\mathbf{w} \leftarrow \mathbf{w} - \alpha\mathbf{g}(\mathbf{w}) \tag{3.43}$$
$$\mathbf{w} \leftarrow \mathbf{w}/\|\mathbf{w}\| \tag{3.44}$$
と書くことにする．ここで $g(\mathbf{w})$ は損失関数の勾配である．これは，
$$\mathbf{w} \leftarrow \frac{\mathbf{w} - \alpha\mathbf{g}(\mathbf{w})}{\|\mathbf{w} - \alpha\mathbf{g}(\mathbf{w})\|}$$

と書くこともできる．ここで学習係数 α は通常小さいから，少なくとも学習の進んだ段階では，この式を α に関してテイラー級数展開し，簡単化された制約条件つき学習則を得ることができる [323]．途中経過は省くが，分母は，α^2 の項とそれ以上の次数の項を省略すると，

$$\|\mathbf{w} - \alpha \mathbf{g}(\mathbf{w})\| \approx 1 - \alpha \mathbf{w}^T \mathbf{g}(\mathbf{w})$$

となる．結局，

$$\frac{\mathbf{w} - \alpha \mathbf{g}(\mathbf{w})}{\|\mathbf{w} - \alpha \mathbf{g}(\mathbf{w})\|} \approx \mathbf{w} - \alpha \mathbf{g}(\mathbf{w}) + \alpha \left(\mathbf{g}(\mathbf{w})^T \mathbf{w}\right) \mathbf{w}$$

となる．得られた学習則は，制約条件なしの場合の式 (3.43) と比べて 1 項余分についただけであるが，これにより $\mathbf{w}$ のノルムは約 1 に保たれる．

3.4 結語と参考文献

一般的な最小化のアルゴリズムに関してより詳しく知るには，非線形最適化を扱った本，たとえば [46, 135, 284] や，その応用を扱った本 [172, 407] を見ていただきたい．アルゴリズムの収束の速度は [284, 407] で扱われている．行列型の勾配一般に関しては，[109] がよい参考書である．自然勾配については [172] に詳しく述べられている．慣性法など他の追加的な技法に関しては [172] が扱っている．制約条件つき最適化に関して，[284] は深く考察している．単位球面上への射影や正規化の簡単な近似法については [323, 324] に述べられている．確率的なオンライン学習のアルゴリズムの収束について，[253] では厳密な解析を行っている．

演習問題

1. 勾配ベクトル $\frac{\partial g}{\partial \mathbf{w}}$ の $\mathbf{w}$ に関するヤコビ行列は，g のヘッセ行列と等しいことを示せ．
2. $m \times m$ 正方行列 $\mathbf{W}$ の固有和（トレース）は，その対角要素の和 $\sum_{i=1}^{m} w_{ii}$ として定義される．その行列型の勾配を計算で求めよ．
3. $\mathbf{W}$ を $m \times n$ 行列，$\mathbf{M}$ を $m \times m$ 行列とするとき，$\mathbf{W}^T \mathbf{M} \mathbf{W}$ の固有和の $\mathbf{W}$ に関する勾配は，$\mathbf{MW} + \mathbf{M}^T \mathbf{W}$ に等しいことを示せ．
4. $\frac{\partial}{\partial \mathbf{W}} \log |\det \mathbf{W}| = \left(\mathbf{W}^T\right)^{-1}$ を示せ．

5. 2×2 行列
$$\mathbf{W} = \begin{pmatrix} a & b \\ c & d \end{pmatrix}$$
を考える.
   (a) 第1列に関する余因子を求め,行列式を計算し,余因子行列を得て,それにより $\mathbf{W}$ の逆行列を,a, b, c, d の関数として求めよ.
   (b) この行列について $\frac{\partial}{\partial \mathbf{W}} \log |\det \mathbf{W}| = (\mathbf{W}^T)^{-1}$ を証明せよ.
6. $\mathbf{x}$ を定数ベクトルと考えたときの損失関数 $\mathcal{J}(\mathbf{w}) = G(\mathbf{w}^T \mathbf{x})$ について,
   (a) $\mathcal{J}(\mathbf{w})$ の勾配とヘッセ行列を,一般の場合について,$G(t) = t^4$ の場合について,さらに $G(t) = \log \cosh(t)$ の場合について求めよ.
   (b) 制約 $\|\mathbf{w}\| = 1$ の下でこの関数を最大化する問題を考える.ラグランジュ関数,その $\mathbf{w}$ に関する勾配,ヘッセ行列を求めて,ラグランジュ関数を最大にするためのニュートン法を構成せよ.
7. $p(\cdot)$ を微分可能なスカラー値関数,$\mathbf{x}$ を定数ベクトル,$\mathbf{W} = (\mathbf{w}_1 \ldots \mathbf{w}_n)$ を $m \times n$ 行列とし,その列を $\mathbf{w}_i$ とする.損失関数を
$$\mathcal{J}(\mathbf{W}) = \sum_{i=1}^{n} \log p(u_i)$$
とする.ここで $u_i = \mathbf{x}^T \mathbf{w}_i$ である.$\frac{\partial}{\partial \mathbf{W}} \mathcal{J}(\mathbf{W}) = -\varphi(\mathbf{u}) \mathbf{x}^T$ と書けることを示せ.ただし,$\mathbf{u}$ は u_i を要素とするベクトルで,$\varphi(\mathbf{u})$ は各要素ごとに定義されたある関数とする.この関数 $\varphi(\mathbf{u})$ の形を求めよ(注:この行列型の勾配は,第9章で述べる最尤法による ICA に用いられる).
8. 確率的なオンライン ICA 学習則の一般形
$$\Delta \mathbf{W} \propto \left[I - g(\mathbf{y}) \mathbf{y}^T \right] \mathbf{W}$$
を考える.ここで,$\mathbf{y} = \mathbf{W} \mathbf{x}$ で,g はある非線形関数である.
   (a) 対応するバッチ学習則
   (b) 平均微分方程式
を構成せよ.(a),(b) の停留点を考える.ある $\mathbf{W}$ において $\mathbf{y}$ が平均 0 で独立になったとすると,その $\mathbf{W}$ は停留点であることを示せ.
9. 関数 $F(\mathbf{w})$ を単位球面上で,すなわち制約条件 $\|\mathbf{w}\| = 1$ の下で最大化したい.最大において F の勾配は $\mathbf{w}$ と同じ方向を向いていることを示せ.つまり,F の勾配は $\mathbf{w}$ のスカラー倍でなければならない.ラグランジュの方法を用いよ.

コンピュータ課題

平均 0 で共分散行列が,

$$\begin{pmatrix} 3 & 1 \\ 1 & 2 \end{pmatrix}$$

であるような 2 次元ガウス分布に従うデータの標本を作成せよ．初期値 w をランダムに決め学習係数を適当に選んで，確率的オンライン学習則 (3.37) を実行せよ．学習係数を変えると収束速度がどのように変化するか調べよ．次に右辺の平均をとることによって，バッチ学習則を構築して同じ問題を解いてみよ．1 回の反復における計算量を，オンライン学習則とバッチ学習則について比較せよ．次に収束までに必要な反復回数を，両者で比較せよ (注: このアルゴリズムは共分散行列の最大固有値へ収束する．もっとも，固有値自身は閉じた形で求められるものである)．

第 4 章
推定理論

科学の多くの分野で出会う重要な問題の一つに,有限の個数でしかも不確定な(雑音のある)測定値をもとに,どうやって目的とする変数の推定をするかということがある.これを扱うのが本章で考察する推定理論である.

いろいろな状況に適するような多くの種類の推定法が開発されてきた.推定される変量自身が確率分布する場合もあるし,確率的でない場合もあるし,またそれが定数である場合もあるし時間関数である場合もある.推定法によっては,計算は楽だが能力が統計的に最適でない場合もあるし,そうかといって統計的に最適な推定法は計算量の負担が大変大きかったり,現実の状況では実行不可能な場合もある.推定法として何が適当かは,仮定するデータモデルが線形か非線形か,動的か静的か,確率的か決定的か,などにも依存する.

本章では,主に線形のデータモデルに集中し,データのパラメータ推定法を考察する.決定的な場合と確率的な場合の両方について扱うが,パラメータは常に時間不変的であると仮定する.本章では,独立成分分析(ICA)に関連して広く用いられる方法については,より詳しく扱う.推定理論に関してさらに知りたい場合は,それについてより詳しく述べた本として [299, 242, 407, 353, 419] などを参照されたい.

何らかの推定法を用いる前に,データをうまく記述できる適当なモデルを選ばなければならないし,また,知りたい変量に関して必要な情報を含むような適当な測定値を選ばなければならない.もちろん ICA もその場合に使える一つのモデルである.測定値の選択や前処理に関する事項は第 13 章で扱う.

4.1　基本的な概念

推定したい m 個のスカラー量 $\theta_1, \theta_2, \ldots, \theta_m$ に関して情報を含んでいる T 個の測定値 $x(1), x(2), \ldots, x(T)$ があるとする.これから量 θ_i のことをパラメータと呼ぶこと

にする．これらはパラメータベクトル

$$\boldsymbol{\theta} = (\theta_1, \theta_2, \ldots, \theta_m)^T \tag{4.1}$$

によって簡潔に表せる．以下では，パラメータベクトル $\boldsymbol{\theta}$ は m 次元縦ベクトルで，各要素が各パラメータを表すものとする．同様に，測定値は T 次元の測定ベクトルまたはデータベクトル

$$\mathbf{x}_T = [x(1), x(2), \ldots, x(T)]^T \tag{4.2}$$

として表せる[1]．

　非常に一般的にいうと，パラメータベクトル $\boldsymbol{\theta}$ の推定 $\hat{\boldsymbol{\theta}}$ は，測定値からパラメータを推定するための数式すなわち関数である．つまり，

$$\hat{\boldsymbol{\theta}} = \mathbf{h}(\mathbf{x}_T) = \mathbf{h}(x(1), x(2), \ldots, x(T)) \tag{4.3}$$

であり，各パラメータごとに書くと，

$$\hat{\theta}_i = h_i(\mathbf{x}_T), \quad i = 1, \ldots, m \tag{4.4}$$

である．いろいろな種類のパラメータが含まれる場合には，式 (4.4) の推定の式は i によって非常に違うものとなるだろう．つまりベクトル値関数 $\mathbf{h}$ の成分 h_i 達は，それぞれが非常に異なる関数形をとりうる．式 (4.4) に具体的な測定値を代入して得られる $\hat{\theta}_i$ の値のことを，パラメータ θ_i の**推定値**と呼ぶことにする．

$\boxed{\text{例 4.1}}$ 　確率変数 x の平均 μ と分散 σ^2 は，しばしば必要となるパラメータである．測定ベクトル (4.2) が与えられているとき，それらを推定するためのよく知られた式は，後で本章で導出するが，

$$\hat{\mu} = \frac{1}{T} \sum_{j=1}^{T} x(j) \tag{4.5}$$

$$\hat{\sigma}^2 = \frac{1}{T-1} \sum_{j=1}^{T} [x(j) - \hat{\mu}]^2 \tag{4.6}$$

である．

---

[1]. T 個続くスカラー標本を，本章では $\mathbf{x}_T$ と表して ICA 混合ベクトル $\mathbf{x}$ と区別することにする．後者の各要素は別々の混合を表している．

例 4.2 推定問題のもう一つの例として，雑音中の正弦波をあげる．測定値は測定(データ)モデル

$$x(j) = A\sin(\omega t(j) + \phi) + v(j), \quad j = 1, \ldots, T \tag{4.7}$$

に従うと仮定する．ここで A は正弦波の振幅，ω は角周波数，ϕ は位相である．測定は異なる時刻 $t(j)$ において行われる．測定間隔は一定である場合が多い．測定値は加法的な雑音 $v(j)$ によって汚染されている．この雑音は平均 0 のガウス雑音と仮定されることが多い．状況によるが，A, ω, ϕ のうちのいくつか，あるいは全部を推定したいことがある．後者の場合パラメータベクトルは $\boldsymbol{\theta} = (A, \omega, \phi)^T$ である．当然，A, ω, ϕ を推定するには異なる式を使わなければならない．振幅 A は測定値 $x(j)$ と線形の関係にあるが，角周波数 ω も位相 ϕ も $x(j)$ と非線形関係にあるはずである．この問題のためのいろいろな推定法については，たとえば [242] に述べられている．

推定方法は，パラメータ $\boldsymbol{\theta}$ が決定的な定数であるか確率的であるかによって，大まかに 2 種類に分類される．後者の場合，パラメータベクトル $\boldsymbol{\theta}$ に対して確率密度関数 (pdf) $p_{\boldsymbol{\theta}}(\boldsymbol{\theta})$ を仮定する場合が多い．この密度は**事前確率密度**と呼ばれ，原理的には完全にわかっていると仮定される．現実には，そのような正確な情報が得られることはほとんどない．むしろ，確率を用いた問題設定によって，パラメータに関する有用だがしばしば曖昧な事前情報を，精度を改善するために，推定方法の中に取り入れることが可能になるのである．そのためには，パラメータに関する知識を反映するような，適当な事前分布を仮定する．事前確率密度 $p_{\boldsymbol{\theta}}(\boldsymbol{\theta})$ を用いる推定法は，4.6 節で述べるベイズの法則を用いるので，しばしばベイズ推定法と呼ばれる．

推定法は，バッチ型であるかオンライン型であるかという観点からも分類できる．バッチ推定(オフライン推定とも呼ばれる)とは，すべての測定値をまず準備し，推定値を直接式(4.3)を用いて計算するものである．オンライン推定(適応的推定または再帰的推定とも呼ばれる)は，新たに入力される標本値を使って，推定値を更新していくものである．したがって推定値は再帰的な式

$$\hat{\boldsymbol{\theta}}(j+1) = \mathbf{h}_1\left(\hat{\boldsymbol{\theta}}(j)\right) + \mathbf{h}_2\left(x(j+1), \hat{\boldsymbol{\theta}}(j)\right) \tag{4.8}$$

によって計算される．ここで $\hat{\boldsymbol{\theta}}(j)$ は最初の j 個の測定値 $x(1), x(2), \ldots, x(j)$ に基づく推定値を表す．修正，あるいは更新の項 $\mathbf{h}_2\left(x(j+1), \hat{\boldsymbol{\theta}}(j)\right)$ は，新たな入力である $(j+1)$ 番目の標本値 $x(j+1)$ と現在の推定値 $\hat{\boldsymbol{\theta}}(j)$ のみによって決まる．たとえば，

式 (4.5) の平均の推定 $\hat{\mu}$ は，

$$\hat{\mu}(j) = \frac{j-1}{j}\hat{\mu}(j-1) + \frac{1}{j}x(j) \tag{4.9}$$

によってオンライン式で求められる．

4.2　推定の性質

これから，よい推定が満足すべき性質について簡潔に考えよう．
一般的に推定の質は，**推定誤差**

$$\tilde{\boldsymbol{\theta}} = \boldsymbol{\theta} - \hat{\boldsymbol{\theta}} = \boldsymbol{\theta} - \mathbf{h}(\mathbf{x}_T) \tag{4.10}$$

に基づいて評価される．理想としては，推定誤差 $\tilde{\boldsymbol{\theta}}$ は 0 であるか，少なくとも確率 1 で 0 であるべきである．しかし，有限のデータに対してこれらの非常に厳格な必要条件を満たすことは不可能である．そこで，推定誤差についてそのように強くない要求規準を考えなければならない．

不偏性と一致性　最初にあげる要求は推定誤差 $\mathrm{E}\{\tilde{\boldsymbol{\theta}}\}$ の平均が 0 になることである．式 (4.10) の両辺の期待値をとると，

$$\mathrm{E}\{\hat{\boldsymbol{\theta}}\} = \mathrm{E}\{\boldsymbol{\theta}\} \tag{4.11}$$

という条件が得られる．式 (4.11) を満足する推定は**不偏** (unbiased) であるという．上記の定義は確率的なパラメータに適用される．非確率的なパラメータには，定義は，

$$\mathrm{E}\{\hat{\boldsymbol{\theta}} \mid \boldsymbol{\theta}\} = \boldsymbol{\theta} \tag{4.12}$$

となる．一般に，非確率的なパラメータを扱うときには，パラメータ $\boldsymbol{\theta}$ が決定的な定数であると仮定していることを示すため，パラメータベクトル $\boldsymbol{\theta}$ で条件づけされる条件つきの確率密度と期待値をいつも用いる．この場合には，期待値の計算には，確率的であるデータのほうだけが用いられる．

もし，推定量が不偏性の条件である式 (4.11) と式 (4.12) を満足しなければ，それは**不偏でない**，**偏差がある**などという．特に偏差 $\mathbf{b}$ は推定誤差の期待値として定義される．すなわち，

$$\mathbf{b} = \mathrm{E}\{\tilde{\boldsymbol{\theta}}\} \quad \text{または} \quad \mathbf{b} = \mathrm{E}\{\tilde{\boldsymbol{\theta}} \mid \boldsymbol{\theta}\} \tag{4.13}$$

である．観測値の数が限りなく大きくなるときにこの偏差が 0 に近づく場合，この推定量は，**漸近不偏**であるという．

　推定量 $\hat{\boldsymbol{\theta}}$ に対するもっとも要求としては，観測値の数が限りなく大きくなるときに，それがパラメータベクトルの真の値 $\boldsymbol{\theta}$ に，少なくとも確率収束するという条件も考えられる[2]．この漸近的な性質を満足する推定量は**一致推定量**と呼ばれる．一致推定量は不偏であるとは限らない ([407] を参照)．

　例 4.3　　観測値 $x(1), x(2), \ldots, x(T)$ が独立であると仮定する．標本平均 (4.5) の期待値は，

$$\mathrm{E}\{\hat{\mu}\} = \frac{1}{T}\sum_{j=1}^{T}\mathrm{E}\{x(j)\} = \frac{1}{T}T\mu = \mu \tag{4.14}$$

である．したがって標本平均は真の平均 μ の不偏推定量となる．また，それが一致推定量でもあることは，その分散を計算すればわかる．分散は，

$$\mathrm{E}\left\{(\hat{\mu}-\mu)^2\right\} = \frac{1}{T^2}\sum_{j=1}^{T}\mathrm{E}\left\{[x(j)-\mu]^2\right\} = \frac{1}{T^2}T\sigma^2 = \frac{\sigma^2}{T} \tag{4.15}$$

であり，標本数 $T \to \infty$ となれば 0 に近づく．これと不偏性とを合わせると，標本平均 (4.5) は平均 μ に確率収束することが導かれる．

平均 2 乗誤差　　個々の推定誤差 $\tilde{\boldsymbol{\theta}}$ の重大さを比較するため，**損失関数** $L\left(\tilde{\boldsymbol{\theta}}\right)$ と呼ぶスカラー値関数を導入すると便利である．よく使われる損失関数は，数学的な解析のしやすい 2 乗推定誤差 $L\left(\tilde{\boldsymbol{\theta}}\right) = \|\tilde{\boldsymbol{\theta}}\|^2 = \|\boldsymbol{\theta}-\hat{\boldsymbol{\theta}}\|^2$ である．より一般的に，損失関数に必要な性質として代表的なものは，対称であること，すなわち $L\left(\tilde{\boldsymbol{\theta}}\right) = L\left(-\tilde{\boldsymbol{\theta}}\right)$ であることと，凸関数であるか少なくとも非減少であること，そして，(便宜上だが) $L(0) = 0$，すなわち誤差が 0 のときに損失が 0 になることである．凸性は，推定誤差が減少すると損失関数の値が減少することを保証する．詳しくは [407] を参照されたい．

　推定誤差 $\tilde{\boldsymbol{\theta}}$ は (確率) 測定ベクトル $\mathbf{x}_T$ に依存する確率ベクトルになる．それゆえ，損失関数 $L\left(\tilde{\boldsymbol{\theta}}\right)$ の値もまた確率変数となる．非確率的な誤差の尺度を得るため，損失関数の期待値を**性能指標** (performance index) または**誤差規準** (error criterion) $\mathcal{E}$ とし

---

[2]　確率変数の収束の種類と定義については [299, 407] を参照されたい．

て定義することは有用である．すなわち，

$$\mathcal{E} = \mathrm{E}\left\{L\left(\tilde{\boldsymbol{\theta}}\right)\right\} \text{ または } \mathcal{E} = \mathrm{E}\left\{L\left(\tilde{\boldsymbol{\theta}}\right) \mid \boldsymbol{\theta}\right\} \tag{4.16}$$

とする．ここで，最初の定義は確率的なパラメータ $\boldsymbol{\theta}$ に対して，2 番目は決定的なものに対しての定義である．

広く使われている誤差尺度は**平均 2 乗誤差** (MSE: Mean-Square Error) である．

$$\mathcal{E}_{MSE} = \mathrm{E}\left\{\|\boldsymbol{\theta} - \hat{\boldsymbol{\theta}}\|^2\right\} \tag{4.17}$$

測定数が増えるに従って，平均 2 乗誤差が漸近的に 0 に向かうならば，それは一致推定量である．もう一つの重要な性質は，最小 2 乗誤差規準は次のように分解できることである (式 (4.13) を参照)．

$$\mathcal{E}_{MSE} = \mathrm{E}\left\{\|\tilde{\boldsymbol{\theta}} - \mathbf{b}\|^2\right\} + \|\mathbf{b}\|^2 \tag{4.18}$$

右辺の最初の項 $\mathrm{E}\left\{\|\tilde{\boldsymbol{\theta}} - \mathbf{b}\|^2\right\}$ は，明らかに推定誤差 $\tilde{\boldsymbol{\theta}}$ の分散である．このように，平均 2 乗誤差 $\mathcal{E}_{MSE}$ はこの分散と推定量 $\tilde{\boldsymbol{\theta}}$ の偏差の両方を評価している．もし，推定量が不偏ならば平均 2 乗誤差は推定量の分散と一致する．決定的なパラメータに対しては，式 (4.17) と式 (4.18) の期待値を条件つきの期待値に置き換えられれば，同様な定義ができる．

図 4.1 は単一のスカラーパラメータ θ に対する，推定量 $\hat{\theta}$ の偏差 b と標準偏差 σ (分散 σ^2 の平方根) を図示したものである．ベイズ的な解釈 (4.6 節を参照) では，推定量 $\hat{\theta}$ の偏差と分散は，それぞれ観測データ $\mathbf{x}_T$ が与えられたときの，推定量 $\hat{\theta}$ の事後確率分布 $p_{\hat{\theta}|\mathbf{x}_T}\left(\hat{\theta} \mid \mathbf{x}\right)$ の平均と分散である．

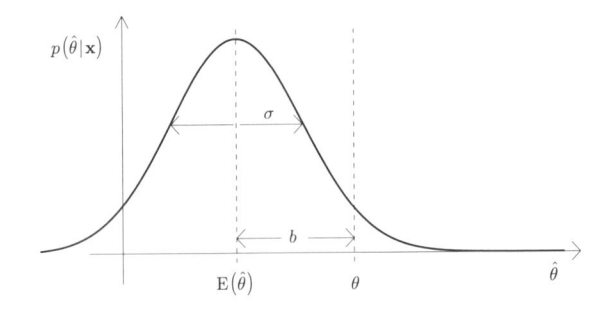

図 4.1 推定量 $\hat{\theta}$ の偏差 b と標準偏差 σ．

また，推定量の質を測るもう一つのものとして，推定誤差の共分散行列

$$\mathbf{C}_{\tilde{\boldsymbol{\theta}}} = \mathrm{E}\left\{\tilde{\boldsymbol{\theta}}\tilde{\boldsymbol{\theta}}^T\right\} = \mathrm{E}\left\{\left(\boldsymbol{\theta}-\hat{\boldsymbol{\theta}}\right)\left(\boldsymbol{\theta}-\hat{\boldsymbol{\theta}}\right)^T\right\} \quad (4.19)$$

がある．平均 2 乗誤差がすべての推定パラメータに対するスカラー誤差量であるのに対して，これは個々のパラメータ推定値の誤差を測る．実は，誤差共分散行列の対角成分を合計すれば，これは各パラメータの平均 2 乗誤差の合計となっているので，結局，平均 2 乗誤差 (4.17) が得られる．

有効性 (efficiency)　　すべての不偏推定量の中で最も小さな誤差共分散行列を与える推定量は，この品質尺度に関しての最良のものである．このような推定量は，測定値に含まれていた情報を最大限に使用するので，有効推定量と呼ぶ．対称行列 $\mathbf{A}$, $\mathbf{B}$ に対して，行列 $\mathbf{B} - \mathbf{A}$ が正定値であるとき，$\mathbf{A}$ は $\mathbf{B}$ より小さい，あるいは $\mathbf{A} < \mathbf{B}$ という．

推定論の特に重要な理論的結果として，与えられた測定に基づくすべての推定量の誤差共分散行列 (4.19) に対して，下界が存在するという事実がある．これは，クラメル＝ラオの不等式として与えられる．次の定理は，未知の決定的パラメータに対してクラメル＝ラオの下界を定式化する．

【定理 4.1】　　[407] $\hat{\boldsymbol{\theta}}$ が測定データ $\mathbf{x}$ に基づく $\boldsymbol{\theta}$ の任意の不偏推定量であるとき，その推定量の誤差の共分散行列は，フィッシャーの情報行列 $\mathbf{J}$ の逆行列により下に有界である．すなわち，

$$\mathrm{E}\left\{\left(\boldsymbol{\theta}-\hat{\boldsymbol{\theta}}\right)\left(\boldsymbol{\theta}-\hat{\boldsymbol{\theta}}\right)^T \mid \boldsymbol{\theta}\right\} \geq \mathbf{J}^{-1} \quad (4.20)$$

であり，ここで，

$$\mathbf{J} = \mathrm{E}\left\{\left[\frac{\partial}{\partial \boldsymbol{\theta}} \ln p(\mathbf{x}_T \mid \boldsymbol{\theta})\right]\left[\frac{\partial}{\partial \boldsymbol{\theta}} \ln p(\mathbf{x}_T \mid \boldsymbol{\theta})\right]^T \mid \boldsymbol{\theta}\right\} \quad (4.21)$$

である．

ここでは，逆行列 $\mathbf{J}^{-1}$ の存在が仮定されている．$\frac{\partial}{\partial \boldsymbol{\theta}} \ln p(\mathbf{x}_T \mid \boldsymbol{\theta})$ の項は，非確率的パラメータ $\boldsymbol{\theta}$ に対する，観測値 $\mathbf{x}^T$ の結合密度[3] $p(\mathbf{x}_T \mid \boldsymbol{\theta})$ の自然対数の勾配ベクトルであるとする．この偏微分は存在し絶対可積分でなければならない．

---

[3]. 表記上の簡単さのため，密度関数 $p(\mathbf{x} \mid \boldsymbol{\theta})$ の下つき $\mathbf{x} \mid \boldsymbol{\theta}$ を省略している．混乱がない限りこの書き方をする．

推定量 $\hat{\boldsymbol{\theta}}$ が不偏でなければ上の定理は成立しないことに注意されたい．導関数の絶対可積分性の要求から，この定理はすべての分布に適用できるというわけではない（たとえば一様分布）．また，この下界まで到達する推定量がまったく存在しないということもありうる．いずれにしても，クラメル＝ラオの下界は多くの問題に対して計算可能であり，それらの問題のために考案された推定量の有効性を試験するための，便利な尺度を与えてくれる．クラメル＝ラオの不等式の証明や，各種のパラメータのための結果などを含めた，より深い議論は，たとえば，[299, 242, 407, 419] を参照されたい．クラメル＝ラオの下界の計算の例は4.5節で行う．

頑健性　実際問題では，推定量の重要な性質に頑健性(robustness) [163, 188] がある．大まかにいうと，頑健性とは大きな測定誤差やパラメトリックモデルの設定の誤差に対する感度の低さである．多くの推定量にとって一つの典型的な問題は，大半のデータの値が集まるあたりから非常に離れた観測値である外れ値に敏感であるということであろう．たとえば，100の観測値からその期待値を推定することを考える．一つだけ1000という値で，その他のすべての観測値は -1 から 1 の間に分布すると仮定する．期待値の推定量として単純な標本平均(4.5)を用いると，その推定量の値は10からそう遠くない値に推定される．このように，たった一つの，おそらくは誤った1000という観測値が推定量に非常に強力な影響を与える．ここでの問題は，この平均は，推定量と観測値の2乗距離を最小化するということである [163, 188]．2乗関数により，ずっと遠く離れた観測値が推定量を支配してしまう．

頑健な推定量は，たとえば，2乗誤差の代わりに，誤差に対して2次関数より遅く増加する他の最適化規準を考えることにより得られる．そのような尺度の例としては，絶対値を用いた規準や，誤差がある程度大きくなると飽和するような規準がある [83, 163, 188]．最適化規準で2次的より速く増加するものは頑健性が低い．なぜなら，データ中の外れ値から生じる少数の大きな誤差だけで，誤差規準の値がほとんど決定するかもしれないからである．期待値の推定の場合，平均値の代わりに，たとえば中央値を使うことも可能である．これは，最適化関数の中に絶対値を使用することに相当し，非常に頑健な推定値を与える．たとえば1個の外れ値はまったく影響しない．

4.3　モーメント法

最も単純で古くからある推定法に**モーメント法**がある．これは直観的によさそうだし計算も楽な推定法になる場合も多い反面，理論的な弱点ももっている．モーメント

法は高次統計量との関連もあるので，ここで簡略に考察することとする．

T 個の統計的に独立なスカラー測定値，すなわちデータ標本値 $x(1)$, $x(2)$, ..., $x(T)$ があり，これらは共通の密度関数 $p(x \mid \boldsymbol{\theta})$ をもつとする．この密度関数に含まれる $\boldsymbol{\theta} = (\theta_1, \theta_2, \ldots, \theta_m)^T$ は式(4.1)のパラメータベクトルである．2.7節で述べたように，x の j 次モーメント α_j は

$$\alpha_j = \mathrm{E}\left\{x^j \mid \boldsymbol{\theta}\right\} = \int_{-\infty}^{\infty} x^j p(x \mid \boldsymbol{\theta}) dx, \quad j = 1, 2, \ldots \tag{4.22}$$

で定義される．ここで条件つき期待値が用いられているのは，パラメータ $\boldsymbol{\theta}$ が(未知の)定数であることを示すためである．

一方では，これらのモーメントを測定値から直接求めることもできる．j 次モーメントの推定を d_j で表し，j 次標本モーメントと呼ぶ．これは，

$$d_j = \frac{1}{T} \sum_{i=1}^{T} [x(i)]^j \tag{4.23}$$

によって計算される(2.2節を参照)．

モーメント法のもとになる考え方は単純で，モーメントの理論値 α_j と推定値 d_j とを等しいと置く，ということである．つまり，

$$\alpha_j(\boldsymbol{\theta}) = \alpha_j(\theta_1, \theta_2, \ldots, \theta_m) = d_j \tag{4.24}$$

である．通常は，はじめの m 個のモーメント α_j ($j = 1, \ldots, m$) に対する m 個の方程式だけで，m 個の未知パラメータ $\theta_1, \theta_2, \ldots, \theta_m$ を求めるのに十分である．もし方程式(4.24)がまともな解をもつならば，対応する推定をモーメント推定と呼び，それを以後 $\hat{\boldsymbol{\theta}}_{MM}$ と書くことにする．

別の方法として，中心モーメントの理論値

$$\mu_j = \mathrm{E}\left\{(x - \alpha_1)^j \mid \boldsymbol{\theta}\right\} \tag{4.25}$$

と，それに対応する標本中心モーメント

$$s_j = \frac{1}{T-1} \sum_{i=1}^{T} [x(i) - d_1]^j \tag{4.26}$$

とを用いて，m 個の方程式

$$\mu_j(\theta_1, \theta_2, \ldots, \theta_m) = s_j, \quad j = 1, 2, \ldots, m \tag{4.27}$$

を立て，これを解いて未知パラメータ $(\theta_1, \theta_2, \ldots, \theta_m)^T$ を求めてもよい．

例 4.4 $x(1), x(2), \ldots, x(T)$ は確率変数 x の独立な標本値で，x の密度関数は，

$$p(x \mid \boldsymbol{\theta}) = \frac{1}{\theta_2} \exp\left[-\frac{(x-\theta_1)}{\theta_2}\right] \tag{4.28}$$

であると仮定する．ここで $\theta_1 < x < \infty$ で $\theta_2 > 0$ である．モーメント法を用いてパラメータベクトル $\boldsymbol{\theta} = (\theta_1, \theta_2)^T$ を推定したい．そのため，まずモーメントの理論値を求めると，

$$\alpha_1 = \mathrm{E}\left\{x \mid \boldsymbol{\theta}\right\} = \int_{\theta_1}^{\infty} \frac{x}{\theta_2} \exp\left[-\frac{(x-\theta_1)}{\theta_2}\right] dx = \theta_1 + \theta_2 \tag{4.29}$$

$$\alpha_2 = \mathrm{E}\left\{x^2 \mid \boldsymbol{\theta}\right\} = \int_{\theta_1}^{\infty} \frac{x^2}{\theta_2} \exp\left[-\frac{(x-\theta_1)}{\theta_2}\right] dx = (\theta_1 + \theta_2)^2 + \theta_2^2 \tag{4.30}$$

である．モーメント推定法は，これらを二つの標本モーメント d_1, d_2 と等値すればよいから，

$$\theta_1 + \theta_2 = d_1 \tag{4.31}$$
$$(\theta_1 + \theta_2)^2 + \theta_2^2 = d_2 \tag{4.32}$$

を解くことにより，モーメント法による推定値は

$$\hat{\theta}_{1,MM} = d_1 - \left(d_2 - d_1^2\right)^{1/2} \tag{4.33}$$
$$\hat{\theta}_{2,MM} = \left(d_2 - d_1^2\right)^{1/2} \tag{4.34}$$

と得られる．もう一方の解 $\hat{\theta}_{2,MM} = -\left(d_2 - d_1^2\right)^{1/2}$ は，パラメータ θ_2 が正であることから除かれる．

実は，$\hat{\theta}_{2,MM}$ は標準偏差の標本推定と等しく，$\hat{\theta}_{1,MM}$ は平均から分布の標準偏差を引いたものと解釈できる．どちらも標本値から推定されたものである．

モーメント法の理論的な正当性の根拠は，d_j 達は対応する理論値 α_j の一致推定量であることである [407]．同様に，標本中心モーメント s_j は真の中心モーメント μ_j の一致推定量である．モーメント法の欠点は，それがしばしば有効推定量を与えないことである．したがって他のよりよい推定量が構成できるときには，通常用いられない．一般的には，モーメント法によって得られる推定量に対しては，不偏性や一致性が保証できない．モーメント法ではまともな推定を得られないことさえある．

こういった不利な点は独立成分分析にも関係してくる．ICA の方法として提案されているキュムラントに基づく代数的方法は，観測値のベクトルの成分の 4 次モーメントや相互モーメントを推定するという考えに基づくことが多いからである．したがって，キュムラントに基づく ICA の方法は，データベクトルに含まれる情報を，一般に有効に活用していないとの主張もありうる．その一方で，これらの方法には利点もあ

る．これについては第 11 章でより詳しく述べることにする．また関連の方法は第 8 章でも扱っている．

4.4 最小 2 乗推定

4.4.1 線形最小 2 乗法

最小 2 乗法は，推定問題に対する決定論的な方法で，確率分布などの仮定を必要としない方法とみなすことができる．しかしながら，統計的な議論により最小 2 乗法が正当化でき，その性質に対するより深い洞察を得ることができる．最小 2 乗推定法はおびただしい数の本で，推定論の観点からより徹底的に論じられている．たとえば，[407, 299]．

基本的な線形最小 2 乗法では，T 次元のデータベクトル $\mathbf{x}_T$ が次のモデルに従うと仮定する．

$$\mathbf{x}_T = \mathbf{H}\boldsymbol{\theta} + \mathbf{v}_T \tag{4.35}$$

ここで，$\boldsymbol{\theta}$ は m 次元のパラメータベクトルであり，$\mathbf{v}_T$ は未知の観測誤差 $v(j)$ $(j=1,\ldots,T)$ を要素とする T 次元のベクトルである．$T \times m$ の観測行列 $\mathbf{H}$ は完全に既知であると仮定する．なお，観測値の数は少なくとも未知のパラメータ数と同じであるとするので，$T \geq m$ である．さらに，行列 $\mathbf{H}$ は最大の階数 m をもつとする．

まず気づくことは，もし $m = T$ ならば，$\mathbf{v}_T = 0$ とでき，唯一解 $\boldsymbol{\theta} = \mathbf{H}^{-1}\mathbf{x}_T$ を得られることである．もし，観測値の個数以上の未知のパラメータがあったとすると $(m > T)$，式 (4.35) には条件 $\mathbf{v}_T = 0$ を満足する解が無数存在することになる．しかし，観測値に雑音が多く，つまり誤差を含んでいると，より信頼性のある推定量を得るためには，推定するパラメータの数より多くの観測値があることが，一般に非常に望ましい．したがって以下では，$T > m$ である場合に集中する．

$T > m$ である場合，式 (4.35) には $\mathbf{v}_T = 0$ となる解がない．観測誤差 $\mathbf{v}_T$ は未知であるため，誤差の影響を何らかの意味で最小にするような推定量 $\hat{\boldsymbol{\theta}}$ を選ぶくらいしか，我々にはできない．数学的な便宜上，自然な選択として**最小 2 乗規準**

$$\mathcal{E}_{LS} = \frac{1}{2} \| \mathbf{v}_T \|^2 = \frac{1}{2} (\mathbf{x}_T - \mathbf{H}\boldsymbol{\theta})^T (\mathbf{x}_T - \mathbf{H}\boldsymbol{\theta}) \tag{4.36}$$

を考える．この式と 4.2 節の誤差規準と比較すると，これには期待値が含まれていないこと，それから推定誤差 $\boldsymbol{\theta} - \hat{\boldsymbol{\theta}}$ 自身ではなく，**観測誤差 v を最小化する**，という点

で異なることに注意されたい．

　未知のパラメータ θ に対する規準 (4.36) の最小化問題は，θ の最小 2 乗推定量 $\hat{\theta}_{LS}$ を決めるための，いわゆる**正規方程式** (normal equations) [407, 320, 299],

$$\left(\mathbf{H}^T\mathbf{H}\right)\hat{\boldsymbol{\theta}}_{LS} = \mathbf{H}^T\mathbf{x}_T \tag{4.37}$$

を導く．これらの線形方程式から $\hat{\theta}_{LS}$ を求めるのが，しばしば最も便利な方法である．しかし，行列 $\mathbf{H}$ の階数は最大と仮定しているので，正規方程式は陽に解くことができ，

$$\hat{\boldsymbol{\theta}}_{LS} = \left(\mathbf{H}^T\mathbf{H}\right)^{-1}\mathbf{H}^T\mathbf{x}_T = \mathbf{H}^+\mathbf{x}_T \tag{4.38}$$

が得られる．ここで，$\mathbf{H}^+ = \left(\mathbf{H}^T\mathbf{H}\right)^{-1}\mathbf{H}^T$ を $\mathbf{H}$ の**擬似逆行列** (pseudoinverse) と呼ぶ（$\mathbf{H}$ は最大階数 m をもち，行数が列数より多い：$T > m$ と仮定する）[169, 320, 299].

　最小 2 乗推定量は観測誤差の平均が 0，つまり $\mathrm{E}\{\mathbf{v}_T\} = \mathbf{0}$ であると仮定することにより統計的に解析することができる．最小 2 乗推定量が不偏，つまり $\mathrm{E}\{\hat{\boldsymbol{\theta}}_{LS}\mid\boldsymbol{\theta}\} = \boldsymbol{\theta}$ であることは容易にわかる．さらに，観測誤差の共分散行列 $\mathbf{C}_\mathbf{v} = \mathrm{E}\{\mathbf{v}_T\mathbf{v}_T^T\}$ が既知ならば，推定誤差の共分散行列 (4.19) を計算することができる．これらの単純な解析は読者の演習問題とする．

　例 4.5　最小 2 乗法は，科学のさまざまな分野で，データの線形的な曲線の当てはめに広く適用されている．一般的な設定は次のとおりである．いま，次の線形モデルに観測値を当てはめることにする．

$$y(t) = \sum_{i=1}^{m}a_i\phi_i(t) + v(t) \tag{4.39}$$

　ここで，$\phi_i(t)\,(i=1,2,\ldots,m)$ は m 個の基底関数で，一般に t の非線形関数でよい．モデル (4.39) は未知パラメータ a_i に関して線形でありさえすればよい．いま，引数 $t_1,t_2,\ldots,t_T$ に対する観測値 $y(t_1),y(t_2),\ldots,y(t_T)$ があると仮定する．線形モデル (4.39) は，容易にベクトル形式 (4.35) に書き直すことができ，このときパラメータベクトルは，

$$\boldsymbol{\theta} = [a_1,a_2,\ldots,a_m]^T \tag{4.40}$$

で与えられ，データベクトルは，

$$\mathbf{x}_T = [y(t_1),y(t_2),\ldots,y(t_T)]^T \tag{4.41}$$

で与えられる．同様に，ベクトル $\mathbf{v}_T = [v(t_1), v(t_2), \ldots, v(t_T)]^T$ は誤差項 $v(t_i)$ を要素にもつ．観測行列は，

$$\mathbf{H} = \begin{bmatrix} \phi_1(t_1) & \phi_2(t_1) & \cdots & \phi_m(t_1) \\ \phi_1(t_2) & \phi_2(t_2) & \cdots & \phi_m(t_2) \\ \vdots & \vdots & \ddots & \vdots \\ \phi_1(t_T) & \phi_2(t_T) & \cdots & \phi_m(t_T) \end{bmatrix} \tag{4.42}$$

となる．式 (4.41) と式 (4.42) に数値を代入することにより，$\mathbf{H}$ と $\mathbf{x}_T$ を決定することができ，正規方程式 (4.37) から，あるいは直接式 (4.38) から，パラメータ a_i の最小2乗推定 $\hat{a}_{i,LS}$ が計算される．

基底関数 $\phi_i(t)$ はしばしば次の正規直交条件を満足するように選ばれる．

$$\sum_{i=1}^{T} \phi_j(t_i) \phi_k(t_i) = \begin{cases} 1, & j=k \\ 0, & j \neq k \end{cases} \tag{4.43}$$

つまり，$\mathbf{H}^T\mathbf{H} = \mathbf{I}$ である．式 (4.43) は $\mathbf{H}^T\mathbf{H}$ の要素 (j,k) に対して同じ条件を述べているにすぎない．これから正規方程式 (4.37) は簡単な形 $\hat{\boldsymbol{\theta}}_{LS} = \mathbf{H}^T\mathbf{x}_T$ になってしまう．この式を $\hat{\boldsymbol{\theta}}_{LS}$ の各要素ごとに書き下せば，次のようにパラメータ a_i の最小2乗推定が得られる．

$$\hat{a}_{i,LS} = \sum_{j=1}^{T} \phi_i(t_j) y(t_j), \quad i = 1, \ldots, m \tag{4.44}$$

最小2乗法で使われた線形データモデル (4.35) は，第 15 章で議論する雑音のある線形 ICA モデル $\mathbf{x} = \mathbf{As} + \mathbf{n}$ によく似ていることに注意されたい．明らかに式 (4.35) の観測行列 $\mathbf{H}$ は雑音のある ICA モデルの混合行列 $\mathbf{A}$，パラメータベクトル $\boldsymbol{\theta}$ は信号源ベクトル $\mathbf{s}$，誤差ベクトル $\mathbf{v}$ は雑音ベクトル $\mathbf{n}$ に対応する．これらのモデルの構造はこのように非常に似ているが，モデルに課した仮定は明らかに違う．最小2乗モデルの観測行列 $\mathbf{H}$ は完全に既知であると仮定されるが，ICA モデルでは混合行列 $\mathbf{A}$ は未知である．この ICA における知識の欠落は，信号源ベクトル $\mathbf{s}$ の要素が統計的に独立であるという仮定によって補われている．一方，最小2乗モデル (4.35) では，パラメータベクトル $\boldsymbol{\theta}$ に対しては何ら仮定は必要ない．これらのモデルは一見同じであっても，仮定が異なるので，変量の推定法は非常に異なった方法となる．

基本的な最小2乗法は簡単で，広く使われている．その実際上の成否は，線形のモデル (4.35) を使ってどのくらいよく物理的な状況を記述することができるかに依存する．もし，モデル (4.35) がデータに対して正確で，観測行列 $\mathbf{H}$ の要素が問題設定から既知ならば，よい推定結果を期待できる．

4.4.2 非線形最小 2 乗推定と一般化最小 2 乗推定*

一般化最小 2 乗推定　最小 2 乗推定法は，正定値対称行列 $\mathbf{W}$ を規準 (4.36) に，荷重として付加することによって一般化できる．荷重つきの規準は [407, 299]，

$$\mathcal{E}_{WLS} = (\mathbf{x}_T - \mathbf{H}\boldsymbol{\theta})^T \mathbf{W} (\mathbf{x}_T - \mathbf{H}\boldsymbol{\theta}) \tag{4.45}$$

となる．荷重行列 $\mathbf{W}$ として自然で最適なのは，観測誤差 (雑音) の共分散行列の逆行列 $\mathbf{W} = \mathbf{C}_\mathbf{v}^{-1}$ ということになる．なぜならば，この結果得られる一般化最小 2 乗推定量

$$\hat{\boldsymbol{\theta}}_{WLS} = \left(\mathbf{H}^T \mathbf{C}_\mathbf{v}^{-1} \mathbf{H}\right)^{-1} \mathbf{H}^T \mathbf{C}_\mathbf{v}^{-1} \mathbf{x}_T \tag{4.46}$$

はまた，平均 2 乗誤差 $\mathcal{E}_{MSE} = \mathrm{E}\left\{\|\boldsymbol{\theta} - \hat{\boldsymbol{\theta}}\|^2 | \boldsymbol{\theta}\right\}$ も最小化するからである [407, 299]．ここで，推定量 $\hat{\boldsymbol{\theta}}$ は線形で不偏であるとする．この推定量 (4.46) はしばしば，**最良線形不偏推定量** (BLUE: Best Linear Unbiased Estimator) または，**ガウス＝マルコフ推定量**と呼ばれる．

ここで，式 (4.46) は，もし $\mathbf{C}_\mathbf{v} = \sigma^2 \mathbf{I}$ ならば，標準の最小 2 乗解 (4.38) に帰着することがわかる．これはたとえば，観測誤差 $v(j)$ 達が，平均 0 で，相互に独立で同じ分布に従い，その共通の分散が σ^2 であるときに起こる．観測誤差の共分散行列 $\mathbf{C}_\mathbf{v}$ についての先見情報がなければ，$\mathbf{C}_\mathbf{v} = \sigma^2 \mathbf{I}$ という選択もある．これらのような場合には，平均 2 乗誤差を最小化する最適線形不偏推定量は，標準的な最小 2 乗推定量と一致する．平均 2 乗誤差規準は推定誤差 $\boldsymbol{\theta} - \hat{\boldsymbol{\theta}}$ を直接測るので，この関係は，最小 2 乗法の使用を支持する統計学上の強い論拠になる．

非線形最小 2 乗法　線形最小 2 乗法で用いられる線形データモデル (4.35) は，多くの場合，パラメータ $\boldsymbol{\theta}$ と観測値 $\mathbf{x}_T$ の依存関係を記述するのに十分ではない．したがって，より一般的な非線形データモデル

$$\mathbf{x}_T = \mathbf{f}(\boldsymbol{\theta}) + \mathbf{v}_T \tag{4.47}$$

を考慮することは自然である．ここで，$\mathbf{f}$ は，パラメータベクトル $\boldsymbol{\theta}$ の，非線形で連続微分可能なベクトル値関数である．$\mathbf{f}(\boldsymbol{\theta})$ の各要素 $f_i(\boldsymbol{\theta})$ は，$\boldsymbol{\theta}$ の成分の，既知のスカラー値関数であると仮定する．

前と同様に，非線形最小 2 乗規準 $\mathcal{E}_{NLS}$ は，観測 (あるいはモデル) 誤差の 2 乗の合計 $\|\mathbf{v}_T\|^2 = \sum_j [v(j)]^2$ と定義する．このモデル (4.47) では，

$$\mathcal{E}_{NLS} = [\mathbf{x}_T - \mathbf{f}(\boldsymbol{\theta})]^T [\mathbf{x}_T - \mathbf{f}(\boldsymbol{\theta})] \tag{4.48}$$

となる．非線形最小2乗推定量 $\hat{\boldsymbol{\theta}}_{NLS}$ は $\mathcal{E}_{NLS}$ を最小化する $\boldsymbol{\theta}$ の値である．この非線形最小2乗問題は，関数 $\mathcal{E}_{NLS}$ の最小値を見つけることを目的とする非線形最適化問題にすぎない．このような問題は一般に解析的には解けず，最小を見つけるには反復的な数値計算に頼らなければならない．推定量 $\hat{\boldsymbol{\theta}}_{NLS}$ を見つけるためには，適切な非線形最適化法を何でも用いることができる．そのような最適化の手法は第3章で簡単に述べたが，そこであげた参考文献に，より深く論じられている．

基本的な線形最小2乗法はいくつかの別の方向に拡張することができる．それは(たとえば異なった時刻における) 観測値がベクトル値である場合に，容易に一般化できる．さらに，パラメータは時変にでき，その場合は最小2乗推定量を適応的(再帰的)に計算することができる．たとえば [407, 299] などの本に詳しく書かれている．

4.5　最尤推定

最尤 (ML: Maximum Likelihood) 推定においては，未知のパラメータ θ は定数であるか，あるいはそれらについて何も事前の情報がないと仮定する．最尤推定量にはいくつかの漸近的に最適な性質があり，そのため標本数が大きいときには特に，理論的に望ましい推定量となる．最尤推定量は多くの応用分野において広く用いられてきた．

パラメータベクトル $\boldsymbol{\theta}$ の最尤推定値 $\hat{\boldsymbol{\theta}}_{ML}$ は，測定値 $x(1), x(2), \ldots, x(T)$ に対して，**尤度関数**(結合分布)

$$p(\mathbf{x}_T \mid \boldsymbol{\theta}) = p(x(1), x(2), \ldots, x(T) \mid \boldsymbol{\theta}) \tag{4.49}$$

を最大にする $\boldsymbol{\theta}$ の値である．すなわち最尤推定量 $\boldsymbol{\theta}_{ML}$ は，得られた観測値を**最も確からしくする**値である．

多くの密度関数は指数関数を含んでいるので，**対数尤度関数** $\ln p(\mathbf{x}_T \mid \boldsymbol{\theta})$ を用いるほうが便利なことが多い．明らかに，最尤推定量 $\boldsymbol{\theta}_{ML}$ は対数尤度関数も最大化する．最尤推定量は，通常**尤度方程式**

$$\left. \frac{\partial}{\partial \boldsymbol{\theta}} \ln p(\mathbf{x}_T \mid \boldsymbol{\theta}) \right|_{\boldsymbol{\theta} = \hat{\boldsymbol{\theta}}_{ML}} = \mathbf{0} \tag{4.50}$$

を解いて求められる．尤度方程式の解は尤度関数を最大化(あるいは最小化)する $\boldsymbol{\theta}$ の値である．尤度関数が複雑で，極大や極小をいくつかもっている場合には，真の最大を選ばなければならない．時には，最尤推定量は尤度関数が0でない区間の端点であることもある．

観測値が独立でないときには尤度関数(4.49)を立てるのは極めて難しい．したがって，最尤法を用いるときにはほとんどいつでも，観測値$x(j)$は互いに統計的に独立であると仮定される．幸いこの仮定は実際に成立することが多い．独立性を仮定すれば，尤度関数は積の形，

$$p(\mathbf{x}_T \mid \boldsymbol{\theta}) = \prod_{j=1}^{T} p(x(j) \mid \boldsymbol{\theta}) \tag{4.51}$$

に分解される．ここで$p(x(j) \mid \boldsymbol{\theta})$は個々のスカラー観測値$x(j)$の条件つき密度関数である．式(4.51)の積の形は，対数をとれば対数の和の形$\sum_j \ln p(x(j) \mid \boldsymbol{\theta})$となることに注意されたい．

ベクトル形式の尤度方程式(4.50)はm個のパラメータの推定$\hat{\theta}_{i,ML}$ ($i = 1, \ldots, m$)に関するm個のスカラー方程式，

$$\left.\frac{\partial}{\partial \theta_i} \ln p\left(\mathbf{x}_T \mid \hat{\boldsymbol{\theta}}_{ML}\right)\right|_{\boldsymbol{\theta} = \hat{\boldsymbol{\theta}}_{ML}} = 0, \quad i = 1, \ldots, m \tag{4.52}$$

からなっている．一般にこれらの方程式は，互いに関連していて非線形なので，簡単な場合以外は数値解しか得られない．現実に応用する場合，計算量が実行不可能なほど膨大なため，尤度関数を近似して簡単にするか，何らかの次善の推定法に甘んじなければならないこともしばしば起こる．

例 4.6　平均μ，分散σ^2のガウス分布に従うスカラー確率変数xの，T個の独立な観測値$x(1), \ldots, x(T)$がある．式(4.51)より尤度関数は，

$$p\left(\mathbf{x}_T \mid \mu, \sigma^2\right) = \left(2\pi\sigma^2\right)^{-T/2} \exp\left[-\frac{1}{2\sigma^2}\sum_{j=1}^{T}[x(j) - \mu]^2\right] \tag{4.53}$$

と書ける．対数尤度関数は，

$$\ln p\left(\mathbf{x}_T \mid \mu, \sigma^2\right) = -\frac{T}{2}\ln\left(2\pi\sigma^2\right) - \frac{1}{2\sigma^2}\sum_{j=1}^{T}[x(j) - \mu]^2 \tag{4.54}$$

となる．式(4.52)の1番目の尤度方程式は，

$$\frac{\partial}{\partial \mu} \ln p\left(\mathbf{x}_T \mid \hat{\mu}_{ML}, \hat{\sigma}^2_{ML}\right) = \frac{1}{\hat{\sigma}^2_{ML}}\sum_{j=1}^{T}[x(j) - \hat{\mu}_{ML}] = 0 \tag{4.55}$$

である．これを解くと，平均μの最尤推定は標本平均

$$\hat{\mu}_{ML} = \frac{1}{T}\sum_{j=1}^{T} x(j) \tag{4.56}$$

であることがわかる．2番目の尤度方程式は，対数尤度関数(4.54)を分散 σ^2 で微分して得る．つまり，

$$\frac{\partial}{\partial \sigma^2} \ln p\left(\mathbf{x}_T \mid \hat{\mu}_{ML}, \hat{\sigma}_{ML}^2\right) = -\frac{T}{2\hat{\sigma}_{ML}^2} + \frac{1}{2\hat{\sigma}_{ML}^4} \sum_{j=1}^{T} [x(j) - \hat{\mu}_{ML}]^2 = 0 \quad (4.57)$$

と得られる．これから，分散 σ^2 の最尤推定は，標本分散

$$\hat{\sigma}_{ML}^2 = \frac{1}{T} \sum_{j=1}^{T} [x(j) - \hat{\mu}_{ML}]^2 \tag{4.58}$$

であることがわかる．標本平均 $\hat{\mu}_{ML}$ は不偏推定であるのに対し，これは真の分散 σ^2 に対する偏差のある推定である．分散の推定量 $\hat{\sigma}^2$ に偏差が生じるのは，式(4.58)において真の平均 μ の代わりにその推定値 $\hat{\mu}_{ML}$ を用いるからである．これにより，推定のために新たに得られる真の情報量が1標本分減ることになる．そこで分散の不偏推定は式(4.6)で与えられることになる．しかしながら式(4.58)に含まれる偏差は普通小さく，また漸近的には不偏性をもつ．

最尤推定量はいくつかの理論的に大変望ましい性質をもつため，重要である．以下にそのうち最も重要なものを手短にあげる．多少発見的ではあるがわかりやすい証明が[407]にある．より詳しい解析については，たとえば[477]を参照されたい．

1. クラメル＝ラオの不等式(4.20)の等号を満たすような推定量が存在する場合には，それは最尤法によって求められる．
2. 最尤推定量 $\hat{\boldsymbol{\theta}}_{ML}$ は一致推定量である．
3. 最尤推定量は漸近的に有効である．すなわち，推定誤差に関して漸近的にクラメル＝ラオの下界に到達する．

例 4.7 単一のガウス確率変数の平均 μ の推定に関してクラメル＝ラオの下界(4.20)を求めてみよう．式(4.55)より，対数尤度関数の μ に関する導関数は，

$$\frac{\partial}{\partial \mu} \ln p\left(\mathbf{x}_T \mid \mu, \sigma^2\right) = \frac{1}{\sigma^2} \sum_{j=1}^{T} [x(j) - \mu] \tag{4.59}$$

である．今は単一のパラメータ μ のみを考えているのだから，フィッシャーの情報量行列はスカラー量

$$J = \mathrm{E}\left\{\left[\frac{\partial}{\partial \mu}\ln p\left(\mathbf{x}_T \mid \mu, \sigma^2\right)\right]^2 \mid \mu, \sigma^2\right\}$$

$$= \mathrm{E}\left\{\left[\frac{1}{\sigma^2}\sum_{j=1}^{T}[x(j)-\mu]\right]^2 \mid \mu, \sigma^2\right\} \tag{4.60}$$

になる.標本 $x(j)$ は独立と仮定しているから,共分散の項はすべて 0 で,式 (4.60) は,

$$J = \frac{1}{\sigma^4}\sum_{j=1}^{T}\mathrm{E}\left\{[x(j)-\mu]^2 \mid \mu, \sigma^2\right\} = \frac{T\sigma^2}{\sigma^4} = \frac{T}{\sigma^2} \tag{4.61}$$

と簡単な形になる.したがってガウス分布の平均の,任意の不偏推定量 $\hat{\mu}$ の平均 2 乗誤差に対するクラメル＝ラオの不等式は,

$$\mathrm{E}\left\{(\mu - \hat{\mu})^2 \mid \mu\right\} \geq J^{-1} = \frac{\sigma^2}{T} \tag{4.62}$$

で与えられる.例 4.6 で, μ の最尤推定量 $\hat{\mu}_{ML}$ は標本平均であることを見た.標本平均の平均 2 乗誤差 $\mathrm{E}\left\{(\mu - \hat{\mu}_{ML})^2\right\}$ は,例 4.3 (p.89) で σ^2/T であることを示した.したがって標本平均はクラメル＝ラオの不等式で等号を満たしており,ガウス分布する変量の独立な測定値に対して,有効推定量であることがわかる.

期待値最大化 (EM: Expectation-Maximization) アルゴリズム [419, 172, 298, 304] は,最尤推定量を計算する一般的な反復法を与える.EM アルゴリズムの主な利点は,パラメータ数が多く,尤度関数が高度に非線形であるために,困難な最尤推定問題をしばしばより簡単な最大化問題として扱うことを可能にすることである.しかしながら,EM アルゴリズムの適用にあたっては,局所的な極大につかまる可能性や,特異性の問題 [48] があるので,一般的に注意が必要である.ICA との関連でいうと,EM アルゴリズムは信号源の未知の密度関数の推定に用いられてきた.任意の確率密度関数は,ガウス分布の混合のモデルで近似できる [48].そのようなモデルのパラメータを見つけるのに,EM アルゴリズムは人気のある方法である.これは一つの例ではあるが EM アルゴリズムの適用法として重要で,[48] で詳しく検討されている.EM アルゴリズムのことについて詳しくは,[419, 172, 298, 304] を参照されたい.

最尤推定法は最小 2 乗法と関連がある.式 (4.47) の非線形データモデルを考える.パラメータ $\boldsymbol{\theta}$ が,加法的な雑音 (誤差) $\mathbf{v}_T$ とは独立な未知定数ベクトルであるとすると, $\mathbf{x}_T$ の (条件つき) 確率密度 $p(\mathbf{x}_T \mid \boldsymbol{\theta})$ は, $\mathbf{v}_T$ の分布の $\mathbf{v}_T = \mathbf{x}_T - \mathbf{f}(\boldsymbol{\theta})$ における値と等しい.つまり,

$$p_{\mathbf{x}|\boldsymbol{\theta}}(\mathbf{x}_T \mid \boldsymbol{\theta}) = p_{\mathbf{v}}(\mathbf{x}_T - \mathbf{f}(\boldsymbol{\theta}) \mid \boldsymbol{\theta}) \tag{4.63}$$

である．さらに雑音 $\mathbf{v}_T$ が平均 0，共分散行列が $\sigma^2 \mathbf{I}$ のガウス分布に従うと仮定すると，この密度関数は

$$p(\mathbf{x}_T \mid \boldsymbol{\theta}) = \gamma \exp\left\{-\frac{1}{2\sigma^2}[\mathbf{x}_T - \mathbf{f}(\boldsymbol{\theta})]^T[\mathbf{x} - \mathbf{f}(\boldsymbol{\theta})]\right\} \quad (4.64)$$

となる．ここで $\gamma = (2\pi)^{-T/2}\sigma^{-T}$ は正規化係数である．γ は $\boldsymbol{\theta}$ と独立な定数だから，この密度関数が最大になるのは明らかに，

$$[\mathbf{x}_T - \mathbf{f}(\boldsymbol{\theta})]^T[\mathbf{x}_T - \mathbf{f}(\boldsymbol{\theta})] = \;\|\mathbf{x}_T - \mathbf{f}(\boldsymbol{\theta})\|^2 \quad (4.65)$$

が最小になるときである．しかし，指数部分である式(4.65)は，非線形最小2乗規準(4.48)と一致する．したがって，非線形モデル(4.47)において雑音 $\mathbf{v}_T$ が平均 0 で，共分散行列が $\mathbf{C_v} = \sigma^2 \mathbf{I}$ のガウス分布に従い，未知のパラメータ達 $\boldsymbol{\theta}$ と独立であるならば，最尤推定量と非線形最小2乗推定量とは同じ結果を生むことになる．

4.6　ベイズ推定法*

これまで議論してきたすべての推定方法(すなわち，最小2乗法，最尤法)は，パラメータ $\boldsymbol{\theta}$ を未知の**決定的定数**と仮定する．ベイズ推定法(Bayesian estimation)では，パラメータ $\boldsymbol{\theta}$ は，それ自身が**確率的**であると仮定する．この確率的性質はパラメータの確率密度関数 $p_{\boldsymbol{\theta}}(\boldsymbol{\theta})$ でモデル化される．ベイズの方法では，特にこの密度関数が既知であると仮定する．厳密に考えれば，これはとても大きな要求である．実際には，パラメータに対してこのような豊富な情報はもっていないのが普通である．しかしながら，事前密度 $p_{\boldsymbol{\theta}}(\boldsymbol{\theta})$ に何か使えそうな形を**仮定**しておくと，推定過程において，パラメータに関して有用な事前情報を取り入れられることがしばしばある．たとえば，パラメータ θ_i の最も典型的な値とその典型的な変動の幅を知ることができるかもしれない．そうすれば，この事前情報を，たとえば θ_i が平均 m_i で分散 σ_i^2 をもつガウス分布と定式化することができる．この場合，平均 m_i と分散 σ_i^2 が(ガウス性の仮定とともに)，θ_i に関する事前情報を含むものである．

ベイズ推定法の本質は，データ $\mathbf{x}_T$ が与えられたときのパラメータ $\boldsymbol{\theta}$ の事後密度 $p_{\boldsymbol{\theta}|\mathbf{x}}(\boldsymbol{\theta}|\mathbf{x}_T)$ である．基本的に，**事後分布はパラメータ $\boldsymbol{\theta}$ に関する必要な情報のすべてを含むものである**．事後密度がある程度大きい場所の，パラメータ $\boldsymbol{\theta}$ の値の幅の中から，特定の推定 $\hat{\boldsymbol{\theta}}$ を選ぶには，多少任意性がある．そのための最も有名な方法は，平均2乗誤差規準に基づくものと，事後分布の最大を選ぶことをもとにしているものの二つである．これらの方法を次項以降で取り上げる．

4.6.1 確率的なパラメータのための最小平均2乗誤差推定量

確率的パラメータの最小平均2乗誤差推定法では，最適推定量 $\hat{\boldsymbol{\theta}}_{MSE}$ は，平均2乗誤差 (MSE: Mean-Square Error)

$$\mathcal{E}_{MSE} = \mathrm{E}\left\{\|\boldsymbol{\theta} - \hat{\boldsymbol{\theta}}\|^2\right\} \tag{4.66}$$

を推定量 $\hat{\boldsymbol{\theta}}$ に関して最小化することで求められる．次の定理は最適な推定量を規定する．

【定理 4.2】 パラメータ $\boldsymbol{\theta}$ と観測ベクトル $\mathbf{x}_T$ が結合確率密度関数 $p_{\boldsymbol{\theta},\mathbf{x}}(\boldsymbol{\theta}, \mathbf{x}_T)$ をもつと仮定する．$\boldsymbol{\theta}$ の最小平均2乗推定量 $\hat{\boldsymbol{\theta}}_{MSE}$ は条件つき期待値

$$\hat{\boldsymbol{\theta}}_{MSE} = \mathrm{E}\{\boldsymbol{\theta}|\mathbf{x}_T\} \tag{4.67}$$

で与えられる．

この定理を証明するには，平均2乗誤差 (4.66) は，2段階に分けて計算することができることにまず気づけばよい．最初に，$\boldsymbol{\theta}$ のみに関して期待値を計算し，その後，観測ベクトル $\mathbf{x}$ に関して計算するのである．すなわち，

$$\mathcal{E}_{MSE} = \mathrm{E}\left\{\|\boldsymbol{\theta} - \hat{\boldsymbol{\theta}}\|^2\right\} = \mathrm{E}_{\mathbf{x}}\left\{\mathrm{E}\left\{\|\boldsymbol{\theta} - \hat{\boldsymbol{\theta}}\|^2 \,|\mathbf{x}_T\right\}\right\} \tag{4.68}$$

である．この表現は，その最小化のためには条件つき期待値

$$\mathrm{E}\left\{\|\boldsymbol{\theta} - \hat{\boldsymbol{\theta}}\|^2 \,|\mathbf{x}_T\right\} = \hat{\boldsymbol{\theta}}^T\hat{\boldsymbol{\theta}} - 2\hat{\boldsymbol{\theta}}^T\mathrm{E}\{\boldsymbol{\theta}|\mathbf{x}_T\} + \mathrm{E}\left\{\boldsymbol{\theta}^T\boldsymbol{\theta}|\mathbf{x}_T\right\} \tag{4.69}$$

を最小化すればよいことを示している．右辺を得るには，ノルムの2乗を評価し，$\hat{\boldsymbol{\theta}}$ は観測値 $\mathbf{x}_T$ だけの関数なので，条件つき期待値 (4.69) の計算では，$\hat{\boldsymbol{\theta}}$ は非確率的ベクトルとして扱えることに注意すればよい．式 (4.67) の結果は，式 (4.69) を $\hat{\boldsymbol{\theta}}$ に関して微分して勾配 $2\hat{\boldsymbol{\theta}} - 2\mathrm{E}\{\boldsymbol{\theta}|\mathbf{x}_T\}$ を得て，それを零にすることから直接得られる．

最小平均2乗推定量 $\hat{\boldsymbol{\theta}}_{MSE}$ は，

$$\mathrm{E}\left\{\hat{\boldsymbol{\theta}}_{MSE}\right\} = \mathrm{E}_{\mathbf{x}}\{\mathrm{E}\{\boldsymbol{\theta}|\mathbf{x}_T\}\} = \mathrm{E}\{\boldsymbol{\theta}\} \tag{4.70}$$

により，不偏である．

最小平均2乗推定量 (4.67) は，その概念の単純性と一般性から，理論的に非常に重要である．この結果は結合密度分布 $p_{\boldsymbol{\theta},\mathbf{x}}(\boldsymbol{\theta},\mathbf{x})$ が存在するどのような分布にも適用でき，荷重行列 $\mathbf{W}$ が規準 (4.66) に加わっても変わらない [407]．

しかしながら，最小平均 2 乗推定量を実際に計算するのは，しばしば非常に困難である．なぜならば，現実には事前分布 $p_{\boldsymbol{\theta}}(\boldsymbol{\theta})$ と，変数 $\boldsymbol{\theta}$ が与えられたときの観測値の条件つき分布 $p_{\mathbf{x}|\boldsymbol{\theta}}(\mathbf{x}|\boldsymbol{\theta})$ のみ既知であるか，あるいは仮定するからである．最適な推定量 (4.67) を構成するには，ベイズの法則から，まず事後密度分布を先に計算しなければならない (2.4 節を参照)．すなわち，

$$p_{\boldsymbol{\theta}|\mathbf{x}}(\boldsymbol{\theta}|\mathbf{x}_T) = \frac{p_{\mathbf{x}|\boldsymbol{\theta}}(\mathbf{x}_T|\boldsymbol{\theta}) p_{\boldsymbol{\theta}}(\boldsymbol{\theta})}{p_{\mathbf{x}}(\mathbf{x}_T)} \qquad (4.71)$$

であるが，ここで，分母は分子の積分

$$p_{\mathbf{x}}(\mathbf{x}_T) = \int_{-\infty}^{\infty} p_{\mathbf{x}|\boldsymbol{\theta}}(\mathbf{x}_T|\boldsymbol{\theta}) p_{\boldsymbol{\theta}}(\boldsymbol{\theta}) d\boldsymbol{\theta} \qquad (4.72)$$

により求められる．次に，条件つき期待値 (4.66) を求めるのには，さらに積分が必要である．これらの積分は特別な場合以外，一般的には解析的に計算することができない．

しかし，確率変数 $\boldsymbol{\theta}$ に対する最小平均 2 乗推定量 $\hat{\boldsymbol{\theta}}_{MSE}$ がかなり簡単に決められる，二つの重要な特例がある．推定量 $\hat{\boldsymbol{\theta}}$ がデータの**線形関数** $\hat{\boldsymbol{\theta}} = \mathbf{L}\mathbf{x}_T$ に制限されている場合には，その平均 2 乗誤差規準 (4.66) を最小化する最適線形推定量 $\hat{\boldsymbol{\theta}}_{LMSE}$ は，

$$\hat{\boldsymbol{\theta}}_{LMSE} = \mathbf{m}_{\boldsymbol{\theta}} + \mathbf{C}_{\boldsymbol{\theta}\mathbf{x}} \mathbf{C}_{\mathbf{x}}^{-1} (\mathbf{x}_T - \mathbf{m}_{\mathbf{x}}) \qquad (4.73)$$

で与えられる [407]．ここで，$\mathbf{m}_{\boldsymbol{\theta}}$ と $\mathbf{m}_{\mathbf{x}}$ はそれぞれ $\boldsymbol{\theta}$ と $\mathbf{x}_T$ の平均ベクトルであり，$\mathbf{C}_{\mathbf{x}}$ は $\mathbf{x}_T$ の共分散行列，$\mathbf{C}_{\boldsymbol{\theta}\mathbf{x}}$ は $\boldsymbol{\theta}$ と $\mathbf{x}_T$ の相互共分散行列である．最適線形推定量 $\hat{\boldsymbol{\theta}}_{LMSE}$ に対する誤差共分散行列は，

$$\mathrm{E}\left\{\left(\boldsymbol{\theta} - \hat{\boldsymbol{\theta}}_{LMSE}\right)\left(\boldsymbol{\theta} - \hat{\boldsymbol{\theta}}_{LMSE}\right)^T\right\} = \mathbf{C}_{\boldsymbol{\theta}} - \mathbf{C}_{\boldsymbol{\theta}\mathbf{x}} \mathbf{C}_{\mathbf{x}}^{-1} \mathbf{C}_{\mathbf{x}\boldsymbol{\theta}} \qquad (4.74)$$

である．ここで，$\mathbf{C}_{\boldsymbol{\theta}}$ は変数ベクトル $\boldsymbol{\theta}$ の共分散行列である．結論は，最小平均 2 乗推定量が線形のものに制約されているならば，データ $\mathbf{x}$ とパラメータ $\boldsymbol{\theta}$ の 1 次と 2 次の統計量，つまり平均と共分散行列を知っていれば十分である．

もし，変数 $\boldsymbol{\theta}$ とデータ $\mathbf{x}_T$ の結合確率密度分布 $p_{\boldsymbol{\theta},\mathbf{x}}(\boldsymbol{\theta}, \mathbf{x}_T)$ が**ガウス的**ならば，最小平均 2 乗推定量が線形であるという制約により得られる式 (4.73) と式 (4.74) の結果は，一般的に正しい．これは，条件つき密度 $p_{\boldsymbol{\theta}|\mathbf{x}}(\boldsymbol{\theta}|\mathbf{x}_T)$ もまた，ガウス的であり，その条件つき平均は式 (4.73) で，共分散行列は式 (4.74) で与えられるからである (2.5 節を参照)．これは，ガウス分布については，1 次と 2 次の統計量が知られていて，線形処理を行うことが，最適の結果を得るのに通常十分であるという事実を再び示している．

4.6.2　ウィーナフィルタ法

この項では，線形最小 2 乗推定をいくぶん異なる信号処理の観点から見る．多くの推定方法は，実際にはいろいろな信号処理の問題に応じて開発されてきた．

次の線形の**フィルタ問題**を考える．次の $\mathbf{z}$ を m 次元のデータあるいは入力のベクトルとする．

$$\mathbf{z} = [z_1, z_2, \ldots, z_m]^T \tag{4.75}$$

また，

$$\mathbf{w} = [w_1, w_2, \ldots, w_m]^T \tag{4.76}$$

を $\mathbf{z}$ の線形操作のための調整可能な荷重（要素）$w_i\,(i = 1, \ldots, m)$ をもつ m 次元の**荷重ベクトル**とする．このフィルタの出力は，

$$y = \mathbf{w}^T \mathbf{z} \tag{4.77}$$

である．

ウィーナフィルタにおいては，**望みの応答** d とフィルタの出力 y の平均 2 乗誤差

$$\mathcal{E}_{MSE} = \mathrm{E}\left\{(y - d)^2\right\} \tag{4.78}$$

を最小化する線形フィルタ (4.77) を求めるのが目標である．

式 (4.78) に式 (4.77) を代入し，期待値を求めると，

$$\mathcal{E}_{MSE} = \mathbf{w}^T \mathbf{R}_{\mathbf{z}} \mathbf{w} - 2\mathbf{w}^T \mathbf{r}_{\mathbf{z}d} + \mathrm{E}\left\{d^2\right\} \tag{4.79}$$

となる．ここで，$\mathbf{R}_{\mathbf{z}} = \mathrm{E}\{\mathbf{z}\mathbf{z}^T\}$ は，データの相関行列であり，$\mathbf{r}_{\mathbf{z}d} = \mathrm{E}\{\mathbf{z}d\}$ はデータベクトル $\mathbf{z}$ と望みの応答 d の間の相互相関ベクトルである．$\mathbf{R}_{\mathbf{z}}$ が正則行列ならば，式 (4.79) の平均 2 乗誤差を重みベクトル $\mathbf{w}$ について最小化すると，最適解として**ウィーナフィルタ**

$$\hat{\mathbf{w}}_{MSE} = \mathbf{R}_{\mathbf{z}}^{-1} \mathbf{r}_{\mathbf{z}d} \tag{4.80}$$

が得られる．$\mathbf{R}_{\mathbf{z}}$ は，雑音や問題の統計的な性質からほとんど常に正則だといえる．ウィーナフィルタはたいてい線形な正規方程式

$$\mathbf{R}_{\mathbf{z}} \hat{\mathbf{w}}_{MSE} = \mathbf{r}_{\mathbf{z}d} \tag{4.81}$$

を直接解くことで求められる．

実際には，相関行列 $\mathbf{R_z}$ と相互相関行列 $\mathbf{r}_{zd}$ は通常未知である．よってそれらは，得られる有限のデータセットから容易に計算される推定量に置き換えなければならない．実は，そうすると，ウィーナ推定は標準的な最小 2 乗推定量となる (練習問題を参照)．信号処理の応用分野では，相関行列 $\mathbf{R_z}$ はしばしばテプリッツ行列となる．それは，データベクトル $\mathbf{z}$ が一つの信号や時系列から次々に生じる標本から構成されるからである (2.8 節を参照)．この特別な場合，正規方程式を効率的に解くための高速のアルゴリズムがいろいろ開発されている [169, 171, 419]．

4.6.3　最大事後確率推定量

ベイズ推定において，平均 2 乗誤差 (4.66) や他の性能指標を最小化する代わりに，最尤推定と同じ原理を適用することができる．これにより，**最大事後確率推定量** (Maximum A Posteriori (MAP) estimator) $\hat{\boldsymbol{\theta}}_{MAP}$ が導かれる．これは，観測値 $\mathbf{x}_T$ が与えられたときの，$\boldsymbol{\theta}$ の事後密度 $p_{\boldsymbol{\theta}|\mathbf{x}}(\boldsymbol{\theta}|\mathbf{x}_T)$ を最大化するパラメータベクトル $\boldsymbol{\theta}$ の値として定義される．この MAP 推定量は，データ $\mathbf{x}_T$ が与えられたとき，変数ベクトル $\boldsymbol{\theta}$ の最も確からしい値と解釈することができる．MAP 推定量のもとになるこの考え方は，直感的にも納得できるし，また魅力的でもある．

すでに，事後密度はベイズの式 (4.71) から計算されることを示した．式 (4.71) の分母は，データ $\mathbf{x}_T$ の事前密度 $p_{\mathbf{x}}(\mathbf{x}_T)$ であり，それはパラメータベクトル $\boldsymbol{\theta}$ に依存せず，事後密度 $p_{\boldsymbol{\theta}|\mathbf{x}}(\boldsymbol{\theta}|\mathbf{x}_T)$ を正規化するためにすぎないことに注意されたい．したがって，MAP 推定量を見つけるためには，式 (4.71) の分子を最大化する $\boldsymbol{\theta}$ の値を見つければよい．分子は結合密度

$$p_{\boldsymbol{\theta},\mathbf{x}}(\boldsymbol{\theta},\mathbf{x}_T) = p_{\mathbf{x}|\boldsymbol{\theta}}(\mathbf{x}_T|\boldsymbol{\theta}) p_{\boldsymbol{\theta}}(\boldsymbol{\theta}) \tag{4.82}$$

である．最尤推定法とまったく同様に，最大事後確率推定量 $\hat{\boldsymbol{\theta}}_{MAP}$ は，通常 (対数) 尤度方程式を解くことで見つけることができる．今の場合それは，

$$\frac{\partial}{\partial \boldsymbol{\theta}} \ln p(\boldsymbol{\theta}, \mathbf{x}_T) = \frac{\partial}{\partial \boldsymbol{\theta}} \ln p(\mathbf{x}_T|\boldsymbol{\theta}) + \frac{\partial}{\partial \boldsymbol{\theta}} \ln p(\boldsymbol{\theta}) = \mathbf{0} \tag{4.83}$$

という形である．ここでは，表記の簡単化のため密度関数の添え字は省略してある．

最尤推定法において対応する尤度方程式 (4.50) と比較すると，MAP 尤度方程式 (4.83) にはパラメータについての事前情報を考慮に入れた項 $\partial (\ln p(\boldsymbol{\theta}))/\partial \boldsymbol{\theta}$ が追加されているが，これらの方程式はそのほかの点では同じであることがわかる．$p(\mathbf{x}_T|\boldsymbol{\theta})$ が明確に正の値となるようなパラメータ値 $\boldsymbol{\theta}$ に対して，事前密度 $p(\boldsymbol{\theta})$ が一様であるとき，MAP 推定量と最尤推定量は同じになる．このような場合，両者は条

件つき密度 $p(\mathbf{x}_T|\boldsymbol{\theta})$ を最大化する値 $\hat{\boldsymbol{\theta}}$ を見つければ求められる．これは，変数 $\boldsymbol{\theta}$ に関して得られる事前情報がない場合である．しかしながら，事前密度分布 $p(\boldsymbol{\theta})$ が一様ではない場合，MAP 推定量と最尤推定量は通常異なる．

例 4.8　平均が μ_x，分散が σ_x^2 のガウス分布に従うスカラー確率変数 x から，T 個の独立な観測値 $x(1),\ldots,x(T)$ が得られていると仮定する．今度は，この平均 μ_x はそれ自身，平均 0 で分散が σ_μ^2 であるガウス的な確率変数であるとする．ここで，分散 σ_x^2 と σ_μ^2 のどちらも既知として，μ を MAP 推定法を用いて推定したいとする．

上に述べた情報を使えば，MAP 推定量 $\hat{\mu}_{MAP}$ を得るために尤度方程式を立てそれを解くのは簡単である．この解 (導出は演習問題とする) は，

$$\hat{\mu}_{MAP} = \frac{\sigma_\mu^2}{\sigma_x^2 + T\sigma_\mu^2} \sum_{j=1}^{T} x(j) \tag{4.84}$$

となる．μ に関する事前情報が何もない場合については，μ に関する不確実さを，$\sigma_\mu^2 \to \infty$ で反映させることによって，モデル化することができる．すると，明らかに，

$$\hat{\mu}_{MAP} \to \frac{1}{T} \sum_{j=1}^{T} x(j) \tag{4.85}$$

となり，MAP 推定量 $\hat{\mu}_{MAP}$ は標本平均に近づく．同じ極限値は標本の数 $T \to \infty$ としても得られる．このことは，分散 σ_μ^2 に含まれる事前情報の影響は，観測値の数が増えるにつれ徐々に減少することを示している．したがって，MAP 推定量は，先に式 (4.56) で標本の平均 (4.85) になると示した最尤推定量 $\hat{\mu}_{ML}$ と，漸近的に一致する．

平均値 μ の事前値 0 については比較的確信があるが，しかし標本は非常に雑音が多いため，$\sigma_x^2 >> \sigma_\mu^2$ であるという場合には，MAP 推定量 (4.84) は T が小さい間は μ の事前値 0 に近い値にとどまることがわかる．また，MAP 推定量がその極限 (4.85) に近づくには，標本の数 T は大きくなる必要があることもわかる．対照的に，もし，$\sigma_\mu^2 >> \sigma_x^2$ である場合，それは，標本は μ についての事前情報よりも信頼できることを意味しており，MAP 推定量 (4.84) は急速に標本平均 (4.85) に近づく．このように MAP 推定量 (4.84) は，事前情報と標本の相対的な信頼度によって，それらに意味ある重みづけをしている．

大雑把にいうと，MAP 推定量は一般的な最小 2 乗誤差推定量 (4.67) と最尤推定量の妥協点であるといえる．MAP 推定量は，$\boldsymbol{\theta}$ についての (得られる可能性のある) 事前情報を考慮に入れられるという点で最尤推定量より勝っているが，尤度方程式 (4.83)

に 2 番目の項が現れることで，求めるのがやや難しくなっている．一方，ML 推定量と MAP 推定量はどちらも尤度方程式から得られ，最小 2 乗推定量の計算で必要な一般的に困難な積分を避けている．もし，事後分布 $p(\boldsymbol{\theta}|\mathbf{x}_T)$ が最大値の周辺で対称であるならば，MAP 推定量と最小 2 乗推定量は一致する．

MAP 推定量が不偏であるという保証はない．また，MAP 推定量と最尤推定量の推定誤差の共分散行列を計算することも一般に困難である．しかしながら，MAP 推定量は直観的に道理にかなっており，現実の場面でよい結果を生み出す場合も多く，また適切な条件の下でよい漸近的な性質をもっている．これらの望ましい性質はその使用を正当化する．

4.7　結語と参考文献

本章では，推定理論の基礎的な概念と，最も広く用いられている推定法について扱った．具体的には，最尤法，最小平均 2 乗誤差推定量，最大事後確率法，さらに線形モデルおよび非線形モデルに対する最小 2 乗法などについて述べた．それらの間の関係についても指摘し，またモーメント法についてもその高次統計量との関連から言及した．パラメータが決定的なものであるか，確率的なものであるかによって，少々異なる推定法を適用しなければならない．前者の場合には，最尤推定が最も広く用いられる方法で，後者の場合には最大事後確率法などのベイズ法が用いられる．

推定理論を厳密に扱うには，確率・統計，線形代数，行列の微積分に関する知識を含めて，ある程度の数学的な基礎が必要である．興味ある読者は信号理論に関するさらなる知識を，いくつかの教科書で学ぶことができる．数学的な扱いに関しては [244, 407, 477] が，信号処理を指向したものとしては [242, 299, 393, 419] があげられる．本章のような入門的な解説では述べなかったことであるが，いくつか述べておくべき項目がある．その一つに，パラメータやデータモデルが時間によって変化する場合のための動的な推定法，たとえばカルマンフィルタ [224, 299] がある．本章では，推定量を導くのに，誤差に対する規準を最小化したり，条件つき確率を最大化したりした．別の方法として，最適推定量をしばしば直交原理によって導くこともある．直交原理とは，推定量とそれに伴う推定誤差とは統計的に直交，すなわち相互共分散行列が零行列でなければならないということである．

理論的な観点からは，事後密度 $p_{\boldsymbol{\theta}|\mathbf{x}}(\boldsymbol{\theta}|\mathbf{x}_T)$ は，パラメータに関して測定値 $\mathbf{x}_T$ から得られるすべての情報を含んでいる．事後確率がわかれば，推定量を決定するために適した任意の最適化規準が，原理的には使えることになる．図 4.2 はスカラーパラ

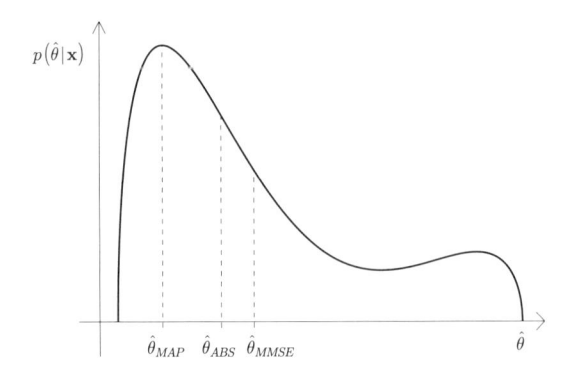

図 4.2 事後密度 $p(\theta|\mathbf{x})$ と，対応する MAP 推定 $\hat{\theta}_{MAP}$，最小 MSE 推定 $\hat{\theta}_{MMSE}$，および最小絶対値誤差推定 $\hat{\theta}_{ABS}$.

メータ θ の事後確率 $p(\theta\,|\,\mathbf{x})$ の仮想的な例である．この関数は非対称であるため，異なる推定方法によって異なる結果が得られる．最小絶対誤差推定量 $\hat{\theta}_{ABS}$ は誤差の絶対値 $\mathrm{E}\{|\theta-\hat{\theta}|\}$ を最小化する．パラメータの真値は未知で事後確率の範囲のどこにあってもよいのだから，どの推定量を選ぶかにはある程度の任意性が入る．

残念ながら，事後確率をうまく数学的解析に乗せられるような形で決めてやるのは，一般的に困難である [407]．しかしながら，ベイズ推定を行うための高度な近似手法がいろいろと開発されている．測定値の数が増大するにつれて事前確率の重要性は減っていき，最尤推定量が漸近的に最適となる．

最後に指摘しておくが，ニューラルネットワークの手法は，古典的な推定理論の範囲からははずれているが，非線形推定のために有用で現実的な道具となる場面が多い．たとえば，よく知られた誤差逆伝搬アルゴリズム [48, 172, 376] は，実は平均 2 乗誤差の規準

$$\mathcal{E}_{MSE} = \mathrm{E}\{\|\mathbf{d} - \mathbf{f}(\boldsymbol{\theta}, \mathbf{z})\|^2\} \tag{4.86}$$

を最小化するための，確率的勾配法のアルゴリズムと同じなのである．ここで $\mathbf{d}$ は望みの出力ベクトルで，$\mathbf{z}$ は（入力）データベクトルである．パラメータ $\boldsymbol{\theta}$ の各要素は写像の誤差 (4.86) を最小にするような荷重である．非線形関数 $\mathbf{f}(\boldsymbol{\theta}, \mathbf{z})$ は，任意の正則な非線形関数を十分な精度でモデル化できるように，十分な個数のパラメータと柔軟な形をもっている．逆伝搬のアルゴリズムは，推定される入出力間の写像 $\mathbf{f}(\boldsymbol{\theta}, \mathbf{z})$ を決めるパラメータ $\boldsymbol{\theta}$ を学習するのである．

演習問題

1. 以下を示せ．
   (a) 分散の最尤推定量 (4.58) は，平均の推定値 $\hat{\mu}_{ML}$ の代わりに真の平均 μ を用いれば不偏推定となること．
   (b) 平均として測定から得られた推定値を使うならば，分散の不偏推定としては，式 (4.6) を用いなければならないこと．

2. $\hat{\theta}_1$, $\hat{\theta}_2$ がパラメータ θ の不偏推定量で，それぞれの分散が $\mathrm{var}(\hat{\theta}_1) = \sigma_1^2$, $\mathrm{var}(\hat{\theta}_2) = \sigma_2^2$ であるとする．
   (a) 任意のスカラー $0 \leq \alpha \leq 1$ に対して推定量 $\hat{\theta}_3 = \alpha\hat{\theta}_1 + (1-\alpha)\hat{\theta}_2$ も不偏であることを示せ．
   (b) $\hat{\theta}_1$ と $\hat{\theta}_2$ とが統計的に独立であると仮定して，$\hat{\theta}_3$ の平均 2 乗誤差を求めよ．
   (c) 平均 2 乗誤差を最小にする α を求めよ．

3. スカラー変量 z が区間 $[0,\theta)$ 上に一様分布しているとする．z の T 個の独立な標本 $z(1),\ldots z(T)$ があるとする．これらを用いて，パラメータ θ に対して推定値 $\hat{\theta} = \max(z(i))$ を構成する．
   (a) $\hat{\theta}$ の確率密度関数を求めよ．
      ☞ 第 2 章の演習問題 2 を参照．
   (b) $\hat{\theta}$ は不偏か漸近的に不偏であるか．
   (c) 推定 $\hat{\theta}$ の平均 2 乗誤差 $\mathrm{E}\left\{\left(\hat{\theta}-\theta\right)^2 \mid \theta\right\}$ を求めよ．

4. 平均 μ と分散 σ^2 が未知のガウス分布に従うスカラー量の，T 個の独立な測定値があるとする．モーメント法を用いて平均 μ と分散 σ^2 を推定せよ．

5. $x(1), x(2), \ldots, x(K)$ は，平均 0，分散 σ_x^2 である独立なガウス確率変数であるとする．このとき，それらの 2 乗和
$$y = \sum_{j=1}^{K} [x(j)]^2$$
は平均 $K\sigma_x^2$，分散 $2K\sigma_x^4$ の χ^2 分布に従う．2 乗和 y の T 個の測定値 $y(1), y(2), \ldots, y(T)$ があるとき，モーメント法を用いてパラメータ K と σ_x^2 を推定せよ．

6. 最小 2 乗規準 (4.36) に対する正規方程式 (4.37) を導け．これらの方程式が実際にその規準の最小を与える理由を述べよ．

7. 測定値の誤差の平均は 0，すなわち $\mathrm{E}\{\mathbf{v}_T\} = \mathbf{0}$ とし，測定値の共分散行列を $\mathbf{C}_\mathbf{v} = \mathrm{E}\{\mathbf{v}_T \mathbf{v}_T^T\}$ とする．式 (4.38) で与えられる最小 2 乗推定 $\hat{\boldsymbol{\theta}}_{LS}$ の性質を考える．

(a) 推定 $\hat{\boldsymbol{\theta}}_{LS}$ は不偏であることを示せ．

(b) 式 (4.19) で定義される誤差の共分散行列 $\mathbf{C}_{\tilde{\boldsymbol{\theta}}}$ を計算せよ．

(c) $\mathbf{C}_{\mathbf{v}} = \sigma^2 \mathbf{I}$ であるとき $\mathbf{C}_{\tilde{\boldsymbol{\theta}}}$ を計算せよ．

8. 線形の最小 2 乗法を用いた直線の当てはめを考える．スカラー量 x を時刻（時間とは限らなくてもよいが）$t(1), t(2), \ldots, t(T)$ で測定した値を $x(1), x(2), \ldots, x(T)$ とする．なすべきことは，直線

$$x = \alpha_0 + \alpha_1 t$$

をこれらの測定値に当てはめることである．

(a) 通常の線形最小 2 乗法を用いてこの問題に対する正規方程式を導け．

(b) 標本間隔 Δt を，測定時刻が $1, 2, \ldots T$ となるような定数であるとする．この重要な場合について，正規方程式を解け．

9. 一般化最小 2 乗法と線形不偏最小平均 2 乗推定量との同値性について考える．以下を示せ．

(a) 一般化最小 2 乗規準 (4.45) の最小化問題の最適解は，

$$\hat{\boldsymbol{\theta}}_{WLS} = \left(\mathbf{H}^T \mathbf{W} \mathbf{H}\right)^{-1} \mathbf{H}^T \mathbf{W} \mathbf{x}_T$$

で与えられる．

(b) 不偏線形平均 2 乗推定量 $\hat{\boldsymbol{\theta}}_{MSE} = \mathbf{L}\mathbf{x}_T$ は条件 $\mathbf{L}\mathbf{H} = \mathbf{I}$ を満たす．

(c) 最小 2 乗誤差は

$$\mathcal{E}_{MSE} = \mathrm{E}\left\{\|\boldsymbol{\theta} - \hat{\boldsymbol{\theta}}\|^2 \,\middle|\, \boldsymbol{\theta}\right\} = \mathrm{tr}\left(\mathbf{L}\mathbf{C}_{\mathbf{v}}\mathbf{L}^T\right)$$

という形で書ける．

(d) この規準 $\mathcal{E}_{MSE}$ を制約条件 $\mathbf{L}\mathbf{H} = \mathbf{I}$ の下で最小化すると，BLUE 推定量 (4.46) が得られる．

10. 一定量の気体に対して，圧力 P と体積 V との間に次の関係が成立する．

$$PV^{\gamma} = c$$

ここで γ と c とは定数である．T 組の測定値 (P_i, V_i) があるとする．パラメータ γ と c とを，**線形の**最小 2 乗法で推定したい．この状況を行列とベクトルを用いて表現して，推定値の計算法を説明せよ（正確な解を計算で求める必要はない）．

11. スカラー値確率変数 z の確率密度関数を

$$p(z \mid \theta) = \theta^2 z e^{-\theta z}, \quad z \geq 0, \;\; \theta > 0$$

とする．パラメータ θ の最尤推定を求めよ．z の T 個の独立な測定値 $z(1),\ldots,$ $z(T)$ があるとせよ．

12. ある信号処理の例である．5 個のセンサが十字形に置かれ，測定値 $x_0, x_1, x_2,$ x_3, x_4 を得るとする．これらをまとめて測定ベクトルとして $\mathbf{x}$ と書く．測定値は 7 ビットの精度で量子化されており，値を $0,\ldots,127$ とする．測定値の結合密度 $p(\mathbf{x}\mid\theta)$ は，未知パラメータ θ を含む多項分布密度で，

$$p(\mathbf{x}\mid\theta)=k(\mathbf{x})\,(1/2)^{x_0}\,(\theta/4)^{x_1}\,(1/4-\theta/4)^{x_2}\,(1/4-\theta/4)^{x_3}\,(\theta/4)^{x_4}$$

と書ける．ここで正規化項は，

$$k(\mathbf{x})=\frac{(x_0+x_1+x_2+x_3+x_4)!}{x_0!x_1!x_2!x_3!x_4!}$$

である．パラメータ θ の最尤推定値を，測定ベクトル $\mathbf{x}$ の関数として決定せよ（ここでは，各測定値を通常のように互いに独立なスカラー測定値として扱ってよい）．

13. 和 $z=x_1+x_2+\cdots+x_K$ を考える．ここでスカラー確率変数 x_i 達は独立でガウス的で，すべて平均 0，分散 σ_x^2 をもつとする．
    (a) 和の項数 K に対する最尤推定値を作れ．
    (b) その推定値は不偏であるか調べよ．

14. ウィーナフィルタを直接評価することを考える．
    (a) フィルタの最小平均 2 乗誤差 (4.78) が式 (4.79) の形に評価できることを示せ．
    (b) ウィーナ推定量で与えられる最小平均 2 乗誤差はいくらか．

15. 確率変数 x_1, x_2 ともう一つの関係のある確率変数 y が結合分布しているとする．確率ベクトル

$$\mathbf{z}=[y,x_1,x_2]^T$$

を定義する．$\mathbf{z}$ の平均ベクトル $\mathbf{m}_z$ と共分散行列 $\mathbf{C}_z$ は

$$\mathbf{m}_z=\begin{bmatrix}1/4\\1/2\\1/2\end{bmatrix},\qquad \mathbf{C}_z=\frac{1}{10}\begin{bmatrix}7&1&1\\1&3&-1\\1&-1&3\end{bmatrix}$$

であることがわかっている．x_1 と x_2 が得られているときの y の最適な線形平均 2 乗推定値を求めよ．

16. T 個のデータ $\mathbf{z}(1), \mathbf{z}(2), \ldots, \mathbf{z}(T)$ とそれらに対応する望みの出力 $d(1), d(2),$ $\ldots, d(T)$ が既知とする．ウィーノフィルタに必要となる相関行列と相互相関行列の標準的な推定量は，

$$\hat{\mathbf{R}}_{\mathbf{z}} = \frac{1}{t} \sum_{i=1}^{T} \mathbf{z}(i) \mathbf{z}(i)^{T}, \quad \hat{\mathbf{r}}_{\mathbf{z}d} = \frac{1}{T} \sum_{i=1}^{T} \mathbf{z}(i) d(i) \tag{4.87}$$

である．
   (a) 推定値 (4.87) を行列で表現し，それらがウィーナフィルタ (4.80) で真値の代わりに用いられると，結果のフィルタは最小 2 乗解となることを示せ．
   (b) この最小 2 乗推定量に対応する離散時間モデルはどのようなものかを示せ．
17. 確率変数 x, y の結合確率密度が，

$$p_{xy}(x,y) = 8xy, \quad 0 \le y \le x \le 1$$

で与えられるとする．ただし上の範囲外では $p_{xy}(x,y) = 0$ である．
   (a) 条件つき密度 $p_{y|x}(y \mid x)$ を求め，概略の形を描け．
   (b) x が与えられたときの y の MAP (最大事後確率) 推定を計算せよ．
   (c) y の最小平均 2 乗誤差推定を計算せよ．
18. スカラー確率変数 y は $y = z + v$ という形であり，v の密度は $p_v(t) = t/2$ $(0 \le t \le 2)$ で，z の密度は $p_z(t) = t$ $(0 \le t \le 1)$ であるとする．これらの密度は上の範囲外でどちらも 0 とする．y の測定値一つ $y = 2.5$ が得られているとする．
   (a) z の最尤推定値を求めよ．
   (b) z の MAP (最大事後確率) 推定を求めよ．
   (c) z の最小平均 2 乗推定を求めよ．
19. 平均 μ の MAP 推定量 (4.84) を導け．
   (a) 推定量を導け．
   (b) 推定量を再帰的な形で表現せよ．

コンピュータ課題

1. 適当な 2 次元データを選ぼう．本書の WWW ページや [376]，さらに以下のウェブサイトのリンクを使えば，現実のデータがたくさん得られる．

   http://ferret.wrc.noaa.gov/
   http://www.ics.uci.edu/~mlearn/MLSummary.html

(a) データをプロットせよ．もし大きすぎるならば一部分でよい．
(b) このプロットに基づいて，(パラメータに関して線形であるような)適当な関数を選び，標準的な最小 2 乗法を用いてデータに当てはめよ (あるいは，もし選んだ関数のパラメータがデータに非線形な依存をするものであれば，非線形最小 2 乗法を用いてもよい)．
(c) 求めた曲線と誤差をプロットせよ．その最小 2 乗モデルの性能を評価せよ．
2. ベイズの線形最小平均 2 乗推定量を用いて，他の測定値からある一つのスカラー値の測定値を予測する問題を考える．
   (a) まず，データのベクトル達の成分間に相関のあるような適当なデータを選べ (データを見つける方法は前問を参照せよ)．
   (b) 線形最小平均 2 乗推定量を計算せよ．
   (c) 推定した測定値の分散を計算し，それをその最小平均 2 乗推定 (予測) 誤差と比較せよ．

第 5 章
情報理論

推定理論は確率変数の特徴を表現するための一つの筋道を与える．それはパラメトリックモデルを作り，パラメータによってデータを記述するという考えに基づいていた．

情報理論はまた別の筋道を用意してくれる．そこでは**符号化**に重点が置かれる．観測したものは，たとえばコンピュータのメモリに記憶されたり，通信路を通じて伝達される．それに適した符号を見出すにはデータの統計的な性質が必要である．独立成分分析 (ICA) においては，推定理論と情報理論の二つが主要な理論的枠組みを与える．

本章では，情報理論の基本的な概念を導入する．章の後半ではいくぶん特殊な話題としてエントロピーの近似について述べる．これらの概念は第 II 部で述べる ICA の方法論で必要となる．

5.1　エントロピー

5.1.1　エントロピーの定義

エントロピー (または情報量) は情報理論の基礎的な概念である．離散値確率変数 X に対してエントロピー H は，

$$H(X) = -\sum_i P(X = a_i) \log P(X = a_i) \tag{5.1}$$

で定義される．ここで a_i は X のとりうる値である．対数の底に何を用いるかによって，エントロピーの単位は異なってくる．通常は対数の底を 2 にするが，その場合の単位はビット (bit) と呼ばれる．底によって測定値には定数倍の違いが生じるだけであり，それはここでは重要ではないので底は書かないことにする．

関数 f を

$$f(p) = -p \log p, \quad 0 \leq p \leq 1 \tag{5.2}$$

で定義する．これは非負関数で $p=0$ および $p=1$ において 0 となり，その間では正である．図 5.1 にこの関数を示す．この関数を用いるとエントロピーは，

$$H(X) = \sum_i f(P(X = a_i)) \tag{5.3}$$

と書くことができる．f の形を考えれば，確率 $P(X = a_i)$ が 0 または 1 に近いときにはエントロピーは小さく，それらの確率が中間的な値の場合にはエントロピーが大きくなることがわかる．

実は，確率変数のエントロピーは，その確率変数の観測によって得られる情報の大きさであると解釈できる．確率変数が不規則であればあるほど，つまり予測不可能で規則性がないほど，エントロピーは大きいのである．これらの確率のうちの一つが 1 であり，残りがすべて 0 であると仮定しよう (確率の合計は 1 になることに注意)．この確率変数はほとんど確実に同じ値をとるので，不規則性がほとんどない．それがエントロピーが小さいことに反映している．反対にすべての確率が等しい場合には，それらは 0 からも 1 からもある程度離れており，f の値は大きくなる．したがってエントロピーは大きくなり，それは確率変数が本当に不規則であることを意味している．この場合我々はその値を予測できない．

例 5.1　確率変数 X は二つの値 a, b だけをとりうると仮定する．X が値 a をとる確率を p とすると，b をとる確率は $1-p$ である．この確率変数のエントロピーは，

$$H(X) = f(p) + f(1-p) \tag{5.4}$$

である．このようにエントロピーは p の簡単な関数である (a や b の値によらない)．明らかにこの関数は f と同じ性質をもっている．すなわち $p=0$ と $p=1$ で 0 となり，

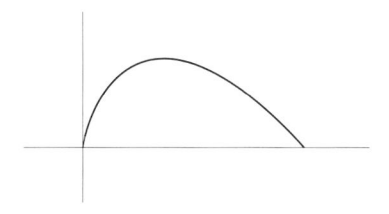

図 5.1　式 (5.2) の関数 f を区間 $[0,1]$ 上に描いたもの．

その間では正であるような非負関数である．さらにそれは $p=1/2$ において最大値をとる（演習問題とする）．したがって 50% の確率で両方の値が得られる場合に，エントロピーが最大となる．それに対して，もしどちらかの値がほとんどいつも得られるならば（確率が 99.9% であるとしてみよ），その確率変数にはほとんど不規則性がないので，エントロピーは小さくなる．

5.1.2 エントロピーと符号長

エントロピーと不規則性の関係をもっと厳密に述べるため，**符号長**を考えることにする．X の多くの観測値を表すのに，ビット数ができるだけ少ない 2 進符号を探したいとする．情報理論の基礎的な結果によると，エントロピーは必要な符号長と大変密接な関係がある．いくつか簡単化のための仮定が必要であるが，符号長の下限はエントロピーによって与えられ，この下限にいくらでも近づけることができる．たとえば [97] を参照されたい．したがって大まかにいって，エントロピーは確率変数の平均的な最短符号長を与える．

この項目は本書の範囲外であるので，二つの例で説明するだけにする．

|例 5.2| 再び，二つの値 a, b をとりうる確率変数について考える．もしそれがだいたいいつも同じ値をとるならば，そのエントロピーは小さい．これは，その変数は符号化しやすいという事実に反映される．たとえば，だいたい a ばかり実現するとしよう．その場合，b と次の b との間にある a の数を数えて書けば，それが一つの効率的な符号となる．数字をいくつか並べるだけならば，データを効率的に符号化することができる．

極端な例として，a の確率が 1 であれば，何も符号化する必要もなく符号長は 0 となる．逆に両方の値が等確率で出る場合には，このようなワザで効率的な符号を作ることはできないので，各値を別々に 1 ビットを使って符号化しなければならない．

|例 5.3| 確率変数 X は 8 個の値を確率 $(1/2, 1/4, 1/8, 1/16, 1/64, 1/64, 1/64, 1/64)$ でとるとする．X のエントロピーは 2 ビットである（この計算は読者の演習問題とする）．データを当たり前に符号化すれば，各観測に対して 3 ビット必要となる．しかしもっと賢い方法は，頻繁に現れる値に対しては短い符号を，たまにしか現れない値に対しては長い符号を用いることである．X の実現値に対して，次のような列を使うことが考えられる ── 0, 10, 110, 1110, 111100, 111101, 111110, 111111（これらの符号は，各符号が終わったときには必ずわかるように設計されているから，符号の間に空

白を入れずに次々と書いてよいことに注意)．この符号化によれば，各値に対する符号の平均長はたった2であり，これは実際にエントロピーと一致している．したがって符号長が33%節約されたことになる．

5.1.3 微分エントロピー

離散値の確率変数に対するエントロピーの定義は，連続値確率変数やベクトルに拡張できる．その場合，しばしば微分エントロピーという言葉が用いられる．

密度 $p_x(\cdot)$ をもつ確率変数 x の微分エントロピーは，

$$H(x) = -\int p_x(\xi) \log p_x(\xi) \, d\xi = \int f(p_x(\xi)) \, d\xi \tag{5.5}$$

で定義される．微分エントロピーは，エントロピーと同様に不規則性の尺度として解釈できる．もし確率変数がある狭い区間に集中して分布すれば，微分エントロピーは小さくなる．

微分エントロピーは負値もとりうることに注意してほしい．通常のエントロピーは負になることはない．なぜならば，離散確率の値は必ず区間 $[0,1]$ に入っており，式 (5.2) の f はその区間では非負であるからである．それに対して確率密度の値は 1 より大きくなることもあり，その場合 f は負値をとる．したがって「小さな微分エントロピー」というときには，絶対値の大きな負値を表すこともあるわけである．

どのような確率変数が小さなエントロピーをもつのか，もうわかることと思う．それは確率密度関数が大きな値をもつような確率変数である．そのようなものは式 (5.5) の積分に対し大きな負の寄与をするからである．これはまた，特定の区間の値が非常に生起しやすいということである．特定のいくつかの区間に確率変数が高い確率で含まれるということは，その確率変数があまり不規則ではないということであり，そういう場合にエントロピーが小さくなるというのは，すでに見たことである．

例 5.4　区間 $[0, a]$ で一様分布する確率変数 x を考える．密度関数は，

$$p_x(\xi) = \begin{cases} 1/a, & 0 \leq \xi \leq a \text{ の場合} \\ 0, & \text{その他の場合} \end{cases} \tag{5.6}$$

である．微分エントロピーは，

$$H(x) = -\int_0^a \frac{1}{a} \log \frac{1}{a} d\xi = \log a \tag{5.7}$$

である．したがって，a が大きければエントロピーは大きく，a が小さければ小さいことがわかる．これは，a が小さいほど x の不規則性は小さくなることから，当然で

ある．a が 0 に近づく極限では，微分エントロピーは $-\infty$ へ向かう．なぜならば x の不規則性はまったくなくなり，いつでも 0 という値をとるからである．

エントロピーを符号長として解釈する方法は，微分エントロピーにもある程度だが通用する．ただし状況はもっと複雑である．なぜならば，符号長は確率変数の値を離散化する精度に依存するからである．したがって実際の符号長は，エントロピーと離散化の精度のある関数との和で与えられる．ここでは詳細には入らず，文献として [97] をあげるにとどめる．

微分エントロピーの定義はそのまま多次元の場合に拡張できる．$\mathbf{x}$ を密度 $p_x(\cdot)$ をもつ確率ベクトルとする．微分エントロピーは，

$$H(\mathbf{x}) = -\int p_x(\boldsymbol{\xi}) \log p_x(\boldsymbol{\xi}) d\boldsymbol{\xi} = \int f(p_x(\boldsymbol{\xi})) d\boldsymbol{\xi} \tag{5.8}$$

で定義される．

5.1.4 変換のエントロピー

確率ベクトル $\mathbf{x}$ の**可逆な**変換をたとえば，

$$\mathbf{y} = \mathbf{f}(\mathbf{x}) \tag{5.9}$$

とする．本項では，$\mathbf{y}$ と $\mathbf{x}$ のエントロピーの関係を示す．

少しいい加減かもしれないが，簡単な導出を以下に示す（より厳密な導出は付録 (p.136) に示す）．$J\mathbf{f}(\boldsymbol{\xi})$ を関数 $\mathbf{f}$ のヤコビ行列，すなわち $\mathbf{f}$ の点 $\boldsymbol{\xi}$ における偏微係数からなる行列とする．$\mathbf{y}$ の密度 p_y と $\mathbf{x}$ の密度 p_x との間の周知の関係式 (2.82) は，これを用いて，

$$p_y(\boldsymbol{\eta}) = p_x(\mathbf{f}^{-1}(\boldsymbol{\eta})) \left| \det J\mathbf{f}(\mathbf{f}^{-1}(\boldsymbol{\eta})) \right|^{-1} \tag{5.10}$$

と書くことができる．

ここでエントロピーを期待値

$$H(\mathbf{y}) = -\mathrm{E}\{\log p_y(\mathbf{y})\} \tag{5.11}$$

で表すと，

$$\begin{aligned}
\mathrm{E}\{\log p_y(\mathbf{y})\} &= \mathrm{E}\left\{\log\left[p_x(\mathbf{f}^{-1}(\mathbf{y})) \left|\det J\mathbf{f}(\mathbf{f}^{-1}(\mathbf{y}))\right|^{-1}\right]\right\} \\
&= \mathrm{E}\left\{\log\left[p_x(\mathbf{x}) |\det J\mathbf{f}(\mathbf{x})|^{-1}\right]\right\} \\
&= \mathrm{E}\{\log p_x(\mathbf{x})\} - \mathrm{E}\{\log |\det J\mathbf{f}(\mathbf{x})|\}
\end{aligned} \tag{5.12}$$

だから，エントロピーの間の関係として，

$$H(\mathbf{y}) = H(\mathbf{x}) + \mathrm{E}\{\log|\det J\mathbf{f}(\mathbf{x})|\} \tag{5.13}$$

を得る．言い換えると，エントロピーは変換によって，$\mathrm{E}\{\log|\det J\mathbf{f}(\mathbf{x})|\}$ だけ増加することになる．

重要な例として，線形変換

$$\mathbf{y} = \mathbf{M}\mathbf{x} \tag{5.14}$$

があるが，その場合は，

$$H(\mathbf{y}) = H(\mathbf{x}) + \log|\det \mathbf{M}| \tag{5.15}$$

となる．

これから，微分エントロピーは定数倍に対して**不変ではない**こともわかる．確率変数 x を考える．これをスカラー定数 α 倍すると，微分エントロピーは，

$$H(\alpha x) = H(x) + \log|\alpha| \tag{5.16}$$

により増加する．したがって単に目盛りを変えるだけで微分エントロピーは変わる．この理由から，x はその微分エントロピーを測定する前に，その値の単位を決めておくことが多い．

5.2　相互情報量

5.2.1　エントロピーを使った定義

相互情報量は，確率変数からなるある集合を考えたとき，その中のいくつかの確率変数が，その集合の残りの確率変数に関してもつ情報量を測る測度である．n 個の（スカラー）確率変数，$x_i\,(i=1,\ldots,n)$ の間の相互情報量 I を，エントロピーを用いて次のように定義できる．

$$I(x_1, x_2, \ldots, x_n) = \sum_{i=1}^{n} H(x_i) - H(\mathbf{x}) \tag{5.17}$$

ここで，$\mathbf{x}$ はすべての x_i を含むベクトルである．

エントロピーを符号化長と考えて，相互情報量を解釈しよう．$H(x_i)$ の各項は，x_i がそれぞれ別々に符号化されている場合の符号化長で，$H(\mathbf{x})$ は $\mathbf{x}$ が確率ベクトルと

して符号化されている場合，つまりすべての要素が一つの同じ符号に符号化されている場合の符号化長を与える．このように，相互情報量は，個々の要素を別々に符号化する代わりに，ベクトルとしてすべてを同時に符号化することによって符号長をどれくらい短くできるかを表している．

一般に，ベクトル全体の符号化のほうがよりよい符号化となる．しかしながら，もし，x_i が独立であれば，互いに関する情報をもっていないので，それらの変数を別々に符号化しても，符号長は増加しない．

5.2.2 カルバック＝ライブラーのダイバージェンスを使った定義

相互情報量は，カルバック＝ライブラーのダイバージェンス (KL ダイバージェンス: Kullback-Leibler divergence) と呼ばれるものを用いて，距離として解釈することもできる．これは，二つの n 次元の確率密度関数 p^1 と p^2 に対して，

$$\delta(p^1, p^2) = \int p^1(\boldsymbol{\xi}) \log \frac{p^1(\boldsymbol{\xi})}{p^2(\boldsymbol{\xi})} d\boldsymbol{\xi} \tag{5.18}$$

として，定義される．

KL ダイバージェンスは二つの確率密度の間の一種の距離として考えることができる．それは，常に非負であり，二つの確率密度が等しいとき，またそのときに限り 0 になるからである．これは，負号をつけた対数は狭義の凸関数であることと，古典的なイェンセンの不等式を適用すれば，直ちに導かれる．イェンセンの不等式 [97] は，任意の狭義の凸関数 f と任意の確率変数 y に対して成立する不等式

$$\mathrm{E}\{f(y)\} \geq f(\mathrm{E}\{y\}) \tag{5.19}$$

である．ここで，$f(y) = -\log(y)$ として，$y = p^2(x)/p^1(x)$ と仮定する．x は p^1 で与えられる分布に従うとする．すると，

$$\begin{aligned}\delta(p^1, p^2) &= \mathrm{E}\{f(y)\} = \mathrm{E}\left\{-\log \frac{p^2(\mathbf{x})}{p^1(\mathbf{x})}\right\} = \int p^1(\boldsymbol{\xi}) \left\{-\log \frac{p^2(\boldsymbol{\xi})}{p^1(\boldsymbol{\xi})}\right\} d\boldsymbol{\xi} \\ &\geq f(\mathrm{E}\{y\}) = -\log \int p^1(\boldsymbol{\xi}) \left\{\frac{p^2(\boldsymbol{\xi})}{p^1(\boldsymbol{\xi})}\right\} d\boldsymbol{\xi} = -\log \int p^2(\boldsymbol{\xi}) d\boldsymbol{\xi} = 0\end{aligned} \tag{5.20}$$

を得る．さらに，イェンセンの不等式の等号は y が定数のとき，またそのときに限り成立する．我々の場合には，二つの分布が等しいとき，かつそのときに限り y が定数となり，したがって上で述べた KL ダイバージェンスの性質が証明された．

KL ダイバージェンスは対称性を満たさないので，本当の意味の距離ではない．

ランダム変数 x_i 達が独立ならば，独立の定義によって，それらの結合確率密度は因数に分解できる，ということを念頭において，KL ダイバージェンスの適用を考える．すると，x_i 達の独立性を，真の密度 $p^1 = p_x(\boldsymbol{\xi})$ と因数分解された密度 $p^2 = p_1(\xi_1) p_2(\xi_2) \ldots p_n(\xi_n)$ の間の KL ダイバージェンスとして測れるのではないかと思われる．ここで，$p_i(\cdot)$ は x_i の周辺密度である．実際，単純な数式計算により，この量は我々が式 (5.17) でエントロピーを使用して定義した相互情報量と等しいことがわかる (それは演習問題とする)．

相互情報量のカルバック=ライブラー情報量としての解釈から，次の重要な性質が出る．**相互情報量は常に非負であり，その変数が独立であるとき，かつそのときに限り 0 になる．**これは，カルバック=ライブラーのダイバージェンスの性質から直接出るものである．

5.3 最大エントロピー

5.3.1 エントロピー最大の分布

多くの分野で使われる，あるひとくくりの方法が最大エントロピーの方法で与えられる．これらの方法は，エントロピーの概念を正則化のために応用するものである．

スカラーの確率変数 x の密度 $p_x(\cdot)$ に関して，

$$\int p(\xi) F^i(\xi) \, d\xi = c_i, \quad i = 1, \ldots, n \tag{5.21}$$

という形の情報が与えられているとしよう．具体的にいうと，n 個の異なる x の関数 F^i の平均 $\mathrm{E}\{F^i(x)\}$ がわかっているとするのである (ここでの i はべき数ではなく番号であることに注意)．

問題は，制約条件 (5.21) を満たす密度の中で，エントロピーを最大にするような関数 p_o は何かということである (前には確率変数に対してエントロピーを定義したが，その定義はそのまま密度関数に対して使ってよい)．有限個の測定値から密度関数 p を正確に求めることはできないので，このような問題を考える必要があると思ってよいだろう．測定値との適合性を満足し，かつ最も便利な p を得るため，何らかの**正則化を行ったらどうか**，ということである．測定値と適合する密度の中で，最も不規則な密度を見出すための正則化の測度として，エントロピーを用いることができる．言い換えると，エントロピー最大の密度とは，測定値と適合し，かつデータに関する仮定が最も少ないような密度であると解釈できる．なぜならば，エントロピーは不規則

性測度と解釈できるため，エントロピー最大の密度は条件を満たす密度の中で，最も不規則なものであるからである．エントロピーが不規則性の測度として用いられる理由の詳細については，[97, 353] を参照していただきたい．

最大エントロピー法の基本的な結果 (たとえば [97, 353] を参照) によると，ある正則化の条件の下で，式 (5.21) を満たす密度の中でエントロピーを最大にする $p_0(\xi)$ は，

$$p_0(\xi) = A \exp \left(\sum_i a_i F^i(\xi) \right) \tag{5.22}$$

という形をしている．ここで A と a_i は c_i 達から制約条件 (5.21) を用い (つまり式 (5.22) の右辺を式 (5.21) の p に代入し)，さらに制約 $\int p_0(\xi)d\xi = 1$ を使って決まる定数である．これにより一般に $n+1$ 個の非線形の方程式の系が得られるが，解を求めるのは困難で，数値解法を用いなければならないことが多い．

5.3.2　ガウス分布の最大エントロピーの性質

数直線上のすべての値をとりうる，平均 0 で分散はたとえば 1 と固定した，確率変数の集合を考えよう (したがって制約条件は 2 個ある)．そのような確率変数の分布のうちで，エントロピーが最大の分布はガウス分布である．なぜならば式 (5.22) より密度は，

$$p_0(\xi) = A \exp \left(a_1 \xi^2 + a_2 \xi \right) \tag{5.23}$$

という形をもつが，この形の密度はすべて，定義によりガウス分布だからである (2.5 節を参照)．

そこで我々は次のような基本的な結果を得る——分散が 1 である確率変数の中でエントロピーが最大である確率変数は，ガウス分布に従う．したがってエントロピーは非ガウス性の尺度として用いることができる．実際，このことからガウス分布はすべての分布の中で最もランダム，つまり最も不規則なものであることがわかる．エントロピーが小さくなるのは，分布がある特定の値に集中している場合である．すなわち，変数が明瞭な塊を作っていて，密度関数が非常に尖っている場合である．この性質は，分散を任意に変えても一般に成立する．さらに重要なことに，多次元分布に拡張できる．すなわちガウス分布は，与えられた共分散行列をもつ多次元分布の中で，エントロピーを最大にする．

5.4 ネゲントロピー

5.3.2 項で与えられた最大エントロピーの性質は，非ガウス性の規準を定義するためにエントロピーが使用できることを示す．ガウス性の変数に対しては 0, そして常に非負の値をとるネゲントロピーと呼ばれる尺度が，微分エントロピーから簡単に得られる．ネゲントロピー J は次の式で定義される．

$$J(\mathbf{x}) = H(\mathbf{x}_{gauss}) - H(\mathbf{x}) \tag{5.24}$$

ここで，$\mathbf{x}_{gauss}$ は $\mathbf{x}$ と同じ共分散行列 $\boldsymbol{\Sigma}$ をもつガウス確率ベクトルである．このエントロピーは，式

$$H(\mathbf{x}_{gauss}) = \frac{1}{2}\log|\det \boldsymbol{\Sigma}| + \frac{n}{2}[1 + \log 2\pi] \tag{5.25}$$

で評価される．ここで，n は $\mathbf{x}$ の次元数である．

前述のガウス分布の最大エントロピーの性質より，ネゲントロピーは常に非負である．さらに，$\mathbf{x}$ がガウス分布をもつとき，かつそのときに限り，ネゲントロピーは 0 になる．それは，最大エントロピーの分布が一意に決まるためである．さらにネゲントロピーは，**可逆線形変換に対して不変**という興味深い特徴ももつ．これは，$\mathbf{y} = \mathbf{M}\mathbf{x}$ に対して，$\mathrm{E}\{\mathbf{y}\mathbf{y}^T\} = \mathbf{M}\boldsymbol{\Sigma}\mathbf{M}^T$ であり，前述の結果を使って，ネゲントロピーが次のように計算できることからわかる．

$$\begin{aligned}
J(\mathbf{M}\mathbf{x}) &= \frac{1}{2}\log\left|\det\left(\mathbf{M}\boldsymbol{\Sigma}\mathbf{M}^T\right)\right| + \frac{n}{2}[1 + \log 2\pi] - (H(\mathbf{x}) + \log|\det \mathbf{M}|) \\
&= \frac{1}{2}\log|\det \boldsymbol{\Sigma}| + 2\frac{1}{2}\log|\det \mathbf{M}| + \frac{n}{2}[1 + \log 2\pi] \\
&\quad - H(\mathbf{x}) - \log|\det \mathbf{M}| \\
&= \frac{1}{2}\log|\det \boldsymbol{\Sigma}| + \frac{n}{2}[1 + \log 2\pi] - H(\mathbf{x}) \\
&= H(\mathbf{x}_{gauss}) - H(\mathbf{x}) = J(\mathbf{x}) \tag{5.26}
\end{aligned}$$

特に，ネゲントロピーは伸縮に対して不変である．つまり，確率変数に定数を乗じてもネゲントロピーは変わらない．これは，先に見たように微分エントロピーでは当てはまらない．

5.5 キュムラントによるエントロピーの近似

前節でネゲントロピーが非ガウス性の重要な尺度であることを見た．しかしながら，ネゲントロピーは計算が困難であるという難点がある．実際問題においてエントロピーやネゲントロピーを計算するのに，定義式 (5.8) の積分を計算することも可能ではある．しかし，この積分は確率密度関数を含んでいるので非常に困難である．密度はカーネル推定などの基本的な推定法を用いて推定することも可能ではあるが，このような単純な方法では，誤差が大きくなりやすい．なぜならば，この推定法はカーネルパラメータが正しく選ばれているかどうかに大きく依存するからである．しかも計算自体かなり複雑でもある．

したがって，微分エントロピーやネゲントロピーの役割は主に理論的な考察の範囲にとどまる．実際問題においては，かなり粗くなるかもしれないが，何らかの近似を使う必要がある．本節と次節で，本書の第 II 部で扱う ICA の方法で用いられる，ネゲントロピーの各種の近似法について述べる．

5.5.1 密度関数の多項式展開

ネゲントロピーを近似する古典的な方法は，高次のキュムラント (2.7 節で定義した) を用いるものである．これはテイラー展開のような，展開を用いる考え方と異ならない．この展開は，確率変数の密度関数をガウス密度の近傍で展開するものである (ここでは，たいがいの応用に十分であると思われるので，スカラー確率変数の場合についてのみ考える)．簡単のため，確率変数 x は平均 0，分散 1 をもつとする．次に技術的な仮定であるが，x の密度 $p_x(\xi)$ は標準ガウス密度

$$\varphi(\xi) = \exp\left(-\xi^2/2\right)/\sqrt{2\pi} \tag{5.27}$$

の近くにあるとする．この場合よく使われる展開には，グラム＝シャルリエ展開とエッジワース展開の二つがある．これらは結局似たような近似となるので，ここでは前者についてのみ考える．これらの展開はいわゆるチェビシェフ＝エルミート多項式 H_i を用いる．ここで i は非負整数である．これらの多項式は標準ガウス密度関数 $\varphi(\xi)$ の導関数を含む方程式

$$\frac{\partial^i \varphi(\xi)}{\partial \xi^i} = (-1)^i H_i(\xi) \varphi(\xi) \tag{5.28}$$

によって定義される．したがって H_i は i 次多項式である．これらは以下の意味で多

項式の正規直交系を作っており，都合がよい．すなわち，

$$\int \varphi(\xi) H_i(\xi) H_j(\xi) d\xi = \begin{cases} i!, & i = j \text{ のとき} \\ 0, & i \neq j \text{ のとき} \end{cases} \quad (5.29)$$

である．すると x の密度関数の，定数項より後の最初の二つの項までを含めたグラム＝シャルリエ展開は，

$$p_x(\xi) \approx \hat{p}_x(\xi) = \varphi(\xi) \left(1 + \kappa_3(x) \frac{H_3(\xi)}{3!} + \kappa_4(x) \frac{H_4(\xi)}{4!}\right) \quad (5.30)$$

で与えられる．この展開は，x の密度がガウス密度に非常に近ければ，テイラー展開のような近似を使うことができるという考えに基づいている．したがって，密度の非ガウス部分は高次キュムラント，ここでは 3 次および 4 次キュムラントによって直接与えられる．これらはそれぞれ歪度ならびに尖度と呼ばれ，$\kappa_3(x) = \mathrm{E}\{x^3\}$ と $\kappa_4(x) = \mathrm{E}\{x^4\} - 3$ で定義されることを思い出そう．展開は本当は無限に続くのであるが，我々は上に示した項達にのみ興味がある．展開の最初の項がすぐ高次のキュムラントから始まっているのは，x を平均 0，分散 1 と標準化したからである．

5.5.2 密度の展開によるエントロピーの近似

さて，式 (5.30) で示された密度をエントロピーの定義に代入することにより，

$$H(x) \approx -\int \hat{p}_x(\xi) \log \hat{p}_x(\xi) d\xi \quad (5.31)$$

が得られるが，この積分の計算はあまりやさしくない．しかし，ここでもまた密度関数がガウス密度に非常に近いという考えを使えば，式 (5.30) の中のキュムラントは非常に小さく，簡単な近似

$$\log(1 + \epsilon) \approx \epsilon - \epsilon^2/2 \quad (5.32)$$

が使えることがわかるから，

$$\begin{aligned} H(x) \approx -\int \varphi(\xi) &\left(1 + \kappa_3(x) \frac{H_3(\xi)}{3!} + \kappa_4(x) \frac{H_4(\xi)}{4!}\right) \\ &\left[\log \varphi(\xi) + \kappa_3(x) \frac{H_3(\xi)}{3!} + \kappa_4(x) \frac{H_4(\xi)}{4!}\right. \\ &\left. - \left(\kappa_3(x) \frac{H_3(\xi)}{3!} + \kappa_4(x) \frac{H_4(\xi)}{4!}\right)^2 / 2\right] d\xi \end{aligned} \quad (5.33)$$

を得る．この式は簡単化できる (演習問題を参照)．単純な数式計算により，

$$H(x) \approx -\int \varphi(\xi) \log \varphi(\xi) d\xi - \frac{\kappa_3(x)^2}{2 \times 3!} - \frac{\kappa_4(x)^2}{2 \times 4!} \quad (5.34)$$

が得られるので，標準化した確率変数のネゲントロピーの近似として，最終的に，

$$J(x) \approx \frac{1}{12}\mathrm{E}\{x^3\}^2 + \frac{1}{48}\mathrm{kurt}(x)^2 \tag{5.35}$$

を得る．これはネゲントロピーで非ガウス性を測るときの非常に簡単な近似計算法である．

5.6　非多項式によるエントロピーの近似

前節では，キュムラントをもとにしたエントロピー（ネゲントロピー）の近似方法を導入した．しかしながらこのような方法は，時にかなり悪い近似をもたらすことがある．これには主に二つの理由がある．第一に，有限の標本から推定した高次キュムラントは，外れ値に非常に敏感である．つまり，少数の，おそらく誤りである大きな観測値に依存してしまうことがある．これは，外れ値がキュムラントの推定値を完全に決めてしまう可能性を意味し，その場合これらの値はまったく使えなくなる．第二に，キュムラントの値が完全に推定されたとしても，これは主に分布の端の部分を表していて，分布の中心周辺の構造をあまり反映しない．このことは，たとえば4次の多項式の期待値は，0近傍のデータよりも，0より遠く離れたデータに非常に強く影響されることからもわかる．

　この節では，近似的な最大エントロピー法をもとにした，エントロピーの近似法を導入する．その動機は，式(5.21)のような有限個の期待値の推定からは，たとえそれらが正確な推定だとしても，分布のエントロピーは決定できないということにある．5.3節で述べたように，式(5.21)の制約条件を満足する分布で，そのエントロピーが大きく異なるものは無数存在する．特に微分エントロピーは，xが有限個の値しかとらないという極限では $-\infty$ になる．

　これに対する単純な解決法は最大エントロピー法である．これは，測定で得た推定(5.21)を満足するという制約条件の下で，**最大エントロピー**を求めることである．この問題の設定は適切である．この最大エントロピー，あるいはそれをさらに近似したものは，確率変数のエントロピーの意味ある近似として使用することができる．なぜならば，独立成分分析においては通常エントロピーの最小化が要求されるのだが，最大エントロピーによりエントロピーの上界を与えれば，それを最小化することにより真のエントロピーも同様に最小化できる可能性が高いと考えられるからである．

　この節では，いくつかの単純な制約条件下での，1次元の連続確率変数に対する最大エントロピー密度の1次近似を導く．この結果は，グラム＝シャルリエおよびエッ

ジワースによる古典的な多項式展開に多少似た密度の展開になる．この密度の近似を使って，1次元の微分エントロピーの近似も導かれる．このエントロピーの近似は，密度の多項式展開をもとにした近似に比べ，計算量を増やすことなく，より正確で，外れ値に対してより頑健である．

5.6.1 最大エントロピーの近似

いま，次の形のいくつかの期待値を観測した(実際は推定になるだろう)と仮定する．

$$\int p(\xi) F^i(\xi) d\xi = c_i, \quad i = 1, \ldots, n \tag{5.36}$$

ここで，関数 F^i は一般的に多項式ではないとする．実際，単純な多項式だとすると，結局，前節で扱ったものと非常に似たものが出てくる．

一般的に最大エントロピーの方程式は解析的には解けないので，最大エントロピー密度 p_0 の単純な近似を作る．これは，密度 $p(\xi)$ が，同じ平均と分散をもつガウス密度分布とかけ離れていないという仮定をもとにしている．この仮定は，密度の多項式展開を行った際の仮定と類似している．

多項式による展開と同様に，x は平均が0で分散1であると仮定する．よって，次式で定義される二つの制約条件を式(5.36)に追加する．

$$F^{n+1}(\xi) = \xi, \quad c_{n+1} = 0 \tag{5.37}$$
$$F^{n+2}(\xi) = \xi^2, \quad c_{n+2} = 1 \tag{5.38}$$

さらに計算を単純化するため，もう一つ，純粋に技術的な仮定を設ける．すなわち，関数 $F^i (i = 1, \ldots, n)$ は式(5.27)の φ で定義される計量に関して正規直交系を形成する．言い換えれば，すべての $i, j = 1, \ldots, n$ に対して，

$$\int \varphi(\xi) F^i(\xi) F^j(\xi) d\xi = \begin{cases} 1, & i = j \text{ のとき} \\ 0, & i \neq j \text{ のとき} \end{cases} \tag{5.39}$$

$$\int \varphi(\xi) F^i(\xi) \xi^k d\xi = 0, \quad k = 0, 1, 2 \tag{5.40}$$

である．これらの直交性の制約条件は，チェビシェフ＝エルミート多項式のそれに非常によく似ている．線形独立な関数 F^i (2次の多項式を含まない)の任意の集合から，通常のグラム＝シュミットの直交化法によって，この仮定を満たす関数の集合を作ることが必ずできる．さて，ガウス分布に近いという仮定から，式(5.22)において $a_{n+2} \approx -1/2$ に比べ，それ以外のすべての a_i は非常に小さいはずである．それ

は，式 (5.22) の指数関数は，$\exp(-\xi^2/2)$ に近いはずだからである．そこで，指数関数の 1 次の近似を作ることができる (詳細な導出は付録 (p.136) を参照)．これから，式 (5.22) の定数が簡単に求まり，**近似的最大エントロピー密度**が得られる．それを $\hat{p}(\xi)$ で表すと，

$$\hat{p}(\xi) = \varphi(\xi)\left(1 + \sum_{i=1}^{n} c_i F^i(\xi)\right) \tag{5.41}$$

である．ここで，$c_i = \mathrm{E}\{F^i(\xi)\}$ である．

次にこの密度の近似を使用して，微分エントロピーの近似を導出できる．密度の多項式展開のときと同様に，式 (5.31) と式 (5.32) を使うことができる．少し数式計算をすると (付録を参照)，

$$J(x) \approx \frac{1}{2}\sum_{i=1}^{n} \mathrm{E}\{F^i(x)\}^2 \tag{5.42}$$

を得る．

この近似がたとえあまりよくない場合でも，x がガウス分布に従うとき式 (5.42) は最小値 0 をとる，という意味で矛盾がなく，式 (5.42) は非ガウス性の一つの規準になりうることに注意したい．これは，式 (5.40) で $k=0$ のとき $\mathrm{E}\{F^i(\nu)\}=0$ であることからわかる．

5.6.2 非多項式関数の選択

式 (5.36) で与えられる情報を規定する「測定」関数 F^i を選ぶことがまだ残っている．5.6.1 項で述べたように，実質的に任意の線形独立な関数の集合，これをたとえば G^i $(i=1,\ldots,m)$ とし，これに単項式 ξ^k $(k=0,1,2)$ を付け加えた集合にグラム＝シュミットの直交化を施すと，式 (5.39) の直交性の仮定を満足する F^i の集合が得られる．

この操作は一般的には，数値積分によってできる．関数 G^i を実際に選択する際には，次の規準を強調すべきである．

1. $\mathrm{E}\{G^i(x)\}$ の実際の推定が統計的に困難ではないこと．特に，この推定が外れ値に対して敏感すぎないこと．
2. 最大エントロピー法は式 (5.22) の関数 p_0 が可積分であることを仮定している．よって，そもそも最大エントロピー分布の存在を保証するために，$G^i(x)$ は $|x|$ の関数として 2 次関数よりも速く増加してはならない．それより速く増加すると，p_0 が非可積分となるかもしれないからである．

3. G^i はエントロピーの計算に関係してくるような X の分布の特質をとらえていなければならない．特に，もし密度分布 $p(\xi)$ が既知ならば，最適な関数 G^{opt} は明らかに $-\log p(\xi)$ である．それは，$-\mathrm{E}\{\log p(x)\}$ が直接エントロピーを与えるからである．これから考えると，G^i に既知の主要な分布の**対数密度**を使ってもよいだろう．

最初の二つの規準は $|x|$ の増加に対する関数 $G^i(x)$ の増加が速すぎない (2次関数よりも速くない) ことで満足される．これから，たとえば，グラム＝シャルリエおよびエッジワースの展開の中で使われるより高い次数の多項式は使えないことになる．その後，3番目の規準によって，最初の二つの条件をも満たすいくつかのよく知られた分布の対数密度を探せばよいことになる．例を次項で紹介する．

しかしながら，上記の規準は用いることができる関数の範囲を決めているだけであることに注意してほしい．ここでの枠組みの範囲内では，非常に異なる関数達 (あるいはたった一つの関数) を G^i として使うことが可能である．しかしながら，エントロピーを推定する分布に関して利用可能な事前情報がある場合，3番目の規準は最適な関数を選ぶ方法を示している．

5.6.3 簡単な例

式 (5.41) の簡単な一例として，G^1 として**奇関数**，G^2 として**偶関数**を選んだ場合を考える．このような二つの関数を組み合わせると，非ガウス的1次元分布の最も重要な二つの特徴を測ることができる．奇関数は分布の非対称性を測り，偶関数は分布の双峰性の強さ (中心にピークをもつ形に対して) を測る．後者は，優ガウス性に対する劣ガウス性の強さと密接な関係がある．古典的には，これらの特徴は，$G^1(x) = x^3$ と $G^2(x) = x^4$ に対応する歪度ならびに尖度によって測られてきたが，5.6.2項で述べた理由によりこれらの関数は用いない (実際にはこれらを用いると，式 (5.41) による近似は，式 (5.35) のグラム＝シャルリエ展開によるものと同じものになる)．

この特別な場合では，式 (5.42) による近似は，

$$J(x) \approx k_1 \left(\mathrm{E}\left\{G^1(x)\right\}\right)^2 + k_2 \left(\mathrm{E}\left\{G^2(x)\right\} - \mathrm{E}\left\{G^2(\nu)\right\}\right)^2 \tag{5.43}$$

と簡単化される．ここで，k_1 と k_2 は正の定数である (付録を参照)．5.6.2項の要求に適合する G^i の実用的な選択の例は，次のとおりである．はじめに，双峰性またはスパース性を測るために，5.6.2項での勧めに従って，ラプラス分布の対数密度

$$G^{2a}(x) = |x| \tag{5.44}$$

を使ってよいだろう．計算上の理由から，G^{2a} をより滑らかにしたものも使うことができる．別の選択はガウス関数であり，これは無限に厚みのある裾をもつ分布の対数密度と考えることができる．すなわち，

$$G^{2b}(x) = \exp\left(-x^2/2\right) \tag{5.45}$$

である（$x \to \infty$ のとき $\exp\{G^{2b}(x)\} \to 1$ である）．非対称性の計測のためには，根拠はどちらかというと発見的なものだが，外れ値に対して頑健で滑らかな次の関数

$$G^1(x) = x \exp\left(-x^2/2\right) \tag{5.46}$$

が使える．これらの例を用いて，式 (5.43) の二つの実用的な例を得ることができる．つまり，

$$J_a(x) = k_1 \left(\mathrm{E}\left\{x\exp\left(-x^2/2\right)\right\}\right)^2 + k_2^a \left(\mathrm{E}\{|x|\} - \sqrt{2/\pi}\right)^2 \tag{5.47}$$

と，

$$J_b(x) = k_1 \left(\mathrm{E}\left\{x\exp\left(-x^2/2\right)\right\}\right)^2 + k_2^b \left(\mathrm{E}\left\{\exp\left(-x^2/2\right)\right\} - \sqrt{1/2}\right)^2 \tag{5.48}$$

である．ここで，

$$k_1 = 36/\left(8\sqrt{3} - 9\right)$$
$$k_2^a = 1/(2 - 6/\pi)$$
$$k_2^b = 24/\left(16\sqrt{3} - 27\right)$$

である．これらネゲントロピーの $J_a(x)$ や $J_b(x)$ による近似は，5.5 節のグラム＝シャルリエ展開を使用し導出した近似の，より頑健でより正確な一般化であると考えられる．

一つの非 2 次関数だけを用いると，前述の近似の中の項の一つを省略することになり，さらに単純なネゲントロピーの近似を得ることができる．

5.6.4　近似の比較

ここでは，ネゲントロピーの近似方法によって正確さがどう変わるかを図で示そう．必要となる期待値には正確なものを用いたので，標本が有限であることによる影響は無視している．そのため，図示した結果は最大エントロピーの近似の，外れ値に対する頑健性は考慮されていない．いずれにしろこれは明白である．

はじめに，次のようなガウス分布の混合の密度関数の族を用いる．

$$p(\xi) = \mu\varphi(\xi) + (1-\mu)\,2\varphi(2(\xi-1)) \tag{5.49}$$

ここで，μ はパラメータで，$0 \leq \mu \leq 1$ の範囲のすべての値をとる．この族は，尖度が正負両方の密度と，非対称の密度を含む．結果を図 5.2 に示す．5.6.3 項で導入した J_a と J_b の双方の近似は，式 (5.35) のキュムラントをもとにした近似よりも正確に見える．

続いて，次式のような密度の指数関数族を考える．

$$p_\alpha(\xi) = C_1 \exp(-C_2|\xi|^\alpha) \tag{5.50}$$

ここで，α は正の定数，C_1, C_2 は，p_α を分散が 1 の確率密度にするための正規化の定数とする．α の値を変えると，この族の密度分布は異なる形を示す．$\alpha < 2$ に対しては，正の尖度(優ガウス性)の密度を得る．$\alpha = 2$ に対しては，ガウス密度分布を得，$\alpha > 2$ に対しては尖度は負になる．したがって，この族の確率密度関数は，いろいろな対称非ガウス密度の例として使用できる．図 5.3 に異なる方法によるこの族の分布関数 ($0.5 \leq \alpha \leq 3$) に対するネゲントロピーの近似を示す．使用される密度がすべて対称であるので，近似中の最初の項は無視した．ここでも，5.6.3 項で導入した J_a と J_b

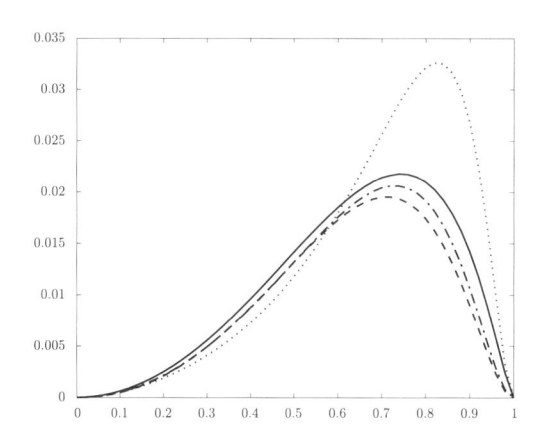

図 5.2 式 (5.49) の混合密度の族に対して異なる方法で近似したネゲントロピーを，そのパラメータ μ (横軸) を 0 から 1 まで変化させてプロットして比較したもの．実線: 真のネゲントロピー，点線: 式 (5.35) のようなキュムラントに基づく近似，破線: 式 (5.47) の J_a を用いた近似，一点鎖線: 式 (5.48) の J_b を用いた近似．二つの最大エントロピー近似は，キュムラントに基づくものより明らかによい．

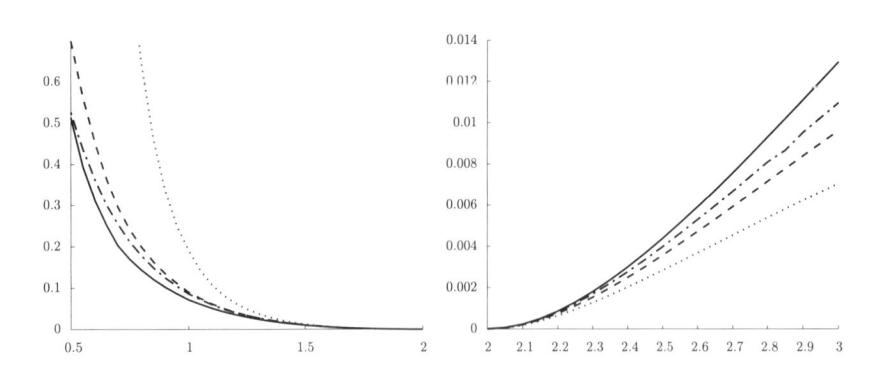

図 5.3 式 (5.50) の混合密度の族に対して異なる方法で近似したネゲントロピーを，そのパラメータ α (横軸) に対してプロットして比較したもの．左には尖度が正 $(0.5 \leq \alpha < 2)$ の密度の近似，右には尖度が負 $(2 < \alpha \leq 3)$ の密度の近似を示す．近似の種類と線の種類の対応はすべて図 5.2 と同様である．明らかに最大エントロピー近似の二つはキュムラントに基づく近似よりずっとよい．特に尖度は正の密度に対して差が顕著である．

の近似は，両方とも式 (5.35) のキュムラントをもとにした近似よりもかなり正確であることは明らかである．特に，確率密度が優ガウス的である場合，キュムラントをもとにした近似は非常に悪い．これはおそらく，それが分布の裾の部分を強調しすぎるためであろう．

5.7　結語と参考文献

本章の大部分は古典的といってよいであろう．情報理論に現れる基礎的な定義や証明は，たとえば [97, 353] で見ることができる．しかしエントロピーの近似の話はかなり最近のものである．キュムラントに基づく近似は [222] で提案されたが，これは [12, 89] で提案されたものとほぼ同一である．非多項式によるエントロピーの近似は [196] で導入されたが，これはたとえば [95] などの，射影追跡の一連の研究で提案された方法による非ガウス性の尺度と，密接な関連がある．

演習問題

1. 確率変数 X は例 5.1 (p.117) のように 2 値 a, b をとるとする.a をとる確率の関数としてエントロピーを求めよ.その確率が $1/2$ であるときにそれが最大となることを示せ.
2. 例 5.3 (p.118) の X のエントロピーを計算せよ.
3. x が密度関数
$$p_x(\xi) = \frac{1}{\sqrt{2}\sigma} \exp\left(-\frac{\sqrt{2}}{\sigma}|\xi|\right) \tag{5.51}$$
のラプラス分布に従うとする.微分エントロピーを求めよ.
4. 式 (5.15) を証明せよ.
5. 式 (5.25) を証明せよ.
6. カルバック=ライブラーのダイバージェンスを用いた相互情報量の定義は,エントロピーを用いた定義と同じであることを示せ.
7. 最初の三つのチェビシェフ=エルミート多項式を求めよ.
8. 式 (5.34) を証明せよ.式 (5.29) で示した直交性を利用せよ.特に,H_3 と H_4 は任意の 2 次多項式と直交することを用いる (これをまず証明せよ).さらに,高次キュムラント中の 3 次単項式を含むようなすべての式は,2 次の単項式のみを含む項と比較すると,より高位の無限小になる (密度関数がガウス密度に非常に近いという仮定により) ということを用いよ.

コンピュータ課題

平均 0 で分散が 1 の (1) 一様分布する確率変数と (2) ラプラス分布する確率変数を考える.数値積分によりそれらの微分エントロピーを求めよ.次に本章で示した多項式近似と非多項式近似による近似値を求めよ.両者を比較せよ.

付録 — 証明

まず式 (5.13) の詳しい証明を示す．式 (5.10) により，

$$\begin{aligned}
H(\mathbf{y}) &= -\int p_y(\boldsymbol{\eta}) \log p_y(\boldsymbol{\eta}) d\boldsymbol{\eta} \\
&= -\int p_x\left(\mathbf{f}^{-1}(\boldsymbol{\eta})\right) \left|\det J\mathbf{f}\left(\mathbf{f}^{-1}(\boldsymbol{\eta})\right)\right|^{-1} \\
&\quad \log\left[p_x\left(\mathbf{f}^{-1}(\boldsymbol{\eta})\right) \left|\det J\mathbf{f}\left(\mathbf{f}^{-1}(\boldsymbol{\eta})\right)\right|^{-1}\right] d\boldsymbol{\eta} \\
&= -\int p_x\left(\mathbf{f}^{-1}(\boldsymbol{\eta})\right) \log\left[p_x\left(\mathbf{f}^{-1}(\boldsymbol{\eta})\right)\right] \left|\det J\mathbf{f}\left(\mathbf{f}^{-1}(\boldsymbol{\eta})\right)\right|^{-1} d\boldsymbol{\eta} \\
&\quad -\int p_x\left(\mathbf{f}^{-1}(\boldsymbol{\eta})\right) \log\left[\left|\det J\mathbf{f}\left(\mathbf{f}^{-1}(\boldsymbol{\eta})\right)\right|^{-1}\right] \left|\det J\mathbf{f}\left(\mathbf{f}^{-1}(\boldsymbol{\eta})\right)\right|^{-1} d\boldsymbol{\eta}
\end{aligned} \tag{A.1}$$

を得る．次に積分変数の置換

$$\boldsymbol{\xi} = \mathbf{f}^{-1}(\boldsymbol{\eta}) \tag{A.2}$$

により，

$$\begin{aligned}
H(\mathbf{y}) &= -\int p_x(\boldsymbol{\xi}) \log[p_x(\boldsymbol{\xi})] |\det J\mathbf{f}(\boldsymbol{\xi})|^{-1} |\det J\mathbf{f}(\boldsymbol{\xi})| d\boldsymbol{\xi} \\
&\quad -\int p_x(\boldsymbol{\xi}) \log\left[|\det J\mathbf{f}(\boldsymbol{\xi})|^{-1}\right] |\det J\mathbf{f}(\boldsymbol{\xi})|^{-1} |\det J\mathbf{f}(\boldsymbol{\xi})| d\boldsymbol{\xi}
\end{aligned} \tag{A.3}$$

を得る．ここでヤコビ行列式は打ち消し合うので，

$$H(\mathbf{y}) = -\int p_x(\boldsymbol{\xi}) \log[p_x(\boldsymbol{\xi})] d\boldsymbol{\xi} + \int p_x(\boldsymbol{\xi}) \log|\det J\mathbf{f}(\boldsymbol{\xi})| d\boldsymbol{\xi} \tag{A.4}$$

を得る．

次はエントロピーの近似に関連した事項の証明である．まず式 (5.41) を証明する．ガウス分布に近いという仮定より，$p_0(\xi)$ を

$$p_0(\xi) = A \exp\left(-\xi^2/2 + a_{n+1}\xi + (a_{n+2} + 1/2)\xi^2 + \sum_{i=1}^{n} a_i G^i(\xi)\right) \tag{A.5}$$

という形に書くことができる．この指数関数の中身では，第 2 項以下は第 1 項に比較して非常に小さい．そこで 1 次近似 $\exp(\epsilon) \approx 1 + \epsilon$ を用いることにより，

$$p_0(\xi) \approx \tilde{A}\varphi(\xi)\left(1 + a_{n+1}\xi + (a_{n+2} + 1/2)\xi^2 + \sum_{i=1}^{n} a_i G^i(\xi)\right) \tag{A.6}$$

を得る．ここで $\varphi(\xi) = (2\pi)^{-1/2} \exp\left(-\xi^2/2\right)$ は標準ガウス密度で，$\tilde{A} = \sqrt{2\pi}A$ である．式 (5.39) の直交性の制約より，$\tilde{A}$ と a_i を求める方程式は線形になり，ほぼ対角化されている．

$$\int p_0(\xi)\,d\xi = \tilde{A}\left(1 + (a_{n+2} + 1/2)\right) = 1 \tag{A.7}$$

$$\int p_0(\xi)\xi\,d\xi = \tilde{A}a_{n+1} = 0 \tag{A.8}$$

$$\int p_0(\xi)\xi^2\,d\xi = \tilde{A}\left(1 + 3(a_{n+2} + 1/2)\right) = 1 \tag{A.9}$$

$$\int p_0(\xi)G^i(\xi)\,d\xi = \tilde{A}a_i = c_i, \quad i = 1,\ldots,n \tag{A.10}$$

これらは容易に解けて $\tilde{A} = 1, a_{n+1} = 0,\ a_{n+2} = -1/2,\ a_i = c_i\ (i = 1,\ldots,n)$ を得る．これから式 (5.41) を得る．

次に式 (5.42) を証明する．テイラー展開 $(1+\epsilon)\log(1+\epsilon) = \epsilon + \epsilon^2/2 + o(\epsilon^2)$ を使うと，式 (5.39) の直交関係から，

$$-\int \hat{p}(\xi)\log \hat{p}(\xi)\,d\xi \tag{A.11}$$

$$= -\int \varphi(\xi)\left(1 + \sum c_i G^i(\xi)\right)\left(\log\left(1 + \sum c_i G^i(\xi)\right) + \log\varphi(\xi)\right)d\xi \tag{A.12}$$

$$= -\int \varphi(\xi)\log\varphi(\xi) - \int \varphi(\xi)\sum c_i G^i(\xi)\log\varphi(\xi) \tag{A.13}$$

$$- \int \varphi(\xi)\left[\sum c_i G^i(\xi) + \frac{1}{2}\left(\sum c_i G^i(\xi)\right)^2 + o\left(\left(\sum c_i G^i(\xi)\right)^2\right)\right] \tag{A.14}$$

$$= H(\nu) - 0 - 0 - \frac{1}{2}\sum c_i^2 + o\left(\left(\sum c_i\right)^2\right) \tag{A.15}$$

を得る．

最後に式 (5.43)，式 (5.47)，式 (5.48) を証明する．まず，二つの関数 G^1 と G^2 を式 (5.39) によって正規直交化する必要がある．そのためには，定数 $\beta_1, \delta_1, \alpha_2, \gamma_2, \delta_2$ を適当に決めて，関数 $F^1(x) = \left(G^1(x) + \beta_1 x\right)/\delta_1$ と $F^2(x) = \left(G^2(x) + \alpha_2 x^2 + \gamma_2\right)/\delta_2$ が任意の 2 次多項式と式 (5.39) の意味で直交し，φ によって決まるノルムが 1 になるようにすれば十分である．実は，以下で示されるように，この変形により G^1 は奇関数，G^2 は偶関数となるので，G^i 達は自動的に互いに直交している．そこでまず以下の方程式を解く．

$$\int \varphi(\xi)\,\xi\left(G^1(\xi)+\beta_1\xi\right)d\xi = 0 \tag{A.16}$$

$$\int \varphi(\xi)\,\xi^k\left(G^2(\xi)+\alpha_2\xi^2+\gamma_2\right)d\xi = 0, \quad k=0,2 \tag{A.17}$$

これは直ちに解けて，

$$\beta_1 = -\int \varphi(\xi)\,G^1(\xi)\,\xi d\xi \tag{A.18}$$

$$\alpha_2 = \frac{1}{2}\left(\int \varphi(\xi)\,G^2(\xi)\,d\xi - \int \varphi(\xi)\,G^2(\xi)\,\xi^2 d\xi\right) \tag{A.19}$$

$$\gamma_2 = \frac{1}{2}\left(\int \varphi(\xi)\,G^2(\xi)\,\xi^2 d\xi - 3\int \varphi(\xi)\,G^2(\xi)\,d\xi\right) \tag{A.20}$$

を得る．次に標準化と $\int \varphi(\xi)\left(G^2(\xi)+\alpha_2\xi^2+\gamma_2\right)d\xi = 0$ により，

$$c_i = \mathrm{E}\left\{F^i(x)\right\} = \left[\mathrm{E}\left\{G^i(x)\right\} - \mathrm{E}\left\{G^i(\nu)\right\}\right]/\delta_i \tag{A.21}$$

がわかる．これは $k_i^2 = 1/(2\delta_i^2)$ としたときの式 (5.43) を意味している．したがって各関数に対する δ_i を決めさえすればよい．二つの方程式

$$\int \varphi(\xi)\left(G^1(\xi)+\beta_1\xi\right)^2/\delta_1 d\xi = 1 \tag{A.22}$$

$$\int \varphi(\xi)\left(G^2(\xi)+\alpha_2\xi^2+\gamma_2\right)^2/\delta_2 d\xi = 1 \tag{A.23}$$

を解く．これから少し面倒な計算の後に，

$$\delta_1^2 = \int \varphi(\xi)\,G^1(\xi)^2\,d\xi - \left(\int \varphi(\xi)\,G^1(\xi)\,\xi\,d\xi\right)^2 \tag{A.24}$$

$$\delta_2^2 = \int \varphi(\xi)\,G^2(\xi)^2\,d\xi - \left(\int \varphi(\xi)\,G^2(\xi)\,d\xi\right)^2$$

$$\qquad - \frac{1}{2}\left(\int \varphi(\xi)\,G^2(\xi)\,d\xi - \int \varphi(\xi)\,G^2(\xi)\,\xi^2 d\xi\right)^2 \tag{A.25}$$

が得られる．与えられた関数 G^i に対して δ_i を評価すると，関係 $k_i^2 = 1/(2\delta_i^2)$ により式 (5.47) と式 (5.48) が得られる．

第 6 章

主成分分析と白色化

　主成分分析 (PCA: Principal Component Analysis) およびそれと密接な関係のあるカルーネン＝レーベ変換，またはホテリング変換は，Pearson [364] の初期の研究から派生したもので，統計的データ解析や特徴抽出ならびにデータ圧縮の古典的な方法である．多変量の測定値のデータが与えられたとき，冗長度を減らしてより少数の変量で，データをできるだけ完全に表現するには，どのような変量を用いたらよいかを決定するのが，この方法の目的である．この目標と独立成分分析 (ICA) の目標とは関係がある．しかしながら，PCA では冗長度をデータの要素間の相関によって測るのに対し，ICA ではずっと豊かな概念であるデータ要素間の独立性を用いる．また ICA では，変量の数を減らすことにはそれほど重きを置かない．PCA は相関のみを用いるので，2次統計量だけを用いればよいという点は有利である．ICA との関係についていえば，PCA は前処理の方法として有用である．

　PCA の基本的な問題について本章で概略を述べる．PCA の解を求めるための閉じた形の方法と，オンライン学習アルゴリズムの両方について述べる．次に，これに関連した線形の統計的手法である因子分析について考える．本章の最後では，ICA の前処理として非常に有用である白色化によって，1次および2次統計量の影響を除去する方法について述べる．

6.1　主成分

　PCA の出発点は n 個の要素をもつ確率ベクトル $\mathbf{x}$ である．この確率ベクトルの標本 $\mathbf{x}(1),\ldots,\mathbf{x}(T)$ が与えられているとする．PCA においては，この確率ベクトルの確率分布に関して何ら仮定しない．ただし1次および2次の統計量は既知であるか，または標本から推定できるとする．また $\mathbf{x}$ の生成モデルも何ら仮定しない．たとえば $\mathbf{x}$ は，その要素が各時点における画素の輝度を表すものかもしれない．PCA において

は，要素間の相関による $\mathbf{x}$ の冗長性が本質的であり，そのため圧縮が可能となるのである．もし要素が独立であれば PCA によって得られるものは何もない．

PCA 変換では，まずベクトル $\mathbf{x}$ からその平均を引いて中心化する．

$$\mathbf{x} \leftarrow \mathbf{x} - \mathrm{E}\{\mathbf{x}\}$$

現実には，平均は得られた標本 $\mathbf{x}(1),\ldots,\mathbf{x}(T)$ から推定される(第 4 章を参照)．以下では，データの中心化は済んでいて，したがって $\mathrm{E}\{\mathbf{x}\} = \mathbf{0}$ であると仮定する．次の段階では $\mathbf{x}$ を m 個 ($m < n$) の要素をもつようなベクトル $\mathbf{y}$ に線形変換し，相関によって生じている冗長性を取り除く．そのため，直交座標系を回転し，$\mathbf{x}$ の新しい座標成分が互いに無相関になるようにする．同時に，$\mathbf{x}$ の各座標軸への射影の分散を最大化し，第 1 の軸が分散が最大の軸となり，第 2 の軸は第 1 の軸と直交する空間の中で，分散を最大とする軸であるようにする．これを次々と繰り返していく．

たとえば $\mathbf{x}$ がガウス分布に従い，その密度関数は n 次元空間内の楕円体の表面で一定値をとるとすれば，回転した座標系はこの楕円体の主軸と一致する．第 2 章の図 2.7 (p.37) は 2 次元の場合の例を示している．この場合，主成分はデータの点の二つの主軸 $\mathbf{e}_1$ と $\mathbf{e}_2$ への射影である．各成分が無相関になるのに加え，多くの応用例において，各成分 (射影) の分散は非常に異なっていて，かなりの数の成分は，捨て去れるほどその分散が小さい．こうして残った成分がベクトル $\mathbf{y}$ を構成する．

詳しくは第 21 章で見るのであるが，例として，ディジタル画像から 8×8 の画素の窓のデータを集めたものを考えてみよう．それらはまず 1 行ずつ走査され，輝度を表す 64 個の要素からなるベクトル $\mathbf{x}$ に変換される．ディジタルビデオ信号の伝送の際には，全体のデータ量が非常に大きいので，画像の品質をあまり落とさずにデータ量をできるだけ減らすことが重要である．PCA を用いて $\mathbf{x}$ を圧縮した $\mathbf{y}$ を得て，記憶したり伝送したりできる．$\mathbf{y}$ としてたった 10 個の要素のベクトルから，もともとの 8×8 の画像の窓のよいレプリカが再構成できることも，珍しいことではない．このような圧縮が可能なのは，$\mathbf{x}$ の隣り合っている要素は，ディジタル画像の隣り合った画素の輝度であり，それらは非常に高い相関を示すからである．PCA はこのような相関を用いて，ほとんど情報量を減らさずに，ずっと小さな次元のベクトル $\mathbf{y}$ を作ることができるのである．PCA は線形操作であるから $\mathbf{x}$ から $\mathbf{y}$ を計算するのは困難ではなく，実時間処理も可能である．

6.1.1　分散の最大化による PCA

数学的には $\mathbf{x}$ の要素 $x_1,\ldots,x_n$ の線形結合であるが，

$$y_1 = \sum_{k=1}^{n} w_{k1} x_k = \mathbf{w}_1^T \mathbf{x}$$

を考える．n 次元ベクトル $\mathbf{w}_1$ の要素 $w_{11},\ldots,w_{n1}$ はスカラーの係数で荷重と呼ばれる．$\mathbf{w}_1^T$ は $\mathbf{w}_1$ の転置を表す．

y_1 の分散が最大であるとき，y_1 を $\mathbf{x}$ の第 1 主成分と呼ぶ．分散は荷重ベクトル $\mathbf{w}_1$ のノルムと方向に依存し，ノルムが増加すればいくらでも大きくなるから，$\mathbf{w}_1$ のノルムは通常 1 に固定するという制約を設ける．したがって，我々は PCA 規準

$$J_1^{PCA}(\mathbf{w}_1) = \mathrm{E}\{y_1^2\} = \mathrm{E}\left\{\left(\mathbf{w}_1^T \mathbf{x}\right)^2\right\} = \mathbf{w}_1^T \mathrm{E}\{\mathbf{x}\mathbf{x}^T\}\mathbf{w}_1 = \mathbf{w}_1^T \mathbf{C_x} \mathbf{w}_1 \quad (6.1)$$

を，

$$\|\mathbf{w}_1\| = 1 \quad (6.2)$$

という制約の下で最大化する加重ベクトル $\mathbf{w}_1$ を探すことになる．ここで $\mathrm{E}\{.\}$ は入力ベクトル $\mathbf{x}$ の (未知の) 密度についての期待値を表し，$\mathbf{w}_1$ のノルムとしては通常のユークリッドノルム

$$\|\mathbf{w}_1\| = \left(\mathbf{w}_1^T \mathbf{w}_1\right)^{1/2} = \left[\sum_{k=1}^{n} w_{k1}^2\right]^{1/2}$$

を用いる．式 (6.1) の $n \times n$ 行列 $\mathbf{C_x}$ は $\mathbf{x}$ の共分散行列 (第 4 章を参照) で，$\mathbf{x}$ が平均 0 のベクトルであるとき，相関行列

$$\mathbf{C_x} = \mathrm{E}\{\mathbf{x}\mathbf{x}^T\} \quad (6.3)$$

で与えられる．線形代数の基礎 (たとえば [324, 112] を参照) でよく知られているように，PCA 問題の解は行列 $\mathbf{C_x}$ の単位長の固有ベクトル $\mathbf{e}_1,\ldots,\mathbf{e}_n$ を用いて表すことができる．固有ベクトルの順番は，対応する固有値 $d_1,\ldots,d_n$ が $d_1 \geq d_2 \geq \cdots \geq d_n$ を満たすようなものとする．式 (6.1) を最大化する解は

$$\mathbf{w}_1 = \mathbf{e}_1$$

で与えられる．そこで $\mathbf{x}$ の第 1 主成分は $y_1 = \mathbf{e}_1^T \mathbf{x}$ である．

式 (6.1) で与えた規準 J_1^{PCA} は 1 と n との間の任意の m に対して，m 個の主成分へ一般化できる．m 番目 ($1 \leq m \leq n$) の主成分を $y_m = \mathbf{w}_m^T \mathbf{x}$ と書くことにする．ここで

$\mathbf{w}_m$ は対応するノルム 1 の荷重ベクトルである．y_m がそれ以前の主成分のすべてと無相関，すなわち，

$$\mathrm{E}\{y_m y_k\} = 0, \quad k < m \tag{6.4}$$

という制約の下で y_m の分散を最大化する．主成分 y_m は平均 0 である．なぜならば，

$$\mathrm{E}\{y_m\} = \mathbf{w}_m^T \mathrm{E}\{\mathbf{x}\} = 0$$

だからである．条件 (6.4) は，

$$\mathrm{E}\{y_m y_k\} = \mathrm{E}\left\{\left(\mathbf{w}_m^T \mathbf{x}\right)\left(\mathbf{w}_k^T \mathbf{x}\right)\right\} = \mathbf{w}_m^T \mathbf{C}_{\mathbf{x}} \mathbf{w}_k = 0 \tag{6.5}$$

となる．$\mathbf{w}_1 = \mathbf{e}_1$ であることをすでに知っているのだから，第 2 主成分に対する条件は，

$$\mathbf{w}_2^T \mathbf{C} \mathbf{w}_1 = d_1 \mathbf{w}_2^T \mathbf{e}_1 = 0 \tag{6.6}$$

となる．したがって $\mathbf{C}_{\mathbf{x}}$ の第 1 の固有ベクトルに直交する部分空間の中で，分散 $\mathrm{E}\{y_2^2\} = \mathrm{E}\left\{\left(\mathbf{w}_2^T \mathbf{x}\right)^2\right\}$ を最大化するようなものを探すことになる．その解は，実は

$$\mathbf{w}_2 = \mathbf{e}_2$$

で与えられる．同様に再帰的に，

$$\mathbf{w}_k = \mathbf{e}_k$$

が求まる．そこで第 k 主成分は $y_k = \mathbf{e}_k^T \mathbf{x}$ となる．

主成分ベクトルが正規直交系である，すなわち $\mathbf{w}_i^T \mathbf{w}_j = \delta_{ij}$ という制約の下で y_i の分散を最大化しても，まったく同じ $\mathbf{w}_i$ が求まる．これは演習問題としよう．

6.1.2　最小平均 2 乗誤差からの導出

前項で，荷重が正規化され主成分が互いに無相関であるという条件の下で，極大の分散をもつ $\mathbf{x}$ の要素の荷重和として主成分を定義した．この定義は，平均 2 乗誤差を最小にする $\mathbf{x}$ の圧縮の考え方と，実は強い関連がある．だから，この考え方で PCA の問題を定式化することもできる．m 個のベクトルからなる正規直交系は m 次元部分空間を張る基底であるが，そのようなもので，$\mathbf{x}$ と $\mathbf{x}$ のその部分空間への射影との間の平均 2 乗誤差を最小にするようなものを探そう．基底ベクトルを再び $\mathbf{w}_1, \ldots, \mathbf{w}_m$ と表し，

$$\mathbf{w}_i^T \mathbf{w}_j = \delta_{ij}$$

と仮定する．これらのベクトルで張られる部分空間への $\mathbf{x}$ の射影は $\sum_{i=1}^{m} \left(\mathbf{w}_i^T \mathbf{x} \right) \mathbf{w}_i$ である．正規直交基底 $\mathbf{w}_1, \ldots, \mathbf{w}_m$ によって最小化したい平均2乗誤差 (MSE) 規準は，

$$J_{MSE}^{PCA} = \mathrm{E} \left\{ \left\| \mathbf{x} - \sum_{i=1}^{m} \left(\mathbf{w}_i^T \mathbf{x} \right) \mathbf{w}_i \right\|^2 \right\} \tag{6.7}$$

となる．ベクトル $\mathbf{w}_i$ の正規直交性から，この規準はさらに次のように容易に書き直される (演習問題を参照)．

$$J_{MSE}^{PCA} = \mathrm{E} \left\{ \|\mathbf{x}\|^2 \right\} - \mathrm{E} \left\{ \sum_{j=1}^{m} \left(\mathbf{w}_j^T \mathbf{x} \right)^2 \right\} \tag{6.8}$$

$$= \mathrm{tr} \left(\mathbf{C_x} \right) - \sum_{j=1}^{m} \mathbf{w}_j^T \mathbf{C_x} \mathbf{w}_j \tag{6.9}$$

$\mathbf{w}_i$ に対する正規直交性の制約の下での式 (6.9) の最小化の解は，$\mathbf{C_x}$ の m 個の最初の固有ベクトル $\mathbf{e}_1, \ldots, \mathbf{e}_m$ によって張られる PCA 部分空間の，任意の正規直交基底で与えられることが示される (たとえば [112])．しかしながら，この規準はその部分空間の基底を決定しない．その部分空間のどの基底も，まったく同じ最適なデータ圧縮を与える．この曖昧性は不利に見えるかもしれないが，一方で，何らかの別の規準に対しては，PCA 部分空間の基底の中で，より望ましい基底もありうる．独立成分分析は PCA が有用な前処理となる方法の代表例であり，ベクトル $\mathbf{x}$ を最初の m 個の固有ベクトルによって表しておけば，うまく回転することによってはるかに有用な独立成分が現れるのである．

さらに，式 (6.7) の最小平均2乗誤差の値は，

$$J_{MSE}^{PCA} = \sum_{i=m+1}^{n} d_i \tag{6.10}$$

であることも示される [112]．これは，捨てられた固有ベクトル $\mathbf{e}_{m+1}, \ldots, \mathbf{e}_n$ に対応する固有値の和である．

正規直交性の制約を変えて，

$$\mathbf{w}_j^T \mathbf{w}_k = \omega_k \delta_{jk} \tag{6.11}$$

とする．ここで ω_k 達は正で互いに異なる定数である．このとき最小平均2乗誤差問題は唯一解をもち，それらは重みづけされた固有ベクトルで与えられる [333]．

6.1.3 主成分の数の決定

主成分の基底ベクトル $\mathbf{w}_i$ が $\mathbf{C_x}$ の固有ベクトル $\mathbf{e}_i$ であるという結果から，

$$\mathrm{E}\left\{y_m^2\right\} = \mathrm{E}\left\{\mathbf{e}_m^T \mathbf{x}\mathbf{x}^T \mathbf{e}_m\right\} = \mathbf{e}_m^T \mathbf{C_x} \mathbf{e}_m = d_m \tag{6.12}$$

が従う．すなわち，主成分の分散は $\mathbf{C_x}$ の固有値そのものである．主成分の平均は 0 だから，固有値 d_m が小さければ（分散が小さければ），対応する主成分 y_m のとる値は，大部分が 0 に近いものとなることに注意しよう．

PCA の一つの重要な用途はデータ圧縮である．もともとのデータ（平均を引いて中心化は済んでいるとする）の中のベクトル $\mathbf{x}$ 達は，PCA 展開を途中で打ち切った，

$$\hat{\mathbf{x}} = \sum_{i=1}^{m} y_i \mathbf{e}_i \tag{6.13}$$

で近似される．そのとき式 (6.10) より平均 2 乗誤差 $\mathrm{E}\{\|\mathbf{x}-\hat{\mathbf{x}}\|^2\}$ は，$\sum_{i=m+1}^{n} d_i$ となることがわかる．固有値はすべて正だから，式 (6.13) で項の数を増やせば増やすほど誤差は減っていき，$m = n$ のとき，すなわちすべての主成分が含まれるときに誤差は 0 となる．式 (6.13) で m をいくつにするかということは，重要な現実的問題である．誤差の大きさと，展開に必要なデータの量を天秤にかけることになる．時には主成分の数が非常に少なくてすむ場合もある．

|例 6.1| ディジタル画像処理において，通常データ量は非常に多く，記録や伝送ならびに特徴抽出などのためには，データ圧縮が必要である．PCA は簡単で効率的な方法である．図 6.1 には 10 個の手書きの数字の絵が，32×32 の 2 値画像として示されている（左列）．これを行ごとに走査すると 1024 次元のベクトルとして表される．これら 10 個の文字のそれぞれについて，約 1700 の手書きの標本が集められ，標本平均と共分散行列が標準的な推定法で求められた．各共分散行列は 1024×1024 の行列である．各クラス（各文字）について，最初の 64 個の主成分ベクトルが共分散行列の固有ベクトルとして求められた．図 6.1 の 2 列目には標本平均が示され，他の列は異なる m の値に対する，式 (6.13) による復元を示している．復元画像には，画像を見やすい明るさにするために，標本平均を再び加算している．1024 個の主成分のうち比較的少数のものによって，かなりよく見える復元が得られることを見ていただきたい．

固有値がわかっているときには，条件 (6.12) を用いてあらかじめ使う主成分の数 m を決められることもよくある．現実世界の測定データにおいては，共分散行列の固有値列 $d_1, d_2, \ldots, d_n$ は急激に減少することが多いので，ある限界を設け，それ以下の固

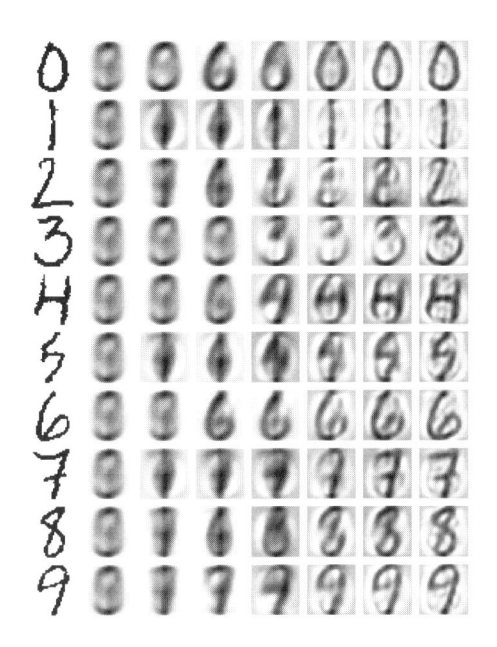

図 6.1 第 1 列: 32×32 の格子上のディジタル画像．第 2 列: 標本の平均値．その他の列: PCA による復元像で，展開で用いられた主成分の数は左から 1, 2, 5, 16, 32, 64.

有値に対応する主成分を，無視できるほど小さいものと考えることができる．これによって用いるべき主成分の数を決定できる．

この閾値は，ベクトル $\mathbf{x}$ に関する既知の情報によって決められる場合もよくある．たとえば，$\mathbf{x}$ が信号と雑音を含むモデル

$$\mathbf{x} = \sum_{i=1}^{m} \mathbf{a}_i s_i + \mathbf{n} \tag{6.14}$$

で作られるとしよう．ここで $m < n$ とする．$\mathbf{a}_i$ はある定数ベクトルで，係数 s_i は平均 0 で互いに無相関な確率変数である．各信号 s_i の分散をベクトル $\mathbf{a}_i$ に含めれば，s_i の分散は 1 だとしてかまわない．$\mathbf{n}$ は白色雑音で $\mathrm{E}\left\{\mathbf{n}\mathbf{n}^T\right\} = \sigma^2 \mathbf{I}$ である．すると $\mathbf{a}_i$ 達は信号部分空間と呼ぶ部分空間を張るが，この空間の次元は $\mathbf{x}$ による空間全体の次元より小さい．信号空間と直交する空間は雑音のみによって張られており，雑音部分空間と呼ばれる．

この場合には $\mathbf{x}$ の共分散行列は，

$$\mathbf{C_x} = \sum_{i=1}^{m} \mathbf{a}_i \mathbf{a}_i^T + \sigma^2 \mathbf{I} \tag{6.15}$$

という特別な形をしていることが容易に示される (演習問題を参照)．この固有値は行列 $\sum_{i=1}^{m} \mathbf{a}_i \mathbf{a}_i^T$ の固有値に定数 σ^2 を加えたものである．しかし行列 $\sum_{i=1}^{m} \mathbf{a}_i \mathbf{a}_i^T$ は高々 m 個の 0 でない固有値をもち，これらが信号部分空間を張る固有ベクトルに対応している．$\mathbf{C_x}$ の固有値を計算すると，最初の m 個は減少列を作り，残りは小さな定数 σ^2 となる．すなわち，

$$d_1 > d_2 > \cdots > d_m > d_{m+1} = d_{m+2} = \cdots = d_n = \sigma^2$$

である．普通，固有値が一定になるところを見つけることができ，そこを m として閾値を決めてやれば，雑音に対応する固有値と固有ベクトルが除去されることとなる．残るのは信号の部分だけとなる．

この問題に対するもっときちんとした扱いは [453] にある．[231] も参照されたい．それらには，二つのよく知られたモデルのための情報理論的な規準が与えられている．一つは赤池の情報量規準 (AIC: Akaike's Information Criterion) で，もう一つは最小記述長 (MDL: Minimum Description Length) 規準であり，信号部分空間の次元の関数として与えられる．それらは標本 $\mathbf{x}(1),\ldots,\mathbf{x}(T)$ の長さ T と行列 $\mathbf{C_x}$ の固有値 $d_1,\ldots,d_n$ に依存する．これらを最小にする m はそのよい推定となる．

6.1.4 PCA の閉じた解法

前にあげた PCA の基底ベクトルを求めるための $\mathbf{w}_i = \mathbf{e}_i$ による閉じた計算法を用いるためには，共分散行列 $\mathbf{C_x}$ が求まっている必要がある．伝統的な PCA の方法では，ベクトル $\mathbf{x}$ の十分大きい標本があり，平均や共分散行列 $\mathbf{C_x}$ が標準的な方法 (第 4 章を参照) で推定できる，ということになっている．$\mathbf{C_x}$ の固有値と固有ベクトルを求める問題の解が $\mathbf{e}_i$ の推定を与える．固有ベクトルを求めるために，いくつかの効率的な数値解法が開発されている．たとえば QR アルゴリズムとその変形 [112, 153, 320] がある．

しかしながら，標準的な方法でいつでも固有ベクトルが求まるとは限らない．画像や音声の符号化のようなオンラインのデータ圧縮においては，データの標本 $\mathbf{x}(t)$ は高速で次々と入力されるので，一度だけ共分散行列を推定し固有値問題を解いて終わり，というわけにはいかない場合もある．一つの理由は計算量の問題である．固有値問題は次元数 n が大きく標本化速度が速いときには，計算量が大量になる．もう一つ

の理由は，$\mathbf{x}$ の標本列の統計的な揺らぎによって共分散行列 $\mathbf{C_x}$ が定常ではなく，その推定を少しずつ更新しなければならない場合があることである．したがって，PCA はしばしば離散コサイン変換 [154] のような，非適応的で準最適な変換に置き換えられる．

6.2　オンライン学習による PCA

前述の最大化問題のための他の方法として，勾配アルゴリズムや，あるいは他のオンラインアルゴリズムを導くことができる．これらのアルゴリズムは問題の解，すなわち固有ベクトルに収束する．これらの方法の利点は，アルゴリズムがオンラインで動作し，各ベクトル $\mathbf{x}(t)$ を入力されると同時に使い，共分散行列をまったく計算せずに固有ベクトルの推定を更新していくことである．この考え方は PCA ニューラルネットワークの学習則のもとになっている．

ニューラルネットワークは，PCA 展開計算のための，並列でオンライン式の斬新な方法を提供する．PCA ネットワーク [326] は，図 6.2 に示されるような，線形の人工ニューロン (神経素子) の並列の単一層でできている．i 番目 $(i = 1, \ldots, m)$ のニューロンの出力 y_i は，$\mathbf{x}$ をネットワークの n 次元入力ベクトル，$\mathbf{w}_i$ を i 番目のニューロンへの荷重ベクトルとするとき，$y_i = \mathbf{w}_i^T \mathbf{x}$ である．素子数 m は，このネットワークで求める主成分の数である．典型的な入力を想定して m を前もって決められることもあるし，すべての主成分が必要で m を n と等しくすることもある．

PCA ネットワークによる主成分の学習は，教師なし学習則によっており，それは

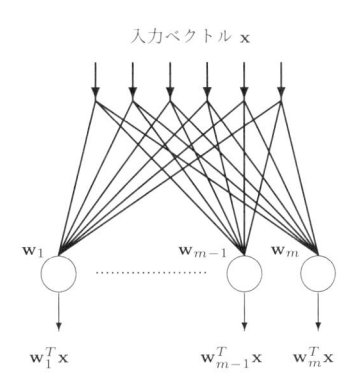

図 6.2　基本的な線形 PCA 層．

荷重ベクトル達が正規直交になり，理論的な解である固有ベクトルに近づくまで，荷重ベクトルを徐々に更新するものである．ネットワークは入力の統計的性質が一定ではない場合にも，最適性を維持しながら，入力データの統計的性質を追跡する能力をもつ．処理が並列的であることと，入力データに対する適応性から，このような学習アルゴリズムを実装したニューラルネットワークは，特徴検出およびデータ圧縮に使える能力がある．

ICA においては，混合変数を無相関化することが有用な事前処理であるので，これらの学習則はオンライン ICA と関連して使用できる．

6.2.1 確率的最急勾配法

この学習則では，y_1^2 の $\mathbf{w}_1$ に関する勾配を使い，正規化の条件 $\|\mathbf{w}_1\| = 1$ を考慮に入れる．この学習則は，$y_1(t) = \mathbf{w}_1(t)^T \mathbf{x}(t)$ として，

$$\mathbf{w}_1(t+1) = \mathbf{w}_1(t) + \gamma(t) \left[y_1(t) \mathbf{x}(t) - y_1^2(t) \mathbf{w}_1(t) \right]$$

である．これは，訓練集合 $\mathbf{x}(1), \mathbf{x}(2), \ldots$ にわたって反復される．パラメータ $\gamma(t)$ は収束の速さを制御する学習係数である．

この章では第 3 章で導入した省略形を用い，この学習則を

$$\Delta \mathbf{w}_1 = \gamma \left(y_1 \mathbf{x} - y_1^2 \mathbf{w}_1 \right) \tag{6.16}$$

と書く．確率的勾配法の名前は，分散 $\mathrm{E}\{y_1^2\}$ の勾配ではなく，各時点における確率的な値 y_1^2 の勾配を使うことから来ている．この方法では，バッチ方式とは対照的に，入力ベクトルが来るたびに勾配は毎回更新される．数学的には，これは確率的近似の型のアルゴリズムである (詳しくは第 3 章を参照)．収束するためには，学習の過程で適切な速さで学習係数が減少することが必要である．統計的性質が一定ではない場合に追跡するには，学習係数は常に小さな定数にしておく．この学習則の導出と，その収束性に関する数学的な詳細については，[323, 324, 330] を参照されたい．アルゴリズム (6.16) は，文献ではしばしばオヤ (Oja) の学習則と呼ばれる．

同様に，荷重ベクトル $\mathbf{w}_j$ に関する y_j^2 の勾配と正規化と直交性の制約を用いて，学習則

$$\Delta \mathbf{w}_j = \gamma y_j \left[\mathbf{x} - y_j \mathbf{w}_j - 2 \sum_{i<j} y_i \mathbf{w}_i \right] \tag{6.17}$$

を得る．右辺の項 $y_j \mathbf{x}$ はヘッブ項と呼ばれ，j 番目のニューロンの出力 y_j と入力 $\mathbf{x}$ の積である．その他の項は陰に直交性の制約となっている．$j = 1$ の場合，基本の

PCA ニューロンの 1 個の学習則 (6.16) となる．ベクトル $\mathbf{w}_1, \ldots, \mathbf{w}_m$ の固有ベクトル $\mathbf{e}_1, \ldots, \mathbf{e}_m$ への収束は [324, 330] で証明された．後に Sanger は，一般化ヘッブアルゴリズム (GHA: Generalized Hebbian Algorithm) と呼ばれる修正版を示し [391]，画像の符号化，テクスチャの分割，さらに大脳皮質における受容野の発達にこれを適用した．

6.2.2 部分空間学習アルゴリズム

次のアルゴリズム，

$$\Delta \mathbf{w}_j = \gamma y_j \left[\mathbf{x} - \sum_{i=1}^{m} y_i \mathbf{w}_i \right] \tag{6.18}$$

は，$\sum_{j=1}^{m} \left(\mathbf{w}_j^T \mathbf{x} \right)^2$ の勾配の制約条件つき最大化から得られ，その平均が規準 (6.9) を与える．このアルゴリズムは，その構造の規則性から，単純な行列の形式で表すことができる．ここで，$\mathbf{W} = (\mathbf{w}_1 \ldots \mathbf{w}_m)^T$ は，その行が荷重ベクトル $\mathbf{w}_j$ である $m \times n$ の行列である．行列の形式で表した更新則，

$$\Delta \mathbf{W} = \gamma \left[\mathbf{W} \mathbf{x} \mathbf{x}^T - \left(\mathbf{W} \mathbf{x} \mathbf{x}^T \mathbf{W}^T \right) \mathbf{W} \right] \tag{6.19}$$

が得られる．

式 (6.18) のネットワークとしての実装は，確率的最急勾配法アルゴリズムのそれに似ているが，それよりもまだ簡単である．それは，正規化のための各素子へのフィードバックの項 (式 (6.18) の右辺の和の) が，それ以外のすべての荷重ベクトル達に依存しており，すべての素子についてこの項が共通であるためである．その収束性は Williams が研究したが [458]，彼は，6.1.2 項の最小平均 2 乗規準との類似性を使って，荷重ベクトル $\mathbf{w}_1, \ldots, \mathbf{w}_m$ は固有ベクトル $\mathbf{e}_1, \ldots, \mathbf{e}_m$ には近づかないで，それらを回転したものであるが，それらによって張られる部分空間内の基底に近づくだけであることを示した．このため，この学習則は部分空間アルゴリズムと呼ばれる．大局的収束の解析は [465, 75] で行われた．

部分空間アルゴリズム (6.18) の変形として，重みつき部分空間アルゴリズムがある．これは，

$$\Delta \mathbf{w}_j = \gamma y_j \left[\mathbf{x} - \theta_j \sum_{i=1}^{m} y_i \mathbf{w}_i \right] \tag{6.20}$$

で表される．式 (6.20) のアルゴリズムはスカラーパラメータ $\theta_1, \ldots, \theta_m$ を除いて式 (6.18) に似ている．これらのパラメータは規準 (6.11) における $\omega_1, \ldots, \omega_m$ の逆数で

ある．これらのすべてに異なる正の値が選ばれたとすると，[333] で示されるようにベクトル $\mathbf{w}_1, \ldots, \mathbf{w}_m$ は真の PCA の固有ベクトル $\mathbf{e}_1, \ldots, \mathbf{e}_m$ の定数倍に近づいていく．このアルゴリズムは，一様な構造のネットワークによる完全に並列的な計算で，真の固有ベクトルを見出すことができるという点で魅力的である．この式は，式 (6.19) と同じやり方で簡単に行列形式で表すことができる．

これ以外で，関連するオンラインアルゴリズムは [136, 388, 112, 450] に紹介されている．これらの中のいくつか，たとえば Diamantaras と Kung [112] の APEX アルゴリズムは，フィードバックニューラルネットワークをもとにしている．最も小さいほうの固有値達に対応する固有ベクトルで決まる弱小成分もまた，似たアルゴリズムで計算することができる [326]．信号処理のアルゴリズムのニューラルネットワークによる実現に関連した，これらやその他のアルゴリズムについての概観は，[83, 112] で見られる．

6.2.3 再帰的最小 2 乗法: PAST アルゴリズム*

これまでの項で見てきたオンライン手法には収束が遅いという難点がある．収束の速度を上げるためには，学習係数 $\gamma(t)$ を最適に調整しなければならない．これを行うための一つの方法として，再帰的最小 2 乗法 (RLS: Recursive Least Squares) がある．

再帰的最小 2 乗法は統計学，適応信号処理，制御において長い歴史がある ([171, 299] を参照)．たとえば適応信号処理において，RLS 法は，標準的な確率的最急勾配法に基づく最小平均 2 乗アルゴリズムと比較すると，多少計算コストが高くつくが，ずっと速く収束することがよく知られている [171]．

平均 2 乗誤差規準 (6.7) を考えよう．損失関数は，実際には有限個の標本 $\mathbf{x}(1), \ldots, \mathbf{x}(T)$ から，

$$\hat{J}_{MSE}^{PCA} = \frac{1}{T} \sum_{j=1}^{T} \left[\left\| \mathbf{x}(j) - \sum_{i=1}^{m} \left(\mathbf{w}_i^T \mathbf{x}(j) \right) \mathbf{w}_i \right\|^2 \right] \tag{6.21}$$

と推定される．表記上の簡略化のため，これを行列形式で書き直そう．再び，$\mathbf{W} = (\mathbf{w}_1 \ldots \mathbf{w}_m)^T$ とすると，

$$\hat{J}_{MSE}^{PCA} = \frac{1}{T} \sum_{j=1}^{T} \left[\left\| \mathbf{x}(j) - \mathbf{W}^T \mathbf{W} \mathbf{x}(j) \right\|^2 \right] \tag{6.22}$$

である．

文献 [466] では，この代わりに次のような指数関数的な荷重和が考えられた．

$$J_{MSE}(t) = \sum_{j=1}^{t} \beta^{t-j} \left[\left\| \mathbf{x}(j) - \mathbf{W}(t)^T \mathbf{W}(t) \mathbf{x}(j) \right\|^2 \right] \tag{6.23}$$

定数の係数 $\frac{1}{T}$ の代わりに，指数関数的な平滑化係数 β^{t-j} を使っている．ここで，「忘却係数」β は 0 と 1 の間の値をとる．もし $\beta = 1$ ならば，すべての標本に同じ荷重が与えられるので，古いデータは忘れ去られることがない．$\beta < 1$ とすると，特に信号源の非定常的な変化を追跡するのに有効である．解は，時刻 t までの標本 $\mathbf{x}(1), \ldots, \mathbf{x}(t)$ に依存することを示すため，$\mathbf{W}(t)$ と表す．問題は，$\mathbf{W}(t)$ を再帰的に解くことである．つまり，$\mathbf{W}(t-1)$ を知ったとき，$\mathbf{W}(t)$ を更新則によって計算することである．

損失関数 (6.23) は，$\mathbf{W}(t)$ の要素の 4 次の式であることに注意されたい．それは，式 (6.23) の和の中のベクトル $\mathbf{W}(t)\mathbf{x}(j)$ を，ベクトル $\mathbf{y}(j) = \mathbf{W}(j-1)\mathbf{x}(j)$ で近似することにより簡略化できる．なぜならば，ここまでの反復段 $j = 1, \ldots, t$ に対する推定荷重行列 $\mathbf{W}(j-1)$ は，時刻 t ではすでにわかっているので，ベクトル $\mathbf{y}(j)$ は簡単に計算できるからである．この近似誤差は通常，収束の初期段階でかなり小さくなる．この近似により，最小 2 乗の規準の変形

$$J'_{MSE}(t) = \sum_{j=1}^{t} \beta^{t-j} \left[\left\| \mathbf{x}(j) - \mathbf{W}^T(t) \mathbf{y}(j) \right\| \right]^2 \tag{6.24}$$

が得られる．損失関数 (6.24) は，再帰的最小 2 乗法の標準的な形となっている．荷重行列 $\mathbf{W}(t)$ を反復により得るには，利用可能なアルゴリズム [299] のどれでも使用できる．Yang が提案したアルゴリズム [466] は，射影近似部分空間追跡アルゴリズム (PAST: Projection Approximation Subspace Tracking) と呼ばれるが，これは以下のようなものである．

$$\begin{aligned}
\mathbf{y}(t) &= \mathbf{W}(t-1)\mathbf{x}(t) \\
\mathbf{h}(t) &= \mathbf{P}(t-1)\mathbf{y}(t) \\
\mathbf{m}(t) &= \mathbf{h}(t) / \left(\beta + \mathbf{y}^T(t)\mathbf{h}(t) \right) \\
\mathbf{P}(t) &= \frac{1}{\beta} \mathrm{Tri} \left[\mathbf{P}(t-1) - \mathbf{m}(t)\mathbf{h}^T(t) \right] \\
\mathbf{e}(t) &= \mathbf{x}(t) - \mathbf{W}^T(t-1)\mathbf{y}(t) \\
\mathbf{W}(t) &= \mathbf{W}(t-1) + \mathbf{m}(t)\mathbf{e}^T(t)
\end{aligned} \tag{6.25}$$

記号 Tri は，行列の上三角の部分だけを求め，それを転置したものを下三角部分に転写する意味で，それにより $\mathbf{P}(t)$ として対称行列を得る．一番簡単な初期値の選び方は，$\mathbf{W}(0)$ と $\mathbf{P}(0)$ を両方とも $n \times n$ の単位行列とすることである．

この PAST の方法 (6.25) は，ニューラルネットワークの学習アルゴリズムとも，適応信号処理アルゴリズムともみなすことができる．一番複雑な操作はスカラーによる割り算であり，逆行列の計算を必要としない．したがって計算のコストは低い．[466] で示されているように，このアルゴリズムの収束は比較的速い．

6.2.4　PCA と多層パーセプトロンの逆伝搬学習則*

ニューラルネットワークによる PCA の計算の別の方法として，多層パーセプトロン (MLP: MultiLayer Perceptron) がある．これは，教師なしの逆伝搬アルゴリズム [172] を用いて，自己想起型の学習をするものである．そのネットワークを図 6.3 に示す．

入力層と出力層は n 個の素子からなり，隠れ層は $m < n$ 個の素子をもつ．隠れ層の出力は，

$$\mathbf{h} = \sigma\left(\mathbf{W}_1 \mathbf{x} + \mathbf{b}_1\right) \tag{6.26}$$

で与えられる．ここで，$\mathbf{W}_1$ は入力層から隠れ層への荷重行列，$\mathbf{b}_1$ は対応するバイアスベクトル，σ は活動関数で要素ごとに適用される．このネットワークの出力 $\mathbf{y}$ は隠れ層の出力のアフィン線形関数であり，明らかに，

$$\mathbf{y} = \mathbf{W}_2 \mathbf{h} + \mathbf{b}_2 \tag{6.27}$$

と書ける．

自己想起型の逆伝搬学習則では，入力と望みの出力の両方とも，同じベクトル $\mathbf{x}$ である．もし，σ が**線形**であるとすると，隠れ層の出力は $\mathbf{x}$ の主成分になる [23]．線形

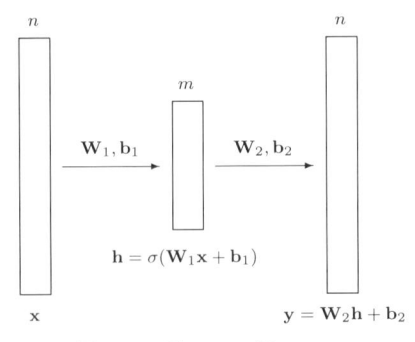

図 6.3　3 層パーセプトロン．

回路においては，「エネルギー」関数は極小をもたないことが証明されているので，逆伝搬学習則は特に有効である．

このネットワークに非線形の隠れ層を使ったものが，データの圧縮のために [96] で提案され，[52] で理論的な PCA と密接な関係にあることが示された．しかしながら [220] で示されているように，隠れ層が線形でない限り，これは PCA と同値ではない．

6.2.5 PCA の非 2 次の規準への拡張*

前に概説したオンライン学習則では，共分散行列の固有ベクトルを直接計算する代わりに，勾配法を用いた．これにより，PCA 規準を広く拡張することができる．実際，どのような規準 $J(\mathbf{w}_1,\ldots,\mathbf{w}_n)$ でも，その制約条件 $\mathbf{w}_i^T\mathbf{w}_j = \delta_{ij}$ の下で最大値を与えるベクトル $\mathbf{w}$ 達が，$\mathbf{C_x}$ の主要な固有ベクトルと一致するか，あるいはそれらによって張られる部分空間の基底になっていれば，代わりに用いることができる．これらの規準は，6.1 節で示された規準のすべてと異なり，もはや 2 次関数である必要はない．それにより，PCA の基底への収束が速くなるという利点が出てくるかもしれない．

最近，Miao と Hua [300] はそのような規準を提案した．再び，行が荷重ベクトルになるような $\mathbf{W} = (\mathbf{w}_1 \ldots \mathbf{w}_m)^T$ を用いると，この「新情報量規準」(NIC: Novel Information Criterion) は，

$$J_{NIC}(\mathbf{W}) = \frac{1}{2}\{\text{tr}\left[\log\left(\mathbf{WC_xW}^T\right)\right] - \text{tr}\left(\mathbf{WW}^T\right)\} \tag{6.28}$$

と書ける．

これの行列型勾配は，

$$\frac{\partial J_{NIC}(\mathbf{W})}{\partial \mathbf{W}} = \mathbf{C_xW}^T\left(\mathbf{WC_xW}^T\right)^{-1} - \mathbf{W}^T \tag{6.29}$$

となることが示された [300]．この勾配を 0 にすることにより，$\mathbf{C_x}$ の固有値と固有ベクトルを求める方程式が得られるから，この規準の停留点は PCA の部分空間の基底となっている．

他の拡張や，PCA と弱小成分学習則の解析は [340, 480] で扱われている．

6.3　因子分析

ここまでは何も統計的モデルを仮定せず，分布に依存しない方法として PCA モデルを考察した．しかし，潜在的な変数による生成モデルに対して PCA を導くことも

できる.

$$\mathbf{x} = \mathbf{A}\mathbf{y} + \mathbf{n} \tag{6.30}$$

とする．ここで，$\mathbf{y}$ は平均 0 で白色ガウスベクトルとするので，$\mathrm{E}\{\mathbf{y}\mathbf{y}^T\} = \mathbf{I}$ であり，$\mathbf{n}$ は平均 0 の白色ガウス雑音である．$\mathbf{y}$ が与えられたときの $\mathbf{x}$ の条件つき密度はガウス密度であるから，尤度関数を立てるのは簡単である．雑音が 0 に近づく極限では，$\mathbf{A}$ の最尤解の列として，$\mathbf{C_x}$ の固有ベクトルの定数倍が得られる．

この考え方が，古典的な統計手法である因子分析 (FA: Factor Analysis) の，一つの方法となる．これは主因子分析と呼ばれる [166]．一般的に因子分析の目標は PCA の目標とは違う．因子分析はもともと社会科学や心理学で開発されたものである．これらの分野では，研究者は観測結果を説明するような，関連が深い意味のある因子を探そうとする [166, 243, 454]．モデルは式 (6.30) の形をもち，$\mathbf{y}$ の各要素は観測不可能な因子と解釈される．行列 $\mathbf{A}$ の要素 a_{ij} は因子負荷と呼ばれる．加法的な項 $\mathbf{n}$ は雑音ではなく特殊因子と呼ばれる．簡単のため，データは平均 0 になるように正規化されているとしよう．

FA では $\mathbf{y}$ の要素 (因子) は互いに無相関でガウス的であり，それらの分散は未知行列 $\mathbf{A}$ に吸収されていると仮定する．したがって，

$$\mathrm{E}\{\mathbf{y}\mathbf{y}^T\} = \mathbf{I} \tag{6.31}$$

としてよい．$\mathbf{n}$ の要素は互いに無相関で，また因子 y_i 達とも無相関であるとする．$\mathbf{Q} = \mathrm{E}\{\mathbf{n}\mathbf{n}^T\}$ と書こう．これは対角行列であるが，雑音成分の分散は，特殊な場合である主因子分析と違って，一般的には等しいとか無限小とかと仮定しない．観測値の共分散行列は式 (6.30) から，

$$\mathrm{E}\{\mathbf{x}\mathbf{x}^T\} = \mathbf{C_x} = \mathbf{A}\mathbf{A}^T + \mathbf{Q} \tag{6.32}$$

と書ける．

現実に，標本共分散行列によって $\mathbf{C_x}$ のよい推定が得られる．そこで主な問題は，因子負荷の行列 $\mathbf{A}$ と雑音の共分散行列 $\mathbf{Q}$ が，式 (6.32) を通して，観測された共分散行列を説明するように，$\mathbf{A}$ と $\mathbf{Q}$ を決めてやることである．$\mathbf{A}$ と $\mathbf{Q}$ の閉じた形の解は存在しない．

$\mathbf{Q}$ が既知であるか推定できるならば，$\mathbf{A}\mathbf{A}^T = \mathbf{C_x} - \mathbf{Q}$ を用いて $\mathbf{A}$ を求めることも考えられる．因子の数は普通データの次元よりずっと小さく制限するから，この方程式は正確に解くことはできない．そこで最小 2 乗法と似たような方法を用いる必要がある．明らかに，この問題には唯一解はない．$\mathbf{A}$ を任意の直交行列 $\mathbf{T}$ (すなわち

$\mathbf{TT}^T = \mathbf{I}$) によって直交変換，すなわち $\mathbf{A} \to \mathbf{AT}$ によって回転させても，左辺はまったく変わらない．この問題の解の任意性を減らすためにはさらに制約が必要である．

さて，FA によって観測値を因子に基づいて解釈しようというのならば，ある数少ない因子に強い因子負荷を負荷し，他の因子には軽い因子負荷を負荷するような $\mathbf{A}$ を求めることになるだろう．そうすれば結果は解釈しやすくなる．この原理は，たとえばバリマックス，クウォーティマックス，オブリミン回転などの方法に用いられた．そのような因子回転の方法は Harman [166] で説明されている．

PCA と FA と ICA の間には重要な相違点がある．主成分分析の方法は，データの生成モデルから導くこともできるが，もともとそのようなモデルに基づいたものではない．それは線形変換であり，分散の最大化あるいは最小平均 2 乗誤差表現に基づいている．PCA モデルは，すべての主成分を用いた (理論的に) 非圧縮の場合には，可逆である．主成分 y_i が得られれば，原観測値 $\mathbf{x}$ は直ちに線形結合 $\mathbf{x} = \sum_{i=1}^{n} y_i \mathbf{w}_i$ として表されるし，主成分は観測値の線形結合 $y_i = \mathbf{w}_i^T \mathbf{x}$ として表すことができる．

FA モデルは生成的な潜在変数を用いたモデルである．観測値は因子を用いて表現されるが，因子の値は観測値から直接計算することはできない．それは特殊因子，つまり雑音の項が加わったからで，その項は応用分野によっては重要なものと考えられている．さらに，行列 $\mathbf{A}$ の行は一般に $\mathbf{C_x}$ の固有ベクトルに比例せず，その推定法がいくつか存在する．

FA は PCA と同じく純粋に 2 次の統計手法である．因子をガウス的と仮定するので，観測値の間の共分散のみしか推定に使わない．さらに因子は無相関であると仮定されるが，データがガウス的であれば，これは独立性を意味する．ICA は潜在的な変数による似たような生成的なモデルであるが，因子，つまり独立成分は，統計的に独立でかつ非ガウス的であると仮定する．これは FA モデルよりずっと強い仮定で，回転に関する冗長性を取り除くものである．実際，ICA は因子の回転を決定するための一つの手法と考えることもできる．ICA モデルでは雑音項は通常省略される．この点に関しては第 15 章を参照していただきたい．

6.4　白色化

第 1 章ですでに論じたように，ICA 問題は，観測される混合ベクトルを最初に白色化すると，非常に簡単化される．ある平均 0 の確率ベクトル $\mathbf{z} = (z_1 \ldots z_n)^T$ は，

$$\mathrm{E}\{z_i z_j\} = \delta_{ij}$$

のとき，つまりその要素 z_i 達が**無相関**で**分散が1**の場合，**白色である**という．共分散行列を使えば，**I** を単位行列として $\mathrm{E}\{\mathbf{z}\mathbf{z}^T\} = \mathbf{I}$ を意味することは明らかである．一番よく知られている例は白色雑音である．要素 z_i は続く時刻 $i = 1, 2, \ldots$ での雑音の強さであり，雑音過程に時間的相関はない．この「白色」という言葉は，白色雑音のパワースペクトルがすべての周波数にわたって一定であるという事実が，白色光のスペクトルがすべての色を含んでいるのに似ていることから来ている．

「白色化」の同意語に**球面化** (sphering) がある．もし，ベクトル **z** の密度がその中心からの距離のみの関数で，（分散が1になるように）適当に伸縮してあれば，それは球状になる．平均0で共分散行列が単位行列である多変量ガウス密度はその一例である．その反対は成立しない．つまり，球面化されたベクトルの密度は，その中心からの距離のみの関数とは限らない．一つの例は，正方形が回転した形の2次元の一様分布である．図 7.10 (p.179) を参照されたい．この場合には，回転の角度によらず，（正方形の辺の長さが $2\sqrt{3}$ であれば）軸上にある二つの変数 z_1 と z_2 の分散は1であり，無相関であることは明らかである．このように，ベクトル **z** の密度分布は非常に非対称であるが，ベクトル **z** は球面化されてはいる．球面化された確率ベクトルの要素 z_i 達の密度は，同じであるとは限らないことに注意されたい．

白色化は，本質的には無相関化してから分散1に正規化することだから，PCAの技術を使うことができる．このことは，線形演算により白色化できることを示している．そこで白色化の問題は，n 個の要素をもつ確率ベクトル **x** が与えられたとき，その **z** への線形変換

$$\mathbf{z} = \mathbf{V}\mathbf{x}$$

が白色 (球面) になるような **V** を見つけることになる．

この問題に対する解の一つは PCA 展開で与えられる．いま，$\mathbf{E} = (\mathbf{e}_1 \ldots \mathbf{e}_n)$ を，共分散行列 $\mathbf{C_x} = \mathrm{E}\{\mathbf{x}\mathbf{x}^T\}$ のノルムが1の固有ベクトルを列にもつ行列とする．これらは，ベクトル **x** の標本から直接に，あるいはオンラインの PCA 学習則のいずれかから計算することができる．$\mathbf{D} = \mathrm{diag}(d_1 \ldots d_n)$ を $\mathbf{C_x}$ の固有値からなる対角行列とする．すると，

$$\mathbf{V} = \mathbf{D}^{-1/2}\mathbf{E}^T \tag{6.33}$$

は，一つの白色化の変換を決める．固有値 d_i が正であればこの行列は必ず存在するが，実際，それが制限になることはない．$\mathbf{C_x}$ が半正定値で（第4章を参照），実際にはほとんどすべての自然データに対して正定値であることを思い出せば，固有値は正値となるだろう．

式 (6.33) の行列 $\mathbf{V}$ が確かに白色化の変換となることは簡単に示される．$\mathbf{E}$ は $\mathbf{C_x}$ の固有ベクトルを並べたもので直交行列，すなわち $\mathbf{E}^T\mathbf{E} = \mathbf{E}\mathbf{E}^T = \mathbf{I}$ を満足し，対応する固有値からなる行列 $\mathbf{D}$ を用いると，$\mathbf{C_x} = \mathbf{E}\mathbf{D}\mathbf{E}^T$ と表すことができることを思い出すと，

$$\mathrm{E}\left\{\mathbf{z}\mathbf{z}^T\right\} = \mathbf{V}\mathrm{E}\left\{\mathbf{x}\mathbf{x}^T\right\}\mathbf{V}^T = \mathbf{D}^{-1/2}\mathbf{E}^T\mathbf{E}\mathbf{D}\mathbf{E}^T\mathbf{E}\mathbf{D}^{-1/2} = \mathbf{I}$$

を満たす．$\mathbf{z}$ の共分散が単位行列になったので，$\mathbf{z}$ は白色である．

式 (6.33) の線形演算子 $\mathbf{V}$ は決して唯一の白色化行列というわけではない．**任意の直交行列 $\mathbf{U}$ に対して，行列 $\mathbf{UV}$ もまた白色化行列であることは簡単にわかる．**これは，$\mathbf{z} = \mathbf{UVx}$ とすれば，

$$\mathrm{E}\left\{\mathbf{z}\mathbf{z}^T\right\} = \mathbf{U}\mathbf{V}\mathrm{E}\left\{\mathbf{x}\mathbf{x}^T\right\}\mathbf{V}^T\mathbf{U}^T = \mathbf{U}\mathbf{I}\mathbf{U}^T = \mathbf{I}$$

が成立するからである．

一つの重要な例は $\mathbf{E}\mathbf{D}^{-1/2}\mathbf{E}^T$ である．これは，式 (6.33) の $\mathbf{V}$ の左に直交行列 $\mathbf{E}$ をかけて得られるのであるから，白色化行列である．この行列は，$\mathbf{C_x}$ の逆平方根と呼ばれ，$\mathbf{C_x}^{-1/2}$ で表す．それは，普通の平方根の行列への拡張だからである．

前に見た PCA 学習則に似たオンライン学習則による白色化も可能である．直接的な学習則の一つに，

$$\Delta\mathbf{V} = \gamma\left(\mathbf{I} - \mathbf{V}\mathbf{x}\mathbf{x}^T\mathbf{V}^T\right)\mathbf{V} = \gamma\left(\mathbf{I} - \mathbf{z}\mathbf{z}^T\right)\mathbf{V} \tag{6.34}$$

がある．$\mathbf{V}$ の変化が平均的に 0 になる停留点では，

$$\left(\mathbf{I} - \mathrm{E}\left\{\mathbf{z}\mathbf{z}^T\right\}\right)\mathbf{V} = 0$$

が成立し，白色化された $\mathbf{z} = \mathbf{Vx}$ が解となることがわかる．このアルゴリズムが本当に白色化行列 $\mathbf{V}$ に収束することが証明できる (たとえば [71] を参照)．

6.5 　直交化

すでに見たように，PCA や ICA のアルゴリズムのうち，あるものは，解のベクトル (PCA 基底ベクトルや ICA 基底ベクトル) は理論的には直交系，あるいは正規直交系であることはわかっているが，反復アルゴリズムはいつでも自動的に直交性を保証するわけではない．そこで各反復後かあるいは適当な間隔をおいて，ベクトルを直交化する必要性がありうる．本節ではいくつかの基礎的な直交化法について考えてみる．

問題を簡単に述べる．線形独立な m 個の n 次元ベクトル $\mathbf{a}_1,\ldots\mathbf{a}_m$ $(m \leq n)$ が与えられているとき，これらが張る部分空間と同じ部分空間を張る，直交系あるいは正規直交系 (つまり直交し，かつ単位ユークリッドノルムをもつ) $\mathbf{w}_1,\ldots,\mathbf{w}_m$ を求めよ．各 $\mathbf{w}_i$ は $\mathbf{a}_i$ の線形結合となる．

古典的な方法はグラム＝シュミットの直交化法で [284]，

$$\mathbf{w}_1 = \mathbf{a}_1 \tag{6.35}$$

$$\mathbf{w}_j = \mathbf{a}_j - \sum_{i=1}^{j-1} \frac{\mathbf{w}_i^T \mathbf{a}_j}{\mathbf{w}_i^T \mathbf{w}_i} \mathbf{w}_i \tag{6.36}$$

と書ける．その結果 $\mathbf{w}_i^T \mathbf{w}_j = 0$ となることは，帰納的に容易に示される．最初の $j-1$ 個の基底ベクトルがすでに直交化されていると仮定する．すると式 (6.36) より $k<j$ に対して $\mathbf{w}_k^T \mathbf{w}_j = \mathbf{w}_k^T \mathbf{a}_j - \sum_{i=1}^{j-1} \frac{\mathbf{w}_i^T \mathbf{a}_j}{\mathbf{w}_i^T \mathbf{w}_i} \left(\mathbf{w}_k^T \mathbf{w}_i \right)$ となる．この和の中では $i=k$ の項以外はすべての $\mathbf{w}_k^T \mathbf{w}_i$ が 0 である．その項は $\frac{\mathbf{w}_k^T \mathbf{a}_j}{\mathbf{w}_k^T \mathbf{w}_k} \left(\mathbf{w}_k^T \mathbf{w}_k \right) = \mathbf{w}_k^T \mathbf{a}_j$ となるから，内積 $\mathbf{w}_k^T \mathbf{w}_j$ も 0 となる．

グラム＝シュミットの直交化法において各 $\mathbf{w}_j$ をさらにそのノルムで割れば，系は正規直交系となる．これは逐次的な直交化の手続きである．PCA や ICA の逐次的方法の基本である．逐次的な直交化の欠点は誤差が蓄積することである．

対称的直交化では，もともとのベクトル $\mathbf{a}_i$ のすべてを対等に扱う．もともとのベクトルの張る部分空間と同じ空間を張る，という条件だけを満たす正規直交系を求める問題は，唯一解をもたない．たとえば次のようにして求めることもできる．まず直交化したいベクトルを列にもつ行列 $\mathbf{A} = (\mathbf{a}_1 \ldots \mathbf{a}_m)$ を作り，対称行列 $(\mathbf{A}^T \mathbf{A})$ の固有分解により $(\mathbf{A}^T \mathbf{A})^{-1/2}$ を求め，最後に

$$\mathbf{W} = \mathbf{A} \left(\mathbf{A}^T \mathbf{A} \right)^{-1/2} \tag{6.37}$$

を作る．明らかに $\mathbf{W}^T \mathbf{W} = \mathbf{I}$ であり，かつその列 $\mathbf{w}_1,\ldots,\mathbf{w}_m$ は行列 $\mathbf{A}$ の列が張るのと同じ部分空間を張る．したがってこれらは求める正規直交基底である．対称的直交化問題の解も決して一意ではない．$\mathbf{U}$ を直交行列としたとき，$\mathbf{W}\mathbf{U}$ もまったく同じ資格をもつ．

しかしながら，このような解の中で，行列 $\mathbf{A}$ に (ある適当なノルムの意味で) 最も近い特別な直交行列が存在する．この行列は直交行列の集合の上への $\mathbf{A}$ の正射影である [284]．これは単独のベクトル $\mathbf{a}$ の正規化と，ある意味で類似している．つまり $\mathbf{a}/\|\mathbf{a}\|$ は，ノルム 1 のベクトルの集合 (つまり単位球面) 上への $\mathbf{a}$ の正射影である．行列についていえば，式 (6.37) の行列 $\mathbf{A} \left(\mathbf{A}^T \mathbf{A} \right)^{-1/2}$ は，実は行列 $\mathbf{A}$ の直交行列の集合上への一意に決まる正射影なのである．

この直交化法は，制約条件 $\mathbf{W}^T\mathbf{W} = \mathbf{I}$ の下で，ある関数 $\mathcal{J}(\mathbf{W})$ を最小化する目的の勾配法のアルゴリズムの中で使われるのに適している．第 3 章で述べたように，1 回の反復は 2 段からなっていて，まず行列 $\mathbf{W}$ を通常の最急勾配法で更新し，次に 2 段目として更新された行列を制約集合上に直交射影する．この 2 段目に，式 (6.37) の形の方法を使うべきである．

反復法による対称的直交化で，行列の固有値分解と逆行列計算をしなくてすむ方法もある．たとえば次に示す反復アルゴリズムである [197]．直交化されていない行列 $\mathbf{W}(0)$ から出発して，

$$\mathbf{W}(1) = \mathbf{W}(0)/\|\mathbf{W}(0)\| \tag{6.38}$$

$$\mathbf{W}(t+1) = \frac{3}{2}\mathbf{W}(t) - \frac{1}{2}\mathbf{W}(t)\mathbf{W}(t)^T\mathbf{W}(t) \tag{6.39}$$

による反復を $\mathbf{W}(t)^T\mathbf{W}(t) \approx \mathbf{I}$ となるまで続ける．この反復の収束は次のように証明できる [197]．行列 $\mathbf{W}(t)^T\mathbf{W}(t)$ と $\mathbf{W}(t+1)^T\mathbf{W}(t+1) = \frac{9}{4}\mathbf{W}(t)^T\mathbf{W}(t) - \frac{3}{2}\left[\mathbf{W}(t)^T\mathbf{W}(t)\right]^2 + \frac{1}{4}\left[\mathbf{W}(t)^T\mathbf{W}(t)\right]^3$ は明らかに同じ固有ベクトルをもち，固有値間の関係は，

$$d(t+1) = \frac{9}{4}d(t) - \frac{3}{2}d^2(t) + \frac{1}{4}d^3(t) \tag{6.40}$$

で与えられる．このスカラーの非線形反復は区間 $[0, 1]$ において 1 に収束する（演習問題を参照）．はじめに正規化 (6.38) を行っているので，正規化で用いるノルムが適切なものであれば（行列の空間で適当なノルムでなければならないが，フロベニウスノルム以外の大部分のノルムはこの性質をもつ），すべての固有値はこの区間にある．すると固有値は 1 に近づくので，行列自身が単位行列に近づくことになる．

6.6　結語と参考文献

PCA に関する一般的なよい解説が [14, 109, 324, 112] にある．6.1.1 項で述べた分散最大化の PCA 規準は Hotelling [185] によるものであり，もともとの Pearson [364] の出発点は，再構成の 2 乗誤差を最小化することであった (6.1.2 項)．PCA の解を与える規準はほかにもある．もう一つ，情報理論的なアプローチは，線形でガウス的な通信路の入力と出力との間の相互情報量を最大化することである [112]．PCA と密接な関連のある展開法が，連続 2 次確率過程に対するカルーネン＝レーベ展開である．この確率過程の自己共分散関数は，その固有値と固有関数の正規直交系を用いて，収束する級数に展開できる [237, 283]．

6.2 節のオンラインアルゴリズムは，特にニューラルネットワークによる実装に適している．数値解析と信号処理分野では，はかにも多くの，複雑さの程度もいろいろな適応的アルゴリズムが，各種のハードウェアのために提案されている．[92] はそれらに関してよい展望を与える．定常的な訓練データに対する固有ベクトルや，非定常的なデータの流れに対する，ゆっくりと変化する固有ベクトルを見出すための，PCAアルゴリズムの実験の結果が [324, 391, 350] に報告されている．PCA ニューラルネットワークの自然な拡張として，線形素子の代わりに非線形素子，たとえばパーセプトロンを用いることが考えられる．そのような非線形 PCA ネットワークは，ある場合には入力ベクトルの，単に無相関だけではなく独立な成分を与えることがわかっている [232, 233] (第 12 章を参照)．

因子分析の一般的な教科書でよいのは [166, 243, 454] である．主因子モデルは最近 [421] と [387] で扱われている．

演習問題

1. $y_m = \mathbf{w}_m^T \mathbf{x}\,(m = 1, \ldots, n)$ の分散を最大化する問題を考える．ただし制約条件は，$\mathbf{w}_m$ のユークリッドノルムが 1 であり，今までに見つけられた $\mathbf{w}_i\,(i < m)$ のすべてと直交していることとする．$\mathbf{C_x}$ の m 番目に大きな固有値に対応する固有ベクトルを $\mathbf{e}_m$ とするとき，その解は $\mathbf{w}_m = \mathbf{e}_m$ で与えられることを示せ．
2. 平均 2 乗誤差 (6.7) は式 (6.9) と書けることを示せ．この最適解が $\mathbf{w}_i = \mathbf{e}_i$ で与えられるとして，平均 2 乗誤差の最小が式 (6.10) で与えられることを示せ．
3. データのモデルとして式 (6.14) が与えられているとき，その共分散行列が式 (6.15) となることを示せ．
4. PCA 神経素子の学習則は，$y = \left(\mathbf{w}^T \mathbf{x}\right)^2$ を制約条件 $\|\mathbf{w}\| = 1$ の下に最大化することに基づいている (1 個のニューロンだけが関与するので添え字は省略した)．
   (a) 制約のない最急勾配法を使うと，$\mathbf{w}$ の更新則は γ を学習率として，
   $$\mathbf{w} \leftarrow \mathbf{w} + \gamma \left(\mathbf{w}^T \mathbf{x}\right) \mathbf{x}$$
   となることを示せ．この場合荷重ベクトルのノルムは常に増大することを示せ．
   (b) そこでノルムを制限しなければならない．一つのやり方は次の更新則である．
   $$\mathbf{w} \leftarrow \left[\mathbf{w} + \gamma \left(\mathbf{w}^T \mathbf{x}\right) \mathbf{x}\right] / \left\|\mathbf{w} + \gamma \left(\mathbf{w}^T \mathbf{x}\right) \mathbf{x}\right\|$$

こうするとノルムはいつも 1 である．γ の小さな値に対して，この更新則の近似を導け．このため，右辺を γ に関してテイラー展開して，高次の項を省略して γ に関して 1 次式とせよ．結果は，

$$\mathbf{w} \leftarrow \mathbf{w} + \gamma \left[\left(\mathbf{w}^T \mathbf{x}\right) \mathbf{x} - \left(\mathbf{w}^T \mathbf{x}\right)^2 \mathbf{w} \right]$$

となるはずであるが，これは式 (6.16) であげた基本的な PCA 学習則である．

(c) 確率ベクトル $\mathbf{x}$ に関して平均をとることにより，反復の停留点，すなわち $\mathbf{w}$ の値が平均的に変化しないところでは，$\mathbf{C_x w} = \left(\mathbf{w}^T \mathbf{C_x w}\right) \mathbf{w}$ となることを示せ．

(d) この唯一の可能な解は $\mathbf{C_x}$ の固有ベクトルであることを示せ．

5. ベクトル $\mathbf{x}$ の共分散行列が，

$$\mathbf{C_x} = \begin{pmatrix} 2.5 & 1.5 \\ 1.5 & 2.5 \end{pmatrix} \tag{6.41}$$

であるとき，$\mathbf{x}$ の白色化のための変換を求めよ．

6. *直交化のアルゴリズムの第 1 段階 (6.38) において，$\mathbf{W}(1)$ の任意の固有値を $d(1)$ とすると，$0 < d(1) < 1$ であることを示せ．次に式 (6.40) の反復式を考察し $d(t+1) - 1$ を $d(t) - 1$ で書き表せ．$d(t)$ が 1 に収束することを示せ．収束の速度を論ぜよ．

第II部

基本的な独立成分分析

第 7 章

独立成分分析とは何か

本章で独立成分分析 (ICA) の基本的な概念を定義する．まず二つの応用例を考える．これらは，ICA を統計的推定の問題として数学的に定式化する動機づけとなる．次に，このモデルの推定が可能となるための条件と，いったい何が推定されるのか，ということを考える．

これらの基本的な定義の後，ICA と何らかの類似点があり，よく知られた方法である主成分分析 (PCA)，無相関化，白色化，球面化などと ICA との関係を考える．これらの方法が，モデルの半分だけの推定を行うという意味で，ICA より弱い方法であることを示す．まさにそれゆえ，ICA はガウス的変数には無効であることも示す．ガウス変数に対しては，無相関化のほかにはするべきことがほとんどないからである．より積極的な面として，白色化は ICA を行う前に使うと有効であることを示そう．それにより問題の半分を解くことができるし，その実行は大変容易だからである．

本章では，ICA モデル推定の実際の方法については扱わない．それは後続の章，第 II 部の残りのすべての部分で扱う問題である．

7.1 動機

部屋の中で 3 人が同時に話している状況を想像していただきたい (3 という数はまったく任意であって，1 より大きい数ならば何でもよいのだが)．3 本のマイクロフォンが部屋の異なる場所に置いてあるとする．それらによって三つの時間信号 $x_1(t)$, $x_2(t)$, $x_3(t)$ が記録されるとする．ここで t は時刻を表し x_1, x_2, x_3 は振幅を表す．各信号は，3 人の話者の発する音声信号 $s_1(t), s_2(t), s_3(t)$ の荷重和である．これは以下の線形関係で表すことができる．

$$x_1(t) = a_{11}s_1(t) + a_{12}s_2(t) + a_{13}s_3(t) \tag{7.1}$$
$$x_2(t) = a_{21}s_1(t) + a_{22}s_2(t) + a_{23}s_3(t) \tag{7.2}$$
$$x_3(t) = a_{31}s_1(t) + a_{32}s_2(t) + a_{33}s_3(t) \tag{7.3}$$

ここで a_{ij} $(i, j = 1, 2, 3)$ はマイクロフォンと話者との間の距離に依存するパラメータである．録音された信号 $x_i(t)$ のみを用いて，もともとの音声信号 $s_1(t)$, $s_2(t)$, $s_3(t)$ が推定できれば，大変便利であろう．これはカクテルパーティ問題と呼ばれている．問題を簡単にするため，しばらくは時間遅れなどの他の要素をモデルに含めない．カクテルパーティ問題のもう少し詳細な考察は，24.2 節にある．

例として図 7.1 と図 7.2 の波形を見てみよう．もともとの音声信号は図 7.1 のようなもので，混合した信号が図 7.2 だとする．問題は図 7.2 のデータだけを用いて，もともとの音声信号 (図 7.1) を復元することである．

実際に混合パラメータ a_{ij} がわかっていれば，単に線形システムの逆演算により上の方程式を解くことができる．ところが我々の問題では a_{ij} も $s_i(t)$ もまったく知らないことになっているので，解くのはずっと難しくなる．

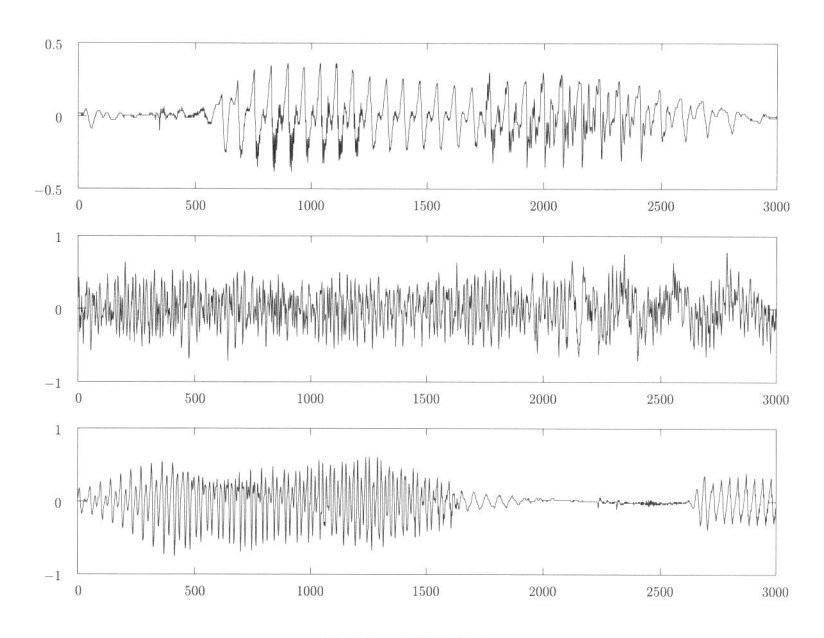

図 7.1　原音声信号．

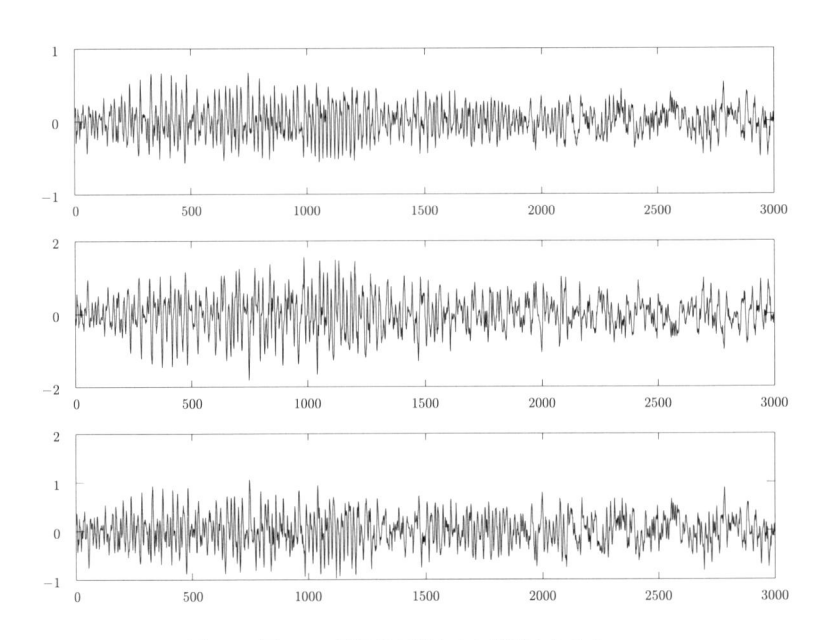

図 7.2　図 7.1 の原信号が混合され観測されたもの．

　一つの考え方は，$s_i(t)$ の統計的な性質を使って，a_{ij} と $s_i(t)$ の両方を推定することである．実際に，そして驚くべきことかもしれないが，$s_1(t), s_2(t), s_3(t)$ が各時刻 t において，**統計的に独立**であると仮定するだけで十分であることがわかる．この仮定は多くの場合非現実的ではないし，また実際には厳密に満たされている必要もない．独立成分分析によって，信号源が独立であるという情報を使って a_{ij} を推定し，$s_1(t), s_2(t), s_3(t)$ をそれらの混合 $x_1(t), x_2(t), x_3(t)$ から分離することができるのである．

　図 7.3 は次章で紹介する ICA 法を用いて三つの信号を推定したものである．見てわかるように，もともとの信号波形 (図 7.1) と非常によく似ている (正負が反転しているものがあるが，これは重要なことではない)．これらの信号は，混合された観測信号 (図 7.2) と信号源が独立であるという非常に弱い仮定のみを用いて推定された．

　独立成分分析は，もともとはカクテルパーティ問題と関係の深い問題群を扱うために開発された．最近 ICA に対する興味が広がるにつれて，この方法は他の多くのおもしろい分野にも応用できることが明らかになってきた．それらのいくつかについては，本書の第 IV 部で紹介する．

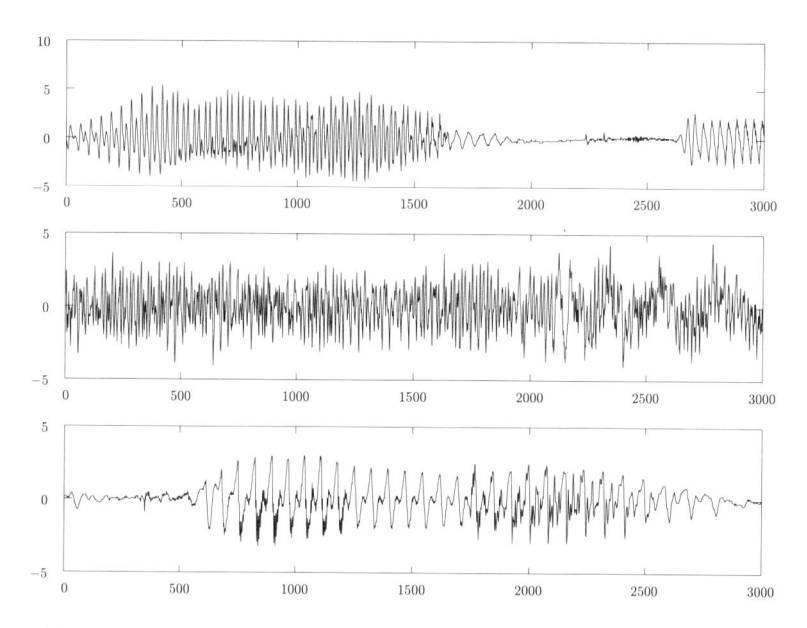

図 7.3 図 7.2 の観測信号のみを用いて推定された原信号. 原信号は, その符号を除いて大変正確に推定された.

たとえば脳波 (EEG: Electroencephalogram) で測定される脳の活動記録について考える. 脳波のデータは, 頭皮上の多くの点に置かれた電極で計測される電圧の記録である. これらの電圧は脳や筋肉の活動の成分の混合によって発生していると考えられている. この状況はカクテルパーティ問題とかなり似ていて, 脳の活動のもともとの成分を知りたいのだが, それらの混合しか観測し得ない. ICA によって脳波の独立成分を得ることができ, それにより脳活動に関する興味深い知見が明らかになる. そのような応用は第 22 章で詳しく述べられる. さらに, 隠れている独立な原因を見出すということは社会科学, たとえば計量経済学などにおいて, 中心的な問題である. ICA は計量経済学における道具として使うこともできる. 24.1 節を参照されたい.

もう一つ ICA のかなり違った応用として特徴抽出がある. 画像や音声や他の信号の処理において, 圧縮や雑音除去のため, それらに適した表現を見出すことは基礎的な問題である. データの表現には (離散的な) 線形変換を用いる場合がよくある. 画像処理において標準的に用いられる線形変換には, フーリエ変換, ハール変換, コサイン変換などがあり, それぞれよい性質をもっている.

どのような線形変換を使ったらよいかを，データそのものから推定できれば，処理するデータに最も適応した変換が使えるから，非常に役立つであろう．図 7.4 は自然の画像の部分 (窓) から ICA によって得られた基底関数である．訓練用の画像の集合中の各窓画像は，これらの基底関数の重ね合わせで，重ね合わせの係数達は少なくとも近似的に独立である．ICA による特徴抽出は第 21 章においてより詳しく説明する．

ここで述べられた応用のすべては，統一的な数学的枠組み，すなわち ICA の枠組みとして定式化できる．

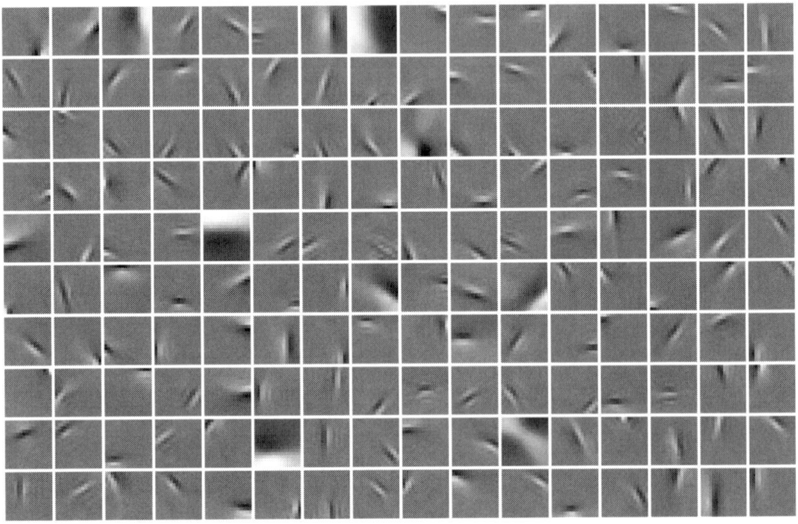

図 7.4 自然画像から ICA によって得た基底関数．これらの基底関数達は画像の独立な特徴だと考えることができる．使われた自然画像はこれらの窓の線形和となる．

7.2 独立成分分析の定義

7.2.1 生成モデルの推定としての ICA

ICA の厳密な定義のため，統計的な「潜在変数」モデルを用いることができる．n 個の確率変数 $s_1,\ldots,s_n$ の線形の結合

$$x_i = a_{i1}s_1 + a_{i2}s_2 + \cdots + a_{in}s_n, \quad i=1,\ldots,n \tag{7.4}$$

で表される n 個の確率変数 $x_1,\ldots,x_n$ を観測する．ここで，$a_{ij}\,(i,j=1,\ldots,n)$ は実数の係数とする．定義により，この s_i は統計的に独立である．

これが，基本的な ICA モデルである．この ICA モデルは生成モデルであり，要素 s_j を混合して観測データが生成される過程を記述している．これらの独立成分（しばしば IC と略す）s_j は，直接には観測できないという意味で潜在的な変数である．混合係数 a_{ij} もまた，未知であると仮定する．我々が観測できるのは確率変数 x_i だけであり，x_i を用いて混合係数 a_{ij} と IC である s_i を**両方とも**推定しなければならない．推定は，できるだけ一般的な仮定の下で行われなければならない．ここで，前節では用いた時間を表す t を落としたことに注意してほしい．これは，この基本 ICA モデルでは，各混合 x_i は各独立成分 s_i と同様に，時間信号または時系列ではなく確率変数であると仮定しているからである．したがって，観測値 $x_i(t)$（たとえば，カクテルパーティ問題におけるマイクロフォンの信号）は，この確率変数の標本である．ここではまた，混合の過程で起きる時間遅れもすべて無視している．これは，この基本モデルがしばしば**瞬時**混合モデルといわれる由縁である．

ICA は，**暗中信号源分離**（BSS: Blind Source Separation），あるいは**暗中信号分離**と呼ばれる方法と非常に密接な関係がある[1]．ここで，「信号源」はカクテルパーティ問題の話者のようなもともとの信号（つまり独立成分）を意味する．「暗中」の意味するところは，我々が混合行列についてまずほとんど何も知らず，信号源については非常に弱い仮定を置くということである．ICA はおそらく一番広く使われている暗中信号源分離の方法である．

式 (7.4) の和の形よりもベクトル形式による記法のほうが，通常より便利である．要素として混合 $x_1,\ldots,x_n$ をもつ確率ベクトルを $\mathbf{x}$ と記述し，同様に要素が $s_1,\ldots,s_n$ である確率ベクトルを $\mathbf{s}$ とする．a_{ij} を要素とする行列を $\mathbf{A}$ とする（一般に，小文

---

[1] 訳注：この訳語については「訳者まえがき」を参照されたい．

字の太字はベクトルを示し，大文字の太字は行列を示すことにする)．すべてのベクトルは列ベクトルであるとする．したがって $\mathbf{x}^T$，つまり $\mathbf{x}$ の転置は，行ベクトルである．このベクトル形式記法を用いて，混合モデルは，

$$\mathbf{x} = \mathbf{A}\mathbf{s} \tag{7.5}$$

と表すことができる．行列 $\mathbf{A}$ の列が必要になることがときどきある．それらを $\mathbf{a}_j$ と書くと，このモデルは，

$$\mathbf{x} = \sum_{i=1}^{n} \mathbf{a}_i s_i \tag{7.6}$$

と書くこともできる．

ここで与えられた定義は最も基本的なものであり，本書の第 II 部では，主にこの基本の定義を中心的に使う．この定義を一般化したものやその変形については，後に (特に第 III 部で) 述べる．たとえば，多くの応用では，計測において何らかの**雑音**があることを仮定するほうがより現実的であり，そのためには基本モデルに雑音項を加えることになる (第 15 章を参照)．簡単のため，基本モデルにはいかなる雑音項も含めない．これは，雑音なしのモデルの推定自体が困難な問題であり，しかも多くの応用に対して十分であると考えられるからである．同様に，**IC の数と観測される混合信号の数は同じとは限らない**場合も多い．これは 13.2 節と第 16 章で扱う．また混合が非線形である場合もあるが，これは第 17 章で扱う．さらに，生成モデルを用いない ICA の**別の定義**は第 10 章で扱う．

7.2.2 ICA における制約

上で与えられた ICA の基本モデルを推定可能にするため，いくつかの仮定と制約を設定しなければならない．

1. 独立成分達は統計的に「独立」であると仮定される

これは，ICA を支える原理である．驚くべきことに，モデルが推定できることを確実にするには，これ以上あまり仮定する必要がない．これが，多くの分野で ICA が非常に強力な方法であることの理由である．

基本的には，$i \neq j$ に対して，y_i の値に関する情報が y_j の値に関する情報を何ら与えない場合，確率変数 $y_1, y_2, \ldots, y_n$ は独立であるという．形式的には，独立性は確率密度関数 (pdf) を使って定義される．y_i の結合確率密度関数を $p(y_1, y_2, \ldots, y_n)$ とし，

$p_i(y_i)$ を y_i の周辺 pdf とする．周辺 pdf とは y_i を単独で考えたときの y_i の pdf である．このとき，結合密度関数が，

$$p(y_1, y_2, \ldots, y_n) = p_1(y_1) p_2(y_2) \ldots p_n(y_n) \tag{7.7}$$

のように分解できる場合，またその場合に限り y_i は独立であるという．より詳細については，2.3 節を参照されたい．

2. 独立成分は非ガウス分布に従わなければならない

直観的には，ガウス分布は「単純すぎる」といえる．ガウス分布に対しては高次のキュムラントは 0 になるが，7.4.2 項で見るように，このような高次の情報は ICA モデルの推定に対して必須である．このように，観測変数がガウス分布に従う場合には，ICA は本質的に不可能である．成分がガウス的である場合については，7.5 節以下でより詳細に取り扱う．基本モデルにおいては，IC 達の非ガウス分布の形が既知であるとは仮定しない．もしそれがわかれば，この問題は相当に簡単化される．非ガウス性の仮定の代わりに，信号の時間構造に対する仮定を用いる，まったく別の種類の ICA があるが，それについては第 18 章で考察する．

3. 簡単のため，未知の混合行列を「正方行列」であると仮定する

言い換えると，独立成分の数と観測される混合信号の数は等しい．第 13 章と第 16 章で説明するように，この仮定は緩められる場合がある．正方行列だと推定が非常に簡単になるので，ここではこれを仮定する．すると，行列 $\mathbf{A}$ を推定すればその逆行列が計算でき，それをたとえば $\mathbf{B}$ とすれば，独立成分を

$$\mathbf{s} = \mathbf{B}\mathbf{x} \tag{7.8}$$

により得ることができる．ここで，混合行列が正則行列であることも仮定する．もし正則でなければ，省略可能な冗長な混合が存在することになり，それを省けばこの行列は正方行列でなくなる．すると，混合信号の数と IC の数が等しくない場合がまた現れたことになる．

このように，前述の三つの仮定(または最低限でも最初の二つの仮定)の下，ICA モデルは同定可能である．その意味は，混合行列が推定可能で，次に論じるいくつかの重要ではない決定不可能性を除いて IC も推定可能であるということである．ICA モデルの同定可能性の証明は非常に複雑なので，ここでは行わない，7.6 節の参考文献を参照していただきたい．その一方では，次の章で推定法を展開していくが，それが，同定可能性の一種の厳密ではないが構成的な証明になっている．

7.2.3 ICA の曖昧性

式 (7.5) の ICA モデルにおいて，次のような曖昧性または不確定性が存在することは容易にわかる．

1. 独立成分の分散 (パワー) を決定することはできない

この理由は，$\mathbf{s}$ と $\mathbf{A}$ の双方を未知としているため，ある信号 s_i にいかなるスカラーの乗数をかけても，対応する $\mathbf{A}$ の列 $\mathbf{a}_i$ を同じスカラーで割れば必ず相殺できるからである．つまり，このスカラー量を α_i とすると，

$$\mathbf{x} = \sum_i \left(\frac{1}{\alpha_i} \mathbf{a}_i \right) (s_i \alpha_i) \tag{7.9}$$

となる．結果的に，独立成分の大きさを固定してしまってもよいだろう．それらは確率変数であるので，一番自然な方法は，それらの分散が 1，つまり $\mathrm{E}\{s_i^2\} = 1$ であると仮定することである．すると，ICA の解法において行列 $\mathbf{A}$ の決定にはこの制約を考慮することになる．こうしてもまだ，**符号の任意性**が残っていることに注意してほしい．つまり，モデルに影響を与えることなく，独立成分に -1 をかけることができる．この曖昧さは，幸いほとんどの応用において重要ではない．

2. 独立成分の順序を決めることはできない

この理由もまた，$\mathbf{s}$ と $\mathbf{A}$ の双方を未知としているため，式 (7.6) の和の順序を自由に変えることが可能で，どの独立成分も 1 番目とすることができるからである．形式的に述べると，置換行列 $\mathbf{P}$ とその逆行列をモデルに代入すると $\mathbf{x} = \mathbf{AP}^{-1}\mathbf{Ps}$ を得る．$\mathbf{Ps}$ はもともとの独立変数 s_j を異なる順序で並べたものである．この場合 $\mathbf{AP}^{-1}$ が，ICA のアルゴリズムで解くことになる，新しい未知の混合行列である．

7.2.4 変数の中心化

一般性を失うことなく，混合変数と独立成分が平均 0 であると仮定できる．これにより理論とアルゴリズムが非常に単純になるので，本書ではこれより先，この仮定を置く．

平均が 0 であるという仮定が真ではなくても，ある前処理によりこの仮定が成立するようにできる．それには，観測変数の**中心化**，つまりそれらの標本平均を差し引けばよい．原混合信号 $\mathbf{x}'$ は ICA の前に，

$$\mathbf{x} = \mathbf{x}' - \mathrm{E}\{\mathbf{x}'\} \tag{7.10}$$

により前処理される．またこれにより，

$$\mathrm{E}\{\mathbf{s}\} = \mathbf{A}^{-1}\mathrm{E}\{\mathbf{x}\} \tag{7.11}$$

であるから，独立成分も平均 0 になる．一方，混合行列は，この前処理を行っても変化しないから，我々は混合行列の推定に影響を与えることなくこの前処理を常に行うことができる．平均 0 のデータに対して混合行列と独立成分を推定した後，差し引かれた平均は，$\mathbf{A}^{-1}\mathrm{E}\{\mathbf{x}'\}$ を平均 0 の独立成分に加えることにより，簡単に復元できる．

7.3　ICA の図解

ICA モデルを統計学の言葉で説明するため，二つの独立成分が次のような一様分布に従う場合を考える．

$$p(s_i) = \begin{cases} \frac{1}{2\sqrt{3}}, & |s_i| \leq \sqrt{3} \text{のとき} \\ 0, & \text{その他のとき} \end{cases} \tag{7.12}$$

変数の範囲をこのようにしておけば，平均が 0 で分散が 1 になり，前節で述べた仮定と合致する．こうすると s_1 と s_2 の結合密度は正方形の領域で一様である．なぜならば，独立性の基本的な定義から，二つの独立な確率変数の結合密度は，それらの周辺密度の積であるからである（式 (7.7) を参照）．単に積を計算すればよい．図 7.5 は，この分布から無作為に取り出したデータの点を描いたもので，それによって結合分布が見える．

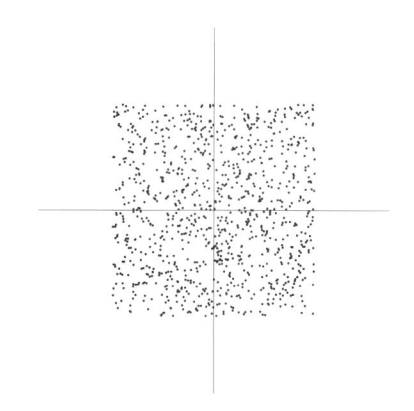

図 7.5　一様分布に従う独立成分 s_1（横軸）と s_2（縦軸）の結合分布．

次にこれらの二つの独立成分を混合する．次のような混合行列を使う．

$$\mathbf{A}_0 = \begin{pmatrix} 5 & 10 \\ 10 & 2 \end{pmatrix} \tag{7.13}$$

これを用いて二つの変数 x_1 と x_2 が得られる．計算すれば容易にわかるように，混合データは図 7.6 で示すような平行四辺形の上で一様な分布に従う．確率変数 x_1 と x_2 はもはや独立ではないことに注意しよう．それを確かめる簡単な方法は，一つの変数，たとえば x_1 の値を見て，x_2 の値が予想できるかどうかを考えればよい．明らかに，もし x_1 が，そのとりうる最大値または最小値をとったとすれば，x_2 の値は一つに決まってしまう．したがってそれらは独立ではない（s_1, s_2 については事情はまったく異なる．図 7.5 からもわかるように，s_1 の値がわかっても，s_2 の値を当てるのに何の役にも立たない）．

さて，ICA のモデルを推定する問題は，混合信号 x_1 と x_2 とに含まれている情報のみを用いて，混合行列 $\mathbf{A}$ を推定することである．実際には，図 7.6 から $\mathbf{A}$ を推定する直観的な方法があることがわかる．つまり平行四辺形の「へり」は $\mathbf{A}$ の各列に平行なのである．だから原理的には，まず x_1 と x_2 の結合分布を推定して，その「へり」を見つければよいことになる．そこでこの問題には解があると思われる．

一方，優ガウス的分布（2.7.1 項を参照）と呼ばれる，別の型の分布に従う独立成分の混合はどうなるだろうか．優ガウス的分布の密度関数の典型的な形は，0 に鋭い山をもつ．各独立成分が図 7.7 に示すような周辺密度をもつとしよう．これらのもとも

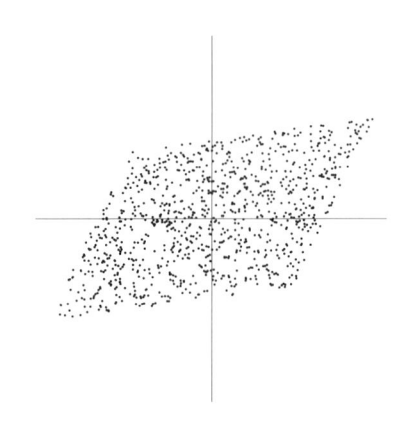

図 7.6　観測される混合 x_1（横軸）と x_2（縦軸）．図 7.5 と同じ尺度ではない．

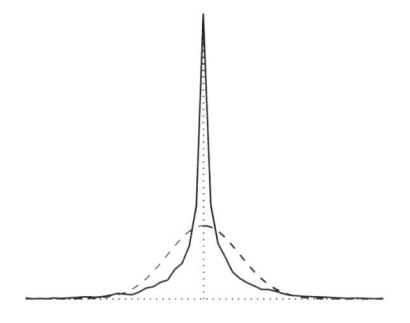

図 7.7　優ガウス的な一つの独立成分の密度．比較のためガウス密度を破線で示す．

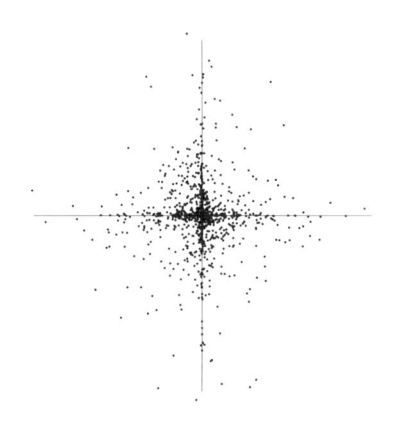

図 7.8　優ガウス的分布する独立成分 s_1 と s_2 の結合分布．

との独立成分の結合分布は図 7.8 のようになり，混合は図 7.9 のようになる．ここでも何か「へり」らしきものは見えるが，まったく異なる場所に現れている (密度の高い部分)．

しかし現実には，「へり」を見つける方法がうまくいくのは変数の分布が特別なときに限られているので，大変まずい方法である．ここでは図で説明するために「へり」がよく見えるような分布を用いたのだが，ほとんどの分布に対して，このような「へり」は見つけられない．その上，「へり」を見つけたり他の発見的な考え方に基づく方法は，計算が非常に複雑であったり信頼性に欠けたりする．

我々が必要とするのは，どのような分布をする独立成分にも使えて，速く計算でき信頼性の高い方法である．そのような方法を述べるのが本書の主な目的であり，第 8

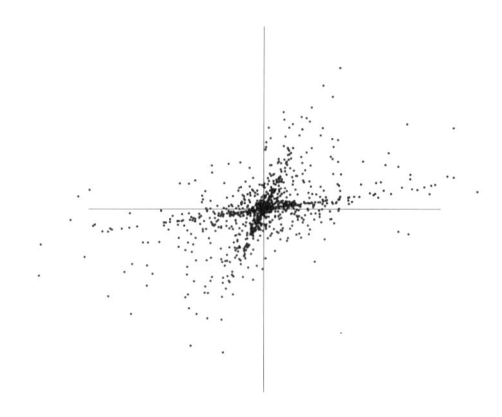

図 7.9 優ガウス的な独立成分から得られた観測混合 x_1 (横軸) と x_2 (縦軸) の結合分布.

章から第 12 章で扱っている．本章の残りの部分で，ICA と白色化の関係について述べる．

7.4 白色化より強力な ICA

いくつかの確率変数が与えられたとき，線形変換によりそれらを無相関な変数にすることは簡単である．そこで，独立成分の推定にその方法，つまり白色化，球面化などとよく呼ばれ，しばしば主成分分析で行われる方法を使ってみたい気になる．この節では，これは不可能であることを示し，ICA と他の無相関化の方法との関係を議論する．しかしながら白色化が ICA の前処理の技術として有用であることは示そう．

7.4.1 無相関化と白色化

無相関性は独立性の一つの弱い形である．ここでは，第 2 章ですでに述べた関連する定義を簡単に復習する．

二つの確率変数 y_1 と y_2 は，それらの共分散が 0，つまり，

$$\operatorname{cov}(y_1, y_2) = \mathrm{E}\{y_1 y_2\} - \mathrm{E}\{y_1\} \mathrm{E}\{y_2\} = 0 \tag{7.14}$$

であるとき，**無相関である**という．本書では，特に断らない限りすべての確率変数は平均が 0 であると仮定する．したがって，共分散は相関 $\operatorname{corr}(y_1, y_2) = \mathrm{E}\{y_1 y_2\}$ と等

しくなり，無相関化することは，相関を 0 とすることと同じである (2.2 節を参照)[2]．

もし，確率変数達が独立であれば，それらは無相関である．これは，もし，y_1 と y_2 が独立であれば，任意の二つの関数 h_1 と h_2 に対して，

$$\mathrm{E}\{h_1(y_1)h_2(y_2)\} = \mathrm{E}\{h_1(y_1)\}\mathrm{E}\{h_2(y_2)\} \tag{7.15}$$

だからである．2.3 節を参照されたい．$h_1(y_1) = y_1$ と $h_2(y_2) = y_2$ と置けば，この式は無相関性を示している．その一方で，無相関性は**独立性を意味しない**．たとえば，(y_1, y_2) は離散値をとり，その分布は，$(0,1), (0,-1), (1,0)$，と $(-1,0)$ という値の対をすべて確率 1/4 でとるようなものとする．すると y_1 と y_2 は，簡単な計算でわかるように無相関である．その一方，

$$\mathrm{E}\{y_1^2 y_2^2\} = 0 \neq \frac{1}{4} = \mathrm{E}\{y_1^2\}\mathrm{E}\{y_2^2\} \tag{7.16}$$

であり，式 (7.15) の条件は満たされないので 2 変数は独立ではあり得ない．

白色性は無相関性よりも少し強い性質である．平均 0 の確率ベクトル $\mathbf{y}$ が白色であるとは，それぞれの成分が無相関であり，それらの分散がすべて 1 であることである．言い換えれば，$\mathbf{y}$ の共分散行列 (相関行列も同様に) は，単位行列になる．

$$\mathrm{E}\{\mathbf{y}\mathbf{y}^T\} = \mathbf{I} \tag{7.17}$$

したがって白色化は，観測されたデータベクトル $\mathbf{x}$ に，ある行列 $\mathbf{V}$ をかけるという線形変換

$$\mathbf{z} = \mathbf{V}\mathbf{x} \tag{7.18}$$

により，$\mathbf{z}$ という白色の新しいベクトルを得ることである．白色化を球面化と呼ぶことがある．

白色化の変換は常に可能である．第 6 章では，そのいくつかの方法について概説した．白色化の方法としてよく用いられる方法として，共分散行列の固有値分解があり，

$$\mathrm{E}\{\mathbf{x}\mathbf{x}^T\} = \mathbf{E}\mathbf{D}\mathbf{E}^T \tag{7.19}$$

---

[2] 統計学の文献では，相関は共分散を正規化したものと定義される (相関係数)．ここでは，信号処理の分野でより広く使われる，このより単純な定義を用いる．いずれにしても，無相関性の考え方は同じである．

と表される．ここで，$\mathbf{E}$ は $\mathrm{E}\{\mathbf{xx}^T\}$ の固有ベクトルからなる直交行列であり，$\mathbf{D}$ はその固有値からなる対角行列であり，$\mathbf{D} = \mathrm{diag}(d_1, \ldots, d_n)$ と表される．白色化を行うには，白色化行列

$$\mathbf{V} = \mathbf{E}\mathbf{D}^{-1/2}\mathbf{E}^T \tag{7.20}$$

を用いればよい．$\mathbf{D}^{-1/2}$ は簡単な要素ごとの計算で求められる行列であり，$\mathbf{D}^{-1/2} = \mathrm{diag}\left(d_1^{-1/2}, \ldots, d_n^{-1/2}\right)$ となる．この方法で計算される白色化行列は $\mathrm{E}\{\mathbf{xx}^T\}^{-1/2}$ または $\mathbf{C}^{-1/2}$ と表される．他の方法として，主成分分析に関連づけて白色化を行うこともでき，その際にはそれに関連した白色化行列が得られる．詳しくは第6章を参照されたい．

7.4.2　白色化はICAの半分だけである

ここで，たとえば式(7.20)で与えられる行列によって，ICAモデルのデータが白色化されたとする．白色化変換により混合行列は新しい混合行列 $\tilde{\mathbf{A}}$ になる．式(7.5)と式(7.18)より，

$$\mathbf{z} = \mathbf{V}\mathbf{A}\mathbf{s} = \tilde{\mathbf{A}}\mathbf{s} \tag{7.21}$$

である．無相関性は独立性と関連があるので，白色化によりICA問題が解けると考えるかもしれない．しかしながら，そうはいかない．無相関性は独立性よりも弱く，ICAモデルの推定に十分ではない．これを理解するため $\mathbf{z}$ の直交変換 $\mathbf{U}$

$$\mathbf{y} = \mathbf{U}\mathbf{z} \tag{7.22}$$

を考える．$\mathbf{U}$ の直交性により，

$$\mathrm{E}\{\mathbf{yy}^T\} = \mathrm{E}\{\mathbf{U}\mathbf{zz}^T\mathbf{U}^T\} = \mathbf{U}\mathbf{I}\mathbf{U}^T = \mathbf{I} \tag{7.23}$$

を得る．言い換えれば，$\mathbf{y}$ もまた白色である．このように，白色性だけからは $\mathbf{z}$ と $\mathbf{y}$ のどちらが独立成分なのかはわからない．$\mathbf{y}$ は $\mathbf{z}$ のいかなる直交変換でもよいことになるから，**白色化では独立成分を直交変換したものしか得られない**．これでは，ほとんどの応用で十分ではない．

一方で，白色化はICAの前処理過程として有用である．白色化が有用なのは，新しい混合行列 $\tilde{\mathbf{A}} = \mathbf{V}\mathbf{A}$ は直交行列であるという事実による．これは，

$$\mathrm{E}\{\mathbf{zz}^T\} = \tilde{\mathbf{A}}\mathrm{E}\{\mathbf{ss}^T\}\tilde{\mathbf{A}}^T = \tilde{\mathbf{A}}\tilde{\mathbf{A}}^T = \mathbf{I} \tag{7.24}$$

からわかる．したがって，混合行列の探索を直交行列の空間内に絞ることができる．要素として n^2 のパラメータをもつもともとの行列 $\mathbf{A}$ の代わりに，直交の混合行列 $\tilde{\mathbf{A}}$ を推定すればよいことになる．直交行列は，$n(n-1)/2$ 個の自由度をもつ．たとえば2次元では，直交変換は1個の角度パラメータで決定される．より高い次元では，直交行列のパラメータ数は任意の行列のそれの約半分である．

したがって，白色化は ICA 問題を半分だけ解くということができよう．白色化が非常に単純で (いかなる ICA アルゴリズムよりもずっと単純である)，標準的な操作であるから，この方法で問題の複雑さを減らすことはよい考えである．残りの半分のパラメータは別の方法で推定する必要があり，そのいくつかを次章で紹介する．

図 7.10 は図 7.6 のデータを白色化したものであるが，これを見ると白色化の効果がよくわかる．分布を表す四角形は，明らかに図 7.6 の元の四角形を回転したものである．後は，その回転を与える一つの角度の推定だけである．

本書の多くの章では，$\mathbf{z}$ で示すデータは白色化により前処理されているものと仮定する．白色化が明確には要求されない場合にも，自由パラメータの数が減り，特に高次元のデータに対して ICA の諸方法の能力をかなり向上させることから白色化を勧める．

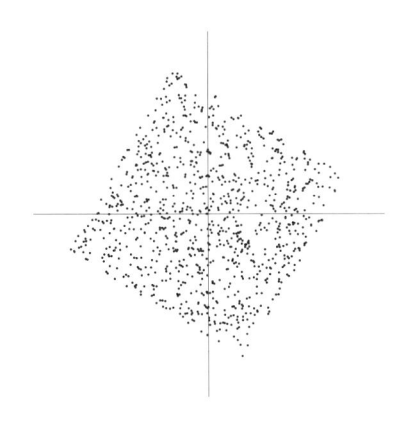

図 7.10　一様分布する独立成分の混合を白色化したものの結合分布．

7.5　ガウス的変数には使えない理由

白色化のことを考えれば，なぜガウス的変数に対して ICA が使えないのかがわかる．二つの独立成分 s_1 と s_2 の結合分布がガウス分布だとしよう．つまりそれらの結合密度関数は，

$$p(s_1, s_2) = \frac{1}{2\pi} \exp\left(-\frac{s_1^2 + s_2^2}{2}\right) = \frac{1}{2\pi} \exp\left(-\frac{\|\mathbf{s}\|^2}{2}\right) \tag{7.25}$$

と書ける（ガウス分布について詳しくは 2.5 節を参照）．混合行列 $\mathbf{A}$ が直交行列であると仮定しよう．その仮定は，たとえばデータがすでに白色化されている場合に対応していると考えてもよい．密度関数の変換を示す周知の公式 (2.82) を用い，直交行列に対して $\mathbf{A}^{-1} = \mathbf{A}^T$ が成立することに注意すれば，混合 x_1 と x_2 の結合密度は，

$$p(x_1, x_2) = \frac{1}{2\pi} \exp\left(-\frac{\|\mathbf{A}^T \mathbf{x}\|^2}{2}\right) |\det \mathbf{A}^T| \tag{7.26}$$

で与えられることがわかる．$\mathbf{A}$ の直交性から，$\|\mathbf{A}^T \mathbf{x}\|^2 = \|\mathbf{x}\|^2$ と $|\det \mathbf{A}| = 1$ を得る．またこのとき $\mathbf{A}^T$ も直交行列である．そこで，

$$p(x_1, x_2) = \frac{1}{2\pi} \exp\left(-\frac{\|\mathbf{x}\|^2}{2}\right) \tag{7.27}$$

となり，混合行列が直交行列のときにはこの結合分布に現れないので，結局結合密度を変えないのである．もともとの分布と混合の分布は同一である．したがってどのようにしても，混合から混合行列を推定することは不可能である．

ガウス変数達の直交混合行列が推定できないという現象は，無相関な結合ガウス分布する変数達は，必ず独立であるという性質に関係している (2.5 節)．このようにガウス的変数の独立性の情報があっても白色化以上には進めない．

直交行列による混合をプロットすれば，それはもともとの分布と同じになるという現象を，図の上で見ることができる．そのような分布を図 7.11 に示す．図から分布は回転に対して対称であることがわかる．したがって $\mathbf{A}$ の列に関する情報はこの分布にはまったく含まれず，$\mathbf{A}$ を推定することはできないのである．

したがって，独立成分達がガウス的変数である場合には，ICA モデルの推定には直交行列の分の曖昧性が残る．ということは，行列 $\mathbf{A}$ はガウス独立成分に対しては同定不可能である．ガウス変数に対しては白色化以上のことはできない．しかし，白色化をするにはいくらかの選択肢がある．そのうちで PCA は古典的な選択である．

ICA モデルを推定しようというときに，いくつかの成分がガウス性であり，他が非ガウス性である場合はどうなるだろうか．この場合には非ガウス成分はすべて推定

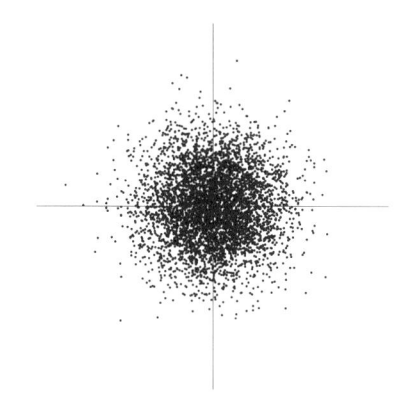

図 7.11　二つの独立なガウス確率変数の分布.

できるが，ガウス成分は別々に分離できない．つまり，推定した成分のうち，あるものはガウス成分の任意の線形結合となる．しかしガウス成分が一つしかないときには，混ざってしまう他のガウス成分がないから，モデルは実際には推定できることになる．

7.6　結語と参考文献

　ICA は応用範囲の大変広い統計的な方法であり，確率的な測定データを，互いに統計的に独立な成分達の線形変換として表すものである．本章では ICA を，隠れた独立な変数をもつ生成モデルの推定として定式化した．そのような分解は，すべての独立成分が非ガウス的であれば(例外として1個のガウス成分は許される)同定可能であり，すなわち良設定問題である．この推定問題はまず白色化することにより，単純になる．これによってパラメータは部分的に推定されるが，直交変換が同定されない．非ガウス的変数に含まれる高次統計量に関する情報を用いれば，この直交変換も推定できることになる．

　ICA モデルを推定する実際的な方法については，第 II 部の残りの章で述べる．非ガウス性の極大を見つけるという考えに基づいた簡単な方法について，第 8 章で述べる．次に第 9 章では，古典的な最尤推定を ICA に適用する方法を述べる．第 10 章では情報理論的な枠組みについて述べるが，それによって前の二つの章の方法が相互情報量によって関連づけられる．その他のいくつかの方法について第 11 章および第 12

章で述べる．ICAを適用するときの実際的な問題，特にデータの前処理について，第13章で述べる．第II部の最終の第14章では，さまざまなICAの方法を比較し，「最良」の方法の選択法について述べる．

本章で扱った材料は古典的といってよいものである．ICAモデルを本章で述べたように定義したのは[228]が最初であり，ある程度関連する展開が[24]で与えられた．同定可能性については[89, 423]で扱われている．白色化については[61]でも提案された．これら信号処理の研究と並行して，神経科学領域の研究もICAを独立に発展させた．より定性的な性格のものであるが，これは[26, 27, 28]から始まった．この分野での最初の定量的な研究結果は[131]で提案されており，[335]では雑音を含むICAモデルと本質的に等価なモデルが提案された．ICAの歴史に関して詳しくは第1章や[227]に述べられている．最近のICAを概観するには，[10, 65, 201, 267, 269, 149]がよい．より短い教科書的記述が[212]にある．

演習問題

1. 確率ベクトル $\mathbf{x}$ が与えられたとき，それを白色化する**対称な半正定行列**は式(7.20)で与えられるものだけであることを示せ．
2. 平均0で結合分布がガウス分布である二つの確率変数は，互いに無相関であるとき，またそのときに限り独立であることを示せ．
    - ☞ 密度関数は式(2.68)にある．無相関であることは共分散行列が対角であることである．これから結合分布が因数分解できることを示せ．
3. もし $\mathbf{x}$ と $\mathbf{s}$ が両方とも観測可能だとすると，ICAモデルはどのようにして推定すればよいか(データが雑音を含むことも仮定せよ)．
4. データ $\mathbf{x}$ に行列 $\mathbf{M}$ をかけるとすると，それにより独立成分は変わるか．
5. 我々の定義では独立成分の符号は決定されない．符号まで決定するには定義をどのように補えばよいだろうか．
6. 独立成分の数のほうが観測された混合データ数よりも多いとする．混合行列の推定ができたと仮定する．独立成分の値を求めることができるだろうか．もし観測された混合データの数が独立成分の数より多ければ，どうであるか．

コンピュータ課題

1. ラプラス分布に従う二つの確率変数を生成せよ（式 (2.96) を参照）．それらを，乱数を要素にもつ 3 種類の混合行列で混合せよ．観測された混合をプロットせよ．データのプロットの中に行列 **A** を見出すことができるか．次に独立成分を，ガウス確率変数の絶対値で構成して同じことを行え．

2. 二つの独立なガウス確率変数を生成せよ．それらを乱数行列で混合せよ．白色化行列を求めよ．白色化行列と混合行列の積を求め，それがほぼ直交行列であることを示せ．なぜ正確に直交行列にならないのだろうか．

第8章

非ガウス性の最大化によるICA

本章では,独立成分分析(ICA)のモデルを推定するための,簡単で直観的な原理を紹介する.これは非ガウス性の最大化に基づいている.

実際ICA推定において非ガウス性はこの上なく重要である.7.5節で示されたように,これなくして推定は行えない.したがって,非ガウス性がICA推定において指導的な原理となりうるのは,驚くべきことではない.これは同時に,ICAの研究が最近やっと復活したことの主な原因でもあるだろう.ほとんどの古典的な統計理論では,確率変数はガウス分布に従うと仮定されるので,ICAに関係する方法は出てこないのである(その場合でもまったく異なる取り扱いが可能な場合があるが,それは第18章で示すように,信号の時間的な構造を用いる場合である).

まず中心極限定理を使って,非ガウス性を最大化する理由を直観的に示すことにする.非ガウス性の実用的な尺度として,まず尖度と呼ばれる4次のキュムラントを導入する.尖度を用いた勾配法と不動点法それぞれによる,実用的なアルゴリズムを導出する.次に,尖度にまつわるいくつかの問題を解決するため,非ガウス性の別の尺度として,ネゲントロピーと呼ばれる情報理論的な量を導入する.そしてこの尺度のためのアルゴリズムを導出する.最後に,これらの方法と射影追跡と呼ばれる方法との関連を論じる.

8.1 「非ガウス性は独立性」

2.5.2項で示した中心極限定理は確率論の古典的な結果である.それは,独立な確率変数の和の分布が,ある条件の下でガウス分布に近づくというものである.不正確ないい方ではあるが,二つの独立な確率変数の和の分布は,それぞれの変数の分布よりもガウス分布に近い.

8.1 「非ガウス性は独立性」

さてデータベクトル $\mathbf{x}$ が ICA データモデル

$$\mathbf{x} = \mathbf{A}\mathbf{s} \tag{8.1}$$

に従って分布しているとしよう．つまりそれは独立成分の混合である．本節の目的は動機をわかりやすく示すことなので，独立な成分達はすべて同一の分布に従うと仮定する．混合は，

$$\mathbf{s} = \mathbf{A}^{-1}\mathbf{x} \tag{8.2}$$

によって復元されるから，独立成分の推定は，混合変数の正しい線形結合を見出せばよいことになる．そこで一つの独立成分を推定するため，混合変数の線形結合を考えてみよう．これを $y = \mathbf{b}^T \mathbf{x} = \sum_i b_i x_i$ で表そう．ここで，$\mathbf{b}$ が決定すべきベクトルである．さらに $y = \mathbf{b}^T \mathbf{A}\mathbf{s}$ と書けることにも注意すれば，y は s_i のある線形結合であり，その結合係数は $\mathbf{b}^T \mathbf{A}$ で与えられる．このベクトルを $\mathbf{q}$ で表すことにする．すると，

$$y = \mathbf{b}^T \mathbf{x} = \mathbf{q}^T \mathbf{s} = \sum_i q_i s_i \tag{8.3}$$

となる．もし $\mathbf{b}$ が $\mathbf{A}$ の逆行列の一つの行であれば，この線形結合 $\mathbf{b}^T \mathbf{x}$ は実際に独立成分の一つと等しくなる．その場合には，対応する $\mathbf{q}$ はその一つの要素が 1 で，他はすべて 0 であるようなベクトルである．

さて問題は，中心極限定理をどのように使えば，$\mathbf{b}$ が $\mathbf{A}$ の逆行列の一つの行と等しくなるように決められるかということである．現実には，我々には行列 $\mathbf{A}$ に関する何の知識もないのだから，そのような $\mathbf{b}$ を正確に決定することはできない．しかし，よい近似を与える推定法を見つけることはできる．

$\mathbf{q}$ の要素を変化させて，$y = \mathbf{q}^T \mathbf{s}$ の分布がどう変わるかを見てみよう．原理的な考え方は次のとおりである．たった 2 個の独立な変数でも，和をとればもともとの変数よりはガウス的となるのだから，$y = \mathbf{q}^T \mathbf{s}$ は普通 s_i のどれよりもよりガウス的で，最もガウス性から遠くなるのは，y が実は一つの s_i と等しいというときである（注意すべきであるが，これは，ここで仮定したように各 s_i が同一の分布に従うときにのみ厳密に正しい）．この場合，明らかに $\mathbf{q}$ の要素 q_i のうち 0 でないのはたった一つだけである．

実際には $\mathbf{q}$ の値はわからないが，わからなくてよいのである．なぜならば，$\mathbf{q}$ の定義より $\mathbf{q}^T \mathbf{s} = \mathbf{b}^T \mathbf{x}$ であるから，ただ $\mathbf{b}$ を変化させて $\mathbf{b}^T \mathbf{x}$ の分布を調べればよいからである．

したがって $\mathbf{b}$ としては，$\mathbf{b}^T\mathbf{x}$ の非ガウス性を最大にするベクトルを用いればよい．そのようなベクトルは，0 でない要素をただ一つだけもつ $\mathbf{q} = \mathbf{A}^T\mathbf{b}$ に，必然的に対応する．ということは，$y = \mathbf{b}^T\mathbf{x} = \mathbf{q}^T\mathbf{s}$ は独立成分のうちの一つに等しくなる．したがって $\mathbf{b}^T\mathbf{x}$ の非ガウス性を最大にすることにより，独立成分の一つが得られるのである．

実は，ベクトル $\mathbf{b}$ の存在する n 次元空間において，最適化すべき関数は $2n$ 個の極値をもち，一つの独立成分に対して s_i と $-s_i$ に対応する 2 個の極値が対応している（独立成分の推定において，その符号は決定されないことを思い出そう）．

非ガウス性の最大化の原理を，簡単な例によって説明しよう．一様分布に従う二つの独立な成分を考える（それらの平均は，本書の他のすべての確率変数と同じく，0 である）．それらの結合分布は図 8.1 に示されているが，これは独立成分の標本を 2 次元 (2-D) 平面にプロットしたものである．図 8.2 には，ヒストグラムによって，この一様分布が推定される様子も示してある．これらの変数を線形演算で混合し，その混合を前処理により白色化する．白色化は 7.4 節で説明されているが，それは $\mathbf{x}$ を確率ベクトル

$$\mathbf{z} = \mathbf{V}\mathbf{x} = \mathbf{V}\mathbf{A}\mathbf{s} \tag{8.4}$$

に線形変換し，その相関行列が単位行列になるように，つまり $\mathrm{E}\{\mathbf{z}\mathbf{z}^T\} = \mathbf{I}$ とするのである．したがって，混合行列は異なるが，ICA モデルはここでも成立している（白色化なしでも，状況は同様である）．白色化された混合の結合分布を図 8.3 に示す．これは 7.4 節で説明したように，もともとの結合分布を回転したものである．

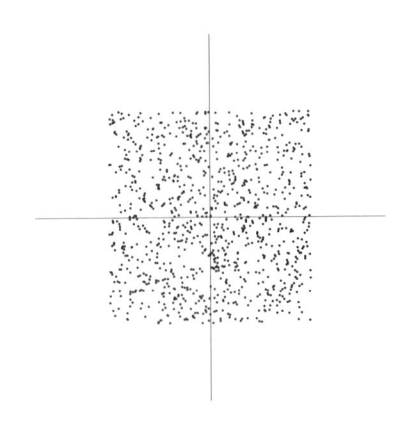

図 8.1 一様分布する二つの独立成分の結合分布．

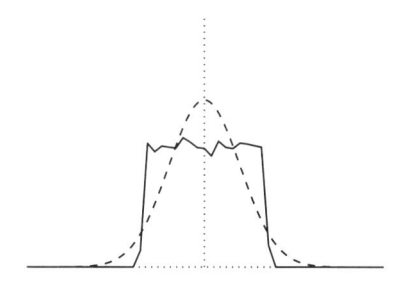

図 8.2　一様分布に従う独立成分のうちの一つの密度の推定と，比較のためのガウス密度 (破線)．

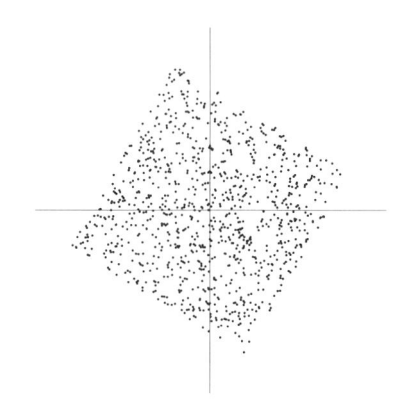

図 8.3　一様分布に従う独立成分二つの混合を白色化したものの結合分布．

　さて，二つの線形混合 z_1 と z_2 の分布を見てみよう．図 8.4 はこれらの推定である．明らかにわかるように，これら混合の分布は，図 8.2 に示したもともとの各独立成分の分布よりも，ガウス分布に近くなっている．このように，混合によって変数がガウス性に近づくことがわかる．図 8.3 の正方形を図 8.1 に示されたもともとの IC の分布に戻すような回転が見つかれば，(混合の) 線形結合で，一様分布に従い，非ガウス性が最大のものが 2 個得られることになる．

　次の例は非常に異なる分布を用いて，同じ結果を示すものである．図 8.5 は優ガウス性が非常に強い独立成分の結合分布を示す．図 8.6 に一つの成分の周辺密度の推定を示す．この密度は，0 において優ガウス的分布の特徴である鋭い山をもっている (2.7.1 項または以下を参照)．これら独立成分の線形混合を白色化したものを図 8.7 に

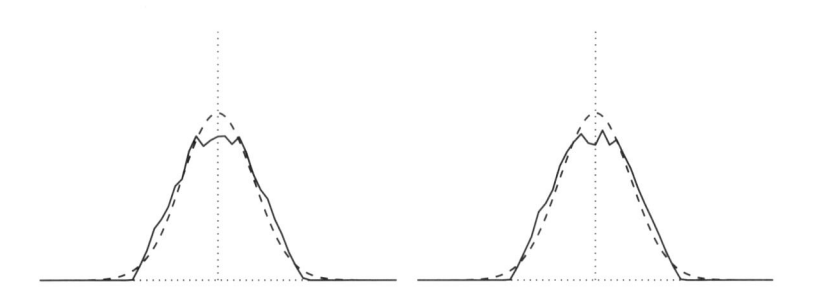

図 8.4　白色化した混合の周辺密度．これらは独立成分の分布よりもガウス密度 (破線) に近い．

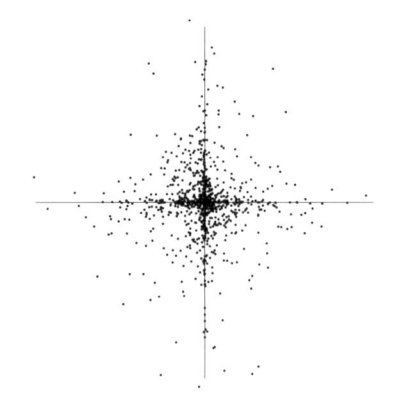

図 8.5　優ガウス的分布に従う二つの独立な確率変数の結合分布．

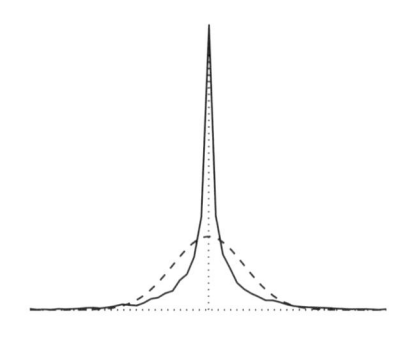

図 8.6　一つの優ガウス的独立成分の密度の推定．

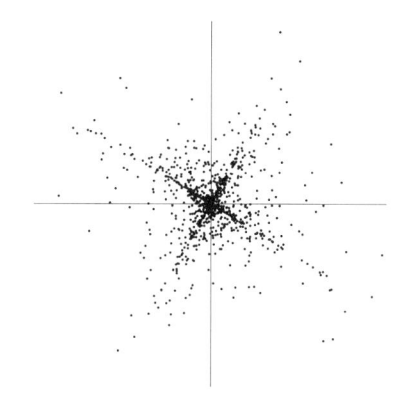

図 8.7　優ガウス的な独立成分の二つの白色化混合の結合分布．

示す．その二つの混合の密度を図 8.8 に示す．これらの山はもともとの密度よりもずっと低いことから，明らかによりガウス密度に近いことがわかる．ここでも，混合によって密度がガウス分布により近くなることがわかった．

　要約すると，我々は ICA 推定問題を，非ガウス性が最大の方向を探索するという問題として定式化した．各極大が一つの独立成分を与える．ここではかなり発見的にこの方法を述べたのだが，次節と第 10 章で示されるように，これは完全に厳密に正当化できる．現実的な観点からは，次のような疑問に答えなければならない．すなわち，$\mathbf{b}^T\mathbf{x}$ の非ガウス性をどのように測ったらよいのか，また，そのような非ガウス性の尺度を極大化する $\mathbf{b}$ をどのようにして求めればよいのか，という疑問である．本章の残

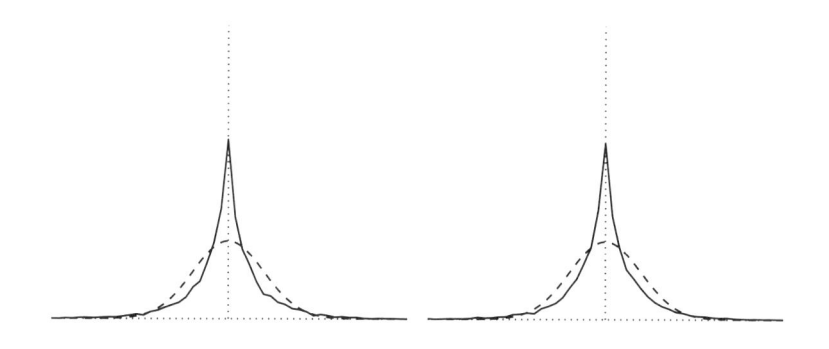

図 8.8　図 8.7 の白色化混合の各周辺密度．それらは独立成分の密度と比較するとガウス密度 (破線で示す) に近い．

りは，これらの疑問に答えるのに費やされる．

8.2 尖度によって非ガウス性を測る

8.2.1 尖度の極値は独立成分を与える

尖度とその性質　ICA の推定において非ガウス性を使うには，確率変数 y の非ガウス性の定量的な尺度が必要である．この節では，古典的な非ガウス性の尺度である尖度を使用して，ICA の推定を行う方法を示す．尖度は，確率変数の 4 次のキュムラントにつけられた名前である．尖度の一般的な議論については 2.7 節を参照されたい．これより，古典的なモーメント法の一変形と考えられる推定法を得る (4.3 節を参照)．

y の尖度を $\mathrm{kurt}(y)$ と書き，

$$\mathrm{kurt}(y) = \mathrm{E}\{y^4\} - 3\left(\mathrm{E}\{y^2\}\right)^2 \tag{8.5}$$

と定義する．ここでは，すべての確率変数の平均を 0 としていることを思い出していただきたい．したがって，一般には尖度の定義はもう少し複雑になる．さらに，簡単のため y は分散が 1，つまり $\mathrm{E}\{y^2\} = 1$ となるように正規化されていると仮定できる．すると，式 (8.5) の右辺は，$\mathrm{E}\{y^4\} - 3$ と簡単化される．これより，尖度は正規化された 4 次のモーメント $\mathrm{E}\{y^4\}$ にすぎないことがわかる．ガウス分布に従う y に対しては，4 次のモーメントは $3\left(\mathrm{E}\{y^2\}\right)^2$ と等しくなる．したがって，ガウス確率変数に対して尖度は 0 になる．ほとんどの (といってもすべてではないが) 非ガウス確率変数に対しては，尖度は 0 にならない．

尖度は正負どちらの値もとりうる．負の尖度をもつ確率変数を劣ガウス的 (subgaussian)，正の尖度をもつものを優ガウス的 (supergaussian) と呼ぶ．統計学の分野では平らな分布 (platykurtic)，尖った分布 (leptokurtic) という言葉も使われる．詳しくは，2.7.1 項を参照されたい．優ガウス的確率変数として典型的なのは，鋭いピークをもち，かつ大きな裾をもつ確率密度である．つまりその密度関数は，(ガウス密度と比較すると) 変数が 0 であるところと大きな値のところで大きくなり，中間的な値に対しては小さい．代表的な例としては，

$$p(y) = \frac{1}{\sqrt{2}} \exp\left(-\sqrt{2}|y|\right) \tag{8.6}$$

で与えられるラプラス分布がある．ここで，分散は 1 になるように正規化してある．この密度関数を図 8.9 に示す．一方，典型的な劣ガウス的確率変数の密度関数は「平

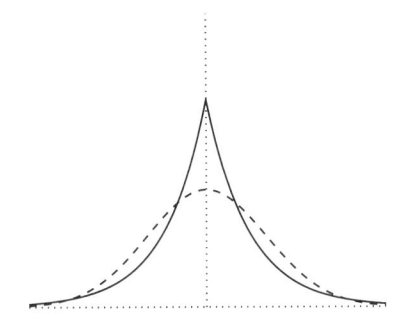

図 8.9 代表的な優ガウス的分布であるラプラス分布の密度関数．比較のためガウス密度を破線で示す．どちらも分散が1となるように正規化されている．

坦」で，0近辺ではあまり変化せず，変数の大きな値で非常に小さくなる．代表的な例である一様分布の密度関数は，

$$p(y) = \begin{cases} \frac{1}{2\sqrt{3}}, & |y| \leq \sqrt{3} \\ 0, & \text{その他} \end{cases} \tag{8.7}$$

で与えられる．この密度も分散1に正規化されている．これを図 8.10 に図示する．

非ガウス性を測るのによく用いられるのは，尖度の絶対値である．尖度の2乗も用いることができる．これらの尺度はガウス分布に対して0となり，ほとんどの非ガウス確率変数に対して正となる．尖度が0であるような非ガウス確率変数も存在するが，それらは非常にまれであると考えられる．

ICA やそれの関連分野で，尖度は，というよりむしろその絶対値は，非ガウス性の

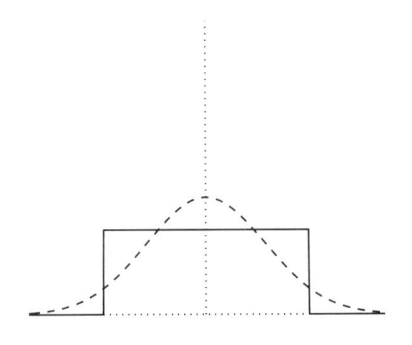

図 8.10 代表的な劣ガウス的分布である一様分布の密度関数．比較のためガウス密度を破線で示す．どちらも分散が1となるように正規化されている．

尺度として広く使われている．その主な理由は，それが計算的にも理論的にも単純だからである．計算についていえば，（標本の分散を一定値に保つならば）尖度は標本データの 4 次モーメントを用いて簡単に推定することができる．理論的な解析は，次に示すような線形性に似た性質のおかげで単純になる．いま，x_1 と x_2 が二つの独立な確率変数だとすると，

$$\mathrm{kurt}\,(x_1 + x_2) = \mathrm{kurt}\,(x_1) + \mathrm{kurt}\,(x_2) \tag{8.8}$$

と，

$$\mathrm{kurt}\,(\alpha x_1) = \alpha^4 \mathrm{kurt}\,(x_1) \tag{8.9}$$

が成り立つ．ここで，α は定数である．これらの性質は一般的なキュムラントの定義から簡単に証明される．2.7.2 項を参照されたい．

ICA における最適化関数の作る地形　　尖度に対する最適化の関数の作る地形を簡単な例で図示し，尖度の最小化あるいは最大化によって独立成分が見出される様子を示すため，2 次元モデル $\mathbf{x} = \mathbf{A}\mathbf{s}$ を考える．独立成分 s_1, s_2 の尖度の値，$\mathrm{kurt}\,(s_1)$，$\mathrm{kurt}\,(s_2)$ が 0 ではないと仮定する．s_1, s_2 の分散は 1 であると定義したことを思い出そう．独立成分のうちの一つ，たとえば $y = \mathbf{b}^T \mathbf{x}$ を探す．

もう一度，変換されたベクトル $\mathbf{q} = \mathbf{A}^T \mathbf{b}$ を考える．すると，$y = \mathbf{b}^T \mathbf{x} = \mathbf{b}^T \mathbf{A}\mathbf{s} = \mathbf{q}^T \mathbf{s} = q_1 s_1 + q_2 s_2$ である．次に，尖度の加法性に基づいて，

$$\mathrm{kurt}\,(y) = \mathrm{kurt}\,(q_1 s_1) + \mathrm{kurt}\,(q_2 s_2) = q_1^4 \mathrm{kurt}\,(s_1) + q_2^4 \mathrm{kurt}\,(s_2) \tag{8.10}$$

を得る．一方，s_1, s_2 の仮定と同様に，y の分散が 1 という制約条件を課した．これは $\mathbf{q}$ に対して，$\mathrm{E}\{y^2\} = q_1^2 + q_2^2 = 1$ という制約を与える．幾何学的には，これはベクトル $\mathbf{q}$ が 2 次元平面上で単位円に制約されていることを意味する．

そこで最適化問題は，単位円上の関数 $|\mathrm{kurt}\,(y)| = |q_1^4 \mathrm{kurt}\,(s_1) + q_2^4 \mathrm{kurt}\,(s_2)|$ の最大は何かということになる．まず，簡単化のためにこれらの尖度を 1 であると仮定しよう．この場合我々は単に関数

$$F(\mathbf{q}) = q_1^4 + q_2^4 \tag{8.11}$$

を扱うことになる．この関数のいくつかの等高線，つまりその上でこの関数が一定値をとる曲線を，図 8.11 に示す．単位円，つまり $q_1^2 + q_2^2 = 1$ も一緒に示してある．これが，この問題の「最適化の地形」である．

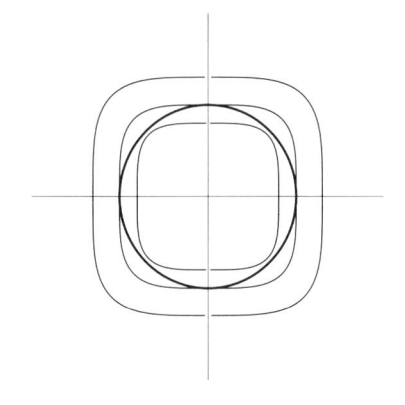

図 8.11 尖度の最適化の俯瞰図．太線は単位円で，細線は式 (8.11) の F の値が一定であるような等高線．

最大は，ちょうどベクトル $\mathbf{q}$ の一つの要素が 0 で，もう一つが 0 ではない点にあることは容易にわかる．単位円の制約により，0 ではない要素は 1 か −1 である．しかしこれらの点は，y が独立成分 $\pm s_i$ のうちの一つと等しくなることとまさに対応しているから，この問題は解けたことになる．

両方の尖度が −1 である場合も，絶対値をとれば同じ関数を最大化することになるため，同じ状況になる．最後に，計算はかなり面倒ではあるが，尖度が完全に任意であるときでもそれらが 0 でない限り，$y = \mathbf{b}^T \mathbf{x}$ が独立成分の一つと等しいときに尖度の絶対値が最大値をとることが示される．証明は演習問題とした．

ここで，**白色化による前処理の有用性**を見よう．白色化データ $\mathbf{z}$ に対して，非ガウス性を最大化するような線形結合 $\mathbf{w}^T \mathbf{z}$ を探すとしよう．この場合，ここでの状況は簡単化される．なぜならば，$\mathbf{q} = (\mathbf{VA})^T \mathbf{w}$ で，

$$\|\mathbf{q}\|^2 = (\mathbf{w}^T \mathbf{VA})(\mathbf{A}^T \mathbf{V}^T \mathbf{w}) = \|\mathbf{w}\|^2 \tag{8.12}$$

となるからであり，これから $\mathbf{q}$ を単位円上にあると制約するのは，$\mathbf{w}$ を単位円上に制約するのと同値であることがわかる．したがって，より簡単な制約 $\|\mathbf{w}\| = 1$ の下で，$\mathbf{w}^T \mathbf{z}$ の尖度の絶対値の最大化をすることになる．さらにまた，白色化しておくと，線形結合 $\mathbf{w}^T \mathbf{z}$ は，ベクトル $\mathbf{w}$ で張られる直線（これは 1 次元の部分空間である）上への**射影**と解釈することができる．単位円上の各点は一つの射影に相当する．

一例として，図 8.3 (p.187) に示すような，一様分布する独立成分の混合を白色化したものを考えてみる．ベクトル $\mathbf{w}$ によるデータの線形結合，つまり射影 $\mathbf{w}^T \mathbf{z}$ が，

図 8.12 に示されるように最大の非ガウス性をもつようなベクトル w を探す．この 2 次元の場合，単位円上の点を，それに対応するベクトル w が水平軸となす角度をパラメータとして表すことができる．すると，$\mathbf{w}^T\mathbf{z}$ の尖度を角度の関数として図 8.13 のようにプロットすることができる．この図から，この尖度は常に負で，約 1rad と約 2.6rad において最小となることがわかる．これらの方向では尖度の絶対値が最大となる．これらは図 8.12 の正方形の「へり」を示す方向であり，したがってこれらの方向は確かに独立成分を与える．

2 番目の例として，優ガウス的独立成分の混合を白色化したものに対して，同じ現象を見る．図 8.14 で示すように，再びデータの射影の非ガウス性が最大となるようなベクトル w を探す．$\mathbf{w}^T\mathbf{z}$ の尖度を w の向く角度の関数として図 8.15 のように図示できる．図から，尖度は常に正であり，独立成分の方向において最大となることがわかる．前の例と同じ混合行列を用いているため，これらの角度は前の例と同じである．ここでも，その角度は尖度の絶対値を最大化する方向に対応している．

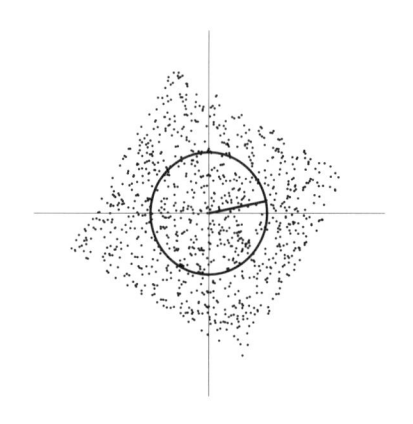

図 8.12 一様分布する独立成分の白色化混合を用いて，非ガウス性を最大化する射影（単位円上の点に対応する）を探す．射影は角度をパラメータとして表せる．

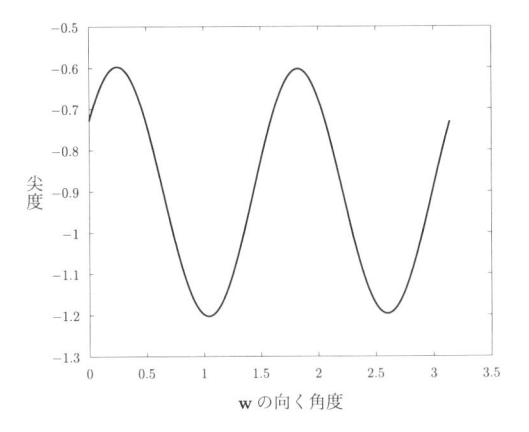

図 8.13 射影に対する尖度を図 8.12 で示した角度の関数として示したもの．尖度は，独立成分の方向において最小で，その絶対値は最大となる．

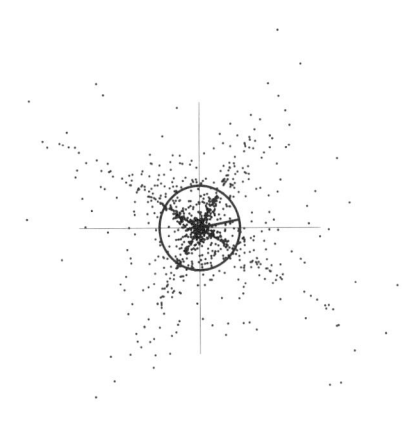

図 8.14 前例と同様，非ガウス性を最大化する射影を探すが，ここでは優ガウス的な独立成分の白色化混合に対して行う．射影は角度をパラメータとして表せる．

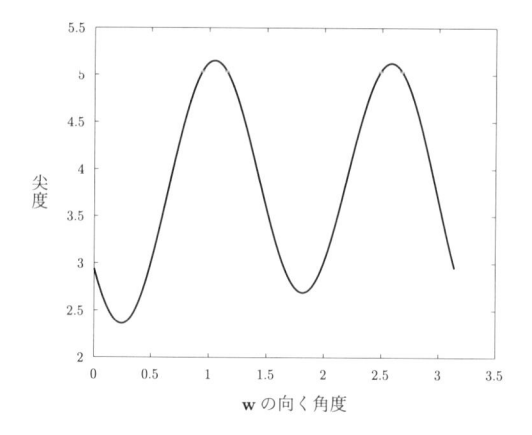

図 8.15 図 8.14 で示されたいろいろな角度への射影に対する尖度．尖度は，その絶対値も，独立成分の方向で最大値をとる．

8.2.2 尖度を用いた勾配法

実際に尖度の絶対値を最大化するには，まず何らかのベクトル $\mathbf{w}$ から出発し，混合ベクトル $\mathbf{z}$ の使用可能な標本 $\mathbf{z}(1),\ldots,\mathbf{z}(T)$ に基づいて，$y = \mathbf{w}^T\mathbf{z}$ の尖度の絶対値が最も急激に増大する方向を計算し，$\mathbf{w}$ をその方向に動かす．この考えを実現したものが，勾配法とその拡張である．

白色化されたデータに対しては，$\mathrm{E}\left\{\left(\mathbf{w}^T\mathbf{z}\right)^2\right\} = \|\mathbf{w}\|^2$ であるから，第 3 章で示した原理を用いると，$\mathbf{w}^T\mathbf{z}$ の尖度の絶対値の勾配は，

$$\frac{\partial \left|\mathrm{kurt}\left(\mathbf{w}^T\mathbf{z}\right)\right|}{\partial \mathbf{w}} = 4\,\mathrm{sign}\left(\mathrm{kurt}\left(\mathbf{w}^T\mathbf{z}\right)\right)\left[\mathrm{E}\left\{\mathbf{z}\left(\mathbf{w}^T\mathbf{z}\right)^3\right\} - 3\mathbf{w}\|\mathbf{w}\|^2\right] \tag{8.13}$$

として，簡単に計算できる．この関数を単位円 $\|\mathbf{w}\|^2 = 1$ 上で最適化するのだから，勾配法の各段の後で，$\mathbf{w}$ を単位円へ射影する操作を付け加える必要がある．このためには，$\mathbf{w}$ をそのノルムで割ればよい．式 (8.13) の括弧内の最後の項は，勾配法において $\mathbf{w}$ のノルムだけを変え，角度は変えないので，省略できることに注意すれば，アルゴリズムはより簡単になる．これは，$\mathbf{w}$ の方向だけに関心があり，ノルムは結局 1 に正規化されるためノルムが変化してもまったく意味がないからである．

したがって，次のような勾配法が得られる．

$$\Delta\mathbf{w} \propto \mathrm{sign}\left(\mathrm{kurt}\left(\mathbf{w}^T\mathbf{z}\right)\right)\mathrm{E}\left\{\mathbf{z}\left(\mathbf{w}^T\mathbf{z}\right)^3\right\} \tag{8.14}$$

$$\mathbf{w} \leftarrow \mathbf{w}/\|\mathbf{w}\| \tag{8.15}$$

これのオンライン（あるいは適応）アルゴリズムも同様に得られる．このためには，上式中の期待値の演算子 E を省略して，

$$\Delta \mathbf{w} \propto \text{sign}\left(\text{kurt}\left(\mathbf{w}^T \mathbf{z}\right)\right) \mathbf{z}\left(\mathbf{w}^T \mathbf{z}\right)^3 \tag{8.16}$$

$$\mathbf{w} \leftarrow \mathbf{w}/\|\mathbf{w}\| \tag{8.17}$$

が得られる．

このアルゴリズムでは，このようにして各観測値 $\mathbf{z}(t)$ を直ちに用いることができる．しかしながら，$\text{sign}\left(\text{kurt}\left(\mathbf{w}^T \mathbf{z}\right)\right)$ の計算の際，尖度の定義に含まれる期待値の演算子は省略できないことに注意しなければなない．実際には期待値の代わりに，時間平均を用いて尖度を適切に推定しなければならない．もちろん，この時間平均はオンラインで推定することができる．尖度の推定値を γ で表して，

$$\Delta \gamma \propto \left(\left(\mathbf{w}^T \mathbf{z}\right)^4 - 3\right) - \gamma \tag{8.18}$$

を用いることができる．これは，ある種の移動平均として尖度の推定を与える．

実際には，独立成分が劣ガウス的か優ガウス的かという，分布の性質が既知である場合も多い．この場合には，このアルゴリズム内の尖度に，その正しい符号のみを入れることによって，その値の推定を省略してしまうこともできる．

この勾配法のより一般的な形は，8.3.4 項で導入される．次の項では，この勾配法よりもずっと効率的に尖度の絶対値の最大化を行うアルゴリズムを導入する．

8.2.3 尖度を用いた高速不動点アルゴリズム

前項では，尖度の絶対値を尺度とする非ガウス性を最大化する勾配法を導いた．このような勾配法は，ニューラルネットワークの学習法と密接な関連があるのだが，その利点は，このアルゴリズムでは入力 $\mathbf{z}(t)$ を直ちに使うことができ，非定常な環境でもすばやい適応が可能であることである．しかしながらその代償として，収束は遅く，よい学習係数の列を選ばなければならない．学習係数の選択が悪いと，実際に収束しなくなる場合もある．そのため，学習を劇的に速く，より信頼性あるようにする方法があるとよい．

不動点反復アルゴリズムは，そのような方法の一つである．より効率的な不動点反復法を導出するため，勾配法の安定点においては，その勾配は必ず $\mathbf{w}$ の方向を向いていることに注目しよう．つまり，その勾配は $\mathbf{w}$ のスカラー倍でなければならない．このような場合に限って，$\mathbf{w}$ にその勾配を加えてもその方向が変化せず，収束を得ることができる（このことは，ノルムを 1 に正規化した後は，その符号以外は $\mathbf{w}$ の値は

変らないということを意味する）．これは，ラグランジュの未定乗数法を使って，より厳密に証明できる（第3章の演習問題9を参照）．式(8.13)において尖度の勾配を $\mathbf{w}$ と等しくすると，

$$\mathbf{w} \propto \left[\mathrm{E} \left\{ \mathbf{z} \left(\mathbf{w}^T \mathbf{z} \right)^3 \right\} - 3\|\mathbf{w}\|^2 \mathbf{w} \right] \tag{8.19}$$

ということになる．この式から直ちに導かれるアルゴリズムは，まず右辺を計算し，それを $\mathbf{w}$ の新しい値とするという不動点アルゴリズム，すなわち，

$$\mathbf{w} \leftarrow \mathrm{E} \left\{ \mathbf{z} \left(\mathbf{w}^T \mathbf{z} \right)^3 \right\} - 3\mathbf{w} \tag{8.20}$$

である．各反復の後に，$\mathbf{w}$ を制約集合の上にとどめるため，そのノルムで割る（よって，常に $\|\mathbf{w}\| = 1$ で，したがって式(8.19)からそのノルムの項を省略してよい）．最終的なベクトル $\mathbf{w}$ によって，独立成分の一つが線形結合 $\mathbf{w}^T \mathbf{z}$ として得られる．実際には，式(8.20)の期待値はその推定値で置き換えられる．

この不動点反復法が収束すると，新旧の $\mathbf{w}$ の値が同じ方向を向くことに注意されたい．つまり，それらの内積は（ほとんど）1になる．$\mathbf{w}$ と $-\mathbf{w}$ は同じ方向を決めているから，ベクトルが一点に収束するとは限らない．この理由もまた，独立成分の符号は決定できないからである．

このようなアルゴリズムは実際に非常にうまくいき，非常に速く確実に収束することがわかっている．このアルゴリズムはfastICAと呼ばれる[210]．fastICAアルゴリズムのもつ二つの性質によって，ほとんどの場合にfastICAは勾配に基づくアルゴリズムをはるかに凌駕している．第一に，このアルゴリズムの収束は **3次的**である（付録(p.223)を参照）．これは，非常に速い収束を意味する．第二に，勾配に基づくアルゴリズムと対照的に，このアルゴリズムには学習係数や他の調整すべきパラメータがなく，これにより使いやすく，より信頼できるアルゴリズムとなっている．勾配法は，環境が変化する中での速い適応が必要な場合にのみ，用いるべきであろう．

より洗練されたfastICAは8.3.5項で紹介する．

8.2.4 fastICAの動作例

ここで，尖度の絶対値を最大化するfastICAアルゴリズムの動作を，本章で用いている二つのデータ例を用いて示そう．最初は一様分布する二つの独立成分の混合を用いる．この章ではいつもそうだが，混合信号は白色化されているとする．ここでの目的は尖度の絶対値を最大化するようなデータの方向（図8.12）を見つけることである．

図を見やすくするため，ベクトルの初期値を $\mathbf{w} = (1,0)^T$ とする．2回のfastICAの

反復だけで収束した．図 8.16 では，得られた **w** を示している．破線は最初の反復で得られた **w** の方向を示し，実線は 2 回目の反復後の方向を示している．3 回反復しても，**w** の方向は有意に変化しないので，このアルゴリズムは収束したことがわかる（このベクトルは図示していない）．この図からわかるように，**w** と −**w** とは同値と考えるため，反復の間に **w** の値が大きく変化することもある．これは，ICA モデルではベクトルの符号が決定できないからである．

反復中に得られる射影 $\mathbf{w}^T\mathbf{z}$ の尖度を，反復回数の関数として図 8.17 に示す．この図から，このアルゴリズムにより射影の尖度の**絶対値**は反復ごとに着実に増加し，3 回の反復後に収束に到達していることがわかる．同様の実験を，二つの優ガウス的独立成分 (図 8.14) の白色化混合信号について行った．得られたベクトルを図 8.18 に示す．ここでも 2 回の反復で収束した．反復中に得られる射影 **z** の尖度を，反復回数の関数として図 8.19 に示す．先の実験と同様に，射影の尖度の絶対値は毎回確実に増加し，3 回の反復で収束に達した．

これらの実験では，一つの独立成分だけを推定した．もちろん，より多くの独立成分が必要になることもよくある．図 8.12 と図 8.14 からその方法がわかる．独立成分達の方向は白色化された空間では直交しているから，2 番目の独立成分は推定された独立成分に対応する **w** と直交する方向である．より高次元の場合には，このアルゴリズムに戻る必要があるが，その場合，新しい **w** はすでに推定したベクトル **w** 達と直交するという制約を常に課す．これの詳細は 8.4 節で説明する．

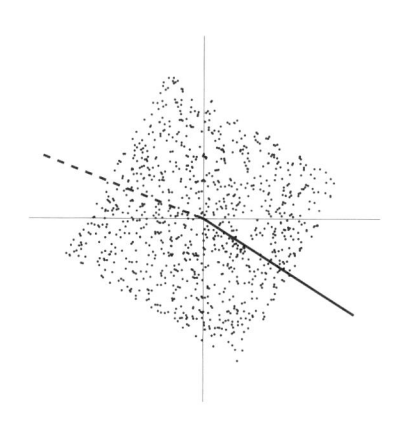

図 8.16 尖度を用いた fastICA を，一様分布する独立成分に適用した結果．破線は最初の反復後の **w** (実際の大きさより長く描いてある) で，実線は 2 回目の反復後の **w**．

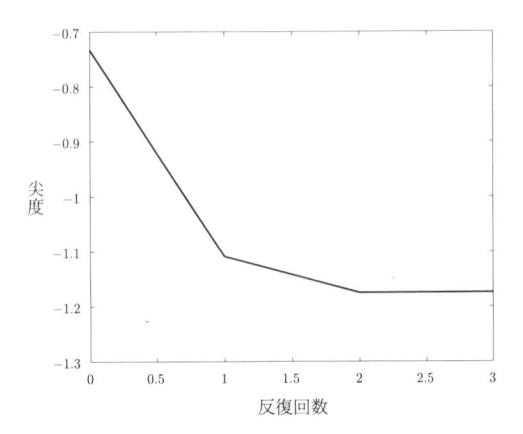

図 8.17 尖度を用いた fastICA を，一様分布する独立成分に適用したときの収束の様子．尖度の値を反復回数の関数として示す．

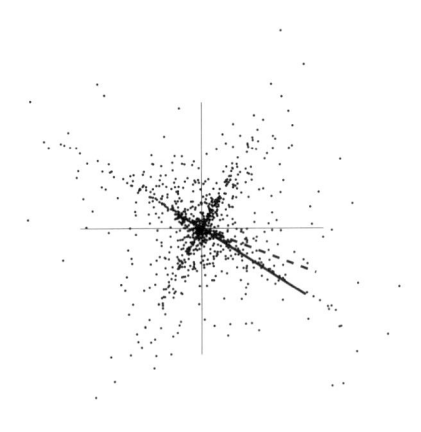

図 8.18 尖度を用いた fastICA を，優ガウス的な独立成分に適用した結果．破線は最初の反復後の $\mathbf{w}$（実際の大きさより長く描いてある）で，実線は 2 回目の反復後の $\mathbf{w}$．

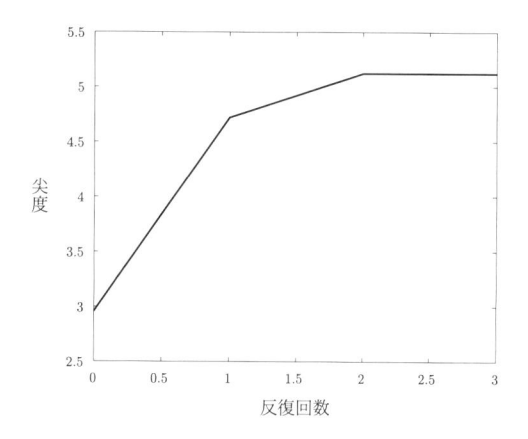

図 8.19 尖度を用いた fastICA を，優ガウス的な独立成分に適用したときの収束の様子．尖度の値を反復回数の関数として示す．

8.3 ネゲントロピーによって非ガウス性を測る

8.3.1 尖度に対する批判

前節で，尖度による非ガウス性の測り方を示し，簡単な ICA の推定法が得られることを見た．しかしながら，測定値から尖度を推定しなければならないときに，尖度には現実的な欠点がいくつかある．主な問題は，尖度は外れ値に対して非常に感度が高いということである．たとえば，（平均 0 で分散 1 の）確率変数の 1000 個の標本値があり，このうち一つの値がたまたま 10 であったとしよう．すると尖度は少なくとも $10^4/1000 - 3 = 7$ である．これからわかるように，たった 1 個の値が尖度を大きくすることもある．したがって尖度は，分布の端にあって，ことによっては誤差や無意味な測定値であるかもしれない，ほんの数個の測定値に影響されやすいことがわかる．言い換えれば，尖度は非ガウス性の頑健な尺度ではない．

したがって状況によっては，非ガウス性の尺度として，尖度よりも他の尺度がよいかもしれない．本節では，非ガウス性の尺度の二つ目の重要なものとして，ネゲントロピーを考えることにする．その性質は多くの面で尖度の性質と対極的である．それは頑健であるが計算が複雑である．ネゲントロピーの近似で，計算が簡単であり，両方の非ガウス性尺度のよい性質を多少とも併せ持つようなものも導入する．

8.3.2 非ガウス性の尺度としてのネゲントロピー

ネゲントロピーは情報理論で用いられる量である微分エントロピー（ここではそれを単にエントロピーと呼ぶことにする）に基づいている．エントロピーは情報理論の最も基本的な概念であり，それについての詳しい議論は第5章にある．確率変数のエントロピーは，その変数を観測して得られる情報の量に関係するものである．確率変数が「ランダム」であればあるほど，すなわち予測不可能で不規則であればあるほど，エントロピーは大きい．密度 $p_y(\boldsymbol{\eta})$ をもつ確率ベクトル $\mathbf{y}$ の（微分）エントロピーは，

$$H(\mathbf{y}) = -\int p_y(\boldsymbol{\eta}) \log p_y(\boldsymbol{\eta}) \, d\boldsymbol{\eta} \tag{8.21}$$

で定義される．

情報理論の一つの基本的な結果であるが，ガウス分布は分散が等しいすべての分布の中で，エントロピーが最大のものである（5.3.2項を参照）．これから，エントロピーが非ガウス性の尺度として用いられる可能性が出てくる．実際この結果は，ガウス分布がすべての分布の中で最も「ランダム」，つまり最も不規則であることを示している．エントロピーが小さくなるのは，分布が明瞭に特定の値に集中しているとき，つまり変数が明瞭に塊を作っているとき，言い換えれば密度が非常に鋭い形のときである．

ガウス的変数に対しては 0 で，常に非負であるような非ガウス性の尺度として，微分エントロピーを正規化したネゲントロピーと呼ばれるものをよく用いる．ネゲントロピー J は以下で定義される．

$$J(\mathbf{y}) = H(\mathbf{y}_{gauss}) - H(\mathbf{y}) \tag{8.22}$$

ここで $\mathbf{y}_{gauss}$ は，$\mathbf{y}$ と同じ相関（と共分散）をもつガウス確率ベクトルである．上で述べた性質によって，ネゲントロピーは常に非負であり，$\mathbf{y}$ がガウス分布に従うとき，またそのときに限り 0 である．ネゲントロピーのもう一つのおもしろい性質として，可逆な線形変換に対して不変であるということがある（5.4節を参照）．

ネゲントロピー，あるいは同値であるが微分エントロピーを非ガウス性の尺度として用いる利点は，それが統計理論で十分正当化できる点である．実際，14.3節で見るように，統計的な能力に関する限り，ネゲントロピーはある意味で非ガウス性の最適な尺度である．しかしネゲントロピーを用いることの問題は，計算が大変困難なことである．ネゲントロピーを定義に従って求めるとなると，（ノンパラメトリックであるかもしれない）密度関数を推定しなければならない．したがって，より簡単にネゲントロピーを近似する方法が求められるわけで，それを次に考える．これらの方法は

8.3.3 ネゲントロピーの近似

現実には1次元ネゲントロピー（エントロピー）の近似だけが必要となるので，ここではスカラー変数の場合についてだけ考える．

ネゲントロピーを近似する古典的な方法は，5.5節で説明したような密度関数の多項式展開を用いて，高次のキュムラントを使うことである．これによって近似

$$J(y) \approx \frac{1}{12}\mathrm{E}\left\{y^3\right\}^2 + \frac{1}{48}\mathrm{kurt}\left(y\right)^2 \tag{8.23}$$

を得る．確率変数 y は平均 0 で分散 1 と仮定している．実際には，この近似から前節で述べた尖度を用いることになることもしばしばである．なぜかというと，よくあるように，密度が（近似的にでも）対称である場合には式 (8.23) の第1項は 0 となるからである．この場合，式 (8.23) による近似を用いるのと尖度の2乗を用いるのとは，同値になる．尖度の2乗を最大化することは，いうまでもなくその絶対値を最大化することと同じである．したがって，この近似法は 8.2 節の方法と似たり寄ったりの結果となる．具体的には，この近似法は尖度と同じく頑健ではないという欠点がある．そこでここでは，ネゲントロピーの近似としてもう少し賢いものを作ろう．

一つの有用な方法は，高次キュムラント近似を一般化することにより，一般の非2次関数の期待値，すなわち「非多項式モーメント」を用いることである[1]．これは 5.6 節に述べられている．一般的に，多項式 y^3 や y^4 の代わりに何か別の，場合によっては3個以上の関数 G^i（i は添え字であって，べき乗ではない）を用いることができる．この方法によれば，期待値 $\mathrm{E}\{G^i(y)\}$ をもとにして，ネゲントロピーを近似する簡単な方法が得られる．簡単な特別な例として，任意の非2次関数 G^1 と G^2 を，G^1 が奇関数で G^2 が偶関数であるようにとることができ，すると近似

$$J(y) \approx k_1 \left(\mathrm{E}\left\{G^1(y)\right\}\right)^2 + k_2 \left(\mathrm{E}\left\{G^2(y)\right\} - \mathrm{E}\left\{G^2(\nu)\right\}\right)^2 \tag{8.24}$$

が得られる．ここで k_1 と k_2 は正の定数で，ν は平均 0 で分散 1 の（すなわち標準化された）ガウス的変数である．変数 y は平均 0 で分散 1 であると仮定している．この近似が非常に正確だとはいえない場合でも，それは常に非負であり，変数 y が正規分布しているときには 0 になるという意味で無矛盾であり，式 (8.24) を非ガウス性の尺度

---

[1] 訳注: ここの書き方は少し曖昧である．「一般の」非2次関数というときの「一般の」とは，多項式などでは表されない，という程度の意味である．

の構成に用いることができることに注意していただきたい．これはモーメントに基づいた近似 (8.23) の一般化であり，$G^1(y) = y^3$ および $G^2(y) = y^4$ とすればモーメントに基づいた近似となる．

もし一つだけの非2次関数 G を用いるとすると，近似は実質的に任意の非2次関数 G に対して，

$$J(y) \propto [\mathrm{E}\{G(y)\} - \mathrm{E}\{G(\nu)\}]^2 \tag{8.25}$$

となる．これは y が対称な密度関数をもつときには式 (8.23) の一般化になっている．実際，この場合には式 (8.23) の第1項が 0 となるので，$G(y) = y^4$ とすれば尖度に基づいた近似が得られることになる．

しかし重要なことは，G をうまく選べばエントロピーの近似として式 (8.23) よりもよいものが得られるということである．特に，G としてあまり速く増加しない関数を選べば，より頑健な推定量が得られる．以下の G が大変役立つことがわかっている．

$$G_1(y) = \frac{1}{a_1} \log \cosh a_1 y \tag{8.26}$$
$$G_2(y) = -\exp\left(-y^2/2\right) \tag{8.27}$$

ここで $1 \le a_1 \le 2$ は何か適当な定数で，しばしば 1 が選ばれる．式 (8.26) と式 (8.27) の関数のグラフを図 8.20 に示す．

このようにして得られたネゲントロピーの一連の近似法は，非ガウス性の二つの古典的な尺度，すなわち尖度とネゲントロピーの性質の大変よい妥協点といえる．これらは原理的に単純であり，計算も高速であるにもかかわらず，魅力的な統計的性質をもっている．特に頑健性である．そこで，我々は ICA の方法において，これらの目的

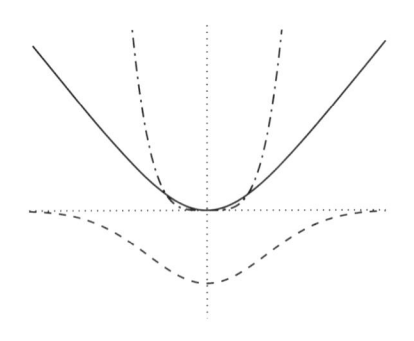

図 8.20 式 (8.26) の関数 G_1 を実線で，式 (8.27) の G_2 を破線で示す．比較のため，尖度に用いられる4次関数のグラフを一点鎖線で示す．

関数を用いることにする．興味深いことに，尖度はこれと同じ枠組みを用いて表現できる．

8.3.4 ネゲントロピーを用いた勾配法

勾配法のアルゴリズム　尖度と同様に，ネゲントロピーを最大化するための勾配法のアルゴリズムを構成できる．ネゲントロピーの近似 (8.25) の $\mathbf{w}$ に関する勾配をとり，正規化 $\mathrm{E}\left\{\left(\mathbf{w}^T\mathbf{z}\right)^2\right\} = \|\mathbf{w}\|^2 = 1$ を考慮に入れると，以下のアルゴリズムが得られる．

$$\Delta \mathbf{w} \propto \gamma \mathrm{E}\left\{\mathbf{z}g\left(\mathbf{w}^T\mathbf{z}\right)\right\} \tag{8.28}$$

$$\mathbf{w} \leftarrow \mathbf{w}/\|\mathbf{w}\| \tag{8.29}$$

ここで $\gamma = \mathrm{E}\left\{G\left(\mathbf{w}^T\mathbf{z}\right)\right\} - \mathrm{E}\left\{G(\nu)\right\}$ であり，ν は標準ガウス変数である．正規化は，$\mathbf{w}$ を単位球面に射影し $\mathbf{w}^T\mathbf{z}$ の分散を定数に保つために必要である．関数 g はネゲントロピーの近似で用いられる関数 G の導関数である．期待値の操作を省いて，オンラインの (適応的) 確率的勾配アルゴリズムを得ることもできる．

パラメータ γ はこのアルゴリズムに一種の「自己適応的」な性質を与えているが，以下のように簡単にオンライン推定できる．

$$\Delta \gamma \propto \left(G\left(\mathbf{w}^T\mathbf{z}\right) - \mathrm{E}\{G(\nu)\}\right) - \gamma \tag{8.30}$$

このパラメータは式 (8.13) の尖度の符号に対応している．

関数 g としては，ネゲントロピーの頑健な推定を与える関数 (8.26) と (8.27) の導関数を用いることができる．あるいは，尖度のときのように 4 次の項に対応する導関数を用いることもできるが，その場合には前節ですでに述べられた方法に帰結する．そこで我々は以下の中から選ぶことができる．

$$g_1(y) = \tanh(a_1 y) \tag{8.31}$$

$$g_2(y) = y \exp\left(-y^2/2\right) \tag{8.32}$$

$$g_3(y) = y^3 \tag{8.33}$$

ここで $1 \leq a_1 \leq 2$ は何か適当な定数であり，しばしば $a_1 = 1$ が用いられる．これらの関数を図 8.21 に示す．

オンライン確率的勾配法の最終的なアルゴリズムの形を表 8.1 に要約した．

このアルゴリズムはさらに簡単化できる．まずパラメータ γ は学習則の停留点を変えないことに注意する．しかし，その符号はそれらの安定度に影響する．したがって

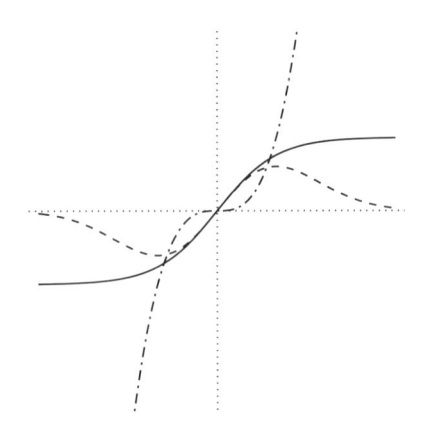

図 8.21 頑健な非線形関数である式 (8.31) の g_1 を実線で,式 (3.32) の g_2 を破線で示す.尖度に基づく方法で用いられる 3 次関数 (8.33) を一点鎖線で示す.

表 8.1 非ガウス性が最大の一つの方向を求めるための,すなわち一つの独立成分を求めるためのオンライン確率的勾配アルゴリズム

---

1. データの平均を 0 にする中心化を行う.
2. データを白色化して z とする.
3. $\mathbf{w}$ のノルム 1 の初期値をたとえば乱数を用いて決める.また,γ の初期値を決める.
4. 更新 $\Delta \mathbf{w} \propto \gamma \mathbf{z} g(\mathbf{w}^T \mathbf{z})$ を行う.ここで,g はたとえば式 (8.31) ~ (8.33) で定義される.
5. 正規化 $\mathbf{w} \leftarrow \mathbf{w}/\|\mathbf{w}\|$ を行う.
6. もし,γ の符号が未知の場合,更新 $\Delta \gamma \propto (G(\mathbf{w}^T \mathbf{z}) - \mathrm{E}\{G(\nu)\}) - \gamma$ を行う.
7. 収束していなければ,4. へ戻る.

γ の代わりにその符号を用いても,学習則の振る舞いは本質的に変わらない.これは,たとえば我々が独立成分の分布に関して,何らかの事前情報をもっている場合には有用である.たとえば,音声信号は普通非常に優ガウス的である.そこで何らかの優ガウス的独立成分に対して $\mathrm{E}\{G(s_i) - G(\nu)\}$ を大まかに評価しておき,その値かその符号を γ として用いることも可能である.たとえば g が $\tanh$ 関数であるときには,優ガウス的な独立成分に対しては $\gamma = -1$ でうまくいく.

安定度の解析* 本項のこれ以降は理論的解析を含んでいて,最初は飛ばしてよい.式 (8.25) によるネゲントロピーの近似はかなり粗いものだから,ICA モデルを仮定

した場合，式 (8.28) で得られる推定が，本当に独立成分の一つの方向に収束するものなのかどうか，疑問をもつかもしれない．これはかなり緩やかな条件の下で肯定的に証明できる．その証明の鍵となるのは以下の定理で，その証明は付録 (p.223) にある．

【定理 8.1】 入力データ $\mathbf{z}$ は白色化を含んだ ICA モデルで表されるとする．つまり $\mathbf{z} = \mathbf{VA}\mathbf{s}$ で，$\mathbf{V}$ は白色化行列である．G を十分滑らかな偶関数とする．すると，制約条件 $\|\mathbf{w}\| = 1$ の下での $\mathrm{E}\{G(\mathbf{w}^T\mathbf{z})\}$ の極大 (極小) 達の中に，混合行列 $\mathbf{VA}$ の逆行列の行で，対応する独立成分 s_i が，

$$\mathrm{E}\{s_i g(s_i) - g'(s_i)\} > 0 \quad (< 0) \tag{8.34}$$

を満たすものが含まれる．ここで $g(\cdot)$ は $G(\cdot)$ の導関数であり，$g'(\cdot)$ は $g(\cdot)$ の導関数である．また，不等号 $<$ は極小に対応している．

この定理によれば，事実上任意の非 2 次関数が ICA を行うのに使えるということになる．もっと正確にいうと，確率分布の空間は任意の関数 G によって二分され，その一つの半空間は定理の非多項式モーメント (8.34) が正であり，他は負である．分布がその一つの半空間に属する独立成分は，$\mathrm{E}\{G(\mathbf{w}^T\mathbf{z})\}$ の極大を求めることによって推定され，他方の半空間に属する分布に従う残りの独立成分は，同じ関数の極小を求めることによって推定される[2]．この定理はこれら二つの半空間の正確な境界を与える．

この定理から特に以下が導かれる．

【定理 8.2】 入力データが式 (8.1) の ICA モデルに従うと仮定し，G は十分滑らかな偶関数であるとする．すると，式 (8.28) のアルゴリズムによる漸近的な安定点には，白色化混合行列 $\mathbf{VA}$ の逆行列の i 行で，対応する独立成分 s_i が，

$$\mathrm{E}\{s_i g(s_i) - g'(s_i)\}[\mathrm{E}\{G(s_i)\} - \mathrm{E}\{G(\nu)\}] > 0 \tag{8.35}$$

を満たすものが含まれる．ここで $g(\cdot)$ は $G(\cdot)$ の導関数で，ν は標準ガウス変数である．

もし $\mathbf{w}$ が $(\mathbf{VA})^{-1}$ の第 i 行に等しければ，それによる線形結合は i 番目の独立成分に等しくなる．すなわち，$\mathbf{w}^T\mathbf{z} = \pm s_i$ である．

---

[2] 訳注：$\mathrm{E}\{G(\mathbf{w}^T\mathbf{z})\}$ の極大または極小で式 (8.28) のアルゴリズムが停止することに注意されたい．

この定理の述べているところは，ネゲントロピーの近似による勾配学習則の安定性の問題は，次の問題に帰着するということである――定理 8.1 で与えられる 2 半空間への分割が，$\mathrm{E}\{G(s_i) - G(\nu)\}$ の符号によって与えられる分割と同じ分割を与えるか？ これは G や s_i の分布の性質が悪くなければ，ほとんどの場合正しいように思える．特に $G(y) = y^4$ の場合には尖度をもとにした規準が得られるが，尖度が 0 でない任意の分布に対して条件は満足される．

定理 8.1 はまた，式 (8.28) のアルゴリズムを (事実上) 常に安定にするための修正方法も与える．このためには自己適応係数 γ を

$$\gamma = \mathrm{sign}\left(\mathrm{E}\left\{yg(y) - g'(y)\right\}\right) \tag{8.36}$$

とすればよい．この定義の欠点は，アルゴリズムを目的関数の最適化として解釈できないことである．

8.3.5　ネゲントロピーを用いた高速不動点アルゴリズム

尖度と同様に，ネゲントロピーを最大化するときにも，不動点を用いれば勾配法よりもずっと速いアルゴリズムが得られる．それによって得られた fastICA アルゴリズム [197] は，方向すなわち単位ベクトル $\mathbf{w}$ で，射影 $\mathbf{w}^T \mathbf{z}$ の非ガウス性を最大にするようなものを見つける．ここで，非ガウス性は式 (8.25) で与えられたネゲントロピーの近似 $J(\mathbf{w}^T \mathbf{z})$ によって評価する．$\mathbf{w}^T \mathbf{z}$ の分散は 1 に拘束されていなければならないことを思い出そう．白色化されたデータの場合には，これは $\mathbf{w}$ のノルムを 1 に拘束するのと同値である．

fastICA は，$\mathbf{w}^T \mathbf{z}$ の非ガウス性の式 (8.25) による値の最大を探索する，不動点反復法に基づいている．より厳密にいうと，ニュートン反復法の近似として導かれる．ネゲントロピーを用いる fastICA アルゴリズムは，不動点反復法のもつ優れたアルゴリズム上の性質と，ネゲントロピーのもつ好ましい統計的な性質を併せ持つのである．

アルゴリズムの導出*　　ここではネゲントロピーを用いた不動点アルゴリズムを導出する．数学的な詳細に興味がない読者は飛ばしてよい．

式 (8.28) の勾配法を眺めると，直ちに不動点反復法

$$\mathbf{w} \leftarrow \mathrm{E}\left\{\mathbf{z} g\left(\mathbf{w}^T \mathbf{z}\right)\right\} \tag{8.37}$$

を思いつく．この後にもちろん $\mathbf{w}$ の正規化が続く．係数 γ は，正規化の過程で結局消去されてしまうので必要ない．

8.3 ネゲントロピーによって非ガウス性を測る

ところが式 (8.37) の反復は，尖度を用いた fastICA のようには，収束性がよくない．なぜならば，非多項式モーメントは，尖度のような真のキュムラントがもつ，よい代数的性質をもたないからである．そこで式 (8.37) の反復は修正する必要がある．そのため，式 (8.37) の両辺に，ある定数 α を $\mathbf{w}$ に乗じたものを足しても不動点は変わらない，ということを利用する．実際，

$$\mathbf{w} = \mathrm{E}\{\mathbf{z}g(\mathbf{w}^T\mathbf{z})\} \tag{8.38}$$
$$\Leftrightarrow$$
$$(1+\alpha)\mathbf{w} = \mathrm{E}\{\mathbf{z}g(\mathbf{w}^T\mathbf{z})\} + \alpha\mathbf{w} \tag{8.39}$$

であり，また次に $\mathbf{w}$ のノルムを 1 に正規化するので，2 番目の式 (8.39) から式 (8.37) と同じ不動点をもつ不動点反復法が得られる．そこで α をうまく選べば，尖度を用いた不動点反復法と同じくらい速く収束するアルゴリズムが得られるかもしれない．実際，ここで示すように，そのような α を見つけることができるのである．

適切な α の値を用いた fastICA のアルゴリズムは，近似的ニュートン法を用いて見つけることができる．ニュートン法は方程式を解くための高速のアルゴリズムである．第 3 章を参照されたい．勾配に対して用いると，通常数少ない反復回数で収束する最適化法が得られる．しかしニュートン法の問題点は，普通，各段において行列の逆演算を必要とすることである．したがって，全体の計算量は，勾配法のそれと比べて少なくならないかもしれない．驚くべきことには，ICA 問題に特有の性質を用いることによって，ニュートン法の近似で逆行列の計算を要さず，しかも (少なくとも理論的には) 真のニュートン法と同じ反復回数で収束するようなものを見つけることができるのである．この近似的ニュートン法から式 (8.39) の形の不動点反復法が導かれる．

近似的ニュートン法を導出するため，まず $\mathbf{w}^T\mathbf{z}$ のネゲントロピーの近似の極大達は，普通 $\mathrm{E}\{G(\mathbf{w}^T\mathbf{z})\}$ のある最適点において得られるということに注意する．ラグランジュの条件 (第 3 章を参照) によれば，制約条件 $\mathrm{E}\{(\mathbf{w}^T\mathbf{z})^2\} = \|\mathbf{w}\|^2 = 1$ の下での $\mathrm{E}\{G(\mathbf{w}^T\mathbf{z})\}$ の最適点は，ラグランジュ関数の勾配が 0 になるところで得られる．すなわち，

$$\mathrm{E}\{\mathbf{z}g(\mathbf{w}^T\mathbf{z})\} + \beta\mathbf{w} = 0 \tag{8.40}$$

を満たす $\mathbf{w}$ である．さて，この方程式をニュートン法で解くことを考えよう．それはラグランジュ関数の最適点をニュートン法で求めることと同値である．式 (8.40) の左辺の関数を F と置くと，その勾配 (ラグランジュ関数の 2 次勾配ということにな

る) は，
$$\frac{\partial F}{\partial \mathbf{w}} = \mathrm{E}\left\{\mathbf{z}\mathbf{z}^T g'\left(\mathbf{w}^T \mathbf{z}\right)\right\} + \beta \mathbf{I} \tag{8.41}$$

と求まる．この行列の逆行列を求めるのを簡単化するため，式 (8.41) の第 1 項を近似することにする．データは白色化されているので，次式による近似

$$\mathrm{E}\left\{\mathbf{z}\mathbf{z}^T g'\left(\mathbf{w}^T \mathbf{z}\right)\right\} \approx \mathrm{E}\left\{\mathbf{z}\mathbf{z}^T\right\}\mathrm{E}\left\{g'\left(\mathbf{w}^T \mathbf{z}\right)\right\} = \mathrm{E}\left\{g'\left(\mathbf{w}^T \mathbf{z}\right)\right\}\mathbf{I}$$

は悪くはなさそうである．こうすると勾配は対角行列になり簡単に逆行列が求まる．そこで我々は以下の近似的ニュートン法を得たことになる．

$$\mathbf{w} \leftarrow \mathbf{w} - \left[\mathrm{E}\left\{\mathbf{z}g\left(\mathbf{w}^T \mathbf{z}\right)\right\} + \beta \mathbf{w}\right] / \left[\mathrm{E}\left\{g'\left(\mathbf{w}^T \mathbf{z}\right)\right\} + \beta\right] \tag{8.42}$$

このアルゴリズムは式 (8.42) の両辺に $\beta + \mathrm{E}\left\{g'\left(\mathbf{w}^T \mathbf{z}\right)\right\}$ を乗じることによって，さらに簡単になる．こうすると，簡単な計算により，

$$\mathbf{w} \leftarrow \mathrm{E}\left\{\mathbf{z}g\left(\mathbf{w}^T \mathbf{z}\right)\right\} - \mathrm{E}\left\{g'\left(\mathbf{w}^T \mathbf{z}\right)\right\}\mathbf{w} \tag{8.43}$$

となるが，これが fastICA における基礎的な不動点反復法である．

不動点アルゴリズム　　上述の導出によって fastICA のアルゴリズムは以下のように記述される．

まず式 (8.25) で使われる非 2 次関数 G の導関数である非線形関数 g を決める．たとえば，ネゲントロピーの頑健な近似を与える関数 (8.26) と (8.27) を使うことができる．その代わりに尖度と同様に 4 次式に対応する導関数を用いることもできるが，その場合は前節ですでに示した方法に帰着する．そこで勾配法のとき用いたのと同じ関数 (8.31) 〜 (8.33) を用いよう．これらの関数は図 8.21 に示した．

そして反復法 (8.43) を適用し，次に正規化すればよい．そこで fastICA の基本的な形は表 8.2 に示したようになる．

関数 g' を計算すると，

$$g_1'(y) = a_1\left(1 - \tanh^2(a_1 y)\right) \tag{8.44}$$
$$g_2'(y) = \left(1 - y^2\right)\exp\left(-y^2/2\right) \tag{8.45}$$
$$g_3'(y) = 3y^2 \tag{8.46}$$

となる．制約 $\mathrm{E}\{y^2\} = 1$ があるから，式 (8.46) の導関数は事実上定数 3 になることに注意されたい．

表 8.2 非ガウス性が最大の一つの方向を求めるための，すなわち一つの独立成分を求めるための fastICA アルゴリズム．期待値としては，実際には使えるデータ標本について平均したものをその推定値とする．

---

1. データの平均を 0 にする中心化を行う．
2. データを白色化したものを $\mathbf{z}$ とする．
3. $\mathbf{w}$ のノルム 1 の初期値をたとえば乱数を用いて決める．
4. $\mathbf{w} \leftarrow \mathrm{E}\{\mathbf{z}g(\mathbf{w}^T\mathbf{z})\} - \mathrm{E}\{g'(\mathbf{w}^T\mathbf{z})\}\mathbf{w}$ とする．ここで，g はたとえば式 (8.31) 〜 (8.33) で定義される．
5. $\mathbf{w} \leftarrow \mathbf{w}/\|\mathbf{w}\|$ とする．
6. 収束していなければ，4. へ戻る．

上で見られるように，収束すれば $\mathbf{w}$ の新旧の値は同じ方向に向くことになる．つまりそれらの内積は（ほとんど）1 となることに注意しよう．$\mathbf{w}$ と $-\mathbf{w}$ は同じ方向を定めるので，ベクトルが一点に収束するとは限らない．

尖度に関してすでに述べたことであるが，変化する環境に迅速に適応させる必要がないときには，fastICA は，勾配に基づいたアルゴリズムと比較して，明らかに優れた性質をもっている．ネゲントロピーの近似として一般的なものを用いた場合でさえ，2 次の収束の速さをもっているので，線形の収束速度をもつ勾配法よりもずっと速い．さらに，アルゴリズム中に学習係数やその他の調節すべきパラメータがないので，使いやすく信頼性が高い．8.3.1 項で述べたように，ネゲントロピーの近似として，尖度の代わりに頑健な近似を用いることによって，得られる推定の統計的性質が改善される．

ここで述べたアルゴリズムによって独立成分のうち 1 個のみが得られる．その他の独立成分を求めるには，他の無相関化の方法を用いる必要がある．8.4 節を参照されたい．

例 8.1 ここで，ネゲントロピーを最大化する fastICA アルゴリズムを，本章で用いた二つのデータの例に対して適用して，その結果を見てみよう．まず，二つの一様分布する独立成分の混合を用いる．混合は，本章ではいつでもそうであるが，白色化されているとする．すると目標は，図 8.12 (p.194) に示すように，ネゲントロピーを最大化する方向をデータ中に見つけることである．

図解のため，ベクトル $\mathbf{w}$ の初期値を $\mathbf{w} = (1,0)^T$ とする．8.31 節の tanh 形非線形を用いた fastICA 反復を 2 回繰り返すだけで，収束した．図 8.22 に得られたベクトル $\mathbf{w}$

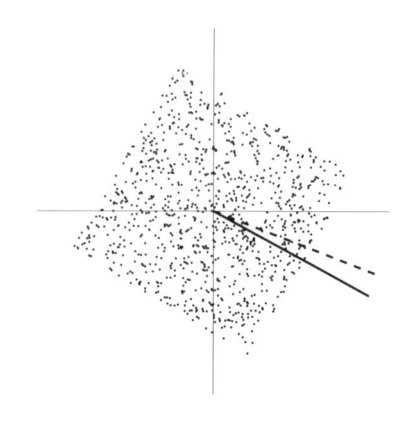

図 8.22 一様分布する独立成分に対して，ネゲントロピーを用いた fastICA を適用した結果．破線は最初の反復後の $\mathbf{w}$（実際の大きさより長く描いてある）で，実線は 2 回目の反復後の $\mathbf{w}$．

達を示す．点線は 1 回目の反復後の $\mathbf{w}$ の方向で，実線は 2 回目の反復後の方向である．3 回反復しても目に見えるような方向の違いはなかったので，ここで収束したと判断できる (対応するベクトルは書かれていない)．図によれば，反復の間に $\mathbf{w}$ の値は急激に変化する可能性がある．なぜならば，$\mathbf{w}$ と $-\mathbf{w}$ の値は同等とみなすからである．これは ICA モデルにおいては，このベクトルの符号は決められないからである．

図 8.23 は，反復で得られる射影 $\mathbf{w}^T \mathbf{z}$ のネゲントロピーの値を，反復回数の関数としてプロットしたものである．この図から，このアルゴリズムによってネゲントロピーは単調に増加し，2 回の反復で収束していることがわかる．

図 8.14 (p.195) に示すような二つの優ガウス的独立成分の白色化混合に対しても，同様な実験を行った．図 8.24 は得られたベクトル達を示す．3 回の反復で収束した．反復で得られた射影 $\mathbf{w}^T \mathbf{z}$ のネゲントロピーの値を，反復回数の関数として図 8.25 に示す．前と同様にネゲントロピーは単調に増加し 3 回の反復で収束している．

これらの例では 1 個の独立成分だけを推定した．実際問題では，ずっと多くの次元を扱うので，普通 2 個以上の独立成分を推定する必要がある．これは，次に述べる無相関化の方法を使えばできる．

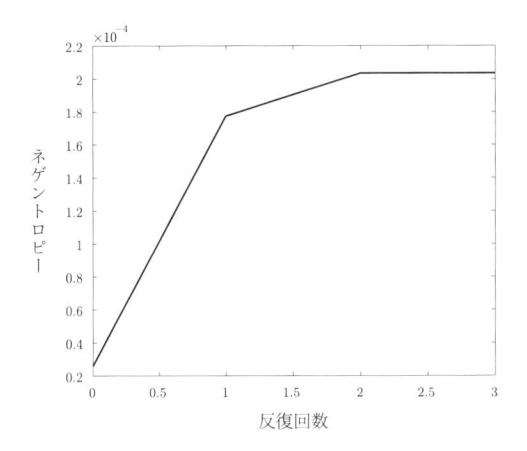

図 8.23 ネゲントロピーを用いた fastICA を，優ガウス的な独立成分に適用したときの収束の様子．尖度の値を反復回数の関数として示す（定数倍を省略したため，ネゲントロピーの値が適切に正規化されていないことに注意）．

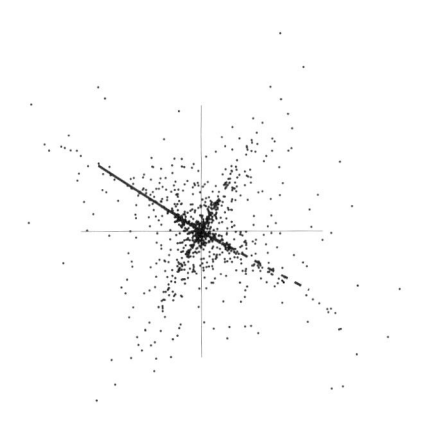

図 8.24 ネゲントロピーを用いた fastICA を，優ガウス的な独立成分に適用した結果．破線は最初の反復後の w（実際の大きさより長く描いてある）で，実線は 2 回目の反復後の w．

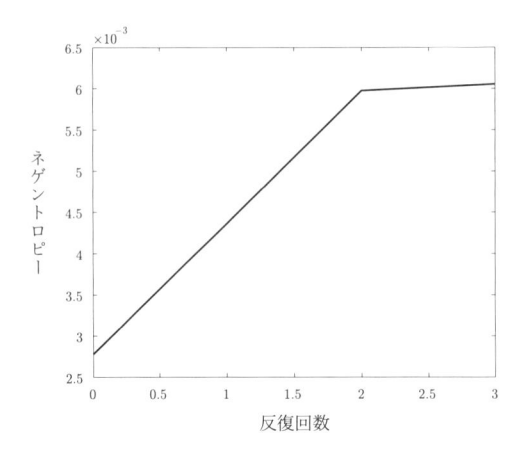

図 8.25 ネゲントロピーを用いた fastICA を，優ガウス的な独立成分に適用したときの収束の様子．ネゲントロピーの値を反復回数の関数として示した (ここでもネゲントロピーの値は適切に正規化されていない)．

8.4 複数の独立成分の推定

8.4.1 無相関性の制約

この章では，ここまで一つの独立成分だけを推定してきた．これらのアルゴリズムが「1 成分アルゴリズム」と呼ばれるゆえんである．実際には，この方法で，何度か異なる初期値を用いて実行することにより，多くの独立成分を見つけることができる．しかしながらこのやり方は，多くの独立成分を推定する方法として信頼性が低い．

非ガウス性の最大化の方法を，より多くの独立成分の推定へ拡張する際の鍵は次の性質にある．第 7 章で示されたように，異なる独立成分に対応する $\mathbf{w}_i$ は，白色化された空間の中では直交する．要約すると，成分達が独立ならばそれらは必ず無相関であり，白色化された空間では，$\mathrm{E}\left\{\left(\mathbf{w}_i^T\mathbf{z}\right)\left(\mathbf{w}_j^T\mathbf{z}\right)\right\} = \mathbf{w}_i^T\mathbf{w}_j$ だから，無相関性は $\mathbf{w}_i$ らの直交性と同値である．これは，白色化後には混合行列を直交行列としてよいことから直接得られる．なぜなら $\mathbf{w}_i$ 達は混合行列の逆行列の行として定義されているが，直交性 $\mathbf{A}^{-1} = \mathbf{A}^T$ より，それらは混合行列の列と等しいからである．

したがって，複数個の独立成分を推定するには，1 単位アルゴリズムのどれかをベクトル $\mathbf{w}_1, \ldots, \mathbf{w}_n$ について，何度か (場合によっては複数個の単位アルゴリズムを用いて) 実行する必要がある．また，異なる $\mathbf{w}_i$ が同じ最大をもつベクトルに収束しない

ようにするため,毎反復後にベクトル $\mathbf{w}_1, \ldots, \mathbf{w}_n$ を**直交化**しなければならない.次に無相関化を実現する二つの方法を示す.

8.4.2 逐次的直交化

簡単な直交化の方法は,グラム=シュミットの方法を用いた逐次的(デフレーション的)直交化である.これは,独立成分を一つひとつ求める方法である.p個の独立成分,したがってp個のベクトル $\mathbf{w}_1, \ldots, \mathbf{w}_p$ が求まっているとき,1単位アルゴリズムのいずれかを $\mathbf{w}_{p+1}$ について実行し,各反復段後に,$\mathbf{w}_{p+1}$ から,すでに求まった p 個のベクトルへの射影 $\left(\mathbf{w}_{p+1}^T \mathbf{w}_j\right) \mathbf{w}_j$ $(j=1,\ldots,p)$ を引き,$\mathbf{w}_{p+1}$ を再度正規化する.より正確には,次に示す手順を反復する.

1. 推定する独立成分の数 m を決める.$p \leftarrow 1$ とする.
2. $\mathbf{w}_p$ を初期化する(たとえば乱数で).
3. 1単位アルゴリズムを $\mathbf{w}_p$ について1回適用する.
4. 次の直交化を行う.

$$\mathbf{w}_p \leftarrow \mathbf{w}_p - \sum_{j=1}^{p-1} \left(\mathbf{w}_p^T \mathbf{w}_j\right) \mathbf{w}_j \tag{8.47}$$

5. $\mathbf{w}_p$ を自身のノルムで割ることにより正規化する.
6. $\mathbf{w}_p$ が収束していなければ,3に戻る.
7. $p \leftarrow p+1$ とする.もし p が求める独立成分の数 m より大きくなければ,2へ戻る.

特に,逐次的直交化の高速 ICA アルゴリズムを表 8.3 に示す.

8.4.3 対称的直交化

応用によっては,どのベクトルも「優遇」しない,対称的な無相関化を使うのが望ましいであろう.これは,ベクトル $\mathbf{w}_i$ 達を一つひとつ推定するのではなく,並行に推定するということである.理由の一つは,逐次的直交化は,最初のほうのベクトルの推定誤差が,直交化により後続のベクトルの推定に累積するという欠点があることである.もう一つの理由は,対称的直交化の方法は,独立成分達を並列的に計算できることである.

対称的直交化は,まずすべてのベクトル $\mathbf{w}_i$ に対して1単位アルゴリズムの反復アルゴリズムを1回適用し,その後に特別な対称的な方法で,すべての $\mathbf{w}_i$ を直交化す

ることにより行われる．言い換えると，次のようになる．

1. 推定する独立成分の数を決める．これを m とする．
2. $\mathbf{w}_i\,(i=1,\ldots,m)$ を初期化する (たとえば乱数により)．
3. すべての $\mathbf{w}_i$ について並列に，1単位アルゴリズムの反復段を1回適用する．
4. 行列 $\mathbf{W} = (\mathbf{w}_1,\ldots,\mathbf{w}_m)^T$ の対称的直交化を行う．
5. 収束していなければ，3に戻る．

第6章で，対称的直交化の方法について論じた．$\mathbf{W}$ の対称的直交化は，たとえば行列の平方根を用いる古典的な方法では，

$$\mathbf{W} \leftarrow \left(\mathbf{W}\mathbf{W}^T\right)^{-1/2}\mathbf{W} \tag{8.48}$$

となる．この平方根の逆行列 $\left(\mathbf{W}\mathbf{W}^T\right)^{-1/2}$ は固有値分解

$$\mathbf{W}\mathbf{W}^T = \mathbf{E}\,\mathrm{diag}\,(d_1,\ldots,d_m)\,\mathbf{E}^T$$

を用いて，

$$\left(\mathbf{W}\mathbf{W}^T\right)^{-1/2} = \mathbf{E}\,\mathrm{diag}\left(d_1^{-1/2},\ldots,d_m^{-1/2}\right)\mathbf{E}^T \tag{8.49}$$

によって与えられる．

別の，より簡単な方法として，次の反復アルゴリズムがある．

1. $\mathbf{W} \leftarrow \mathbf{W}/\|\mathbf{W}\|$ とする．
2. $\mathbf{W} \leftarrow \frac{3}{2}\mathbf{W} - \frac{1}{2}\mathbf{W}\mathbf{W}^T\mathbf{W}$ とする．
3. $\mathbf{W}\mathbf{W}^T$ が単位行列に十分近くなければ，2へ戻る．

第1段のノルムは，通常の行列のノルムのほとんどどれでもよい．たとえば L_2 ノルム，あるいは行または列の絶対値の和の最大値 (フロベニウスノルムは不可) などがある．詳しくは6.5節を参照されたい．

対称的直交化を用いた fastICA アルゴリズムの詳細を表8.4に示す．

8.4 複数の独立成分の推定

表 8.3 数個の独立成分を推定する fastICA アルゴリズムで，逐次的直交化法を用いたもの．期待値は実際には標本平均をその推定値とする．

1. データの平均を 0 にするため，中心化を行う．
2. データを白色化して $\mathbf{z}$ とする．
3. 独立成分の数 m を決める．カウンタ p を $p \leftarrow 1$ とする．
4. $\mathbf{w}_p$ のノルム 1 の初期値をたとえば乱数を用いて決める．
5. $\mathbf{w}_p \leftarrow \mathrm{E}\{\mathbf{z}g(\mathbf{w}_p^T\mathbf{z})\} - \mathrm{E}\{g'(\mathbf{w}_p^T\mathbf{z})\}\mathbf{w}_p$ とする．ここで，g はたとえば式 (8.31)〜(8.32) で定義されるものである．
6. 次の直交化を行う．

$$\mathbf{w}_p \leftarrow \mathbf{w}_p - \sum_{j=1}^{p-1}\left(\mathbf{w}_p^T\mathbf{w}_j\right)\mathbf{w}_j \tag{8.50}$$

7. $\mathbf{w}_p \leftarrow \mathbf{w}_p/\|\mathbf{w}_p\|$ とする．
8. もし，$\mathbf{w}_p$ が収束していなければ，5 に戻る．
9. $p \leftarrow p+1$ とする．もし $p \leq m$ ならば 4 に戻る．

表 8.4 数個の独立成分を推定する fastICA アルゴリズムで，対称的直交化法を用いたもの．期待値は実際には標本平均をその推定値とする．

1. データの平均を 0 にするため，中心化を行う．
2. データを白色化したものを $\mathbf{z}$ とする．
3. 独立成分の数 m を決める．カウンタ p を $p \leftarrow 1$ とする．
4. $\mathbf{w}_i \, (i=1,\ldots,m)$ の初期値を決める．それぞれがノルム 1 でなければならない．行列 $\mathbf{W}$ を下の第 6 段により直交化する．
5. すべての $i=1,\ldots,m$ について，$\mathbf{w}_i \leftarrow \mathrm{E}\{\mathbf{z}g(\mathbf{w}_i^T\mathbf{z})\} - \mathrm{E}\{g'(\mathbf{w}_i^T\mathbf{z})\}\mathbf{w}_i$ とする．ここで，g はたとえば式 (8.31)〜(8.33) で定義されるものである．
6. $\mathbf{W} = (\mathbf{w}_1,\ldots,\mathbf{w}_m)^T$ の対称的直交化を

$$\mathbf{W} \leftarrow \left(\mathbf{W}\mathbf{W}^T\right)^{-1/2}\mathbf{W} \tag{8.51}$$

あるいは，8.4.3 項で述べられた反復アルゴリズムにより行う．
7. もし収束していなければ，第 5 段に戻る．

8.5 ICAと射影追跡

おもしろいことに，本章で述べられたICAの方法論は，別の手法である射影追跡とICAとの関連を明らかにする．

8.5.1 興味ある方向の探索

射影追跡は統計学で開発された手法で，多次元データの「興味ある」射影を探すものである．得られた射影はデータを最適な方法で可視化したり，密度関数の推定や回帰分析に用いられる．

射影追跡を探査的なデータ分析に用いる場合，普通二つ三つの最も興味ある1次元射影を計算してみるものである（興味深さをどのように定義するかは，次項で述べる）．そうやって，得られた射影追跡方向の1次元部分空間のいくつかの中でデータがどのように分布しているかを見たり，それらのうち二つの方向で張られる2次元平面でのデータの分布を可視化したりすることにより，データのもつ何らかの構造が見えることがある．主成分分析（PCA）を用いる古典的な方法では，最初の2個の主成分で張られる平面上に，データがどのように分布しているかを見るのであるが，射影追跡はその拡張である．

この問題の例を図8.26に示す．現実には，射影追跡はもちろん次元が非常に大きい

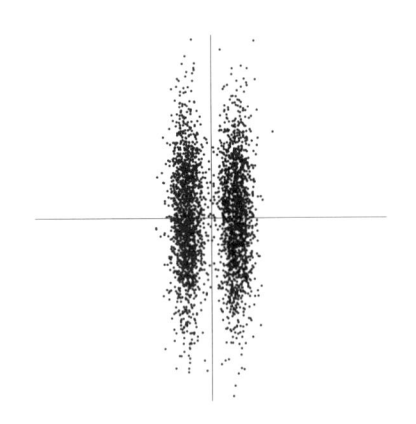

図8.26 射影追跡と「興味ある」方向の図解．この図のデータは明らかに二つの塊に分かれている．射影追跡の目標は，データのかたまり具合や他の構造が明らかになるような射影（この図では横軸への射影）を見出すことである．

場合に用いられるが，ここでは図解のために，単純な 2 次元の例を用いる．この図において，興味ある方向は水平方向である．なぜならば，その方向に射影するとデータの塊の構造が見えるからである．それに対して，非常に異なる方向（ここでは垂直方向）に射影しても，ありきたりの正規分布が見えるだけである．したがって，このような例に対しては，水平方向を自動的に見つけてくれるような方法が望まれる．

8.5.2 非ガウス性に興味がある

そこで射影追跡における基本的な問題は，どのような射影が興味深いのかということである．

よくいわれるのは，ガウス分布は最もつまらない分布であり，最も興味深い方向とは，最もガウス分布らしくない分布を見せてくれるものだということである．こう考える一つの理由は，データに房のような塊（クラスター）の構造がある多峰性の分布は，ガウス分布からかけ離れているということである．

非ガウス性に対する情報理論上の動機の一つは，ガウス分布がエントロピーを最大にするが，エントロピーは構造の欠如の尺度である，ということである（第 5 章を参照）．これはまたエントロピーを符号長と解釈するのと関連している．明確な構造をもっている変量は，通常符号化しやすい．ガウス分布のエントロピーは最大だから，符号化が最も困難であり，構造化のレベルが最低だと考えられる．

最も非ガウス的な射影が視覚化に有用であることは，図 8.26 によく示されている．ここでは最も非ガウス的な射影は水平軸に対するもので，これは，データのクラスター構造を最もよく示す射影でもある．他方，垂直軸への射影は第一の主成分の方向でもあるのだが，この構造を示さない．これからもわかるように，PCA はクラスター構造の情報を用いていない．実は，クラスター構造は，PCA がその上に成り立つところの共分散行列または相関行列の中に見出すことができない．

したがって，射影追跡は通常，データの最も非ガウス的な射影を見つけることによって実行される．これは，本章で ICA モデルを推定するのに行ったことと同じである．したがって，本章で述べたすべての非ガウス性の尺度は，射影追跡の「指数」と呼んでよいし，対応する ICA アルゴリズムは，射影追跡のアルゴリズムと呼んでもよいわけである．

射影追跡の定式化においては，データのいかなるモデルも，独立成分に関する仮定も用いていないことに注意してほしい．ICA モデルが成立するならば，ICA の非ガウス性の尺度の最適化は独立成分を生み出し，もしモデルが成立しないのならば，得られるのは射影追跡の方向ということになる．

8.6 結語と参考文献

ICA への基本的な筋道は非ガウス性の原理で与えられる．独立成分は，データが最も非ガウス的になるような方向を見つけることによって，得ることができる．非ガウス性は，エントロピーに基づく尺度や，尖度のようにキュムラントに基づく尺度を用いて定量化できる．そのような非ガウス性の値を最大化することによって，ICA モデルの推定が行える．勾配法や不動点アルゴリズムによって，その最大化が行える．複数個の独立成分を求めるには，無相関化の制約の下で，非ガウス性を最大にする複数個の方向を求めればよい．

上のような考え方は，射影追跡と密接な関連がある．射影追跡では，非ガウス性が最大となる方向は，データの視覚化や探査的なデータ分析において，興味深いと考えられている [122, 137, 138, 95, 160, 151, 316, 414, 139]．これについては [189] にうまく要約されている．モデル化の観点からは，この方法は暗中逆畳み込み(ブラインド)に関連して最初に開発された．暗中逆畳み込み(ブラインド)については第 19 章で詳しく述べる．これは ICA モデルと同様に線形モデルであるが，混合は 1 次元の信号を畳み込んだものである．ICA 関連では，非ガウス性の原理はおそらく最初 [107] で用いられ，そこでは尖度最大の性質が厳密に証明された．この原理はさらに [197, 210, 211, 291] で発展させられ，本章のもとになっている．

演習問題

1. 式 (8.8) と式 (8.9) を，
   (a) 数式の計算で証明せよ．
   (b) キュムラントの一般的な定義 (2.7.2 項を参照) を用いて証明せよ．
2. 式 (8.13) における勾配を導出せよ．
3. 式 (8.28) における勾配を導出せよ．
4. 式 (8.28) と式 (8.43) の ICA アルゴリズムにおいて，非線形関数 g を線形関数に置き換えるとどうなるか．
5. 式 (8.28) と式 (8.43) の ICA アルゴリズムは，以下の場合どう変わるか．
   (a) g に線形関数を加えた場合．
   (b) g に定数を加えた場合．
6. 3 次のキュムラント $E\{y^3\}$ に対する不動点アルゴリズムを導出せよ．このアルゴリズムはどのようなときに役立つか．ほとんどの場合に尖度が選ばれ使われ

るのはなぜだろうか.
7. この問題では，基礎となる尖度最大の性質を証明する．もっと正確には，関数

$$F(\mathbf{q}) = |\mathrm{kurt}\,(\mathbf{q}^T\mathbf{s})| = |q_1^4 \mathrm{kurt}\,(s_1) + q_2^4 \mathrm{kurt}\,(s_2)| \tag{8.52}$$

の制約集合 $\|\mathbf{q}\|^2 = 1$ における最大は，$\mathbf{q}$ の要素のうち一つだけが 0 でないときに与えられることを示す．簡単のため，ここでは 2 次元の場合を考える．
  (a) 変数変換 $t_i = q_i^2$ を行う．$\mathbf{t} = (t_1, t_2)$ の制約集合の幾何学的な形は何か．これにより目的関数は 2 次関数となることに注意せよ．
  (b) 尖度は二つとも正だと仮定する．集合 $\{\mathbf{t} : F(\mathbf{t}) = 定数\}$ の幾何学的な形は何か．幾何学的な議論から，$F(\mathbf{t})$ の最大は，t_i のうちの一つが 1 で他が 0 のときに得られることを示せ．尖度が両方とも正であるとき，これによって最大値の原理が証明できることを示せ．
  (c) 尖度が両方とも負であると仮定する．このときまったく同じ論理によって，尖度が両方とも負のとき最大値の原理が成立することを示せ．
  (d) 尖度が異なる符号をもつとする．この場合集合 $\{\mathbf{t} : F(\mathbf{t}) = 定数\}$ の幾何学的形状は何か．幾何学的な議論を用いて，この場合でも最大値の原理が成立することを示せ．
  (e) 証明を代数的にやり直そう．t_2 を t_1 の関数として表し，問題を定式化し直して，これを解け．
8. *上の幾何学的な証明を n 次元へ拡張しよう．凸解析の基礎的な知識が多少必要である [284].
  (a) 同じ変数変換を行え．制約集合は凸集合であることを証明せよ (実は単体と呼ばれるものである).
  (b) すべての s_i の尖度が正であると仮定せよ．目的関数が狭義の凸関数であることを示せ．
  (c) 単体の上で定義された狭義の凸関数は，その端点上で最大値をとることを示せ．
  (d) 我々の目的関数は，t_i のうちの一つだけが 1 で他がすべて 0 であるときに最大値をとり，したがってこれらが独立成分に対応することを示せ．
  (e) 尖度がすべて負のときについて同じことを証明せよ．
  (f) 尖度が異なる符号をとるとき，それらに対応する t_i と t_j が 0 でないとすれば，それらのうちの一つを減らし，他を同じ量だけ増やすことによって，目的関数の値を増加できることを簡単な議論で示せ．その結果，最大にお

いては，符号の異なる二つの尖度に対応する二つの t_i のみが 0 でないことを示せ．これで問題はすでに解いた 2 次元の問題に帰着することを示せ．

コンピュータ課題

1. この課題では中心極限定理を実験で検証する．$x(t)$ $(t = 1, \ldots, T)$ を区間 $[-1, 1]$ で一様分布する独立な確率変数の T 個の値だとし，

$$y = \sum_{t=1}^{T} x(t)$$

とする．$T = 2$，$T = 4$，$T = 12$ のそれぞれの場合について，5000 個の y の実現値を生成せよ．
   (a) y の実験による密度関数のグラフを描き，それと同じ平均 (0) と分散をもつガウス密度関数と比較せよ．
      ☞ 生成された標本値からの密度関数の推定は，単純に，標本値のとる値域を幅 0.1 または 0.05 の区間に分割して，各区間に落ちる標本値の数を数え，全体の標本の個数で割ればよい．推定された密度と対応するガウス密度との差を計算すると，二つの分布の類似についてよりよくわかるであろう．
   (b) T の値に対する尖度をグラフで描け．すべての変数 y を分散 1 に正規化する必要があることに注意せよ．もし正規化しないとどうなるか．
2. 式 (8.4) の fastICA のプログラムを作れ．
   (a) 前問の $x(t)$ の標本を二分することによって，二つの独立成分として用いよ．それを確率行列を用いて混合し，式 (8.31) のどちらかの非線形関数を用いて，モデルを推定せよ．
   (b) 標本数を 100 に減らす．混合行列を再び推定せよ．何がわかるか．
   (c) 異なる非線形関数 (8.32) 〜 (8.33) を用いてみよ．何か違いが見えるだろうか．
   (d) 非線形関数 $g(u) = u^2$ を用いてみよ．なぜこれはうまくいかないのであろうか．

付録 — 証明

定理 8.1 の証明

$H(\mathbf{w})$ を，最小化または最大化する関数 $\mathrm{E}\{G(\mathbf{w}^T\mathbf{z})\}$ とする．直交座標変換を $\mathbf{q} = \mathbf{A}^T\mathbf{V}^T\mathbf{w}$ とする．勾配を計算すると $\frac{\partial H(\mathbf{q})}{\partial \mathbf{q}} = \mathrm{E}\{\mathbf{s}g(\mathbf{q}^T\mathbf{s})\}$ となり，ヘッセ行列は $\frac{\partial^2 H(\mathbf{q})}{\partial \mathbf{q}^2} = \mathrm{E}\{\mathbf{s}\mathbf{s}^T g'(\mathbf{q}^T\mathbf{s})\}$ となる．一般性を失うことなく，点 $\mathbf{q} = \mathbf{e}_1 = (1, 0, 0, \ldots,)$ の安定性のみを論じれば十分である．勾配とヘッセ行列を点 $\mathbf{q} = \mathbf{e}_1$ で評価すると，s_i の独立性を用いれば，

$$\frac{\partial H(\mathbf{e}_1)}{\partial \mathbf{q}} = \mathbf{e}_1 \mathrm{E}\{s_1 g(s_1)\} \tag{A.1}$$

と，

$$\frac{\partial^2 H(\mathbf{e}_1)}{\partial \mathbf{q}^2} = \mathrm{diag}\left(\mathrm{E}\{s_1^2 g'(s_1)\}, \mathrm{E}\{g'(s_1)\}, \mathrm{E}\{g'(s_1)\}, \ldots\right) \tag{A.2}$$

を得る．微小な摂動 $\epsilon = (\epsilon_1, \epsilon_2, \ldots)$ を与えると，

$$\begin{aligned} H(\mathbf{e}_1 + \epsilon) &= H(\mathbf{e}_1) + \epsilon^T \frac{\partial H(\mathbf{e}_1)}{\partial \mathbf{q}} + \frac{1}{2}\epsilon^T \frac{\partial^2 H(\mathbf{e}_1)}{\partial \mathbf{q}^2} \epsilon + o\left(\|\epsilon\|^2\right) \\ &= H(\mathbf{e}_1) + \mathrm{E}\{s_1 g(s_1)\} \epsilon_1 \\ &\quad + \frac{1}{2}\left[\mathrm{E}\{s_1^2 g'(s_1)\} \epsilon_1^2 + \mathrm{E}\{g'(s_1)\} \sum_{i>1} \epsilon_i^2\right] + o\left(\|\epsilon\|^2\right) \end{aligned} \tag{A.3}$$

を得る．制約条件 $\|\mathbf{w}\| = 1$ により，$\epsilon_1 = \sqrt{1 - \epsilon_2^2 - \epsilon_3^2 - \ldots} - 1$ を得る．関係 $\sqrt{1-\gamma} = 1 - \gamma/2 + o(\gamma)$ を用いると，$\epsilon_1 = -\sum_{i>1} \epsilon_i^2/2 + o\left(\|\epsilon\|^2\right)$ であり，式 (A.3) 中の ϵ_1^2 の項は $o\left(\|\epsilon\|^2\right)$ であり，より高次であるから省略できる．それから，

$$H(\mathbf{e}_1 + \epsilon) = H(\mathbf{e}_1) + \frac{1}{2}\left[\mathrm{E}\{g'(s_1) - s_1 g(s_1)\}\right] \sum_{i>1} \epsilon_i^2 + o\left(\|\epsilon\|^2\right) \tag{A.4}$$

が得られる．これは明らかに点 $\mathbf{q} = \mathbf{e}_1$ が極値を与え，しかも定理の条件で定まる型のものであることを示している．

fastICA の収束の証明

まずデータが ICA モデル (8.1) に従うと仮定して収束を証明し，次に期待値を正確に評価する．

アルゴリズム中で非線形関数として g を用いるとする．8.2.3 項の尖度をもとにしたアルゴリズムの場合には，これは 3 次関数となり，以下の一般的な g に対する証明の

特別な場合として，アルゴリズムが得られる．技術的な理由から以下の仮定が必要である．

$$\mathrm{E}\{s_i g(s_i) - g'(s_i)\} \neq 0, \quad \text{任意の } i \text{ に対して} \tag{A.5}$$

これは尖度に対しては正しい条件，すなわち独立成分の尖度は 0 ではないという条件の一般化と考えられる．式 (A.5) が独立成分のうちのいくつかについて成立するならば，それらの独立成分を推定することができる．

最初に，前と同様に変数変換 $\mathbf{q} = \mathbf{A}^T \mathbf{V}^T \mathbf{w}$ を行い， $\mathbf{q}$ が解（たとえば前と同様に $q_1 \approx 1$）の近傍にあると仮定する．定理 8.1 の証明にあるように，制約 $\|\mathbf{q}\| = 1$ のおかげで，q_1 の変化の大きさは他の座標の変化よりも低位となる．すると式 (8.43) の各項を，g と g' のテイラー展開を用いて展開することができて，

$$g(\mathbf{q}^T \mathbf{s}) = g(q_1 s_1) + g'(q_1 s_1) \mathbf{q}_{-1}^T \mathbf{s}_{-1} + \frac{1}{2} g''(q_1 s_1) (\mathbf{q}_{-1}^T \mathbf{s}_{-1})^2 \\ + \frac{1}{6} g'''(q_1 s_1) (\mathbf{q}_{-1}^T \mathbf{s}_{-1})^3 + O(\|\mathbf{q}_{-1}\|^4) \tag{A.6}$$

を得，さらに，

$$g'(\mathbf{q}^T \mathbf{s}) = g'(q_1 s_1) + g''(q_1 s_1) \mathbf{q}_{-1}^T \mathbf{s}_{-1} \\ + \frac{1}{2} g'''(q_1 s_1) (\mathbf{q}_{-1}^T \mathbf{s}_{-1})^2 + O(\|\mathbf{q}_{-1}\|^3) \tag{A.7}$$

を得る．ここで $\mathbf{q}_{-1}$ と $\mathbf{s}_{-1}$ はそれぞれ $\mathbf{q}$ と $\mathbf{s}$ からその第 1 要素を取り去ったものである．$\mathbf{q}^+$ を $\mathbf{q}$ の（1 回反復後の）新しい値とする．すると，s_i の独立性を使い，ちょっと面倒だが単純な計算をすれば，

$$q_1^+ = \mathrm{E}\{s_1 g(q_1 s_1) - g'(q_1 s_1)\} + O(\|q_{-1}\|^2) \tag{A.8}$$

$$q_i^+ = \frac{1}{2} \mathrm{E}\{s_i^3\} \mathrm{E}\{g''(s_1)\} q_i^2 \\ + \frac{1}{6} \mathrm{kurt}(s_i) \mathrm{E}\{g'''(s_1)\} q_i^3 + O(\|q_{-1}\|^4), \quad i > 1 \tag{A.9}$$

を得る．また

$$\mathbf{q}^* = \mathbf{q}^+ / \|\mathbf{q}^+\| \tag{A.10}$$

も得る．これから明らかに，このアルゴリズムは式 (A.5) の仮定の下で，$q_1 = \pm 1$ で $q_i = 0 \, (i > 1)$ であるようなベクトル $\mathbf{q}$ に収束することがわかる．これは $\mathbf{w} = \left((\mathbf{VA})^T\right)^{-1} \mathbf{q}$ が，符号の不確定性は除いて混合行列 $\mathbf{VA}$ の逆行列の一つの行に収束することを意味し，さらにそれは，$\mathbf{w}^T \mathbf{z}$ が一つの s_i に収束することを意味している．

さらに，$\mathrm{E}\{g''(s_1)\} = 0$ ならば，すなわち s_i が通常そうであるように対称な密度関数をもつとき，式 (A.9) が示すように 3 次の収束をする．そうでなければ 2 次の収束である．しかしもし尖度を用いるならば，常に $\mathrm{E}\{g''(s_1)\} = 0$ であるから，3 次収束が得られる．加えてもし $G(y) = y^4$ ならば，局所的な近似は正確であり，大局的に収束する．

第 9 章

最尤推定による ICA

ICA モデルを推定する非常に人気のある方法に，最尤 (ML: Maximum Likelihood) 推定がある．最尤推定は基本的な統計的推定法で，簡単な紹介が 4.5 節にある．ML 推定は，観測された値の生起確率を最大にするようにパラメータの値を選ぶものと解釈することができる．本章では ML 推定を ICA 推定に応用する方法を示す．また，それがニューラルネットワークにおける情報速度最大の原理 (infomax) と密接な関係があることを示す．

9.1 ICA モデルにおける尤度

9.1.1 尤度の導出

雑音のない ICA モデルにおける尤度を導出するのは困難ではない．これには，式 (2.82) で与えられる線形変換の密度に関する，よく知られた結果を用いればよい．この結果によれば，混合ベクトル

$$\mathbf{x} = \mathbf{A}\mathbf{s} \tag{9.1}$$

の密度 p_x は，

$$p_x(\mathbf{x}) = |\det \mathbf{B}| p_s(\mathbf{s}) = |\det \mathbf{B}| \prod_i p_i(s_i) \tag{9.2}$$

と書ける．ここで $\mathbf{B} = \mathbf{A}^{-1}$ で，p_i は各独立成分の分布密度を表す．これは $\mathbf{B} = (\mathbf{b}_1, \ldots, \mathbf{b}_n)^T$ と $\mathbf{x}$ の関数として表すことができ，

$$p_x(\mathbf{x}) = |\det \mathbf{B}| \prod_i p_i(\mathbf{b}_i^T \mathbf{x}) \tag{9.3}$$

と書ける．$\mathbf{x}$ の T 個の観測値 $\mathbf{x}(1), \mathbf{x}(2), \ldots, \mathbf{x}(T)$ があるとする．尤度は，この密度を T 個の点で評価したものの積として得られる (4.5 節を参照)．これを L で表し $\mathbf{B}$

の関数とみなす．すなわち，

$$L(\mathbf{B}) = \prod_{t=1}^{T}\prod_{i=1}^{n} p_i\left(\mathbf{b}_i^T \mathbf{x}(t)\right)|\det \mathbf{B}| \tag{9.4}$$

である．

実際には，尤度の対数のほうが簡単で，より多く用いられる．尤度の最大はその対数の最大と同一だから，我々の目的には何の支障もない．対数尤度関数は，

$$\log L(\mathbf{B}) = \sum_{t=1}^{T}\sum_{i=1}^{n} \log p_i\left(\mathbf{b}_i^T \mathbf{x}(t)\right) + T\log|\det \mathbf{B}| \tag{9.5}$$

で与えられる．我々は自然対数を用いるが，対数の底として何を用いても変わりはない．

記述を簡単にするのと前章の書き方との統一を図るため，標本番号 t に関する和をとり T で割ることを，期待値の演算子で置き換えると，

$$\frac{1}{T}\log L(\mathbf{B}) = \mathrm{E}\left\{\sum_{i=1}^{n}\log p_i\left(\mathbf{b}_i^T \mathbf{x}\right)\right\} + \log|\det \mathbf{B}| \tag{9.6}$$

となる．この期待値は厳密な意味の期待値ではなく，観測値から計算された標本平均である．当然ながら，実際のアルゴリズムでは期待値は結局，標本平均で置き換えられるから，その区別はまったく理論上のことである．

9.1.2 密度の推定

半パラメトリック推定問題　前項では，尤度を混合行列の要素であるモデルパラメータの関数として表現した．簡単のため，混合行列の逆行列 $\mathbf{B}$ を用いた．混合行列はその逆行列から直接計算できるから，これは許される．

ところが，ICA モデルにはもう一つ推定すべきものがある．これは独立成分の密度である．実際には尤度はこれらの密度の関数でもある．密度の推定は一般にノンパラメトリックな問題だから，問題はこれによりずっと複雑なものになる．ノンパラメトリックであるとは，有限なパラメータ集合の推定問題に帰着できないということである．（密度に対して何の仮定もしなければ）推定するパラメータは実は無限個あると考えられ，実際問題としても非常に多い．このように ICA モデルの推定はノンパラメトリックな部分も含んでおり，それによりこの推定は「半パラメトリック」(semiparametric) と呼ばれることがある．

密度のノンパラメトリック推定は困難な問題として知られている．推定すべきパラメータの数が多いほど問題は困難であるが，ノンパラメトリック推定はパラメータ数

が無限個であるから，最も困難である．だから ICA 推定においてノンパラメトリック推定は避けたい．それには二つの方法がある．

時には，手もとのデータに関する何らかの事前の知識を使って，独立成分の密度を知ることができることがある．この場合には，単にこの密度を使って尤度関数を作ればよい．そうすれば尤度は実際，**B** だけの関数になる．事前に与える密度に含まれる誤差が十分小さいとき，推定がほとんど影響を受けないならば，この方法により満足できる結果が得られる．実際，後で示すようにその仮定は成立する．

密度推定問題に対する 2 番目の方法は，限られた数のパラメータで記述できる密度関数の族によって，密度を近似することである．密度関数の族に含まれるパラメータ数が非常に多ければ，そもそも目的はパラメータ数を減らすことなのだから意味がない．しかしながら，ICA モデル推定をするとき，任意の密度 p_i に対して非常に簡単な密度関数の族が使えるならば，簡単な解法が得られることになる．幸い，この仮定も成立することがわかる．p_i を非常に単純にパラメータ化することができる．それは二つの密度関数のどちらかを選ぶことだけであり，したがって 1 個の 2 値パラメータによるパラメータ化である．

簡単な密度関数の族　　最尤推定においては，独立成分の密度にはたった 2 個の密度の近似を用いればよいことが導かれる．各独立成分について，その 2 個のうちどちらがよい近似であるかを決めればよいだけである．これからまずわかることは，独立成分の密度を決めるときに小さな誤差は許されるということである．なぜならば，確率密度関数の空間において，同じ半空間に属する密度関数を選べば十分だからである．次にわかることは，独立成分の密度の推定をするのに非常に簡単なモデルを用いることができること，特にたった 2 個の密度関数からなるモデルを用いることができることである．

この状況は 8.3.4 項で述べた状況と比較するとわかりやすい．そこでは，任意の非線形関数は確率密度関数からなる空間を二分することを見た．ある独立成分の分布が二分されたうちの一方にある場合には，独立成分を推定するのに，その非線形関数を勾配法に用いることができる．その分布が他方の半空間にある場合には，勾配法においてその非線形関数に -1 をかけたものを用いる．ML の場合には，非線形関数は密度の近似に対応している．

これらの方法の正当性は以下の定理によって示されるが，その証明は付録 (p.243) に回した．この定理は基本的に 8.3.4 項の安定性の定理の系である．

9.1 ICA モデルにおける尤度

【定理 9.1】 $\tilde{p}_i$ によって独立成分の仮定された密度を表し，

$$g_i(s_i) = \frac{\partial}{\partial s_i} \log \tilde{p}_i(s_i) = \frac{\tilde{p}_i'(s_i)}{\tilde{p}_i(s_i)} \tag{9.7}$$

とする．独立成分の推定値 $y_i = \mathbf{b}_i^T \mathbf{x}$ が無相関で分散 1 であるという制約条件を設ける．このとき，もし仮定された密度 $\tilde{p}_i$ がすべての i に対して，

$$\mathrm{E}\{s_i g_i(s_i) - g_i'(s_i)\} > 0 \tag{9.8}$$

を満たすならば，ML 推定は局所的に一致推定量となる．

密度の推定に小さな誤差があっても，それが十分に小さければ式 (9.8) の符号を変えることはないから，ML 推定量の局所的な一致性に影響を与えないことを，この定理は厳密に示している．

この定理はさらに，たった 2 個の密度関数からなる族で，そのうちの一つの関数が式 (9.8) の条件を満たすようなものを構成する方法も示している．たとえば，対数密度関数

$$\log \tilde{p}_i^+(s) = \alpha_1 - 2\log\cosh(s) \tag{9.9}$$

$$\log \tilde{p}_i^-(s) = \alpha_2 - \left[s^2/2 - \log\cosh(s)\right] \tag{9.10}$$

を考える．ここで α_1, α_2 は，これら 2 個の関数が確率密度関数の対数になるように決められる定数である．実際にはこれらの定数は以下では無視できる．式 (9.9) の係数 2 は重要ではないが通常ここに用いられる．また式 (9.10) の 1/2 も変えてもよい．

これらの関数を用いる動機を考えよう．まず，$\tilde{p}_i^+$ は優ガウス的密度である．これは，関数 $\log\cosh$ がラプラス密度に現れる絶対値関数に近いことからもわかる．次に関数 $\tilde{p}_i^-$ は劣ガウス的密度である．これは，ガウス対数密度に出てくる $-s^2/2$ に定数を加え，それを $\log\cosh$ 関数でいくぶん平らにしたものであることからもわかる．

簡単な計算によって，$\tilde{p}_i^+$ に対して，式 (9.8) の非多項式モーメントは，

$$2\mathrm{E}\left\{-\tanh(s_i) s_i + \left(1 - \tanh(s_i)^2\right)\right\} \tag{9.11}$$

であり，$\tilde{p}_i^-$ に対しては，

$$\mathrm{E}\left\{\tanh(s_i) s_i - \left(1 - \tanh(s_i)^2\right)\right\} \tag{9.12}$$

である．ここで $\tanh(s)$ の導関数は $1 - \tanh(s)^2$ であり，定義から $\mathrm{E}\{s_i^2\} = 1$ であることを用いた．これらの式の符号が常に逆であることがわかる．したがって，実質的

に s_i がどのような分布に従っても，これらのうちの一つは望みの符号をもって条件を満たすことになり，推定は可能となる．もちろん，条件の中の非多項式モーメントが 0 になるような s_i の分布もありうる．これはキュムラントに基づく推定における尖度 0 の場合に対応しているが，これは非常にまれだと考えてよい．

そこで，式 (9.9) と式 (9.10) の二つの事前分布関数に対する非多項式モーメントを計算して，式 (9.8) の安定条件を満たすものを選ぶだけでよいことになる．これは尤度の最大化の過程でオンラインで行うことができる．これによりいつでも (局所的に) 一致性をもつ推定量を得ることができ，セミパラメトリック推定問題が解かれることになる．

実のところ，くだんの非多項式モーメントは，尖度とかなり似た方法で密度関数の形を定量化しているのである．$g(s) = -s^3$ とすれば尖度そのものが得られる．したがって非線形関数の選択は，8.2 節ですでに見たような尖度の最小化と最大化との間の選択と比較することもできよう．尖度についてはその符号に基づいて選択したのだが，ここでは非多項式のモーメントの符号を用いるのである．

実際，本章の非線形多項式は，8.3 節で非ガウス性の，より一般的な尺度を用いたときに現れたものと同じである．しかしながら，ここで用いることができる非線形関数の集合は，第 8 章で用いたものより強く制約されていることに注意しなければならない．なぜならば，用いられる非線形関数 g_i は，確率密度関数 (pdf) の対数の導関数に対応していなければならないからである．たとえば $g(s) = s^3$ などという関数は使えない．なぜならば，対応する pdf は $\exp(s^4/4)$ という形になるが，これは積分不可能でありまったく pdf などではないからである．

9.2　最尤推定のアルゴリズム

実際に最尤推定を行うには，尤度の最大化の数値アルゴリズムが必要である．本節では，この目的のための異なる方法を論じる．まず，簡単な勾配アルゴリズムの導き方を示すが，その中で特に自然勾配アルゴリズムが広く用いられている．次に fastICA の一種である不動点アルゴリズムを導くが，これは尤度の最大化がより速く，信頼性も高い．

9.2.1 勾配アルゴリズム

ベル＝セイノフスキーのアルゴリズム　尤度を最大化する最も簡単なアルゴリズムは，勾配法である．第3章で述べたよく知られた結果を用いることにより，式 (9.6) の対数尤度の確率的な勾配は簡単に導けて，

$$\frac{1}{T}\frac{\partial \log L}{\partial \mathbf{B}} = \left[\mathbf{B}^T\right]^{-1} + \mathrm{E}\left\{\mathbf{g}\left(\mathbf{B}\mathbf{x}\right)\mathbf{x}^T\right\} \tag{9.13}$$

となる．ここで $\mathbf{g}(\mathbf{y}) = (g_1(y_1), \ldots, g_n(y_n))$ は成分ごとの関数で，その各々は s_i の密度関数の，（負号をつけた）いわゆるスコア関数 g_i である．その定義は，

$$g_i = (\log p_i)' = \frac{p_i'}{p_i} \tag{9.14}$$

である．これから直ちに以下のML推定のアルゴリズムが得られる．

$$\Delta \mathbf{B} \propto \left[\mathbf{B}^T\right]^{-1} + \mathrm{E}\left\{\mathbf{g}\left(\mathbf{B}\mathbf{x}\right)\mathbf{x}^T\right\} \tag{9.15}$$

これを確率過程用に直したものも使える．つまり，期待値の操作を省き，アルゴリズムの各段では，たった一つのデータ点のみを用いるのである．

$$\Delta \mathbf{B} \propto \left[\mathbf{B}^T\right]^{-1} + \mathbf{g}\left(\mathbf{B}\mathbf{x}\right)\mathbf{x}^T \tag{9.16}$$

このアルゴリズムはしばしばベル＝セイノフスキーのアルゴリズムと呼ばれる．これは最初 [36] で導かれたが，そこでは，9.3節で説明するインフォマックス原理と呼ばれる異なる方向から導かれた．

しかしながら式 (9.15) のアルゴリズムは，特に行列 $\mathbf{B}$ の逆演算があるため，収束が非常に遅い．収束性は白色化によって，また特に自然勾配を用いることによって改善できる．

自然勾配アルゴリズム　自然（または相対的）勾配法により，最尤法はかなり簡単化でき，またその安定性がよくなる．自然勾配法の原理は，パラメータ空間の幾何学的な構造に基づいており，ICA問題のリー群構造を利用する相対的勾配の原理に関連している．より詳しくは第3章を参照されたい．基本ICAにおいては，どちらの原理を用いても，式 (9.15) の右辺に $\mathbf{B}^T\mathbf{B}$ を乗ずるという結果になる．その結果，

$$\Delta \mathbf{B} \propto \left(\mathbf{I} + \mathrm{E}\left\{\mathbf{g}(\mathbf{y})\mathbf{y}^T\right\}\right)\mathbf{B} \tag{9.17}$$

が得られる．

興味深いことに，このアルゴリズムは非線形無相関化と考えることもできる．その原理は第 12 章でより詳しく扱う．考え方だけを述べると，アルゴリズムが停止するのは $\mathrm{E}\{g(\mathbf{y})\mathbf{y}^T\} = -\mathbf{I}$ となるときであるが，これは $i \neq j$ に対して y_i と $g_j(y_j)$ が無相関であることを意味する．これは通常の無相関性の要求を非線形的に拡張したもので，実際，このアルゴリズムは第 12 章で導く非線形無相関化の特別な場合である．

実際には，たとえば 9.1.2 項であげた二つの密度を用いることができる．独立成分が優ガウス的なときには，通常式 (9.9) の pdf が用いられる．つまり，成分ごとの非線形関数 g は以下の tanh 関数である．

$$g^+(y) = -2\tanh(y) \tag{9.18}$$

劣ガウス的な独立成分には，別な関数を使わなければならない．たとえば式 (9.10) の pdf を用いると，

$$g^-(y) = \tanh(y) - y \tag{9.19}$$

となる（$g(y) = -y^3$ を用いることもできる）．これらの非線形関数を図 9.1 に示す．

式 (9.18) と式 (9.19) のどちらを選ぶかを決めるには，独立成分の値を何らかの方法で推定して，これを用いた非多項式モーメント

$$\mathrm{E}\left\{-\tanh(s_i)s_i + \left(1 - \tanh(s_i)^2\right)\right\} \tag{9.20}$$

を計算する．この非多項式モーメントが正の場合には，式 (9.18) の非線形関数を用い，そうでなければ式 (9.19) を用いる必要がある．これは定理 9.1 の条件のためである．

勾配アルゴリズムを走らせながら，その時点での独立成分の推定値を用いて，その性格 (つまり非多項式モーメントの符号) を推定し，非線形関数の選択を行うことがで

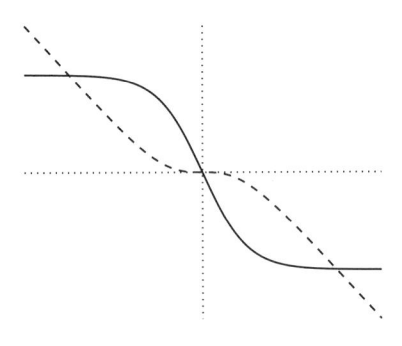

図 9.1 式 (9.18) の関数 g^+ (実線) と式 (9.19) の関数 g^- (破線)．

きる．多項式モーメントを用いるならば，定理に述べられているように独立成分の推定値の分散を 1 に制約するように，適当に正規化する必要があることに注意していただきたい．実際にはそのような正規化が行われないこともしばしばあり，その場合，間違った非線形関数を選択してしまうこともある．

最終的なアルゴリズムを表 9.1 にまとめてある．この例では，非多項式モーメントを推定するのに，白色化や上で述べた正規化は省いてあるが，実際にはそれらは非常に有用なこともある．

表 9.1 最尤推定のための確率的自然勾配法のオンラインアルゴリズム．前処理の白色化の過程はここには示されていないが，実際には使用することを強く勧める．

---

1. データを中心化して平均 0 とする．
2. たとえば乱数により分離行列 **B** を初期化する．$\gamma_i\ (i=1,\ldots,n)$ の初期値を乱数または事前情報を用いて決める．学習係数 μ, μ_γ を決める．
3. $\mathbf{y} = \mathbf{B}\mathbf{x}$ を計算する．
4. 非線形関数が前もって決められていなければ
   (a) 更新 $\gamma_i = (1-\mu_\gamma)\gamma_i + \mu_\gamma \mathrm{E}\left\{-\tanh(y_i)y_i + (1-\tanh(y_i)^2)\right\}$．
   (b) $\gamma_i > 0$ ならば，g_i を式 (9.18) で定義し，そうでなければ式 (9.19) で定義する．
5. 分離行列を
$$\mathbf{B} \leftarrow \mathbf{B} + \mu\left[\mathbf{I} + \mathbf{g}(\mathbf{y})\mathbf{y}^T\right]\mathbf{B} \tag{9.21}$$
   により更新する．ここで $\mathbf{g}(y) = (g_1(y_1),\ldots,g_n(y_n))^T$．
6. 3. に戻る．

9.2.2 高速の不動点アルゴリズム

尤度の最大化に，不動点アルゴリズムを用いることもできる．ICA 推定のため，非ガウス性の尺度を最大化する目的で第 8 章で導入した fastICA を用いた不動点アルゴリズムは，非常に高速で信頼性のある最大化法である．実は，fastICA アルゴリズムは尤度の最大化に直接応用できる．

fastICA は，$\mathbf{w}$ のノルムが 1 であるという制約下で，$\mathrm{E}\{G(\mathbf{w}^T\mathbf{z})\}$ を最適化するものであった．実は，もし独立成分の推定値が白色であると制約すれば（第 7 章を参照），尤度の最大化はほとんどこれと同一の最適化問題に帰着する．具体的には，こ

の制約は付録(p.243)で証明するように $\log|\det \mathbf{W}|$ の項が定数となることを意味し、したがって尤度は、基本的に fastICA によって最適化される形式の n 項の和からなることがわかる．そこで第 8 章と同じように不動点反復法を導くことができる．

第 8 章の式 (8.42) に示した (白色化データに対する) fastICA アルゴリズムは以下のとおりである．

$$\mathbf{w} \leftarrow \mathbf{w} - \left[\mathrm{E}\left\{\mathbf{z}g\left(\mathbf{w}^T\mathbf{z}\right)\right\} + \beta\mathbf{w}\right] / \left[\mathrm{E}\left\{g'\left(\mathbf{w}^T\mathbf{z}\right)\right\} + \beta\right] \tag{9.22}$$

ここで β は式 (8.40) から $\beta = -\mathrm{E}\{y_i g(y_i)\}$ によって計算できる．これを行列形式で書くと，

$$\mathbf{W} \leftarrow \mathbf{W} + \mathrm{diag}\left(\alpha_i\right)\left[\mathrm{diag}\left(\beta_i\right) + \mathrm{E}\left\{\mathbf{g}\left(\mathbf{y}\right)\mathbf{y}^T\right\}\right]\mathbf{W} \tag{9.23}$$

となる．ここで α_i は $-1/\left(\mathrm{E}\left\{g'\left(\mathbf{w}^T\mathbf{z}\right) + \beta_i\right\}\right)$ と定義され，$\mathbf{y} = \mathbf{W}\mathbf{z}$ である．

これを本章の方法に合わせて，白色化されていないデータ用に書き換えるには，式 (9.23) の両辺に右から白色化行列をかければよい．結局，$\mathbf{W}\mathbf{z} = \mathbf{W}\mathbf{V}\mathbf{x}$ であり，すると $\mathbf{B} = \mathbf{W}\mathbf{V}$ であるから，単に $\mathbf{W}$ を $\mathbf{B}$ で置き換えればよいだけである．

このようにして，fastICA の基本的反復法が，

$$\mathbf{B} \leftarrow \mathbf{B} + \mathrm{diag}\left(\alpha_i\right)\left[\mathrm{diag}\left(\beta_i\right) + \mathrm{E}\left\{\mathbf{g}\left(\mathbf{y}\right)\mathbf{y}^T\right\}\right]\mathbf{B} \tag{9.24}$$

として得られる．ここで $\mathbf{y} = \mathbf{B}\mathbf{x}$，$\beta_i = -\mathrm{E}\{y_i g(y_i)\}$，$\alpha_i = -1/(\beta_i + \mathrm{E}\{g'(y_i)\})$ である．

各段の後で，行列 $\mathbf{B}$ を白色化行列の集合上に射影する必要がある．これは，行列の平方根を含む古典的な方法でできる．

$$\mathbf{B} \leftarrow \left(\mathbf{B}\mathbf{C}\mathbf{B}^T\right)^{-1/2}\mathbf{B} \tag{9.25}$$

ここで $\mathbf{C} = \mathrm{E}\{\mathbf{x}\mathbf{x}^T\}$ はデータの相関行列である (演習問題を参照)．平方根の逆行列は式 (7.20) のように求めることができる．他のやり方としては，8.4 節や第 6 章を参照していただきたいが，それらの方法は単に行列を直交化するだけであるので，データは前もって白色化されていなければならないことに注意されたい．

この fastICA の変形は表 9.2 にまとめられている．fastICA を，尤度を最大化する式 (9.17) の自然勾配法と比較することができる．すると，fastICA は勾配法を**計算論的に最適化した変形**であると考えられることがわかる．fastICA では，収束の速さは行列 $\mathrm{diag}(\alpha_i)$ と $\mathrm{diag}(\beta_i)$ をうまく選択すれば最適化できる．これらの行列はアルゴリズム中の刻み幅の最適値を与える．

表 9.2 最尤推定のための fastICA アルゴリズム．これには白色化は含まれていない．実際には，PCA と白色化を組み合わせて用いるのが効果的である．非線形関数 g の代表的なものに tanh がある．

---

1. データを中心化して平均 0 とする．相関行列 $\mathbf{C} = \mathrm{E}\{\mathbf{x}\mathbf{x}^T\}$ を計算する．
2. たとえば乱数により分離行列 $\mathbf{B}$ を初期化する．
3. 以下の計算を行う．

$$\mathbf{y} = \mathbf{B}\mathbf{x} \tag{9.26}$$

$$\beta_i = -\mathrm{E}\{y_i g(y_i)\}, \quad i = 1, ..., n \tag{9.27}$$

$$\alpha_i = -1/(\beta_i + \mathrm{E}\{g'(y_i)\}), \quad i = 1, ..., n \tag{9.28}$$

4. 分離行列を以下により更新する．

$$\mathbf{B} \leftarrow \mathbf{B} + \mathrm{diag}(\alpha_i)\left[\mathrm{diag}(\beta_i) + \mathrm{E}\{\mathbf{g}(\mathbf{y})\mathbf{y}^T\}\right]\mathbf{B} \tag{9.29}$$

5. 無相関化と正規化を以下によって行う．

$$\mathbf{B} \leftarrow \left(\mathbf{B}\mathbf{C}\mathbf{B}^T\right)^{-1/2}\mathbf{B} \tag{9.30}$$

6. 収束していなければ 3. へ戻る．

もう一つの fastICA の長所は，優または劣ガウス的独立成分のどちらに対しても，特別な過程を設けずに推定が行えることである．具体的には，すべての独立成分に対して，非線形関数として tanh を固定的に用いることができる．その理由は式 (9.24) から明らかである．つまり，行列 $\mathrm{diag}(\alpha_i)$ には独立成分の性格 (優または劣ガウス性) の推定が含まれている．推定結果は，前項の勾配アルゴリズムにおけるのと同様に用いられている．その一方で，行列 $\mathrm{diag}(\beta_i)$ は非線形関数の正規化のために用いられていると考えることができる．これは，$[\mathrm{diag}(\beta_i) + \mathrm{E}\{\mathbf{g}(\mathbf{y})\mathbf{y}^T\}] = \mathrm{diag}(\beta_i)\left[\mathbf{I} + \mathrm{diag}(\beta_i^{-1})\mathrm{E}\{\mathbf{g}(\mathbf{y})\mathbf{y}^T\}\right]$ と書き直せることからわかる．9.1.2 項では二つの密度関数だけを用いたのに対して，ここでは密度関数のパラメトリック族を考えているので，9.1.2 項よりも豊かな密度のパラメトリック化を用いていることがわかる．

fastICA では各段の後，出力 y_i は無相関化され，分散 1 に正規化されていることに注意しよう．勾配アルゴリズムではそのような操作は必要ではない．fastICA は，この操作を付加しなければ不安定であるから，最適化空間は多少狭くなる．

ここでの例では前もって白色化することはしていない．実際には，前処理として白色化し，できるなら，さらに PCA による次元低減を行うことを強く勧める．

9.3 インフォマックスの原理

ICA の推定原理の一つで最尤法に密接な関係があるのは，インフォマックスの原理である [282, 36]．これは非線形出力をもつニューラルネットワークの出力エントロピー，すなわち情報の流量を最大化することに基づいている．それがインフォマックスという名前の由来である．

ニューラルネットワークの入力を $\mathbf{x}$ と仮定し，その出力が，

$$y_i = \phi_i\left(\mathbf{b}_i^T \mathbf{x}\right) + n_i \tag{9.31}$$

という形をしているとする．ここで ϕ_i は何らかの非線形スカラー値関数であり，$\mathbf{b}_i$ は素子の荷重ベクトルである．ベクトル $\mathbf{n}=(n_i)$ は加法的なガウス雑音である．ここで出力のエントロピー

$$H(\mathbf{y}) = H\left(\phi_1\left(\mathbf{b}_1^T \mathbf{x}\right), \ldots, \phi_n\left(\mathbf{b}_n^T \mathbf{x}\right)\right) \tag{9.32}$$

を最大化するのである．ニューラルネットワークにおける情報の流れを考えればその理由がわかる．効率的な情報の伝達には，入力と出力の相互情報量を最大化することが必要である．この問題が意味をもつのは，伝達においていくらかの情報の損失がある場合だけである．そこで，ネットワークにいくらか雑音があると仮定する．すると，極限としての無雑音（すなわち雑音が無限小）の状態では，相互情報量の最大化は式 (9.32) の出力エントロピーの最大化と同値であることを示すことができる（演習問題を参照）．そこで簡単のため，以下では雑音の分散は 0 であると仮定する．

変換のエントロピーの古典的な公式（式 (5.13) を参照）を使うと，

$$H\left(\phi_1\left(\mathbf{b}_1^T \mathbf{x}\right), \ldots, \phi_n\left(\mathbf{b}_n^T \mathbf{x}\right)\right) = H(\mathbf{x}) + \mathrm{E}\left\{\log\left|\det\frac{\partial \mathbf{F}}{\partial \mathbf{B}}(\mathbf{x})\right|\right\} \tag{9.33}$$

を得る．ここで $\mathbf{F}(\mathbf{x}) = \left(\phi_1\left(\mathbf{b}_1^T \mathbf{x}\right), \ldots, \phi_n\left(\mathbf{b}_n^T \mathbf{x}\right)\right)$ はニューラルネットワークで定義される関数である．単に偏導関数を計算すれば，

$$\mathrm{E}\left\{\log\left|\det\frac{\partial \mathbf{F}}{\partial \mathbf{B}}(\mathbf{x})\right|\right\} = \sum_i \mathrm{E}\left\{\log \phi_i'\left(\mathbf{b}_i^T \mathbf{x}\right)\right\} + \log|\det \mathbf{B}| \tag{9.34}$$

を得る．

出力エントロピーは式 (9.6) の尤度の期待値と同じ形であることがわかる．独立成分の密度関数は，ここでは関数 ϕ_i' で置き換えられている．したがって，ニューラルネットワークの非線形関数 ϕ_i として，密度関数 p_i に対応する累積分布関数を用いるならば，すなわち $\phi_i'(\cdot) = p_i(\cdot)$ ならば，出力エントロピーは実際に尤度と等しくなる．この場合インフォマックス法は最尤推定と同値になる．

9.4 最尤推定の適用例

ここでは第 7 章で示した二つの混合に対して，最尤推定を適用した結果を示す．白色化されたデータを用いる．これは絶対に必要だというわけではないが，白色化データのほうがアルゴリズムはずっと速く収束する．$\mathbf{B}$ の初期値は常に単位行列とした．

まず，表 9.1 の自然勾配 ML アルゴリズムを用いた．最初の例のデータは，二つの劣ガウス的 (一様分布) 独立成分の 2 個の混合信号で，式 (9.18) の非線形関数を用いた．この非線形関数は式 (9.9) の密度に対応している．図 9.2 でわかるように，このアルゴリズムは正しく収束しなかった．その理由は非線形関数の選択を誤ったからである．実際，非多項式モーメント (9.20) を計算すると負になったから，式 (9.19) の非線形関数を用いるべきなのである．図 9.3 のように，正しい非線形関数を用いれば正しく収束する．どちらの場合も数百回の反復を行った．

次に二つの優ガウス的独立成分の二つの混合に対して，同様な推定を行った．今度は式 (9.18) が正しい非線形関数で，図 9.4 に示したような推定を得た．非線形関数が正しいことは，非多項式モーメント (9.20) が正になることからわかる．非線形関数 (9.19) を用いると，図 9.5 に示したように，完全に誤った推定を与えた．

勾配アルゴリズムと比較すると，fastICA はどちらの場合にも難なく独立成分を見つける．図 9.6 には劣ガウス的データ，図 9.7 には優ガウス的データに対する結果を

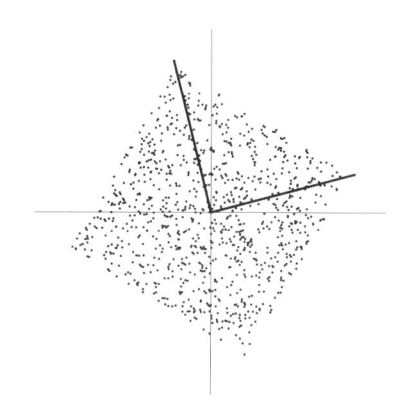

図 9.2　最尤推定に対する (自然) 勾配法の問題点．データは劣ガウス的成分の 2 個の白色化混合である．非線形関数としては式 (9.18) を用いたが，それはこの場合には正しい選択ではない．図中に白色化混合行列の列の推定が示されているが，正方形の辺の方向と一致すべきなのに，そうなってはいない．

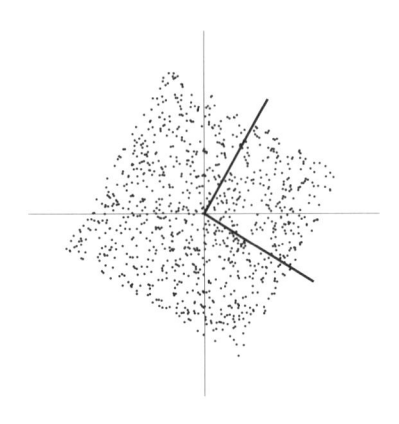

図 9.3 図 9.2 と同じであるが，非線形関数としてこの場合に適当な式 (9.19) を用いたときの結果．このときは自然勾配法で正しい結果を得た．推定されたベクトルは正方形の辺の方向と一致している．

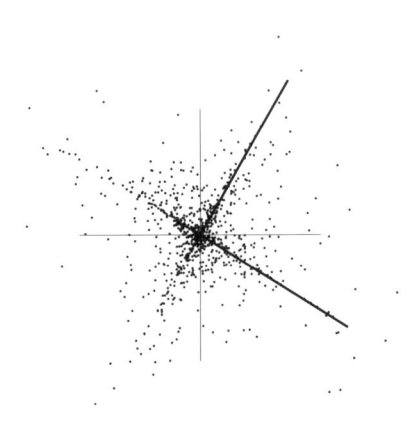

図 9.4 この実験では，データは優ガウス的独立成分の二つの白色化混合である．非線形関数には式 (9.18) のものを用いた．自然勾配法は正しく収束した．

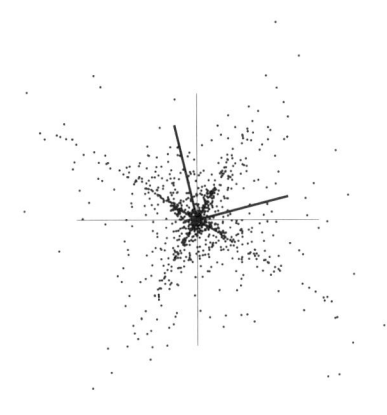

図 9.5 再び，最尤推定法のための自然勾配法の問題点．非線形関数は式 (9.19) であるが，この場合この選択は正しくない．

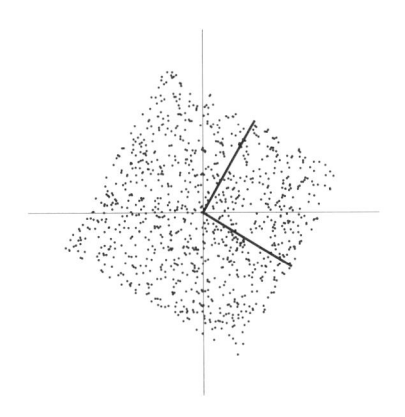

図 9.6 fastICA は自動的に独立成分の性質を推定して最尤解に速く収束する．図に示した解は劣ガウス的独立成分に対する 2 回反復後の結果である．

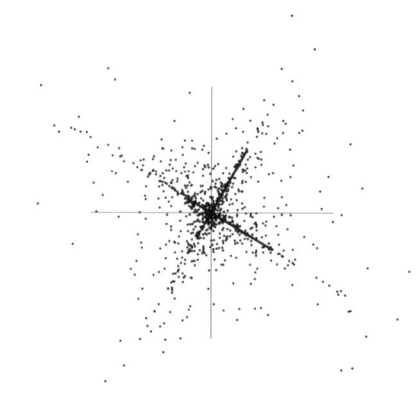

図 9.7　fastICA を今度は優ガウス的独立成分の混合に適用した結果．ここでも 2 回の反復で解が得られた．

示す．どちらの場合にも，アルゴリズムは数回の反復で正しく収束した．

9.5　結語と参考文献

　最尤推定は，統計的推定の原理の中でおそらく最も広く用いられているものであるが，ICA モデルの推定にも用いることができる．それはニューラルネットワークの分野で用いられるインフォマックスの原理と密接な関連がある．独立成分達の密度関数があらかじめわかっているならば，非常に簡単な勾配法が導ける．その収束速度を上げるためには，自然勾配法やとりわけ fastICA 不動点アルゴリズムを用いるのがよい．独立成分の密度関数が未知の場合には，状況は多少複雑になる．しかし幸いなことに，密度関数の近似は非常に粗くてこと足りるのである．極端な場合，独立成分の密度関数を近似するのに，たった 2 個の密度関数からなる族で十分である．その場合，独立成分が優ガウス的であるか劣ガウス的であるかの情報に基づいて，密度関数を選択する．そのような推定は簡単に勾配法に付加することができるし，また fastICA では，それは自動的に実施される．

　ICA に対して最初に最尤法を用いたのは [140, 372] である．[368, 371] も参照されたい．この方法は，Bell と Sejnowski がインフォマックス原理を用いて式 (9.16) のアルゴリズムを導いてから [36] ([34] も参照されたい)，好んで使われるものとなった．これらの二つの方法の関係は後に [64, 322, 363] で証明された．式 (9.17) の自然勾配法

も，しばしばベル=セイノフスキーのアルゴリズムと呼ばれる．しかしながら，自然勾配法の応用は [12, 3] ではじめて導入されたものである．その基礎となる理論については [4, 11, 118] を参照されたい．このアルゴリズムは，それ以前に導入された非線形無相関化のアルゴリズム [85, 84] とほとんど等価であり，また，[255, 71] の方法ともかなり類似している（第 12 章を参照）．特に [71] の相対的勾配法は，自然勾配法と深く関連している．その詳細については第 14 章を参照されたい．我々の 2 個の密度関数から作られる族は [148, 270] におけるものと密接な関連がある．独立成分の分布のモデル化の他の方法については，[121, 125, 133, 464] を参照していただきたい．

定理 9.1 で述べた安定性の規準は，いろいろな形で多くの研究者によって述べられている [9, 71, 67, 69, 211]．形がいろいろと異なり複雑に見えるのは，[67] で議論されているように，正規化の方法がいろいろあるのが主な原因である．我々が選んだ分散 1 という正規化により，単純な定理が得られるし，また他の章の方法との統一性も保てる．[12] において，単一の，非常に高い次数の多項式を，汎用の非線形関数として使えると提案されていることに注意されたい．後の研究によってこれは不可能であることが示された．本章で議論したように少なくとも 2 個の異なる非線形関数が必要であるからである．それに，高次の多項式は頑健性の非常に悪い推定法を導く．

演習問題

1. 式 (9.4) の尤度関数を導け．
2. 式 (9.11) と式 (9.12) を導け．
3. 式 (9.13) 中の勾配を導け．
4. 式 (9.19) の関数の代わりに関数 $g(y) = -y^3$ を用いることもできる．分布の尖度を計算することにより，これは劣ガウス的分布に対応することを示せ．含まれる正規化定数に注意せよ．
5. 前問の結果から，$g(y) = y^3$ を優ガウス的分布に対して用いたいと考えるかもしれない．これが最尤法の枠組みの中で正しくないのはなぜか．
6. 線形関数 $g(y) = -y$ を考える．これを最尤法の枠組みの中で考えるとどのように解釈できるか．（ここでもう一度）g は非線形でなければならないことを導け．
7. 式 (9.18) の単純な関数 $-\tanh$ の代わりに一般的な関数族 $g(y) = -2\tanh(a_1 y)$ を考える．ここで $a_1 \geq 1$ は定数である．最尤法の枠組みの中で a_1 はどのように解釈できるか．

8. 平均が0, 分散が1のガウス性の確率変数に対しては, 式 (9.8) 中の非多項式モーメントは任意の g に対して 0 であることを示せ.
9. 式 (9.18) の非線形関数としての $-\tanh y$ と $-2\tanh y$ の違いは, 正規化の問題である. それはアルゴリズムに何か違いを生じるか. 自然勾配法と fastICA とについて別々に考えよ.
10. 次式
$$y_i = \phi_i\left(\mathbf{b}_i^T \mathbf{x}\right) + n_i \tag{9.35}$$
で表されるネットワークを考える. ここで n_i はガウス性雑音で式 (9.31) のように入出力は同次元であるとする. このネットワークの入出力の相互情報量の最大化は, 無雑音の極限においては, 出力のエントロピーの最大化と同値であることを示せ.
   ☞ 入出力の結合エントロピーはエントロピーの変換公式を用いて計算できる. これが定数となることを示せ. 次に雑音の大きさを無限小にせよ.
11. 式 (9.25) により $\mathbf{y} = \mathbf{Bx}$ が白色化されることを示せ.

コンピュータ課題

1. (1) 一様分布および (2) ラプラス分布に従う確率変数を考える. いろいろな非線形関数 g に対して, 式 (9.8) の非多項式モーメントの値を求めよ. モーメントの符号が (1), (2) で異なるような非線形関数はあるか.
2. 9.4 節の実験を再現せよ.
3. 独立成分の密度関数は密度関数の族
$$p(\xi) = c_1 \exp\left(c_2 |\xi|^\alpha\right) \tag{9.36}$$
でモデル化することもできる. ここで, c_1 と c_2 は式 (9.36) を分散 1 の密度関数とするような正規化定数である. α の値を 0 から ∞ まで変化させると, 異なる性質の分布が得られる.
   (a) $\alpha = 2$ のときどうなるか.
   (b) α が値 0.2, 1, 2, 4, 10 をとるときの密度関数, その対数, さらに対応するスコア関数のグラフを描け.
   (c) $\alpha < 2$ のとき劣ガウス的分布を得, $\alpha > 2$ のときに優ガウス的分布を得ることを示せ.

付録 — 証明

定理 9.1 を証明する．密度関数 $\tilde{p}_i$ に対する対数尤度関数の期待値

$$\frac{1}{T}\log L(\mathbf{B}) = \sum_{i=1}^{n} \mathrm{E}\left\{\log \tilde{p}_i\left(\mathbf{b}_i^T \mathbf{x}\right)\right\} + \log|\det \mathbf{B}| \tag{A.1}$$

の右辺の第 1 項は，8.3.4 項の安定性の定理にある $\mathrm{E}\{G(\mathbf{b}_i^T \mathbf{x})\}$ という形の項の和であることがわかる．その定理を用いれば，$\mathbf{y} = \mathbf{B}\mathbf{x}$ が独立成分となっているときに，第 1 項が最大になることが直ちにわかる．

したがって，定理の条件の下で第 2 項が定数になることを示せば，定理は証明されることになる．$\mathbf{y}$ が無相関であり分散が 1 であるということは $\mathrm{E}\{\mathbf{y}\mathbf{y}^T\} = \mathbf{W}\mathrm{E}\{\mathbf{x}\mathbf{x}^T\}\mathbf{W}^T = \mathbf{I}$ であるから，これから，

$$\det \mathbf{I} = 1 = \left(\det \mathbf{W}\mathrm{E}\{\mathbf{x}\mathbf{x}^T\}\mathbf{W}^T\right) = (\det \mathbf{W})\left(\det \mathrm{E}\{\mathbf{x}\mathbf{x}^T\}\right)(\det \mathbf{W}^T) \tag{A.2}$$

が得られ，これは $\det \mathbf{W}$ が定数であることを示す．これにより定理は証明された．

第 10 章

相互情報量最小化による ICA

独立成分分析 (ICA) のための一つの重要な方向として，情報理論に触発された相互情報量の最小化がある．

この方法に対する動機づけは，データが ICA モデルに従うと仮定することが現実的ではないような場面が，往々にしてあることである．そこでデータに対して何一つ仮定しないような取り組み方を開発したいと考える．我々がほしいのは，確率ベクトルの要素間の従属性に関する汎用の尺度である．そのような尺度を用いれば，ICA を，その従属性の尺度の値を最小化するような線形の分解として定義することができる．情報理論において統計的独立性の測度としてよく用いられる相互情報量を用いれば，そのような方向への発展が可能となる．

相互情報量を用いる方法の重要な特長の一つに，それが多くの推定の原理，とりわけ最尤推定や非ガウス性の最大化などに対して，統一的な枠組みを与えるということがある．特に，非ガウス性の発見的な原理に対して厳密な正当性を与えるのである．

10.1 相互情報量による ICA の定義

10.1.1 情報理論的な概念

本章で必要となる情報理論の概念に関しては第 5 章で説明した．情報理論に慣れていない読者はまず第 5 章を読むことを勧める．

ここでは非常に簡単に基礎的な定義を復習する．密度 $p(\mathbf{y})$ に従う確率ベクトル $\mathbf{y}$ の微分エントロピーは，

$$H(\mathbf{y}) = -\int p(\mathbf{y}) \log p(\mathbf{y}) \, d\mathbf{y} \tag{10.1}$$

で定義される．エントロピーは確率ベクトルの符号長と密接な関連がある．エントロ

ピーを正規化する一方法としてネゲントロピー J がある．これは，

$$J(\mathbf{y}) = H(\mathbf{y}_{gauss}) - H(\mathbf{y}) \tag{10.2}$$

で定義される．ここで $\mathbf{y}_{gauss}$ はガウス確率ベクトルで，$\mathbf{y}$ と同じ共分散（または相関）行列をもつものである．ネゲントロピーはガウス確率ベクトルに対してのみ 0 となり，他の場合には常に非負である．m 個の（スカラー値）確率変数 y_i $(i=1\ldots m)$ の間の相互情報量 I は，

$$I(y_1, y_2, \ldots, y_m) = \sum_{i=1}^{m} H(y_i) - H(\mathbf{y}) \tag{10.3}$$

で定義される．

10.1.2 従属性の尺度としての相互情報量

すでに第 5 章で，相互情報量は確率変数間の従属性の自然な尺度であるということを述べた．それは常に非負であり，変数が統計的に独立なときに 0 で，独立でないときには正である．相互情報量は変数間の従属構造の全体を反映するものであり，主成分分析（PCA）やそれに関連する方法のように，共分散のみを考慮するのではない．

したがって，ICA 表現を見出すための規準として相互情報量を用いることができる．これは，モデル推定に代わる方針である．確率ベクトル $\mathbf{x}$ の ICA を可逆な変換

$$\mathbf{s} = \mathbf{B}\mathbf{x} \tag{10.4}$$

と定義する．ここで行列 $\mathbf{B}$ は，変換後の成分 s_i の相互情報量が最小になるように決められる．もしデータが ICA モデルに従うならば，これによりデータモデルの推定ができる．しかしこの定義においては，データがモデルに従うという仮定を置く必要はない．いずれにせよ，相互情報量の最小化により，最大限に独立な成分が得られると考えられる．

10.2 相互情報量と非ガウス性

第 5 章の式 (5.13) で与えられる変換の微分エントロピーの式を用いれば，変換後の相互情報量も得られる．可逆な線形変換 $\mathbf{y} = \mathbf{B}\mathbf{x}$ に対して，

$$I(y_1, y_2, \ldots, y_n) = \sum_{i} H(y_i) - H(\mathbf{x}) - \log|\det \mathbf{B}| \tag{10.5}$$

となる．さて，y_i 達を**無相関**で分散が 1 であると制約するとどうなるだろうか．これは $\mathrm{E}\{\mathbf{yy}^T\} = \mathbf{B}\mathrm{E}\{\mathbf{xx}^T\}\mathbf{B}^T = \mathbf{I}$ だから，

$$\det \mathbf{I} = 1 = \det\left(\mathbf{B}\mathrm{E}\{\mathbf{xx}^T\}\mathbf{B}^T\right) = (\det \mathbf{B})\left(\det \mathrm{E}\{\mathbf{xx}^T\}\right)(\det \mathbf{B}^T) \quad (10.6)$$

であり，$\mathrm{E}\{\mathbf{xx}^T\}$ は $\mathbf{B}$ に依存しないから，$\det \mathbf{B}$ が定数であることを意味する．さらに式 (10.2) からわかるように，エントロピーとネゲントロピーの相違は定数分と符号だけである．したがって，

$$I(y_1, y_2, \ldots, y_n) = 定数 - \sum_i J(y_i) \quad (10.7)$$

が得られる．ここで定数項は $\mathbf{B}$ に依存しない．これがネゲントロピーと相互情報量の基本的な関係を示すものである．

式 (10.7) からわかるように，相互情報量を最小にする $\mathbf{B}$ の逆行列を求めることは，ネゲントロピーを最大化する方向を見つけることとほぼ同じである．前に見たように，ネゲントロピーは非ガウス性の一つの尺度である．したがって，式 (10.7) から，相互情報量の最小化による ICA 推定は，独立成分の推定値が無相関という制約条件の下では，それらの推定値の非ガウス性の値の合計を最大化することと同値だということがわかる．

第 8 章において，非ガウス性を最大にする方向を見出すという方針は，より発見的に導かれ用いられたのだが，相互情報量の最小化による ICA は，その方針にまた一つ厳密な正当性を与えたことになる．

現実的には，これら二つの規準の間にはいくつか重要な差がある．

1. ネゲントロピーや他の非ガウス性の尺度によって，逐次的に，つまり独立成分を 1 個ずつ推定することができる．それは，各射影 $\mathbf{b}_i^T \mathbf{x}$ の非ガウス性の最大化を個別に行えるからである．これは相互情報量や他の大部分の規準，たとえば尤度などではできないことである．
2. より小さな差異ではあるが，非ガウス性を用いるときには，独立成分の推定値を互いに無相関になるようにする．相互情報量を用いる場合にはこれは必要ではない．なぜならば，次節で見るように式 (10.5) の形を直接用いることもできるからである．それで最適化の空間は多少小さくなっている．

10.3 相互情報量と尤度

相互情報量と尤度とは密接な関連がある．この関係を見るため，対数尤度の期待値 (9.6) を考えよう．

$$\frac{1}{T}\mathrm{E}\{\log L(\mathbf{B})\} = \sum_{i=1}^{n}\mathrm{E}\{\log p_i(\mathbf{b}_i^T\mathbf{x})\} + \log|\det\mathbf{B}| \qquad (10.8)$$

もし p_i が $\mathbf{b}_i^T\mathbf{x}$ の実際の密度関数に等しいならば，第 1 項は $-\sum_i H(\mathbf{b}_i^T\mathbf{x})$ となるだろう．したがって，この場合この対数尤度は，$\mathbf{x}$ の全エントロピーという定数分を除き，式 (10.5) で与えられる相互情報量に負号をつけたものに等しくなる．

実際に，その関係はそのとおり強いか，あるいはさらに強いといってよいかもしれない．なぜかというと，ML 推定に必要とされる独立成分の分布関数は，実際には未知であるからである．許される方法としては，ML 推定の一部として $\mathbf{b}_i^T\mathbf{x}$ の密度を推定し，これを s_i の密度の近似として用いる，ということであろう．実際第 9 章ではそのようにした．すると，尤度の近似の中の p_i は実際の $\mathbf{b}_i^T\mathbf{x}$ の密度と一致することになる．そこで上述の同値性は実際成立することになる．

逆に，相互情報量を近似するために，y_i の密度の近似を固定し，それをエントロピーの定義の中に代入することもできる．すなわち，密度関数達を $G_i(y_i) = \log p_i(y_i)$ で定義すると，式 (10.5) の近似を

$$I(y_1, y_2, \ldots y_n) = -\sum_i \mathrm{E}\{G_i(y_i)\} - \log|\det\mathbf{B}| - H(\mathbf{x}) \qquad (10.9)$$

とすることができる．この近似は第 9 章で用いた尤度の近似と同じであることがわかる (ここでも符号や定数 $H(\mathbf{x})$ の違いがあるが)．ネゲントロピーの近似を用いるのとは異なる，相互情報量の別の近似方法が一つ加わったことになる．

10.4 相互情報量の最小化のアルゴリズム

相互情報量を実際に用いるには，現実のデータからそれを推定するか近似する必要がある．我々はそのための二つの方法をすでに見た．一つ目は 5.6 節で導入したネゲントロピーの近似に基づくものである．二つ目は，第 9 章で見た独立成分の密度関数の，どちらかというと固定した近似に基づく方法である．

したがって，相互情報量を用いるとなると，第 8 章の非ガウス性の最大化で用いられたアルゴリズムか，第 9 章での最尤推定アルゴリズムかのどちらかと，実質的に同

じアルゴリズムに到達する．非ガウス性の最大化の場合には，対応するアルゴリズムは対称的直交化を用いるほうである．なぜならば，非ガウス性の尺度の値の全合計を用いるから，成分間の順序は存在しないからである．というわけで，本章ではアルゴリズムに関して新しいことを付け加えることはない．読者は前の二つの章を参照されればよい．

10.5 相互情報量最小化の適用例

ここでは相互情報量の最小化を，第7章で用いた2種類の混合データに対して適用した結果を示す．混合は白色化されており，fastICA アルゴリズムを用いた（相互情報量の近似に何を用いても実質的に同一である）．結果を見やすくするため，$\mathbf{W}$ の初期値は常に単位行列とした．G としては式 (8.26) の G_1 を用いた．

最初に二つの劣ガウス的な（実は一様分布する）独立成分の，二つの混合からなるデータを用いた．図 10.1 は，各段における独立成分の相互情報量をグラフにしたもので，アルゴリズムの収束が速いことを示している．これはネゲントロピーに基づく近似を用いたものである．2回で収束し，相互情報量は実質的に 0 になった．二つの優ガウス的な独立成分の場合の対応する結果を，図 10.2 に示す．3回の反復で収束し，相互情報量は実質的に 0 になった．

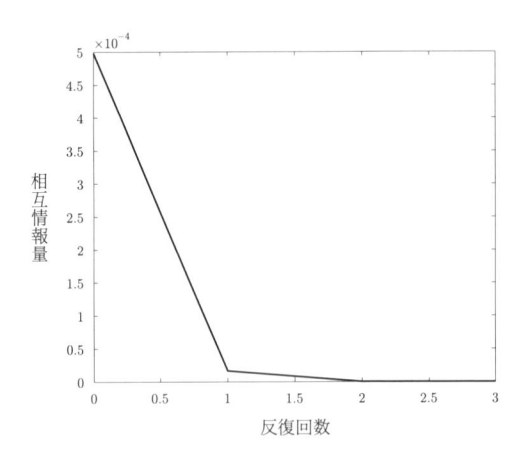

図 10.1 fastICA を一様分布する独立成分に適用したときの収束の様子．相互情報量を反復回数の関数として示す．

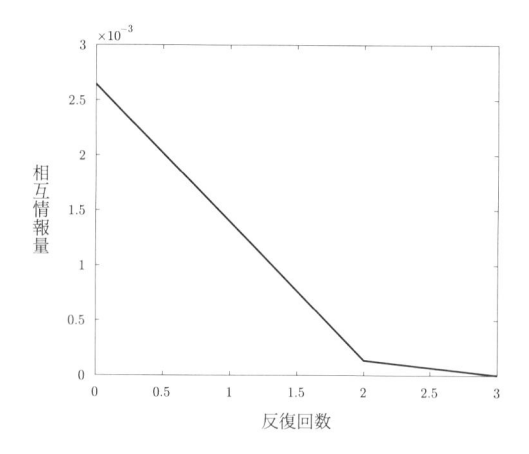

図 10.2 fastICA を優ガウス的な独立成分に適用したときの収束の様子．相互情報量を反復回数の関数として示す．

10.6　結語と参考文献

ICA の厳密な方法であり，最尤法とは異なるものとして，相互情報量の最小化を示した．相互情報量は従属性の自然な情報理論的尺度であるから，独立成分を推定するのにそれらの推定値の相互情報量を最小化するのは，自然なことである．相互情報量は，非ガウス性の最大の方向を探索するという原理を厳密に正当化し，また結果的に尤度とも大変似ていることがわかった．

相互情報量の近似はネゲントロピーの近似と同じやり方で得られる．あるいは尤度関数と同じ方法で近似できる．したがって，ここで見出す目的関数とアルゴリズムは，非ガウス性の最大化や最尤法におけるそれらとほぼ同じものである．同じ勾配法や不動点アルゴリズムが，相互情報量の最適化に使える．

相互情報量の最小化による ICA の推定は，[89] でおそらく最初に提案された．そこではキュムラントに基づく近似を用いている．しかしながら，この考え方にはニューラルネットワークの分野でより長い歴史があり，そこでは感覚の符号化のための (生物の) 戦略として提案されてきた．感覚器からの信号を，できるだけ独立な特徴量に分解するのが前処理として有効であるということが，[26, 28, 30, 18] で提案された．我々の取り組み方は，[197] においてネゲントロピーの近似を行った方法に従っている．

相互情報量の最小化のノンパラメトリックなアルゴリズムは [175] で提案され，順

演習問題

1. 式 (10.5) を導け.
2. 式 (10.7) 中の定数を求めよ.
3. もし y_i 達の分散が 1 でないならば, 上の定数は変わるか.
4. 共分散行列が $\mathbf{C}$ であるガウス確率ベクトルの相互情報量を計算せよ.

コンピュータ課題

1. 共分散行列が,

$$\begin{pmatrix} 3 & 0 \\ 0 & 2 \end{pmatrix} \text{ および } \begin{pmatrix} 3 & 1 \\ 1 & 2 \end{pmatrix} \tag{10.10}$$

である 2 次元ガウスデータの標本を作れ. 定義に従って相互情報量を数値的に推定せよ.

☞ データをビン, すなわち一定の幅の小区間に分け, そのビン (小区間) に入るデータ点の数を数え, それをビンの幅で割ることによって, 各ビンにおける密度を推定する. この初歩的な密度近似を定義の中で用いればよい.

第 11 章

テンソルを用いた ICA

独立成分分析 (ICA) の推定法の一つとして，高次のキュムラントテンソルを用いる方法がある．テンソルは行列すなわち線形演算子の一般化と考えることができる．だからキュムラントテンソルは共分散行列の一般化である．共分散行列は 2 次のキュムラントテンソルであり，4 次のテンソルは 4 次キュムラント $\mathrm{cum}(x_i, x_j, x_k, x_l)$ を用いて定義される．キュムラントは 2.7 節で導入した．

第 6 章で示したように，共分散行列の固有値分解によってデータを白色化できる．つまりデータをその 2 次の相関が 0 となるように変換するのである．この原理を一般化して，4 次のキュムラントテンソルを用いて 4 次のキュムラントを 0 に，あるいは少なくともできるだけ小さくできる．この種の高次の (近似的) 無相関化は，ICA の推定法の一角をなす．

11.1 キュムラントテンソルの定義

ここでは 4 次のキュムラントテンソルのみを考えることにして，それを簡単にキュムラントテンソルと呼ぶことにする．キュムラントテンソルとは 4 次元の配列で，その各要素がデータの 4 次のクロスキュムラント (cross-cumulant)，$\mathrm{cum}(x_i, x_j, x_k, x_l)$ であるものである．ここで添え字 i, j, k, l は 1 から n までをとる．普通の行列は 2 個の添え字からなるから，これを「4 次元の行列」と考えることもできる．クロスキュムラントの定義は式 (2.106) で与えられる．

実は，x_i のすべての線形結合の 4 次キュムラントは，x_i のキュムラントの線形結合として得られる．これは 2.7 節で述べたキュムラントの加法的な性質からわかる．線

形結合の尖度は,

$$\text{kurt} \sum_i w_i x_i = \text{cum}\left(\sum_i w_i x_i, \sum_j w_j x_j, \sum_k w_k x_k, \sum_l w_l x_l\right)$$
$$= \sum_{ijkl} w_i w_j w_k w_l \, \text{cum}(x_i, x_j, x_k, x_l) \quad (11.1)$$

となるから,(4次)キュムラントはデータの4次の情報をすべてもっていることになる.これは,共分散行列がデータに関する2次の情報をすべてもっているのに対応している.もし x_i 達が独立ならば,少なくとも二つの添え字が異なるすべての四つの添え字の組み合わせに対するキュムラントが0であることに注意すれば,第8章ですでによく使われた式 $\text{kurt} \sum_i q_i s_i = \sum_i q_i^4 \text{kurt}(s_i)$ が得られる.

キュムラントテンソルは,4次キュムラント $\text{cum}(x_i, x_j, x_k, x_l)$ によって定義される線形演算子である.任意の行列は線形演算子を定義するから,$\text{cov}(x_i, x_j)$ を要素にもつ共分散行列が線形演算子を定義していることと同じことである.ただし,行列は n 次元ベクトルの空間における線形変換を定義するが,テンソルは $n \times n$ 行列の空間における線形変換を定義する.そのような行列の空間は $n \times n$ 次元の線形空間であるから,線形変換を定義するのについては何も特別なことはない.m_{kl} を (k,l) 要素とする行列 $\mathbf{M}$ を変換した行列の (i,j) 要素を $\mathbf{F}_{ij}$ とすると,

$$\mathbf{F}_{ij}(\mathbf{M}) = \sum_{kl} m_{kl} \, \text{cum}(x_i, x_j, x_k, x_l) \quad (11.2)$$

である.

11.2 テンソルの固有値から独立成分を得る

すべての対称な線形演算子と同様に,キュムラントテンソルは固有値分解をもつ.テンソルの固有行列 $\mathbf{M}$ の定義は,

$$\mathbf{F}(\mathbf{M}) = \lambda \mathbf{M} \quad (11.3)$$

すなわち $\mathbf{F}_{ij}(\mathbf{M}) = \lambda m_{ij}$ で与えられる.

$\text{cum}(x_i, x_j, x_k, x_l)$ は変数の順序を変えても変わらないから,キュムラントテンソルは対称線形演算子であり,したがって固有値分解をもつ.

データが式 (11.4) のように ICA モデルに従い,白色化されていると仮定する.

$$\mathbf{z} = \mathbf{V A s} = \mathbf{W}^T \mathbf{s} \quad (11.4)$$

ここで白色化を含んだ混合行列を $\mathbf{W}^T$ とした．その理由は，それは直交行列であり，したがって白色化データを独立成分に分離する行列 $\mathbf{W}$ の転置行列だからである．$\mathbf{z}$ のキュムラントテンソルは特別な構造をもっていて，それは固有値分解に見ることができる．実は $m = 1,\ldots,n$ に対して行列

$$\mathbf{M} = \mathbf{w}_m \mathbf{w}_m^T \tag{11.5}$$

はすべてテンソルの固有行列である．ここでベクトル $\mathbf{w}_m$ は行列 $\mathbf{W}$ の行(を転置したもの)の一つであり，したがって白色化された混合行列 $\mathbf{W}^T$ の列の一つである．これを示すには，キュムラントの線形性を用いて，

$$
\begin{aligned}
& \mathbf{F}_{ij}\left(\mathbf{w}_m \mathbf{w}_m^T\right) \\
&= \sum_{kl} w_{mk} w_{ml} \operatorname{cum}(z_i, z_j, z_k, z_l) \\
&= \sum_{kl} w_{mk} w_{ml} \operatorname{cum}\left(\sum_q w_{qi} s_q, \sum_{q'} w_{q'j} s_{q'}, \sum_r w_{rk} s_r, \sum_{r'} w_{r'l} s_{r'}\right) \\
&= \sum_{klqq'rr'} w_{mk} w_{ml} w_{qi} w_{q'j} w_{rk} w_{r'l} \operatorname{cum}(s_q, s_{q'}, s_r, s_{r'})
\end{aligned}
\tag{11.6}
$$

であり，s_i 達の独立性から $q = q' = r = r'$ となる項以外はすべて 0 である．したがって，

$$\mathbf{F}_{ij}\left(\mathbf{w}_m \mathbf{w}_m^T\right) = \sum_{klq} w_{mk} w_{ml} w_{qi} w_{qj} w_{qk} w_{ql} \operatorname{kurt}(s_q) \tag{11.7}$$

を得る．$\mathbf{W}$ の行の直交性から，$\sum_k w_{mk} w_{qk} = \delta_{mq}$ であり，添え字 l についても同様である．そこでまず k について和をとり，次に l について和をとると，

$$
\begin{aligned}
& \mathbf{F}_{ij}\left(\mathbf{w}_m \mathbf{w}_m^T\right) \\
&= \sum_{lq} w_{ml} w_{qi} w_{qj} \delta_{mq} w_{ql} \operatorname{kurt}(s_q) \\
&= \sum_q w_{qi} w_{qj} \delta_{mq} \delta_{mq} \operatorname{kurt}(s_q) = w_{mi} w_{mj} \operatorname{kurt}(s_m)
\end{aligned}
\tag{11.8}
$$

となる．これにより，式 (11.5) の形の行列はテンソルの固有行列であることが示された．対応する固有値は独立成分の尖度で与えられる．さらにテンソルの他のすべての固有値は 0 であることも証明できる．

したがって，キュムラントテンソルの固有行列がわかれば，容易に独立成分が求められることがわかる．もし独立成分の尖度がすべて異なるならば，0 でない固有値は $\mathbf{w}_m \mathbf{w}_m^T$ の形の固有行列に対応するので，白色化混合行列の列が得られることになる．

固有値の中に等しいものがあるときには事情はより複雑になる．等しい固有値に対応する行列 $\mathbf{w}_m \mathbf{w}_m^T$ の任意の線形結合もまた，テンソルの固有行列になるから，固有行列は一意に決められない．k 重の固有値に対応する独立成分を表す添え字を $i(j)$ とする．k 重の固有値は，行列 $\mathbf{w}_{i(j)} \mathbf{w}_{i(j)}^T$ の異なる線形結合である k 個の行列 $\mathbf{M}_i$ $(i=1,\ldots,k)$ に対応する．$\mathbf{M}_i$ は，

$$\mathbf{M}_i = \sum_{j=1}^{k} \alpha_j \mathbf{w}_{i(j)} \mathbf{w}_{i(j)}^T \tag{11.9}$$

と書ける．さて，この行列を構成するベクトルは，その行列の固有値分解によって求めることができる．つまり，$\mathbf{w}_{i(j)}$ は $\mathbf{M}_i$ の (0 でない固有値に対応する) 固有ベクトルである．

したがって，キュムラントテンソルの固有行列 $\mathbf{M}_i$ を求めた後，それに通常の固有値分解を施して得られた固有ベクトルが，混合行列の列 $\mathbf{w}_i$ を与える．もちろん 2 番目の固有値問題の結果得られる固有値の中に，等しいものが出てくる可能性はある．この場合は別に考えなければならない．下にあげたアルゴリズムでは，この問題はいくつかの異なる方法で解決されている．

結局のところ，テンソルの固有値分解の方法のみが，実際上の問題として残ったことになる．

11.3 べき乗法によるテンソル分解

テンソル法の使い方は原理的には簡単である．対称行列の固有値分解の好きな方法を，キュムラントテンソルに適用すればよい．

このためには，まずテンソルを $n \times n$ 行列の空間内の行列として認識する必要がある．q を $n \times n$ 個のすべての組 (i,j) をわたる添え字とする．すると $n \times n$ 行列 $\mathbf{M}$ の要素全体を一つのベクトルと考えることができる．単に行列をベクトルに書き直しているだけである．このようにしてテンソルは，その要素が $f_{qq'} = \text{cum}(z_i, z_j, z_{i'}, z_{j'})$ である $q \times q$ の対称行列 $\mathbf{F}$ であると考えればよい．ここで添え字 (i,j) は q に対応し (i',j') は q' に対応する．この行列に対して通常の固有値分解のアルゴリズム，たとえばよく知られた QR 法を用いればよい．我々のテンソルのもつ特別な対称性を利用して，問題をより簡単にすることもできるが，そのようなアルゴリズムは本書の範囲外なので，たとえば [62] を参照されたい．

しかしながらこの種のアルゴリズムには，必要となる記憶容量が過大で実用になら

ない場合があるという問題がある．というのは，しばしば4次テンソルの係数を記憶しておく必要があるが，これには $O(n^4)$ のオーダの個数の記憶単位を要する．計算量も n とともに極めて速く増加する．したがってこれらのアルゴリズムは，高次元の空間における計算には使えない．さらに，等しい固有値がある場合には問題が生じる可能性がある．

以下では，テンソル固有値分解における計算法の問題点を回避するような，べき乗法の簡単な変形について議論する．一般的にべき乗法は，行列の最大固有値に対応する固有ベクトルを求めるための簡単な方法である．このアルゴリズムは固有ベクトルの現在の推定に行列を乗じて，それを新たな推定とするのである．次に得られたベクトルを長さ1に正規化して，収束するまで繰り返す．これによりほしい固有ベクトルが得られる．

べき乗法をキュムラントテンソルに対して応用するのはたやすい．乱数行列 $\mathbf{M}$ から出発して $\mathbf{F}(\mathbf{M})$ を計算し，これを $\mathbf{M}$ の新しい推定として用いる．次に $\mathbf{M}$ を正規化して反復段に戻る．収束後は，$\mathbf{M}$ は $\sum_k \alpha_k \mathbf{w}_{i(k)} \mathbf{w}_{i(k)}^T$ という形になっているはずである．$\mathbf{M}$ の固有ベクトルを計算することにより，一つまたは複数の独立成分が得られる（もちろん実際には，推定誤差があるので正確に上の形には収束しないだろう）．複数の独立成分を求めるには，各段で得られるベクトルを，すでに求められたベクトルに直交するようなベクトルの空間に単に射影すればよい．

実は，ICA の場合にはこのアルゴリズムは相当単純化できる．行列 $\mathbf{w}_i \mathbf{w}_i^T$ 達がキュムラントテンソルの固有行列であることはわかっているのだから，べき乗法を $\mathbf{M} = \mathbf{w}\mathbf{w}^T$ の形の行列のみからなる空間の内部で適用すればよい．それには，テンソルとの乗算を行うたびに得られた行列をその空間に射影して，その空間に戻す必要がある．それを実行する簡単な方法は，新たに得られた行列 $\mathbf{M}^*$ に一つ前のベクトル $\mathbf{w}$ をかけて，新しいベクトル $\mathbf{w}^* = \mathbf{M}^*\mathbf{w}$ を得ることである（これを必要に応じて正規化する）．これはまた別のべき乗法と解釈することもできる．今度は固有行列に対してべき乗法を適用して，その固有ベクトルを求めていくことになっている．行列 $\mathbf{M}^*$ を $\mathbf{w}\mathbf{w}^T$ の形の行列の空間の中で近似する場合，その最大固有値に対応する固有ベクトルを用いたものが最も望ましいから，このように普通のべき乗法を1段適用することにより，固有値最大の固有ベクトルに少なくとも近づき，したがって最適ベクトルに近づくことになる．

したがって以下の形の反復法を得る．

$$\mathbf{w}^\mathbf{T} \leftarrow \mathbf{F}(\mathbf{w}\mathbf{w}^T)\mathbf{w} \qquad (11.10)$$

つまり，

$$w_i \leftarrow \sum_j w_j \sum_{kl} w_k w_l \operatorname{cum}(z_i, z_j, z_k, z_l) \tag{11.11}$$

である．実は少し計算してやるとずっと単純な形，

$$w_i \leftarrow \operatorname{cum}\left(z_i, \sum_j w_j z_j, \sum_k w_k z_k, \sum_l w_l z_l\right) = \operatorname{cum}(z_i, y, y, y) \tag{11.12}$$

が得られる．ここで，独立成分の推定値を $y = \sum_i w_i z_i$ で表している．キュムラントの定義より，

$$\operatorname{cum}(z_i, y, y, y) = \mathrm{E}\{z_i y^3\} - 3\mathrm{E}\{z_i y\}\mathrm{E}\{y^2\} \tag{11.13}$$

である．いつものように y を分散 1 と制約することができ，さらに，$\mathrm{E}\{z_i y\} = w_i$ であるから，

$$\mathbf{w} \leftarrow \mathrm{E}\{\mathbf{z} y^3\} - 3\mathbf{w} \tag{11.14}$$

となる．$\mathbf{w}$ は毎回の反復後ノルム 1 に正規化する．複数の独立成分を求めるためには，白色化されたデータに対してはいつもそうであるように，異なる独立成分に対応する $\mathbf{w}$ 同士が直交するように制約すればよい．

ちょっと驚くことに，式 (11.14) は，第 8 章で尖度の最大値を求めるための不動点反復法として導かれたアルゴリズムと，まったく同一である．これら二つの方法が同一のアルゴリズムを導くことがわかった．

11.4 固有行列の近似的同時対角化

固有行列の近似的同時対角化 (JADE: Joint Approximate Diagonalization of Eigenmatrices) は，キュムラントテンソルの固有値が等しくなる場合の問題を解決するための，一つの原理である．このアルゴリズムでは，テンソルの固有値分解は，どちらかというと前処理として扱われる．

固有値分解は対角化とみなせる．11.2 節における展開は我々の場合には，次のように言い直せる．行列 $\mathbf{W}$ は任意の $\mathbf{M}$ に対して $\mathbf{F}(\mathbf{M})$ を対角化する．つまり $\mathbf{W}\mathbf{F}(\mathbf{M})\mathbf{W}^T$ は対角行列である．なぜかというと，ICA モデルが成立すると仮定すると，行列 $\mathbf{F}$ は $\mathbf{w}_i \mathbf{w}_i^T$ という形の項の線形結合だからである．

したがって，相異なる行列 $\mathbf{M}_i\,(i=1,\dots,k)$ を用いて，行列 $\mathbf{WF}(\mathbf{M}_i)\mathbf{W}$ 達をできるだけ対角に近くする方法が考えられる．現実には，モデルは正確には成立しないし標本化の誤差もあるから，それらの行列は正確に対角行列にはできない．

行列 $\mathbf{Q} = \mathbf{WF}(\mathbf{M}_i)\mathbf{W}^T$ の対角化の程度は，たとえば非対角要素の2乗和 $\sum_{k\neq l} q_{kl}^2$ で測られる．ところで，直交行列 $\mathbf{W}$ を行列に乗じても，行列の全要素の2乗和の値は変化しないから，非対角成分の最小化は対角要素の最大化と同値である．そこで以下のような尺度を考えることができる．

$$\mathcal{J}_{JADE}(\mathbf{W}) = \sum_i \left\|\mathrm{diag}\left(\mathbf{WF}(\mathbf{M}_i)\mathbf{W}^T\right)\right\|^2 \tag{11.15}$$

ここで $\|\mathrm{diag}(\cdot)\|^2$ は対角要素の2乗和である．$\mathcal{J}_{JADE}$ の最大化は，$\mathbf{F}(\mathbf{M}_i)$ を一斉に近似的に対角化する一つの方法である．

行列達 $\mathbf{M}_i$ をどのように選んだらよいだろうか．自然な選択はキュムラントテンソルの固有行列である．そうすれば，n 個の固有行列はキュムラントテンソルと同じ空間を張るから，その意味でキュムラントテンソルに関するすべての情報をもつ，ちょうど n 個の行列の集合を手にすることとなる．これが JADE 法の基本原理である．

このように $\mathbf{M}_i$ を選ぶことには別の利点もあって，そうすることにより同時対角化の規準は $\mathbf{y} = \mathbf{Wz}$ の分布の関数となり，前章までの方法と明確に関連づけられるのである．実際，かなり複雑な計算をすると，

$$\mathcal{J}_{JADE}(\mathbf{W}) = \sum_{ijkl\neq iikl} \mathrm{cum}\,(y_i, y_j, y_k, y_l)^2 \tag{11.16}$$

が得られ，$\mathcal{J}_{JADE}$ を最小化することが，y_i のクロスキュムラントの2乗和を最小化することであることがわかる．

JADE も，テンソルの固有値分解をそのまま利用する他の方法すべてと同じ問題を抱えている．第8章や第9章の勾配法や不動点アルゴリズムは，高次元の空間でも問題なく使えるが，この種のアルゴリズムは高次元の空間では使えないのである．しかし低次元の（小規模な）問題においては，JADE は十分太刀打ちできる候補となる．

11.5 荷重相関行列法

JADE と密接な関係のある方法として，荷重相関行列の固有値分解を用いる方法がある．その発展経過から，その基本的な方法は単に4次暗中同定法（FOBI: Fourth-Order Blind Identification）と呼ばれる．

11.5.1 FOBI アルゴリズム

行列
$$\boldsymbol{\Omega} = \mathrm{E}\left\{\mathbf{z}\mathbf{z}^T\|\mathbf{z}\|^2\right\} \tag{11.17}$$

を考える．データが白色化 ICA モデルに従うと仮定すると，
$$\boldsymbol{\Omega} = \mathrm{E}\left\{\mathbf{VA}\mathbf{s}\mathbf{s}^T\left(\mathbf{VA}\right)^T\|\mathbf{VAs}\|^2\right\} = \mathbf{W}^T\mathrm{E}\left\{\mathbf{s}\mathbf{s}^T\|\mathbf{s}\|^2\right\}\mathbf{W} \tag{11.18}$$

を得る．ここで $\mathbf{VA}$ の直交性を用いた．また分離行列を $\mathbf{W} = (\mathbf{VA})^T$ と表している．s_i の独立性を用いると，
$$\boldsymbol{\Omega} = \mathbf{W}^T\mathrm{diag}\left(\mathrm{E}\left\{s_i^2\|\mathbf{s}\|^2\right\}\right)\mathbf{W} = \mathbf{W}^T\mathrm{diag}\left(\mathrm{E}\left\{s_i^4\right\} + n - 1\right)\mathbf{W} \tag{11.19}$$

を得る (演習問題を参照)．これは $\boldsymbol{\Omega}$ の固有値分解にほかならないことがわかる．それは直交分離行列 $\mathbf{W}$ と，s_i の 4 次モーメントに依存する対角行列からなっている．したがって，その対角行列が異なる要素をもつ場合のように固有値分解が一意的であれば，$\boldsymbol{\Omega}$ は簡単に分解でき，分離行列が直ちに得られる．

FOBI は ICA を実行するおそらく最も簡単な方法である．FOBI による ICA 推定は，ほどほどの大きさの $(n \times n)$ 行列に対する標準的な線形計算で行える．実際，行列 $\boldsymbol{\Omega}$ の固有値分解の複雑さは，白色化のそれと同程度である．したがってこの方法における計算は非常に効率がよい．おそらく現在ある ICA の方法の中で最も効率がよい．

しかしながら FOBI は，独立成分の尖度がすべて異なるという条件下でのみうまくいく (一部の独立成分が同じ尖度をもつときでも，相異なる尖度をもつ独立成分は推定できる)．これはこの方法の適用範囲を相当狭めている．独立成分達は同一の分布をもつことも多いが，そのときにはこの方法はまったく使えない．

11.5.2 FOBI から JADE へ

それでは FOBI を一般化してその限界を取り除く方法を示し，それにより結局 JADE が導かれることを示そう．

まず，白色化データに対しては，キュムラントテンソルの定義は，
$$\mathbf{F}(\mathbf{M}) = \mathrm{E}\left\{\left(\mathbf{z}^T\mathbf{M}\mathbf{z}\right)\mathbf{z}\mathbf{z}^T\right\} - 2\mathbf{M} - \mathrm{tr}(\mathbf{M})\mathbf{I} \tag{11.20}$$

と書かれる (演習問題とする) ことに注意する．すると，荷重相関行列を，テンソルを用いて次のように定義することも可能である．
$$\boldsymbol{\Omega} = \mathbf{F}(\mathbf{I}) \tag{11.21}$$

なぜならば，
$$\mathbf{F}(\mathbf{I}) = \mathrm{E}\left\{\|\mathbf{z}\|^2 \mathbf{z}\mathbf{z}^T\right\} - (n+2)\mathbf{I} \tag{11.22}$$
であり，単位行列は固有値分解を本質的に変化させないからである．

したがって，FOBI における $\mathbf{F}(\mathbf{I})$ の代わりに，何かある行列 $\mathbf{M}$ により $\mathbf{F}(\mathbf{M})$ を作って用いることが考えられる．この行列の固有値達は，独立成分のキュムラントの線形結合で表される．もし幸運ならば，これらの線形結合達は相異なる値をもち，FOBI はうまくいくことになる．しかしこの一般的な定義をもっと強力に利用する方法は，複数の行列 $\mathbf{F}(\mathbf{M}_i)$ を用いて，同時に（近似的に）対角化することである．ところがこれは，JADE が，ある決まった行列の組に対してやることにほかならない．これで JADE が FOBI の一般化であることがわかった．

11.6　結語と参考文献

前章までの方法とは相当異なる ICA への取り組み方が，テンソルを用いた方法で得られる．混合の 4 次のキュムラントは，データに本来含まれているすべての 4 次の情報を与える．それらを用いて，共分散行列を一般化したテンソルを作ることができる．このテンソルに対して固有値分解を施すことができる．その固有ベクトルから，白色化データに対する混合行列が直ちに得られるといってよい．固有値分解の簡単な方法の一つにべき乗法があるが，これは 3 次の非線形関数を用いた場合の fastICA と同じになることがわかる．固有行列の近似的同時対角化 (JADE) は固有値分解の別の計算法であり，低次元の問題に対して使われ成功している．尖度がすべて異なるという特別の場合に対しては，計算の非常に簡単な FOBI 法を用いることができる．

テンソル法はおそらく ICA を最初に成功させたアルゴリズムであろう．簡単な FOBI 法が [61] で紹介され，テンソル構造は最初に [62, 94] で扱われた．この範疇のアルゴリズムで最もよく使われてきたのは，[72] で提案された JADE であろう．fastICA で与えられるべき乗法もまたよく使われる方法であるが，前章までで見たように，通常はテンソルの視点から解釈されてはいない．べき乗法の別の形については [262] を参照されたい．また関連した手法が [306] に提案されている．テンソル法を深く掘り下げた見方が [261] に示されている．[94] も参照されたい．読みやすくまた基本的な論文 [68] はまた，これらの方法の高度な発展形も導いた．[473] では，特性関数の 2 次導関数を任意の点で評価することによって，キュムラントテンソル法のある種の変形が提案された．

しかしながらテンソル法は，最近は前ほど人気がない．その理由は，（JADEのように）固有値分解全体を用いる方法は，計算量の関係で小規模な問題に限定されるからである．さらに，それらの統計的な性質は，非多項式キュムラントや尤度を用いる方法と比べて劣っている面がある．しかし，低次元のデータについてはそれらは興味深い方法として使えるし，fastICAに帰着するべき乗法は高次元の問題にも使える．

演習問題

1. 11.4節で述べたように $\mathbf{W}$ は $\mathbf{F}(\mathbf{M})$ を対角化することを証明せよ．
2. 式 (11.19) を証明せよ．
3. 式 (11.20) を証明せよ．

コンピュータ課題

1. 大きさが $2 \times 2 \times 2 \times 2$ と $5 \times 5 \times 5 \times 5$ の4次の確率テンソルの固有値分解を行え．計算時間を比較せよ．テンソルの大きさを $100 \times 100 \times 100 \times 100$ とするとどうなるか．
2. ICAモデルに基づいて2次元のデータを作れ．まず独立成分が異なる分布をもつ例を作り，次に同じ分布をもつ例を作れ．データを白色化し，11.5節のFOBIアルゴリズムを実行せよ．二つの例の結果を比較せよ．

第 12 章

非線形無相関化によるICAと非線形PCA

　本章では，まず独立成分分析 (ICA) の初期の研究，特に非線形無相関化に基づいた方法について概観することから始めよう．この方法は，Jutten と Hérault と Ans とが最初の ICA の問題を解くのに用いて，成功を収めたものである．今日では，ICA のアルゴリズムとしてより効率的なものがいくつもあるから，この研究は主として歴史的な意味をもつものである．

　非線形無相関化は，白色化や主成分分析 (PCA) などのような2次の手法の拡張と考えることができる．第 6 章で見たように，これらの方法は，入力変数の線形結合で表せる互いに無相関な成分を与える．ある場合には，**非線形**無相関化した線形結合が独立成分となることを示す．この方法において用いられる非線形関数によって，解法に高次の統計量が導入され，それによって ICA が可能になるのである．

　次に非線形無相関化の研究から，チコツキ＝ウンベハウエンのアルゴリズムが導かれる様子を示す．後者は，第 6 章で導いた自然勾配法のアルゴリズムと本質的に同じものである．次に非線形無相関化の規準を拡張し，推定関数の理論として定式化し，密接な関連のある EASI アルゴリズムを概観する．

　ICA に対する他の考え方で PCA に関連するものとして，いわゆる非線形 PCA がある．これは，データの平均2乗規準を最小にする非線形表現を探すものである．線形の場合には，第 6 章で見たように主成分が得られる．ある場合には，非線形 PCA により，主成分ではなく独立成分が得られる．非線形 PCA の規準を復習し，最尤法など他の規準と同値になることを示す．次に我々が導入した二つの代表的な学習則を示す．一つは確率的勾配法で，もう一つは再帰的最小2乗法のアルゴリズムである．

12.1 非線形相関と独立性

第 2 章において二つの確率変数 y_1 と y_2 の相関について述べた．ここでは変数の平均は 0 とするので，相関と共分散は等しい．相関と独立性の関係を述べると，独立な確率変数は必ず無相関である．しかし逆は必ずしも真ではなく，無相関だが独立ではない確率変数もある．一つの例として，図 8.3 (p.187) に見られるように，原点を中心とする傾いた正方形の領域内の一様分布がある．y_1 も y_2 も平均 0 で，どのような傾きであっても互いに無相関であるが，それらが独立であるのは正方形が座標軸とそろった向きにある場合のみである．ただ，無相関が独立性を意味する場合もある．代表的な例は，(y_1, y_2) の分布が結合ガウス分布に限定されている場合である．

相関の概念を拡張して，ここで y_1 と y_2 との**非線形相関**を $\mathrm{E}\{f(y_1) g(y_2)\}$ と定義する．ここで関数 $f(y_1)$, $g(y_2)$ のうち，少なくとも一つは非線形である．代表的な例としては，2 次以上の多項式や双曲線関数のようにさらに複雑な関数があげられる．つまり，どちらか一方，または両方の確率変数は，まず非線形関数によって $f(y_1)$ や $g(y_2)$ に変換され，次にそれらの間の通常の相関をとることになる．

そこで問題は，y_1 と y_2 が

$$\mathrm{E}\{f(y_1) g(y_2)\} = 0 \tag{12.1}$$

という意味で非線形的に無相関である場合，それらの独立性に関して何かいえるか，ということである．この種の非線形相関を 0 にし，何らかの条件を付け加えれば，独立性がいえるのであればありがたい．

これに関しては一般的な定理があり (たとえば [129] を参照)，y_1 と y_2 が独立であるための必要十分条件は，

$$\mathrm{E}\{f(y_1) g(y_2)\} = \mathrm{E}\{f(y_1)\} \mathrm{E}\{g(y_2)\} \tag{12.2}$$

が，ある有限区間以外では 0 であるような，**すべての**連続関数 f と g について成立することである．

この問題は Jutten と Hérault[228] によって検討された．ここで $f(y_1)$ と $g(y_2)$ は，原点のある近傍で，すべての次数の導関数をもつ滑らかな関数であると仮定しよう．それらをテイラー展開すると，

$$\begin{aligned} f(y_1) &= f(0) + f'(0) y_1 + \frac{1}{2} f''(0) y_1^2 + \dots \\ &= \sum_{i=0}^{\infty} f_i y_1^i \end{aligned}$$

$$g(y_2) = g(0) + g'(0) y_2 + \frac{1}{2} g''(0) y_2^2 + \ldots$$
$$= \sum_{i=0}^{\infty} g_i y_2^i$$

となる．ここで f_i, g_i は級数中の i 次の項の係数を簡略に書いたものである．

すると関数の積は，

$$f(y_1) g(y_2) = \sum_{i=1}^{\infty} \sum_{j=1}^{\infty} f_i g_j y_1^i y_2^j \tag{12.3}$$

となり，条件 (12.1) は，

$$\mathrm{E}\{f(y_1) g(y_2)\} = \sum_{i=1}^{\infty} \sum_{j=1}^{\infty} f_i g_j \mathrm{E}\{y_1^i y_2^j\} = 0 \tag{12.4}$$

と同値になる．

明らかにこれが成立するための一つの十分条件は，

$$\mathrm{E}\{y_1^i y_2^j\} = 0 \tag{12.5}$$

が，級数展開 (12.4) に現れる添え字 i, j のすべてについて成立することである．ほかの可能性としては，すべての次数について式 (12.5) が成立しなくても，級数 (12.4) において項同士が相殺して和が 0 になるという場合もありうる．非多項式関数でテイラー展開が無限級数になる場合には，そのような偽の解とでもいうべきものが現れる可能性は低いと考えられる（後に，そのような偽解は存在するが，ML 推定によって避けることができることを示す）．

さらに，式 (12.5) が成立するための一つの十分条件は，変数 y_1 と y_2 が独立で，$\mathrm{E}\{y_1^i\}$ と $\mathrm{E}\{y_2^j\}$ のどちらかは 0 であるということである．すべてのべき数 i に対して $\mathrm{E}\{y_1^i\} = 0$ を要求してみよう．その場合には $f(y_1)$ は奇関数でなければならなくなる．実際，そうならばテイラー展開は奇数次の項しかもたないので，式 (12.5) の中のべきの数も奇数となり，そうでなければ，y_1 の偶数次モーメント，たとえば 2 乗平均が 0 ということになるが，これは y_1 が常に 0 でなければ成立しない．

まとめると，非線形無相関 (12.1) が成立するための一つの十分（必要ではない）条件は，y_1 と y_2 が独立で，その片方，たとえば y_1 に用いる非線形関数が奇関数で，$f(y_1)$ が平均 0 になることである．

上の議論は厳密ではないが，独立性の一般的な規準として非線形相関が使えるのではないか，ということをよく示しているであろう．いくつか決めなければならないことがある．まず関数 f, g を実際どのように選ぶかということである．何か自然な最適

性の規準があって，関数の適否の比較ができるのであろうか．これは 12.3 節と 12.4 節で扱う．2 番目の問題は式 (12.1) の解き方，すなわち 2 変数 y_1 と y_2 の無相関化の方法である．これが次節の主題である．

12.2　エロー＝ジュタンのアルゴリズム

ICA モデル $\mathbf{x} = \mathbf{As}$ を考えよう．Hérault, Jutten と Ans [178, 179, 226] によって，二つの混合から二つの信号を暗中分離することに関連して考えられた，2×2 の場合についてまず考えてみよう．モデルは，

$$x_1 = a_{11}s_1 + a_{12}s_2$$
$$x_2 = a_{21}s_1 + a_{22}s_2$$

である．彼らは，図 12.1 に示したフィードバック回路によって，この問題を解くことを提案した．最初の出力はシステムの入力に戻され，出力が平衡状態に達するまで計算する．

図 12.1 から直ちに，

$$y_1 = x_1 - m_{12}y_2 \tag{12.6}$$
$$y_2 = x_2 - m_{21}y_1 \tag{12.7}$$

が得られる．混合 x_1, x_2 は入力する前に平均 0 となるように正規化される．これから，出力 y_1, y_2 も平均 0 となる．対角成分が 0 で非対角成分が m_{12}, m_{21} であるような行列を $\mathbf{M}$ とすると，これらの方程式は簡単に，

$$\mathbf{y} = \mathbf{x} - \mathbf{My}$$

と書ける．これから回路の入出力写像は，

$$\mathbf{y} = (\mathbf{I} + \mathbf{M})^{-1} \mathbf{x} \tag{12.8}$$

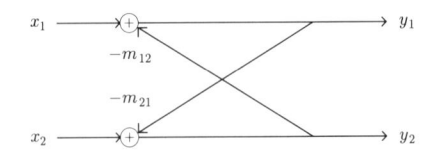

図 12.1 エロー＝ジュタンのアルゴリズムの基本的なフィードバック回路．＋の記号で示した素子は加算を表す．

と書ける．もともとの ICA モデルにおいて，$\mathbf{A}$ が可逆であれば $\mathbf{s} = \mathbf{A}^{-1}\mathbf{x}$ と書けることに注意しよう．もし $\mathbf{I} + \mathbf{M} = \mathbf{A}$ ならば，$\mathbf{y}$ は $\mathbf{s}$ と等しくなる．しかし，暗中分離問題では行列 $\mathbf{A}$ は未知とされる．

Jutten と Hérault が導いた解法は，回路の出力 y_1, y_2 が独立となるように，帰還係数 m_{12}, m_{21} を適応させることである．すると暗に $\mathbf{A}$ の逆が求められたことになり，元の信号源が見つかったことになる．独立性の尺度には，非線形相関を用いた．彼らの提案した学習則は，

$$\Delta m_{12} = \mu f(y_1) g(y_2) \tag{12.9}$$
$$\Delta m_{21} = \mu f(y_2) g(y_1) \tag{12.10}$$

である．ここで，μ は学習係数である．関数 $f(\cdot)$，$g(\cdot)$ はどちらも奇関数で，代表的なものとしては

$$f(y) = y^3, \quad g(y) = \arctan(y)$$

が用いられたが，$g(y) = y$ や $g(y) = \mathrm{sign}(y)$ でもうまくいくようである．さて，学習が収束すれば，右辺は平均 0 とならなければならないので，

$$\mathrm{E}\{f(y_1) g(y_2)\} = \mathrm{E}\{f(y_2) g(y_1)\} = 0$$

が成立する．これにより，出力 y_1, y_2 が独立になったと期待できる．エロー＝ジュタンのアルゴリズムの安定性は [408] で解析されている．

アルゴリズム (12.9)，(12.10) による行列 $\mathbf{M}$ の数値計算の際，各反復段で，右辺の y_1, y_2 も更新されなければならない．式 (12.8) からそれらも $\mathbf{M}$ に依存し，それらを求めるには $(\mathbf{I} + \mathbf{M})$ の逆行列を求める必要がある．Chichocki と Unbehauen [84] が述べているように，この逆行列の計算は，特にこの方法を拡張して 3 個以上の信号源や混合に用いるときには，計算的に困難を伴いそうである．この問題を避ける一つの方法は，粗い近似

$$\mathbf{y} = (\mathbf{I} + \mathbf{M})^{-1} \mathbf{x} \approx (\mathbf{I} - \mathbf{M}) \mathbf{x}$$

を用いることである．

エロー＝ジュタンのアルゴリズムは，ICA 問題の解法として先鞭をつけるもので，すっきりしたものでもあったが，今では実際にはいくつか欠点があることがわかっている．信号の大きさのバランスが悪かったり，混合行列の条件数が悪いような場合には，この方法の成績は悪く，時には信号源をまったく分離することができない場合も

ある．またこの方法で分離できる信号源の数は非常に制限されている．また，[408] で局所的な安定性は示されたが，大局的によい収束性は保証されていない．

12.3 チコツキ＝ウンベハウエンのアルゴリズム

エロー＝ジュタンのアルゴリズムから出発して，Chichocki と Unbehauen とその協力者達は [82, 85, 84]，その拡張であるが，ずっと優れた能力と信頼性をもつものを導いた．図 12.1 のエロー＝ジュタンの帰還（フィードバック）回路の代わりに，彼らは荷重行列 $\mathbf{B}$ をもつフィードフォワード回路を提案した．ここで混合ベクトルを $\mathbf{x}$ とし出力を $\mathbf{y} = \mathbf{B}\mathbf{x}$ とする．今度は次元は 2 より高くてもかまわない．目標は $m \times m$ 行列 $\mathbf{B}$ を調節して，$\mathbf{y}$ の要素を独立にすることである．$\mathbf{B}$ の学習則は，

$$\Delta \mathbf{B} = \mu \left[\mathbf{\Lambda} - f(\mathbf{y}) g\left(\mathbf{y}^T\right) \right] \mathbf{B} \tag{12.11}$$

である．ここで μ は学習係数で，$\mathbf{\Lambda}$ はその要素が $\mathbf{y}$ の各要素の大きさを決める伸縮定数であるような対角行列である（たとえば $\mathbf{\Lambda}$ は単位行列 $\mathbf{I}$ でもよい）．f と g は非線形のスカラー値関数で，彼らは多項式と tanh 関数を提案した．$f(\mathbf{y})$ という記法は，$f(y_1), \ldots, f(y_n)$ を要素にもつ列ベクトルを意味する．

このアルゴリズムが独立成分を与えるということを示す議論も，非線形無相関化に基づいている．この学習則の定常解は $\mathrm{E}\{\Delta \mathbf{B}\} = 0$ で定義される．ここでの期待値は，混合 $\mathbf{x}$ の分布に関するものである．この定常解に対しては更新行列は平均的に 0 である．これは確率的近似の型のアルゴリズムであるから（第 3 章を参照），そのような定常性は収束のための必要条件である．自明な解 $\mathbf{B} = 0$ を除くと，

$$\mathbf{\Lambda} - \mathrm{E}\left\{ f(\mathbf{y}) g\left(\mathbf{y}^T\right) \right\} = 0$$

を得る．特に非対角要素に対しては，これは

$$\mathrm{E}\left\{ f(y_i) g(y_j) \right\} = 0 \tag{12.12}$$

を意味し，式 (12.1) で定義した非線形無相関性を n 個の信号 $y_1, \ldots, y_n$ に拡張したものである．行列 $\mathbf{\Lambda}$ の対角要素は

$$\mathrm{E}\left\{ f(y_i) g(y_i) \right\} = \lambda_{ii}$$

を満たし，出力の振幅の伸縮を調節しているだけであることがわかる．

結局，学習則が収束して非零行列 $\mathbf{B}$ が得られたならば，ネットワークの出力は必ず非線形的に無相関であり，うまくすれば独立でもある．収束性については [84] で解析

された．式 (12.11) のような確率的反復のアルゴリズムの一般的な解析法については，第 3 章を参照されたい．

最初の論文では，チコツキ＝ウンベハウエンのアルゴリズムは非線形無相関化に基づいて正当化されたが，そのアルゴリズムによって何らかの損失関数が最小化されることは，厳密に示されなかった．しかしながら，1990 年代初期に現れたこのアルゴリズムが，後に Amari, Cichocki, と Yang [12] によって，ベル＝セイノフスキーのアルゴリズムの原型 [36] の拡張として導かれた，有名な自然勾配法と同じであるということは興味深い．そのためには $\mathbf{\Lambda}$ を単位行列とし，関数 $g(\mathbf{y})$ として線形関数 $g(\mathbf{y}) = \mathbf{y}$ を用い，関数 $f(\mathbf{y})$ としては信号源の真の密度関数に関連したシグモイド関数を用いればよい．甘利＝チコツキ＝ヤンのアルゴリズムとベル＝セイノフスキーのアルゴリズムは第 9 章で紹介され，それらが最尤規準から厳密に導かれることが示された．最尤法はまた，第 9 章で述べたように非線形関数の選び方についても教えてくれる．

12.4　推定関数法*

非線形相関が 0 という規準を，n 個の確率変数 $y_1, \ldots, y_n$ へ拡張した式 (12.12) について考える．これらの方程式の可能な解 $y_1, \ldots, y_n$ のうちに，信号源 $s_1, \ldots, s_n$ も存在することになる．これらの方程式を，エロー＝ジュタンやチコツキ＝ウンベハウエンのアルゴリズムで解くときには，結局分離行列 $\mathbf{B}$ を求めていることになる．

この考え方は Amari と Cardoso [8] によって，**推定関数**の場合へと一般化され定式化された．再び基本 ICA モデル $\mathbf{x} = \mathbf{As}$, $\mathbf{s} = \mathbf{B}^*\mathbf{x}$ を考える．ここで $\mathbf{B}^*$ は真の分離行列である（混乱を避けるためここではこのような記法をとる）．推定関数とは行列値関数 $\mathbf{F}(\mathbf{x}, \mathbf{B})$ で，

$$\mathrm{E}\{\mathbf{F}(\mathbf{x}, \mathbf{B}^*)\} = 0 \tag{12.13}$$

を満たすものである．つまり，$\mathbf{x}$ の密度に関する期待値をとると，**真の分離行列は方程式の解になっている**のである．これらを式 (12.13) から求めれば，独立成分は直ちに得られる．

例 12.1　　非線形関数の組 $f_1(y_1), \ldots, f_n(y_n)$ が与えられ，$\mathbf{y} = \mathbf{Bx}$ であるとき，ベクトル関数 $\mathbf{f}(\mathbf{y}) = [f_1(y_1), \ldots, f_n(y_n)]^T$ を定義する．ICA に適当な推定関数は，

$$\mathbf{F}(\mathbf{x}, \mathbf{B}) = \mathbf{\Lambda} - \mathbf{f}(\mathbf{y})\mathbf{y}^T = \mathbf{\Lambda} - \mathbf{f}(\mathbf{Bx})(\mathbf{Bx})^T \tag{12.14}$$

である.なぜならば,明らかに,$\mathbf{B}$ が真の分離行列 $\mathbf{B}^*$ で $y_1,\ldots,y_n$ が独立で平均 0 であるとき,$\mathrm{E}\{\mathbf{f}(\mathbf{y})\mathbf{y}^T\}$ が対角になるからである.このとき非対角要素は $\mathrm{E}\{f_i(y_i)y_j\} = \mathrm{E}\{f_i(y_i)\}\mathrm{E}\{y_j\} = 0$ となる.対角行列 $\mathbf{\Lambda}$ は分離された成分の大きさを決定する.別の推定関数としては,学習則 (12.11) の右辺

$$\mathbf{F}(\mathbf{x},\mathbf{B}) = \left[\mathbf{\Lambda} - f(\mathbf{y})\,g\left(\mathbf{y}^T\right)\right]\mathbf{B}$$

が考えられる.

ICA に対する他の取り組み方と推定関数の方法との間には,一つの基本的な違いがある.普通 ICA の出発点は出力 y_i がどれくらい独立か,あるいは非ガウス的かをどうにかして測る損失関数であって,その損失関数を最小化することによって独立成分を得る.それに対して,ここではそのような損失関数は存在しない.推定関数は他の関数の勾配である必要はない.この意味で推定関数の理論は非常に一般的で,ICA アルゴリズムを探すのに本質的に役立つ.この方法とニューラルネットワークとの関連については [328] を参照されたい.

実際に,ICA モデルを解くための推定関数を設計するのは,簡単な問題というわけではない.たとえ,分離行列がその解になるような二つの推定関数が得られている場合でも,それらを比較するための尺度はあるのだろうか.ここでは統計的な考慮が有用である.実際には ICA モデルの s_i や x_j の確率密度は未知であることに注意する.したがって,実際には式 (12.13) の期待値が得られないので,その解を求めることもできない.期待値は $\mathbf{x}$ の有限の標本を用いて推定する必要がある.標本を $\mathbf{x}(1),\ldots,\mathbf{x}(T)$ とするとき,標本関数

$$\mathrm{E}\{\mathbf{F}(\mathbf{x},\mathbf{B})\} \approx \frac{1}{T}\sum_{t=1}^{T}\mathbf{F}(\mathbf{x}(t),\mathbf{B})$$

を期待値として用いる.その解 $\hat{\mathbf{B}}$ を真の分離行列の推定とするのである.明らかに (第 4 章を参照) 解である $\hat{\mathbf{B}} = \hat{\mathbf{B}}[\mathbf{x}(1),\ldots,\mathbf{x}(T)]$ は,訓練のための標本である $\mathbf{x}(i)$ 達の関数であるから,その偏差や分散など統計的性質を検討することが必要である.これは異なる推定関数のよさを比較する尺度になる.最良の推定関数は,真の分離行列 $\mathbf{B}^*$ と推定 $\hat{\mathbf{B}}$ との誤差を最小にするものである.

特に有用な尺度は,標本の大きさ T が大きくなるときの,(Fisher)効率または漸近的分散と呼ばれるものである(第 4 章).この目的は,標本 $\mathbf{x}(t)$ が与えられているときに,平均 2 乗誤差が最小になるような推定関数を得ることである.こうすれば訓練標本から最大量の情報を抽出できる.

Amari と Cardoso [8] によって得られた一般的な結果は,次のとおりである.**任意**

の推定関数 $\mathbf{F}$ が与えられたとき，必ずそれと同じかそれより (効率の意味で) よい推定関数で，

$$\mathbf{F}(\mathbf{x}, \mathbf{B}) = \mathbf{\Lambda} - f(\mathbf{y})\mathbf{y}^T \tag{12.15}$$

$$= \mathbf{\Lambda} - f(\mathbf{Bx})(\mathbf{Bx})^T \tag{12.16}$$

という形をもつものがある，という意味で式 (12.14) の形の推定関数は最適である．実際には $\mathbf{\Lambda}$ は，y_i の独立性を決める $\mathbf{F}(\mathbf{x}, \mathbf{B})$ の非対角成分には，何の影響も与えない．対角成分は成分の大きさの比を決める係数である．

この結果から，非線形無相関化のための二つの関数のうちのもう一つとして，$\mathbf{y}$ の代わりに非線形関数 $g(\mathbf{y})$ を使う必要はないことがわかる．一つの非線形関数 $f(\mathbf{y})$ を $\mathbf{y}$ と組み合わせて使えばよいだけである．$f(\mathbf{y})\mathbf{y}^T$ という形の関数が，尤度関数のような損失関数の勾配として自然に現れるのは興味深い．その場合には，非線形関数 $f(\mathbf{y})$ の選択法にも解が与えられる．次節ではさらに例が与えられる．

上の分析では，推定関数の解を探すための実用的な方法はまったくわからない．非線形性のために，閉じた形の解は存在せず，数値アルゴリズムを使わなければならない．$\mathbf{F}(\mathbf{x}, \mathbf{B})$ の解を求める確率的近似アルゴリズムで最も単純な反復法は，

$$\Delta \mathbf{B} = -\mu \mathbf{F}(\mathbf{x}, \mathbf{B}) \tag{12.17}$$

という形をもつ．ここで μ は適当な学習係数である．実際，ここでわかったことは，式 (12.9), (12.10) と式 (12.1) の学習則は，このより一般的な枠組みの例であることである．

12.5　独立性による等分散適応的分離

提案されている大部分の ICA の方法では，学習則は損失 (またはコントラスト) 関数を用いた最急勾配アルゴリズムである．前章までにその多くの例を示した．典型的な損失関数は $J(\mathbf{B}) = \mathrm{E}\{G(\mathbf{y})\}$ という形をしている．ここで G は何らかのスカラー値関数で，通常はさらに付加的な制約条件が用いられる．ここでも $\mathbf{y} = \mathbf{Bx}$ であり，関数 G の形と $\mathbf{x}$ の確率密度関数がコントラスト関数 $J(\mathbf{B})$ の形を決定する．

$\mathbf{g}(\mathbf{y})$ を $G(\mathbf{y})$ の勾配とするとき，

$$\frac{\partial J(\mathbf{B})}{\partial \mathbf{B}} = \mathrm{E}\left\{\left(\frac{\partial G(\mathbf{y})}{\partial \mathbf{y}}\right)\mathbf{x}^T\right\} = \mathrm{E}\{\mathbf{g}(\mathbf{y})\mathbf{x}^T\} \tag{12.18}$$

を示すのは容易である (行列型の勾配やベクトル型の勾配の定義は第 3 章を参照)．$\mathbf{B}$

が正方行列で正則ならば，$\mathbf{x} = \mathbf{B}^{-1}\mathbf{y}$ で，

$$\frac{\partial J(\mathbf{B})}{\partial \mathbf{B}} = \mathrm{E}\left\{\mathbf{g}(\mathbf{y})\mathbf{y}^T\right\}\left(\mathbf{B}^T\right)^{-1} \tag{12.19}$$

を得る．

適切な損失関数 $J(\mathbf{B})$ に対する非線形関数 $G(\mathbf{y})$ は，その勾配が 0 になるときに $\mathbf{y}$ の要素が独立になるから，その意味で推定関数であるといえる．また，形式 $\mathrm{E}\left\{\mathbf{g}(\mathbf{y})\mathbf{y}^T\right\}\left(\mathbf{B}^T\right)^{-1}$ の中の最初の因子 $\mathbf{g}(\mathbf{y})\mathbf{y}^T$ は，**最適な推定関数の形をしている**（対角要素以外）ことに注意されたい（式 (12.15) を参照）．ここで，非線形関数 $f(\mathbf{y})$ には，もともとの損失関数に現れている $G(\mathbf{y})$ の勾配そのものを用いればよいことがわかったことにも注目されたい．

残念なことに，式 (12.19) における逆行列 $\left(\mathbf{B}^T\right)^{-1}$ の計算はやっかいである．逆行列の計算は，Amari [4] によって導かれたいわゆる**自然勾配法**を用いると，避けることができる．これは第 3 章で扱われた．自然勾配は，ここでは通常の行列勾配 (12.19) に，右から行列 $\mathbf{B}^T\mathbf{B}$ をかけることによって得られ，その結果は $\mathrm{E}\left\{\mathbf{g}(\mathbf{y})\mathbf{y}^T\right\}\mathbf{B}$ である．損失関数 $J(\mathbf{B})$ を最小化するための確率的勾配アルゴリズムは，結局，

$$\Delta\mathbf{B} = -\mu \mathbf{g}(\mathbf{y})\mathbf{y}^T\mathbf{B} \tag{12.20}$$

ということになる．

この学習則はまたもや非線形無相関化の形をしている．行列 $\mathbf{g}(\mathbf{y})\mathbf{y}^T$ の対角要素を除けば，非対角要素はチコツキ＝ウンベハウエンのアルゴリズム (12.11) において，二つの関数の一つを線形関数 $\mathbf{y}$ とし，他方を勾配 $\mathbf{g}(\mathbf{y})$ としたものと同じ形になっている．

この勾配アルゴリズムはまた，Cardoso と Hvam Laheld [71] によって導かれた相対的勾配法から導くこともできる．この考え方も第 3 章で紹介した．この考えに基づいて，彼らは**独立性による等分散適応的分離**（EASI: Equivariant Adaptive Separation via Independence）の学習則を導いた．式 (12.20) から EASI 学習則に移るためには，もう一段階必要になる．EASI においては，他の多くの ICA の学習則と同様に，混合ベクトル $\mathbf{x}$ に対して白色化の前処理が施される（第 6 章を参照）．まず $\mathbf{x}$ の線形変換 $\mathbf{z} = \mathbf{V}\mathbf{x}$ の各要素 z_i が分散 1 で共分散 0，すなわち $\mathrm{E}\left\{\mathbf{z}\mathbf{z}^T\right\} = \mathbf{I}$ となるようにする．これも第 6 章で示したことだが，白色化に適した適応則は，

$$\Delta\mathbf{V} = \mu\left(\mathbf{I} - \mathbf{z}\mathbf{z}^T\right)\mathbf{V} \tag{12.21}$$

である．

もともとのベクトルの代わりに，このように白色化したベクトルを用いた ICA モデルは $\mathbf{z} = \mathbf{VAs}$ となり，行列 $\mathbf{VA}$ は容易にわかるように直交行列（すなわち回転）である．したがって，その逆行列である分離行列も直交行列となる．前の章と同様に，直交分離行列を $\mathbf{W}$ と書くことにしよう．

基本的に，$\mathbf{W}$ の学習則は式 (12.20) と同じである．しかし，直交性を各反復段で保ちたいならば，$\mathbf{W}$ の更新の際に，一定の制約を課す必要がある [71]．$\mathbf{W}$ の逐次更新を式 (12.20) の学習則で行うとして，これを簡潔に $\mathbf{W} \leftarrow \mathbf{W} + \mathbf{DW}$ と書こう．ここで $\mathbf{D} = -\mu \mathbf{g}(\mathbf{y})\mathbf{y}^T$ である．更新された行列の直交条件は，

$$(\mathbf{W} + \mathbf{DW})(\mathbf{W} + \mathbf{DW})^T = \mathbf{I} + \mathbf{D} + \mathbf{D}^T + \mathbf{DD}^T = \mathbf{I}$$

となる．ここで $\mathbf{WW}^T = \mathbf{I}$ が使われた．$\mathbf{D}$ が小さいと仮定すれば，この式の 1 次近似により直交条件は $\mathbf{D} = -\mathbf{D}^T$ となるが，これは $\mathbf{D}$ が交代行列であることを意味する．この条件を $\mathbf{W}$ の学習則 (式 (12.20) の $\mathbf{B}$ を $\mathbf{W}$ で置き換えたもの) に適用すると，

$$\Delta \mathbf{W} = -\mu \left[\mathbf{g}(\mathbf{y})\mathbf{y}^T - \mathbf{y}\mathbf{g}(\mathbf{y})^T \right] \mathbf{W} \tag{12.22}$$

を得る．ここで $\mathbf{y} = \mathbf{Wz}$ である．学習則 (12.20) とは異なり，この学習則は自然に，何の条件も課すことなく，$\mathbf{g}(\mathbf{y})\mathbf{y}^T$ の対角要素の面倒まで見ていることになっている．

さて後は，二つの学習則 (12.21) と (12.22) とを一つの学習則にまとめて，システム全体の分離行列を求めることである．$\mathbf{y} = \mathbf{Wz} = \mathbf{WVx}$ であるから，この全体的な分離行列は $\mathbf{B} = \mathbf{WV}$ である．両学習則に同じ学習係数を用いるとすると，1 次近似により，

$$\begin{aligned}
\Delta \mathbf{B} &= \Delta \mathbf{WV} + \mathbf{W} \Delta \mathbf{V} \\
&= -\mu \left[\mathbf{g}(\mathbf{y})\mathbf{y}^T - \mathbf{y}\mathbf{g}(\mathbf{y})^T \right] \mathbf{WV} + \mu \left[\mathbf{WV} - \mathbf{Wzz}^T \mathbf{W}^T \mathbf{WV} \right] \\
&= -\mu \left[\mathbf{yy}^T - \mathbf{I} + \mathbf{g}(\mathbf{y})\mathbf{y}^T - \mathbf{y}\mathbf{g}(\mathbf{y})^T \right] \mathbf{B}
\end{aligned} \tag{12.23}$$

を得る．これが EASI アルゴリズムである．これには，白色化と分離を一つのアルゴリズムにまとめているという，便利な特徴がある．収束性の解析といくらかの実験結果が [71] に示されている．前に導入した非線形無相関化のアルゴリズムとの密接な関連を，容易に見ることができる．

EASI の名前の一部になっている**等分散**という考え方は，統計的推定において一般的な概念である．たとえば [395] を参照されたい．推定量が等分散だということは，大まかにいうと，その能力がパラメータの実際の値そのものには依存しないということである．これを基本的な ICA モデルに則していうと，混合行列がどのようなものであっても，独立成分の推定の成績は変わらないということである．EASI は等分散

であることが明確に示された，最初の ICA アルゴリズムの一つである．実は，基本 ICA モデルの大部分の推定法は等分散なのである．詳細については [09] を見ていただきたい．

12.6 非線形主成分分析

PCA の基本的な定義の仕方の一つは，第 6 章により詳しく説明したように，最小 2 乗誤差をもつ最適な圧縮である．つまり，平均 0 の m 次元の確率ベクトル $\mathbf{x}$ に対して，より小さな次元の部分空間で，$\mathbf{x}$ のその部分空間への直交射影の残差の平均 ($\mathbf{x}$ の確率密度に関する) が，最小になるものを探す問題である．この部分空間の正規直交基底を $\mathbf{w}_1,\ldots,\mathbf{w}_n$ で表すと，$\mathbf{x}$ のこの部分空間への直交射影は，$\sum_{i=1}^{n}\left(\mathbf{w}_i^T\mathbf{x}\right)\mathbf{w}_i$ である．n はこの部分空間の次元である．PCA に対する最小平均 2 乗誤差は，

$$\min \mathrm{E}\left\{\left\|\mathbf{x}-\sum_{i=1}^{n}\left(\mathbf{w}_i^T\mathbf{x}\right)\mathbf{w}_i\right\|^2\right\} \tag{12.24}$$

で与えられる．この最適化問題の一つの解 (唯一解ではない) は，データの共分散行列 $\mathbf{C}_\mathbf{x}=\mathrm{E}\{\mathbf{x}\mathbf{x}^T\}$ の固有ベクトル $\mathbf{e}_1,\ldots,\mathbf{e}_n$ で与えられる．このとき和の中の線形因子 $\mathbf{w}_i^T\mathbf{x}$ は主成分 $\mathbf{e}_i^T\mathbf{x}$ となる．

たとえば，$\mathbf{x}$ が 2 次元のガウス分布に従っているときに，1 次元の部分空間 (つまり密度の中心を通る直線) を探すとすれば，等密度を表す楕円の主軸が求める主成分である．

ここで，規準に非線形性を取り入れると，この規準と解はどのように変わるだろうか．おそらく，意味のある非線形的拡張で最も単純なものは次であろう．$g_1(\cdot),\ldots,g_n(\cdot)$ をまだ決めていないスカラー値関数とし，基底ベクトルに関して最小化すべき規準の修正形

$$J(\mathbf{w}_1\ldots\mathbf{w}_n)=\mathrm{E}\left\{\left\|\mathbf{x}-\sum_{i=1}^{n}g_i\left(\mathbf{w}_i^T\mathbf{x}\right)\mathbf{w}_i\right\|^2\right\} \tag{12.25}$$

を考える．この規準は Xu [461] によって最初に考案され，彼はこれを「最小平均 2 乗誤差再構成 (LMSER: Least Mean-Square Error Reconstruction) 規準」と呼んだ．

式 (12.24) との違いは，$\mathbf{x}$ の近似を与える展開において線形因子 $\mathbf{w}_i^T\mathbf{x}$ 達の代わりに，それらの非線形関数を用いていることだけである．規準 $J(\mathbf{w}_1,\ldots,\mathbf{w}_n)$ を最小化する最適解において，それらの因子を非線形主成分と呼んでもよいかもしれない．し

がって，ここで基底ベクトル $\mathbf{w}_i$ を探す問題のことを，「非線形主成分分析」(NLPCA: NonLinear Principal Component Analysis) と呼ぶ．

曖昧性なく定義された線形問題を非線形問題に拡張するときにはだいたいいつもそうであるが，多くの曖昧な点や定義の任意性が現れるということは留意すべきである．ここでもそのとおりである．「非線形 PCA」といっても一義的な定義があるわけではない．主曲線の方法 [167, 264] や，非線形自己連想 [252, 325] など，「非線形 PCA」を導く手法はほかにもある．これらの方法では，近似のための部分空間は曲率をもつ多様体であるのに対し，上で示した問題に対する解は依然として線形部分空間である．主成分に対応する係数のみが $\mathbf{x}$ の非線形関数である．規準 (12.25) を最小化しても，標準的な PCA と比較して，より小さな最小 2 乗誤差を与えるというわけではないことには，注意すべきである．その代わりこの規準には，非線形関数 g_i を通じて，簡単に高次の統計量を取り込むことができるという利点がある．

式 (12.25) をより詳しく分析する前に，簡単な場合を使って，線形 PCA とどのように違うのか，また ICA と実際にどのように関係するのかを見ておくことは，役立つだろう．

もし $g_i(y)$ が通常の PCA のように線形で，和の中の項数 n が $\mathbf{x}$ の次元 m と等しければ，荷重ベクトルが正規直交系である限り，展開表現による誤差はいつでも 0 である．しかしながら $g_i(y)$ が非線形関数である場合には，これはいつも成立するとは限らない．その代わりに，少なくともある場合には，式 (12.25) を最小化する最適な基底ベクトル $\mathbf{w}_i$ は，入力ベクトルの独立な成分と同じ方向を向くのである．

例 12.2　図 12.2 で見るように，$\mathbf{x}$ は 2 次元の確率ベクトルで，x_1, x_2 軸とは辺が一致していない正方形の中で一様分布すると仮定する．容易にわかるように，成分 x_1, x_2 は無相関で同じ分散 $\frac{1}{3}$ をもつから，$\mathbf{x}$ の共分散行列は $\frac{1}{3}\mathbf{I}$ である．したがって，$\frac{1}{3}$ の倍率を除いて，$\mathbf{x}$ は白色化 (球面化) されている．しかしながらその成分は独立ではない．問題は，回転したもの $\mathbf{s} = \mathbf{W}\mathbf{x}$ が，その成分が独立になるようにすることである．図 12.2 から明らかなように，唯一の解は，$\mathbf{s}$ としてその成分が正方形の辺と同じ方向を向いたものである．このときに限って，$\mathbf{s}$ の密度関数は各成分の周辺密度の積として書けるからである．

白色化されているから，$\mathbf{W}$ は直交行列であるはずである．これは，

$$\mathrm{E}\{\mathbf{s}\mathbf{s}^T\} = \mathbf{W}\mathrm{E}\{\mathbf{x}\mathbf{x}^T\}\mathbf{W}^T = \frac{1}{3}\mathbf{W}\mathbf{W}^T \tag{12.26}$$

と書けばわかる．s_1 と s_2 は無相関であるから，$\mathbf{w}_1^T \mathbf{w}_2 = 0$ が成立する必要がある．

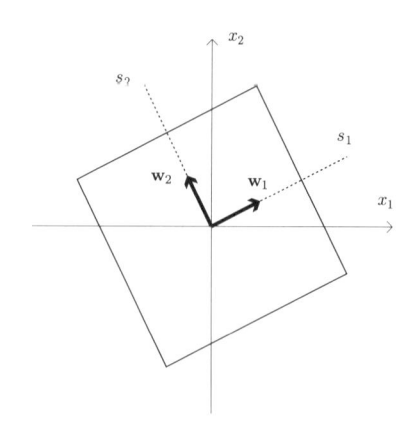

図 12.2　一様分布の回転.

$\mathbf{w}_1, \mathbf{w}_2$ を直交する 2 次元ベクトルとし，$g_1(\cdot) = g_2(\cdot) = g(\cdot)$ を適当な非線形関数とすれば，規準 (12.25) を最小化する解が，上のように回転して独立成分になるのである．これは以下のように考えればわかる．g を非常に鋭いシグモイド関数，たとえば $g(y) = \tanh(10y)$ とする．これは符号関数の近似だと考えられる．規準 (12.25) の中の項 $\sum_{i=1}^{2} g(\mathbf{w}_i^T \mathbf{x}) \mathbf{w}_i$ は，

$$\mathbf{w}_1 g(\mathbf{w}_1^T \mathbf{x}) + \mathbf{w}_2 g(\mathbf{w}_2^T \mathbf{x})$$
$$\approx \mathbf{w}_1 \mathrm{sign}(\mathbf{w}_1^T \mathbf{x}) + \mathbf{w}_2 \mathrm{sign}(\mathbf{w}_2^T \mathbf{x})$$

となる．

したがって，式 (12.25) によれば，各 $\mathbf{x}$ の最適な表現は四つの可能な組み合わせ ($\pm \mathbf{w}_1, \pm \mathbf{w}_2$) のうちの一つになる．ここで符号は，$\mathbf{x}$ と基底ベクトルとの間の角度で決まる．一組の直交ベクトルを決めれば，図 12.2 の正方形は四つの象限に分けられ，各象限に属するすべての点は，規準 (12.25) によって最小平均 2 乗の意味で一点で代表される．たとえば，第一象限の点は二つの基底ベクトルとの内積が正であるので，これらの点はすべて $\mathbf{w}_1 + \mathbf{w}_2$ で代表される．図 12.2 からわかるように，基底ベクトル $\mathbf{w}_1, \mathbf{w}_2$ が s_1, s_2 軸と同方向で，点 $\mathbf{w}_1 + \mathbf{w}_2$ が s_1, s_2 軸の正の部分で囲まれた小正方形の中心であるときに，最小 2 乗の当てはめが得られる．

これをさらに確認するため，基底ベクトル $\mathbf{w}_1, \mathbf{w}_2$ が任意の直交ベクトルであるときに，式 (12.25) の $J(\mathbf{w}_1, \mathbf{w}_2)$ の値を計算するのは容易である [327]．図 12.2 で $\mathbf{w}_1$ と s_1 軸の間の角度を θ とすると，$J(\mathbf{w}_1, \mathbf{w}_2)$ の値が最小になるのは回転が $\theta = 0$ のとき

であり,そのとき直交ベクトルの長さは0.5となる.これらのベクトルが図12.2に示されている.

上の例では,$\mathbf{x}$ の分布が一様であると仮定した.分布が異なれば,回転は独立性に対して同じ効果をもたない.実際,等分散のガウス的変数については,規準 $J(\mathbf{w}_1,\ldots,\mathbf{w}_n)$ の値は基底の方向に依存しない.この規準により独立成分が得られるかどうかは,非線形関数 $g_i(y)$ に強く依存する.式 (12.25) の規準のより詳しい議論と,その ICA との関係については,次節で述べる.

12.7 非線形 PCA 規準と ICA

興味深いことに,白色化されたデータについていえば,もともとの非線形 PCA 規準である式 (12.25) は,他のコントラスト関数,たとえば尖度の最大化あるいは最小化,最大尤度やいわゆるブスガング規準などと正確な対応がつくことが示される [236].白色化されたデータの場合には,入力ベクトルとして $\mathbf{x}$ の代わりに $\mathbf{z}$ と書くことにする.白色化において,$\mathbf{z}$ の次元は $\mathbf{s}$ の次元にまで減らされていることも仮定する.この次元を n とする.この場合には前に見たように(第13章を参照),行列 $\mathbf{W}$ は $n \times n$ の直交行列である.つまり $\mathbf{WW}^T = \mathbf{W}^T\mathbf{W} = \mathbf{I}$ である.

まず,行列形式に書き換えると便利である.$\mathbf{W} = (\mathbf{w}_1 \ldots \mathbf{w}_n)^T$ は基底ベクトル $\mathbf{w}_i$ を行にもつ行列である.これを用いると式 (12.25) は,

$$J(\mathbf{w}_1,\ldots,\mathbf{w}_n) = J(\mathbf{W}) = \mathrm{E}\left\{\left\|\mathbf{z} - \mathbf{W}^T \mathbf{g}(\mathbf{Wz})\right\|^2\right\} \tag{12.27}$$

となる.関数 $\mathbf{g}(\mathbf{Wz})$ は要素 $g_1(\mathbf{w}_1^T\mathbf{z}),\ldots,g_n(\mathbf{w}_n^T\mathbf{z})$ をもつ列ベクトルである.次に $\mathbf{y} = \mathbf{Wz}$ と置いて,

$$\begin{aligned}
\left\|\mathbf{z} - \mathbf{W}^T \mathbf{g}(\mathbf{Wz})\right\|^2 &= \left[\mathbf{z} - \mathbf{W}^T \mathbf{g}(\mathbf{Wz})\right]^T \left[\mathbf{z} - \mathbf{W}^T \mathbf{g}(\mathbf{Wz})\right] \\
&= \left[\mathbf{z} - \mathbf{W}^T \mathbf{g}(\mathbf{Wz})\right]^T \mathbf{W}^T \mathbf{W} \left[\mathbf{z} - \mathbf{W}^T \mathbf{g}(\mathbf{Wz})\right] \\
&= \left\|\mathbf{Wz} - \mathbf{WW}^T \mathbf{g}(\mathbf{Wz})\right\|^2 \\
&= \left\|\mathbf{y} - \mathbf{g}(\mathbf{y})\right\|^2 \\
&= \sum_{i=1}^n [y_i - g_i(y_i)]^2
\end{aligned}$$

と書けるから [236],$J(\mathbf{W})$ は,

$$J_{NLPCA}(\mathbf{W}) = \sum_{i=1}^n \mathrm{E}\left\{[y_i - g_i(y_i)]^2\right\} \tag{12.28}$$

となる．この NLPCA 規準が他のいくつかのコントラスト関数と関連づけられることを示そう．

最初の例として，$g_i(y)$ として 2 次関数を用いた奇関数 (すべての i について同じ)

$$g_i(y) = \begin{cases} y^2 + y, & y \geq 0 \\ -y^2 + y, & y < 0 \end{cases}$$

を選んでみよう．すると式 (12.28) の規準は，

$$J_{\text{kurt}}(\mathbf{W}) = \sum_{i=1}^{n} \mathrm{E}\left\{\left(y_i - y_i \pm y_i^2\right)^2\right\} = \sum_{i=1}^{n} \mathrm{E}\left\{y_i^4\right\} \tag{12.29}$$

となる．これは第 8 章で議論した統計量である．入力データは白色化されているのだから，分散は $\mathrm{E}\{y_i^2\} = \mathbf{w}_i^T \mathrm{E}\{\mathbf{zz}\}\mathbf{w}_i = \mathbf{w}_i^T \mathbf{w}_i = 1$ となるから，尖度 $\text{kurt}(y_i) = \mathrm{E}\{y_i^4\} - 3\left(\mathrm{E}\{y_i^2\}\right)^2$ の第 2 項は定数となって，尖度の最大化または最小化において必要ない．結局式 (12.29) の規準だけが残る．この関数を用いた NLPCA を最小化することは，y_i の尖度の合計を最小化することと同値である．

次の例として，ICA モデルの最尤解を考えよう．最尤解は，$\mathbf{s}$ の密度関数をその独立性より，積の形 $p(\mathbf{s}) = p_1(s_1) p_2(s_2) \ldots p_n(s_n)$ と分解することから出発する．いま，入力ベクトル $\mathbf{x}$ の大量の標本 $\mathbf{x}(1), \ldots, \mathbf{x}(T)$ があったとしよう．

第 9 章で示したように対数尤度関数は，

$$\log L(\mathbf{B}) = \sum_{t=1}^{T} \sum_{i=1}^{n} \log p_i\left(\mathbf{b}_i^T \mathbf{x}(t)\right) + T \log|\det \mathbf{B}| \tag{12.30}$$

となる．ここでベクトル $\mathbf{b}_i$ は行列 $\mathbf{B} = \mathbf{A}^{-1}$ の行である．白色化されている標本 $\mathbf{z}(1), \ldots, \mathbf{z}(T)$ の場合には，分離行列は直交行列である．再びそれを $\mathbf{W}$ と書く．すると，

$$\log L(\mathbf{W}) = \sum_{t=1}^{T} \sum_{i=1}^{n} \log p_i\left(\mathbf{w}_i^T \mathbf{z}(t)\right) \tag{12.31}$$

となる．直交行列の行列式は 1 なので，式 (12.30) の第 2 項は 0 となった．

この関数 (12.31) を最大化するのが目的だから，これに $1/T$ をかけてもよい．すると T が大きいときには，これは

$$J_{ML}(\mathbf{W}) = \sum_{i=1}^{n} \mathrm{E}\{\log p_i(y_i)\} \tag{12.32}$$

に近づく．ここで $y_i = \mathbf{w}_i^T \mathbf{z}$ である．

これから NLPCA 規準 (12.28) と ML 規準 (12.32) の間の関係を導くのは容易である．和 (12.28) を最小にするのだから，定数を足したり正数をかけたりすることは自由にしてよい．そこで二つの規準を同値だとして，関係式 (y_i から便宜上 i を落とす)

$$\log p_i(y) = \alpha - \beta [y - g_i(y)]^2 \tag{12.33}$$

を立ててみる．ここで α と $\beta > 0$ は定数である．これより，

$$p_i(y) \propto \exp\left[-\beta[y - g_i(y)]^2\right] \tag{12.34}$$

が得られる．これから任意の与えられた密度 $p_i(y)$ に対して，関数 $g_i(y)$ をどのように選んだらよいのかがわかる．

三つ目の例は，式 (12.28) の形が暗中等化法 ([170, 171] を参照) で用いられる，いわゆるブスガング損失関数に非常に似通っていることに基づいている．Lambert の考え方と記法 [256] を用いることにする．彼はたった一つの非線形関数 $g_1(y) = \cdots = g_n(y) = g(y)$,

$$g(y) = \frac{-\mathrm{E}\{y^2\} p'(y)}{p(y)} \tag{12.35}$$

を用いた．関数 $p(y)$ は y の密度で $p'(y)$ はその導関数である．白色化されたデータについては，y の分散は 1 だから，関数 (12.35) は単に，

$$-\frac{p'(y)}{p(y)} = -\frac{d}{dy} \log p(y)$$

というスコア関数になることに注意する．

最尤規準と他のいくつかの規準，たとえばインフォマックスやエントロピーを用いた規準との間の同値性から，NLPCA 規準とこれらの規準との間の同値性も確立できる．詳細は [236] および第 14 章にある．

12.8 非線形 PCA 規準の学習則

非線形関数 $g_i(y)$ が選ばれた後には，非線形 PCA 規準の最小化問題を実際に解くことが残っている．ここでは，もともとの NLPCA 規準 (12.25) か，または白色化された規準 (12.28) に対する最小化の，最も単純な学習アルゴリズムを示す．最初のアルゴリズムは非線形部分空間則で，確率的最急勾配型である．つまり，規準の中の期待値演算子を落とし，現在の入力ベクトルの標本 (**x** または **z**) にのみ依存する，標本関数の勾配を用いるのである．これによりオンライン学習で，手に入った入力ベクト

ルから使っては捨てていくことができる．第3章により詳しい説明がある．このアルゴリズムは，第6章で扱った PCA のための部分空間法の非線形拡張である．本節で扱うもう一つのアルゴリズム，再帰的最小2乗学習則は，同じように第6章で扱った PCA のための PAST アルゴリズムの非線形拡張である．

12.8.1 非線形部分空間則

まず，もともとの損失関数 (12.25) に対する確率的勾配アルゴリズムを考えよう．この損失関数は行列形式では $J(\mathbf{W}) = \mathrm{E}\left\{\|\mathbf{x} - \mathbf{W}^T\mathbf{g}(\mathbf{W}\mathbf{x})\|^2\right\}$ と書ける．この問題は著者の一人 [232, 233] と，Xu [461] によって検討された．確率的勾配アルゴリズムは，

$$\Delta\mathbf{W} = \mu\left[\mathbf{F}(\mathbf{W}\mathbf{x})\mathbf{W}\mathbf{r}\mathbf{x}^T + \mathbf{g}(\mathbf{W}\mathbf{x})\mathbf{r}^T\right] \quad (12.36)$$

であることが示された．ここで，

$$\mathbf{r} = \mathbf{x} - \mathbf{W}^T\mathbf{g}(\mathbf{W}\mathbf{x}) \quad (12.37)$$

は残差で，

$$\mathbf{F}(\mathbf{W}\mathbf{x}) = \mathrm{diag}\left[g'\left(\mathbf{w}_1^T\mathbf{x}\right), \ldots, g'\left(\mathbf{w}_n^T\mathbf{x}\right)\right] \quad (12.38)$$

である．ここで $g'(y)$ は $g(y)$ の導関数である．簡単のため，すべての関数 $g_1(\cdot), \ldots, g_n(\cdot)$ が等しいと仮定する．これを関数が異なる場合に拡張するのは簡単だが，記法が面倒になる．

[232] により詳しい説明があるが，更新則 (12.36) を各荷重ベクトル $\mathbf{w}_i$ について書いてみればわかるように，誤差 $\mathbf{r}$ のノルムが入力 $\mathbf{x}$ のそれに比較して小さい場合には，式 (12.36) の右辺の括弧の中の第1項は，第2項に比べて $\Delta\mathbf{W}$ への寄与はずっと少ない．そこで最初の項を省略すると，学習則は，

$$\Delta\mathbf{W} = \mu\mathbf{g}(\mathbf{y})\left[\mathbf{x}^T - \mathbf{g}\left(\mathbf{y}^T\right)\mathbf{W}\right] \quad (12.39)$$

となる．ここで，

$$\mathbf{y} = \mathbf{W}\mathbf{x} \quad (12.40)$$

である．

この学習則を第6章の通常の PCA の部分空間則 (6.19) と比較すると，二つのアルゴリズムは形式的に似ていて，g が線形関数ならば同じになることがわかる．どちら

の更新則も，図 6.2 (p.147) で示した 1 層の PCA ネットワークを用いて実装できる．線形の出力 $y_i = \mathbf{w}_i^T \mathbf{x}$ を，非線形関数 $g(y_i) = g\left(\mathbf{w}_i^T \mathbf{x}\right)$ に置き換えるだけでよい．このようにして，数値的オンライン PCA 計算の拡張として，非線形 PCA 学習則が最初に導入された [332]．

もともと [232] では，規準 (12.25) と学習則 (12.39) は信号源分離のために提案されたのだが，ICA との正確な関係は明らかではなかった．前処理の白色化なしでも，この方法により信号はある程度分離できる．しかし，入力 $\mathbf{x}$ をまず白色化しておくと，分離能力は大きく改善される．その理由は，12.7 節で示したように，白色化されたデータに対しては，規準 (12.25) とそれから導かれる学習則は，よく知られた ICA の目的 (損失) 関数と密接な関連があるからである．

12.8.2 非線形部分空間則の収束*

データに対して ICA モデルが成立する場合について，学習則の収束などの振る舞いについて考えよう．この項はかなり専門的なので飛ばしてもよい．

白色化されたデータに対する学習則は，

$$\Delta \mathbf{W} = \mu \mathbf{g}(\mathbf{y}) \left[\mathbf{z}^T - \mathbf{g}\left(\mathbf{y}^T\right) \mathbf{W}\right] \tag{12.41}$$

である．ここで，

$$\mathbf{y} = \mathbf{W}\mathbf{z} \tag{12.42}$$

で，$\mathbf{z}$ は白色である．つまり $\mathrm{E}\{\mathbf{z}\mathbf{z}^T\} = \mathbf{I}$ である．さらに ICA モデルが成立すると仮定しなければならない．つまり，$\mathbf{s}$ をその要素が独立であるベクトルとして，

$$\mathbf{s} = \mathbf{M}\mathbf{z} \tag{12.43}$$

となるような直交分離行列 $\mathbf{M}$ が存在すると仮定する．白色化によって，$\mathbf{z}$ の次元は $\mathbf{s}$ の次元にまで減らされている．そこで $\mathbf{M}$ と $\mathbf{W}$ はどちらも $n \times n$ 行列である．

これから先の解析をより容易にするため，学習則 (12.41) に対して線形変換を施す．その両辺に直交分離行列 $\mathbf{M}^T$ をかけて，

$$\begin{aligned}\Delta\left(\mathbf{W}\mathbf{M}^T\right) &= \mu \mathbf{g}(\mathbf{W}\mathbf{z}) \left[\mathbf{z}^T \mathbf{M}^T - \mathbf{g}\left(\mathbf{z}^T \mathbf{W}^T\right) \mathbf{W}\mathbf{M}^T\right] \\ &= \mu \mathbf{g}\left(\mathbf{W}\mathbf{M}^T \mathbf{M}\mathbf{z}\right) \left[\mathbf{z}^T \mathbf{M}^T - \mathbf{g}\left(\mathbf{z}^T \mathbf{M}^T \mathbf{M}\mathbf{W}^T\right) \mathbf{W}\mathbf{M}^T\right]\end{aligned} \tag{12.44}$$

を得る．ここでは $\mathbf{M}^T \mathbf{M} = \mathbf{I}$ を用いた．臨時に $\mathbf{H} = \mathbf{W}\mathbf{M}^T$ と書くことにして，式 (12.43) を用いると，

$$\Delta \mathbf{H} = \mu \mathbf{g}(\mathbf{H}\mathbf{s}) \left[\mathbf{s}^T - \mathbf{g}\left(\mathbf{s}^T \mathbf{H}^T\right) \mathbf{H}\right] \tag{12.45}$$

を得る．この方程式はもともとの式 (12.41) とまったく同じ形をしている．幾何学的には，直交行列 $\mathbf{M}^T$ による変換の意味は座標変換で，新しい座標で表した成分達が独立になるということである．

学習則 (12.41) の解析の目的は，ある初期値から出発すると，行列 $\mathbf{W}$ が分離行列 $\mathbf{M}$ に近づいていくことを示すことである．式 (12.45) における変換された荷重行列 $\mathbf{H} = \mathbf{W}\mathbf{M}^T$ に対して言い換えると，$\mathbf{H}$ が単位行列または順列行列に近づいていかなければならない．そうすれば $\mathbf{y} = \mathbf{H}\mathbf{s}$ は，独立成分をもつベクトル $\mathbf{s}$，あるいはその順序を入れ替えたベクトルに近づく．

しかしながら，単位行列とか順列行列は，学習則 (12.45) において，一般的に漸近的な解とか定常解にはなり得ない．これは非線形関数 $\mathbf{g}$ による伸縮が原因である．そこで代わりに，$\mathbf{H}$ は対角行列，または対角行列に順列行列をかけたものに近づく，というより一般的な要求を課すことにする．この場合には，$\mathbf{y} = \mathbf{H}\mathbf{s}$ の成分達は，もともとの信号源ベクトル $\mathbf{s}$ の成分を何倍かして，順番を入れ替えたものとなる．もともとの問題において，信号 s_i の振幅自体はわからないのだから，これは実際には何の制限にもならない．この方法でも独立性は得られる．

先へ進むため，差分方程式 (12.45) を，対応する平均化微分方程式に書き換える．この手法については第 3 章を参照されたい．式 (12.45) の収束先の極限は，平均化微分方程式の漸近安定な解に含まれる．実際には，そのためには学習係数 μ が，適当な速さで 0 に減少していく必要がある．

さて，式 (12.45) の平均をとり，変換後の荷重行列 $\mathbf{H}$ の連続時間版も同じ記号 $\mathbf{H} = \mathbf{H}(t)$ を用いると，

$$d\mathbf{H}/dt = \mathrm{E}\left\{\mathbf{g}\left(\mathbf{H}\mathbf{s}\right)\mathbf{s}^T\right\} - \mathrm{E}\left\{\mathbf{g}\left(\mathbf{H}\mathbf{s}\right)\mathbf{g}\left(\mathbf{s}^T\mathbf{H}^T\right)\right\}\mathbf{H} \tag{12.46}$$

を得る．期待値は $\mathbf{s}$ の (未知の) 密度に関するものである．本項の主要な結果は以下の定理である．

【定理 12.1】 行列微分方程式 (12.46) で以下を仮定する．

1. 確率ベクトル $\mathbf{s}$ は対称的な分布に従う，つまり $\mathrm{E}\{\mathbf{s}\} = 0$ である．
2. $\mathbf{s}$ の要素 $s_1, \ldots, s_n$ は統計的に独立である．
3. 関数 $g(\cdot)$ は奇関数である．つまりすべての y に対して $g(-y) = -g(y)$ である．そして至るところで 2 回以上微分可能である．
4. 関数 $g(\cdot)$ と $\mathbf{s}$ の密度は，すべての $i = 1, \ldots, n$ に対して以下を満たす．

12.8 非線形 PCA 規準の学習則

$$A_i = \mathrm{E}\left\{s_i^2 g'(\alpha_i s_i)\right\} - 2\alpha_i \mathrm{E}\left\{g(\alpha_i s_i) g'(\alpha_i s_i) s_i\right\} - \mathrm{E}\left\{g^2(\alpha_i s_i)\right\} < 0 \tag{12.47}$$

ここで $\alpha_i\,(i=1,\ldots,n)$ はスカラーで,

$$\mathrm{E}\left\{s_i g(\alpha_i s_i)\right\} = \alpha_i \mathrm{E}\left\{g^2(\alpha_i s_i)\right\} \tag{12.48}$$

を満たす.

5. 以下のように置く.

$$\sigma_i^2 = \mathrm{E}\left\{s_i^2\right\} \tag{12.49}$$
$$B_i = \mathrm{E}\left\{g^2(\alpha_i s_i)\right\} \tag{12.50}$$
$$C_i = \mathrm{E}\left\{g'(\alpha_i s_i)\right\} \tag{12.51}$$
$$F_i = \mathrm{E}\left\{u_i g(\alpha_i s_i)\right\} \tag{12.52}$$

このとき, $i,j = 1,\ldots,n$ に対して 2×2 行列

$$\begin{pmatrix} \sigma_i^2 C_j - \alpha_i C_j F_i - B_j & -\alpha_i C_i F_j \\ -\alpha_j C_j F_i & \sigma_j^2 C_i - \alpha_j C_i F_j - B_i \end{pmatrix} \tag{12.53}$$

の二つの固有値の実部は負である.

このとき,行列

$$\mathbf{H} = \mathrm{diag}(\alpha_1, \ldots, \alpha_n) \tag{12.54}$$

は式 (12.46) の漸近安定な停留点である.ただし α_i は式 (12.48) を満たす.

定理の証明と,上のかなり技術的な条件の説明は [327] に与えられている.大事なことは,初期値 $\mathbf{H}(0)$ があまり対角行列から離れていなければ,アルゴリズムは確かに対角行列に収束するということである.$\mathbf{W}$ に対する元の学習則 (12.41) に変換して戻せば,$\mathbf{W}$ は分離行列に収束するということになる.

[327] ではいくつか特別な例があげられている.たとえば非線形関数として,簡単な奇数次の多項式

$$g(y) = y^q, \quad q = 1, 3, 5, 7, \ldots \tag{12.55}$$

を用いた場合,定理の条件で必要なすべての変数は,任意の確率密度に対して,s_i のモーメントになる.そして安定条件は,

$$\mathrm{E}\left\{s^{q+1}\right\} - q\mathrm{E}\left\{s^2\right\}\mathrm{E}\left\{s^{q-1}\right\} > 0 \tag{12.56}$$

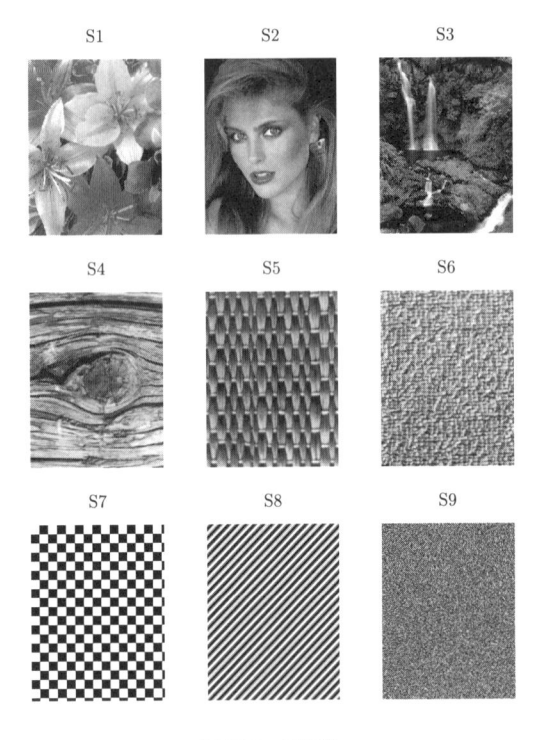

図 12.3　原画像.

となる (演習問題を参照)．これからわかるように，線形関数 $g(y) = y$ は決して漸近安定解を導かず，一方 3 次関数 $g(y) = y^3$ は，s の密度が，

$$\mathrm{E}\left\{s^4\right\} - 3\left(\mathrm{E}\left\{s^2\right\}\right)^2 > 0 \tag{12.57}$$

を満たせば，漸近安定解を導く．この式は s の尖度，つまり 4 次のキュムラントそのものである [319]．密度の尖度が正であるとき (優ガウス的)，またそのときに限り，3 次関数 $g(y) = y^3$ に対する安定条件が満足される．

例 12.3　　この学習則は [235] で信号分離問題に適用された．図 12.3 の九つのディジタル画像を考える．これらを乱数行列 **A** によって混合し，図 12.4 で示した九つの画像を得た．図 12.5 は白色化の結果であるが，これでは分離できないことがわかる．非線形関数として tanh を用いて，学習則 (12.41) を混合に適用して行列 **W** を収束させたところ，図 12.6 に示すように分離できた．これらの図では，画像の輝度は印刷

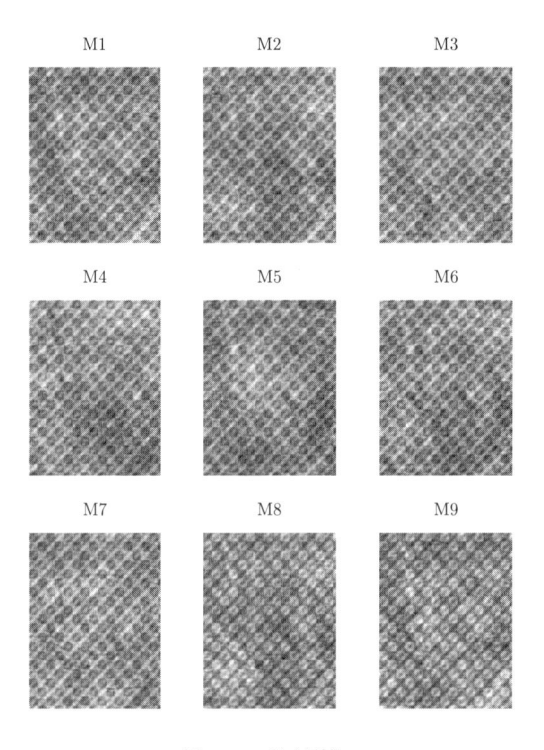

12.8 非線形 PCA 規準の学習則　283

図 12.4　混合画像.

に合わせて調整し，必要に応じてネガ（白黒が逆転した画像）を避けるために符号を変えた．

12.8.3　非線形再帰的最小 2 乗学習則

白色化された NLPCA 規準 (12.27) を，近似的な再帰的最小 2 乗法 (RLS) を用いて最小化することもできる．一般に，RLS アルゴリズムは計算量の負担はある程度増加するものの，確率的勾配アルゴリズムより明らかに速く収束し，最終的な精度もよい．このような利点は，入力データから学習係数がだいたい最適に近くなるよう，自動的に設定される結果である．

白色化データに対する基本的な対称的アルゴリズムは，著者のうちの一人が開発した [347]．これは，標準的な線形 PCA に対して Yang [466, 467] が作った PAST アルゴリズムを一般化したものである．PAST アルゴリズムは第 6 章で扱った．反復段を t

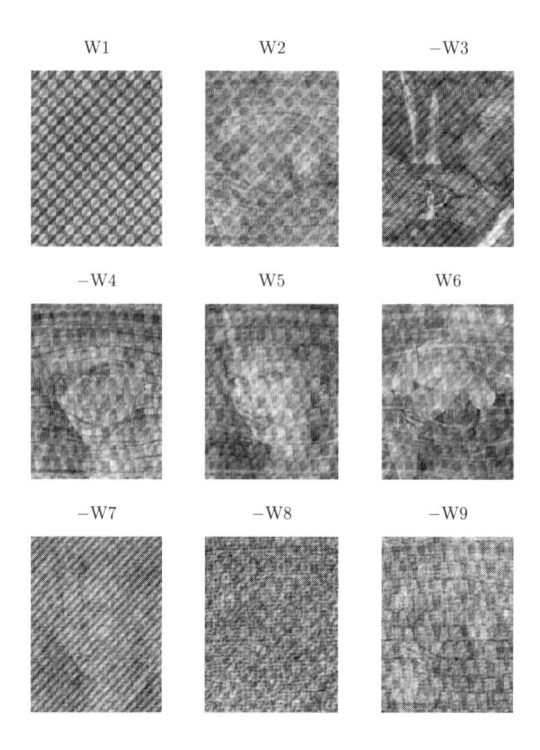

図 12.5　白色化画像.

で表すとアルゴリズムは，

$$\mathbf{q}(t) = \mathbf{g}(\mathbf{W}(t-1)\mathbf{z}(t)) = \mathbf{g}(\mathbf{y}(t)) \tag{12.58}$$

$$\mathbf{h}(t) = \mathbf{P}(t-1)\mathbf{q}(t) \tag{12.59}$$

$$\mathbf{m}(t) = \mathbf{h}(t) / \left[\beta + \mathbf{q}^T(t)\mathbf{h}(t)\right] \tag{12.60}$$

$$\mathbf{P}(t) = \frac{1}{\beta}\mathrm{Tri}\left[\mathbf{P}(t-1) - \mathbf{m}(t)\mathbf{h}^T(t)\right] \tag{12.61}$$

$$\mathbf{r}(t) = \mathbf{z}(t) - \mathbf{W}^T(t-1)\mathbf{q}(t) \tag{12.62}$$

$$\mathbf{W}(t) = \mathbf{W}(t-1) + \mathbf{m}(t)\mathbf{r}^T(t) \tag{12.63}$$

と書かれる．ベクトル変数 $\mathbf{q}(t)$，$\mathbf{h}(t)$，$\mathbf{m}(t)$，$\mathbf{r}(t)$ と行列変数 $\mathbf{P}(t)$ は，アルゴリズムの中だけで使われる補助変数である．前と同様に，$\mathbf{z}(t)$ は白色化された入力ベクトル，$\mathbf{y}(t)$ は出力ベクトル，$\mathbf{W}(t)$ は荷重行列で，$\mathbf{g}$ は NLPCA 規準のための非線形関数である．パラメータ β は一種の「忘却係数」で，1 に近い値にしておく．Tri の意味は，行列の上三角部分のみを計算し，それを下三角部分にコピーして対称行列を

図 12.6　非線形 PCA 規準と学習則を用いて分離された画像.

作ることである．初期値 $\mathbf{W}(0)$, $\mathbf{P}(0)$ には単位行列を用いてよい．

このアルゴリズムは，荷重行列 $\mathbf{W}(t)$ のすべての行を対称に扱って，$\mathbf{W}(t)$ 全体を一度に更新する．その代わりに，逐次的手法によって，荷重ベクトル $\mathbf{w}_i(t)$ を逐次計算することもできる．この逐次法は [236] で示されている．そこでは，再帰的最小 2 乗アルゴリズムは，非線形部分空間学習則のような確率的勾配アルゴリズムよりも，よい精度と速い収束性をもつことが示されている．その上，再帰的アルゴリズムは適応的であるので，データまたは混合行列の統計的性質がゆっくり変化するような場合には，追跡にも用いることができる．そのアルゴリズムは，初期値の変化に対して頑健で，計算量も比較的少なくてすむようである．再帰的アルゴリズムのバッチ型のものも [236] で導かれている．

12.9 結語と参考文献

本章の前半では，ICA の初期の研究成果，特に非線形無相関化に基づく方法について概観した．それは Jutten, Hérault および Ans [178, 179, 16] の研究に基づいている．[227] は全体を見渡すのによい．非線形無相関性と独立性の厳密な関係については，一連の論文 [228, 93, 48] で解析された．チコツキ＝ウンベハウエンのアルゴリズムは [82, 85, 84] で導入された．[83] も見られたい．推定関数に関する参考文献は [8] である．EASI アルゴリズムは [71] で導かれた．推定関数の効率の議論は拡張されて超効率性 [7] の概念に到達する．

離散値独立成分用に特化した方法が [286, 379] で提案されたが，これもいくらか関連がある．

非線形 PCA については，著者のオリジナルの研究 [332, 232, 233, 450, 235, 331, 327, 328, 347, 236] に基づいて概観した．非線形 PCA は，暗中（ブラインド）信号処理の出発点として有用で多用途なものである．それは他のよく知られた ICA の方法と密接な関連がある．[236, 329] を参照されたい．この方法は，ICA 問題を最小 2 乗誤差問題としてとらえているという意味で，独特なものといえる．これによって，再帰的な最小 2 乗アルゴリズムが導かれる．いくつかのアルゴリズム，たとえば対称的，逐次的バッチ処理アルゴリズムが [236] に与えられている．

演習問題

1. エロー＝ジュタンのアルゴリズム $(12.9), (12.10)$ において，$f(y_1) = y_1^3$ および $g(y_2) = y_2$ とする．更新の方程式を，x_1, x_2, m_{12}, m_{21} のみが右辺に現れるように書け．
2. 損失関数 (12.29) を考える．$\mathbf{y} = \mathbf{Wz}$ としてこの損失関数の $\mathbf{W}$ に関する行列型勾配を計算せよ．この行列型勾配はその対角要素を除けば，推定関数であることを示せ．すなわち，$\mathbf{W}$ が $\mathbf{Wz} = \mathbf{s}$ となる真の分離行列であるときに，その非対角成分が 0 になることを示せ．その対角要素は何か．
3. 損失関数として最尤推定のための関数 (12.32) を用いて前問を繰り返せ．
4. 式 (12.46) の停留点を考える．もし式 (12.48) が成立するならば対角行列 (12.54) は停留点であることを示せ．
5. *定理 12.1 において，非線形関数として単純な多項式 $g(y) = y^q$ を用いる．ここで q は正の奇数とする．簡単のためすべての信号源 s_i は同じ分布に従うとし，

定理中の添え字 i は省略する．
  (a) 式 (12.48) から α を求めよ．
  (b) 安定条件が式 (12.56) に帰着することを示せ．
  (c) 線形関数 $g(y) = y$ は安定条件を満たさないことを示せ．
6. 白色化された入力に対する非線形部分空間学習則 (12.41) を考える．この学習則と白色化則 (12.21) とを，EASI アルゴリズム (12.23) を得るときと同じやり方で結合せよ．つまり，$\mathbf{B} = \mathbf{WV}$ とし $\Delta \mathbf{B} = \Delta \mathbf{WV} + \mathbf{W}\Delta \mathbf{V}$ と書く．EASI を導いたときと同様に，$\mathbf{W}$ が近似的に直交行列であると仮定せよ．最終的に新しい学習則として，

$$\Delta \mathbf{B} = \mu \left[\mathbf{g}(\mathbf{y})\mathbf{y}^T - \mathbf{g}(\mathbf{y})\mathbf{g}\left(\mathbf{y}^T\right) + \mathbf{I} - \mathbf{y}\mathbf{y}^T \right] \mathbf{B}$$

が得られることを示せ．

第 13 章

実際上の諸問題

　これまでの章で，独立成分分析 (ICA) モデルの推定に対するいくつかの方法論を示した．具体的には，正方混合行列で雑音のない基本的なモデルの推定のための，いくつかのアルゴリズムを提案した．我々は，現実のデータにこの手法を，原理的には早速適用できるところまで来た．多くの応用例が第 IV 部にある．

　しかし，実際のデータに ICA を適用するとなると，考慮しなければならない現実的な問題がいろいろ出てくる．本章では，問題となる可能性のある諸事項，特に過学習と雑音の問題について議論する．また，いくつかの前処理の手法 (主成分分析による次元の低減と時間フィルタ) も提案する．これらの前処理は，現実に ICA のアルゴリズムを適用する前に使うと有効で，時には必須となるものである．

13.1 時間フィルタによる前処理

　ICA が成功するかどうかは，用いる方法によって決まる何らかの前処理に，決定的に依存することもある．前章までに述べた基本的な方法論においては，前処理として中心化が仮定され，またしばしば白色化も仮定された．ここではさらなる前処理の方法として，原理的に必要というわけではないが，実際には非常に役立つ方法について議論する．

13.1.1 なぜ時間フィルタが許容されるか

　多くの場合，観測される確率変数は時間信号，あるいは時系列である．つまり確率変数が，何らかの現象や系の時間経過を記述するのである．すると $x_i(t)$ の中の標本を表す指数 t は，時間を表すことになる．その場合，信号にフィルタを施すこと，言い換えると信号の移動平均をとることが非常に有用なことがある．もちろん ICA モ

デルには何の時間的な構造も仮定していないから，フィルタリングはいつでも可能とは限らない．もし標本点 $\mathbf{x}(t)$ が t に関していかなる意味においても順序づけできなければ，フィルタリングもまた無意味になる．

時系列に対しては，信号の任意の線形フィルタが許容される．なぜならば，それが ICA モデルを変えることはないからである．実際，観測信号 $x_i(t)$ に線形フィルタを施した新しい信号を $x_i^*(t)$ とすると，ICA モデルは同じ混合行列に対して $x_i^*(t)$ についても成立する．これを見てみよう．$\mathbf{X}$ をその列に観測信号 $\mathbf{x}(1),\ldots,\mathbf{x}(T)$ をもつ行列とし，$\mathbf{S}$ も同様に定義する．すると ICA モデルは，

$$\mathbf{X} = \mathbf{AS} \tag{13.1}$$

と書ける．さて，$\mathbf{X}$ に時間フィルタをかけることは，$\mathbf{X}$ の**右から**行列をかけることに相当する．それを $\mathbf{M}$ とすると，

$$\mathbf{X}^* = \mathbf{XM} = \mathbf{ASM} = \mathbf{AS}^* \tag{13.2}$$

であり，ICA モデルはまだ成立していることがわかる．独立成分にも，混合に適用されたフィルタと同じフィルタが施されたことになっている．独立成分達は $\mathbf{S}^*$ の中で混合されない．行列 $\mathbf{M}$ はその定義から，要素ごとにフィルタをかける行列だからである．

混合行列は変化しないから，フィルタをかけたデータだけを使って，ICA の各種の推定法を適用してよい．混合行列の推定後，その混合行列(の逆行列)をもともとのデータに適用して，独立成分が求められる．

問題はどのようなフィルタが有用かということである．以下では 3 種類のフィルタを考える．高域通過フィルタ，低域通過フィルタ，およびそれらを混ぜたものである．

13.1.2　低域通過フィルタ

基本的には低域通過フィルタとは，各標本値を，その標本値とそのすぐ前の標本値との重みつき平均で置き換えるものである．これはデータの**平滑化**の一種である．すると式 (13.2) の中の行列 $\mathbf{M}$ は，

$$\mathbf{M} = \frac{1}{3} \begin{pmatrix} & & & \vdots & & & & \\ \ldots 1 & 1 & 1 & 0 & 0 & 0 & 0 & 0 \ldots \\ \ldots 0 & 1 & 1 & 1 & 0 & 0 & 0 & 0 \ldots \\ \ldots 0 & 0 & 1 & 1 & 1 & 0 & 0 & 0 \ldots \\ \ldots 0 & 0 & 0 & 1 & 1 & 1 & 0 & 0 \ldots \\ \ldots 0 & 0 & 0 & 0 & 1 & 1 & 1 & 0 \ldots \\ \ldots 0 & 0 & 0 & 0 & 0 & 1 & 1 & 1 \ldots \\ & & & \vdots & & & & \end{pmatrix} \quad (13.3)$$

のようなものとなる．低域通過フィルタは雑音を減らす性質があるので，しばしば用いられる．これは信号処理においてよく知られた性質で，信号処理の基礎的な教科書のほとんどすべてに説明されている．

基本的な ICA モデルにおいては，雑音の影響はどちらかというと無視されている．これについては第 15 章に詳しく述べた．したがって基本的な ICA の諸方法は，雑音が少ないデータに対してずっとうまくいくので，雑音を減らすことは役立つし，時には必要である．

低域通過フィルタが問題となる可能性があるのは，データ中の速く変化する高い周波数の特徴が失われるので，データの情報が減るからである．これは往々にして独立性の減少にもつながることがある (次節を参照)．

13.1.3　高域通過フィルタとイノベーション

高域通過フィルタは低域通過フィルタの反対である．目的はゆっくり変化する成分 (トレンド) をデータから除くことである．つまり，低域通過フィルタをかけた成分を信号から引き算すればよい．高域通過フィルタを行う古典的な方法は，差分である．つまり，各標本値をその値と一つ前の標本値との差で置き換えることである．したがって式 (13.2) における行列 $\mathbf{M}$ はこの場合，

$$\mathbf{M} = \begin{pmatrix} & & & \vdots & & & \\ \dots 1 & -1 & 0 & 0 & 0 & 0 & 0 \dots \\ \dots 0 & 1 & -1 & 0 & 0 & 0 & 0 \dots \\ \dots 0 & 0 & 1 & -1 & 0 & 0 & 0 \dots \\ \dots 0 & 0 & 0 & 1 & -1 & 0 & 0 \dots \\ \dots 0 & 0 & 0 & 0 & 1 & -1 & 0 \dots \\ \dots 0 & 0 & 0 & 0 & 0 & 1 & 1 \dots \\ & & & \vdots & & & \end{pmatrix} \tag{13.4}$$

となる．

高域通過フィルタは，時には成分の独立性を高めるので，有用な場合もある．ゆっくり変化するトレンドや揺らぎがあって，それらの独立性があまりよくないということは，現実にしばしば起こることである．このような遅い揺らぎを高域通過フィルタで除くと，フィルタ後の成分はずっと独立性がよくなる．高域通過フィルタの考え方をより原理的に追求すると，イノベーション過程の視点から議論することとなる．

イノベーション過程　　与えられた確率過程 $\mathbf{s}(t)$ のイノベーション過程 $\tilde{\mathbf{s}}(t)$ は，$\mathbf{s}(t)$ の過去の値が与えられたときの，$\mathbf{s}(t)$ の最良予測の誤差として定義される．そのような最良予測は，$\mathbf{s}(t)$ の過去の値が与えられたときの条件つき期待値で与えられる．なぜならば，それは $\mathbf{s}(t)$ の過去の値が与えられたときの，条件つき分布の期待値であるからである[1]．したがって $\mathbf{s}(t)$ のイノベーション過程は，

$$\tilde{\mathbf{s}}(t) = \mathbf{s}(t) - \mathrm{E}\{\mathbf{s}(t) | \mathbf{s}(t-1), \mathbf{s}(t-2), \dots\} \tag{13.5}$$

で定義される．「イノベーション」という表現は，$\tilde{\mathbf{s}}(t)$ は時刻 t で $\mathbf{s}(t)$ を観測したときの，その過程に関する新しい情報のすべてである，という事実を述べている．

イノベーションの概念は，次のような性質ゆえ ICA 推定に役立つ．

【定理 13.1】　　もし $\mathbf{x}(t)$ と $\mathbf{s}(t)$ とが基本 ICA モデルに従うならば，それらのイノベーション過程 $\tilde{\mathbf{x}}(t)$ と $\tilde{\mathbf{s}}(t)$ も ICA モデルに従う．特に成分 $\tilde{s}_i(t)$ は互いに独立である．

---

[1] 訳注: これでは言い換えにすぎないが，$\mathbf{s}(t-1), \mathbf{s}(t-2), \dots$ の関数 $\mathbf{r}(\mathbf{s}(t-1), \dots)$ で $\mathrm{E}\{[\mathbf{s}(t) - \mathbf{r}(\mathbf{s}(t-1), \dots)]^2 | \mathbf{s}(t-1), \mathbf{s}(t-2), \dots\}$ を最小にするものは $\mathrm{E}\{\mathbf{s}(t) | \mathbf{s}(t-1), \mathbf{s}(t-2), \dots\}$ であることは，直ちに従う．

その一方で，イノベーション $\tilde{s}(t)$ の独立性は $s_i(t)$ の独立性を意味しない．そのように，イノベーション同士は元の過程よりも**独立になりやすい**のである．さらには，通常イノベーションは元の過程よりも，より非ガウス的であるといえそうである．なぜならば，$s_i(t)$ はイノベーション過程の一種の移動平均であり，和は元の変数よりガウス分布に近いからである．これらを考え合わせると，イノベーションはより独立で非ガウス的になりやすく，そのため ICA における基本的な仮定を満たしやすい．

イノベーション過程は [194] でより詳しく議論され，強く相関があって分離するのが非常に困難な信号 (顔の画像) を，イノベーションを用いて分離できることが報告された．イノベーションと通常のフィルタとの間には，その計算が高域通過フィルタの計算としばしばよく似ている，という関係がある．だから，イノベーション過程を用いることの利点を主張する議論は，少なくとも部分的に高域通過フィルタに味方することになる．

しかし高域通過フィルタは，低域フィルタが雑音を減少させるのと同じ理由で雑音を増加させるので，それは問題となりうる．

13.1.4 最適フィルタ

上で述べたフィルタは両方とも長所と短所をもっている．最適なフィルタは独立性を増加させながらも雑音を減少させるものであろう．それを達成する最良の解決法は，高域通過フィルタと低域通過フィルタを適当に混ぜ合わせたものであろう．その結果は帯域フィルタで，最高域と最低域を阻止し，中間の適当な帯域を通過させるものである．その帯域をどこにするべきかはデータに依存し，一般的な答えは不可能である．

単純な高域・低域通過フィルタに加えて，もっと高度な技術を使うことも考えられるだろう．たとえばデータの 1 次元ウェーブレット変換を用いることも考えられる [102, 290, 17]．他の時間－周波数分解の方法も使えるだろう．

13.2　PCA による前処理

多次元データに対して，その次元を低下させる目的でよく使われるのが，主成分分析 (PCA) である．PCA は第 6 章でもっと詳しく扱われた．基本的な原理は，線形変換でデータを部分空間に射影し，

$$\tilde{\mathbf{x}} = \mathbf{E}_n \mathbf{x} \tag{13.6}$$

に(最小2乗の意味で)最大の情報量が残されるようにすることである．この方法による次元の減少には，次に説明するようにいくつかの利点がある．

13.2.1 混合行列を正方行列にする

まず独立成分の数 n が混合の数 m よりも少ない場合を考えよう．この場合は基本 ICA モデルがもはや成立しないから，混合に対して直接 ICA を施すと大きな問題を生じる．PCA を使えばデータの次元を n に減らすことができる．その後は混合と独立成分の数が同じだから，基本 ICA モデルが成立する．

問題は PCA が部分空間を正しく見つけられるか，つまり PCA で縮小した混合から n 個の独立成分を推定できるかということである．これは一般には「否」であるが，特別な場合には可能である．もしデータが n 個の独立成分のみからなり，雑音が加わっていなければ，データ全体は n 次元部分空間に含まれることになる．明らかに PCA によりその n 次元部分空間が見出される．なぜならば(データの共分散行列の)固有値のうち，その部分空間に対応するもの，かつそれらだけが0でないからである．だから PCA による次元低減は正しい結果をもたらす．現実には雑音や他の要素のせいで，データは部分空間に正確には含まれていないことが普通であるが，雑音のレベルが低ければ PCA は正しい部分空間を見つけることができる．6.1.3項を参照されたい．一般的には次元低減の過程で「弱い」独立成分は失われる可能性があるが，それでも PCA は，「強い」独立成分を最もよく推定するためのよい方法であるようだ [313]．

PCA をまず適用した後に ICA を実行する方法には，因子分析の意味で興味深い解釈ができる．因子分析では通常，因子空間を見出した後に，混合行列をできるだけ簡単なものとするため，何らかの規準に基づいて，その空間の実際の基底ベクトルを決定する．これは**因子回転**と呼ばれる．したがって ICA は，因子回転を決定するための一つの方法と解釈することができる．その場合の規準は，混合行列の構造ではなく高次の統計量である．

13.2.2 雑音の低減と過学習の防止

データの次元を減らすことのよく知られた利点は，すでに第6章で見たように雑音を減らすことである．捨てられた次元は雑音が主な成分であることも多い．混合の数よりも独立成分の数が少ない場合には，特にそうである．

次元低減から得られるもう一つの利益は過学習を防げることであり，それについて

本項で説明する．過学習とは，統計的モデル中のパラメータ数が，得られるデータ点数と比較して多すぎる場合にパラメータ推定が困難になり，時には不可能になる事態である．その場合パラメータの推定が，本来我々が知りたいデータ生成の過程ではなく，観測した標本点そのものに依存しすぎることになる．

ICAにおける過学習の結果推定された独立成分は，一つのピークまたはコブをもち，ほかのところでは実質的に0というようなことになりやすい[214]．なぜかというと，分散1の信号空間の中では，非ガウス性はそのようなピークまたはコブの信号によって，最大化されやすいからである．これを理解するには，標本数Tとデータの次元mと独立成分の数nがすべて等しいような，極端な場合を考えるとわかりやすい．式(13.1)のように，$\mathbf{x}$の実現値$\mathbf{x}(t)$を$\mathbf{X}$の列に，$\mathbf{s}$の実現値$\mathbf{s}(t)$を$\mathbf{S}$の列にする．この場合，式(13.1)のすべての行列は正方行列である．したがって$\mathbf{A}$を変えれば($\mathbf{X}$は固定して)$\mathbf{S}$の要素にどのような値を与えることも可能である．これはデータ点数とパラメータ数が等しい場合の回帰分析にも似た，深刻な過学習である．

したがってこの場合には明らかに，ICAによる$\mathbf{S}$の推定は観測されたデータにほとんどよらないことになる．信号源の密度が優ガウス的(すなわち正の尖度)であることがわかっていると仮定する．するとICAの推定は，基本的には，信号源の推定値の優ガウス性(つまりスパース性)の尺度を最大化するような分離行列$\mathbf{B}$を見つけるように働く．直観的にわかるように，優ガウス性(あるいはスパース性)は，各信号の非零の点が唯一である場合に最大となる．したがって標本の大きさが不十分な場合，ICA推定は過学習に陥り人為的な(偽の)信号源を与えてしまう．その場合の信号源は大きなスパイクをもつのが特徴である．

実験的に見つけられた重要な事実であるが[214]，信号源が時間的に同一分布で独立である (i.i.d.: independently and identically distributed) という場合に比べて，それを満たさず時間依存性が強いときには，似た現象がずっと起こりやすい．その場合には過学習から逃れるのに必要な標本の大きさはずっと大きく，信号源の信号の推定された形は「コブ」，すなわちスパイクに低域通過フィルタがかかった形になりやすい．これを直観的に説明するため，信号として，k個の相続く標本点において等しい値をもち，そのような標本点のブロックがN/k個あるようなものを考える．そのようなデータは実はN/k個の標本点をもち，各標本点が単にk回繰り返されたものだと考えることもできる．すると過学習の場合には，推定機構によってk時点の幅の「スパイク」，すなわち「コブ」が作られることになる．

ここでこのような現象を人工的な信号源の分離の例で示そう．このシミュレーションでは，図 13.1 (a) に示すように，三つの正の尖度をもつ 500 標本点の信号を作った．

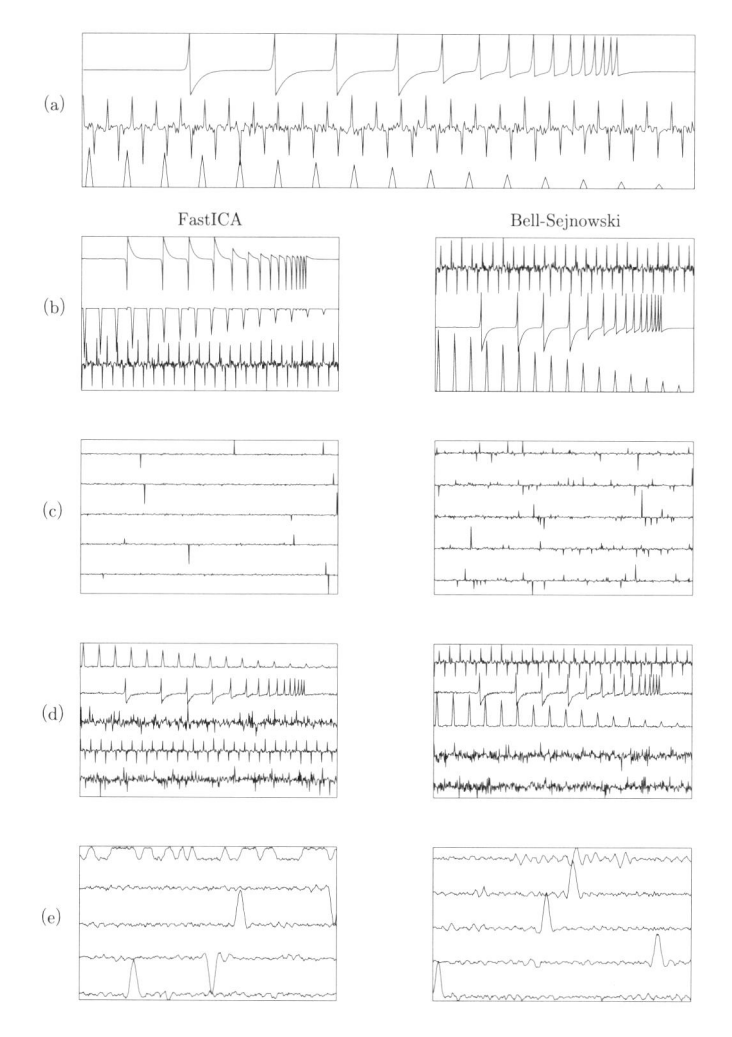

図 13.1 fastICA と勾配法で ML 推定を行う際，次元低減の程度とフィルタリングが重要であることを，人工のデータを用いて図解した ([214] から転載)．(a) 尖度が正である原信号．(b) 前処理として次元を 3 主成分に落として ICA 分解した結果．(c) 次元低減が不十分な場合．(d) 次元低減の程度が中位の場合 (50 成分を残した)．(e) (d) と同様だが低域通過フィルタを用いたときのいくつかの結果．

500 個の混合を作り，各混合に別々に非常に小さいガウス性雑音を加えた．

図 13.1 (b) は ICA 推定の成功例で，fastICA アルゴリズムと最尤 (ML) 法の最急降下アルゴリズム (Bell-Sejnowski と示した) を混合に適用したものである．どちらも前処理段階 (白色化) で最初の三つの主成分に次元低減している．両方のアルゴリズムがすべての原信号を復元しているのは明らかである．

対照的に，白色化のときわずかに 100 の次元低減しかせず 400 次元とすると，ディラック関数のようなスパイク性の解が現れた．これは尖度最大化の極端な例である (図 13.1 (c))．fastICA で用いたアルゴリズムは逐次型 (デフレーション) なので，抽出された最初の五つの成分をグラフにした．ML 最急降下アルゴリズムは対称的なアルゴリズムであるが，抽出された 400 個の成分のうち代表的な五つを示した．

ここで見るように，次元低減なしには信号源推定ができない．

図 13.1 (d) は中間的な次元低減の場合である (もともとの 500 個の混合から 50 個の白色化ベクトルを得た)．どちらの方法でも実際の信号源が見えることがわかる．ただし図 13.1 (b) に比べると雑音は増えている．

最後の図 13.1 (e) の例は，ICA の前に混合信号を 10 点の遅延の移動平均低域通過フィルタにかけたものである．d と同数の主成分を用いているが，信号源に関するすべての情報を失ってしまったことがわかる．分解の結果，コブがあちこちある形となり，ちょうどスパイクの多い c の結果を低域通過フィルタにかけたようになった．低域通過フィルタを用いたことにより，データに含まれていた情報が減り，この例のようにかなり次元低減を行った後でも，推定は不可能になったわけである．したがってこの低域フィルタをかけた例は，過学習を防ぐためには PCA によるもっと強い次元低減を必要とすることがわかる．

PCA に加えて，混合行列に関する何らかの情報が過学習を防ぐのに有用な場合がある．これについては 20.1.3 項で詳しく検討する．

13.3　推定すべき成分の数は？

もう一つ現実によく起こる問題は，推定すべき独立成分の数である．データの次元と同数の成分を推定しようというときには，この問題は生じない．しかしそれはいつもよい考えであるとは限らない．

第一に，PCA による次元低減はしばしば必要で，残すべき主成分の数を決めなければならない．これは古典的な問題であり，第 6 章で述べた．このためには通常，データを十分よく説明するために，たとえば分散の 90% 以上を含む最小限の主成分の数

を採用するという解決策がとられる．実際には，次元数は何ら理論的根拠もなく，試行錯誤の末決められることも多い．

第二に，計算量の理由から，データ (PCA 前処理の後の) の次元数よりも少ない独立成分を推定したいということもある．データの次元が非常に大きく，しかも PCA で次元を減らしすぎて独立成分を失うという危険は避けたいときが，そのような場合である．fastICA を使ったり，他のアルゴリズムでも少数の成分が推定できるものを用いると，ICA による一種の次元低減ができる．実はこれは射影追跡法に似た考え方である．これに対して推定すべき成分の数を理論的に与えるのは，さらに困難である．試行錯誤よりほかにはないようである．

情報理論的，ベイズ的，あるいは他の規準によって独立成分の数を決める方法については [231, 81, 385] に詳しく論じられている．

13.4　アルゴリズムの選択

ここでは実用的見地から，アルゴリズムの選択について簡単に検討しよう．第 14 章で詳細に論じるが，ICA のほとんどの推定原理や目的関数は，少なくとも原理的に同値である．したがって選択は主にいくつかの点に絞られる．

- 一つの選択は，すべての独立成分を同時に推定するか，いくつかの成分だけを (可能なら一つずつ) 推定するかである．これは対称的かあるいは階層的な無相関化の方法を選ぶことである．だいたいの場合には対称的無相関化が勧められる．逐次的推定は，非常に少ない数の独立成分を推定したいときや，特殊な場合にのみ有効である．逐次的直交化の欠点は，最初に推定される成分の誤差が蓄積して，後の成分の誤差を増やすことである．
- アルゴリズムで用いる非線形関数を選択する必要がある．頑健性のある非多項式が，だいたいの応用において選択されてよいと思われる．一番簡単なのは，非線形関数 g として単に tanh 関数を用いることである．fastICA ではこれで十分である (勾配アルゴリズムの場合，特に ML を用いるものには，もう一つ関数を決めてやる必要がある．第 9 章を参照)．
- 最後にオンラインとバッチのアルゴリズムの選択がある．多くの場合，全体のデータが推定の前に与えられている．これは状況に応じてバッチ，ブロック，またはオフライン推定と呼ばれている．この場合には fastICA が使え，また著者らも推奨する．混合行列が時々刻々変化する可能性があり，速い追跡が必要

な信号処理に応用する場合には，オンラインまたは適応的アルゴリズムが必要となる．このオンラインの場合には，確率的勾配法から導かれる諸アルゴリズムを勧める．場合によっては，fastICA アルゴリズムは収束性がよくないことに注意されたい．これはニュートン型のアルゴリズムは，ときどき振動的な振る舞いをするからである．この問題は勾配法を用いたり，二つの方法を組み合わせたりして軽減できる（[197] を参照）．

13.5 結語と参考文献

本章では ICA に関するいくつかの実際的な問題を検討した．時間信号に対しては低域通過フィルタが雑音を減らすのに役立つ．一方，高域通過フィルタやイノベーション過程は，成分の独立性や非ガウス性を高めるのに役立つ．それらのうちの一つ，またはそれらの組み合わせは実際に極めて有用でありうる．もう一つ極めて有用なことは PCA による次元の低減である．これは雑音を減らし過学習を防ぐ．また混合の数よりも独立成分の数が少ない場合の問題の解決策にもなりうる．

演習問題

1. すべての観測信号 $x_i(t)$ のフーリエ変換を行った場合，ICA モデルはそれでも成立するか．成立するならばどのようにか．
2. イノベーションに関する定理 13.1 を証明せよ．

コンピュータ課題

1. 白色ガウス雑音系列を作れ．係数 $(\ldots, 0, 0, 1, 1, 1, 1, 1, 0, 0, 0, \ldots)$ をもつ低域フィルタを施せ．信号はどのようになるか．
2. 白色ガウス雑音に高域フィルタを施せ．信号はどのようになるか．
3. 100 個の独立な成分の 100 個の標本を生成せよ．混合なしのデータに fastICA を適用せよ．推定された独立成分はどのように見えるか．推定された混合行列は単位行列に近いか．

第14章

基本的な ICA の諸方法の概観と比較

　前章までで，独立成分分析(ICA)のためのさまざまな推定の原理とアルゴリズムを紹介した．本章ではそれらを眺め渡してみよう．まず，これらすべての推定原理は密接に関連していることを示し，キュムラントに基づくものかネゲントロピーまたは尤度に基づくものかでまず大別され，さらに一成分の分析か多成分の分析かで大別されることを示す．言い換えると，非線形関数と無相関化の方法を選ぶことになる．非線形関数の選択については統計理論の視点から検討する．現実には，最適化法も選択する必要がある．そのためのアルゴリズムを実験的に比較し，結局，オンライン(適応的)勾配アルゴリズムか，高速のバッチ式不動点アルゴリズムかの選択となることを示す．

　本章の最後で，第 II 部の内容，つまり基本的な ICA 推定法を要約する．

14.1 「目的関数」対「アルゴリズム」

　本書では，目的関数の定式化とその最適化のためのアルゴリズムとを区別して扱ってきた．これを次のような「等式」で書けるかもしれない．

$$\text{ICA の方法} = \text{目的関数} + \text{最適化アルゴリズム}$$

明確に定式化された目標関数に対しては，たとえば(確率的)勾配法とかニュートン法とか，古典的な最適化の手法をどれでも使うことができる．しかし，推定原理とアルゴリズムとを分離するのが困難な場合もある．

　ICA の方法の性質は，目標関数と最適化アルゴリズムの両方に依存する．具体的には，

- ICA の方法の統計的な性質(たとえば一致性，漸近的分散，頑健性)は目標関数の選択に依存する．

- アルゴリズム的な性質 (たとえば収束速度, 必要記憶量, 数値的安定性) は最適化アルゴリズムに依存する.

これら2種類の性質が独立で, 一つの目的関数を最適化するのにさまざまな最適化法が適用でき, また一つの最適化法がさまざまな目的関数を最適化するのに用いられるのならば, 理想的である. 本章ではまず目標関数の選択について扱い, 次に目的関数の最適化について検討する.

14.2　ICA 推定原理の間の関係

すでに, ICA モデルの推定のためのいろいろな統計的規準として, 相互情報量, 尤度, 非ガウス性尺度, キュムラント, そして非線形主成分分析 (PCA) で用いる規準などについて述べた. これらの各規準の最適化は, ICA 推定の客観的な規準を与えてくれる. すでに述べたように, それらの規準は互いに密接に関連している. 本節の目的はその結果を再び取り上げることである. 実は, これらすべての推定原理は, 同一の一般的な規準の変形だと考えられる. その後に, これらの原理の間の相違について論じる.

14.2.1　推定原理の間の類似性

各種の推定原理の間の類似性を示すには, まず相互情報量を考えるのが便利である. 可逆変換 $\mathbf{y} = \mathbf{B}\mathbf{x}$ に対して相互情報量は,

$$I(y_1, y_2, \ldots, y_n) = \sum_i H(y_i) - H(\mathbf{x}) - \log|\det \mathbf{B}| \tag{14.1}$$

である. y_i 達を無相関で分散1であると制約すれば, 右辺の最後の項は定数となるし, 第2項はもともと $\mathbf{B}$ には依存しない (第10章を参照). 分散が定数であるとき, 第1項のエントロピーを最大にする分布はガウス分布であることを思い出そう (5.3節). したがって, 相互情報量の最小化は, 推定される成分達の非ガウス性の総和を最大化することであることがわかる. エントロピーを (あるいは対応するネゲントロピーを) 第8章で行ったのと同じ方法で近似すれば, 第8章と同じアルゴリズムを得ることになる.

あるいはまた, 相互情報量を推定するのに, 推定される独立成分の密度を何らかのパラメトリック族で近似して, 得られた対数密度関数の近似をエントロピーの定義の中で用いることが考えられる. すると実質的に最尤 (ML) 推定と同値な方法が得ら

れる．

　尤度を用いれば他の推定原理との関連は容易に見ることができる．まず，非線形無相関化との関係を見るのには，式 (9.17) で示される ML 推定のための自然勾配法と，非線形無相関化のアルゴリズム (12.11) とを比較すればよい．二つは同じ形をしている．つまり，ML 推定は非線形無相関化で用いられる非線形関数の選択に，理論的根拠を与えることになる．用いられる非線形関数は，独立成分の密度関数 (pdf) の何らかの関数として決められる．上で述べたような同値性から，相互情報量ももちろん同じことをする．同様に，非線形 PCA を用いる方法は，本質的に ML 推定と同値であることは示したとおりで (12.7 節)，したがって他の大部分の方法とも同値である．

　上で述べた諸推定原理とキュムラントに基づく規準との関連は，式 (5.35) のように，ネゲントロピーをキュムラントで近似することでわかる．

$$J(y) \approx \frac{1}{12} \mathrm{E}\left\{y^3\right\}^2 + \frac{1}{48} \mathrm{kurt}\,(y)^2 \tag{14.2}$$

ここで，第 1 項は省略可能で尖度の項だけが残る．

　相互情報量はエントロピーに基づいているから，相互情報量も同様にキュムラントによって近似することができる．具体的には，次のような相互情報量の近似

$$I(\mathbf{y}) \approx c_1 - c_2 \sum_i \mathrm{kurt}\,(y_i)^2 \tag{14.3}$$

を考えることができる．ここで c_1, c_2 は定数である．これで，キュムラントと相互情報量の最小化との関連がはっきり見える．さらに，第 11 章のテンソル法は，尖度で測られた非ガウス性の最大化と同じ不動点アルゴリズムを導くことが示されていたが，それらの方法も他の尖度に基づく方法と同じことをするということがここでわかる．

14.2.2　推定原理の間の相違点

しかしながら，推定原理の間には相違点もいくつかある．

1. 各独立成分を一つずつ推定できるもの (特に最大非ガウス性に基づく原理) と，すべての成分を同時に推定しなければならない原理がある．
2. 目的関数には，独立成分の (仮定された) 密度関数に基づいた非多項式を用いるものと，キュムラントに関連した多項式を用いるものとがある．これから目的関数中にいろいろな非 2 次関数が現れることになる．
3. 多くの推定原理において，独立成分の推定値は無相関であると制約される．こ

れは推定の行われる空間をいくらか狭めることになる[1]．たとえば相互情報量を考えてみると，無相関な成分を生じるような分解が，すなわち相互情報量を最小化するものであるという理由はない．したがって，無相関の制約は推定法の性能を原理的にはいくらか劣化させる．現実には，これは無視できる程度であろう．

4. 実際上の一つの重要な違いは，ML 推定では，独立成分に関する事前の知識を用いて，独立成分の推定を前もって固定しておくことが多いということである．独立成分の pdf は何も非常に正確にわかっていなければならないわけではないので，これが可能なのである．実際，それが優ガウス的であるか劣ガウス的であるかがわかれば十分である．とはいっても，独立成分の性質に関する事前情報が正しくなければ，ML 推定がまったく間違った結果を導くことは，第 9 章で示したとおりである．したがって ML 推定には相応の注意が必要である．それに対して，本書で用いたネゲントロピーの近似は，密度の正確な近似に依存しないので，これを用いる方法ではそのような問題は発生しない．したがって，それらの近似方法は使用にあたって問題が少ない．

14.3　統計的に最適な非線形関数

このようにして，推定法の選択を統計的視点から見ると，期待値 $\mathrm{E}\{G(\mathbf{b}_i^T\mathbf{x})\}$ という形で高次の統計量に関する情報を与える非 2 次関数 G の選択問題に落ち着くといってよい．実際のアルゴリズムでは，G の導関数である非線形関数 g の選択となる．この節では，種々の非線形関数の統計的な性質を分析する．考え方の基礎は式 (8.25) で与えられるネゲントロピーの近似の族である．この族は尖度も含んでいる．ここでは簡単のために，この非ガウス性の尺度の最大化による，ただ一つの独立成分の推定について考える．これは本質的に問題

$$\max_{\mathrm{E}\{(\mathbf{b}^T\mathbf{x})^2\}=1} \mathrm{E}\{\pm G(\mathbf{b}^T\mathbf{x})\} \tag{14.4}$$

と同値である．ここで G の前の符号は，$\mathbf{b}^T\mathbf{x}$ が劣ガウス性であるか，あるいは優ガウス性であるかの推定によって決まる．得られるベクトルを $\hat{\mathbf{b}}$ と書く．$\hat{\mathbf{b}}$ の二つの基本的な統計的な性質，漸近的分散と頑健性について分析する．

---

[1] 訳注: 理論的には独立ならば (線形) 無相関であるが，実際の (有限個の) データを強制的に (線形) 無相関化すると，かえって高次の相関が生じるかもしれない．

14.3.1 漸近的分散の比較*

現実にはベクトル $\mathbf{x}$ の標本は有限個しか得られないのが普通で，T 個の観測値からなるとする．したがって目標関数の中に現れる理論的期待値は，実際には標本平均で置き換えられる．その結果，推定 $\hat{\mathbf{b}}$ には誤差が含まれるが，この誤差をできるだけ小さくすることが望まれる．この誤差の一つの古典的な尺度が漸近的(共)分散であるが，これは $T \to \infty$ のときの $\hat{\mathbf{b}}\sqrt{T}$ の共分散行列の極限のことである．第 4 章で述べたとおり，これは $\hat{\mathbf{b}}$ の平均 2 乗誤差の近似を与える．二つの推定量の漸近的分散(行列)の固有和を比較すれば，それらの正確さを直接比較できる．$\hat{\mathbf{b}}$ の漸近的分散について解析的に解くことができ，次の定理が得られる [193]．

【定理 14.1】 独立成分 s_i の推定のための $\hat{\mathbf{b}}$ の漸近的共分散の固有和は，

$$V_G = C(\mathbf{A}) \frac{\mathrm{E}\left\{g^2(s_i)\right\} - (\mathrm{E}\left\{s_i g(s_i)\right\})^2}{(\mathrm{E}\left\{s_i g(s_i) - g'(s_i)\right\})^2} \tag{14.5}$$

に等しい．ここで g は G の導関数で，$C(\mathbf{A})$ は $\mathbf{A}$ のみに依存する定数である．

この定理の証明は本章の付録 (p.316) に示した．

したがって，二つの非 2 次関数 G を用いた二つの推定量の漸近分散の比較は，結局 V_G の比較をすればよいことになる．特に，変分法によって V_G を最小にする G を求めることができる．そこで次の定理を得る [193]．

【定理 14.2】 $\hat{\mathbf{b}}$ の漸近的分散の固有和は，G が

$$G_{opt}(y) = c_1 \log p_i(y) + c_2 y^2 + c_3 \tag{14.6}$$

という形のときに最小になる．ここで p_i は s_i の密度関数で，c_1, c_2, c_3 は任意定数である．

簡単のため $G_{opt}(y) = \log p_i(y)$ を選ぶことができる．すると最適な非線形関数は，実はネゲントロピーの定義で用いたものであることがわかる．これからわかるように，少なくともここで考えている形の推定量を導く非ガウス性の尺度の中では，ネゲントロピーは最適である[2]．また最適な関数は，最尤法で複数の成分を推定するために得られたものと同じであることもわかる．

---

[2]. しかし，ネゲントロピーの定義では非多項式は前もって固定されていないのに対し，我々の非ガウス性の尺度において G は固定されていることを，頭に入れておかなければならない．したがって，この分析で導かれるネゲントロピーの統計的性質は近似的なものである．

14.3.2　頑健性の比較*

外れ値に対しての頑健性もまた，推定量の性質として強く望まれるものである．これは，突発的に起こる異常な値が推定量にあまり影響しないということである．本項では次の問題について検討する――$\hat{\mathbf{b}}$ の頑健性が G の選び方にどのように依存するか？　結論を簡単にいうと，頑健な推定量を得るためには，関数 $G(y)$ は $|y|$ の増加とともにあまり速く増加してはならない．これから特に，尖度から得られる推定量は頑健ではなく，それは場合によっては大変不利だということがわかる．

まず，$\hat{\mathbf{b}}$ の頑健性は，$\hat{\mathbf{b}}^T \mathbf{x}$ の分散を 1 に制約するために用いる推定法にも，すなわち白色化の方法にも依存することに注意する必要がある．これは G の選び方とは独立な問題である．以下ではこの制約条件は頑健な方法で実装されていると仮定する．具体的には，データは頑健な方法で球面化 (白色化) されているので，制約条件は $\|\hat{\mathbf{w}}\| = 1$ となると仮定する．ここで $\mathbf{w}$ は白色化データに対する $\mathbf{b}$ の値である．$\hat{\mathbf{w}}^T \mathbf{z}$ の分散，あるいは $\mathbf{x}$ の共分散行列の頑健な推定法が文献にある．たとえば [163] を参照されたい．

推定 $\hat{\mathbf{w}}$ の頑健性は M 推定量の理論を用いて解析できる．技術的な詳細はさておき，M 推定量の定義は以下のように定式化される．ある推定量が θ についての方程式

$$\mathrm{E}\{\psi(\mathbf{z},\theta)\} = 0 \tag{14.7}$$

の解 $\hat{\theta}$ で与えられるとき，M 推定量と呼ばれる．ここで $\mathbf{z}$ は確率ベクトルで，ψ はこの推定量を決定する何らかの関数である．要するに $\hat{\mathbf{w}}$ は M 推定量なのである．これを見るため，制約条件に伴うラグランジュ乗数 λ を用いて $\theta = (\mathbf{w}, \lambda)$ を定義する．ラグランジュの未定乗数法を用いると，推定量 $\hat{\mathbf{w}}$ は式 (14.7) の解として定式化できる．そのためには ψ を (白色化データに対して) 次のように定義すればよい．

$$\psi(\mathbf{z},\theta) = \begin{pmatrix} \mathbf{z}g(\mathbf{w}^T\mathbf{z}) + c\lambda\mathbf{w} \\ \|\mathbf{w}\|^2 - 1 \end{pmatrix} \tag{14.8}$$

ここで $c = \left(\mathrm{E}_\mathbf{z}\{G(\hat{\mathbf{w}}^T\mathbf{z})\} - \mathrm{E}_\nu\{G(\nu)\}\right)^{-1}$ は直接関係ない定数である．

M 推定量の頑健性の解析には，影響関数 $IF\left(\mathbf{z}, \hat{\theta}\right)$ の概念を用いる．直観的にいうと，影響関数は個々の観測値の，推定量に対する影響の大きさを測るものである．影響関数が $\mathbf{z}$ の関数として有界であることが望ましい．その場合には，遠く離れたところにある外れ値の影響でさえも「有界」であり，推定値をそれほど大きく変えないからである．この要求から，B 頑健性と呼ばれる頑健性の一つの定義が導かれる．ある推定量は，その影響関数がすべての $\hat{\theta}$ の値に対して $\mathbf{z}$ の有界関数であるとき，すなわ

ち $\sup_{\mathbf{z}} \left\| IF\left(\mathbf{z}, \hat{\theta}\right) \right\|$ がすべての $\hat{\theta}$ に対して有限であるとき，B 頑健であると呼ばれる．影響関数が有界でない場合でも，$\|\mathbf{z}\|$ の増加によるその増加ができるだけ遅いことが望ましい．外れ値の影響による歪みができるだけ少ないのが望ましいからである．

M 推定量の影響関数は，

$$IF\left(\mathbf{z}, \hat{\theta}\right) = \mathbf{B}\psi\left(\mathbf{z}, \hat{\theta}\right) \tag{14.9}$$

であることを示すことができる．ここで $\mathbf{B}$ は $\mathbf{z}$ に依存しない任意の正則行列である．一方，ψ の定義を用い，$\mathbf{z}$ と $\mathbf{w}$ の間の角度の cos を $\gamma = \mathbf{w}^T\mathbf{z}/\|\mathbf{z}\|$ と書くと，容易にわかるように，

$$\|\psi(\mathbf{z},(\mathbf{w},\lambda))\|^2 = C_1\frac{1}{\gamma^2}h^2\left(\mathbf{w}^T\mathbf{z}\right) + C_2h\left(\mathbf{w}^T\mathbf{z}\right) + C_3 \tag{14.10}$$

となる．ここで C_1, C_2, C_3 は $\mathbf{z}$ によらない定数で，$h(y) = yg(y)$ である．したがって $\hat{\mathbf{w}}$ の頑健性は，基本的に関数 $h(u)$ に依存することがわかる．$h(u)$ の増大の速さが遅いほど推定量はより頑健になる．しかし，推定量は実際に B 頑健にはなり得ない．分母の γ が，影響関数が有界関数になるのを妨げているからである．たとえば $\mathbf{z}$ の外れ値が $\hat{\mathbf{w}}$ とほぼ直交し，ノルムが大きい場合には，（γ が小さくなるから）推定量に大きな影響を与える可能性がある．これらの結果は次の定理に述べられている．

【定理 14.3】 データ $\mathbf{z}$ が頑健な方法で白色化(球面化)されていると仮定する．このとき推定量 $\hat{\mathbf{w}}$ の影響関数は定義域全体では，決して有界関数にはならない．しかしながら，もし $h(y) = yg(y)$ が有界関数ならば，任意の $\epsilon > 0$ に対して集合 $\{\mathbf{z}|\hat{\mathbf{w}}^T\mathbf{z}/\|\mathbf{z}\| > \epsilon\}$ の中では影響関数は有界になる．ここで g は G の導関数である．

特に関数 $G(y)$ に有界関数を選ぶと，h も有界となり，$\hat{\mathbf{w}}$ は外れ値に対してかなり頑健になる．これが不可能ならば，$|y|$ の増加に伴う $G(y)$ の増加が，あまり速くないものを選ぶくらいのことは必要である．反対に $G(y)$ が $|y|$ の増加とともに非常に速く増加するものだと，推定量は原点からはるかに離れたいくつかの観測値によってほぼ決定されてしまう．その推定量は非常に非頑健なもので，悪い外れ値がいくつか観測されただけでまったく使い物にならなくなる．たとえば尖度を用いた場合がそうで，これは $G(y) = y^4$ としたときの $\hat{\mathbf{w}}$ を用いることと同値である．

14.3.3 非線形関数の現実的な選び方

上で述べた理論的な結果の意味するところを，密度関数

$$p_\alpha(s) = C_1 \exp\left(C_2 |s|^\alpha\right) \tag{14.11}$$

の関数族を使って分析してみよう．ここで α は正の定数で，C_1, C_2 は p_α を分散 1 の密度関数にするための正規化定数である．α の値が変わると，この族の密度関数の形が変わる．$0 < \alpha < 2$ のときスパースな優ガウス的分布となり（つまり尖度が正の密度），$\alpha = 2$ のときにガウス分布となり，$\alpha > 2$ のとき劣ガウス的分布（つまり負の尖度の密度）となる．したがってこの関数族に属する密度は，種々の非ガウス分布の例として使える．

定理 14.2 によると，漸近的分散から見て最適な非 2 次関数は，

$$G_{opt}(y) = |y|^\alpha \tag{14.12}$$

の形のものである．ここで任意定数は簡単のために省略してある．これからわかるように，大まかにいって，優(劣)ガウス密度に対しては，最適な関数は 2 次関数よりも遅く(速く)増加する関数である．前項で述べたように，$G(y)$ が $|y|$ の増加とともに速く増加する関数であれば，外れ値に対して非常に非頑健的である．現実に出会う大部分の独立成分は優ガウス的であることを考慮すれば，汎用の関数としては関数 G として，

$$G_{opt}(y) = |y|^\alpha, \quad \alpha < 2 \tag{14.13}$$

に似たものを用いるべきだとの結論に達する．しかしこの関数の問題は，$\alpha \leq 1$ のときには 0 で微分不可能であることである．これは数値的な最適化の際問題になる．したがって似たような定性的性質をもつ，微分可能な関数で近似するほうがよい．たとえば $\alpha = 1$ はラプラス密度に対応するが，このときは代わりに，a_1 を定数として，$G_1(y) = \log \cosh a_1 y$ を用いることが考えられる．これは頑健な統計において広く用いられる，いわゆるフーバー関数に大変よく似ている．フーバー関数は階段関数を頑健化したものである．G_1 の導関数はなじみ深い tanh 関数であることに注意しよう（$a_1 = 1$ のとき）．著者らは，$1 \leq a_1 \leq 2$ はよい近似関数を与えることも見出した．近似の精度のよさと，それを用いた目標関数の滑らかさとは両立しないということは注意すべきである．

$\alpha < 1$ の場合，つまり強く優ガウス的な独立成分の場合，大きな y に対しては G_{opt} を（負号をつけた）ガウス関数 $G_2(y) = -\exp(-y^2/2)$ で近似することが考えられる．

この導関数は $|y|$ の小さな値に対してはシグモイド関数のようで，大きな値に対しては 0 に近づく．この関数は定理 14.3 の条件も満たしているので，この枠組みの中で考えられる最も頑健な推定量を作ることにも注意されたい．

そこで我々は次の一般的な結論に達する．

- よい汎用の関数は $G(y) = \log \cosh a_1 y$ である．ここで $1 \leq a_1 \leq 2$ は定数である．
- 独立成分が非常に優ガウス的であるか，または頑健性が非常に大事なときには，$G(y) = -\exp\left(-y^2/2\right)$ も使える．
- 尖度を用いてよいのは独立成分が劣ガウス的であり，かつ観測値に極端な外れ値がない場合だけである．

実は上の二つの関数は第 8 章で非ガウス性の尺度で用いたものと同じであり，図 8.20 (p.204) に図示してある．第 9 章の関数も実質的には同じである．線形関数を足しても推定量には大きな影響は与えないからである．したがって，本節での解析により，前に用いた非多項式関数の使用が正当化されたことになり，また尖度を用いるときには注意が必要である理由もわかった．

本節では関数 G を選ぶのに純粋に統計的な規準を用いた．ICA の方法を比較するとき，統計的な考慮とまったく独立に考慮すべき事項は計算量である．ほとんどの目的関数は計算的には非常に似通っているので，計算量は実質的に最適化のアルゴリズムによって決まる．次節で最適化アルゴリズムの選択について検討する．

14.4　実験による ICA アルゴリズムの比較

前節の理論的解析は，非線形関数 (非 2 次関数 G に対応する) に何を用いたらよいか，ということに対してある程度の指標を与える．本節では，ICA アルゴリズムの各種を実験で比較する．それにより異なるアルゴリズムの計算の能率も分析することができる．収束の速さに関する満足な理論的解析は可能ではなさそうなので，これを実験で調べるわけである．確かに，fastICA が 2 乗あるいは 3 乗収束するのに対し，勾配法は線形収束しか得られないということは前に見た．しかしこの結果は，大局的な収束については何もいっておらず，どちらかというと理論的なものである．同じ実験によって，前に行った漸近的な分散を用いた統計的性能の解析を，実験的に実証する．

14.4.1 実験方法とアルゴリズム

実験方法　以下の比較実験においては，既知の信号源からの人工的なデータを用いた．そうすることによってのみ，正しい結果がわかり，信頼できる比較ができる．比較を可能な限り公平に行うため，実験方法は同じに設定した．我々は実際のデータを用いてさまざまな ICA アルゴリズムの比較も行っており [147]，そこでは人工データを用いた実験についても，より詳しく述べている．本節の終わりには現実のデータを用いた比較の結果についても述べる．

アルゴリズムの比較は，14.1 節で述べたように，二つの規準，つまり統計的な規準と計算量的な規準について行った．計算量は収束に要するフロップ数 (flops, 掛け算など基本的な浮動小数点演算の数) で測った．統計的な性能，あるいは精度は，

$$E_1 = \sum_{i=1}^m \left(\sum_{j=1}^m \frac{|p_{ij}|}{\max_k |p_{ik}|} - 1 \right) + \sum_{j=1}^m \left(\sum_{i=1}^m \frac{|p_{ij}|}{\max_k |p_{kj}|} - 1 \right) \quad (14.14)$$

で定義した性能指標で測った．ここで p_{ij} は行列 $\mathbf{P} = \mathbf{BA}$ の (i,j) 要素である．もし独立成分達が完璧に分離されたら，$\mathbf{P}$ は順列行列 (ただし要素の符号はいろいろであるが) となる．順列行列とは，各列および各行には 1 という要素が一つだけあり，他の要素はすべて 0 であるような行列である．明らかに式 (14.14) の指標は，順列行列に対して最小値 0 をとる．E_1 が大きいほど，分離アルゴリズムの性能は悪いことになる．実験によっては，かなり似た振る舞いをする指標 E_2 も用いられた．E_1 との違いは，式 (14.14) の中の絶対値 $|p_{ij}|$ の代わりに 2 乗 p_{ij}^2 を用いる点である．

用いた ICA アルゴリズム　比較したアルゴリズムは以下のとおりである (括弧の中は名称の略記である)．

- fastICA 不動点アルゴリズム．これには三つの変形がある．尖度を用いて逐次的直交化を行う方法 (FP)，尖度を用いて対称的直交化を行う方法 (FPsym)，そして非線形関数として tanh を用いて対称的直交化を行う方法 (FPsymth) である．
- 非線形関数 tanh を用いて最尤推定を行う勾配アルゴリズム．まず，通常の最急上昇アルゴリズム，またはベル＝セイノフスキー (BS) アルゴリズム，次に Amari, Chicocki と Yang の提案 [12] による自然勾配アルゴリズム (ACY) である．
- 適応的な非線形関数を用いる自然勾配最尤推定法．拡張ベル＝セイノフスキーアルゴリズム (ExtBS) とも呼ばれる．非線形関数の適応は，規準として尖度の

符号を用いて行うが [149]，これは本質的に 9.1.2 項で用いた密度のパラメトリック化と同値である．
- 12.5 節で論じた非線形無相関化のための EASI アルゴリズム．ここでも非線形関数としては tanh を用いた．
- 12.8.3 項で論じた，非線形 PCA 規準のための再帰的最小 2 乗アルゴリズム (NPCA-RLS)．このアルゴリズムでは安定性の理由から単純な tanh 関数ではなく，多少変形した非線形関数 $y - \tanh(y)$ を用いた．

テンソルアルゴリズムはこの比較からは除外されたが，その理由は，第 11 章で述べたような拡大縮小の問題があるからである．[315] ではいくつかのテンソルアルゴリズムをかなり詳しく比較してある．しかしながら，[315] で用いられたデータは，常に同じ三つの劣ガウス的な独立成分だから，その結論の価値は限られている．

14.4.2 シミュレーションデータに対する結果

統計的な性能と計算量　基本的な実験は，試験されたアルゴリズムの計算量と統計的性能（正確さ）を測ることである．我々が用いたデータは 10 個の優ガウス的な独立成分からなるが，その理由は，この型のデータに対しては，非線形関数を tanh に固定した ML 推定も含め，比較するすべてのアルゴリズムが使えるからである．シミュレーションで用いられた混合行列 $\mathbf{A}$ は，その要素が一様分布する乱数で作られた．統計的な信頼性を得るため，入力データの 100 個の実現値に対して実験を繰り返した．これら 100 個の実現値の一つひとつに対して，正確さを指数 E_1 を使って測った．計算量は収束するのに必要な浮動小数点演算数で測った．

図 14.1 に計算量と統計的性能の概略をプロットしたものを示す．図中の各箱は 100 回の試行の約 80% を含んでいるので，標準的な結果を示すと考えられる．

統計的性能に関しては，図 14.1 によると最良の結果は tanh の非線形関数を用いたとき (FPsymth 等)（正しい符号を使って）に得られることがわかる．14.3 節の理論的な解析から，その結果は予想どおりである．tanh は，この実験のように優ガウス的独立成分に対しては，よい非線形関数である．尖度に基づく fastICA は，特に逐次的なもの (FP) は，明らかに劣っている．統計的な性能は，14.1 節で説明したように非線形関数の種類にのみ依存し，最適化の手法には依存しない．tanh を用いるすべての方法は，似たり寄ったりの統計的性能である．ここではデータに外れ値を含めていないので，アルゴリズムの頑健さは測られていない．

計算量を見てみると，fastICA が最小の計算量ですむことがわかる．オンラインア

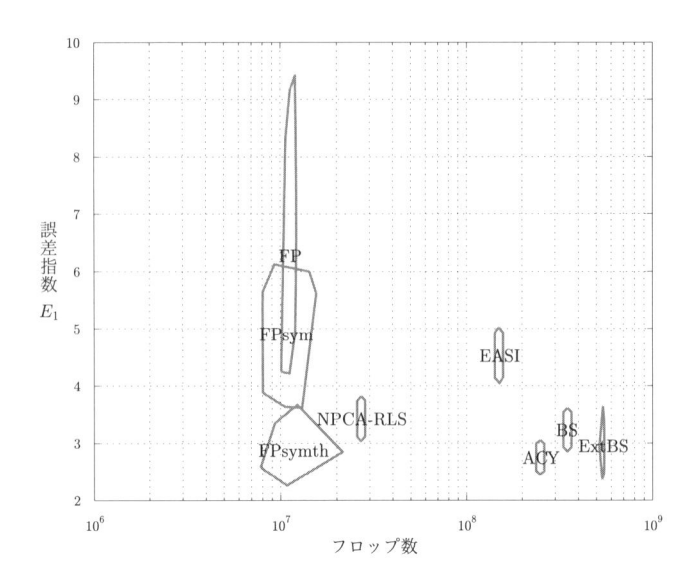

図 14.1　浮動小数点演算数 (フロップ数) で表した必要計算量と誤差指数 E_1 の関係 ([147] から World Scientific, Singapore の転載許可を得て転載).

ルゴリズムの中では NPCD-RLS が最も速く収束するが，おそらくそれは学習パラメータの最適な決定法を用いるからであろう．他のオンラインアルゴリズムに対しては，予備実験でよい収束を与えるようなパラメータ値をあらかじめ探して，実験ではそれを固定して用いた．これらの通常の勾配型のアルゴリズムは，fastICA と比較すると約 20〜50 倍の計算量を必要とする．

結論をいうと，統計的な視点から最良の結果は，アルゴリズムにかかわらず tanh を非線形関数に用いたときに得られた (あるアルゴリズム，特にテンソル型のものは tanh の非線形関数を用い得ないが，これらのアルゴリズムは上で述べた理由で実験しなかった)．計算量に関しては，fastICA アルゴリズムが勾配型のアルゴリズムよりずっと速かった．

オンラインアルゴリズムの収束速度　次に我々はオンラインアルゴリズムの収束速度を調べた．不動点アルゴリズムは，異なる型のアルゴリズムであり直接比較できないので，ここでの比較にはない．結果 (図 14.2) は，10 個の優ガウス的独立成分に対する (このとき尖度のオンライン推定なしにすべてのアルゴリズムがうまくいく) 10 回の試行の平均である．すぐわかるように，オンラインアルゴリズムの中では，非線

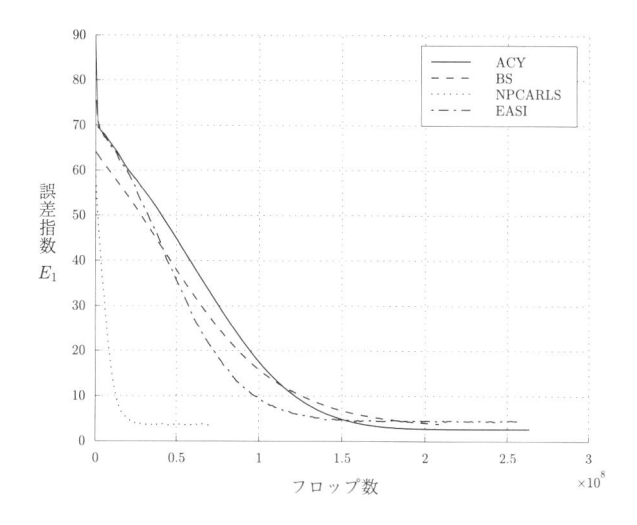

14.4 実験による ICA アルゴリズムの比較

図 14.2 オンライン ICA アルゴリズムを，10 個の優ガウス的独立成分に適用したときの収束の様子（[147] から World Scientific, Singapore の転載許可を得て転載）．誤差指数 E_1 を浮動小数点演算数の関数として示した．

形 PCA アルゴリズムに再帰的な最小 2 乗法を用いたもの（NPCA-RLS）が最も速い．NPCA-RLS と他のアルゴリズムとの差は，学習係数を決定するのにシミュレーテッドアニーリングを用いれば，縮まる可能性がある．

劣ガウス的独立成分に対しても，結果は図 14.2 と定性的には同様であったが，ときどき EASI アルゴリズムが NPCA-RLS よりも速くなることさえあるようである．しかしながら，その収束速度は比較した他のアルゴリズムのどれよりも遅いことすらあった．一般的に，確率的な勾配を用いなければならないオンラインアルゴリズムは，学習パラメータの選択にかなり敏感である．

独立成分の数が増えたときの誤差 独立成分の数が増えたとき，統計的性能がどのように変わるかも，簡単に調べた．図 14.3 には誤差（誤差指数 E_2 の平方根）が優ガウス的独立成分の個数の関数としてプロットしてある．結果は入力データの 50 個の実現値に対する中央値（メディアン）である．独立成分が 5 を超える場合，データの標本数は，独立成分の個数の 2 乗に比例して増加するようにした．自然勾配 ML アルゴリズム（ACY）と，それに適応的な非線形性を用いたもの（ExtBS）の振る舞いはよく似ており，統計的性能が最良であった．3 次の非線形性を用いた基本的な不動点アルゴリズム（FP）は，成績が最も悪かったが，独立成分数が 7 を超えると，誤差の増加は

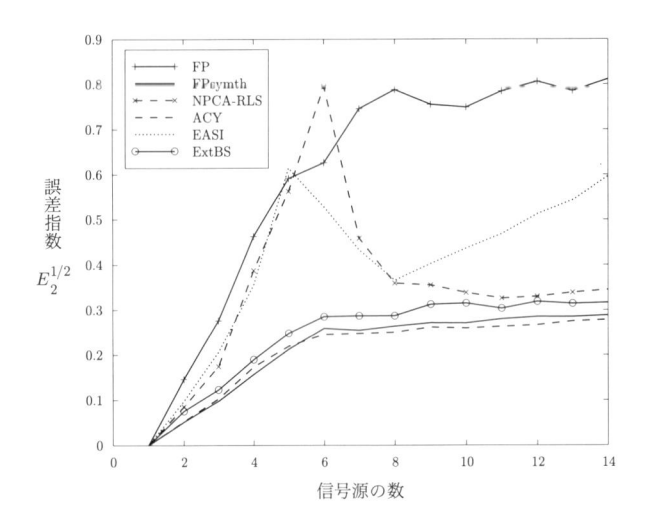

図 14.3 独立成分の個数の関数として誤差を表したもの ([147] から World Scientific, Singapore の転載許可を得て転載).

わずかとなった．その一方で，不動点アルゴリズムでも対称的直交化と tanh 関数を用いるもの (FPsymth) は，自然勾配 ML アルゴリズムと同様の好成績であった．ここでも，統計的性能を決定するのに最も重要なのは非線形関数の種類であることがわかる．理由はわからないが，EASI と NPCA-RLS アルゴリズムは，独立成分数 5〜6 あたりに $E_2^{1/2}$ の最大値がある．独立成分数がさらに多くなると，NPCA-RLS アルゴリズムは，最良アルゴリズム達に近くなり，EASI の誤差は独立成分数に対して線形的に増加する．しかしながらこれらすべてのアルゴリズムによる誤差は，ほとんどの現実の目的には問題にならないくらいの大きさである．

雑音の影響　　[147] では，ガウス性雑音を加えたときの ICA アルゴリズムの性能についても調べられている．第一の結論は，雑音の大きさが信号に比べて −20dB までの場合には，雑音の増加に対して推定精度の劣化は比較的緩やかである．雑音がさらに増大すると，調べた ICA アルゴリズムの中には，すべての信号源を分離することができないものもある．現実には，雑音は分離された独立成分や信号源を歪ませてしまうので，雑音が多いときには分離の結果はほとんど役に立たなくなる．

　さらに，データに含まれる雑音はたとえ小さなものであっても，混合行列 **A** の条件数によっては誤差が大きくなることもわかった．行列の条件数 [320, 169] は，その行

列が特異行列にどれだけ近いかを表す．

14.4.3 現実のデータを用いた比較

前述のICAアルゴリズムを，三つの異なる現実のデータを用いて比較した[147]．試験したのは，よく知られたカニと人工衛星のデータセットに対する射影追跡と，生体工学的な応用である脳磁図データから興味のある信号源を探すことである（第22章）．現実のデータでは真の独立成分は未知で，標準ICAモデルで想定する仮定は成立しないか，近似的にしか成立しないかもしれない．したがって，手もとにあるデータのみについて，ICAアルゴリズムの性能を互いに比較することしかできない．

これらの実験から以下のように結論してよいだろう[147]．

1. ICAは頑健な手法である．統計的独立性の仮定は，厳密には成立しないかもしれないが，アルゴリズムははっきり区別できる成分に収束していき（脳磁図データ），あるいはまた，成分で張られる，原問題の次元よりずっと小さい次元の部分空間へ収束していく（人工衛星データ）．これはICAを一般的なデータ分析手法として勧められるような，よい性質である．

2. 現実のデータに対して，fastICAアルゴリズムと適応的非線形関数をもつ自然勾配MLアルゴリズム（ExtBS）は，通常よく似た結果をもたらした．第9章で説明したように，これらの間には密接な関連があるから，その結果は驚くには当たらない．EASIアルゴリズムと再帰的最小2乗法を用いる非線形PCA（NPCA-RLS）もまた，よく似た結果を与える一組の手法である．

3. 困難な現実問題に対しては，複数の異なるICAアルゴリズムを適用してみるとよい．データから異なる独立成分を導き出すこともあるからである．脳磁図データに関していえば，すべての種類の信号源を分離するために，最良だといえる手法はなかった．

14.5　参考文献

尖度，ネゲントロピーと相互情報量の間の基本的な関連は，[89]で最初に議論された．尖度による尤度の同様な近似は[140]で導かれた．ネゲントロピーの尖度による近似はもともと[222]で検討された．インフォマックスと尤度との間の関係は[363, 64]で示され，相互情報量と尤度との関係は[69]で明示された．非線形PCA規準を

最尤推定として解釈することは [236] で示された．各種の方法の間の関係は [201, 65, 269] のような文献調査で議論された．

推定量の性能の理論的解析は [193] に基づく．[69] には，特に無相関化の制約が推定量に与える影響について，詳しく述べられている．頑健性や影響関数については，[163, 188] などの古典的な教科書を参照されたい．

比較実験の詳細については [174] にある．

14.6 基本 ICA の要約

ここで第 II 部をまとめよう．ここでは基本 ICA モデルの推定問題を扱った．すなわち，雑音がなく，時間的構造をもたない，正方混合行列をもつ簡単化したモデルの扱いである．観測データ $\mathbf{x} = (x_1, \ldots, x_n)^T$ は，統計的に独立な成分からなるベクトル $\mathbf{s} = (s_1, \ldots, s_n)^T$ の線形変換としてモデル化された．すなわち，

$$\mathbf{x} = \mathbf{As} \tag{14.15}$$

である．これはよく知られた問題であり，いくつかの取り組み方が提案されてきた．ICA が PCA や古典的因子分析と異なるのは，それがデータの**非ガウス的構造**を考慮に入れていることである．この**高次の統計的情報**(すなわち平均や共分散行列に含まれない情報) を利用することによって，実際に独立成分が分離されるのであり，これは PCA や古典的な因子分析では不可能である．

データにはしばしば前処理として**白色化**(球面化) を施すが，これは共分散行列に含まれていた 2 次統計量の情報を除去するので，より高次の統計量の情報を使いやすくする．この過程は，

$$\mathbf{z} = \mathbf{V}\mathbf{x} = (\mathbf{V}\mathbf{A})\mathbf{s} \tag{14.16}$$

と書かれる．するとモデル中の線形変換 $\mathbf{VA}$ は**直交変換**，すなわち回転になる．そこで $\mathbf{y} = \mathbf{Wz}$ が独立成分のよい近似となるような，直交行列 $\mathbf{W}$ を探すことになる．

高次の情報量を利用するためにはいくつかの考え方がある．中心極限定理から触発された，非ガウス性が最大になる線形結合を見つけるやり方は，原理に忠実で，しかも直観的に理解しやすいものである．非ガウス確率変数も，その和をとると，よりガウス的になる．したがって，観測値 (白色化された) の線形結合 $y = \sum_i w_i z_i$ は，それが独立成分の一つと等しくなったときに，非ガウス性が最大になるだろう．非ガウス性は尖度やネゲントロピー (の近似) によって定量化できる．射影追跡においては，興

味ある射影は最も非ガウス的な射影であると考える．したがって，ICA と射影追跡との間には密接な関連があることがわかる．

古典的な推定理論から ICA の別の方法が直接導かれる．最尤推定法である．また，情報理論的に導かれる方法は，成分の相互情報量を最小化する方法である．これらすべての原理は互いに本質的に同値であるか，少なくとも密接な関連がある．最大非ガウス性の原理は，独立成分を一つずつ見つけることができるという利点ももっている．これは，各独立成分の推定を逐次的(デフレーション)直交化することによりできる．

すべての推定法において，我々は何らかの**非 2 次関数**の期待値の関数を最適化している．これにより高次統計量の情報を手に入れることが可能になるのである．非 2 次関数は単に方程式を解くだけでは普通は最適化できない．巧妙な数値的アルゴリズムが必要となる．

ICA アルゴリズムの選択は，基本的にはオンライン処理かバッチ処理かの選択である．オンラインの場合は，確率的勾配法によって与えられる．もしすべての独立成分を同時に推定するのならば，その範疇の中で最も人気のあるアルゴリズムは**尤度の自然勾配上昇法**である．この方法の基本的な式は，

$$\mathbf{W} \leftarrow \mathbf{W} + \mu \left[\mathbf{I} + \mathbf{g}(\mathbf{y}) \mathbf{y}^T \right] \mathbf{W} \tag{14.17}$$

である．ここで $\mathbf{g}$ の各成分は非線形関数であり，独立成分の対数密度関数から決定される．表 9.1 (p.233) を参照されたい．

バッチ処理で(オフライン)計算されるほうが多いが，その場合はずっと効率的なアルゴリズムが使える．fastICA アルゴリズムは大変効率よいアルゴリズムであるが，これは不動点反復法から，または近似的ニュートン法からも導かれる．fastICA の基本的な反復は，$\mathbf{W}$ の一つの行 $\mathbf{w}$ に対して，

$$\mathbf{w} \leftarrow \mathrm{E}\left\{ \mathbf{z} g\left(\mathbf{w}^T \mathbf{z} \right) \right\} - \mathrm{E}\left\{ g'\left(\mathbf{w}^T \mathbf{z} \right) \right\} \mathbf{w} \tag{14.18}$$

と書ける．ここで g は滑らかな関数ならほとんど何でもよい．また $\mathbf{w}$ は各反復において，ノルムを 1 に正規化する必要がある．fastICA によって，非ガウス性が最大の方向を見つけることによって，独立成分を一つずつ探すこともできるし (表 8.3 (p.217) を参照)，あるいは非ガウス性や尤度を最大にすることにより並列的に探すこともできる (表 8.4 (p.217) と表 9.2 (p.235) を参照)．

実際には，これらのアルゴリズムを適用する前に，適当な**前処理**が必要になる場合が多い (第 13 章)．中心化と白色化は必ず行う必要があるが，そのほかに主成分分析で次元を減らすことと，移動平均による何らかの時間フィルタを施すことを勧める．

付録 — 証明

ここでは定理 14.1 を証明する．変数変換 $\mathbf{q} = \mathbf{A}^T \mathbf{b}$ を用いると，最適解 $\hat{\mathbf{q}}$ を定義する式は

$$\sum_t \mathbf{s}_t g\left(\hat{\mathbf{q}}^T \mathbf{s}_t\right) = \lambda \sum_t \mathbf{s}_t \mathbf{s}_t^T \hat{\mathbf{q}} \tag{A.1}$$

となる．ここで $t = 1, \ldots, T$ は標本番号，T は標本の大きさで，λ はラグランジュ乗数である．一般性を失うことなく，$\hat{\mathbf{q}}$ は理想的な解 $\mathbf{q} = (1, 0, 0, \ldots)$ に近いとする．制約 $\mathrm{E}\left\{\left(\mathbf{b}^T \mathbf{x}\right)^2\right\} = \|\mathbf{q}\|^2 = 1$ があるので，$\hat{\mathbf{q}}$ の第 1 要素 $\hat{q}_1$ の分散の大きさは，他の要素の分散の和の大きさよりも低位である．$\hat{\mathbf{q}}$ の第 1 要素を除いたベクトルを $\hat{\mathbf{q}}_{-1}$ と書く．$\mathbf{s}$ の第 1 要素を除いたベクトルも同様に $\mathbf{s}_{-1}$ と書く．式 (A.1) からそれらの第 1 要素を取り除いたものは，少し単純な計算をすると，

$$\frac{1}{\sqrt{T}} \sum_t \mathbf{s}_{-1} \left[g(s_1) - \lambda s_1\right] = \frac{1}{T} \sum_t \mathbf{s}_{-1} \left[-\mathbf{s}_{-1}^T g'(s_1) + \lambda \mathbf{s}_{-1}^T\right] \hat{\mathbf{q}}_{-1} \sqrt{T} \tag{A.2}$$

となる．ここでは標本番号 t を簡単のため省略した．この計算には 1 次近似 $g\left(\hat{\mathbf{q}}^T \mathbf{s}\right) = g(s_1) + g'(s_1) \hat{\mathbf{q}}_{-1}^T \mathbf{s}_{-1}$ が用いられている．1 次近似 $\lambda = \mathrm{E}\{s_1 g(s_1)\}$ [3]を式 (A.2) に代入してその結果を $u = v \hat{\mathbf{q}}_{-1} \sqrt{T}$ と書くと，$T \to \infty$ のとき v は単位行列に $\mathrm{E}\{s_1 g(s_1)\} - \mathrm{E}\{g'(s_1)\}$ をかけたものに近づき，u は平均 0 で分散が $\mathrm{E}\{g^2(s_1)\} - (\mathrm{E}\{s_1 g(s_1)\})^2$ であるような，独立な正規確率変数を並べたベクトルに近づく．A^T の第 1 行を除いた行列の逆行列を $\mathbf{B}_{-1}$ としたとき，$\hat{\mathbf{q}}_{-1} = \mathbf{B}_{-1} \hat{\mathbf{b}}$ であることから，定理が示されたことになる．

---

[3] 訳注: 最適解 $\mathbf{q}$ を式 (A.1) に代入すると，この 1 次近似が得られる．

第Ⅲ部

ICAの拡張および関連する手法

第15章

雑音のあるICA

　現実世界では，観測値は何らかの雑音を含むのが常である．雑音は実際に測定機器に含まれる物理的なものであることもあるし，モデルの不正確さによるものかもしれない．そこで独立成分分析(ICA)のモデルにも，雑音を含めるべきだとの提案がされてきている．本章では雑音がある場合のICAモデルの推定方法のいくつかについて述べる．

　しかしながら，雑音があるときには混合行列の推定はとても難しいように思える．現実には，ICAを実行する前に雑音を低減しておくほうがよりよい場合が多いという議論もありうる．たとえば時間信号の簡単なフィルタや，主成分分析(PCA)を用いた次元の低減が非常に有効である場合が多い．13.1.2項と13.2.2項を参照されたい．

　雑音のあるICAにはまた新たな問題もある．それは独立成分の無雑音成分の実現値の推定である．雑音のあるモデルは可逆ではないので，雑音を除去した成分の推定には新しい方法が必要なのである．この問題は雑音除去の興味深い方法を導くことになる．

15.1　定義

　ここで基本ICAモデルを拡張して雑音がある状況を扱う．雑音は加法的であると仮定する．これは現実的な仮定であって，因子分析や信号処理では標準的であり，雑音のあるモデル化が簡単に行える．雑音のあるICAモデルは，

$$\mathbf{x} = \mathbf{A}\mathbf{s} + \mathbf{n} \tag{15.1}$$

と書かれる．ここで $\mathbf{n} = (n_1, \ldots, n_n)$ が雑音ベクトルである．雑音に関してさらに以下の仮定を置く．

- 雑音と独立成分とは互いに独立である．
- 雑音はガウス的である．

雑音の共分散行列 Σ にはしばしば $\sigma^2 \mathbf{I}$ の形が仮定されるが，これでは制限が強すぎる場合もある．いずれにしても，雑音の共分散は既知と仮定する．雑音の共分散行列が未知の場合については，ほとんど研究がされていない([310, 215, 19] を参照)．

雑音のある ICA モデルの混合行列の同定可能性は，基本 ICA モデルのそれと同様に，基本的には独立性と非ガウス性が満たされるときに保証されている[1]．それに対して独立成分 s_i の実現値はもはや特定不可能である．雑音を完全に分離することが不可能だからである．

15.2　センサ雑音と信号源雑音

雑音の共分散行列が $\sigma^2 \mathbf{I}$ であると仮定されるような典型的な場合には，式 (15.1) の雑音は「センサ」雑音であると考えてもよい．雑音変数が，各センサからの観測変数 x_i に，別々に加算されているからである．これに対して，「信号源」雑音は独立成分 (信号源) に加算されているものである．信号源雑音のモデルは前の式とは多少違っていて，

$$\mathbf{x} = \mathbf{A}(\mathbf{s} + \mathbf{n}) \tag{15.2}$$

と書かれる．ここでも雑音の共分散は対角行列である．実は，雑音を含んだ独立成分が $\tilde{s}_i = s_i + n_i$ であるとして，モデルを

$$\mathbf{x} = \mathbf{A}\tilde{\mathbf{s}} \tag{15.3}$$

と書き直せる．これは独立成分を修正しただけで，基本 ICA モデルであることがわかる．基本 ICA モデルに対する仮定がここでも成立することが重要である．すなわち，$\tilde{\mathbf{s}}$ の成分は非ガウス的で独立である．したがって式 (15.3) のモデルは基本 ICA に対する好きな方法を用いて推定できる．雑音のある ICA モデルにまったく文句ない推定量が得られることになる．これにより混合行列と雑音を含んだ独立成分が得られる．しかしながら，雑音を含んだ独立成分からもともとの独立成分を推定することは，別問題である．15.5 節を参照されたい．

---

[1] これはほとんどの ICA の研究者に認められているようであるが，厳密な証明は見たことがない．

この考え方は，実はもっと一般的なものである．雑音の共分散が，

$$\Sigma = \mathbf{A}\mathbf{A}^T \sigma^2 \tag{15.4}$$

という形だと仮定する．すると雑音ベクトルを別の形 $\tilde{\mathbf{n}} = \mathbf{A}^{-1}\mathbf{n}$ に変換して，これを等価信号源雑音と呼ぶこともできる．すると式 (15.1) は，

$$\mathbf{x} = \mathbf{A}\mathbf{s} + \mathbf{A}\tilde{\mathbf{n}} = \mathbf{A}\left(\mathbf{s} + \tilde{\mathbf{n}}\right) \tag{15.5}$$

となる．$\tilde{\mathbf{n}}$ の共分散が $\sigma^2 \mathbf{I}$ であることに注意する．したがって変換された $\mathbf{s} + \tilde{\mathbf{n}}$ の各成分は独立であり，混合行列 $\mathbf{A}$ はやはり基本 ICA モデルで推定できる．

まとめると，雑音が独立成分に足される形であって，観測される混合に足される形ではない場合か，あるいは雑音の共分散が特別な構造をもっているならば，混合行列は通常の ICA の方法で推定できる．独立成分の雑音除去は別問題であるが，それは 15.5 節で扱う．

15.3 雑音源の数が少ない場合

雑音成分と独立成分の数があまり多くないという特別な場合は，基本 ICA 問題に帰着する．特にそれらの数の和が混合の数以下であるときには，再び通常の ICA モデルに戻る．ここでは，独立成分のうちのいくつかがガウス雑音であり，残りが求めたい独立成分となっている．このモデルも基本 ICA モデルとして推定可能で，データの次元よりも成分の数が少ない場合に対する，1 成分ごとの推定アルゴリズムを用いればよい．

言い換えると，求めたい独立成分を $s_i\,(i=1,\ldots k)$，雑音を $n_i\,(i=1,\ldots,l)$ とするとき，独立成分ベクトルを $\tilde{\mathbf{s}} = (s_1,\ldots,s_k,n_1,\ldots,n_l)^T$ とする．混合の数が $k+l$，すなわち求めたい独立成分の数と雑音源の数との和だと仮定する．この場合通常の ICA モデルを使って $\mathbf{x} = \mathbf{A}\tilde{\mathbf{s}}$ と書ける．ここで，$\mathbf{A}$ は求めたい独立成分の混合と雑音成分の共分散構造の両方を担っている．また $\tilde{\mathbf{s}}$ の独立成分の数は混合の数と同じである．したがって k 個の最も非ガウス的な方向を見つければ，独立成分を推定できる．残りの仮に置いた独立成分は推定できないが，それらは実際には雑音であり，もともと推定したいものではない．

しかしながら，このモデルの適用範囲は非常に限られている．ほとんどの場合，雑音は混合に加算されるので，$k+l$ つまり独立成分の数と雑音源の数の和は，必然的に混合の数より多くなってしまい，したがって $\tilde{\mathbf{s}}$ に対して基本 ICA モデルが成立しないからである．

15.4 混合行列の推定

雑音のある ICA の一般の場合に対しては,多くの方法があるわけではない.無雑音モデルの推定自身が手ごわい問題なので,結果を扱いやすく単純なものとするため雑音を無視するというのが通常のようである.さらには,データが信号と雑音に分けられると仮定することがもともと現実的ではない場合も多い.

ここでは,まず混合行列の推定を扱う.独立成分の推定はその後扱う.

15.4.1 偏差の除去

おそらく雑音のある ICA に対する方法で最も見込みのあるのは,偏差の除去に基づくものであろう.これは,通常の(雑音のない) ICA 法を変更して,雑音による偏差を除去するか,少なくとも減らすのである.

以下では雑音のないデータを

$$\mathbf{v} = \mathbf{A}\mathbf{s} \tag{15.6}$$

で表す.ここで,白色データに対して,$||\mathbf{w}|| = 1$ という制約の下で非ガウス性を最大化する射影 $\mathbf{w}^T\mathbf{v}$ を探すという,基本的な考えを用いる.第 8 章で示したように,もし非ガウス性の尺度によいものを用いれば,その方向の射影は独立成分の一致推定を与える.もし,我々の非ガウス性の尺度が,ガウス的な雑音に影響を受けないものであるか,あるいは,少なくとも雑音のある状況でも原データに対する(非ガウス性の)値が容易に推定できるものでありさえすれば,この方法を雑音のある ICA に用いることができる.要するに,$\mathbf{w}^T\mathbf{x} = \mathbf{w}^T\mathbf{v} + \mathbf{w}^T\mathbf{n}$ だから,観測される $\mathbf{w}^T\mathbf{x}$ から,雑音 $\mathbf{w}^T\mathbf{n}$ の影響を受けずに,$\mathbf{w}^T\mathbf{v}$ の非ガウス性が推定できればよいのである.

尖度に対する偏差除去 非ガウス性の尺度が尖度(4 次のキュムラント)であるときには,尖度はガウス性の雑音の影響を受けないから,雑音のある ICA に対する 1 成分ごとの方法を構成する方法はほとんど自明である.実際,尖度の基本的な性質から証明できるように,$\mathbf{w}^T\mathbf{x}$ の尖度は $\mathbf{w}^T\mathbf{v}$ の尖度と等しいからである.

しかしながら,前処理としての白色化においては,雑音の影響を考慮しなければならない.これは雑音の共分散行列 Σ が既知の場合にはいとも簡単である.雑音を含む観測データの共分散行列を $\mathbf{C} = \mathrm{E}\{\mathbf{x}\mathbf{x}^T\}$ とするとき,通常の白色化法を次の操作

$$\tilde{\mathbf{x}} = (\mathbf{C} - \Sigma)^{-1/2}\mathbf{x} \tag{15.7}$$

で置き換える．言い換えると，雑音を含むデータの共分散行列 $\mathbf{C}$ の代わりの，無雑音データの共分散行列 $\mathbf{C}-\Sigma$ を用いるのである．以下では，式 (15.7) の操作を準白色化と呼ぶことにする．この操作の後には，準白色化されたデータ $\tilde{\mathbf{x}}$ は，雑音のある ICA モデル

$$\tilde{\mathbf{x}} = \mathbf{B}\mathbf{s} + \tilde{\mathbf{n}} \tag{15.8}$$

に従う．ここで $\mathbf{B}$ は直交行列であり，$\tilde{\mathbf{n}}$ は式 (15.1) 中の原雑音の線形変換である．すると，第 8 章で述べられた定理は $\tilde{\mathbf{x}}$ に対して成立し，独立成分を求めるのに尖度の絶対値を最大化するという方法は，ここでも有効である．

一般の非ガウス性の尺度に対する偏差除去　第 8 章で論じたように，多くの応用例では，尖度よりもよい統計的性質をもつ非ガウス性の尺度を用いる必要がある．次のような尺度を導いた．

$$J_G\left(\mathbf{w}^T\mathbf{v}\right) = \left[\mathrm{E}\left\{G\left(\mathbf{w}^T\mathbf{v}\right)\right\} - \mathrm{E}\left\{G\left(\nu\right)\right\}\right]^2 \tag{15.9}$$

ここで関数 G は十分性質のよい非 2 次関数で，ν は標準ガウス変数である．

雑音を含む観測 $\mathbf{x}$ から，雑音のないデータに対する $J_G\left(\mathbf{w}^T\mathbf{v}\right)$ を推定できさえすれば，この尺度を雑音を含むデータに用いることができよう．非ガウス確率変数を z とし，分散が σ^2 であるガウス的な雑音変数を n とするとき，$\mathrm{E}\{G(z)\}$ と $\mathrm{E}\{G(z+n)\}$ の関係が簡単な代数的な式で表すことができると都合がよい．一般的には，この関係はかなり複雑で，数値積分が必要となると考えられる．

しかし，[199] で示されるように，G を適当に選べばその関係は非常に簡単になる．考え方としては，G として平均 0 のガウス確率変数の密度関数か，それに関連する関数を選ぶのである．それによって構成される非多項式モーメントは**ガウスモーメント**と呼ばれる．

分散 c^2 のガウス密度関数を

$$\varphi_c(x) = \frac{1}{c}\varphi\left(\frac{x}{c}\right) = \frac{1}{\sqrt{2\pi}c}\exp\left(-\frac{x^2}{2c^2}\right) \tag{15.10}$$

で表そう．その k 次 $(k>0)$ の導関数を $\varphi_c^{(k)}(x)$ とする．さらに $\varphi_c^{(-k)}(x)$ によって，その k 次の積分，すなわち $\varphi_c^{(-k)}(x) = \int_0^x \varphi_c^{(-k+1)}(\xi)\,d\xi$ を表すとする．ここで $\varphi_c^{(0)} = \varphi_c(x)$ とする（積分範囲の下端の 0 は任意でよいが，固定しておく必要はある）．すると次の定理が得られる [199]．

【定理 15.1】 z を任意の非ガウス的な確率変数とし，n を独立なガウス的な雑音変数でその分散が 1 であるとする．ガウス関数 φ を式 (15.10) のように定義する．すると任意の定数 $c > \sigma^2$ に対して，

$$\mathrm{E}\{\varphi_c(z)\} = \mathrm{E}\{\varphi_d(z+n)\} \tag{15.11}$$

となる．ここで $d = \sqrt{c^2 - \sigma^2}$ である．さらに φ を任意の整数 k に対して $\varphi^{(k)}$ に代えても，式 (15.11) は成立する．

この定理によれば，$G(u) = \varphi_c^{(k)}(u)$ を用いて $\mathrm{E}\{G(\mathbf{w}^T\mathbf{v})\}$ を直接推定できるから，式 (15.9) の形の一般的なコントラスト関数を最大化すれば，雑音を含む観測値から独立成分が推定できることになる．$\mathrm{E}\left\{\varphi_c^{(k)}(\mathbf{w}^T\mathbf{v})\right\}$ の形の統計量を，データのガウスモーメントと呼ぶことにする．したがって，準白色化されたデータ $\tilde{\mathbf{x}}$ に対して，コントラスト関数

$$\max_{\|\mathbf{w}\|=1} \left[\mathrm{E}\left\{\varphi_{d(\mathbf{w})}^{(k)}(\mathbf{w}^T\tilde{\mathbf{x}})\right\} - \mathrm{E}\left\{\varphi_c^{(k)}(\nu)\right\}\right]^2 \tag{15.12}$$

を最大化することになる．ここで $d(\mathbf{w}) = \sqrt{c^2 - \mathbf{w}^T\tilde{\Sigma}\mathbf{w}}$ である．これは第 8 章で示したように，雑音のある ICA の一致推定（すなわち収束する）の方法を与える．

この結果を実際に用いるには k の値を決めなければならない．実は，c は最終的なアルゴリズムでは消えるので，このパラメータは決めなくてよい．ガウスモーメントにとっては，$k=0$ と $k=-2$ という二つの値が特に重要なようである．$k=0$ はガウス密度に対応していて，第 8 章でそれを用いることが提案された．$k=-2$ のときのコントラスト関数は，優ガウス的変数の（負号をつけた）対数密度となり，興味深い．実際，$\varphi^{(-2)}(u)$ は $G(u) = 1/2\log\cosh u$ で非常によく近似できるが，後者もまた第 8 章で用いられたものである．

雑音のあるデータのための fastICA　　本項で示した非ガウス性の不偏の（偏差を除去した）尺度を用いると，fastICA のアルゴリズムの変形を導くことができる [198]．尖度やガウスモーメントを用いることにより，無雑音の場合と同様に，似たような形が導かれる．

アルゴリズムは，

$$\mathbf{w}^* = \mathrm{E}\{\tilde{\mathbf{x}}g(\mathbf{w}^T\tilde{\mathbf{x}})\} - \left(\mathbf{I}+\tilde{\Sigma}\right)\mathbf{w}\mathrm{E}\{g'(\mathbf{w}^T\tilde{\mathbf{x}})\} \tag{15.13}$$

という形をとる．ここで $\mathbf{w}$ の更新である $\mathbf{w}^*$ は，各反復後に分散が 1 になるように正

規化される．また $\tilde{\boldsymbol{\Sigma}}$ は，

$$\tilde{\boldsymbol{\Sigma}} = \mathrm{E}\left\{\tilde{\mathbf{n}}\tilde{\mathbf{n}}^T\right\} = (\mathbf{C} - \boldsymbol{\Sigma})^{-1/2}\,\boldsymbol{\Sigma}\,(\mathbf{C} - \boldsymbol{\Sigma})^{-1/2} \tag{15.14}$$

で与えられる．ここで g は G の導関数で，次の中から選べばよい．

$$g_1(u) = \tanh(u), \quad g_2(u) = u\exp(-u^2/2), \quad g_3(u) = u^3 \tag{15.15}$$

ここで g_1 はガウス累積分布関数 φ^{-1} の近似である (これらの関係は定数の加算を除いて成立している)．これらの関数が，fastICA アルゴリズムで通常用いられる非線形関数のあらかたすべてである．

15.4.2 高次のキュムラント法

混合行列を推定する別の方法が，高次のキュムラントのみを用いる方法である．高次のキュムラントはガウス性の雑音の影響を受けない (2.7 節を参照) ので，この方法はどれもガウス的雑音に強い．このような方法は [63, 263, 417] に見られる．しかしながら，問題は，この種の方法はしばしば 6 次のキュムラントを用いることである．高次のキュムラントは外れ値に対して敏感であるので，4 次を超えるキュムラントを用いる方法は，実際には有用になりにくい．しかしこの方法の好ましい点は，雑音の共分散行列がわからなくてもよいことである．

本書の第 II 部で述べたキュムラントに基づく方法で，2 次と 4 次の両方のキュムラントを用いたことを思い出してほしい．2 次のキュムラントはガウス性雑音の影響を受けるので，今までの章で示したキュムラントに基づく方法はやはりガウス性雑音の影響を受ける．キュムラントに基づく方法のほとんどは，本章で尖度の絶対値を最大化する方法として示したように，雑音のある場合にうまくいくように修正できると思われる．

15.4.3 最尤法

雑音のあるデータに対する混合行列を推定するのに，最尤 (ML) 推定法も使える．まず [335, 195, 80] のように，混合行列と独立成分の実現値との，結合尤度を最大化することが考えられる．これは，

$$\begin{aligned}
&\log L\left(\mathbf{A}, \mathbf{s}(1), \ldots, \mathbf{s}(T)\right) \\
&= -\sum_{t=1}^{T}\left[\frac{1}{2}\|\mathbf{A}\mathbf{s}(t) - \mathbf{x}(t)\|_{\boldsymbol{\Sigma}^{-1}}^{2} + \sum_{i=1}^{n} f_i(s_i(t))\right] + C
\end{aligned} \tag{15.16}$$

で与えられる．ここで，$\|\mathbf{m}\|_{\boldsymbol{\Sigma}^{-1}}^2$ は $\mathbf{m}^T \boldsymbol{\Sigma}^{-1} \mathbf{m}$ と定義され，$\mathbf{s}(t)$ は独立成分の実現値で，C は不要な定数である．f_i は独立成分の密度関数 (pdf) の対数である．しかしながら，この結合尤度関数を最大化するのは，計算量が大きすぎる．

より節度ある方法は，混合行列の (周辺) 尤度関数と，可能なら雑音の共分散行列の尤度関数を最大化することであり，[310] で行われた．これは，独立成分の密度をガウス関数の混合で近似するという考えに基づいており，それにより期待値最大化 (EM) のアルゴリズムが計算可能になる．[42] では，より簡単な離散値独立成分の場合が扱われた．しかしながら，EM アルゴリズムの問題点は，データの次元の増大とともに計算量が指数関数的に増大することである．

偏差を除去する手法を用いて，通常の ML アルゴリズムを雑音のあるデータに使えるように修正すれば，より見込みのある方法となるかもしれない．実際，ここで示された偏差除去の方法を，そのように用いることは可能で，関連する方法が [119] で示された．

最後に，最尤推定の幾何学的解釈に基づく方法が [33] で示されていること，それから，[76] では狭帯域の信号源に対するかなり異なった方法が示されていることを付け加えておく．

15.5 独立成分からの雑音の除去

15.5.1 最大事後確率推定

雑音のある ICA においては混合行列を推定するだけでは十分ではない．式 (15.1) の行列 $\mathbf{A}$ の逆行列 $\mathbf{W}$ が求められると，

$$\mathbf{Wx} = \mathbf{s} + \mathbf{Wn} \tag{15.17}$$

を得る．つまり推定された独立成分の中にはまだ雑音が含まれている．だからもともとの独立成分の推定 $\hat{s}_i$ で，ある意味で最適なもの，つまり含まれる雑音が最小限のものを得たい．

この問題の簡単な解決策の一つは最大事後確率 (MAP) 推定を用いることである．その定義は 4.6.3 項を参照されたい．基本的には，$\mathbf{x}$ が与えられたときの生起確率が最大となるような値を選ぶのである．これは結合尤度 (15.16) を最大にする $\hat{s}_i$ を選ぶことと同値なので，これを最尤推定と呼ぶこともできる．

MAP 推定を計算するため，対数尤度 (15.16) の $\mathbf{s}(t)$ $(t = 1, \ldots, T)$ に関する勾配を

計算して 0 と置く．これを方程式で書くと，

$$\hat{\mathbf{A}}^T \boldsymbol{\Sigma}^{-1} \hat{\mathbf{A}} \hat{\mathbf{s}}(t) - \hat{\mathbf{A}}^T \boldsymbol{\Sigma}^{-1} \mathbf{x}(t) + f'(\hat{\mathbf{s}}(t)) = 0 \tag{15.18}$$

である．ここで対数密度関数の導関数 f' は，ベクトル $\hat{\mathbf{s}}(t)$ の各要素に個々に適用する．

実は，この方法は 4.6.2 項で示した古典的なウィーナフィルタの，非線形の一般化である．別の考えとしては，独立成分のもつ時間的構造を用いて雑音を除去する方法がある（第 18 章を参照）．これは結果的にカルマンフィルタと似た方法となる [250, 249]．

15.5.2 縮小推定の特別な場合

ところが縮小 $\hat{\mathbf{s}}$ の推定はやさしくない．一般的には数値的最適化が必要である．特別な場合として，雑音の共分散が式 (15.4) の形だと仮定すると簡単になる [200, 207]．これは (等価) 信号源雑音に対応する．すると式 (15.18) より，

$$\hat{\mathbf{s}} = g\left(\hat{\mathbf{A}}^{-1}\mathbf{x}\right) \tag{15.19}$$

を得る．ここで要素ごとのスカラー値関数 g は関係

$$g^{-1}(u) = u + \sigma^2 f'(u) \tag{15.20}$$

の逆関数として得られる．したがって MAP 推定は f' を含んだある関数，つまり s の密度のスコア関数 [395] の逆関数を求めることによって得られる．

一般には，式 (15.20) の逆関数を解析的に求めることは不可能であるかもしれない．ここでは逆演算が簡単な三つの例を示すが，それらは第 21 章において大きな現実的な価値をもつものである．

例 15.1　s が分散 1 のラプラス分布 (二重指数分布) をもつとする．すると $p(s) = \exp(-\sqrt{2}|s|)/\sqrt{2}$，$f'(s) = \sqrt{2}\mathrm{sign}(s)$ で，g は，

$$g(u) = \mathrm{sign}(u) \max\left(0, |u| - \sqrt{2}\sigma^2\right) \tag{15.21}$$

である (厳密には式 (15.20) の中の関数はこの場合逆関数をもたないのだが，それを逆関数をもつ関数列で近似することによって，式 (15.21) が逆関数の列の極限として得られる)．この関数は**縮小関数**と呼ばれ，図 15.1 に示すようにその引数の絶対値を一定値減らす働きがある．この関数の働きは直観的に次のようなことである．優ガウス

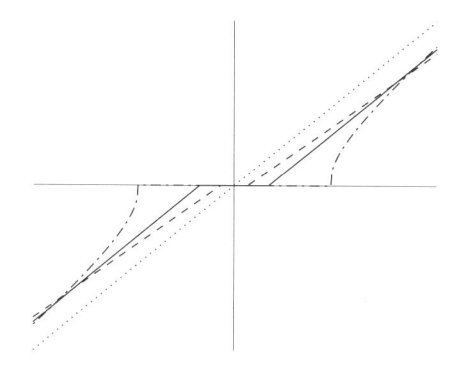

図 15.1 縮小関数の図．これらの関数は，雑音の大きさに応じて変数の値を適当に減らす効果をもっている．変数の値が小さいときには 0 にする働きがある．これにより，確率変数がスパースなときにはガウス性雑音が減少する．実線: ラプラス密度に対応する縮小関数 (15.21)．破線: 式 (15.24) で示される代表的な縮小関数．一点鎖線: 式 (15.26) で示される代表的な縮小関数．比較のため直線 $y = x$ を点線で示す．すべての密度関数は分散 1 になるように正規化し，雑音の分散は 0.3 に固定した．

的確率変数 (たとえばラプラス確率変数) は 0 に鋭い山をもつので，雑音を含んだ変数が小さな値のときには，雑音しかない，すなわち $s = 0$ と推測できる．したがって，閾値を設けてそのような小さな値を 0 にすれば雑音を減らすことになる．縮小関数はまさに柔らかい閾値演算子と考えられる．

例 15.2 より一般的に，スコア関数をガウス分布とラプラス分布のスコア関数の線形結合

$$f'(s) = as + b\,\text{sign}(s) \tag{15.22}$$

で近似する．ここで $a, b > 0$ である．これは s の密度関数として，

$$p(s) = C \exp\left(-as^2/2 - b|s|\right) \tag{15.23}$$

を仮定することに対応している．ここで C は正規化定数である．この関数を図 15.2 に示す．すると，

$$g(u) = \frac{1}{1 + \sigma^2 a} \text{sign}(u) \max\left(0, |u| - b\sigma^2\right) \tag{15.24}$$

を得る．これも図 15.1 に示すような定数倍された縮小関数である．

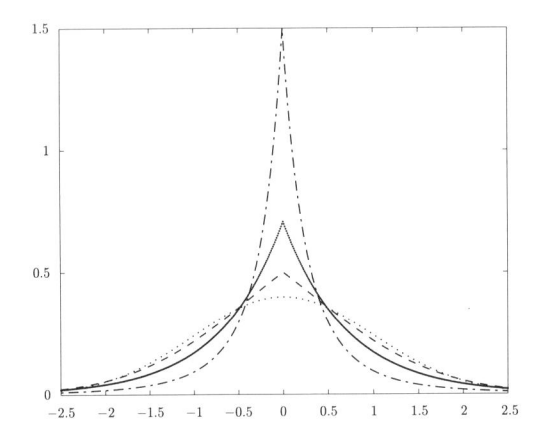

図 15.2 スパースな成分のモデル (15.23) と式 (15.25) に対応する密度関数の図. 実線はラプラス密度. 破線は式 (15.23) で, 中度に優ガウス的な密度として代表的なもの. 一点鎖線は式 (15.25) で, 強度に優ガウス的な密度として代表的なもの. 比較のためにガウス密度を点線で示す.

例 15.3 別の可能性は, 次のように強い優ガウス的密度関数の例である.

$$p(s) = \frac{1}{2d} \frac{(\alpha+2)\left[\alpha(\alpha+1)/2\right]^{(\alpha/2+1)}}{\left[\sqrt{\alpha(\alpha+1)/2} + |s/d|\right]^{(\alpha+3)}} \tag{15.25}$$

ここで $\alpha, d > 0$ である. 図 15.2 を参照されたい. $\alpha \to \infty$ のときの極限がラプラス分布である. このモデルの密度が非常にスパースであることは, たとえばこれらの分布の尖度 [131, 210] はラプラス分布の尖度より常に大であり, $\alpha \le 2$ に対しては無限大に発散することからわかる. 同様に $p(0)$ は α が 0 に近づくとき無限大に発散する. 式 (15.20) から得られる縮小関数は, 単純な計算を少し続けると得られ,

$$g(u) = \text{sign}(u) \max\left(0, \frac{|u|-ad}{2} + \frac{1}{2}\sqrt{(|u|+ad)^2 - 4\sigma^2(\alpha+3)}\right) \tag{15.26}$$

となる. ここで $a = \sqrt{\alpha(\alpha+1)/2}$ で, また式 (15.26) の平方根の中身が負になったときは $g(u)$ を 0 にする. この関数も図 15.1 に図示されているが, 閾値関数の感じがより強いものである.

15.6 スパース符号の縮小による雑音除去

雑音のある ICA 推定の基本的な目的は独立成分の推定であるが，このモデルを使って興味深い雑音除去法を導くことができる．

データ $\mathbf{x}$ が，

$$\mathbf{x} = \mathbf{v} + \mathbf{n} \tag{15.27}$$

のように雑音に汚染されているとする．ICA モデルはいつものように，

$$\mathbf{v} = \mathbf{A}\mathbf{s} \tag{15.28}$$

である．$\mathbf{x}$ から雑音を除去するため，上で示した MAP 推定法を適用して推定値 $\hat{\mathbf{s}}$ を計算する．次にデータを

$$\hat{\mathbf{v}} = \mathbf{A}\hat{\mathbf{s}} \tag{15.29}$$

によって再構成する．注意すべきは，混合行列がもし直交行列で，雑音の共分散が $\sigma^2\mathbf{I}$ という形ならば，条件 (15.4) は満たされていることである．雑音に関するこの条件は普通のものである．そこで混合行列を直交行列，たとえば式 (8.48) により混合行列を直交化した行列で近似することが考えられる．

この方法はスパース符号縮小 [200, 207] と呼ばれる．データをまずスパースな，つまり優ガウス的な符号に変換し，その符号に縮小を適用するからである．この手法は以下のように要約される．

1. まず $\mathbf{v}$ の無雑音の訓練データを用いて独立成分を推定し，混合行列を直交化する．直交化した混合行列を $\mathbf{W}^T$ とする．各スパース成分の密度関数 $p_i(s_i)$ を，式 (15.23) と式 (15.25) のモデルを用いて推定する．
2. 雑音を含んだ各測定値 $\mathbf{x}(t)$ について，対応する雑音を含んだスパース成分 $\mathbf{u}(t) = \mathbf{W}\mathbf{x}(t)$ を計算する．各測定番号 t の各成分 $u_i(t)$ に対して，式 (15.24) または式 (15.26) で定義される非線形縮小関数 $g_i(\cdot)$ を適用する．得られた成分を $\hat{s}_i(t) = g_i(u_i(t))$ と書く．
3. その変換の逆変換を計算して無雑音データの推定を $\hat{\mathbf{v}}(t) = \mathbf{W}^T\hat{\mathbf{s}}(t)$ により求める．

スパース符号縮小を画像の雑音除去に用いた実験については第 21 章を参照されたい．その場合には，この手法はウェーブレット縮小とコアリングの方法と密接に関連している [116, 403]．

15.7 結語

本章では加法的なセンサ雑音がある場合の，ICA モデルの推定問題を扱った．まず，場合によっては何も新たな面倒なしに，基本 ICA モデルから混合行列が推定できることを示した．それが不可能な場合に対して，混合行列の推定のための偏差除去法について述べ，fastICA の不偏推定のアルゴリズムを導いた．

次に，推定した独立成分から雑音を除去する方法を検討した．優ガウス的データの場合，これからいわゆる縮小推定が導かれた．さらに，スパース符号圧縮と呼ばれるおもしろい雑音除去法を見つけた．

基本 ICA モデルの推定を扱った第 II 部とは対照的に，本章の内容は「予想」の性格が強い．本章で述べられた多くの方法の有効性は実証されていない．読者には雑音のある ICA の方法を気軽に使われないよう，警告したい．第 13 章で議論したように，データの雑音を減少させて基本 ICA モデルが使えるようにすることを，いつでもまずお勧めする．

第 16 章

過完備基底の ICA

独立成分分析(ICA)において，混合 x_i の数が独立成分 s_i の数より少ないときには，困難な問題が生じる．この場合は混合系が可逆ではないので，混合行列 $\mathbf{A}$ の逆行列を計算することによって独立成分を求めることはできない．したがって，たとえ混合行列を正確に知っていたとしても，独立成分の正確な値を復元することはできない．混合の過程で情報が失われているからである．

この状況はしばしば過完備基底の ICA と呼ばれる．その理由は，ICA モデル

$$\mathbf{x} = \mathbf{A}\mathbf{s} = \sum_i \mathbf{a}_i s_i \tag{16.1}$$

において，「基底」ベクトル $\mathbf{a}_i$ の数が $\mathbf{x}$ の空間の次元より大きいので基底が「大きすぎる」，つまり過完備だからである[1]．このような状況は，たとえば画像の特徴抽出などの場合にときどき起こる．

雑音のある ICA と同様に，実際には2種類の異なる問題がある．まず混合行列の推定法，そして独立成分の実現値の推定法である．通常の ICA ではこれら二つの問題は同時に解かれるのだから，非常に対照的である．この問題は別の側面で雑音のある ICA と共通点をもっている．すなわち，基本 ICA 問題よりはるかに困難で，推定方法はより未発達だという点である．

---

[1] 訳注: 過完備基底は通常の基底の定義を満足しないので括弧つきの基底だが，本章では単に基底と記述される．

16.1 独立成分の推定

16.1.1 最尤推定

混合行列を推定する多くの方法は，既知の混合行列に対して独立成分を推定するためのサブルーチンをもっている．そこでまず混合行列が既知であるとして，独立成分を再構成する方法を扱う．混合の数を m，独立成分の数を n とする．すると，混合行列の大きさは $m \times n$ で $n > m$ だから非可逆である．

独立成分を求める最も簡単な方法は，混合行列の一般化逆行列を用いることである．つまり，

$$\hat{\mathbf{s}} = \mathbf{A}^T \left(\mathbf{A}\mathbf{A}^T\right)^{-1} \mathbf{x} \tag{16.2}$$

である．このような単純な一般化逆行列の計算で十分よい解が得られる場合もあるが，多くの場合もっと高度な推定が必要である．

最尤推定法 [337, 275, 195] によって，$\mathbf{s}$ のより高度な推定が得られる．第 15 章で無雑音の場合の独立成分を推定するのに，ML 法，あるいは最大事後確率法を用いたのと同じ考え方が使える．$\mathbf{s}$ の事後確率を

$$p(\mathbf{s}|\mathbf{x}, \mathbf{A}) = 1_{\mathbf{x}=\mathbf{A}\mathbf{s}} \prod_i p_i(s_i) \tag{16.3}$$

と書くことができる．ここで，$1_{\mathbf{x}=\mathbf{A}\mathbf{s}}$ は $\mathbf{x} = \mathbf{A}\mathbf{s}$ ならば 1 で，その他の場合は 0 をとる定義関数である．独立成分の (事前) 確率密度は $p_i(s_i)$ である．すると $\mathbf{s}$ の最尤推定として，

$$\hat{\mathbf{s}} = \arg \max_{\mathbf{x}=\mathbf{A}\mathbf{s}} \sum_i \log p_i(s_i) \tag{16.4}$$

を得る．

あるいはまた，雑音が存在している場合も扱える．この場合は，式 (15.16) に示される通常の雑音つき混合の場合と形式的に同じ尤度を得る．式中の独立成分の数が異なるだけである．

最尤推定の問題点は計算の困難な点である．少しでも意味のある問題に対するこの最適化問題は，単純な関数の解析的な形に表現できないのである．もし s_i がガウス分布に従うのならば，最適化問題は閉じた形で与えられ，最適解は式 (16.2) の一般化逆行列解で与えられる．しかしながら，ガウス的な独立成分にはほとんど興味がないのだから，一般化逆行列解は多くの場合あまり満足できる解ではない．

したがって一般には，式 (16.4) で与えられる推定量を求めるためには数値的最適化が必須である．最急上昇法は簡単に導ける．s_i がラプラス分布

$$p_i(s_i) = \frac{1}{\sqrt{2}} \exp\left(-\sqrt{2}|s_i|\right) \tag{16.5}$$

に従うときは最適化が特に容易で，不要な定数を除くと，

$$\hat{\mathbf{s}} = \arg \min_{\mathbf{x}=\mathbf{A}\mathbf{s}} \sum_i |s_i| \tag{16.6}$$

となる．これは線形計画法として定式化できるから，そのための古典的な方法を用いて解くことができる [275]．

16.1.2 優ガウス的成分の場合

特徴抽出の場合には成分達が優ガウス的であるので(第 21 章を参照)，ラプラス分布などの優ガウス的分布を用いることには，十分正当性がある．ラプラス密度関数はまた，おもしろい現象を引き起こす．ML 推定により得られる係数 s_i のうち，m 個以外は 0 となるのである．つまり，成分中の最小限の数しか活性化されていない．多くの成分が 0 であるという意味で，スパースな分解を得ることになる．

独立成分を ML 推定で求めることは，いかなる場合も正確な推定はできないので，一見役に立たないと思われるかもしれない．しかしそうではない．このスパース性ゆえ ML 推定はとても有用なのである．独立成分の優ガウス性が非常に強いときには，密度は 0 に大きな山をもつから，ほとんどの成分は 0 に非常に近い (これは 21.2 節でより詳細に扱うスパース符号化と関連がある)．

したがって 0 でない成分の数はあまり多くはないであろうから，系はこれらの成分に対しては可逆になりうる．まずどの成分が明らかに 0 でないかを決め，系のその部分について逆演算を行えば，独立成分を非常に正確に再構成できるかもしれない．ML 推定においてはこれは暗に行われていることである．たとえば三つの音声信号から二つの混合ができている場合を考えよう．音声信号は，大部分の時間実質的に 0 である (したがって強く優ガウス的である) ので，同時に 0 でない信号は二つしかないと仮定でき，結局そのような二つの信号をうまく再構成できた [272]．

16.2 混合行列の推定

16.2.1 結合尤度の最大化

混合行列を推定するのに最尤推定を用いることができる．ML 推定の最も簡単な適用法は，$\mathbf{A}$ と実現値 s_i の結合尤度関数を立て，それをこれらすべての変数に関して最大化する方法である．雑音のある結合尤度を使うほうが少し容易である．それは式 (15.16) と同じ形で，

$$\log L\left(\mathbf{A}, \mathbf{s}(1), \ldots, \mathbf{s}(T)\right)$$
$$= -\sum_{t=1}^{T}\left[\frac{1}{2\sigma^2}\|\mathbf{A}\mathbf{s}(t) - \mathbf{x}(t)\|^2 + \sum_{i=1}^{n} f_i\left(s_i(t)\right)\right] + C \qquad (16.7)$$

である．ここで σ^2 は雑音の分散で，ここでは無限小と仮定される．$\mathbf{s}(t)$ は独立成分の実現値で，C は不要となる定数である．関数 f_i は独立成分の対数密度関数である．

式 (16.7) を $\mathbf{A}$ と s_i に関して最大化するには，すべての変数に関する大局的な勾配法を用いてもよい [337]．尤度の最大化の別の方法に，交代変数の方法 [195] がある．これは，まず固定した $\mathbf{A}$ に対して $s_i(t)$ の ML 推定を求め，次にこの新しい $s_i(t)$ 達を固定して $\mathbf{A}$ の ML 推定を求める．これを繰り返していく．与えられた $\mathbf{A}$ に対して $s_i(t)$ の ML 推定をするには，雑音の大きさが無限小であるとして前節の方法を用いればよい．$s_i(t)$ が与えられたときの $\mathbf{A}$ の ML 推定は，

$$\mathbf{A} = \left(\sum_t \mathbf{x}(t)\mathbf{x}(t)^T\right)^{-1} \sum_t \mathbf{x}(t)\mathbf{s}(t)^T \qquad (16.8)$$

で与えられる．ただ，このアルゴリズムには安定化のための方策を付加する必要がある．たとえば s_i のノルムを 1 にするなどの正規化が必要である．データを最初白色化することにより，さらに安定する．すると (雑音が無限小であることを考えると)

$$\mathrm{E}\left\{\mathbf{x}\mathbf{x}^T\right\} = \mathbf{A}\mathbf{A}^T = \mathbf{I} \qquad (16.9)$$

を得るが，これから $\mathbf{A}$ の行が正規直交系をなすことがわかる．さらに安定化させるのに，式 (16.8) の各段でこの正規直交化を課すこともできる．

16.2.2 尤度の近似値の最大化

結合尤度の最大化は推定法としてはかなり粗いものである．ベイズ理論から考えれば，本当に最大化したいのは混合行列の周辺事後確率である (ベイズ推定の概念につ

いては 4.6 節を参照）．

より高度な最尤推定の形が，$\mathbf{A}$ の事後密度のラプラス近似によって得られる．これはアルゴリズムの安定性を改善し，画像データの過完備基底の推定 [274] や，音声信号の分離 [272] に使われ成功した．ラプラス近似の詳細については [275] を参照されたい．ラプラス近似の代わりとしてアンサンブル学習が使える．17.5.1 項を参照されたい．

モンテカルロ法は研究の方向として期待できる．これは確率的なアルゴリズムによる数値積分法であり，ベイズ推定で使われる種々の方法の一つのクラスをなしている．このクラスの一つの方法であるギッブス標本化は，[338] で過完備基底の推定に用いられた．モンテカルロ法により優れた統計的性質をもつ推定量が得られることが多い．一方，その欠点は計算能力に対する要求が大きいことである．

あるいはまた，期待値最大化（EM）アルゴリズムを用いることもできよう．独立成分の分布のモデルとして複数のガウス分布の混合を用いると，このアルゴリズムを解析的な形にすることができる．しかし問題点は，$\mathbf{s}$ の次元とともに複雑さが指数関数的に増加するので，小規模問題にしか使えないことである．このアルゴリズムの適当な近似を考えれば，問題を緩和できるかもしれない [19]．

尤度法の近似として非常に異なるものが [195] で導かれた．これは，一種の競合神経学習を用いて優ガウス的なデータの過完備推定を行ったものである．この近似は計算的に強力であり，ある種のデータにはうまくいくようである．これは，任意の一時点では高々 1 個の成分のみが 0 でないときに，スパース性つまり優ガウス性が最大となる，という考えに基づいている．そこで，ある一つのデータ点では，たった 1 個の成分，たとえば一般化逆行列解の中で最大の成分以外は 0 であると単純に仮定してもよいのではないかと思える．これ自体は現実的な仮定ではないが，場合によっては現実の状況の近似として意味をもつ場合もありうる．

16.2.3　準直交性を用いた近似推定

前項までに述べられた最尤法は，過完備基底の ICA 推定に対する取り組み方として十分正当化されている．前項の方法の問題点は，計算量がかなり膨大である点のみといってよい．ところが，過完備基底の ICA の典型的な応用である特徴抽出においては，空間の次元が通常非常に高い．そこでここでは，どちらかというと発見的な正当化しかできないが，計算量は基本 ICA と大して違わない，一つの方法 [203] を示そう．この方法は fastICA アルゴリズムに準直交性の概念を組み合わせたものである．

スパースで近似的に無相関な分解　この発見的な方法を正当化してくれる事実として，多くの種類の自然のデータに対して特徴抽出を行う際，ICA モデルは相当粗い近似にすぎないということがあげられよう．特に，潜在的な「独立成分」の数は無限ではないだろうか．そのような独立成分の全体の集合は，離散集合よりは連続多様体に近いものであろう．その一つの証拠をあげると，古典的な ICA 推定法を使って異なる初期値から出発すると，異なる基底ベクトルが得られるが，そうやって次々と生成されるベクトルの数は有限にとどまらないようである．どの古典的 ICA 推定法を使っても，いくらかは独立でありスパースな周辺分布をもつ成分の，かなり任意性のある集合が作り出される．

簡単のため，第 II 部の大部分の ICA 手法のように，データは前処理で白色化されていると仮定できる．すると独立成分は，単に白色化データ $\mathbf{z}$ と基底ベクトル $\mathbf{a}_i$ との内積で与えられる．

以上のような考察から，この方法を考えるにあたって，普通，以下の二つの性質をもつ基底ベクトルの集合が必要であるとしよう．

1. 観測データと基底ベクトルとの内積 $\mathbf{a}_i^T \mathbf{z}$ はスパースな (優ガウス的) 周辺分布をもつ．
2. $\mathbf{a}_i^T \mathbf{z}$ は近似的に無相関 (準無相関と呼ぶ) である．それと同値であるが，ベクトル $\mathbf{a}_i$ は近似的に直交している (準直交と呼ぶ)．

これら二つの性質をもつ分解ならば，ICA モデルの推定で得られる分解がもつ本質的な性質をとらえることができるであろう．このような分解は，スパースな近似的無相関分解とでも呼べるであろう．

明らかに，これらの性質のうち最初の性質をもつ，非常に過完備な基底集合を見つけることは可能である．古典的な ICA 推定は通常，これらの内積のスパース性 (一般には非ガウス性) を最大化することに基づいている．したがって，ある一つの画像データに対して，いくつかの異なる ICA 分解が存在することは，最初の性質をもついくつかの分解の存在を示している．

しかしながら，内積が近似的に無相関になるような，高度に過完備な分解を見つけることができるかということは自明でない．我々の主張は，準直交性の現象があるために，これは可能であるということである．

高次元空間における準直交性　準直交性 [247] は，少しばかり直観に反するような現象で，非常に次元の大きい空間で遭遇するものである．ある意味では，空間が高次

元になるほどベクトルを格納する余地がどんどん大きくなるということである．n が大きいとき n 次元空間の中に，たとえば $2n$ 個のベクトルをほぼ直交するように，つまり互いの角度が 90 度近くなるように配置することができる．これを低次元のときと比べてみてほしい．たとえば $n=2$ のときには，$2n=4$ 個のベクトルを最大限分離して配置しても，それらの間の角度は 45 度である．

たとえば画像分解のときに扱う空間の次元は 100 のオーダである．したがってこの場合，たとえば 400 個のベクトルで互いにほぼ直交する，つまりベクトル間の角度がほぼ 80 度以上になっているものを用いて，画像の分解をすることは容易である．

準直交化による fastICA 　上で定義したような準無相関スパース分解を求めるためには，二つ必要なものがある．まず，最大限スパースな内積 $\mathbf{a}_i^T \mathbf{z}$ をもつ基底ベクトル $\mathbf{a}_i$ を見出す方法，次に，そのような基底ベクトルを準直交化する方法である．実際には，大部分の古典的な ICA アルゴリズムは，データが前もって白色化されている場合には，基底ベクトルとの内積の非ガウス性を最大化するものと考えられる（これは第 8 章で示された）．したがってここでの主な問題は，準無相関化の適当な方法を構成することである．

著者らはこれまで二つの準無相関化の方法を開発した．一つは対称的なもの，もう一つは逐次的なものである．この分類は，ICA で用いられる通常の無相関化に対するものと同じである．上で述べたように，ここではデータは白色化されていると仮定されている．

準直交化の一つの簡単な方法は，通常の逐次的な方法をグラム＝シュミットの直交化法に似た考えで修正することである．つまり，ベクトルを一つずつ推定する．p 個の基底ベクトル $\mathbf{a}_1,\ldots,\mathbf{a}_p$ を推定した後，1 成分推定用の不動点アルゴリズムによって $\mathbf{a}_{p+1}$ を求める．これが 1 回の反復であるが，各反復後に，$\mathbf{a}_{p+1}$ から，すでに推定された p 個のベクトルへの射影 $\mathbf{a}_{p+1}^T \mathbf{a}_j \mathbf{a}_j$ $(j=1,\ldots,p)$ の一部を減じてから，さらに正規化する．具体的には，

$$\begin{aligned}&1.\ \mathbf{a}_{p+1} \leftarrow \mathbf{a}_{p+1} - \alpha \sum_{j=1}^{p} \mathbf{a}_{p+1}^T \mathbf{a}_j \mathbf{a}_j \\ &2.\ \mathbf{a}_{p+1} \leftarrow \mathbf{a}_{p+1}/\|\mathbf{a}_{p+1}\|\end{aligned} \qquad (16.10)$$

である．ここで α は準直交化の程度を決める定数である．$\alpha=1$ のときは通常の直交化になる．我々の経験からいうと，64 次元の場合 α は区間 $[0.1, 0.3]$ の間の値で十分である．

応用によっては，準直交化を対称的に，すなわちすべてのベクトルを公平に扱いた

い場合もあるだろう [210, 197]．これを達成するアルゴリズムとしては，たとえば，

1. $\mathbf{A} \leftarrow \frac{3}{2}\mathbf{A} - \frac{1}{2}\mathbf{A}\mathbf{A}^T\mathbf{A}$
2. $\mathbf{A}$ の各列のノルムを 1 となるように正規化

(16.11)

とすればよい．これは，8.4.3 項の基本 ICA のための対称的直交化反復法と密接に関連している．ここでは，8.4.3 項で反復したアルゴリズムを 1 回行うという点が異なる．場合によっては 2 回以上反復をする必要があるかもしれないが，下に示す実験では 1 回の反復で十分であった．

したがって，ここで提案するアルゴリズムは，たとえば 8.3.5 項に述べられている fastICA アルゴリズムと，直交化以外のすべての点で相似であるといえる．直交化は上で述べた準直交化に置き換えられている．

過完備な画像基底の実験　我々のアルゴリズムを，自然画像から取られた 8×8 の画像窓に適用した．第 21 章で詳しく説明する特徴抽出のための ICA を用いた．

前処理として画像窓の平均 (直流成分) を除去したので，データは 63 次元である．逐次的アルゴリズムと対称的アルゴリズムの両方が用いられた．fastICA で使われる非線形関数は tanh とした．図 16.1 は推定された約 4 倍過完備な (240 個からなる) 基底である．標本の大きさは 14000 である．ここで示した結果は対称的アルゴリズムを用いたものである．α を 0.1 に固定したときの逐次的アルゴリズムによる結果も同様であった．

結果を見ると，推定された基底ベクトルは，計算量のより大きい他の方法による結果 [274] と，質的にほとんど同程度であることがわかる．また基本 ICA を用いた結果 (第 21 章を参照) とも同程度である．さらに基底ベクトル間の内積を計算してみると，基底が実際に準直交であることもわかる．これは，この発見的に導かれた方法の正当性を示している．

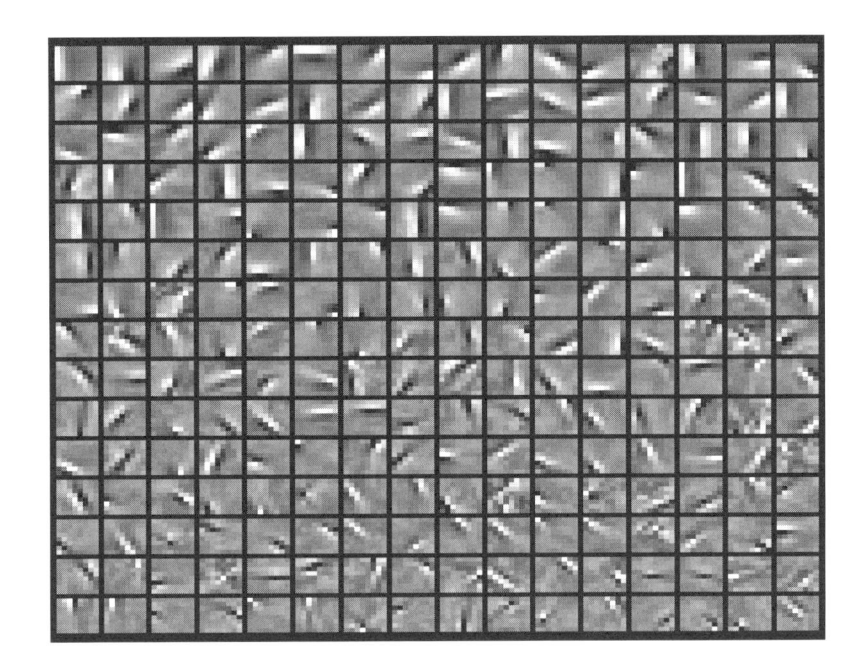

図 16.1 4倍に過完備な基底の基底ベクトル．データの次元は 63 (局所平均である DC 成分を除いた数) で，基底ベクトルの数は 240 である．結果は原空間で示してある．すなわち，前処理 (白色化) の逆演算を施したものである．対称的な方法を用いた．基底ベクトルは，画像データにとってはよくあるように，ガボール関数やウェーブレットに非常に似ている (21 章を参照)．

16.2.4 他の考え方

ここで過完備基底の推定のための他のアルゴリズムにも言及しておこう．まず [341] では，独立成分が 2 値をとる場合について考えられ，幾何学的発想に基づく方法が提案された．さらに [63] では，過完備推定問題のためのテンソル的アルゴリズムが提案された．関連する理論的な結果が [58] で導かれた．また [5] では自然勾配を用いた方法が展開された．上述の準直交化法に似た方法による，過完備基底の推定のさらなる発展については [208] を参照されたい．

16.3 結語

　独立成分の数が混合の数より多いと，ICA 問題はずっと複雑になる．基本 ICA のための方法はそのままでは使えない．大部分の実際問題に対しては，基本 ICA を過完備基底モデルの近似として扱うのがよりよいだろう．基本モデルの推定には，信頼性が高く効率のよいアルゴリズムが使えるからである．

　基底が過完備のとき，尤度の定式化は「欠落データの問題」(missing data problem) の一つとなるので，困難である．したがって，最尤推定に基づく方法は計算効率が非常に悪い．計算効率のよいアルゴリズムを得るためには，強力に近似する必要がある．たとえば fastICA を変形して，準直交スパース分解の探索に基づくアルゴリズムを使うことができる．このアルゴリズムは計算効率が非常に高く，過完備推定問題の複雑さを古典的 ICA 推定のそれにまで下げてくれる．

第 17 章

非線形 ICA

本章では非線形混合モデルに対する独立成分分析 (ICA) を扱う．非線形 ICA の基本的に困難な点は一意性が非常に悪いことであり，それをよくするには，よく行われるように適当な正則化などによる何らかの制約をつけなければならない．また非線形暗中(ブラインド)信号源分離問題も扱う．線形の場合と異なり，この問題は対応する非線形 ICA 問題とは違うものとして考える．これらを検討した後，非線形 ICA や非線形 BSS 問題のために導入されたいくつかの手法を，より詳細に検討する．特に強調するのはベイズ方式で，これはアンサンブル学習法を柔軟な多層パーセプトロンモデルに適用し，観測される混合データを最も高い確率で与えるような，信号源と非線形混合写像を探索するものである．この方法の効率のよさを人工的なデータと実世界のデータを用いて示そう．章末では，非線形 ICA と非線形 BSS の解法として提案されている他の方法を概観する．

17.1 非線形 ICA と BSS

17.1.1 非線形 ICA と BSS 問題

多くの状況において，基本線形 ICA または BSS モデル

$$\mathbf{x} = \mathbf{As} = \sum_{j=1}^{n} s_j \mathbf{a}_j \tag{17.1}$$

は観測データ $\mathbf{x}$ を記述するのには簡単すぎる．そこでこの線形モデルを拡張して，非線形混合モデルにすることは自然である．瞬時混合の場合，非線形混合モデルは一般には，

$$\mathbf{x} = \mathbf{f}(\mathbf{s}) \tag{17.2}$$

と書ける．ここで $\mathbf{x}$ は観測される m 次元のデータ (混合) ベクトルであり，$\mathbf{f}$ は未知の m 成分の実数値の混合関数で，$\mathbf{s}$ は n 個の未知の独立成分を要素とする n ベクトルである．

簡単のため，独立成分の個数 n と混合の数 m とが等しいと仮定する．すると一般的な非線形 ICA 問題は，

$$\mathbf{y} = \mathbf{h}(\mathbf{x}) \tag{17.3}$$

の成分が統計的に独立になるような写像 $\mathbf{h}: \mathbb{R}^n \to \mathbb{R}^n$ を探すことである．非線形 ICA 問題の基本的な特徴は，解が必ず存在し，それらは非常に一意性が悪いことである．これは，もし x と y とが独立な確率変数であれば，それらの任意の関数 $f(x)$ と $g(y)$ も独立であることからもわかる．それよりさらに深刻な問題は，後で示すように，非線形の場合には x と y とを混合しても，まだ統計的に独立でありうることである．これは，線形混合におけるガウス性の独立成分の場合と似ていなくもない．

本章では，独立成分を探すことと，真の信号源を探すこととの違いを明確にするために，BSS を別に定義する．この非線形 BSS 問題においては，観測信号を生成した真の信号源 $\mathbf{s}$ を見出さなければならない．これには，信号源と混合写像のどちらかまたは両方について，何らかのよい情報が与えられている必要があるが，上で定義した非線形 ICA よりも，明らかにより意味があり一意性のある問題である．式 (17.2) によって生成されたデータに対して，何らかの独立成分が見つかったとしても，それは真の信号源とはまったく異なるかもしれないことは強調しておくべきだろう．だから ICA と BSS が同じ解をもつ線形モデルの場合とは，状況が非常に異なる．一般的にいって，非線形 BSS の解法は容易ではなく，事前の情報や適当な正則化の制約が必要となる．

一般的な非線形混合モデル (17.2) の一つの重要な例に，**非線形活性化関数型混合**[1] (いわゆる post-nonlinear mixtures) がある．その各混合は，

$$x_i = f_i\left(\sum_{j=1}^n a_{ij} s_j\right), \quad i = 1, \ldots, n \tag{17.4}$$

と書ける．信号源 $s_j\,(j = 1, \ldots, n)$ は，まず式 (17.1) の基本 ICA・BSS モデルによって線形混合され，その後，非線形性関数 f_i がそれらに適用され，最終的に観測値 x_i となる．非線形活性化関数型混合に含まれる非決定性は，基本線形瞬時混合モデ

---

[1] 適当な訳語が見つからなかったので，神経回路網の連想から選んだ訳語を用いた．

ル (17.1) の場合と変わらないことが示されている [418]．つまり，混合行列 $\mathbf{A}$ と信号源の分布に関する弱い仮定の下に，定数倍，順列，符号に関する非決定性を除いて，信号源なら分離され，独立成分なら推定できる．非線形活性化関数型混合は多くの信号処理の応用分野で有用で，また正当な仮定である．なぜならセンサの非線形歪みのモデルと考えることができるからである．より一般的な状況では，これは制限が強すぎ，また多少恣意的である．このモデルは 17.2 節でより詳細に検討する．

今までに提案されている一般的な非線形 BSS (または ICA) の方法のいま一つの難点は，相当の計算能力を必要とすることである．さらに，計算量は問題の次元の増加とともに非常に速く増加するので，非線形 BSS の方法を高次元問題に適用するのは事実上不可能である．

文献で見られる非線形 BSS と ICA の方法は，大まかに 2 種類に分かれる．生成的な方法と信号変換的な方法である [438]．生成的な方法の目標は，観測値の生成を説明するような具体的なモデルを見出すことである．我々の場合には，これは信号源 $\mathbf{s}$ と，一般的な写像 (17.2) を通して観測値 $\mathbf{x}$ を生成した混合写像 $\mathbf{f}(\cdot)$ とを推定することに当たる．信号変換的な方法では，信号源を式 (17.3) で示す逆変換を用いて直接推定しようというのである．この方法では，推定される成分数と観測される混合の数とは同じである [438]．

17.1.2 非線形 ICA の存在と一意性

非線形独立成分分析の解の存在と一意性の問題は [213] で扱われた．彼らは非線形混合写像 $\mathbf{f}$ の空間が制限されていなければ，無限個の解があることを示した．彼らはまた，非線形 ICA の解のパラメトリック族を構成する方法も示した．2 次元で $\mathbf{f}$ が等角写像に制限され，さらにある条件が満たされる特別な場合，(回転を除いて) 一意解が得られる．詳細は [213] を参照されたい．

以下では，[213] で導かれた生成的な方法で，非線形 ICA 問題の少なくとも一つの解を与えるものについて詳しく述べる．その方法はよく知られたグラム＝シュミットの直交化法と似ている． m 個の独立な変数 $\mathbf{y} = (y_1, \ldots, y_m)$ と変数 x が与えられているとき，新しい変数 $y_{m+1} = g(\mathbf{y}, x)$ を構成して， $y_1, \ldots, y_{m+1}$ が相互に独立であるようにするのである．

その構成法は以下のように再帰的に定義される．すでに m 個の独立な確率変数 $y_1, \ldots, y_m$ があり，それらの結合分布は $[0,1]^m$ での一様分布であるとする．ここで y_i の分布が一様と仮定するのは制限ではない．というのは，後で見るようにこれは再帰から直接導かれるからである．単一の確率変数の場合には，式 (2.85) のように確率積

分変換をすれば一様分布が得られる．x を任意の確率変数とし，$a_1, \ldots, a_m, b$ を決定的な定数とする．

$$g(a_1, \ldots, a_m, b; p_{\mathbf{y},x}) = P(x \leq b \mid y_1 = a_1, \ldots, y_m = a_m)$$
$$= \frac{\int_{-\infty}^{b} p_{\mathbf{y},x}(a_1, \ldots, a_m, \xi)\, d\xi}{p_{\mathbf{y}}(a_1, \ldots, a_m)} \tag{17.5}$$

と定義する．ここで $p_{\mathbf{y}}(\cdot)$ と $p_{\mathbf{y},x}(\cdot)$ は，それぞれ $\mathbf{y}$ と $(\mathbf{y}, x)$ の周辺分布で（それらが存在することを暗に仮定している），$P(\cdot|\cdot)$ は条件つき確率である．g の引数の中の $p_{\mathbf{y},x}$ は，g が $\mathbf{y}$ と x の結合分布に依存することを示すためのものである．$m = 0$ の場合は g は単に x の累積分布関数である．このように定義した g は次の定理に示すように非線形分解を与えるのである．

【定理 17.1】 $y_1, \ldots, y_m$ は独立なスカラー値確率変数で，それらの結合分布は単位立方体 $[0,1]^m$ において一様であると仮定する．x を任意のスカラー値確率変数とする．g を式 (17.5) で定義し，

$$y_{m+1} = g(y_1, \ldots, y_m, x; p_{\mathbf{y},x}) \tag{17.6}$$

とする．すると y_{m+1} は $y_1, \ldots, y_m$ と独立であり，変数 $y_1, \ldots, y_{m+1}$ の結合分布は単位立方体 $[0,1]^{m+1}$ の中で一様となる．

定理の証明は [213] にある[2]．この構成的な方法により，n 個の変数 $x_1, \ldots, x_n$ は独立な $y_1, \ldots y_n$ に分解され，非線形 ICA の解が得られる．

この構成法からまたわかることは，分解して得られる独立成分は決して一意的ではないということである．たとえば，$\mathbf{x}$ をまず線形変換してベクトル $\mathbf{x}' = \mathbf{L}\mathbf{x}$ を得，それから $\mathbf{y}' = \mathbf{g}'(\mathbf{x}')$ を計算する．ここで $\mathbf{g}'$ は，上で定義した $\mathbf{g}$ において $\mathbf{x}$ の代わりに $\mathbf{x}'$ を用いたものである．これにより $\mathbf{x}$ からまた別の独立成分への分解が得られたことになる．結果として得られる分解 $\mathbf{y}' = \mathbf{g}'(\mathbf{L}\mathbf{x})$ は一般に $\mathbf{y}$ と異なり，また簡単な変換で $\mathbf{y}$ に戻すことはできない．非一意性はより厳密に示される [213]．

Lin [278] が最近得た ICA に関する興味深い結果は，一般の非線形 ICA 問題の非一意性を説明するのに役立つ．$\mathbf{H}_s$ と $\mathbf{H}_x$ を，それぞれ信号源ベクトル $\mathbf{s}$ と混合（データ）

---

[2]. 訳注: y_{m+1} はすでに $y_1, \ldots, y_m$ によって条件づけられているから，さらにそれらによって条件づけても分布関数は変わらないこと，また g と式 (2.85) の類似を考えれば，これは直観的には理解できる．

ベクトル $\mathbf{x}$ の, 対数密度関数 $\log p_s(\mathbf{s})$ と $\log p_x(\mathbf{x})$ のヘッセ行列とする. すると基本 ICA モデル (17.1) に対しては,

$$\mathbf{H}_s = \mathbf{A}^T \mathbf{H}_x \mathbf{A} \tag{17.7}$$

が成立する. ここで $\mathbf{A}$ は混合行列である. もし $\mathbf{s}$ の成分が真に独立であるならば, $\mathbf{H}_s$ は対角行列になるはずである. ヘッセ行列 $\mathbf{H}_s$ と $\mathbf{H}_x$ の対称性により, 式 (17.7) は $\mathbf{A}$ の $n \times n$ 個の要素に $n(n-1)/2$ 個の制約を課すことになる. そこで $\mathbf{H}_x$ を異なる 2 点で推定し, $\mathbf{H}_s$ の対角要素の値を適当に仮定することによって, 定数混合行列 $\mathbf{A}$ について解くことができる.

非線形写像 (17.2) は, 2 回微分可能ならば, 任意の点で線形混合モデル (17.1) によって局所的に近似することができる. そこでは, $\mathbf{A}$ は $\mathbf{f}(\mathbf{s})$ の望みの点におけるテイラー展開の 1 次の項 $\partial \mathbf{f}(\mathbf{s})/\partial \mathbf{s}$ によって定義される. しかし, この定義による $\mathbf{A}$ は一般には $\mathbf{s}$ の値によって異なる値をとるから, (上のように 2 点で推定するというやり方で) 式 (17.7) の制約条件によってもなお残る混合行列 $\mathbf{A}$ に関する $n(n-1)/2$ 個の自由度を減らすことはできない. これもまた非線形 ICA 問題が非常に非一意的であることを示している.

Taleb と Jutten は非線形混合の分離可能性を検討した [418, 227]. 彼らの結論も同様である. つまり, 一般的な非線形の場合には, 独立性の仮定だけでは弱く, モデルに関する他の事前知識がなければ分離は不可能である, という結論である.

17.2 非線形活性化関数型混合の分離

一般的な非線形混合に適用できる方法を論ずる前に, より単純な非線形活性化関数型混合 (17.4) について提案されている暗中分離法(ブラインド)について, 少し考えよう. Taleb と Jutten は特にこの場合についての BSS の方法を開発した. 彼らの主要な結果は [418] に示されており, この問題に対する彼らの研究の手短な紹介が [227] にある. 以下では, 彼らの方法の主要な点を述べる.

非線形活性化関数型混合 (17.4) のための分離法は, 一般的に以下の 2 段階に分かれる.

1. **非線形の段**——これによって非線形性 f_i $(i = 1, \ldots, n)$ による歪みを打ち消す. この段は非線形関数 $g_i(\boldsymbol{\theta}_i, u)$ からなる. 各非線形関数 g_i のパラメータ $\boldsymbol{\theta}_i$ は, (少なくとも近似的には) 歪みが打ち消されるように選ばれる.

2. **線形の段**——これは非線形の段の後に得られた近似的に線形な混合 $\mathbf{v}$ を分離する段である．方法は通常のとおりで，出力ベクトル $\mathbf{y} = \mathbf{B}\mathbf{v}$ が統計的に独立（可能な限り独立）になるように，学習によって $n \times n$ 行列 $\mathbf{B}$ を得る．

Taleb と Jutten [418] は，成分 $y_1, \ldots, y_n$ の間の相互情報量 $I(\mathbf{y})$ を（第10章を参照），上の二つの段階における損失関数ならびに独立性の規準として用いている．線形の段階については，相互情報量の最小化からすでに述べたベル＝セイノフスキーのアルゴリズム（第10章と第9章を参照）

$$\frac{\partial I(\mathbf{y})}{\partial \mathbf{B}} = -\mathrm{E}\left\{\boldsymbol{\psi}\mathbf{x}^T\right\} - \left(\mathbf{B}^T\right)^{-1} \tag{17.8}$$

が導かれる．ここで $\boldsymbol{\psi}$ の成分 ψ_i は出力ベクトル $\mathbf{y}$ の成分 y_i のスコア関数

$$\psi_i(u) = \frac{d}{du} \log p_i(u) = \frac{p_i'(u)}{p_i(u)} \tag{17.9}$$

である．ここで $p_i(u)$ は y_i の確率密度関数で，$p_i'(u)$ はその導関数である．実際には，ベル＝セイノフスキーのアルゴリズム (17.8) の代わりに，自然勾配アルゴリズムが用いられる．第9章を参照されたい．

非線形の段階に関しては，勾配を用いた学習則

$$\frac{\partial I(\mathbf{y})}{\partial \boldsymbol{\theta}_k} = -\mathrm{E}\left\{\frac{\partial \log \mid g_k'(\boldsymbol{\theta}_k, x_k)\mid}{\partial \boldsymbol{\theta}_k}\right\} - \mathrm{E}\left\{\sum_{i=1}^n \psi_i(y_i) b_{ik} \frac{\partial g_k(\boldsymbol{\theta}_k, x_k)}{\partial \boldsymbol{\theta}_k}\right\}$$

が導かれる [418]．ここで x_k は入力ベクトルの k 要素，b_{ik} は行列 $\mathbf{B}$ の (i,k) 要素で，g_k' は k 番目の非線形関数 g_k の導関数である．具体的な計算アルゴリズムは，もちろん非線形関数 $g_k(\boldsymbol{\theta}_k, x_k)$ の実際の形に依存する．[418] では，関数 $g_k(\boldsymbol{\theta}_k, x_k)$ $(k = 1, \ldots, n)$ をモデル化するのに，多層パーセプトロン回路が用いられている．

線形 BSS においては，分離のためには，式 (17.9) のスコア関数は適当な型であればよい．しかしながら，ここで提案されている非線形分離の方法がうまく機能するには，その推定が適正であることが重要となる．スコア関数 (17.9) は，出力ベクトル $\mathbf{y}$ から適応的に推定する必要がある．これを行うためのいくつかの異なる方法が [418] で検討されている．グラム＝シャルリエ展開に基づく推定法は，出力関数の非線形性が穏やかな場合にのみ，うまくいく．しかし，スコア関数を直接推定する別の方法で，非線形が強い場合でも非常によい結果をもたらすものがある．[418] には実験結果が示されている．スコア関数を推定するための，バッチ形式の性能のよい方法が，後の論文 [417] に示されている．

先へ進む前に述べておくが，非線形活性化関数型混合の分離は [271, 267, 469] でも研究され，そこでは主に自然勾配法の拡張が使われている．

17.3 自己組織写像を用いた非線形 BSS

非線形 BSS (または ICA) のための最初の考えの一つは，コホーネン (Kohonen) の自己組織写像 (SOM: Self-Organizing Map) をそれに用いることであった．この方法は最初 Pajunen ら [345] によって導かれた．SOM [247, 172] はよく知られた写像・視覚化法で，データから通常 2 次元の格子への非線形写像を教師なしで学習するものである．データ空間はしばしば高次元であるが，それを格子に移す写像は，データの構造をできるだけ保存するように選ばれる．SOM 法におけるもう一つの目標は，写像されたデータが長方形の，あるいは六角形状の格子の上で，できるだけ一様に分布することである．これは写像のうまい選択によってだいたい達成することができる [345]．

二つの確率変数が長方形の中で一様分布するならば，明らかに長方形の軸に沿った二つの確率変数は独立である．このことから，自己組織写像を非線形 BSS や ICA に適用することが正当であることがわかる．SOM 写像はデータの構造を保存しようとするので，非線形 BSS に必要とされる正則化の手段を内蔵していることになる．これは，写像は必要とされる目標は達成しつつも，できるだけ単純であるべきだということを示している．

以下の実験 [345] は，非線形暗中(ブラインド)信号源分離に自己組織写像を使用した結果を示すものである．信号源は図 17.1 に示した二つの劣ガウス的な信号 s_i で，その一つは正

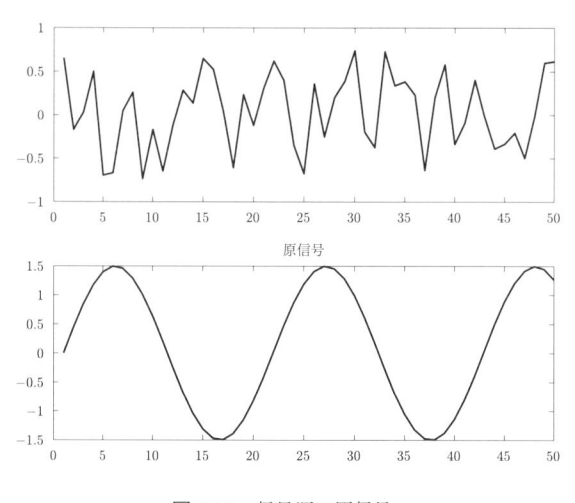

図 17.1　信号源の原信号．

弦波，他方は一様分布する白色雑音である．各信号源ベクトルはまず混合行列

$$\mathbf{A} = \begin{bmatrix} 0.7 & 0.3 \\ 0.3 & 0.7 \end{bmatrix} \tag{17.10}$$

によって線形混合された．次に非線形関数 $f_i(t) = t^3 + t \, (i=1,2)$ を用いて式 (17.4) を適用し，非線形活性化関数型混合を得た．これらの混合 x_i は図 17.2 に示されている．

SOM によって分離された信号源は図 17.3 に示され，収束した SOM 写像は図 17.4 に示されている．図 17.3 の推定信号源は，各データベクトル $\mathbf{x}$ を図 17.4 に写像し，写像されたベクトルの座標値を読んで得られる．この実験は非線形活性化関数型混合に対して適用したものだが，SOM の使用はそれだけに限られるわけではない．

一般的にいって，非線形 BSS に自己組織写像を用いるには，いくつか困難な点がある．もし信号源が一様分布しているならば，SOM による非線形分離写像のもつ正則化によって，信号源を近似的に分離できることは経験的に正しい．しかし真の信号源が一様分布していない場合は，分布を一様にしようとする分離写像は必ず歪みを生じさせる．その歪みは一般に信号源が一様分布から離れれば離れるほどひどくなる．もちろん SOM 解は非線形 ICA 問題に対して近似解を与えはするが，その解は真の信号源とほとんど関係がないかもしれない．

非線形 BSS や ICA に SOM を使用することのもう一つの問題は，計算の複雑性が信号源の数 (写像の次元) とともに極めて速く増加することである．その結果，この方法

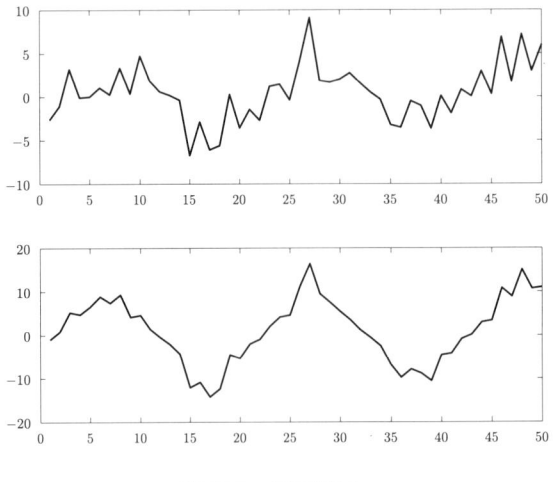

図 17.2　非線形混合．

の適用可能範囲は，小規模問題に制限されることになる．さらに，SOM によって与えられる写像は離散的であり，その量子化の程度は格子の点の数によって決まる．

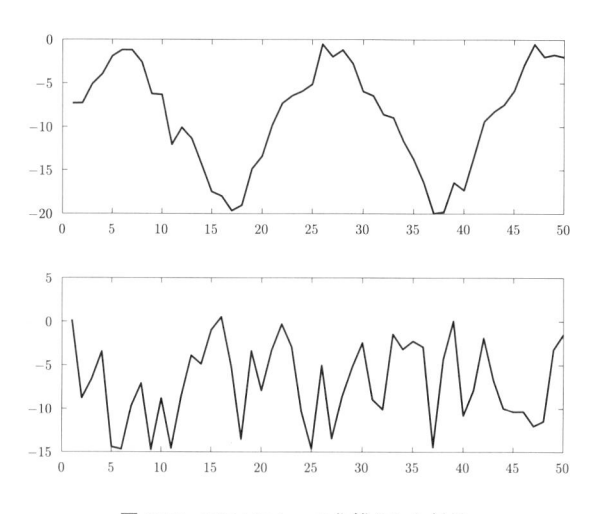

図 17.3　SOM によって分離された信号．

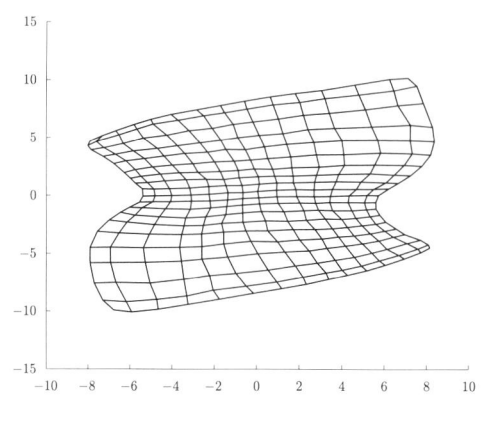

図 17.4　収束した SOM 写像．

17.4 生成的トポグラフィック写像による非線形 BSS 解法*

17.4.1 背景

前節で概略を述べた自己組織写像は，神経生理学的な議論からヒントを得た非線形写像法である．Bishop と Svensen と Williams は，SOM よりも統計理論的に堅固なものとして，生成的トポグラフィック写像 (GTM: Generative Topographic Mapping) を提案した．彼らの方法の詳細は [49] に述べられている．

基本的な GTM 法では，隠れ変数の空間における離散的な一様分布のモデルとして，直交格子の頂点に置かれた同一形のインパルス (デルタ) 関数が用いられる．これが，我々の信号源の結合密度に当たるものである．信号源から観測データへの写像は，非線形 BSS 問題の場合には非線形混合写像 (17.2) に対応するが，ここではガウス関数の混合によってモデル化される．混合写像を決定しているガウス混合モデルのパラメータ達は，期待値最大化 (EM) アルゴリズム [48, 172] を用いた最尤 (ML) 法によって推定される．その後，データから潜在変数 (信号源) への逆 (分離) 写像を決定できる．

よく知られているように，任意の十分に滑らかな関数は，十分な数の基底ガウス関数からなるガウス混合モデルで，任意の精度で近似できる [172, 48]．大雑把にいって，これが GTM 法の理論的基礎を与える．SOM と比較したときの GTM 法の根本的な相違は，GTM 法は生成的な方法であり，まず潜在変数，つまり信号源のモデルを仮定することから始まるという点である．一方 SOM は，まずデータに取り組んで，うまい信号分離の変換を構成することによって，信号源を直接分離しようとするのである．GTM の主な利点は，それが強固な理論的基礎をもつことであり，それにより SOM の限界の一部を克服するのである．これはまた，GTM をさらに一般化して任意の信号源密度にも適用するための基礎ともなる．非線形 BSS のために，SOM の代わりに GTM 法を使っても，依然として信号源の分布を一様と仮定しているので，結果に特に際だった改善は見られない．しかしながら，任意の既知の信号源密度に適用できるように GTM を一般化することは単純である．この考え方の利点は，既知の信号源密度を用いて，混合の逆写像を直接正則化できることである．そこでこの修正 GTM 法は，複雑ではない混合写像を見出すのに用いられる．以下にその方法を述べる．

17.4.2 修正 GTM 法

修正 GTM 法は [346] で導かれたが，それが標準的な GTM [49] と異なる点は，必要となる潜在変数 (信号源) の結合密度関数が，単純なデルタ関数ではなく，デルタ関数の荷重和であるという一点である．荷重係数は既知の密度関数から決められる．ここでは GTM の主要な点についてのみ述べるが，特に非線形 BSS に用いるために施される修正に焦点を当てる．GTM 法についてより深い理解を得たい読者は原論文 [49] を参照されたい．

GTM 法は，m 次元の潜在変数の空間で格子上の離散的な点の規則的な配列を用いる，という点で SOM と似ている．SOM と同様に，潜在空間の次元は通常 $m = 2$ である．潜在空間中のベクトルは $\mathbf{s}(t)$ と書かれ，我々の場合これは信号源ベクトルである．GTM 法では，L 個の固定した非線形基底関数 $\{\varphi_j(\mathbf{s})\}$ $(j = 1, \ldots, L)$ を用いる．それらは非直交基底となっている．これらの基底関数の代表的なものは，球形ガウス関数を規則的な配列に並べたものであるが，少なくとも原理的には他の型もありうる．

m 次元の潜在変数空間から n 次元のデータ空間への写像は，我々の場合，式 (17.2) の混合写像であるが，GTM では基底関数 φ_j の線形結合

$$\mathbf{x} = \mathbf{f}(\mathbf{s}) = \mathbf{M}\boldsymbol{\varphi}(\mathbf{s}), \quad \boldsymbol{\varphi} = [\varphi_1, \varphi_2, \ldots, \varphi_L]^T \tag{17.11}$$

でモデル化される．ここで $\mathbf{M}$ は $n \times L$ の荷重パラメータ行列である．

潜在空間における格子点の位置を $\boldsymbol{\alpha}_i$ で表す．すると式 (17.11) によって，データ空間における対応する基準ベクトル

$$\mathbf{m}_i = \mathbf{M}\boldsymbol{\varphi}(\boldsymbol{\alpha}_i) \tag{17.12}$$

が決まる．これらの基準ベクトルは，データ空間における等方性の (中心からの距離のみの関数という意味) ガウス分布の，中心を与えることになる．これらのガウス分布の分散を β^{-1} で表すと，

$$p_{\mathbf{x}}(\mathbf{x} \mid i) = \left(\frac{\beta}{2\pi}\right)^{n/2} \exp\left(-\frac{\beta}{2} \| \mathbf{m}_i - \mathbf{x} \|^2\right) \tag{17.13}$$

を得る．GTM モデルのための密度関数は，すべてのガウス成分を加算すればよく，

$$\begin{aligned} p_{\mathbf{x}}(\mathbf{x}(t) \mid \mathbf{M}, \beta) &= \sum_{i=1}^{K} P(i)\, p_{\mathbf{x}}(\mathbf{x} \mid i) \\ &= \sum_{i=1}^{K} \frac{1}{K} \left(\frac{\beta}{2\pi}\right)^{n/2} \exp\left(-\frac{\beta}{2} \| \mathbf{m}_i - \mathbf{x} \|^2\right) \end{aligned} \tag{17.14}$$

となる．ここで K はガウス成分の全個数であり，潜在空間の格子点数に等しい．またガウス成分の事前確率 $P(i)$ はすべて $1/K$ とする．

GTM がしようとすることは，n 次元のデータ空間におけるデータ $\mathbf{x}$ の分布を，より小さな m 次元の非線形多様体として表現することである [49]．式 (17.13) のガウス分布は，雑音または誤差のモデルを表しており，それが必要な理由は，データはそのようなより低い次元の多様体上に，正確に乗っているとは限らないからである．式 (17.13) で定義された K 個のガウス分布は，基底関数 $\varphi_i (i = 1, \dots, L)$ とは何の関係もないことは忘れてはならない．普通，基底関数の数 L は，格子点数であり対応する雑音の分布 (17.13) の個数である K よりも，明らかに少ないことが望ましい．そうすれば，「当てはめすぎ」(overfitting) や混合写像が必要以上に複雑になることを防げる．

このモデルの未知のパラメータは，荷重行列 $\mathbf{M}$ と分散の逆数 β である．これらのパラメータの推定は，4.5 節で論じた最尤法を使って，モデル (17.14) を観測データ $\mathbf{x}(1), \mathbf{x}(2), \dots, \mathbf{x}(T)$ に当てはめることによって行う．観測データの対数尤度関数は，

$$L(\mathbf{M}, \beta) = \sum_{t=1}^{T} \log p_{\mathbf{x}}(\mathbf{x}(t)|\mathbf{M}, \beta) = \sum_{t=1}^{T} \log \int p_{\mathbf{x}}(\mathbf{x}(t)|\mathbf{s}, \mathbf{M}, \beta) p_{\mathbf{s}}(\mathbf{s}) d\mathbf{s} \tag{17.15}$$

で与えられる．ここで β^{-1} は $\mathbf{s}$ と $\mathbf{M}$ が与えられたときの $\mathbf{x}$ の分散であり，T はデータベクトル $\mathbf{x}(t)$ の全個数である．

GTM 法を適用するには，信号源ベクトルの密度関数 $p_{\mathbf{s}}(\mathbf{s}) d\mathbf{s}$ が既知でなければならない．信号源 $\mathbf{s}_1, \mathbf{s}_2, \dots, \mathbf{s}_m$ が独立であると仮定すると，結合密度は各信号源の周辺密度の積

$$p_{\mathbf{s}}(\mathbf{s}) = \prod_{i=1}^{m} p_i(s_i) \tag{17.16}$$

で表される．各密度関数は，格子点のベクトルの場所に対応する標本点で定義された，離散的な密度である．

GTM 法における潜在空間の次元は普通小さくて，$m = 2$ が典型的である．この方法は原理的には $m > 2$ の場合でも適用できるが，その場合 SOM 法と同様に計算の負担はかなり速く増加する．以下では，そのような理由で 2 個のみの信号源 s_1 と s_2 を考えることにする．潜在空間の次元は $m = 2$ であり，長方形状の $K_1 \times K_2$ の格子の，等間隔に置かれた $K = K_1 \times K_2$ 個の格子点を用いることにする．格子点の位置は $\boldsymbol{\alpha}_{ij}$

($i=1,\ldots,K_1,\ j=1,\ldots,K_2$) で示す．すると，

$$p_{\mathbf{s}}(\mathbf{s}) = \sum_{i=1}^{K_1}\sum_{j=1}^{K_2} a_{ij}\delta(\mathbf{s}-\boldsymbol{\alpha}_{ij}) = \sum_{q=1}^{K} a_q \delta(\mathbf{s}-\boldsymbol{\alpha}_q) \tag{17.17}$$

と書ける．係数 a_{ij} は，格子点 $\boldsymbol{\alpha}_{ij}$ に対応する周辺密度 $p_1(s_1)$ と $p_2(s_2)$ である $p_1(i)$ と $p_2(j)$ を用いて $a_{ij}=p_1(i)p_2(j)$ と書ける．式 (17.17) において $\delta(\cdot)$ はディラックのデルタ関数で，$\int g(\mathbf{s})\delta(\mathbf{s}-\mathbf{s}_0)\,d\mathbf{s}$ において積分範囲に $\mathbf{s}_0$ を含めば，積分は $g(\mathbf{s}_0)$ となり，含まれなければ 0 となるという特別な性質がある．最右辺では，格子点と対応する密度の添え字は，記法の単純化のため，単一の q に書き換えられている．この書き換えは，すべての格子点を，たとえば行ごとにたどるなど，決められた順にたどることによって，容易にできる．

式 (17.17) を式 (17.15) に代入すれば，

$$L(\mathbf{M},\beta) = \sum_{t=1}^{T}\log\left(\sum_{q=1}^{K} a_q p_{\mathbf{x}}(\mathbf{x}(t)\,|\boldsymbol{\alpha}_q,\mathbf{M},\beta)\right) \tag{17.18}$$

を得る．この式の荷重行列 $\mathbf{M}$ に関する勾配を計算して，それを 0 と置き，多少計算すると，荷重行列 $\mathbf{M}$ の更新のための式

$$\left(\boldsymbol{\Phi}^T \mathbf{G}_{\text{old}}\boldsymbol{\Phi}\right)\mathbf{M}_{\text{new}}^T = \boldsymbol{\Phi}^T \mathbf{R}_{\text{old}}\mathbf{X} \tag{17.19}$$

を得る．この式で，$\mathbf{X}=[\mathbf{x}(1),\ldots,\mathbf{x}(T)]^T$ はデータ行列で，$K\times L$ 行列 $\boldsymbol{\Phi}$ の (q,j) 要素 $f_{qj}=\phi(\boldsymbol{\alpha}_q)$ は，j 番目の基底関数 $\phi_j(\cdot)$ の，q 番目の格子点 $\boldsymbol{\alpha}_q$ における値である．さらに $\mathbf{G}$ は

$$G_{qq} = \sum_{t=1}^{T} R_{qt}(\mathbf{M},\beta) \tag{17.20}$$

を要素とする対角行列で，応答行列 $\mathbf{R}$ の要素は，

$$R_{qt} = \frac{a_q p_{\mathbf{x}}(\mathbf{x}(t)\,|\boldsymbol{\alpha}_q,\mathbf{M},\beta)}{\sum_{k=1}^{K} a_k p_{\mathbf{x}}(\mathbf{x}(t)\,|\boldsymbol{\alpha}_k,\mathbf{M},\beta)} \tag{17.21}$$

である．分散パラメータ β の更新は，

$$\frac{1}{\beta_{\text{new}}} = \frac{1}{Tn}\sum_{q=1}^{K}\sum_{t=1}^{T} R_{qt}\parallel \mathbf{M}_{\text{new}}\boldsymbol{\varphi}(\boldsymbol{\alpha}_q)-\mathbf{x}(t)\parallel^2 \tag{17.22}$$

で行われる．ここで n はデータ空間の次元である．

GTM においては，尤度を最大にするのに EM アルゴリズムを用いる．ここではその E 段階に相当する式 (17.21) は応答 R_{qt} の計算からなり，M 段階に相当する

式 (17.19)，式 (17.22) はパラメータ $\mathbf{M}$ と β の更新からなる．上で示した導出はもともとの GTM 法 [49] のものと非常に似ていて，違いは事前密度係数 $a_{ij} = a_q$ がモデルに加わったことだけである．

数回の反復の後に，EM アルゴリズムは式 (17.15) の対数尤度を少なくとも局所的には最大化するパラメータ $\mathbf{M}^*$ と β^* に収束する．その最適な $\mathbf{M}^*$ と β^* とが，GTM がデータベクトル $\mathbf{x}$ に対して与えるところの確率密度 (17.14) の推定を決めることになる．信号源の事前密度 $p_\mathbf{s}(\mathbf{s})$ は既知だと仮定したから，観測値が得られたときの，信号源の事後密度 $p(\mathbf{s}(t)|\mathbf{x}(t), \mathbf{M}^*, \beta^*)$ を得るには，ベイズの法則を用いれば容易である．第 4 章で述べたように，この事後密度は信号源に関するすべての関連情報を含んでいる．

しかしながら，可視化の目的のため，各データベクトル $\mathbf{x}(t)$ に対応する信号源 $\mathbf{s}(t)$ の具体的な推定値を得ると便利なことがしばしばある．よく用いられる推定は，事後密度の平均 $\mathrm{E}\{\mathbf{s}(t)|\mathbf{x}(t), \mathbf{M}^*, \beta^*\}$ である．GTM 法においては，簡単な式

$$\hat{\mathbf{s}}(t) = \mathrm{E}\{\mathbf{s}(t) \mid \mathbf{x}(t), \mathbf{M}^*, \beta^*\} = \sum_{q=1}^{K} R_{qt} \boldsymbol{\alpha}_q \tag{17.23}$$

で計算できる [49]．信号源の事後密度が多峰性である場合には，事後平均 (17.23) は誤った解釈を導きやすい．その場合には，たとえば最大事後 (MAP) 推定を用いるほうがよい．それは単に，各標本番号 t についての最大応答 $q_\mathrm{max} = \mathrm{argmax}\,(R_{qt})$ $(q = 1, \ldots, K)$ に対応する信号源の値である．

17.4.3 実験

以下では，図 17.5 に示された二つの信号源と雑音のある三つの非線形混合に対する簡単な実験について書く．混合データは，信号源の線形混合を，体積保存の構造をもつ多層パーセプトロン回路によって変換する方法 ([104] を参照) で作った．体積保存構造を用いる理由は，全体の混合写像が全単射であり，したがって逆写像をもつことを保証し，また信号源密度が過度に複雑に歪むのを避けるためである．しかしながら，これによって得られる全体の混合写像は，式 (17.4) の非線形活性化関数型モデルよりは複雑であるという長所をもっている．最後にガウス性の雑音が混合に加えられた．

混合は，

$$\mathbf{x} = \mathbf{A}\mathbf{s} + \tanh(\mathbf{U}\mathbf{A}\mathbf{s}) + \mathbf{n} \tag{17.24}$$

というモデルを用いて作られた．ここで $\mathbf{U}$ は対角要素が 0 であるような右上三角行

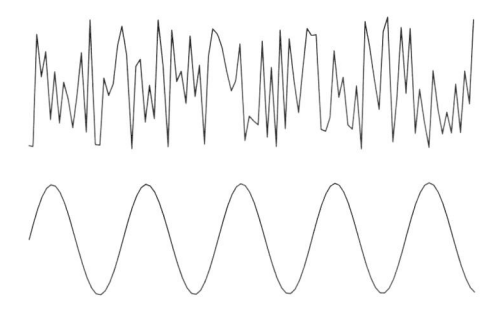

17.4 生成的トポグラフィック写像による非線形 BSS 解法

図 17.5 信号源信号.

列である．$\mathbf{U}$ の 0 でない成分は標準ガウス分布から作られた．行列 $\mathbf{U}$ は $\mathbf{As}$ に適用される非線形写像の体積保存性を保証する．

分離写像を学習するために，上に示された修正 GTM アルゴリズムが用いられた．伸縮の影響を軽減するため，混合はまず白色化された．白色後は混合は無相関で分散 1 をもつ．次に 5×5 の格子を使って，修正 GTM 法を 8 回反復した．基底関数の数は $L = 7$ であった．

図 17.6 に描かれた分離された信号源を図 17.5 の原信号と比較されたい．雑音や離散化，それに問題自体の困難さが原因の，いくらかの歪みは避けられなかったが，原信号はだいたい復元されている．

混合は 3 次元なので，ここでは直接には示していない．その代わり混合の 2 次元周辺密度を図 17.7 に示す．それらから混合の非線形性が明瞭に見える．特にデータベクトル $\mathbf{x}$ の 2, 3 番目の成分の結合密度 $p(x_2, x_3)$ は強い非線形性を示す．図 17.7 の右下には分離された信号源の結合密度も示されている．積に分解できる密度が得られていることがわかる．図 17.7 の最初の三つの図に重ねられた曲線は，信号源ベクトル $\mathbf{s}$ の 10×10 の格子を，修正 GTM アルゴリズムで学習した写像 (17.11) を使って，混合

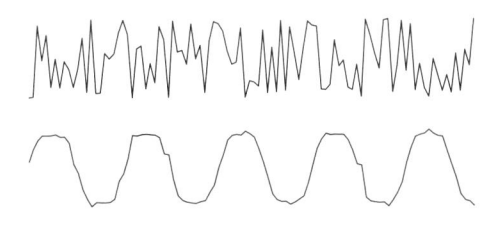

図 17.6 分離された信号.

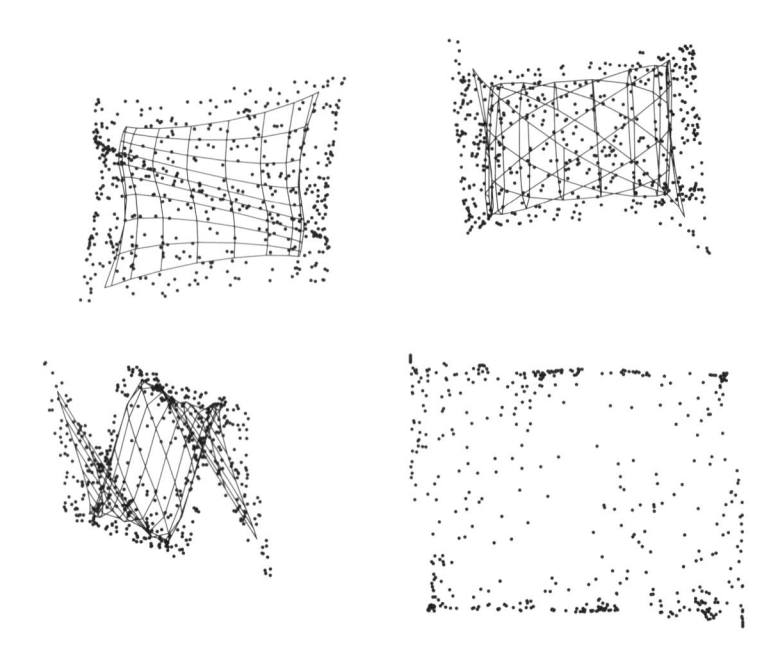

図 17.7 混合の結合密度を写像と重ね合わせた図.左上:混合 x_1 と x_2 の結合密度 $p(x_1, x_2)$.右上: 混合 x_1 と x_3 の結合密度 $p(x_1, x_3)$.左下: 混合 x_2 と x_3 の結合密度 $p(x_2, x_3)$.右下: 推定された二つの信号源の結合密度.

(データ)空間に写像して得られたものである.

17.5　アンサンブル学習による非線形 BSS の解法

この節では,非線形暗中信号源分離または非線形独立成分分析に対する,新しい生成的な方法について述べる.ここでは信号源 s から観測値 x への非線形変換は,よく知られた多層パーセプトロン (MLP) の回路構造でモデル化する [172, 48].MLP 回路網は滑らかな写像はすべて近似できるという特性をもっており,非線形性の弱い写像に対しても強い写像に対しても,モデル化の道具としてふさわしい.しかしながら学習過程は教師なしのベイズ型のアンサンブル学習に基づく.したがって,教師つき学習によって MLP 回路網の出力の平均 2 乗誤差を最小にする,通常の誤差逆伝搬学習とは相当異なる [172, 48].

17.5.1 アンサンブル学習

たとえば MLP 回路のように柔軟性に富むモデルの族を用いると，観測されたデータに対して，単純，複雑を問わずさまざまな説明を際限なく与えることができる．モデルが複雑すぎると結果は「当てはめすぎ」となり，真の信号源あるいは独立成分だけではなく雑音までを無意味に説明しようとする．モデルが簡単すぎると，今度は「当てはめ不足」(underfitting) となり，隠れた信号源や独立成分のいくつかを切り捨ててしまう．

これに対する一つの妥当な解決策は，単一のモデルは採用しないということである．その代わり，可能なすべてのモデルを考慮に入れて，それらの事後確率に従って重みづけする．このやり方はベイズ型学習と呼ばれ，当てはめすぎと当てはめ不足の問題を最適に解決してくれる．適当なモデルを選択するために必要な情報は，各モデル構造の事後確率密度関数 (pdf) にすべて含まれている．簡単すぎるモデルは，多くのデータを説明しないままに切り捨てるので，その事後 pdf は低く平らになる．一方，複雑すぎるモデルの事後 pdf は，当てはめすぎたパラメータに対応するところに，高く非常に細いピークをもつが，全体として空きだらけで確率として寄与する分 (質量) はほとんどない．

現実にはモデルの事後 pdf を正確に計算するのは不可能である．そこで何か適当な近似法が必要である．アンサンブル学習 [180, 25, 260]，または変分学習とも呼ばれるものは，事後 pdf のパラメトリック近似を行うための一方法で，その際モデル達の確率の質量も考慮に入れるものである．そのため，当てはめすぎの問題は生じない．アンサンブル学習の基本的な考え方は，事後 pdf とそのパラメトリック近似との間の不一致を最小にすることである．

$X = \{\mathbf{x}(t)|t\}$ によって観測される混合 (データ) ベクトルの集合を表し，$S = \{\mathbf{s}(t)|t\}$ によって対応する信号源ベクトルの集合を表す．$\boldsymbol{\theta}$ によって，次項でより詳しく述べる混合 (データ) モデルのすべての未知パラメータを表す．さらに $p(S, \boldsymbol{\theta}|X)$ を真の事後 pdf とし，$q(S, \boldsymbol{\theta}|X)$ をそのパラメトリック推定とする．これらの間の不一致の程度は密度 p と q の間のカルバック＝ライブラーの (KL) ダイバージェンス $\mathcal{J}_{KL}$ で測られる．これは，

$$\mathcal{J}_{KL} = \mathrm{E}_q \left\{ \log \frac{q}{p} \right\} = \int q(S, \boldsymbol{\theta}|X) \log \frac{q(S, \boldsymbol{\theta}|X)}{p(S, \boldsymbol{\theta}|X)} d\boldsymbol{\theta} dS \tag{17.25}$$

という損失関数で定義される．カルバック＝ライブラーのダイバージェンス，または距離は，密度 p と q の差を測るものである．これが 0 になるのは二つの密度が等しいときである．第 5 章を参照されたい．

17.5.2 モデルの構造

前述のとおり，式 (17.2) の非線形写像 $\mathbf{f}(\cdot)$ をモデル化するのに MLP 回路を使おう．以下で混合モデル [259, 436] をより詳細に示す．$\mathbf{x}(t)$ と $\mathbf{s}(t)$ を，それぞれ時刻 t における観測データベクトル，独立成分(信号源)ベクトルとする．行列 $\mathbf{Q}$ と $\mathbf{A}$ はそれぞれ出力層，隠れ層の結合係数からなり，$\mathbf{b}$ と $\mathbf{a}$ はそれぞれの層に対するバイアスを表すベクトルである．成分ごとに適用される非線形の活性化関数を $\mathbf{g}(\cdot)$ とする．$\mathbf{n}(t)$ を観測値を汚染する平均 0 のガウス的雑音ベクトルとする．以上の記号を用いると混合(データ)モデルは，

$$\mathbf{x}(t) = \mathbf{Q}\mathbf{g}(\mathbf{A}\mathbf{s}(t) + \mathbf{a}) + \mathbf{b} + \mathbf{n}(t) \tag{17.26}$$

と書ける．MLP 回路における代表的な非線形活性化関数である $g(y) = \tanh(y)$ をここでも採用する．他の連続関数を活性化関数として用いてもよい．信号源は独立であると仮定し，それらをガウス的変数の混合としてモデル化する．目標は観測値の下に隠れている独立成分を探すことだから，独立性の仮定は自然である．ガウス変数の混合は，信号源が任意の非ガウス分布をしていてもそれを十分よく近似できる [48]．このタイプの表現形は，以前から標準線形 ICA モデルに適用され成功していた [258]．モデルのパラメータは，(1) 荷重行列 $\mathbf{A}$ と $\mathbf{Q}$，バイアスベクトル $\mathbf{b}$ と $\mathbf{a}$，(2) 雑音，信号源，さらに荷重行列の列の分布のパラメータ，(3) バイアスと (2) のパラメータの分布を記述する上級パラメータ[3]である．より詳細は [259, 436] を参照されたい．ガウス分布の混合とされる信号源以外は，パラメータをもつすべての分布はガウス分布とする．こうしても一般性はそれほど深刻な影響を受けず，アルゴリズムはより簡単になり効率はずっとよくなる．ここで用いるような，モデルのパラメータの分布を階層的に扱う方法は，ベイズ式モデル化では標準的な手法である．あるパラメータの状態に関する知識を，他のパラメータの等価な状態に対して，簡単に利用できるということがその強力な点である．たとえば，雑音成分のすべての分散はモデル中で似通った状態にあると考えられる．これは，それらの分散の分布が共通の上級パラメータによって支配されることで反映される．

---

[3] 訳注: hyperparameters の訳者らによる訳．

17.5.3 カルバック=ライブラーの損失関数の計算*

ここでは式 (17.25) で定義されたカルバック=ライブラーの損失関数 $\mathcal{J}_{KL}$ をより詳細に検討する．それを近似しさらに最小化するためには，以下の二つが必要である．事後確率 $p(S, \boldsymbol{\theta}|X)$ の正確な定式化と，そのパラメトリック近似 $q(S, \boldsymbol{\theta}|X)$ である．

ベイズの法則から，未知の変数 S と $\boldsymbol{\theta}$ の事後 pdf は，

$$p(S, \boldsymbol{\theta}|X) = \frac{p(X|S, \boldsymbol{\theta})\, p(S|\boldsymbol{\theta})\, p(\boldsymbol{\theta})}{p(X)} \tag{17.27}$$

で与えられる．

信号源 S とパラメータ $\boldsymbol{\theta}$ が与えられたときの確率密度 $p(X|S, \boldsymbol{\theta})$ は式 (17.26) から求められる．雑音ベクトル $\mathbf{n}(t)$ の各成分の分散を σ_i^2 とする．するとベクトル $\mathbf{x}(t)$ の i 番目の成分 $x_i(t)$ は，平均 $\mathbf{q}_i^T \mathbf{g}(\mathbf{A}\mathbf{s}(t) + \mathbf{a}) + b_i$ で分散 σ_i^2 のガウス分布に従う．いつものように雑音成分は独立だと仮定するので，

$$p(X|S, \boldsymbol{\theta}) = \prod_{t=1}^{T} \prod_{i=1}^{n} p(x_i(t)|\mathbf{s}(t), \boldsymbol{\theta}) \tag{17.28}$$

を得る．式 (17.27) 中の $p(S|\boldsymbol{\theta})$ や $p(\boldsymbol{\theta})$ も，単純なガウス分布の積になり，それらはモデル構造の定義から直接得られる [259, 436]．項 $p(X)$ の項はモデルのパラメータには依存しないので，無視できる．

近似 $q(S, \boldsymbol{\theta}|X)$ は，数学的な簡明さと計算効率の上から，十分単純でなければならない．まず信号源 S が他のパラメータ $\boldsymbol{\theta}$ と独立であり，したがって $q(S, \boldsymbol{\theta}|X)$ が，

$$q(S, \boldsymbol{\theta} \mid X) = q(S \mid X)\, q(\boldsymbol{\theta} \mid X) \tag{17.29}$$

と分解できると仮定しよう．パラメータ達 $\boldsymbol{\theta}$ に対しては，共分散行列が対角であるようなガウス分布を用いる．これは，近似 $q(\boldsymbol{\theta}|X)$ がガウス分布の積

$$q(\boldsymbol{\theta} \mid X) = \prod_{j} q_j(\theta_j \mid X) \tag{17.30}$$

で書き表されることを意味している．各ガウス分布 $q_j(\theta_j|X)$ に含まれるパラメータはその平均 $\bar{\theta}_i$ と分散 $\tilde{\theta}_i$ である．

信号源 $s_i(t)$ $(i = 1, \ldots, n)$ は互いに統計的に独立であり，また異なる時刻（標本番号） $t = 1, \ldots, T$ に対して独立であると仮定するから，

$$q(S \mid X) = \prod_{t=1}^{T} \prod_{i=1}^{n} q_{ti}(s_i(t) \mid X) \tag{17.31}$$

である．ここで各成分の密度 $q_{ti}(s_i(t) \mid X)$ はガウス密度の混合としてモデル化されている．式 (17.31) と式 (17.30) を式 (17.29) に代入すれば，求める事後密度関数の近似が得られる．

事後密度 $p(S, \boldsymbol{\theta} \mid X)$ もその近似 $q(S, \boldsymbol{\theta} \mid X)$ も，単純なガウス密度か複数のガウス密度の混合かの積であり，それにより損失関数 (17.25) は相当単純なもの，具体的には多くの単純な項の期待値に分解する．そのうち，$\mathrm{E}_q \{\log q_j(\theta_j \mid X)\}$ の形の項はガウス分布に対応するエントロピーに負号をつけたもので，その値は正確に $-\left(1 + \log 2\pi \tilde{\theta}_j\right)/2$ に等しい．$-\mathrm{E}_q\{\log p(x_i(t) \mid \mathbf{s}(t), \boldsymbol{\theta})\}$ の形の項は扱いが非常に難しい．それらは，[259, 436] で説明されているように，非線形活性化関数を2次の項までテイラー展開することによって，近似される．残りの項は単純ガウス分布の期待値なので，[258] に示されるように計算できる．

損失関数 $\mathcal{J}_{KL}$ は，回路や信号源のパラメータの，事後平均 $\bar{\theta}_i$ と分散 $\tilde{\theta}_i$ に依存する．なぜかというと，点推定とは異なり，信号源とパラメータの事後 pdf は，アンサンブル学習で推定されるからである．分散は推定値の信頼度に関する情報をもっている．

損失関数 (17.25) の対数の中の，分母と分子から出てくる二つの部分を，それぞれ $\mathcal{J}_p = -\mathrm{E}_q\{\log p\}$ と $\mathcal{J}_q = \mathrm{E}_q\{\log q\}$ とする．分散 $\tilde{\theta}_i$ は式 (17.25) を $\tilde{\theta}_i$ で微分して [259, 436]，

$$\frac{\partial \mathcal{J}_{KL}}{\partial \tilde{\theta}} = \frac{\partial \mathcal{J}_p}{\partial \tilde{\theta}} + \frac{\partial \mathcal{J}_q}{\partial \tilde{\theta}} = \frac{\partial \mathcal{J}_p}{\partial \tilde{\theta}} - \frac{1}{2\tilde{\theta}} \tag{17.32}$$

を得て，これを 0 とおくと，分散の更新のための不動点反復法が得られる．すなわち，

$$\tilde{\theta} \leftarrow \left[2\frac{\partial \mathcal{J}_p}{\partial \tilde{\theta}}\right]^{-1} \tag{17.33}$$

である．平均 $\bar{\theta}_i$ は近似的ニュートン反復法 [259, 436] で推定される．すなわち，

$$\bar{\theta} \leftarrow \bar{\theta} - \frac{\partial \mathcal{J}_p}{\partial \bar{\theta}}\left[\frac{\partial^2 \mathcal{J}_{KL}}{\partial \bar{\theta}^2}\right]^{-1} \approx \bar{\theta} - \frac{\partial \mathcal{J}_p}{\partial \bar{\theta}}\tilde{\theta} \tag{17.34}$$

である．式 (17.33) と式 (17.34) は学習において中心的役割を果たす．

17.5.4　学習法*

通常の MLP 回路は，非線形の入力・出力間の写像を学習するのに，訓練用の既知の入出力の組み合わせを使って，逆伝搬法や他の方法により，写像の平均2乗誤差を

17.5 アンサンブル学習による非線形 BSS の解法

最小にするように,教師あり学習を行う [172, 48]. ここでは入力は未知の信号源 $\mathbf{s}(t)$ で,MLP 回路の出力,つまり観測ベクトル $\mathbf{x}(t)$ のみが既知である.したがって教師なし学習の適用となる.学習法の詳細と起こりうる問題点に関する議論は [259, 436] に見られる.以下では学習法を大まかに述べる.

すべての実験で実際に使われた方法は同じである.まず第 6 章で説明した線形の主成分分析 (PCA) を用いて,信号源の事後平均[4]として何かまともな初期値を見つける.PCA は線形の方法であるが,無作為に選ぶよりはずっとよい初期値を与える.信号源の事後分散の初期値としては何か小さな値を与えておく.よい初期値を与えることは重要である.それによって MLP 回路中の不必要な部分を,効果的に枝落としできるからである[5].

学習前の MLP 回路の荷重の値は無作為に与えられたので,回路はデータの表現として非常に悪いものである.もし信号源の値も無作為に与えると,多くの信号源はデータの表現に不要なものとみなされ,切り落とされてしまうであろう.こうなると極小に陥り回路はそこから抜け出せなくなる.そのような理由から,データセット全体を最初に 50 回掃引する間は,信号源の値は PCA によって与えられたものに固定した.1 回の掃引とは,すべての観測値を 1 回走査することである.これによって MLP 回路は信号源から出力への意味のある写像を見つけることができ,それによって,その信号源がデータ表現に確かに関与していることが明確になるわけである.同じ理由から,信号源,荷重,雑音,上級パラメータなどの分布を制御するパラメータは,最初の 100 回の掃引中には修正しなかった.これらの修正を開始するのは,これらのパラメータによって分布が制御される変数達の値としてまともなものが,MLP 回路によって見出されてからである.

さらには,我々はまず信号源がガウス的変数の混合ではなく,単一のガウス分布をもつ,より単純な非線形モデルを用いた.これを以下では**非線形因子分析**モデルと呼ぶことにする.この段階の後,信号源を fastICA アルゴリズムを用いて回転した.信号源の回転は,隠れ層の荷重行列 $\mathbf{A}$ による逆回転で打ち消された.最終的なデータ表現は,信号源にガウス分布の混合を用いた学習を続けることによって得られた.[259] では,この表現を非線形独立因子分析と呼んでいる.

---

[4] 訳注:事後平均や事後分散は,事後分布関数の平均と分散のことである.
[5] ニューラルネットワークにおける枝落としの方法については,たとえば [172, 48] に述べられている.

17.5.5 実験結果

すべてのシミュレーションにおいて，全部で 7500 回の掃引を行った．上で説明したように，単一ガウス分布モデルを信号源に用いた非線形因子分析 (または非線形 PCA 部分空間) 表現が，最初に推定された．実験では最初の 2000 回の掃引を使って中間段階の表現を見出した．線形 ICA 回転の後，残りの 5500 回の掃引で，最終的なガウス分布の混合による信号源の表現が推定された．以下ではまず人工的な非線形データについて述べ，次に現実のデータを用いた分離の結果を述べる．

シミュレーションデータ　最初の実験には，四つの劣ガウス的信号と四つの優ガウス的信号の，計八つの信号源を用いた．データは，これらの信号源に，30 個の隠れ素子と 20 個の出力素子をもつ MLP を，乱数で初期化して得られた非線形変換を施して生成された．データに標準偏差 0.1 のガウス性雑音を足した．隠れ層で用いる非線形関数には逆双曲線関数 $\sinh^{-1}(x)$ を選んだ．これから保証されることだが，tanh を非線形関数としてもつ MLP 回路を用いる非線形信号源分離アルゴリズムが，まったく同じ係数をもつことはあり得ない．

　MLP 回路の構造を最適化するため隠れ素子の数をいろいろ変えて試したが，信号源の数は既知であると仮定した．この仮定は無理ではない．というのは，信号源の数は損失関数の最小化によって最適化できると思われるからである．これは，純粋にガウス的な信号源の場合については実験で示されている [259, 438]．カルバック＝ライブラーの損失関数が最小になる MLP 回路は，50 個の隠れ素子をもった．各信号源のモデルを構成するガウス的信号の個数は 3 とし，これを最適化することはしなかった．

　結果を図 17.8, 17.9 および 17.10 に示す．各グラフの x 軸はデータを生成するもともとの信号源であり，y 軸はそれの推定を表す．各図の中で上の段は優ガウス的信号源に，下の段は劣ガウス的信号源に対応する．最良はグラフが直線になる状態で，その場合は推定された信号源が真の信号源と一致したことになる．

　図 17.8 は線形 fastICA のみを用いて得られた結果である．線形 ICA によって得られた推定信号源の信号対雑音比 (SN 比) は，わずか 0.7dB である．実際には線形の方法では信号源の数を推定することはできないから，結果はもっと悪くなるだろう．信号対雑音比が悪いことから，データは実際には非線形部分空間の中にあるということがわかる．図 17.9 は信号源をガウス性としたまま 2000 回掃引し (非線形因子分析)，その後，線形 fastICA で回転した結果である．今度は，SN 比は 13.2dB とかなりよくなり，信号源がはっきりととらえられている．図 17.10 は最終結果で，信号源をガウス分布の混合とし 5500 回掃引した後である．SN 比はさらに 17.3dB まで改善された．

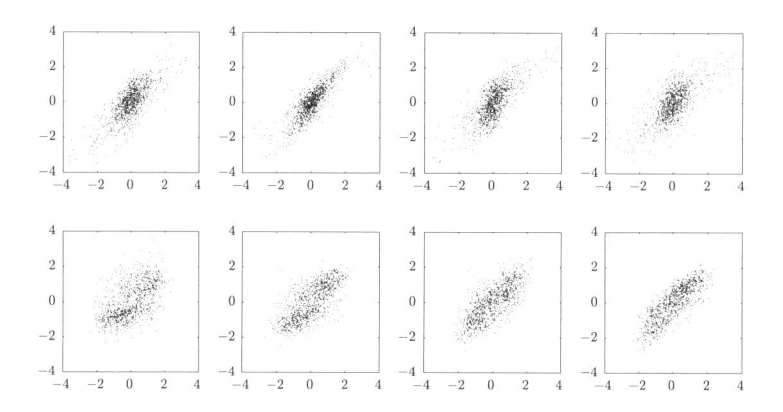

17.5 アンサンブル学習による非線形 BSS の解法 363

図 17.8 各散布図の x 軸は信号源を表し，線形 ICA で推定された信号源を y 軸に示す．信号対雑音比は 0.7dB である．

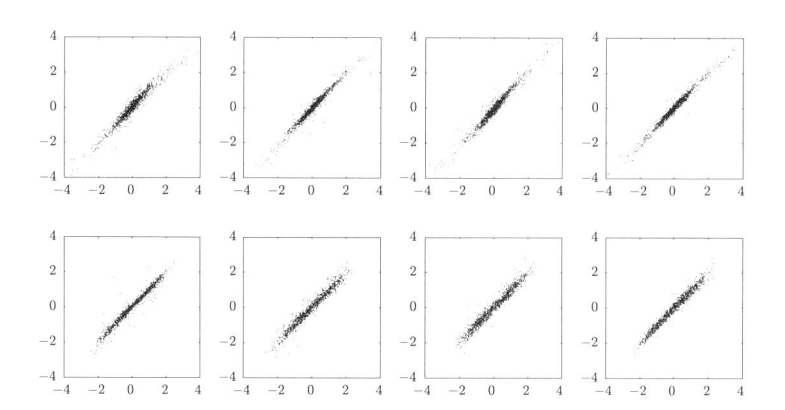

図 17.9 非線形因子分析の 2000 回の掃引の後，線形 ICA による回転を行った結果の散布図．信号対雑音比は 13.2dB．

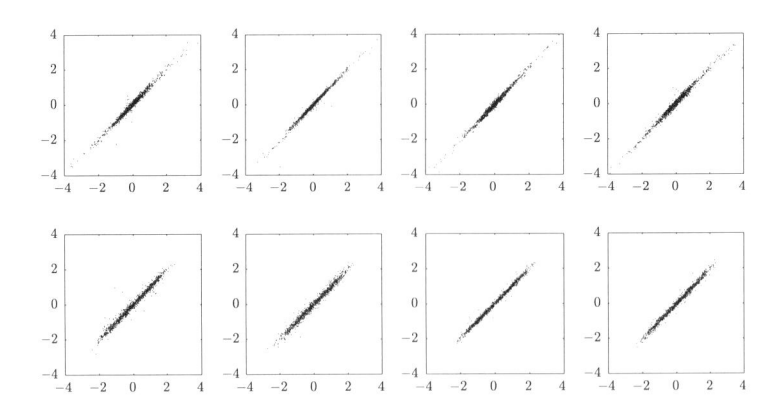

図 17.10 さらに，信号源をガウス混合モデルとして 5500 回の掃引を行って得られた最終的な分離結果．信号対雑音比は 17.3dB で，明らかに信号源が見出された．

生産工程のデータ　次のデータは長さが 2480 時点の 30 個の時系列で，パルプの生産工程における異なるセンサからの測定値である．この工程におけるパルプの流速が有限であることから生じる時間遅れに対しては，熟達した人間による粗い補正という前処理を行った．

　データが本質的に何次元であるかを知るために，線形因子分析を適用した．その結果が図 17.11 である．図には非線形因子分析の結果も示してある．データは明らかに非線形である．非線形因子分析で 10 個の因子を用いた結果と，線形因子分析 (PCA) で 21 個の成分を用いた結果が，データを同程度に説明しているからである．

　信号源としてガウスモデルを用い，初期値は無作為に選んで，隠れ素子や信号源の数をいろいろと変えて調べた (非線形因子分析)．その結果，10 個の信号源と 30 個の隠れ素子をもつ MLP 回路により，カルバック＝ライブラーの損失関数が最小となった．信号源としてガウス分布の混合を仮定した非線形 BSS の際も，回路の大きさは同じとした．非線形因子分析を用いて 2000 回掃引した後，信号源は fastICA で回転され，各信号源は 3 個のガウス分布の混合としてモデル化された．この改良した信号源モデルを用いてさらに 5500 回掃引して学習した．結果の 10 個の信号源を図 17.12 に示す．

　図 17.13 の 30 個の画像はそれぞれこの工程で計測されたデータに対応している．各画像の上の時系列は計測値そのものであり，下の時系列は回路網による再構成の結果である．この再構成は，回路の入力を図 17.12 で示した推定信号源としたときの，回

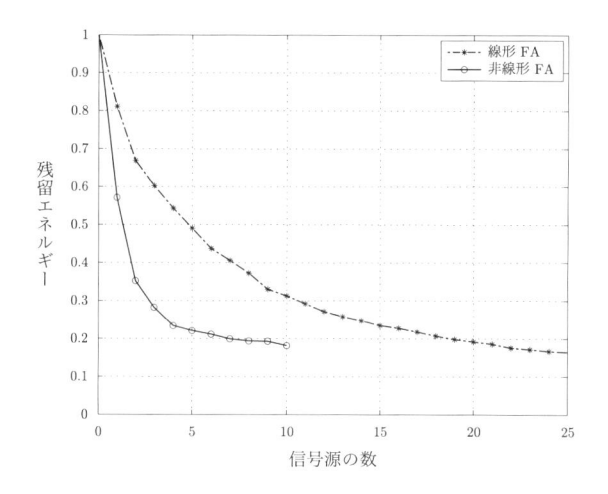

図 17.11 線形および非線形の因子分析を行った後にデータ過程に残ったパワーを，抽出する信号源の個数の関数として表したもの．

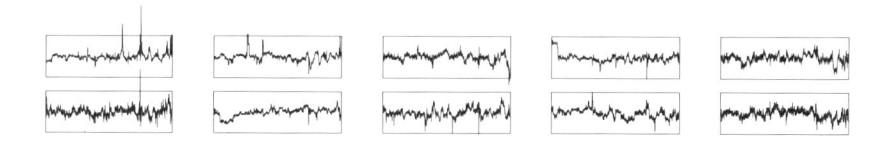

図 17.12 パルプ製造工程における 10 個の信号源の推定．横軸が時間軸．

路の事後平均出力である．計測値はそれぞれ非常に異なるにもかかわらず，驚くほど正確に再構成されている．時には再構成の結果のほうが雑音が少ないくらいに見える．これは驚くには当たらない．より数の少ない重要な成分だけを使って再構成されたデータが，雑音が少ないということはよく起こることである．

この結果は，推定信号源について，意味のある物理的な解釈ができることを示唆している．結果は期待できるものではあるが，信号源の意味を裏づけるにはさらなる研究が必要である．

ここで示した非線形 BSS のためのアンサンブル学習は，いろいろ拡張できる．すぐわかる拡張は，信号源にしばしば存在する時間構造である時間遅れを取り入れることである．これによりデータはさらによく説明されるようになるだろう．ベイズ方式の枠組みでは，データが欠落している場合，あるいはさらに限られたデータしかない場

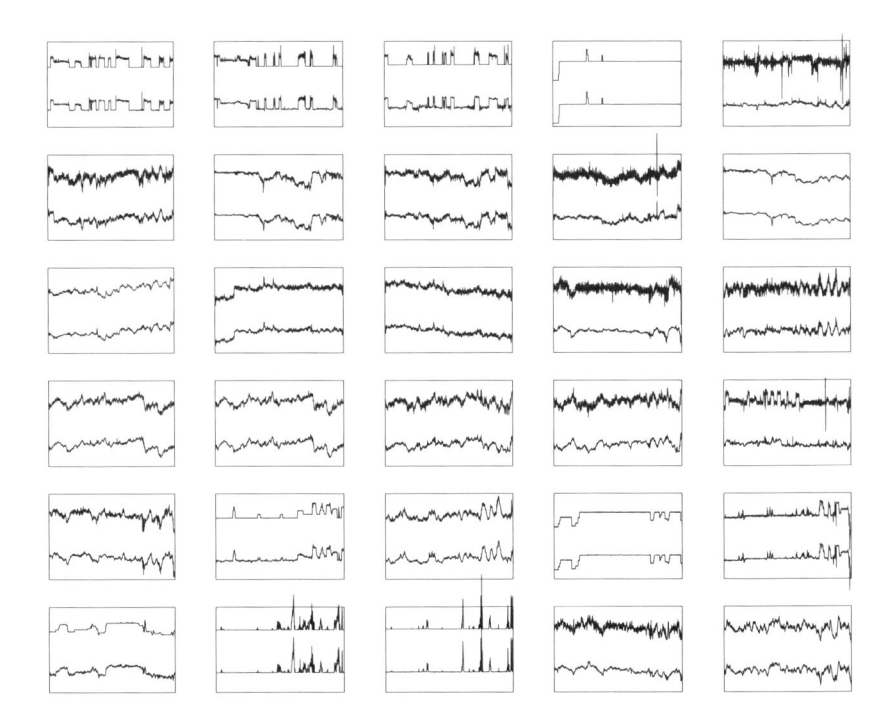

図17.13 30個の原観測時系列と，図17.12に示した推定信号源を用いて再構成した信号とを，上下に並べたもの．

合の扱いも容易である．

17.6 他の方法

本節では，非線形独立成分分析や非線形暗中信号源分離のために提案されている他の方法について，簡単に見てみよう．興味ある読者はより詳細について関連の文献を参照されたい．

Jutten [226] はすでに1987年に，緩やかな非線形混合を使って，線形BSS問題(第12章を参照)に対して導かれた先駆的なエロー＝ジュタンのアルゴリズムの頑健性などの性能を調べた．しかし非線形ICAを目的としたアルゴリズムを最初に導入したのはBurel [57] が最初であろう．彼の方法は，パラメトリックな非線形関数に対して，逆伝搬法によるニューラルネットワークの学習で行うもので，計算の複雑さや極小な

どの問題があった．Deco と Parra らは一連の論文で [104, 357, 355, 105, 358]，非線形 ICA のために，体積保存的なシンプレクティック変換 (正準変換) に基づいた方法を開発した．しかし，体積保存という制約は多少恣意的なもので，そのためこれらの方法では，普通，元の信号源を復元できない．また計算量も多くなりがちである．

一般的な非線形 ICA 問題に，17.3 節で論じたような自己組織写像を用いるという考えは，[345] で導かれたものである．しかしこの方法は，一様分布からそれほど離れていない分布をもつ信号源の分離に，だいたい限られている．非線形混合写像の逆写像は，独立な成分を導く写像の中で最も単純なものである，という意味で正則であると想定される [345]．Lin と Grier と Cowan [279] はこれらとは独立に，非線形 ICA に対して SOM を別のやり方で使うことを提案したが，それは ICA を計算的幾何学の問題として扱うものである．

17.5 節でより詳しく扱ったアンサンブル学習は，非線形混合写像 (17.2) の柔軟性あるモデルとして多層パーセプトロン回路を用いて行われる．第 6 章で簡単に論じた自己連想 MLP 回路を使って，同様な写像をモデル化する研究がいくつかある [172]．生成モデルとその逆写像を，同時に，しかしそれらの間の関係を用いずに別々に学習して得るのである．自己連想 MLP は非線形データ表現にある程度成功しているが [172]，一般的には極小に陥りやすく学習が遅いという欠点がある．

自己連想 MLP を用いた研究はだいたい，データに対する平均 2 乗誤差を最小化することによって，荷重や信号源の点推定を得ている．したがって，モデルの構造の信頼性の高い選択が不可能で，「当てはめすぎ」や「当てはめ不足」の問題は深刻である．Hecht-Nielsen [176, 177] は，入力データの大局的に最適な非線形符号化のための，いわゆるレプリケータ回路を提案した．これらの回路は自己連想 MLP であり，データベクトルは単位超立方体の中に，分布が一様になるように写像される．写像されたデータの超立方体の軸の上の座標値は自然座標と呼ばれており，実は非線形 ICA の解になっているが，これについては原論文 [176, 177] には述べられていない．

Hochreiter と Schmidhuber [181] は，MLP 回路と関連して，LOCOCODE と呼ばれる最小記述長に基づく方法を用いている．このモデルは荷重の分布を推定するが，信号源のモデルはもっていない．したがって信号源の記述長を測ることは不可能である．いずれにしても，彼らの方法は ICA と興味深い関係があり，時には非線形 ICA の解を与えることもある [181]．[2, 469] では，別のよく知られた情報理論的な規準である相互情報量が，独立性を測るのに使われている．これらの論文には，非線形暗中分離のための，各種の MLP 回路構造に基づいた方法も紹介されている．特に，Yang, Amari と Chichocki [469] は，基本的な自然勾配法 (第 9 章を参照) の非線形 BSS

への拡張を扱っており，またエントロピー最大化の拡張や非線形活性化関数型混合の実験についても述べている．

　Xu は ICA にも適用可能な，一般的な Ying-Yang のベイズ的枠組みを展開した．たとえば [462, 463] を参照されたい．

　他の非線形 ICA や BSS 問題の解法として提案された方法には，パターン拒否に基づく方法 [295]，状態空間モデル法 [86]，それにエントロピーに基づく方法 [134] などがある．より単純な非線形活性化関数型混合 (17.4) に対する各種の分離方法が，[271, 267, 365, 418, 417] などで導かれている．

　前節で論じたアンサンブル学習法においては，観測データを最も確かに生成したモデルと信号源を選ぶことによって，非線形 ICA に必要な正則化が達成されている．Attias は同様な生成モデルを線形 ICA モデルに適用した [19]．本章で述べられたアンサンブル学習に基づく方法が，[19] で提案された方法と異なる点は，本章の方法がより一般的な非線形データモデルを用い，回路や図的モデルの上級パラメータに対して完全にベイズ的な扱いを適用していることである．関連性のある拡張が [20] に提案されている．アンサンブル学習法と他のベイズ的方法との関連は [259, 438] により詳しく論じられている．

　非線形 ICA や BSS は，計算的にも概念的にも一般に困難な問題である．その理由から，最近，線形 ICA と完全に非線形な ICA の間の実用的な妥協として，局所的に線形な ICA および BSS 方法が注目されている．この方法は，観測データを記述するのに複数の異なる ICA モデルが使われるという意味で，標準の線形 ICA よりも一般的である．局所線形 ICA モデルは，ICA 法の混合 [273] のように重複する場合もあれば，[234, 349] で提案されたクラスターに基づく方法のように，重複しない場合もある．

17.7　結語

　本章では，標準的な線形独立成分分析 (ICA) または暗中信号源分離 (BSS) を拡張して，非線形的なデータモデルを扱った．ICA と BSS とを区別して扱ったのは，非線形の場合には，それらの間の関係は線形の場合より複雑だからである．特に，非線形 ICA 問題は，ほかに適当な制約条件や正則化なしには，定性的に異なる解が一般に無限に存在するという，不良設定問題である．

　非線形 BSS 問題を独立性の仮定のみで正しく解けるのは，非線形活性化関数型混合のように簡単である特別な場合のみである．そうでなければ，問題に関してほかに

適当な情報が必要になる．この余分に必要な情報は，しばしば正則化の制約として与えられる．非線形 ICA または BSS 問題のために提案されている，いくつかの正則化法を前節で紹介した．他の方法としては，信号源や混合自体についてもっと情報を得ることである．そのような取り組み方の例としては，生成的トポグラフィック写像 (GTM) に基づく方法があるが，このためには信号源の確率分布が既知である必要がある．

非線形 BSS 問題の解法として最近導入された，アンサンブル学習に基づく完全にベイズ型の方式について，本章では多くのページを割いた．この方法はよく知られた MLP 回路を用いるが，それは非線形の程度の弱い写像にも強い写像にも同様に適している．ここで提案した教師なしのアンサンブル学習は，観測されたデータを最も高い確率で生成したと考えられる信号源と混合行列を，同時に見つけようとするものである．この正則化の原理は理論的な基礎が強固であるとともに，非線形信号源分離問題に対して直観的にも納得がいくものである．人工的なデータを用いた実験結果も，現実のデータを用いたものも，この方法の将来性を期待させる．アンサンブル学習法は，過去に提案された計算負荷の大きい諸方法と比較すると，より大規模な非線形信号源分離問題にも使用できる．そしてまたいろいろな方向への拡張が可能である．

非線形 ICA や BSS 問題にふさわしい方法を開発し，いろいろな場面で何が最適な制約条件であるかを理解するためには，まだ多くの研究が必要である．さまざまな取り組み方が提案されてきているが，それらの能力や弱点を評価するための比較検討はまだされていない．

第 18 章

時間的構造を利用する方法

ここまで我々が扱ってきた独立成分分析のモデルは，独立な確率変数の，通常は線形の混合であった．しかし，混合されるのは確率変数ではなく時間信号，あるいは時系列である応用例も多い．これは通常の ICA のモデルのように，データの間に特に順序がないものとは対照的である．順序がないということは，データの順をどのように入れ替えても，モデルの正当性も変わらず，今まで検討してきた推定方法も影響を受けない．独立成分が時間信号ならば，状況はまったく異なる．

実際，独立成分が時間信号ならば，単なる確率変数よりもずっと強い構造性をもつ可能性がある．たとえば，独立成分の自己共分散 (異なる時間差に対する共分散) は意味のある統計量として定義できる．そのような新たな統計量を使ってよりよいモデル推定を行うこともできる．実際このような新しい情報を用いると，基本 ICA の方法では推定不可能でも，モデル推定ができる場合がある．たとえば独立成分がガウス的であっても，時間的に相関があるような場合である．

本章では，独立成分が時間 t に対する時間信号 $s_i(t)$ $(t = 1, \ldots T)$ である場合の，ICA モデルの推定について検討する．前章まででは t は標本の番号であったが，ここでは t は独立成分の間の順序を決めるので，もっと正確な意味をもつ．モデルは，

$$\mathbf{x}(t) = \mathbf{A}\mathbf{s}(t) \tag{18.1}$$

と表される．ここで $\mathbf{A}$ はいつものように正方行列であり $\mathbf{s}(t)$ はもちろん独立である．違うのは，独立成分が**非ガウス的である必要はない**ということである．

以下では独立成分の時間的な構造に関して，モデル推定を可能にするような何らかの仮定を設ける．それらの仮定は，他の章で仮定された非ガウス性の代わりとなる．最初に，独立成分達は異なる自己共分散をもつと仮定する (特に，それらはどれも 0 ではない)．次に，独立成分の分散が非定常的である場合を扱う．最後に，時間的に相関のある混合をもつ ICA に対して，一般的な枠組みを与えるコルモゴロフの複雑度について述べる．

ここでは混合行列が時間とともに変化する場合は扱わない．[354] を参照されたい．

18.1 自己共分散による分離

18.1.1 非ガウス性の代わりとしての自己共分散

時間的な構造の最も簡単な形は (線形) 自己共分散で与えられる．これは異なる時刻における信号の値の間の共分散である．すなわち $\mathrm{cov}(x_i(t) x_i(t-\tau))$ で，τ は時間差を表す定数 $\tau = 1, 2, 3, \ldots$ である．データが時間に依存するものならば，共分散は多くの場合 0 ではない．

一つの信号の自己共分散だけではなく，二つの信号の間の共分散も必要となる．つまり $i \neq j$ に対して $\mathrm{cov}(x_i(t) x_j(t-\tau))$ である．一つの時間差 τ に対するこれらすべての統計量は，まとめて時間差共分散行列

$$\mathbf{C}_\tau^\mathbf{x} = \mathrm{E}\left\{\mathbf{x}(t)\mathbf{x}(t-\tau)^T\right\} \tag{18.2}$$

で表される．時間に依存する信号に関する理論は 2.8 節に簡単に述べられている．

第 7 章でも見たように，ICA 問題は，単純な時間差 0 の共分散行列 (あるいは相関行列) には，行列 $\mathbf{A}$ を推定するのに十分なパラメータが含まれていない，ということから出発した．これは $\mathbf{V}$ を，ベクトル

$$\mathbf{z}(t) = \mathbf{V}\mathbf{x}(t) \tag{18.3}$$

の成分が白色となるように選ぶだけでは，独立成分を見出すのに十分ではないということである．なぜならば，成分を無相関にする $\mathbf{V}$ は無限にあるからである．そこで基本 ICA においては，相互情報量によって測られる高次の従属性を最小化するなど，独立成分の非ガウス性を利用する必要があるのである．

要するに，時間差共分散行列 $\mathbf{C}_\tau^\mathbf{x}$ に含まれる情報を，高次統計量に関する情報の代わりに用いることができるのである [424, 303]．そこで，行列 $\mathbf{B}$ をうまく選んで，$\mathbf{y}(t) = \mathbf{B}\mathbf{x}(t)$ の瞬時共分散を 0 にするだけではなく，時間差共分散も 0 にする．すなわち任意の $i \neq j$，τ に対して，

$$\mathrm{E}\{y_i(t) y_j(t-\tau)\} = 0 \tag{18.4}$$

とする．理由は，独立成分 $s_i(t)$ に対しては，独立性から時間差共分散はすべて 0 になるからである．これらの時間差共分散を用いれば，以下に述べるような条件の下に，

18.1.2 1個の時間差を使う

最も簡単な場合には1個の時間差のみを用いることができる．その時間差をτとする．これを1とすることも多い．大変簡単なアルゴリズムにより，瞬時共分散と時間差τの共分散のどちらも0にすることができる．

白色化されたデータ(第6章を参照)を$\mathbf{z}$とする．すると直交行列である分離行列$\mathbf{W}$に対して，

$$\mathbf{Wz}(t) = \mathbf{s}(t) \tag{18.5}$$

$$\mathbf{Wz}(t-\tau) = \mathbf{s}(t-\tau) \tag{18.6}$$

となる．式(18.2)で定義した時間差共分散行列を少し変形して，

$$\bar{\mathbf{C}}_\tau^{\mathbf{z}} = \frac{1}{2}\left[\mathbf{C}_\tau^{\mathbf{z}} + (\mathbf{C}_\tau^{\mathbf{z}})^T\right] \tag{18.7}$$

を考える．線形性と$\mathbf{W}$の直交性から，

$$\bar{\mathbf{C}}_\tau^{\mathbf{z}} = \frac{1}{2}\mathbf{W}^T\left[\mathrm{E}\left\{\mathbf{s}(t)\mathbf{s}(t-\tau)^T\right\} + \mathrm{E}\left\{\mathbf{s}(t-\tau)\mathbf{s}(t)^T\right\}\right]\mathbf{W} = \mathbf{W}^T\bar{\mathbf{C}}_\tau^{\mathbf{s}}\mathbf{W} \tag{18.8}$$

という関係が得られる．$s_i(t)$の独立性から時間差共分散行列$\mathbf{C}_\tau^{\mathbf{s}} = \mathrm{E}\{\mathbf{s}(t)\mathbf{s}(t-\tau)\}$は対角行列で，これを$\mathbf{D}$とする．明らかに行列$\bar{\mathbf{C}}_\tau^{\mathbf{s}}$も$\mathbf{D}$と等しい．そこで，

$$\bar{\mathbf{C}}_\tau^{\mathbf{z}} = \mathbf{W}^T\mathbf{D}\mathbf{W} \tag{18.9}$$

となる．これから，$\mathbf{W}$は$\bar{\mathbf{C}}_\tau^{\mathbf{z}}$を固有値分解する行列であることがわかる．この対称行列の固有値分解の計算は容易である．実際，時間差共分散行列ではなく([303]のように)この行列を使う理由は，それがまさに対称行列であり，対称行列ならば固有値分解が可能で，計算しやすいからである(データがICAモデルどおりに作られるのならば，時間差共分散行列は確かに対称であるが，そのような行列の推定は普通対称にはならない)．

AMUSE アルゴリズム これでAMUSE [424]のアルゴリズムと呼ぶものが得られたことになる．これは白色化データに対して分離行列を推定する単純なアルゴリズムである．

1. （平均 0 の）データ $\mathbf{x}(t)$ を白色化して $\mathbf{z}(t)$ を得る．
2. $\bar{\mathbf{C}}_\tau^{\mathbf{z}} = \frac{1}{2}\left[\mathbf{C}_\tau + \mathbf{C}_\tau^T\right]$ の固有値分解を計算する．ここで $\mathbf{C}_\tau = \mathrm{E}\left\{\mathbf{z}(t)\mathbf{z}(t-\tau)\right\}$ は時間差 τ に対する時間差共分散行列である．
3. 固有ベクトルが分離行列 $\mathbf{W}$ の行である．

本質的に同様なアルゴリズムが [303] で提案された．
このアルゴリズムは簡単で計算が速い．しかし問題はあり，これがうまくいくのは $\bar{\mathbf{C}}_\tau^{\mathbf{z}}$ の固有ベクトルが一意に決まるときだけである．これは固有値がすべて互いに相異なるときである．もし固有値の中に等しいものがあると，固有ベクトルは一意に決められず，対応する独立成分は推定できない．これはこの方法の適用範囲をかなり狭めている．固有値は $\mathrm{cov}(s_i(t)s_i(t-\tau))$ で与えられるから，すべての独立成分について時間差共分散が異なるとき，またそのときに限り固有値は互いに異なる．

この制約を緩和するため時間差 τ をうまく選べば，固有値をすべて相異なるようにできるかもしれない．しかしこれはいつもうまくいくとは限らない．もし信号 $s_i(t)$ 達が同じパワースペクトルをもつならば，これは同じ共分散をもつことと同値だから，どのような τ を用いても推定は不可能となる．

18.1.3　複数の時間差を用いる

AMUSE 法を改善する一つの方法は，一つだけではなく複数個の時間差を用いることである．その場合，そのうち**一つ**の時間差に対して共分散達が異なっていればよい．したがって τ の選択はそれほど困難な問題ではない．

いくつかの時間差を用いるときには，原理的には対応するすべての時間差共分散行列を**同時に**対角化したい．しかし，正確な対角化は不可能である．なぜならば，データが正確に ICA モデルで生成されるという理論的な場合以外は，異なる共分散行列の固有ベクトルが等しくなることはまずあり得ないからである．そこで対角化の程度を表す関数を定式化し，それの最大値を探そう．

行列 $\mathbf{M}$ の対角化の程度を表す簡単な指標として，

$$\mathrm{off}(\mathbf{M}) = \sum_{i \neq j} m_{ij}^2 \tag{18.10}$$

は，$\mathbf{M}$ の非対角要素の 2 乗和を与える．我々は $\mathbf{y} = \mathbf{Wz}$ の，いくつかの時間差共分散行列の非対角要素の 2 乗和を最小化したいわけである．前と同様に，時間差共分散行列を変形して対称にした $\bar{\mathbf{C}}_\tau^{\mathbf{y}}$ を用いる．選ばれた時間差 τ の集合を S とする．する

と目的関数は，

$$\mathcal{J}_1(\mathbf{W}) = \sum_{\tau \in S} \mathrm{off}\left(\mathbf{W}\bar{\mathbf{C}}_\tau^{\mathbf{z}}\mathbf{W}^T\right) \tag{18.11}$$

と書ける．$\mathbf{W}$ は直交行列であるという制約の下に $\mathcal{J}_1$ を最小化する $\mathbf{W}$ を求める．最小化は (射影) 最急降下法で行うこともできるし，通常の固有値分解の方法を，ここでの複数の行列の近似的対角化の目的に変形して応用することもできる．2 次暗中同定法 (SOBI: Second-Order Blind Identification) と呼ばれる方法 [43] や TDSEP [481] はこの原理に基づいている．

規準 $\mathcal{J}_1$ は簡単化できる．直交変換 $\mathbf{W}$ に対して，$\mathbf{W}\mathbf{M}\mathbf{W}^T$ の要素の 2 乗和は変化しない[1]．したがって非対角要素をもとにした規準は，全体の 2 乗和から対角要素の 2 乗の和を差し引いたものである．そこで，

$$\mathcal{J}_2(\mathbf{W}) = -\sum_{\tau \in S}\sum_i \left(\mathbf{w}_i^T \bar{\mathbf{C}}_\tau^{\mathbf{z}} \mathbf{w}_i\right)^2 \tag{18.12}$$

を新たな規準として考えることができる．ここで $\mathbf{w}_i^T$ は $\mathbf{W}$ の行である．$\mathcal{J}_2$ の最小化は $\mathcal{J}_1$ の最小化と同値である．

対角化の程度を測る別の方法が [240] で与えられている．任意の正定値行列 $\mathbf{M}$ に対して，

$$\sum_i \log m_{ii} \geq \log |\det \mathbf{M}| \tag{18.13}$$

が成立し，等号は $\mathbf{M}$ が対角行列のときにのみ成立する．そこで $\mathbf{M}$ の非対角性を，

$$F(\mathbf{M}) = \sum_i \log m_{ii} - \log |\det \mathbf{M}| \tag{18.14}$$

で測ることができる．再び，異なる時間差に対する $\mathbf{C}_\tau$ 全体の非対角性は，これらの和で測ることができるから，以下の目的関数

$$\mathcal{J}_3(\mathbf{W}) = \frac{1}{2}\sum_{\tau \in S} F\left(\bar{\mathbf{C}}_\tau^{\mathbf{y}}\right) = \frac{1}{2}\sum_{\tau \in S} F\left(\mathbf{W}\bar{\mathbf{C}}_\tau^{\mathbf{z}}\mathbf{W}^T\right) \tag{18.15}$$

を最小化すればよい．最尤 (ML) 推定の場合と同じように，行列式の対数を含む項から $\mathbf{W}$ は分離されて，

$$\mathcal{J}_3(\mathbf{W}) = \sum_{\tau \in S}\left\{\sum_i \frac{1}{2}\log\left(\mathbf{w}_i^T \bar{\mathbf{C}}_\tau^{\mathbf{z}} \mathbf{w}_i\right) - \log |\det \mathbf{W}| - \frac{1}{2}\log\left|\det \bar{\mathbf{C}}_\tau^{\mathbf{z}}\right|\right\} \tag{18.16}$$

---

[1]. これは，$\mathrm{tr}\left(\mathbf{W}\mathbf{M}\mathbf{W}^T\left(\mathbf{W}\mathbf{M}\mathbf{W}^T\right)^T\right) = \mathrm{tr}\left(\mathbf{W}\mathbf{M}\mathbf{M}^T\mathbf{W}^T\right) = \mathrm{tr}\left(\mathbf{W}^T\mathbf{W}\mathbf{M}\mathbf{M}^T\right) = \mathrm{tr}\left(\mathbf{M}\mathbf{M}^T\right)$ に等しいからである．

となる．$\mathbf{z}(t)$ は白色化されており，$\mathbf{W}$ は直交行列だから，行列式を含む項は定数になり，結局，

$$\mathcal{J}_3(\mathbf{W}) = \sum_{\tau \in S} \sum_i \frac{1}{2} \log \left(\mathbf{w}_i^T \bar{\mathbf{C}}_\tau^{\mathbf{z}} \mathbf{w}_i \right) + 定数 \tag{18.17}$$

となる．これは，実は式 (18.12) の関数 $\mathcal{J}_2$ によく似ている．違いは関数 $-u^2$ が $1/2 \log(u)$ で置き換えられたことだけである．これらの関数の共通点は凹関数であるということだから，他の多くの凹関数が使えるのではないかと推測できる．

$\mathcal{J}_3$ の勾配を計算すると，

$$\frac{\partial \mathcal{J}_3}{\partial \mathbf{W}} = \sum_{\tau \in S} \mathbf{Q}_\tau \mathbf{W} \bar{\mathbf{C}}_\tau^{\mathbf{z}} \tag{18.18}$$

である．ただし，

$$\mathbf{Q}_\tau = \mathrm{diag} \left(\mathbf{W} \bar{\mathbf{C}}_\tau^{\mathbf{z}} \mathbf{W}^T \right)^{-1} \tag{18.19}$$

である．そこで最急降下法のアルゴリズムとして，

$$\boxed{\Delta \mathbf{W} \propto \sum_{\tau \in S} \mathbf{Q}_\tau \mathbf{W} \bar{\mathbf{C}}_\tau^{\mathbf{z}}} \tag{18.20}$$

を得る．

ここで $\mathbf{W}$ は各反復後に直交化されなければならない．さらに，式 (18.19) で逆行列の計算をするとき，非常に小さな値の要素が数値的問題を起こさないように，注意しなければならない．式 (18.12) についてもよく似た最急降下法のアルゴリズムが導かれる．主な違いは $\mathbf{Q}_\tau$ の定義の中のスカラー値関数である．

このようにして，複数の時間差についての自己相関に基づいて $\mathbf{W}$ を推定するアルゴリズムを得た．これは近似的同時対角化 (JADE) に基づくアルゴリズムの代わりになる，より単純なものである．この方法は，一つの時間差のみを用いる簡単な方法ではうまくいかないときにでも，モデル推定を可能にする．しかし基本的な限界の線は越えられない．すなわち，独立成分が同じ共分散をもつ (したがってパワースペクトルが同じ) ならば，時間差共分散だけを用いた方法では推定できない．これは，高次の情報を用いた ICA のように，独立成分が同じ分布をもってもよいという状況とは対照的である．

信号源分離に共分散を用いた他の研究は [11, 6, 106] に見られる．特に異なる時間差を最適に重みづけする方法については [472, 483] で検討された．

18.2 分散の非定常性による分離

信号の時間構造を用いるもう一つのやり方が [296] で導入されたが，それによると ICA に信号の非定常性が利用できる．ここで使う非定常性は，独立成分の分散の非定常性である．独立成分の分散が，時間的に滑らかに変化すると仮定するのである．信号のこの非定常性は，非ガウス性や線形自己共分散などとは独立な概念であることに注意しよう．つまり，それらは互いに他を導いたり前提条件としたりしない．

純粋に分散の非定常性のみを明示するため，図 18.1 を用いる．この信号はガウス周辺密度分布に従い，線形時間相関をもたない．すなわちすべての時間差 τ に対して，$\mathrm{E}\{\mathbf{x}(t)\mathbf{x}(t-\tau)^T\} = 0$ である．したがってこの信号に含まれる独立成分は，基本 ICA の方法や，線形の時間相関を用いて分離することはできない．一方，信号の非定常性は明瞭に見てとれて，活動がときどき急激に大きくなる特徴がある．

以下で，この問題に対するいくつかの基本的な方法を概観する．その他の研究については [40, 370, 126, 239, 366] を参照されたい．

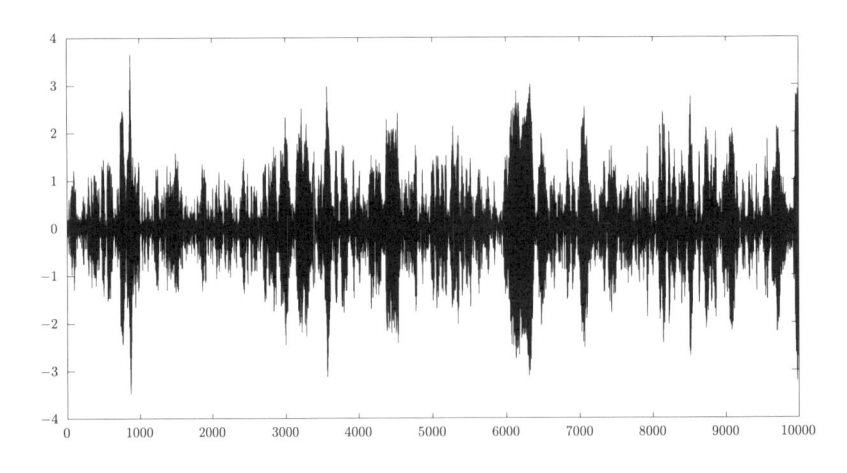

図 18.1 分散が非定常である信号．

18.2.1 局所的自己相関の使用

非定常的な信号の分離は，自己相関の変形を用いて，18.1 節といくらか似た方法で行うことができる．[296] で示されているように，$\mathbf{y}(t) = \mathbf{B}\mathbf{x}(t)$ の成分が**各時点** t において独立になるように行列 $\mathbf{B}$ を決められれば，独立成分を見つけたことになる．非定常性のため $\mathbf{y}(t)$ の共分散は時刻 t に依存するので，成分が各時刻 t で独立であるという要求は，単なる白色化よりずっと強い条件を導くことに注意する．

$\mathbf{y}(t)$ の (局所的な) 無相関性は，18.1.3 項で用いたのと同じ対角性の尺度を用いて測ることができる．ここでは式 (18.14) に基づいた尺度

$$Q(\mathbf{B}, t) = \sum_i \log \mathrm{E}_t \left\{ y_i(t)^2 \right\} - \log \left| \det \mathrm{E}_t \left\{ \mathbf{y}(t) \mathbf{y}(t)^T \right\} \right| \tag{18.21}$$

を用いる．期待値の記号の添え字 t は信号が非定常的であることを強調するもので，期待値は時点 t の周囲での期待値である．この関数が最小値をとるように分離行列 $\mathbf{B}$ を決める．これを $\mathbf{B} = (\mathbf{b}_1, \ldots, \mathbf{b}_n)^T$ の関数で表すと，

$$\begin{aligned}
Q(\mathbf{B}, t) &= \sum_i \log \mathrm{E}_t \left\{ \left(\mathbf{b}_i^T \mathbf{x}(t) \right)^2 \right\} - \log \left| \det \mathrm{E}_t \left\{ \mathbf{B}\mathbf{x}(t) \mathbf{x}(t)^T \mathbf{B}^T \right\} \right| \\
&= \sum_i \log \mathrm{E}_t \left\{ \left(\mathbf{b}_i^T \mathbf{x}(t) \right)^2 \right\} - \log \left| \det \mathrm{E}_t \left\{ \mathbf{x}(t) \mathbf{x}(t)^T \right\} \right| \\
&\quad - 2 \log |\det \mathbf{B}|
\end{aligned} \tag{18.22}$$

を得る．$\log \left| \det \mathrm{E}_t \left\{ \mathbf{x}(t) \mathbf{x}(t)^T \right\} \right|$ の項は $\mathbf{B}$ にまったくよらないことに注意する．さらに，すべての時点を考慮するため，各時刻での Q の値を合計して，目的関数

$$\mathcal{J}_4(\mathbf{B}) = \sum_t Q(\mathbf{B}, t) = \sum_{i,t} \log \mathrm{E}_t \left\{ \left(\mathbf{b}_i^T \mathbf{x}(t) \right)^2 \right\} - 2 \log |\det \mathbf{B}| + 定数 \tag{18.23}$$

を得る．例によって，データを白色化した $\mathbf{z}$ を得て，分離行列 $\mathbf{W}$ を直交行列にすることができる．この場合，目的関数は，

$$\mathcal{J}_4(\mathbf{W}) = \sum_t Q(\mathbf{W}, t) = \sum_{i,t} \log \mathrm{E}_t \left\{ \left(\mathbf{w}_i^T \mathbf{z}(t) \right)^2 \right\} + 定数 \tag{18.24}$$

と簡単化される．次に $\mathcal{J}_4$ の勾配を計算すると，

$$\frac{\partial \mathcal{J}_4}{\partial \mathbf{W}} = 2 \sum_t \mathrm{diag} \left(\mathrm{E}_t \left\{ \left(\mathbf{w}_i^T \mathbf{z}(t) \right)^2 \right\}^{-1} \right) \mathbf{W} \mathrm{E}_t \left\{ \mathbf{z}(t) \mathbf{z}(t)^T \right\} \tag{18.25}$$

となる．

そこで問題は，局所的な分散 $\mathrm{E}_t \left\{ \left(\mathbf{w}_i^T \mathbf{z}(t) \right)^2 \right\}$ の推定法である．非定常性があるため，単に標本分散を用いることはできない．その代わりに，時刻 t における何らかの

局所的な推定値を使わなければならない．**分散はゆっくりと変化する**という仮定は自然である．そこで局所的な分散を局所標本分散で推定することにする．すなわち，

$$\hat{\mathrm{E}}_t \left\{ \left(\mathbf{w}_i^T \mathbf{z}(t) \right)^2 \right\} = \sum_\tau h(\tau) \left(\mathbf{w}_i^T \mathbf{z}(t-\tau) \right)^2 \tag{18.26}$$

である．ここで h は移動平均演算子 (低域通過フィルタ) で，成分の合計が1となるように正規化されている．

最終的なアルゴリズムは，

$$\boxed{\Delta \mathbf{W} \propto -\sum_t \mathrm{diag}\left(\hat{\mathrm{E}}_t \left\{ \left(\mathbf{w}_i^T \mathbf{z}(t) \right)^2 \right\}^{-1} \right) \mathbf{W} \mathbf{z}(t) \mathbf{z}(t)^T} \tag{18.27}$$

となる．ここで $\mathbf{W}$ は反復ごとに対称的に正規化され (第6章を参照)，$\hat{\mathrm{E}}_t$ は式 (18.26) によって計算する．ここでもまた，局所的分散が非常に小さくなって，それを要素とする行列の逆演算が，数値的な問題を起こさないように注意する必要がある．これが非定常な分散をもつ信号の推定の基本的な方法である．これは [296] で示された方法を簡単化したものである．

式 (18.27) のアルゴリズムによって，分散の非定常性の情報を用いて独立成分を推定することができる．その原理はこれまで本書で考えられたものとは異なる．それは，異なる点での局所的自己相関を同時に考慮することによって得られたものである．次に，非定常性を利用する別のやり方を考えよう．

18.2.2　クロスキュムラントを用いる方法

非線形自己相関　　非定常性を利用するもう一つの方法は，分散の非定常性を，高次のクロスキュムラントによって解釈することである．それによれば，分散の非定常性を表す非常に簡単な規準が得られる．その原理を見るため，図 18.1 の信号のパワー (つまり振幅の2乗) を考える．最初の 1000 個の点のパワーが図 18.2 に示されている．見て明らかなように，パワーは時間的に相関がある．これはもちろん，分散が時間とともに滑らかに変化するという仮定の結果である．

先に進む前に注意しておくことは，信号の非定常性は，信号のモデルにおける時間範囲の大きさや，必要な詳細さの程度に依存するということである．もし分散の非定常性がモデルに組み込まれたものであれば (たとえば隠れマルコフモデルのように)，信号はもはや非定常的であると考える必要はない [370]．これが以下に示す取り組み方である．具体的には，パワーを非定常的であるとは考えず，時間的な相関をもつ定常的な信号であると考えるのである．これは，単に見方の違いである．

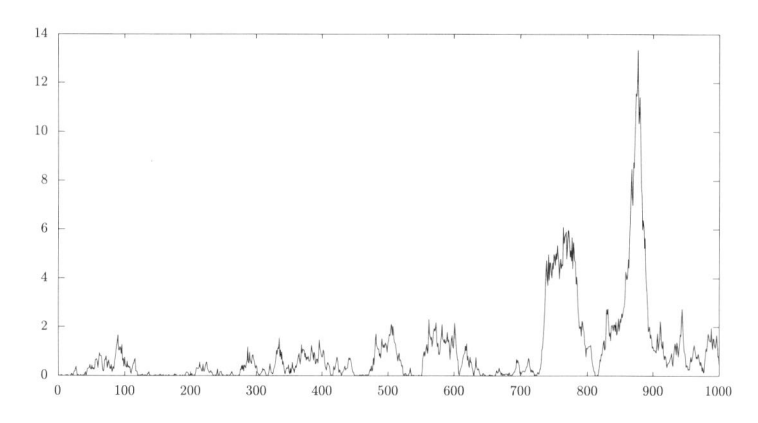

図 18.2 図 18.1 の信号の最初の部分のパワー（すなわち 2 乗の値）．これには明らかに時間的相関がある．

そこで，信号 $y(t)$ $(t=1,\ldots)$ の分散の非定常性の尺度として，パワーの時間相関 $\mathrm{E}\left\{y(t)^2 y(t-\tau)^2\right\}$ に基づいた尺度を用いることができるだろう．ここで τ は時間差の定数で，しばしば 1 が用いられる．数学的に単純にするため，このような基本的な高次の相関を用いる代わりに，キュムラントを用いるのがしばしば有用である．パワーの相関に対応するキュムラントは，4 次のクロスキュムラント

$$\begin{aligned}&\mathrm{cum}\,(y(t),y(t),y(t-\tau),y(t-\tau))\\&=\mathrm{E}\left\{y(t)^2 y(t-\tau)^2\right\}-\mathrm{E}\left\{y(t)^2\right\}\mathrm{E}\left\{y(t-\tau)^2\right\}\\&\quad-2\left(\mathrm{E}\left\{y(t)\,y(t-\tau)\right\}\right)^2\end{aligned} \quad (18.28)$$

である．これは，パワーの相互相関を正規化したものと考えることができる．我々は分散がゆっくり変化すると仮定したから，このキュムラントにおいて，第 1 項が正規化のための残りの 2 項より支配的で，全体は正となる．

結合ガウス分布に従う確率変数の場合，クロスキュムラントは 0 であるが，周辺密度がガウス的である変数の場合には，必ずしも 0 ではないことに注意する．したがって，クロスキュムラントが正であっても，独立成分の周辺密度が非ガウス的であるとは限らない．これから，このクロスキュムラントで測られる性質は，非ガウス性とはまったく異なるものであることがわかる．

この規準の正当性は容易に証明できる．独立成分の式 (18.1) のような混合である観測信号 $x_i(t)$ の，線形結合 $\mathbf{b}^T \mathbf{x}(t)$ を考えよう．この線形結合は独立成分の線形結合 $\mathbf{b}^T \mathbf{x}(t) = \mathbf{b}^T \mathbf{A}\mathbf{s}(t)$ となっているから，これを $\mathbf{q}^T \mathbf{s}(t) = \sum_i q_i s_i(t)$ と書こう．キュム

ラントの基本性質を用いれば，このような線形結合の非定常性は，

$$\operatorname{cum}\left(\mathbf{b}^T\mathbf{x}(t),\mathbf{b}^T\mathbf{x}(t),\mathbf{b}^T\mathbf{x}(t-\tau),\mathbf{b}^T\mathbf{x}(t-\tau)\right)$$
$$=\sum_i q_i^4 \operatorname{cum}\left(s_i(t),s_i(t),s_i(t-\tau),s_i(t-\tau)\right) \tag{18.29}$$

によって評価できる．

次に $\mathbf{b}^T\mathbf{x}$ の分散を 1 として大きさを正規化する(キュムラントは伸縮率に対して不変ではない)．これから $\operatorname{var}\sum_i q_i s_i = \|\mathbf{q}\|^2 = 1$ となる．$\mathbf{b}$ を変化させて非定常性を最大化するとどうなるかを見てみよう．これは最適化問題

$$\max_{\|\mathbf{q}\|^2=1}\sum_i q_i^4 \operatorname{cum}\left(s_i(t),s_i(t),s_i(t-\tau),s_i(t-\tau)\right) \tag{18.30}$$

と同値である．この最適化問題は，第 8 章で見たように，最大の非ガウス的な方向を探索するために尖度(あるいは一般的にその絶対値)を最大化するときに出てくる問題と，形式的には同一である．そこではその最適化問題の解が独立成分を与えることを証明した．言い換えると，q_i のうちの一つだけが 0 でないときに，式 (18.30) の最大を得ることができる．その証明はここでも直接適用できて，**非定常性が最大であるような線形結合が独立成分を与える**のである．クロスキュムラントはすべて正であると仮定したから，ここでの問題は実は多少容易になっている．なぜならば，第 8 章の尖度のようにその絶対値を考える必要はなく，線形結合のクロスキュムラントを最大化すればよいだけだからである．

そこで，観測された混合のクロスキュムラントで測られた非定常性を最大化することにより，1 個の独立成分の推定が得られることがわかる．だからこれによっても，非定常性による 1 成分ごとの信号源分離の方法が得られる．

不動点アルゴリズム　　クロスキュムラントで測られる分散の非定常性を最大化するのに，非ガウス性を最大化するための fastICA アルゴリズムと同じ考え方に沿って導かれる，不動点アルゴリズムを用いることができる．

まずデータを白色化したものを $\mathbf{z}(t)$ とする．次に第 8 章と同様に，不動点反復法の原理に従って，$\mathbf{w}$ をクロスキュムラント $\mathbf{w}^T\mathbf{z}(t)$ の勾配と等しくする．これから，$\mathbf{w}$ の更新則

$$\mathbf{w} \leftarrow \mathrm{E}\left\{\mathbf{z}(t)\mathbf{w}^T\mathbf{z}(t)\left(\mathbf{w}^T\mathbf{z}(t-\tau)\right)^2\right\}$$
$$+ \mathrm{E}\left\{\mathbf{z}(t-\tau)\mathbf{w}^T\mathbf{z}(t-\tau)\left(\mathbf{w}^T\mathbf{z}(t)\right)^2\right\} - 2\mathbf{w} - 4\bar{\mathbf{C}}_\tau^{\mathbf{z}}\mathbf{w}\left(\mathbf{w}^T\bar{\mathbf{C}}_\tau^{\mathbf{z}}\mathbf{w}\right) \tag{18.31}$$

が容易に導かれる．上では勾配を 1/2 倍することにより記述を簡単化している．$\bar{\mathbf{C}}_\tau^\mathbf{z}$ は $\frac{1}{2}\left[\mathrm{E}\{\mathbf{z}(t)\mathbf{z}(t-\tau)\} + (\mathrm{E}\{\mathbf{z}(t)\mathbf{z}(t-\tau)\})^T\right]$ に等しい．式 (18.31) によって $\mathbf{w}$ を更新し，各段の終わりで $\mathbf{w}$ のノルムを 1 に正規化して，これを反復する．

このアルゴリズムは 3 次収束することが証明できる．これは非常に速い．詳細な証明は尖度の場合と同様に構成できるが，ここで簡単に道筋を示しておく．アルゴリズムを，変数変換により変数 $\mathbf{q}$ によって表す．それには式 (18.29) の勾配を求めるだけでよい．すると，

$$q_i \leftarrow q_i^3 \left[4\mathrm{cum}\left(s_i(t), s_i(t), s_i(t-\tau), s_i(t-\tau)\right)\right] \tag{18.32}$$

を得る．この後 $\mathbf{q}$ のノルムを 1 とする正規化が続く．これにより，$\mathbf{q}$ は q_i のうち一つだけが 0 でないベクトルへ収束することが，容易に示される．0 でない q_i の番号 i は $\mathbf{q}$ の初期値に依存する．

クロスキュムラントを用いた非定常性に基づいた，独立成分分離のための，高速の不動点アルゴリズムが導かれた．これは前項のアルゴリズムの代わりになるもので，fastICA と似ている．キュムラントに基づく fastICA と同様に，3 次収束する．もとになった考えは，一つのクロスキュムラントを非定常性の尺度とすることである．

18.3 統一的な分離の原理

18.3.1 分離の原理の比較

この章では独立成分(信号源)を，その時間依存性を用いて分離する方法を検討した．特に，自己相関と分散の非定常性を利用する方法を示した．この二つの原理は，本書の第 II 部で扱った基本 ICA の推定の基礎である非ガウス性の原理を，補完するものである．

そこで，これらの方法のどれを，どのような状況で使うべきかという問題が出てくる．答えは基本的には簡単である．異なる規準はデータに対して異なる仮定を置いているから，規準の選択は分析しようとするデータに基づいて決めるべきである．

まず，データが時間的構造をまったくもたない場合も多い．すなわち $\mathbf{x}$ は確率変数であって時間信号ではない場合である．これは標本の順番には意味がなく，任意に変えてよいということである．その場合には，非ガウス性に基づく基本 ICA だけを使えばよい．したがって，他の選択肢は，データが時間的構造をもつ信号源から来るときにのみ意味をもつ．

データが明らかに時間に依存しているときには，通常は自己相関が 0 ではなく，自己相関に基づいた方法が使える．しかしながら，それがうまくいくのは，各独立成分の自己相関が互いに異なる場合のみである．いくつかの自己共分散が等しい場合には，非定常性に基づく各種の方法を試すことができる．これらの方法はデータの時間依存性は用いるが，各成分の時間的構造がすべて異なることを要求してはいないからである．非定常性の方法が一番うまくいくのはもちろん，図 18.1 の信号のように，時間的構造が分散の非定常性という形で与えられるときである．

一方，独立成分が時間依存性をもっている場合にも，基本的な ICA の方法がうまくいくことがよくある．基本的方法は信号の時間的構造を利用しないが，だからといって時間的構造によって擾乱を受けるというわけではないからである．しかし，基本的な方法はデータの構造全体を利用していないから，得られた結果は最適解からは程遠いものかもしれないことには留意しなければならない．

18.3.2 統一的な枠組みとしてのコルモゴロフの複雑度

さまざまな形の情報を組み合わせることも可能である．たとえば非ガウス性と自己共分散を組み合わせる方法も提案されている [202, 312]．興味深いことに，これらすべての異なる原理を包括するような，一般的な枠組みを作ることができるのである．基本 ICA と時間的構造を用いる方法とを含むようなこの枠組みは，Pajunen [342, 343] によって提案されたが，これは情報理論的な概念であるコルモゴロフの複雑性に基づいている．

第 8 章と第 10 章で議論したように，ICA は何らかの**構造**をもつような成分への変換を見出す方法と考えることもできる．非ガウス性は構造化の一つの尺度であると主張した．非ガウス性は情報理論的な概念であるエントロピーで測ることができる．

一つの確率変数のエントロピーは，その周辺分布の構造のみを測っている．一方，本章ではいろいろな時間的構造，たとえば自己共分散とか非定常性などをもつ時間信号を扱ってきた．どのようにすれば，そのようにもっと一般的な形の構造を，情報理論的規準を使って測ることができるだろうか．その答えはコルモゴロフの複雑度の中にある．データの射影の中で複雑度が小さいものを探す問題として，非常に一般的な線形 ICA 問題を定義することができる．まずコルモゴロフの複雑度を定義しよう．

コルモゴロフの複雑度の定義　　この情報理論的な構造化の尺度は，符号長を構造として解釈することに基づいている．

信号 $s(t)$ $(t = 1, \ldots, T)$ を符号化することを考えよう．簡単のため，信号は 2 値と

考え，$s(t)$ の値は 0 か 1 とする．そのような信号の自明な符号として，符号の各ビットが一つの t に対する $s(t)$ の値を示すものを考えることができる．一般的には，この信号を長さが T より短い符号で符号化できない．しかしながら，自然の信号には普通**冗長性**がある．つまり，信号の各部分は他の部分から効率的に予測できるのである．そのような信号はうまく符号化して圧縮すれば，もともとの長さ T より短い符号にすることができる．たとえば画像信号や音声信号を，符号長がかなり減少するように符号化できることはよく知られている．これはそれらの信号が高度に構造化されているからである．たとえば画像信号はランダムな画素でできているわけではなく，縁とか輪郭とか同一の色の領域などの高度に規則的な要素からなる [154]．

そこで信号 $s(t)$ の構造性の程度を，その信号を符号化するときにどの程度圧縮可能かによって測ることができるのではないかと思われる．固定長 T の信号の符号化に際して，**可能な最小な符号長で構造化の程度を表す**のである．符号理論の文献で見られるように，信号を圧縮するには多くの異なる方法があるが，我々は可能な最短の符号を用いることにより，可能なすべての符号化の中で最大の圧縮を得たいのである．この概念のより厳密な定義については [342, 343] を参照されたい．

ICA とコルモゴロフの複雑度　さて，ICA を以下のように一般化できる．データの変換をして，成分の符号長の合計が可能な限り小さくなるようにしよう．しかし，ここにもう一つ操作が必要である．変換自体の符号長も考慮に入れる必要がある [342, 343]．このような議論により，最小記述長の原理と密接な関連のある枠組みが得られる [380, 381]．そこで我々の用いる目的関数は，

$$J(\mathbf{W}) = \frac{1}{T} \sum_i K\left(\mathbf{b}_i^T \mathbf{x}\right) - \log|\det \mathbf{W}| \tag{18.33}$$

と書かれる．ここで $K(\cdot)$ は複雑度を表す．最後の項は，最小記述長の原理を用いるときの，変換の符号長に関連する量である．

この目的関数は相互情報量の一般化と考えられる．もし信号に時間的な構造がなければ，そのコルモゴロフの複雑度はそのエントロピーで与えられることになり，式 (18.33) はそのまま相互情報量の定義となる．さらに，[344] は信号の時間的構造を用いた規準によって $K(\cdot)$ を近似する方法を示し，時間相関を用いる方法もコルモゴロフの複雑度により一般的に表現されることを示している（これに関連しては 23.3 節も参照されたい）．

コルモゴロフの複雑度は，計算するために信号の最良の符号化を見つける必要があるから，理論的な測度といったほうがよい．可能な符号化の方法は無限にあるの

で，この最適化は実際にはあまり正確にはできない．しかし，この最適化が正確にできる特別な場合もある．たとえば上述の相互情報量の場合と時間相関の場合がそうである．

18.4　結語

信号源をうまく分離するには，基本的な独立性の仮定のほかに，信号が十分構造化されているという仮定も必要になる．それは，ICA モデルの推定は，ガウス性の確率変数に対してはできないからである．第 II 部で扱った基本 ICA においては，非ガウス性を仮定した．本章では，その代わりに，独立成分が何らかの時間的な依存性をもつ時間信号であるという仮定を置いた．ここでは，分離が可能である少なくとも二つの場合があることがわかった．一つは各信号が異なるパワースペクトルをもつ，すなわち異なる自己共分散関数をもつ場合である．もう一つは，それらの分散が非定常な場合である．これらの仮定はすべて，コルモゴロフの複雑度を用いた枠組みの中で，統一的に扱うことができる．それらはすべて，複雑度の最小化の特別な場合として導くことができる．

第 19 章

畳み込み混合と暗中逆畳み込み

　本章では，暗中逆畳み込み(blind deconvolution)と，畳み込み混合(convolutive mixtures)の暗中分離(blind separation)について述べる．

　暗中逆畳み込みは，基本的な独立成分分析(ICA)や暗中信号源分離(BSS)と密接な関係のある，信号処理の問題である．通信やその関連分野では，暗中逆畳み込みはしばしば暗中等化(blind equalization)と呼ばれている．暗中逆畳み込みでは，観測信号(出力)も信号源(入力)も1個だけである．観測信号は，未知の信号源の信号とその過去のいくつかの時点(時間遅れ)における値とでできている．この問題は，畳み込みのシステム，時間遅れの大きさ，混合係数を知らずに，信号源を観測信号のみから推定することである．

　畳み込み混合の暗中分離は，暗中逆畳み込みと瞬時暗中信号分離問題を組み合わせたものである．この推定問題は，文献ではいろいろな名前で呼ばれている．畳み込み混合のICA，多チャネル暗中逆畳み込み，または同定，畳み込み信号分離，多入力多出力システムの暗中同定，などである．畳み込み混合の暗中分離においては，瞬時ICA問題と同様に，信号源(入力)も観測信号(出力)も複数個ある．しかしながら，信号源の信号は，媒体中の信号伝達速度が有限であることから，各観測信号に対して異なる時間遅れをもっている．各観測信号も，複数の障害物からの反射によって生じる多重伝搬路(マルチパス)が原因で，同一の信号源の複数の時間遅れを伴った形を含む場合もある．第23章の図23.3(p.456)は，移動体通信における多重伝搬路の例を示す．

　以下では，まず，より簡単な暗中逆畳み込みの問題について，次に畳み込み混合の分離について考える．

　実際，畳み込み混合の分離のために開発された多くの手法は，もともと暗中逆畳み込みや基本ICA・BSS問題のために開発された手法を拡張したものである．付録(p.401)では，本章で必要とされる離散フィルタの基本概念の一部を簡単に紹介した．

19.1 暗中逆畳み込み

19.1.1 問題の定義

暗中逆畳み込み [170, 171, 174, 315] では，離散時間観測信号 $x(t)$ が，未知の信号源 $s(t)$ から畳み込みモデル

$$x(t) = \sum_{k=-\infty}^{\infty} a_k s(t-k) \tag{19.1}$$

によって生成されると仮定する．したがって時間的に遅れた信号が混合されている．このような状況は，たとえば通信や地質学など多くの実際の応用分野で現れる．

暗中逆畳み込みにおいては，信号源 $s(t)$ も畳み込み係数 a_k も未知とする．$x(t)$ の観測だけから信号源 $s(t)$ を推定したい．言い換えれば，各時刻の $s(t)$ のよい推定を与えるような，逆畳み込みフィルタ

$$y(t) = \sum_{k=-\infty}^{\infty} h_k x(t-k) \tag{19.2}$$

を見出したい．そのために，逆畳み込みフィルタの係数 h_k をうまく選ぶ．実際には，式 (19.2) を有限インパルス応答 (FIR: Finite Impulse Response) フィルタ（付録に定義がある）とし，その長さは十分だが有限であると仮定する．他の構造も考えられるが，これが一つの標準的なものである．

逆フィルタを推定するためには，信号源 $s(t)$ に対して何らかの仮定が必要である．通常，各時点 t での信号の値 $s(t)$ は非ガウス的で，統計的に独立で同一の分布に従う (i.i.d.) と仮定する．信号 $s(t)$ の確率分布は既知の場合も未知の場合もある．暗中逆畳み込み問題に残る不定性の種類は，信号源信号の伸縮率 (scaling, 符号を含めた) と，絶対的な時間のずれである．この状況は ICA における順列と符号の不定性と似ている．実際これら二つのモデルは 19.1.4 項で説明するように，密接な関連がある．

もちろん実際には，上記の理想的なモデルは，正確には成立しない．簡単のため式 (19.1) には雑音を含めなかったが，しばしば加法的雑音が存在する．信号源が i.i.d. の条件を満たさないこともあるし，その分布が未知の場合も多いし，わかっていることは信号源が優ガウス的か劣ガウス的かということだけ，ということもある．したがって実際には，多くの場合，暗中逆畳み込みは困難な信号処理問題で，近似的に解けるだけである．

時間不変系 (19.1) が**最小位相**（付録を参照）ならば，暗中逆畳み込み問題は，すっきりと解ける．その仮定の下では，逆フィルタは単に，観測データ $\{x(t)\}$ を時間的に

白色にするような**白色化フィルタ**である．しかし通信など多くの応用例では，系は最小位相ではないのが普通で [174]，この単純な解は使えない．

次に暗中逆畳み込みの，いくつかのよく使われる方法について述べる．暗中逆畳み込みが必要とされる通信応用では，しばしば複素数値データを用いるのが便利である．そこで我々はほとんどの方法をこの一般的な場合について述べることにする．対応する実数用のアルゴリズムは，その特別な場合として得られる．複素数値データの ICA モデルの推定方法については，20.3 節で述べる．

19.1.2　ブスガング法

ブスガング法 [39, 171, 174, 315] の中には，暗中逆畳み込みのために提案された最初期のアルゴリズムもあるが，今でも広く用いられているものもある．ブスガング法では長さ $2L+1$ の非因果的な FIR フィルタ構造

$$y(t) = \sum_{k=-L}^{L} w_k^*(t) x(t-k) \tag{19.3}$$

を用る．ここで $*$ は複素共役を表す．FIR フィルタの荷重 $w_k(t)$ は時間 t に依存し，最小 2 乗 (LMS) 型のアルゴリズム

$$w_k(t+1) = w_k(t) + \mu x(t-k) e^*(t), \quad k = -L, \ldots, L \tag{19.4}$$

によって適応させる [171]．ここで誤差信号は，

$$e(t) = g(y(t)) - y(t) \tag{19.5}$$

で定義する．これらの式で μ は正の学習パラメータで，$y(t)$ は式 (19.3) で与えられ，$g(\cdot)$ はうまく選ばれた非線形関数である．初期条件は $w_0(0) = 1$，$w_k(0) = 0$，$k \neq 0$ とする．

フィルタ長 $2L+1$ が十分長く，学習アルゴリズムが収束したと仮定する．すると FIR フィルタ (19.3) の出力 $y(t)$ に対して，以下の条件，

$$\mathrm{E}\{y(t) y(t-k)\} \approx \mathrm{E}\{y(t) g(y(t-k))\} \tag{19.6}$$

が成立することを示すことができる．条件 (19.6) を満足する確率過程をブスガング過程と呼ぶ．

非線形関数 $g(t)$ にはいくつか選び方があり，それによって異なるブスガングのアルゴリズムができる [39, 171]．このうちでゴダードのアルゴリズム [152] は，頑健で

あり，収束後の平均 2 乗誤差が最小であるという意味で，最良である．詳しくは [171] を参照されたい．ゴダードのアルゴリズムは非凸損失関数

$$\mathcal{J}_p(t) = \mathrm{E}\left\{[|y(t)|^p - \gamma_p]^2\right\} \tag{19.7}$$

を最小化する．ここで p は正の整数で，γ_p は信号源の統計量で決まる正定数

$$\gamma_p = \frac{\mathrm{E}\left\{|s(t)|^{2p}\right\}}{\mathrm{E}\left\{|s(t)|^p\right\}} \tag{19.8}$$

である．定数 γ_p は，完璧な逆畳み込みが得られたとき，すなわち $y(t) = s(t)$ のとき，損失関数 $\mathcal{J}_p(t)$ の勾配が 0 になるように定義されている．荷重 $w_k(t)$ を変えて損失関数 (19.7) を最小化する勾配アルゴリズム (19.4) における誤差信号 (19.5) は，

$$e(t) = y(t)|y(t)|^{p-2}[\gamma_p - |y(t)|^p] \tag{19.9}$$

で与えられる．ここで $e(t)$ を求める際，より簡単な確率的勾配アルゴリズムを得るために式 (19.7) にある期待値は省略した．よって対応する非線形関数 $g(y(t))$ は，

$$g(y(t)) = y(t) + y(t)|y(t)|^{p-2}[\gamma_p - |y(t)|^p] \tag{19.10}$$

となる [171].

ゴダード型アルゴリズムの中では，いわゆる定絶対値アルゴリズム (CMA: Constant Modulus Algorithm) が広く用いられている．これは上式で $p = 2$ としたものである．すると損失関数 (19.7) は，尖度の最小化と関連してくる．CMA や，より一般的にゴダードのアルゴリズムは，劣ガウス的信号源に対してのみうまくいくのだが，通信の応用例では，信号源は劣ガウス的である[1]．CMA はその単純さ，性能のよさ，頑健さから，通信において最も成功した暗中等化法 (逆畳み込み) のアルゴリズムである [315].

CMA の損失関数とアルゴリズムの性質は，[224] で徹底的に調べられている．通信における多くの種類の信号がもっている定包絡線性[2]は，効率的な暗中等化や信号源分離のアルゴリズムを開発するのにも，利用されてきている [441]．[39] はブスガング型の暗中逆畳み込み法のよい総括である．

---

[1]. CMA アルゴリズムは学習パラメータ μ を負にすれば優ガウス的信号源にも適用できる．[11] を参照されたい．

[2]. 訳注：定絶対値 (constant modulus) と同じ．たとえば位相変調波は，振幅 (すなわち絶対値) が一定という性質をもつ．

19.1.3 キュムラントに基づく方法

暗中逆畳み込み(ブラインド)としてよく使われるもう一つの型の手法が，キュムラントを用いた一連の方法である [315, 170, 174, 171]．これらの方法では観測値 $x(t)$ の高次の統計量が陽に用いられる．それに対してブスガングの方法では，高次の統計量は，非線形関数 $g(\cdot)$ を通じて陰に用いられる．キュムラントは第 2 章で定義され，簡単に議論された．

Shalvi と Weinstein [398] は，暗中逆畳み込み(ブラインド)のための必要十分条件と，キュムラントに基づく一連の規準を導いた．特に，彼らは制約条件の下で尖度に基づく規準を最大化する，確率的勾配アルゴリズムを導いた．これは計算的に単純で，大局的に収束し，信号源 $s(t)$ が優ガウス的でも劣ガウス的でも同様に適用できるので，次にこのアルゴリズムを簡単に紹介する．

信号源 (入力) $s(t)$ が複素数値で対称，つまり条件 $\mathrm{E}\left\{s(t)^2\right\} = 0$ を満たすとする．因果的な FIR 逆畳み込みフィルタの長さを M とする．すると時刻 t におけるフィルタの出力 $z(t)$ は簡単に内積の形

$$z(t) = \mathbf{w}^T(t)\mathbf{y}(t) \tag{19.11}$$

で書くことができる．ここで時刻 t における M 次元荷重ベクトル $\mathbf{w}(t)$ と出力ベクトル $\mathbf{y}(t)$ はそれぞれ

$$\mathbf{y}(t) = [y(t), y(t-1), \ldots, y(t-M+1)]^T \tag{19.12}$$
$$\mathbf{w}(t) = [w(t), w(t-1), \ldots, w(t-M+1)]^T \tag{19.13}$$

で定義される．シャルビ=ワインスタインのアルゴリズムは，

$$\begin{aligned}\mathbf{u}(t+1) &= \mathbf{u}(t) + \mu\mathrm{sign}(\kappa_s)\left[|z(t)|^2 z(t)\right]\mathbf{y}^*(t) \\ \mathbf{w}(t+1) &= \mathbf{u}(t+1) / \|\mathbf{u}(t+1)\|\end{aligned} \tag{19.14}$$

で与えられる [398, 551]．ここで κ_s は $s(t)$ の尖度，$\|\cdot\|$ は通常のユークリッドノルム，$\mathbf{u}(t)$ は正規化前のフィルタ荷重ベクトルである．

シャルビ=ワインスタインのアルゴリズム (19.14) がうまくいくためには，出力 $y(t)$ は白色化されていなければならない ($s(t)$ が白色であることも仮定している) ことに注意されたい．単一の複素数値信号列 (時系列) $\{y(t)\}$ に対する時間的な白色性は，

$$\mathrm{E}\{y(t)y^*(t-k)\} = \sigma_y^2 \delta_{tk} = \begin{cases} \sigma_y^2, & t = k \\ 0, & t \neq k \end{cases} \tag{19.15}$$

と書かれる．ここで $y(t)$ の分散は多くの場合 1 に正規化される．つまり $\sigma_y^2 = 1$ である．時間的な白色化をするには，周波数領域でのスペクトルの白色化，または線形予測のような時間領域での方法を用いる [351]．線形予測による方法は，たとえば [169, 171, 419] などの本で論じられている．

Shalvi と Weinstein は，$\mathrm{E}\left\{s(t)^2\right\} \neq 0$ の場合のために，もう少し複雑なアルゴリズムを示した [398]．さらに，彼らのアルゴリズムと前項で示した CMA アルゴリズムとの間に，密接な関連があることも示した．[351] も参照されたい．彼らは後になって，暗中逆畳み込み(ブラインド)のための収束の速い，しかしもっと複雑な超指数関数的アルゴリズムを導いた [399]．Shalvi と Weinstein は彼らの暗中逆畳み込み(ブラインド)の手法を [170] で要約している．それらと密接な関連のある方法が，それより前に [114, 457] で提案されていた．

興味深いことに，シャルビ＝ワインスタインのアルゴリズム (19.14) は，出力信号 $y(t)$ が時間的に白色であるという制約の下に，フィルタの (逆畳み込みされた) 出力 $z(t)$ の尖度を最大化することによって得られる [398, 351]．時間的な白色性という条件から，式 (19.14) における $\mathbf{w}(t)$ の正規化が導かれる．標準 ICA における対応する規準はすでになじみ深いもので，第 8 章では式 (19.14) とよく似た勾配アルゴリズムについて論じた．また，シャルビ＝ワインスタインの超指数的アルゴリズム [399] は，8.2.3 項で示した尖度に基づく fastICA のアルゴリズムに極めて近い．暗中逆畳み込み(ブラインド)みと ICA との関連については，次の項でより詳しく論ずる．

キュムラントの代わりに，**ポリスペクトル**とも呼ばれる**高次スペクトル**を用いることもできる [319, 318]．これは，パワースペクトルが自己相関関数のフーリエ変換として定義されるのと同じように，キュムラントのフーリエ変換として定義される (2.8.5 項を参照)．ポリスペクトルは観測信号の位相に関する情報を保存するので，暗中逆畳み込み(ブラインド)，さらにはより一般的に最小位相ではないシステムの同定の基礎を与える．しかしながら，高次スペクトルに基づく暗中逆畳み込み(ブラインド)の方法は，ブスガング法よりも計算が複雑になりがちで，収束が遅い [171]．したがって，それらについてここでは論じない．これらについてもっと知りたい読者は [170, 171, 315] を参照されたい．

19.1.4　線形 ICA を用いた暗中逆畳み込み(ブラインド)

暗中逆畳み込み(ブラインド)問題の定義では，原信号 $s(t)$ は異なる t について独立であり，また非ガウス的であると仮定した．したがって暗中逆畳み込み(ブラインド)問題は，形式的に標準

的な ICA 問題と密接な関係がある．実際，信号源の $n-1$ 時点前までの値を集めて，

$$\tilde{s}(t) = [s(t), s(t-1), \ldots, s(t-n+1)]^T \tag{19.16}$$

とし，同様に，

$$\tilde{x}(t) = [x(t), x(t-1), \ldots, x(t-n+1)]^T \tag{19.17}$$

とすると，$\tilde{x}$ と $\tilde{s}$ は n 次元ベクトルで，畳み込み (19.1) は，和の添え字 k の有限個の範囲で，

$$\tilde{x} = A\tilde{s} \tag{19.18}$$

と書ける．ここで A は畳み込みフィルタの係数 a_k を，各行の異なる位置にもつような行列である．これはフィルタの古典的な行列表現である．この表現は一番上と一番下の行の近辺では正確ではないが，n が十分大きければ実際上は問題ない．

式 (19.18) から，暗中逆畳み込み問題は，実は (近似的に) ICA の特別な場合だということがわかる．s の成分は独立で，混合は線形だから，標準的な線形 ICA が得られることになる．

実際に，第 8 章の 1 成分ごとの (逐次的) ICA アルゴリズムをそのまま使って，暗中逆畳み込みを実行できる．上で定義したように，逆畳み込みを適用したい信号 $x(t)$ の標本列 $x(t), x(t-1), \ldots, x(t-n+1)$ を，入力 $\mathbf{x}(t)$ とすればよい．1 個の「独立成分」を推定することにより，逆畳み込みされた元信号 $s(t)$ を得る．複数の成分を推定しても，それらはもともとの信号の時間軸をずらしたものだから，1 個の成分の推定だけで十分である．

19.2 畳み込み混合の暗中分離

19.2.1 畳み込み混合の BSS 問題

現実の ICA の応用例において，線形混合と同時に，ある種の畳み込みが起こることがある．たとえば，古典的なカクテルパーティ問題，すなわち複数のマイクロフォンでとらえられた音声信号の分離においては，音声信号は複数のマイクロフォンに同時には到達しない．理由は，音波が大気中を伝搬する速度は有限であるからである．さらには，部屋の壁や他の障害物からの反射による，話者の声のエコーもある．これら 2 種類の現象は畳み込み混合としてモデル化できる．ここでは，現実にはよく現れる雑音や他の問題は考慮しない．24.2 節と [429, 430] を参照されたい．

畳み込み混合の暗中分離は，基本的には，標準的な瞬時線形暗中信号源分離と暗中逆畳み込みの組み合わせである．畳み込み混合モデルにおいては，モデル $\mathbf{x}(t) = \mathbf{A}\mathbf{s}(t)$ における混合行列 $\mathbf{A}$ の各要素は，スカラーではなく**フィルタ**である．各混合について書き下すと，畳み込み混合のモデルのデータは，

$$x_i(t) = \sum_{j=1}^{n} \sum_k a_{ikj} s_j(t-k), \quad i=1,\ldots,n \tag{19.19}$$

で与えられる．これは FIR フィルタモデルであり，各フィルタ(添え字 i と j を固定したときの)は係数 a_{ikj} で定義される．通常これらの係数は時間に依存しない定数で，畳み込みの添え字 k のとる範囲は有限であると仮定する．ここでも，混合 $x_i(t)$ のみを観測し，すべての独立信号源 $s_i(t)$ と係数 a_{ikj} を推定するのが課題である．

畳み込み混合(19.19)の逆演算のため，よく使われるのは同様な FIR フィルタ

$$y_i(t) = \sum_{j=1}^{n} \sum_k w_{ikj} x_j(t-k), \quad i=1,\ldots,n \tag{19.20}$$

である．この分離フィルタの出力 $y_1(t),\ldots,y_n(t)$ が信号源 $s_1(t),\ldots,s_n(t)$ の離散時間 t における値の推定である．w_{ikj} は分離の FIR フィルタの係数である．分離用の FIR フィルタは，方法によって因果的なものと非因果的なものとがある．分離フィルタの係数の個数は，十分な逆演算の精度を得るためにはしばしば非常に大きくする必要がある(数百あるいは数千のこともある)．畳み込み混合を分離するのに，フィードフォワード構造をした FIR の代わりに，フィードバック形の IIR (Infinite Impulse Response: 無限インパルス応答)フィルタもしばしば用いられてきた．その一例が 23.4 節にあげられている．これらのフィルタを畳み込み BSS に用いる際の利点や欠点については，[430] の議論を参照されたい．

ここで畳み込み BSS 問題と標準 ICA 問題の関係を，一般的なレベルで論じておくのがよいだろう [430]．まず，標準的な線形 ICA と BSS においては，独立成分または信号源の伸縮率と順番が決定不可能であることを思い出そう(符号もだが，それは伸縮率に含めて考えることができる)．畳み込み混合においては，これらの任意性はもっと深刻である．推定信号源 $y_i(t)$ の順番はやはり任意であるが，伸縮率の任意性はフィルタの任意性に置き換えられる．実際には，畳み込み混合のために提案されている多くの方法では，推定信号 $y_i(t)$ に対して，それらが時間的に無相関(白色)となるようにフィルタがかけられる．これは，畳み込み混合のために考えられた暗中分離の手法のほとんどは，可能な限り強い独立性を実現しようとするものだからである．もともとの信号自体が時間的に白色ではない場合，時間的白色化によってある程

度歪みを生じるのは避けられない．場合によっては，その歪みをフィードバック形式のフィルタで取り除くことができる．[430] を参照されたい．

推定された信号のベクトルを

$$\mathbf{y}(t) = [y_1(t), y_2(t), \ldots, y_n(t)]^T \tag{19.21}$$

で表すことにする．もし，

$$\mathrm{E}\left\{\mathbf{y}(t)\mathbf{y}^H(t-k)\right\} = \delta_{k,0}\mathbf{I} = \begin{cases} \mathbf{I}, & k = 0 \\ \mathbf{0}, & k \neq 0 \end{cases} \tag{19.22}$$

ならば，それらは時間的にも空間的にも白色である．ここで H は複素共役を表すエルミート演算子である．通常の空間的白色化の条件 $\mathrm{E}\{\mathbf{y}(t)\mathbf{y}^H(t)\} = \mathbf{I}$ は，$k=0$ の場合として得られる．条件 (19.22) は，分離フィルタ (19.20) が定義されている範囲の，k の値すべてについて成立しなければならない．Douglas と Ciochocki [120] は，畳み込み混合を白色化する簡単で適応的なアルゴリズムを導いた．Lambert と Nikias [257] は，FIR 行列アルゴリズムとフーリエ変換に基づいた，効率的な時間的白色化の方法を考案した．

標準的な ICA は空間的な暗中分離系(ブラインド)を学習するために，混合の空間的な統計量を利用するわけである．一般的には，このためには空間的な高次の統計量が必要となる．ただし，もし信号源に時間的な相関があるならば，[424] で示され第 18 章で論じたように，ある条件の下に 2 次の時空間統計量だけで十分な場合がある．それに対して，畳み込み混合の暗中分離(ブラインド)のための時空間分離系を学習するには，混合の時空間的統計量を使用する必要がある．

畳み込み混合を分離する際には，信号源の定常性も決定的に重要な要因である．もし信号源の分散が非定常ならば，[359, 456] で手短に論じられているように，2 次の時空間統計量だけで十分である．

畳み込み混合に対しては，ちょうど基本 ICA と同じように，定常的な信号源に対しては 2 次より大きな次数の統計量が必要となるが，以下の単純化は可能である [430]．2 次の時空間統計量を用いて混合を無相関化できる．これによって問題は通常の ICA で扱えるようになり，その先は通常どおり高次の空間統計量が必要になる．そのような方法の例を [78, 108, 156] に見ることができる．もっともこの簡単化は，あまり使われてはいない．

その代わりとして，非定常性を仮定できない信号源に対しては，最初から高次の時空間統計量に頼ることもできる．これは多くの研究で用いられており，本章でも後で議論する．

19.2.2　通常の ICA への書き換え

　畳み込み混合の暗中分離(ブラインド)のための最も簡単な考え方は，それを通常の線形 ICA モデルに書き換えることである．すでに式 (19.18) で見たように，暗中逆畳み込み(ブラインド)は ICA の特別な場合として書ける．ここでは各信号源の M 個の遅延信号を連結して，ベクトル $\tilde{\mathbf{s}}$ を作る．すなわち，

$$\tilde{\mathbf{s}}(t) = [s_1(t), s_1(t-1), \ldots, s_1(t-M+1), s_2(t), s_2(t-1), \ldots,$$
$$s_2(t-M+1), \ldots, s_n(t), s_n(t-1), \ldots, s_n(t-M+1)]^T \quad (19.23)$$

とし，同様にベクトル

$$\tilde{\mathbf{x}}(t) = [x_1(t), x_1(t-1), \ldots, x_1(t-M+1), x_2(t), x_2(t-1), \ldots,$$
$$x_2(t-M+1), \ldots, x_n(t), x_n(t-1), \ldots, x_n(t-M+1)]^T \quad (19.24)$$

を定義する．これらを用いると式 (19.19) の畳み込み混合は，

$$\tilde{\mathbf{x}} = \tilde{\mathbf{A}}\tilde{\mathbf{s}} \quad (19.25)$$

と書ける．ここで $\tilde{\mathbf{A}}$ は，FIR フィルタの係数 a_{ikj} を正しい順序で並べた行列である．そこで，通常の ICA の方法を，式 (19.25) の標準的な線形 ICA モデルに適用すれば，畳み込み BSS 問題の推定ができることになる．

　逐次的 (デフレーション的) な推定法が [108, 401, 432] で扱われた．これらの方法は，尖度の絶対値を最大化する原理に基づいているので，第 8 章で述べた尖度に基づく方法の一般化である．畳み込み BSS を通常の ICA を用いて解く他の方法の例は [156, 292] などに見られる．

　式 (19.25) の一つの問題は，もともとのデータのベクトル $\mathbf{x}$ を $\tilde{\mathbf{x}}$ に拡大すると，次元が非常に大きくなってしまうことである．考慮すべき遅延の数 M は応用例によって異なるが，通常数十とか数百とかであり，モデル (19.25) の次元は同じ速さで増加して nM となる．これは取り扱い不可能な次元になる可能性もある．したがって，実際の畳み込み BSS 問題がこの書き換えで，満足に解けるか解けないかは，モデルの n と M による．

　暗中逆畳み込み(ブラインド)においては，これはそれほど大きな問題ではない．というのは，まず信号源が 1 個だけであり，1 個の独立成分を推定すればよいから，これはすべての成分を推定するより容易だからである．ところが畳み込み BSS においては，多くの場合すべての独立成分を推定する必要があり，式 (19.25) のモデルではその数は nM 個である．したがって計算が非常に大変で，またそのように多くのパラメータを推定

するために必要となる標本点数が膨大で，現実の応用には使えない場合もありうる．混合フィルタの変化を追跡しながら，分離フィルタを適応的に推定しようという場合に，それが特に当てはまる．したがって，推定方法としては，計算時間もデータを集める時間も短いものが望ましい．

残念ながら，上で述べた点は，畳み込み混合の暗中分離(ブラインド)のために提案されている他の大部分の手法についても，同様に問題なのである．その理由は，そもそも畳み込み混合では，モデル (19.19) における未知パラメータの数が非常に多いからである．フィルタの長さが M のときには，次元数は対応する瞬時 ICA モデルの M 倍となる．これは避けられない基本的な問題である．

19.2.3　自然勾配法

第 9 章では，よく知られたベル＝セイノフスキーのアルゴリズムと自然勾配法のアルゴリズムを，最尤原理から導いた．その原理は出力のエントロピーの最大化と密接な関連があることも示した．後者は情報量最大化（インフォマックス）の原理と呼ばれることも多い．第 9 章を参照されたい．これらの ICA 推定の規準やアルゴリズムは，そのまま畳み込み混合に対して拡張できる．初期のアルゴリズムの導出や結果については [13, 79, 121, 268, 363, 426, 427] で見られる．後の第 23 章で，CDMA 通信信号への応用について述べる．

Amari と Chichocki と Douglas は，畳み込み混合の暗中分離(ブラインド)や関連する問題のための，自然勾配アルゴリズムを導く，すっきりとして統一的な考え方を示した．考え方のもとになっているのは，数学的な同値性や，それらのよい性質などである．彼らの研究は [11] にまとめられているが，そこには，複素数値データのためのかなり一般的な自然勾配学習則が，時間領域と複素周波数領域の両方の複素数値信号に対して示されている．導かれた自然勾配則は，バッチ形式にも，オンライン形式にも，ブロックオンライン形式にも実装できる [11]．バッチ形式の場合には，非因果的な FIR フィルタを用いることができるが，オンラインの場合にはフィルタは因果的でなければならない．

以下に，[10, 13] で示され [430] にもある，畳み込み混合の暗中分離(ブラインド)のための効率的な自然勾配型のアルゴリズムを示そう．これは時間領域のフィードフォワード型の FIR フィルタを用いて，オンラインアルゴリズムとして実装できる．アルゴリズムは複素数値のデータに対して与えられている．

分離フィルタは，離散時間 t と時間差（遅延）k に対する，一連の係数行列 $\mathbf{W}_k(t)$

として示される．因果フィルタを用いた分離出力は，

$$\mathbf{y}(t) = \sum_{k=0}^{L} \mathbf{W}_k(t) \mathbf{x}(t-k) \tag{19.26}$$

と書ける．ここで $\mathbf{x}(t-k)$ は n 次元のデータベクトルで，時刻 $t-k$ における n 個の混合 (19.19) を成分とし，$\mathbf{y}(t)$ の成分は信号源 $s_i(t)$ $(i=1,\ldots,m)$ の推定値である．したがって $\mathbf{y}(t)$ は m 個の成分 $(m \leq n)$ をもつ．

この行列表示によって，自然勾配を用いた分離アルゴリズムの導出が可能になる．最終的に得られる荷重行列の更新アルゴリズムは，以下のように表される [13, 430]．ここでは，時間の正負の両方向に無限に伸びている (非因果的) フィルタを，因果的フィルタで近似するために，出力を L 点遅らせている．

$$\boxed{\Delta \mathbf{W}_k(t) \propto \mathbf{W}_k(t) - \mathbf{g}(\mathbf{y}(t-L)) \mathbf{v}^H(t-k), \quad k=0,\ldots,L} \tag{19.27}$$

第9章と同様に，ベクトル $\mathbf{g}$ の各成分は引数のベクトルの対応する要素に，非線形関数 $g_i(\cdot)$ を適用したものである．最適な非線形関数は，信号源 s_i の密度 p_i のスコア関数 $g_i = p_i'/p_i$ である．式 (19.27) の $\mathbf{v}(t)$ は，最近の L 個のフィルタ出力に逆フィルタをかけたもので，

$$\mathbf{v}(t) = \sum_{q=0}^{L} \mathbf{W}_{L-q}^H(t) \mathbf{y}(t-q) \tag{19.28}$$

である．すべての時間差 $k=0,\ldots,L$ について荷重行列 $\mathbf{W}_k(t)$ の修正 $\Delta \mathbf{W}_k(t)$ を計算するため，最も新しい L 個のベクトル $\mathbf{v}$ の標本を記憶しておかなければならない．このアルゴリズムの，計算能力と記憶量に対する要求はそれほど高くない．

$L=0$ の場合には，式 (19.27) と式 (19.28) は通常の自然勾配のアルゴリズムに帰着することに注意されたい．[13] において，著者らは音声の分離実験の結果を示しているが，分離した音声の質を 10〜15dB 向上させるのに，約 50 秒間の混合データが必要であった．

19.2.4 フーリエ変換法

畳み込みは周波数領域ではフーリエ変換したものの乗算になるから，畳み込み混合に対してフーリエ変換の手法は有用である．

第13章で見たように，フィルタをかけても混合行列は変化しないので，ICA の前にフィルタをかけてもよい．同じ証明で，データにフーリエ変換を施しても，混合行列が変化しないことを示すことができる．そこで，式 (19.19) の両辺にフーリエ変換

を施すことができる．$x_i(t), s_i(t), a_{ij}(t)$ のフーリエ変換を，それぞれ $X_i(\omega)$, $S_i(\omega)$, $A_{ij}(\omega)$ とすると，

$$X_i(\omega) = \sum_{j=1}^{n} A_{ij}(\omega) S_j(\omega), \quad i = 1, \ldots, n \tag{19.29}$$

を得る．畳み込み混合モデル (19.19) は，周波数領域では瞬時線形 ICA に変換されることがわかる．その代償は，混合行列は標準の ICA・BSS 問題では定数なのに，ここでは各周波数 ω の関数であるということである．

実際にフーリエ領域で標準の ICA を使うには，真の変換の代わりに**短時間**フーリエ変換を用いればよい．そのためには，たとえばガウス関数の形の滑らかな窓関数を用いて窓をかけ，各々のデータの窓にフーリエ変換を別々に施す．$X_i(\omega)$ の ω 依存性は，ω の値をいくつかの周波数ビン (区間) に分けることで，簡単化される．各周波数区間の中に落ちる $X_i(\omega)$ の多くの観測値を使って，各区間に対して別々に ICA モデルを推定する．独立成分も混合行列も複素数値であることに注意していただきたい．複素数値データに対する ICA モデルの推定法に関しては，20.3 節を参照されたい．

ICA 問題に共通である不定性が，フーリエ変換を用いる手法では問題になる．順列と伸縮率は，通常各周波数区間ごとに異なる．時間領域における信号源 $s_i(t)$ を再構成するには，そのすべての周波数成分が必要である．そこで一つの信号源に属する周波数成分を，各周波数区間の独立成分のうちから一つずつ選ぶための，何らかの選択法が必要になる．このために，多くの研究者によって，各種の連続性の規準が提案されている [15, 59, 216, 356, 397, 405, 406, 430]．

畳み込み混合のために開発されたフーリエ変換を用いる手法で，もう一つの大きな流れは，上に述べた問題を避けるため，実際の分離を時間領域で行うものである．全体の分離過程の中のある部分だけを周波数領域で行うのである．周波数領域における各成分は直交していて，時間領域の係数のように互いに依存しないので，周波数領域での分離フィルタのほうが学習が容易であるかもしれない [21, 430]．分離の規準の適用は時間領域で行い，残りは周波数領域で行うような方法の例が [21, 257] に報告されている．周波数領域のフィルタの表現を学習で得て，それを周波数領域で適用する．最終的な時間領域での再構成は，たとえばディジタル信号処理の手法である「重ね合わせ保存法」(overlap-save, [339] を参照) を用いて行う．これにより順列と伸縮率の問題は避けられる．

Lambert と Nikias [257] の研究は特に注目に値する．彼らの導いた方法は，ブスガング型の一連の損失関数と，畳み込み混合の暗中分離のための標準的な適応的フィルタアルゴリズムを利用する．[256] で使われた FIR 行列操作が，方法を秩序立てて

開発するための効率的な道具として用いられた．彼らはブスガング型の損失関数として，暗中(ブラインド)最小平均2乗，インフォマックス，ブスガング損失関数そのもの，という三つの一般形を考えた．これらの損失関数の大部分は，時間領域でも周波数領域でも，あるいはバッチ式でも連続的に適応する形にも実装できる．Lambert と Nikias は畳み込み混合の暗中(ブラインド)分離のために，計算の複雑さや収束速度がさまざまな，いくつかの効率的で現実的なアルゴリズムを開発した．たとえば，ブロック指向型の周波数領域におけるアルゴリズムは，数百から数千の時間遅れをもつ畳み込み混合の，頑健な暗中(ブラインド)分離ができる [257]．

19.2.5　時空間無相関化の方法

まず雑音がある瞬時線形 ICA モデル

$$\mathbf{x}(t) = \mathbf{A}\mathbf{s}(t) + \mathbf{n}(t) \tag{19.30}$$

を考えよう．このモデルは第15章でより詳しく扱った．加法的な雑音 $\mathbf{n}(t)$ が信号源 $\mathbf{s}(t)$ と独立だという，標準的で現実的な仮定を置くと，時刻 t における $\mathbf{x}(t)$ の空間的共分散行列 $\mathbf{C_x}(t)$ は，

$$\mathbf{C_x}(t) = \mathbf{A}\mathbf{C_s}(t)\mathbf{A}^T + \mathbf{C_n}(t) \tag{19.31}$$

となる．ここで，$\mathbf{C_s}(t)$ と $\mathbf{C_n}(t)$ は，それぞれ信号源と雑音の時刻 t における共分散行列である．もし信号源 $\mathbf{s}(t)$ が共分散に関して非定常ならば，一般に $\tau \neq 0$ に対して $\mathbf{C_s}(t) \neq \mathbf{C_s}(t+\tau)$ である．これによって $\mathbf{A}$, $\mathbf{C_s}(t)$, $\mathbf{C_n}(t)$ を得るために，異なる τ に対する複数の条件を得ることができる．共分散行列 $\mathbf{C_s}(t)$, $\mathbf{C_n}(t)$ は対角であることに注意されたい．信号源が独立だから $\mathbf{C_s}(t)$ は対角で，雑音ベクトル $\mathbf{n}(t)$ の各成分は互いに無相関と仮定しているから，$\mathbf{C_n}(t)$ も対角である．

さらに時間的にまたがる相互共分散行列 $\mathbf{C_x}(t, t+\tau) = \mathrm{E}\left\{\mathbf{x}(t)\mathbf{x}(t+\tau)^T\right\}$ も考えよう．この考え方は，畳み込み混合との関係で [456] に述べられており，第18章で述べられたように，瞬時混合に対して用いることもできる．畳み込み混合に対しては，周波数領域における標本平均について，

$$\bar{\mathbf{C}}_\mathbf{x}(\omega, t) = \mathbf{A}(\omega)\mathbf{C_s}(\omega, t)\mathbf{A}^H(\omega) + \mathbf{C_n}(\omega, t) \tag{19.32}$$

と書ける．ここで $\bar{\mathbf{C}}_\mathbf{x}$ は空間共分散行列の平均である．もし $\mathbf{s}$ が非定常ならば，ここでもまた異なる時間差に対して複数の線形独立な方程式が立てられ，未知数について解くか，周波数領域における多くの行列を対角化することによって，それら未知数に対する最小平均2乗推定が行える [123, 359, 356]．

もし混合系が最小位相であれば，無相関化だけで唯一解が得られ，信号の非定常性は必要ない [55, 280, 402]．この場合について多くの方法が提案されている．たとえば [113, 120, 149, 281, 280, 296, 389, 390, 456] を参照されたい．他の文献は [430] にあげてある．しかし，現実の通信や音声の分離問題は多くの場合最小位相ではないので，それらの無相関化の方法は必ずしもそれらの分野の問題に役立つというわけではない．たとえば，カクテルパーティ問題において，各話者が「自分自身の」マイクロフォンに一番近ければ，系は最小位相となるが，そうでなければ最小位相にはならない [430]．

19.2.6 畳み込み混合のための他の方法

畳み込み混合の暗中分離のために提案されている方法の多くは，標準的な線形の瞬時 BSS (ICA) 問題か，暗中逆畳み込み問題のために設計された，それ以前の方法の拡張である．すでに 19.2.3 項で自然勾配法の拡張について論じたし，19.2.4 項ではブスガングの方法の拡張について論じた．ブスガングの方法は [351] でも畳み込み混合のために一般化されている．非定常信号源の BSS のための Matsuoka の方法 [296] は，自然勾配学習を用いて畳み込み混合用に修正された [239]．Thi と Jutten [420] は，第 12 章で論じた発展性あるエロー＝ジュタンのアルゴリズムを，畳み込み混合のBSS へと拡張した．彼らの方法は [479] でも研究されている．

畳み込み BSS に対する方法で，時空間の高次統計量を直接用いた方法は非常に多い．尖度の 2 乗和の最大化で分離フィルタ全体を推定する方法は，[90] で導かれ，[307] でさらに発展した．時空間の高次統計量に基づく他の方法は，[1, 124, 145, 155, 218, 217, 400, 416, 422, 434, 433, 470, 471, 474] などで示された．[91, 430] にはさらに文献があげられている．

19.3 結語

歴史的に見れば，ICA で用いられる考え方の多くは，もともと ICA よりも古い研究テーマである暗中逆畳み込みに関連して開発されたものが多い．後になって，暗中逆畳み込みのために開発された多くの方法が，直接 ICA に適用することができたり，その逆もあることがわかってきた．したがって，暗中逆畳み込みが ICA の知的な意味での祖先だといえる．たとえば Donoho [114] は，フィルタの出力を最大限に非ガウス的にすることで，逆畳み込みフィルタを作ることを提案している．これは第 8 章で

用いられた ICA の原理と同じである．Douglas と Haykin は，[122] で暗中逆畳み込みと暗中信号分離との関係を研究した．ほかには，[236] でブスガング規準が非線形 PCA と密接に関連していること，[11] ではそれが他の ICA の方法と関連していることが指摘されている．

本章では，暗中逆畳み込みのための，ブスガング，キュムラント，ICA などに基づいた方法を論じた．畳み込み混合に対する暗中逆畳み込みと分離の方法として，他の重要な一角をなす方法に，部分空間に基づく一連の方法がある [143, 171, 311, 315, 425]．これらの方法は，出力信号 (観測される混合) の数が信号源の数よりも多いときにのみ用いうる．部分空間法は 2 次統計量と細分 (fractional) 標本化[3]を利用するもので，通信では普通に見られる周期定常的な信号に適用可能である．

暗中逆畳み込みに関する一般的な文献は [170, 171, 174, 315] である．畳み込み混合のための暗中逆畳み込みと分離の方法は，通信における暗中伝送路推定および同定問題に関連してしばしば研究されてきた．これらのトピックは本書の範囲を超えているが，興味ある読者には，[143, 144] にある，通信における暗中問題に対する手法をまとめた章が役立つだろう．

章の後半では畳み込み混合の分離について論じた．ここでは混合過程は時間にも空間にも及ぶので，暗中分離問題はかなり複雑になる．この問題のために非常に多くの方法が提案されてきているが，それらの比較研究はまだ不足していて，それらの有用性を評価するのは少し難しい．パラメータ数が膨大なのが問題で，したがって畳み込み BSS 問題を大規模問題に適用するのは困難である．Torkkola の教育的な論文 [430] には，音声や通信への応用における他の現実的な問題が論じられている．畳み込み BSS に関しては，すでにあげた論文や [257, 425, 429, 430] による最近の文献調査に見ることができる．

---

[3]. 訳注: 標本化周期を $1/M$ (M は整数) にしてオーバーサンプリングする．

付録 — 離散時間フィルタとz変換

この付録では，離散時間信号の処理に関する基本概念や結果で，本章で必要となるものについて，簡単に論じる．

線形因果的離散時間フィルタ [169, 339] は，一般に差分方程式

$$y(n) + \sum_{i=1}^{M} \alpha_i y(n-i) = x(n) + \sum_{i=1}^{N} \beta_i x(n-i) \tag{A.1}$$

で記述される．これは 2.8.6 項の ARMA モデル (2.127) と数学的に同値である．ここで n は離散時間，$x(n)$ は時刻 n でのフィルタへの入力信号，$y(n)$ は出力である．因果的とは，未来の時刻 $n+j\,(j>0)$ に依存する量が何もないということで，そのためフィルタの出力 $y(n)$ を実時間で計算できることになる．定数係数 $\beta_i\,(i=1,\ldots,N)$ はフィルタの N 次の FIR (Finite Impulse Response: 有限インパルス応答) 部分を決めている．同様に，係数 $\alpha_i\,(i=1,\ldots,M)$ はフィルタの次数 M の IIR (Infinite Impulse Response: 無限インパルス応答) 部分を決めている．

$M=0$ の場合，式 (A.1) は純粋な FIR フィルタになり，$N=0$ の場合には純粋に IIR フィルタとなる．どちらも畳み込み混合の分離によく使われる．FIR フィルタは常に安定なので，より好んで使われる．安定とは，有界な入力 $x(n-i)$ に対して，出力 $y(n)$ が有界であるということである．一方 IIR フィルタは帰還(再帰的)構造をもち，不安定になることがある．

離散時間フィルタ (A.1) の安定性などの性質を論じるには，z 変換を用いるのが便利である [169, 339]．実数列 $\{x(k)\}$ に対して，その z 変換は級数

$$X(z) = \sum_{k=-\infty}^{\infty} x(k) z^{-k} \tag{A.2}$$

と定義される．ここで z は実部と虚部をもつ複素変数である．ある数列の z 変換を一意に決定するには，級数の収束領域も知らなければならない．

z 変換の定義から，そのいくつかの便利な性質が導かれる．畳み込み混合を扱う上で特に重要なのは，**畳み込み和**

$$y(n) = \sum_{k} h_k x(n-k) \tag{A.3}$$

の z 変換は，数列 $\{h_k\}$ と $\{x(n)\}$ の z 変換の積

$$Y(z) = H(z) X(z) \tag{A.4}$$

に等しいという性質である．式 (A.3) の荷重 h_k は**インパルス応答**と呼ばれ，$H(z) = Y(z)/X(z)$ は**伝達関数**と呼ばれる．畳み込み和 (A.3) の伝達関数は，そのインパルス応答列の z 変換である．

数列の**フーリエ変換**は，変数 z を複素平面上の単位円上に制限したときの z 変換の特別な場合として与えられる．これには，

$$z = \exp(j\omega) = \cos\omega + j\sin\omega \tag{A.5}$$

とすればよい．ここで j は虚数単位で ω は角周波数である．フーリエ変換も畳み込みなど，z 変換と同様な性質をもっている [339]．式 (A.1) の両辺に z 変換を施すと，

$$A(z)Y(z) = B(z)X(z) \tag{A.6}$$

となる．ここで，

$$A(z) = 1 + \sum_{k=1}^{M} \alpha_k z^{-k}, \quad Y(z) = \sum_{k=0}^{M} y(n-k) z^{-k} \tag{A.7}$$

である．$A(z)$ は係数列 $1, \alpha_1, \ldots, \alpha_M$ の z 変換である．ここで $\alpha_0 = 1$ は $y(n)$ の項に対応している．$Y(z)$ は出力列 $y(n), \ldots, y(n-M)$ の z 変換である．$B(z), X(z)$ も同様に，それぞれ係数列 $1, \beta_1, \ldots, \beta_N$ と，対応する入力列 $x(n), \ldots, x(n-N)$ の z 変換である．

式 (A.6) から線形フィルタ (A.1) の伝達関数は，

$$H(z) = \frac{Y(z)}{X(z)} = \frac{B(z)}{A(z)} \tag{A.8}$$

であることがわかる．純粋な FIR フィルタの場合には $A(z) = 1$ で，純粋な IIR フィルタの場合には $B(z) = 1$ であることに注意されたい．分母の多項式 $A(z)$ の零点は伝達関数 (A.8) の極と呼ばれ，分子の多項式 $B(z)$ の零点は伝達関数の零点と呼ばれる．線形因果的離散時間フィルタ (A.1) は，その伝達関数の極が複素平面の単位円の内側にあれば，安定になることが示される (たとえば [339])．これは純粋な IIR フィルタの安定条件でもある．

式 (A.8) より，$X(z) = G(z)Y(z)$ である．ここで**逆フィルタ** $G(z)$ は伝達関数 $1/H(z) = A(z)/B(z)$ をもつ．したがって純粋な FIR フィルタの逆フィルタは純粋な IIR フィルタとなり，その逆も正しい．明らかに，逆フィルタ $G(z)$ の一般的な安定条件は，$B(z)$ の零点が (したがってフィルタ $H(z)$ の零点が)，複素平面の単位円内にあることである．これは純粋な FIR フィルタの安定条件でもある．

一般的に，伝達関数 (A.8) の零点も極も単位円内にあるのが望ましい．その場合にはフィルタも逆フィルタも存在し，安定である．そのようなフィルタを**最小位相**フィルタと呼ぶ．畳み込み混合のために開発された多くの方法において，最小位相は必要条件である．安定な因果的逆フィルタをもたないフィルタに対して，非最小位相フィルタによって，安定な非因果的逆フィルタを実現できることもあることは，注意しなければならない．

これらの事柄はディジタル信号処理や関連の分野の教科書に，ずっと詳しく書かれている．たとえば [339, 302, 169, 171] を参照されたい．

第 20 章

その他の拡張の例

　この章では,基本的な独立成分分析 (ICA) のモデルの,他の拡張の例について述べる.最初に,混合行列に関する事前情報,特にそのスパース性の利用について論じる.次に,成分の独立性の仮定を多少緩和するモデルを示す.独立部分空間分析と呼ばれるモデルでは,成分は独立な部分空間に振り分けられるが,一つの部分空間の中での成分同士は独立ではない.トポグラフィック ICA では,高次の従属性がトポグラフィー的な構造によってモデル化される.最後に,いくつかの基本 ICA のアルゴリズムを,データが複素数である場合に適合させる方法を示す.

20.1　混合行列に関する事前情報

20.1.1　なぜ事前情報か

　基本的 ICA モデルは混合行列に対して何の事前知識も要求しない.これにはモデルに大きな一般性を与えるという利点がある.しかし,混合行列に関して何らかの事前情報があるような応用分野も多い.使えるデータの量が決まっているとき,混合行列の事前情報を使うと,よりよい推定が得られる可能性がある.これは,問題の性質上データの量に制限がある場合や,ICA 推定の計算量が膨大なために使えるデータの量に強い制約がある場合に,大変重要性をもつことになる.

　この状況は,過学習つまり「当てはめすぎ」がごく一般的な現象である,非線形回帰問題の状況と比較することができる.回帰問題における過学習を防ぐ古典的な方法は,典型的には回帰関数の曲率が大きいほど,言い換えるとグラフがジグザグになるほど,評価が低くなるような,正則化の事前情報を与えることである.これにより,使えるデータの量に比べてモデルのパラメータが非常に多い回帰方法も使用可能になる.理論的な極限では,使用できるデータ量が有限でパラメータ数が無限の場合にで

も，事前情報を用いれば回帰が可能となる．このように適切な事前情報は，13.2.2 項で論じた過学習の問題を軽減してくれる．

事前情報を利用した例として，ICA より以前のものがビーム形成 ([72] での議論を参照) の文献に見られるが，そこでは少数のパラメータを用いた非常に特殊な形の混合行列が用いられている．もう一つの例は ICA の脳磁図への応用で (第 22 章を参照)，そこでは独立成分が古典的な電流双極子でモデル化できることが示され，それによって混合行列の形が制限される [246]．これらの方法の難点は，それらが特殊なデータにしか適用できないことで，それは，現在 ICA が非常に人気が高い理由である一般性を失っている．

ICA 推定において，パラメータに関するベイズ事前分布を用いて，事前情報を取り入れることができる．これは，パラメータ，すなわち混合行列の各要素を確率変数として扱うことを意味する．したがってそれらが各値をとる確率，すなわち分布を考えることになる．ベイズ推定については 4.6 節で簡単に紹介した．

この節では，混合行列に関する情報として，多くの応用例に適用できるような一般性をもち，しかも ICA 推定の性能を向上させるために十分強力なものを示す．少し背景を与えるため，混合行列 $\mathbf{A}$ に関する二つのタイプの事前分布を使うことを考えてみる．それらはジェフリーの事前分布と 2 次事前分布である．結局のところは，これら二つの事前分布は ICA ではあまり役に立たないことがわかる．次に，スパース性の事前分布の概念を紹介する．これは混合行列にスパース性を要求するような事前分布である．言い換えると，この事前分布は有意に 0 でない要素の数が多い混合行列の評価を低くするのである．したがって，この形の事前分布は，独立成分の優ガウス性やスパース性など，広く用いられている事前知識と似ている．実際，この類似性によって，スパース性の事前分布はいわゆる共役事前分布になっている．これは，この種の事前分布を利用するのは極めて容易であることを意味する．通常の ICA は簡単な修正でそのような事前分布が使えるようにできる．

20.1.2 古典的な事前分布

以下では，混合行列 $\mathbf{A}$ の逆行列の推定 $\mathbf{B}$ は，推定された独立成分 $\mathbf{y} = \mathbf{Bx}$ が白色となるように，すなわち無相関で分散 1，つまり $\mathrm{E}\{\mathbf{yy}^T\} = \mathbf{I}$ となるように制約されているとする．この制約は分析を容易にするのに大いに役立つ．これは，基本的にはまずデータを白色化して，次に $\mathbf{B}$ を直交行列だと制約するのと同値である．しかしここでは，白色化によってこれらの結果の一般性を損ねたくない．ここでは $\mathbf{B} = \mathbf{A}^{-1}$ に関する事前分布を定式化することに集中しよう．まったく類似の結果が $\mathbf{A}$ に関す

る事前分布にも当てはまる．

ジェフリーの事前分布　ベイズ推定における古典的な事前分布はジェフリーの事前分布である．これは最も情報量の少ない事前分布だと考えられていることからも，我々の目的には適さないのではないかと思われる．

実際，[342] で示されたところによると，基本的な ICA モデルに対するジェフリーの事前分布は，

$$p(\mathbf{B}) \propto |\det \mathbf{B}^{-1}| \tag{20.1}$$

という形に書ける．さて，$\mathbf{y} = \mathbf{Bx}$ の白色性の条件から，白色化の定数行列 $\mathbf{V}$ と直交行列 $\mathbf{W}$ を使って，$\mathbf{B}$ は $\mathbf{B} = \mathbf{WV}$ と書ける．しかし，$\det \mathbf{B} = \det \mathbf{W} \det \mathbf{V} = \det \mathbf{V}$ であるから，ジェフリーの事前分布は，許される推定量 (つまり無相関化行列 $\mathbf{B}$) の空間の中で，単に定数になる (つまり一様分布)．したがってジェフリーの事前分布は推定量に何の影響も与えず，したがって過学習を減少することもできない．

2 次の事前分布　回帰分析においては，2 次の正則化の事前分布がごく普通に用いられる [48]．ICA でも同じように使いたいという気になる．特に特徴抽出においては，$\mathbf{A}$ の列，つまり各特徴に対して，回帰関数に要求するのと同様な意味の滑らかさを要求してもよいのではないだろうか．言い換えると，$\mathbf{A}$ の各列をある滑らかな関数の離散的な近似であると考え，その連続関数を滑らかにするような事前分布を考えるのである．同様な議論は $\mathbf{B}$ の行，すなわち特徴に対応するフィルタに関する事前分布に対しても成立する．

正則化のための最も簡単な事前分布は，2 次の事前分布である．しかしながら，少なくとも下に示す例のような簡単な 2 次の正則化では，推定量は変わらない．

次のような形の事前分布

$$\log p(\mathbf{B}) = -\sum_{i=1}^{n} \mathbf{b}_i^T \mathbf{M} \mathbf{b}_i + \text{定数} \tag{20.2}$$

を考える．ここで $\mathbf{b}_i$ は $\mathbf{B} = \mathbf{A}^{-1}$ の列であり，$\mathbf{M}$ が 2 次の事前分布を決める行列である．たとえば $\mathbf{M} = \mathbf{I}$ のときには，「荷重減衰」型の事前分布 $\log p(\mathbf{B}) = -\sum_i \|\mathbf{b}_i\|^2$ となり，これは $\mathbf{B}$ の要素が大きな値をとらないように働く．あるいはまた，$\mathbf{M}$ の中に何らかの微分作用素を入れることによって，この事前分布が上に述べたような意味で，$\mathbf{b}_i$ の滑らかさを測るようにもできる．この事前分布を計算すると，

$$\sum_{i=1}^{n} \mathbf{b}_i^T \mathbf{M} \mathbf{b}_i = \sum_{i=1}^{n} \text{tr}\left(\mathbf{M} \mathbf{b}_i \mathbf{b}_i^T\right) = \text{tr}\left(\mathbf{M} \mathbf{B}^T \mathbf{B}\right) \tag{20.3}$$

となる．

しかし，2次の事前分布は ICA 推定にはほとんど意味がない．それを見るため，前と同様に，独立成分の推定値を白色と制限しよう．これは，

$$\mathrm{E}\{\mathbf{y}\mathbf{y}^T\} = \mathrm{E}\{\mathbf{B}\mathbf{x}\mathbf{x}^T\mathbf{B}^T\} = \mathbf{B}\mathbf{C}\mathbf{B}^T = \mathbf{I} \tag{20.4}$$

を意味するが，これから直ちに $\mathbf{B}^T\mathbf{B} = \mathbf{C}^{-1}$ を得る．これから，

$$\sum_{i=1}^{n} \mathbf{b}_i^T \mathbf{M} \mathbf{b}_i = \mathrm{tr}\left(\mathbf{M}\mathbf{C}^{-1}\right) = 定数 \tag{20.5}$$

がわかる．つまり，2次の事前分布は定数になってしまう（一様分布）．$\mathbf{A}$ に対する 2次の事前条件についても同様であることが示される．したがって，2次の事前分布は ICA にはほとんど意味がない．

20.1.3 スパースな事前分布

動機 我々が**スパースな事前分布** (sparse prior) と呼ぶものは，ずっと役に立つ事前分布を与えてくれる．これは $\mathbf{B}$ の各行の大部分の要素は 0 だという事前情報である．つまりそれらの分布は優ガウス的，つまりスパースである．スパースな事前分布を使う動機には，経験的な面とアルゴリズムの面とがある．

経験的には，画像の特徴抽出において（第 21 章を参照），得られたフィルタは空間的に局所的になる傾向がある．これはフィルタ $\mathbf{b}_i$ の要素 b_{ij} がスパース（まばら），つまりほとんどの要素が実質的に 0 だということである．脳磁図では各信号源が限られた数のセンサで検出されるので，その解析においても似たような現象が見られる．これは信号源とセンサが空間的に局在していることによる．

一方，スパース性の事前分布のアルゴリズム上の魅力は，それを共役事前分布（定義は p.409）にすることができるという事実である．これは特別な種類の事前分布で，それを用いたモデル推定が，通常の ICA アルゴリズムをほんのわずかに直すだけでできるということを意味している．

スパース性の事前分布に対するもう一つの動機は，それがニューラルネットワーク的に解釈できることである．生物のニューラルネットワークの結合は疎であることが知られている．つまり，ニューロン間の可能な結合のうち，実際にはほんのわずかしか用いられていない．これこそが，スパース性の事前分布がモデルとするものである．この解釈は，ICA を視覚野のモデル化に用いるとき，特に興味深い（第 21 章）．

スパース性の尺度　確率変数 s のスパース性は，$\mathrm{E}\{G(s)\}$ という期待値で測られる．ここで G は非 2 次関数で，たとえば，

$$G(s) = -|s| \tag{20.6}$$

のようなものである．このような尺度の使用にあたっては，s の平均が 0 で分散が固定値に正規化されていることが必要である．この種の尺度は，第 8 章で独立成分の推定値の高次の構造を調べるのに盛んに用いた．基本的に，これは頑健な非多項式モーメントで，尖度の単調関数となっていることが多い．これを最大化することは尖度を最大化することになり，したがって優ガウス性とスパース性を最大化することになる．

　特徴抽出や，おそらく他のいくつかの応用例においても，混合行列とその逆行列の要素の分布は，対称性から平均 0 である．データは前処理によって白色化されていると仮定しよう．白色化されたデータを $\mathbf{z}$ とする．その要素は無相関で分散 1 である．独立成分の推定 $\mathbf{y} = \mathbf{Wz}$ を白色と制限することは，$\mathbf{W}$，つまり白色化混合行列の逆行列は直交行列であるということである．これから 2 乗和 $\sum_j w_{ij}^2$ がすべての i に対して 1 となる．すると，$\mathbf{W}$ の各行 $\mathbf{w}_i^T$ の要素は，平均 0 で分散 1 の確率変数の実現値とみなすことができる．したがって，式 (20.6) によるスパース性の尺度を用いて，$\mathbf{W}$ の行のスパース性を測ることができる．

　そこで我々はスパースな事前分布を，

$$\log p(\mathbf{W}) = \sum_{i=1}^{n} \sum_{j=1}^{n} G(w_{ij}) + 定数 \tag{20.7}$$

と定義できる．ここで G は何らかの優ガウス的分布密度関数の対数である．式 (20.6) における関数 G は，ラプラス密度関数の対数となっているから，$\mathbf{w}_i$ のスパース性の尺度となる．

　式 (20.7) の事前分布は，以下に示すように共役事前分布であるというよい性質をもっている．独立成分達は優ガウス的で，さらに簡単のため，対数密度が G である同一の分布に従うと仮定する．ここで式 (20.7) の中の対数事前密度 G として，同じ対数密度を用いることができる．すると事前分布は，

$$\log p(\mathbf{W}) = \sum_{i=1}^{n} \sum_{j=1}^{n} G(\mathbf{w}_i^T \mathbf{e}_j) + 定数 \tag{20.8}$$

と書ける．ここで $\mathbf{e}_j$ は正準基底ベクトルである．つまり，その第 j 成分のみ 1 で他

の要素は 0 である．すると事後分布は，

$$\log p(\mathbf{W}|\mathbf{z}(1),\ldots,z(T)) = \sum_{i=1}^{n}\left[\sum_{t=1}^{T}G\left(\mathbf{w}_i^T\mathbf{z}(t)\right) + \sum_{j=1}^{n}G\left(\mathbf{w}_i^T\mathbf{e}_j\right)\right] + 定数 \tag{20.9}$$

という形をもつ[1]．

この形からわかることは，事後分布が事前分布と同じ形をしているということである（そして，実はもともとの尤度関数とも同じである）．ベイズ理論ではこの性質をもつ事前分布を共役事前分布と呼んでいる．共役事前分布の利点は，事前分布があたかも「仮想の」標本に対応しているかのように考えることができるということである．式 (20.9) の事後分布は，観測値 $\mathbf{z}(t)$ と正準基底ベクトル $\mathbf{e}_i$ からなる，$T+n$ 個の標本の尤度関数と同じ形をしている．つまり，式 (20.9) の事後分布は (白色化) 拡大データ標本

$$\mathbf{z}^*(t) = \begin{cases} \mathbf{z}(t), & 1 \le t \le T \text{ のとき} \\ \mathbf{e}_{t-T}, & T < t \le T+n \text{ のとき} \end{cases} \tag{20.10}$$

の尤度関数である．したがって，共役事前分布を用いると，ICA 推定で通常用いられる最尤法のアルゴリズムとまったく同じアルゴリズムを，事後分布を最大化するのに用いることができるという余録もあるのである．データの次元と等しい個数 n の仮想データを，データに付け足せばよいだけである．

スパース事前分布を用いて画像の特徴抽出をした実験については，[209] を参照していただきたい．

事前分布の重みの調整　　上で示した共役事前分布を拡張して，優ガウス的事前分布の族

$$\log p(\mathbf{W}) = \sum_{i=1}^{n}\sum_{j=1}^{n}\alpha G\left(\mathbf{w}_i^T\mathbf{e}_j\right) + 定数 \tag{20.11}$$

を考えることができる．このような事前分布を使うと，仮想的な標本点は一つのパラメータ α によって重みづけされることになる．このパラメータは，我々がその事前分布にどの程度信頼を置くかを表している．また α は各 i に対して異なる値にしても

---

[1]. 訳注: 式 (2.64) および式 (2.84) から導かれる．

よいが，そうしてもここでは特に有利だとはいえないようである．そうすると事後分布は，

$$\log p\left(\mathbf{W}|\mathbf{z}(1),\ldots,\mathbf{z}(T)\right) = \sum_{i=1}^{n}\left[\sum_{t=1}^{T}G\left(\mathbf{w}_i^T\mathbf{z}(t)\right) + \sum_{j=1}^{n}\alpha G\left(\mathbf{w}_i^T\mathbf{e}_j\right)\right] + 定数 \tag{20.12}$$

となる．
　この式は，独立成分の分布がラプラス分布に従うときには，さらに簡単になる．このとき $G(y) = -|y|$ だから，α は $\mathbf{e}_j$ に直接かかることになり，

$$\log p\left(\mathbf{W}|\mathbf{z}(1),\ldots,\mathbf{z}(T)\right) = \sum_{i=1}^{n}\left[-\sum_{t=1}^{T}\left|\mathbf{w}_i^T\mathbf{z}(t)\right| - \sum_{j=1}^{n}\left|\mathbf{w}_i^T(\alpha\mathbf{e}_j)\right|\right] + 定数 \tag{20.13}$$

となる．これはアルゴリズムの観点からは，式 (20.12) より簡単になっている．結局のところ，データに $\alpha\mathbf{e}_j$ という形の仮想データ標本を，n 個付け足すだけになっている．これにより，式 (20.12) にある，標本点ごとに別々の重みづけをするという面倒はすべて避けられ，データに仮想データを付け加えるだけで，通常の ICA のどのようなアルゴリズムもそのまま使える．実際，ラプラス事前分布は，通常の ICA において最もよく用いられるものである．時にはその中の絶対値関数の代わりに，絶対値関数の滑らかな近似と考えられる log cosh 関数が用いられることもある．

白色化と事前分布　　上述の方法の導出において，データが前処理により白色化されていることを仮定した．スパースな事前分布の効果は，白色化行列に依存することに注意すべきである．その理由は，スパース性は白色データに対する分離行列に課す条件であり，この行列は白色化行列に依存するからである．白色化行列は無限個存在するので，白色化分離行列に課すスパース性はいろいろな意味をもちうる．
　一方，白色化は不可欠というわけではない．今までの議論の枠組みは，白色ではないデータに対しても使える．ただし，データが白色化されていないときには，スパースな事前分布の意味は少し変わってくる．なぜならば，一般のデータに対しては，各行 $\mathbf{b}_i$ のノルムが 1 であるという制約はなくなるからである．したがって我々のスパース性の尺度で各 $\mathbf{b}_i$ のスパース性を測ることはできない．一方，前項の議論からわかるように，要素の 2 乗の，行列全体にわたる和 $\sum_{ij}b_{ij}^2$ は，定数のままである．これから，このスパース性の尺度により，各行のスパース性ではなく，$\mathbf{B}$ 全体のスパース

性が測られることがわかる．

現実には，技術的な理由から常に白色化したいものである．そこで次の問題が生じる．それは，推定アルゴリズムで用いられるデータを白色化しなければならないとき，もともとの混合行列にどのようにスパース性の条件を課したらよいか，ということである．ここまでの議論を多少変更すれば，もともとの混合行列にスパース性を課すことは容易にできる．$\mathbf{V}$ を白色化行列，$\mathbf{B}$ を原データに対する分離行列とする．このとき定義から，$\mathbf{WV} = \mathbf{B}$ で $\mathbf{z} = \mathbf{Vx}$ である．すると事前分布 (20.8) は，

$$\log p(\mathbf{B}) = \sum_{i=1}^{n}\sum_{j=1}^{n} G\left(\mathbf{b}_i^T \mathbf{e}_j\right) + 定数 = \sum_{i=1}^{n}\sum_{j=1}^{n} G\left(\mathbf{w}_i^T (\mathbf{Ve}_j)\right) + 定数 \quad (20.14)$$

と表現できる．そこでわかるように，$\mathbf{z}(t)$ に付加すべき仮想データは，単位行列中の列ではなく，今度は白色化行列中の列である．

ちなみに，式 (20.8) と同様な計算により，分離行列ではなく，もともとの混合行列に事前分布を与える方法がわかる．$\mathbf{VA} = (\mathbf{W})^{-1} = \mathbf{W}^T$ は常に成立する．したがって $\mathbf{a}_i^T \mathbf{e_j} = \mathbf{a}_i^T \mathbf{V}^T \left(\mathbf{V}^{-1}\right)^T \mathbf{e_j} = \mathbf{w}_i^T \left(\mathbf{V}^{-1}\right)^T \mathbf{e_j}$ を得る．これからわかるように，$\mathbf{A}$ にスパース性の事前分布を課すには，白色化行列の逆行列の行で与えられる仮想標本を用いる (考えられる 4 番目の場合であるが，白色化データに対しては，混合行列は分離行列の転置行列だから，白色化混合行列のための事前分布の与え方は，白色化分離行列のための事前分布と同じであることに注意されたい)．

現実には，白色化において生じる問題については，白色化行列自身にスパースなものを用いることで解決できる場合も多い．そうすれば，白色化分離行列にスパース性を課すことは意味をもつ．画像の特徴抽出に関連していえば，たとえば位相 0 の白色化行列 ([38] を参照) を用いることによって，スパースな白色化行列が得られる．そうすれば，白色化分離行列にスパース性を課すのは自然であり，この項で述べた面倒は避けて通れる．

20.1.4 時空間 ICA

スパースな事前分布を使うときには，我々は独立成分にも混合行列にもかなり似通った仮定をするものである．どちらも，独立で，スパースな分布から作られたと仮定するのが普通である．その極限として，混合行列にも独立成分にも，まったく同じ仮定を置くということも考えられよう．そのようなモデル [412] は，時間領域においても (独立成分が時間信号だと仮定して) 独立成分分析し，混合行列による空間的混合に対応する空間領域においても独立成分分析をするので，**時空間 ICA** と呼ばれる．

時空間 ICA においては，独立成分と混合行列の区別は完全になくなる．その理由を見るため，データを，観測されたベクトルを列とする行列として考える．すなわち $\mathbf{X} = (\mathbf{x}(1), \ldots, \mathbf{x}(T))$ とし，独立成分も同様に扱う．すると ICA モデルは，

$$\mathbf{X} = \mathbf{A}\mathbf{S} \tag{20.15}$$

となる．この転置は，

$$\mathbf{X}^T = \mathbf{S}^T \mathbf{A}^T \tag{20.16}$$

である．こうすると行列 $\mathbf{S}$ が混合行列のように見え，$\mathbf{A}^T$ が「独立成分」の実現値を表しているように見える．このように転置をとると，混合行列と独立成分の役割を交換できるのである．

基本的な ICA モデルにおいて，$\mathbf{s}$ と $\mathbf{A}$ とはそれらに対する統計的な仮定が異なる．つまり，$\mathbf{s}$ は独立な確率変数であり，$\mathbf{A}$ はパラメータからなる定数行列ということである．しかし，スパース性の事前分布を用いることで，通常 $\mathbf{s}$ に対して仮定するのとよく似た仮定を $\mathbf{A}$ に対して置いた．そこで $\mathbf{A}$ も $\mathbf{S}$ も独立な確率変数から作られると考えられる．この場合，混合式はどちらも成立する（転置してもしなくても）．これが時空間 ICA の基本的な考え方である．

もっとも，$\mathbf{A}$ と $\mathbf{S}$ とには一つ重要な違いがある．すなわち，$\mathbf{A}$ と $\mathbf{S}$ の次元は非常に異なることが多い．$\mathbf{A}$ は正方行列だが $\mathbf{S}$ は通常，行より列の数がずっと多い．この違いは，$\mathbf{A}$ の列の数が行よりずっと少ない場合を考えれば，すなわち信号に冗長性がある場合には解消する．時空間 ICA モデルの推定は，スパース性の事前分布を使った方法とよく似た方法で行える．基本的な考え方は仮想標本を作ることで，そのデータはもともとのデータと，データ行列を転置して得られたデータの二つの部分からなる．これらのデータセットの次元は，PCA のような方法によって大幅に縮小され，互いに等しくなっていなければならない．$\mathbf{A}$ と $\mathbf{S}^T$ には同種の冗長性，つまり列よりも行がずっと多いということを仮定したので，これは可能である．詳しくは [412] を参照されたい．そこでは推定のためにインフォマックス規準が用いられている．

20.2　独立性の仮定の緩和

ICA データモデルにおいて，成分 s_i は独立であると仮定される．しかし，たとえば ICA がよく適用される画像データなどでは，独立成分として推定される成分は，近似的にも非常に独立であるとはいいがたい．実際，一般に確率ベクトル $\mathbf{x}$ を独立な成分

に線形的に分離することは不可能である．これから，ICA によって得られる成分の解釈や用途に疑問が生じることになる．実際に独立成分が出てこないような現実のデータに，ICA を適用して役立つのだろうか．もし役立つというなら，結果はどのように解釈すればよいのだろうか．

この問題に対する一つの取り組み方は，推定結果を解釈し直すことである．第 10 章に一つの直接的な再解釈の方法が示されている．すなわち，ICA は可能な限り独立な要素を与えるというものである．これだけでは十分ではない場合でも，ICA の有用性を主張するやり方はある．ICA は従属性の減少 (独立性の増加) という以外にも，いくつかの有用な目的を同時に果たすのに役立っているからである．たとえば，それを射影追跡 (8.5 節を参照) として，またはスパース符号化 (21.2 節を参照) として解釈することができる．これら二つの方法とも，独立成分が非ガウス性最大の性質をもつことに基づいたもので，ICA アルゴリズムが実際何をしているのかということについて，重要な洞察を与えてくれる．

得られた成分が独立ではないという問題に対する別の取り組み方は，独立性の仮定そのものを緩めることであり，データモデルを新しく作り直すことである．この節ではこの線に沿って考え，その線上で最近開発された三つの方法を示す．多次元 ICA においては，独立成分のうちのある集合 (部分空間) のみが互いに独立であると仮定する．これに密接に関連する方法の一つが独立部分空間分析で，それは独立部分空間内で特定の分布構造を定義するものである．一方トポグラフィック ICA は，推定で得られた「独立な」成分の従属性を利用して，トポグラフィックな順序を定義する．

20.2.1　多次元 ICA

多次元独立成分分析では [166, 277]，基本 ICA と同様に線形の生成モデルを仮定する．しかし，基本 ICA モデルとは異なり，成分 (反応) s_i のすべてが互いに独立と仮定するわけではない．その代わり，s_i 達は k 個 ($k = 2, 3, \ldots$) からなる組，すなわち k–組 (k-tuple) に分かれ，一つの k–組の中では互いに従属していてよいが，異なる k–組の間では独立でなければならない．

s_i からなる各 k–組は k 個の基底ベクトル $\mathbf{a}_i$ に対応する．一般には各独立部分空間の次元は同じとは限らないが，簡単のためそう仮定する．モデルを簡単にするために，さらに二つの仮定を置く．まず，s_i のすべてが独立ではないのだが，それらが無相関で分散が 1 であると仮定しよう．実際，独立ではない成分からなる一つの k–組の中において，線形変換によりそれらの成分を無相関にすることは常に可能である．次に，基本 ICA と同様にデータが白色化 (球面化) されていると仮定しよう．

これら二つの仮定から $\mathbf{a}_i$ は正規直交系をなすことがわかる．特に，白色化の後では独立な部分空間同士は直交する．これらの事実は 7.4.2 項の証明を用いて導かれるものである．

J を独立な特徴部分空間の数とし，S_j $(j = 1, \ldots, J)$ を j 番目の部分空間に属する s_i の添え字の集合とする．データは T 個の観測データ点 $\mathbf{x}(t)$ $(t = 1, \ldots, T)$ からなるとする．するとモデルが与えられたときデータの尤度 L は，

$$L\left(\mathbf{x}(t), t = 1, \ldots, T; \; \mathbf{b}_i, i = 1, \ldots, n\right)$$
$$= \prod_{t=1}^{T} \left[|\det \mathbf{B}| \prod_{j=1}^{J} p_j \left(\mathbf{b}_i^T \mathbf{x}(t), i \in S_j\right) \right] \tag{20.17}$$

となる．ここで k 個の値 $\mathbf{b}_i^T \mathbf{x}(t)$ $(i \in S_j)$ の関数である $p_j(\cdot)$ は，s_j の k-組の中での確率密度関数である．$|\det \mathbf{B}|$ の項は，第 9 章で述べたように，確率密度の変換を含む式には必ず現れる表現で，その変換に伴う微小体積の変化を表している．

k 次元の確率密度関数 $p_j(\cdot)$ は，多次元 ICA の一般的な定義では前もって与えられていない [66]．したがって，多次元 ICA のモデルをどう推定するかが問題になる．一つの方法は，基本的 ICA モデルをまず推定し，従属の構造に従って成分を k-組に分けることである．これは，独立成分が明確に定まり正確に推定できるときに限って意味があるのだが，一般には，その推定の過程において部分空間の構造を利用したいのである．他の方法は，部分空間内の分布を適当にモデル化することである．こうすると，k 次元分布を推定するという古典的な問題に直面することになるから，もともと大変困難であることがわかる．この解決法の一つが，以下に述べる独立部分空間分析である．

20.2.2 独立部分空間分析

独立部分空間分析 [204] は，成分間のいくつかの従属性をモデル化する一つの簡単な方法である．それは不変特徴部分空間の原理を多次元 ICA と結びつけたものである．

不変－特徴部分空間　　独立部分空間分析に対する動機づけのため，第 21 章でより詳しく扱う特徴抽出の問題について考えてみたい．最も基本的には，特徴は線形変換，つまりフィルタにより得られる．ある特徴の有無を調べるには，入力データとその特徴ベクトルとの内積をとる．たとえば，ウェーブレット，ガボール，フーリエなどの変換や，また V1（1 次視覚野）の単純細胞のモデルの大部分は，そのような線形特徴

を用いている(第 21 章を参照).しかし,線形特徴の問題点は,空間的な平行移動や(局所的)フーリエ位相の変化などに対して,決して不変でないことである [373, 248].

Kohonen [248] は,いくつかの不変性をもつ特徴を表現する抽象的な方法としての,不変特徴部分空間の原理を展開した.これによると,不変特徴は特徴空間における線形部分空間であると考えることができる.不変で高次の特徴の値は,与えられたデータ点のその部分空間への射影のノルム(の 2 乗)で与えられる.その部分空間は普通,より低次の特徴ベクトルによって張られている.

特徴部分空間は,他のすべての線形部分空間と同様に,直交基底ベクトルで張られるので,部分空間の次元を k とし,基底ベクトルを $\mathbf{b}_i (i=1,\ldots,k)$ とする.すると入力ベクトル $\mathbf{x}$ に対する特徴 F の値 $F(\mathbf{x})$ は,

$$F(\mathbf{x}) = \sum_{i=1}^{k} \left(\mathbf{b}_i^T \mathbf{x}\right)^2 \tag{20.18}$$

で与えられる.実は,これは入力ベクトル $\mathbf{x}$ と,特徴部分空間のベクトル(あるいはフィルタかもしれない)$\mathbf{b}_i$ の一つの一般的な線形結合との間の距離を計算することと同値である [248].

球対称　不変特徴部分空間を多次元独立成分分析に埋め込むには,s_i の k-組の確率密度関数として球対称なもの,つまりノルムだけに依存する関数を考えればよい.言い換えると,k-組の確率密度 $p_j(\cdot)$ は,$s_i (i \in S_j)$ の 2 乗和のみの関数として表される.さらに簡単のため,$p_j(\cdot)$ はすべての j について,つまりすべての部分空間について等しいと仮定する.

これはデータ $\mathbf{x}(t)$ $(t=1,\ldots T)$ の尤度 L の対数が,

$$\begin{aligned}\log L\,&(\mathbf{x}(t), t=1,\ldots,T;\ \mathbf{b}_i, i=1,\ldots,n)\\ &= \sum_{i=1}^{T}\sum_{j=1}^{J} \log p\left(\sum_{i \in S_j}\left(\mathbf{b}_i^T \mathbf{x}(t)\right)^2\right) + T\log|\det \mathbf{B}|\end{aligned} \tag{20.19}$$

と表現できることを意味する.ここで $p\left(\sum_{i\in S_j} s_i^2\right) = p_j(s_i, i \in S_j)$ は s_i の j 番目の k-組の中の確率密度である.

前処理として白色化を行うと,$\mathbf{b}_i$ 達を正規直交系と考えることができるので,$\log|\det \mathbf{B}|$ は 0 になることを思い出そう.これからわかるように,式 (20.19) の尤度は,$\mathbf{x}$ の,正規直交基底ベクトル $\mathbf{b}_i (i \in S_j)$ で張られる j 番目の部分空間への,射影のノルムの関数である.

成分の分布が明らかに優ガウス的であるときには，次の分布

$$\log p\left(\sum_{i \in S_j} s_i^2\right) = -\alpha \left[\sum_{i \in S_j} s_i^2\right]^{1/2} + \beta \tag{20.20}$$

を用いることができる．これは指数分布を多次元に拡張したものと考えることができる．伸縮の定数 α と正規化の定数 β は，p が確率密度を表し，s_i の分散が 1 になるように定められるが，以下では無関係である．そこでモデル推定の問題は，**白色化されたデータを部分空間達へ射影したときに，その分布が最大限スパースになるように部分空間達を探す**こととなる．

独立部分空間分析は通常の ICA の自然な一般化である．実際，部分空間への射影は部分空間が 1 次元のときには内積になるが，さらに独立成分の分布が対称的であると仮定すると，モデルは通常の ICA に帰着する．部分空間への射影のノルムは何らかの高次の不変な特徴を表現していると考えられる．不変性がどのような性質のものか明確にはモデルで決めていなかったが，それは独立性に関する事前情報を用いるだけで，データから現れてくるのである．

もし部分空間達が優ガウス的(スパース)分布をもつと，モデルの中での従属性とは，同一の部分空間の中の成分達が，同時に非 0 となる傾向がある，というたぐいのものである．言い換えると，一つの部分空間はまとめて全体として活性化する傾向があり，各成分の値はそれが属する部分空間の活性化の度合いに応じて決まるということである．これが画像データなどの多くの応用例において，独立部分空間でモデル化される従属性である．

独立部分空間分析に関してより詳しいことは [204] を参照されたい．21.5 節には画像データを使った実験が報告されている．

20.2.3　トポグラフィック ICA

成分が独立ではないという問題のもう一つの対処法は，推定成分の従属性の構造をどうにか見えるものにすることである．従属性の構造はしばしば非常に示唆に富んでいて，さらに処理をする際に利用できることが多い．

推定された独立成分中の「残留」従属性の構造は，たとえばクロスキュムラントから得ることも可能である．この場合キュムラントは高次になることが多い．なぜならば，2 次のクロスキュムラント，すなわち共分散は普通非常に小さく，実際第 II 部でしたように，白色化後の直交化により 0 にしてしまうことも可能だからである．しかし，そのような尺度を用いると，そのような従属性の推定値をどのように視覚化する

のか，あるいは利用するのかという問題が生じる．さらには，推定された独立成分から，何らかの従属性の尺度を単純な方法で推定することには，深刻な問題がつきまとう．これは，独立成分達の作る集合はしばしば明確な意味をもたない，という事実によるものである．特に画像の分解 (第 21 章) においては，独立成分になりうる成分の集合は，一度に推定できないほど大きいようであり，無限集合でさえありうる．古典的な ICA の方法は，そのような集合の中から任意に部分集合を選ぶことになる．したがって，多くの応用において重要なことは，従属性に関する情報を独立成分の推定の段階で利用することである．そうしなければ，推定された独立成分の集合に残っている従属性を示しても，無意味になりかねない (これは，独立部分空間分析に関してすでに論じたことでもある)．

[206] で導入されたトポグラフィック ICA は，古典的 ICA モデルの変形で，成分間の従属性を明確に表すものである．特に，独立成分の残留従属構造，すなわち ICA によって打ち消せなかった従属性を，成分間の**トポグラフィックな順序**を決めるのに用いることを提案する．トポグラフィックな順序は視覚化による表示が容易で，脳のモデリングと関連性があるため，画像の特徴抽出において重要である [206]．

我々のモデルにより得られるトポグラフィックな写像は，トポグラフィック表現における成分間の距離が，成分の従属性の関数になっているようなものである．トポグラフィック表現において近くにあるもの同士は，高次の相関の意味で強い従属性をもつ．

トポグラフィック ICA を得るため，式 (20.19) で与えられるモデルを一般化し，k-組の中での従属性をモデル化するだけではなく，近傍の成分すべてとの間の従属性もモデル化する．近傍関係がトポグラフィック順序を決める．モデルの尤度を

$$\log L(\mathbf{B}) = \sum_{t=1}^{T}\sum_{j=1}^{n} G\left(\sum_{i=1}^{n} h(i,j)\left(\mathbf{b}_i^T \mathbf{x}(t)\right)^2\right) + T\log|\det \mathbf{B}| + 定数 \quad (20.21)$$

で定義する．ここで $h(i,j)$ は近傍関数で，i 番目と j 番目の要素の間の結合の強度を表す．他のトポグラフィック写像，たとえば自己組織写像 (SOM) [247] などでも，同様に定義できる．関数 G は独立部分空間分析における関数と似ている．加えられる定数は $h(i,j)$ のみに依存する．

したがってこのモデルは，独立部分空間のモデルの一般化と考えることができる．独立部分空間分析では，潜在変数 s_i 達は明確に k-組，すなわち部分空間に分けられていたが，トポグラフィック ICA においては，そのような部分空間は，完全に重なりあっているのである．つまり，各近傍が一つの部分空間に対応している．

独立部分空間分析と同様に，トポグラフィック ICA を使ってモデル化するのは，普

通近くの成分が同時に活性化 (0 ではないということ) する傾向にあるような状況である．これは自然のスパースなデータに共通な，従属性の構造のようである [404]．実際，上で示した尤度関数は，独立成分の分散が何らかの高次の変数によって制御され，それによって，近くの成分の分散同士の従属性が強くなっているモデルの，尤度関数の近似から得ることもできる．

トポグラフィック ICA についてより詳しくは，[206] を参照されたい．第 21 章には画像データを使った実験もいくらか示してある．

20.3　複素数値データ

ICA において，独立成分と混合行列のどちらか一方または両方が，複素数値をとる場合がしばしばある．たとえば信号処理においては，周波数 (フーリエ) 領域での表現のほうが，時間領域における表現より便利な場合がしばしばある．特に畳み込み混合の分離 (第 19 章を参照) において，信号のフーリエ変換がよく用いられるが，それにより複素数値の信号が現れる．

この節では，fastICA を複素数に拡張する方法を示す．独立成分 $\mathbf{s}$ と混合 $\mathbf{x}$ のどちらも複素数値をとる．簡単のため，独立成分の個数と線形混合の数が同じであると仮定する．混合行列 $\mathbf{A}$ は正則であるとする．混合行列の要素も複素数であるかもしれないが，そうである必要はない．

各成分 s_i の独立性の仮定のほかに，一つの成分中の実部と虚部との独立性も仮定する．各 s_i は，その実部と虚部が無相関で分散が等しいという意味で，白色であると仮定する．これは実際問題において現実的な仮定である．

複素数値 ICA に関連する研究は [21, 132, 305, 405] に見られる．

20.3.1　複素数値確率変数の基礎概念

まず，複素確率変数の基礎概念について簡単に復習する．より詳しくは [419] を参照されたい．

複素確率変数 y は，実確率変数 u と v を用いて $y = u + iv$ と表現できる．y の密度関数は結合密度 $f(y) = f(u, v) \in \mathbb{R}$ である．期待値は $\mathrm{E}\{y\} = \mathrm{E}\{u\} + i\mathrm{E}\{v\}$ である．二つの確率変数 y_1 と y_2 とが無相関であるのは，$\mathrm{E}\{y_1 y_2^*\} = \mathrm{E}\{y_1\}\mathrm{E}\{y_2^*\}$ のときである．ここで $y^* = u - iv$ は y の複素共役である．平均 0 の複素確率ベクトル $\mathbf{y} = (y_1, \ldots, y_n)$ の共分散行列は，

$$\mathrm{E}\left\{\mathbf{y}\mathbf{y}^H\right\} = \begin{bmatrix} C_{11} & \cdots & C_{1n} \\ \vdots & \ddots & \vdots \\ C_{n1} & \cdots & C_{nn} \end{bmatrix} \tag{20.22}$$

である．ここで $C_{jk} = \mathrm{E}\{y_j y_k^*\}$ で，$\mathbf{y}^H$ は $\mathbf{y}$ を転置して複素共役をとったものである．データは通常の方法で白色化できる．

我々の複素 ICA モデルでは，すべての独立成分 s_i は平均 0 で分散 1 である．その上，それらの実部と虚部とは無相関で，同じ分散をもつことを要求している．これは $\mathrm{E}\left\{\mathbf{s}\mathbf{s}^H\right\} = \mathbf{I}$ かつ $\mathrm{E}\left\{\mathbf{s}\mathbf{s}^T\right\} = \mathbf{0}$ と同値である．2 番目の式は，$\mathbf{s}$ とその複素共役をとらない転置との積は，零行列であることを示す．これらの仮定から，s_i は狭義の意味で複素数，すなわち s_i の虚部は 0 にはならないことがわかる．

尖度の定義は容易に一般化できる．平均 0 の確率変数に対しては，たとえば [305, 319] のように，

$$\mathrm{kurt}(y) = \mathrm{E}\{|y|^4\} - \mathrm{E}\{yy^*\}\mathrm{E}\{yy^*\} - \mathrm{E}\{yy\}\mathrm{E}\{y^*y^*\} - \mathrm{E}\{yy^*\}\mathrm{E}\{y^*y\} \tag{20.23}$$

と定義することもできる．しかし，複素共役 (*) の置き方によって，異なる定義が得られるのである．実際尖度の定義の仕方は 2^4 個あることになる [319]．我々は式 (20.23) を使うことにするが，これは，

$$\mathrm{kurt}(y) = \mathrm{E}\{|y|^4\} - 2\left(\mathrm{E}\{|y|^2\}\right)^2 - \left|\mathrm{E}\{y^2\}\right|^2 = \mathrm{E}\{|y|^4\} - 2 \tag{20.24}$$

と簡単化される．ここで最後の等号が成立するのは，y が白色のとき，すなわち y の実部と虚部が無相関で，それらの分散が $1/2$ であるときである．この尖度の定義は y がガウス的であるとき 0 になるから，直観的でもある．

20.3.2 独立成分の不定性

ICA モデル中の $\mathbf{s}$ は，$\mathbf{s} = \mathbf{B}\mathbf{x}$ となる行列 $\mathbf{B}$ を探すことによって見出される．しかし基本的な ICA のように，いくつかの不定性がある．実数の場合には，スカラー定数 α_i を s_i と $\mathbf{A}$ の列 $\mathbf{a}_i$ との間で，$\mathbf{x}$ の分布に影響を与えずに受け渡すことができる．これは $\mathbf{a}_i s_i = (\alpha_i \mathbf{a}_i)\left(\alpha_i^{-1} s_i\right)$ からわかる．つまり独立成分の順番，符号と倍率は決定できない．普通は絶対的な倍率を $\mathrm{E}\{s_i^2\} = 1$ によって決めるので，順番以外には符号のみが決まらないことになる．

複素数の場合も同様に，各 s_j に対して位相 v_j が決められない．分解

$$\mathbf{a}_i s_i = (v_i \mathbf{a}_i)\left(v_i^{-1} s_i\right) \tag{20.25}$$

を考えよう．ここで v_i の絶対値は 1 である．もし s_i が球対称の分布をしているならば，つまり分布が s_i の絶対値のみに依存するならば，定数 v_i を乗じても s_i の分布は変わらない．したがって $\mathbf{x}$ の分布も変わらない．これからわかるように，s_i の偏角を保存することは不可能で，（順番の不定性も考慮すると）行列 $\mathbf{BA}$ の各列各行の 1 個だけの 0 でない要素は，絶対値が 1 の複素数である．

20.3.3 非ガウス性の尺度の選択

ここで，第 8 章で示した枠組みを複素信号にまで一般化しよう．複素数の場合には，複素変数の分布がしばしば球対称で，その場合には絶対値のみに興味がある．そこで絶対値のみに基づいた非ガウス性の尺度を用いることができる．式 (8.25) のような非ガウス性の尺度に基づいて，

$$J_G(\mathbf{w}) = \mathrm{E}\left\{G\left(\left|\mathbf{w}^H\mathbf{z}\right|^2\right)\right\} \tag{20.26}$$

を使うことにする．ここで，G は滑らかな偶関数で，$\mathbf{w}$ は n 次元の複素ベクトルで，$\mathrm{E}\left\{\left|\mathbf{w}^H\mathbf{z}\right|^2\right\} = \|\mathbf{w}\|^2 = 1$ である．$\mathbf{z}$ と書いたことからもわかるように，データは白色化されている．

これは複素変数の尖度を与える式 (20.24) と比較することができる．もし $G(y) = y^2$ とするならば，$J_G(\mathbf{w}) = \mathrm{E}\left\{\left|\mathbf{w}^H\mathbf{z}\right|^4\right\}$ である．したがって J_G は本質的には $\mathbf{w}^H\mathbf{z}$ の尖度を測るものである．これは高次統計の古典的な尺度である．

J_G を最大化することによって，一つの独立成分が推定される．n 個の成分の推定も，n 個の非ガウス性の尺度の和と直交性の制約を使って，実数の場合と同様に，容易に行える．そこで次の最適化問題を得る．

$$\text{制約条件: } \mathrm{E}\left\{\mathbf{w}_k^H\mathbf{w}_j\right\} = \delta_{jk} \text{ の下で}$$
$$\sum_{j=1}^n J_G(\mathbf{w}_j) \text{ を 各 } \mathbf{w}_j (j=1,\ldots,n) \text{ に関して最大化する} \tag{20.27}$$

ここで $j=k$ のとき $\delta_{jk}=1$ で，それ以外では $\delta_{jk}=0$ である．

コントラスト関数で決まる推定量が，外れ値に対して頑健であることは，強く望まれることである．G がその引数とともに増加する速度が遅ければ遅いほど，推定量はより頑健になる．ここで G の候補として三つの関数を，その導関数 g とともに下に示す．

$$G_1(y) = \sqrt{a_1 + y}, \quad g_1(y) = \frac{1}{2\sqrt{a_1 + y}} \tag{20.28}$$

$$G_2(y) = \log(a_2 + y), \quad g_2(y) = \frac{1}{a_2 + y} \tag{20.29}$$

$$G_3(y) = \frac{1}{2}y^2, \quad g_3(y) = y \tag{20.30}$$

ここで a_1, a_2 は適当な定数である (たとえば $a_1 \approx 0.1$, $a_2 \approx 0.1$ くらいがよいようである). これらの中では G_1 と G_2 が G_3 よりは緩やかな増加関数であり, したがってより頑健な推定量を作る. G_3 は尖度 (20.24) を頭に置いている.

20.3.4 推定量の一致性

第 8 章で述べたように, どのような学習関数 G も, 確率分布からなる空間を二つの半空間に分割する. 独立成分を推定するには, その分布がその半空間のどちらに属するかによって, 式 (20.26) のような関数を最大化あるいは最小化する. 実数値信号に関しては, 最大化と最小化の区別の仕方と, 収束のための正確な条件を与える定理を示した. ここではその考え方がどのように複素信号に一般化されるのかを示す. 推定量の局所的な一致性について以下の定理がある [47].

【定理 20.1】 入力データが複素 ICA モデルに従うと仮定する. 観測する混合は前処理で白色化され, $\mathrm{E}\{\mathbf{z}\mathbf{z}^H\} = \mathbf{I}$ となっている. 独立成分は平均 0, 分散 1 で, その実部と虚部とは互いに無相関で分散が等しいとする. さらに $G : \mathbb{R}^+ \cup \{0\} \to \mathbb{R}$ は十分滑らかな偶関数とする. すると, 白色化混合行列 $\mathbf{VA}$ の逆行列の行の中で, 対応する独立成分 s_k が不等式

$$\mathrm{E}\left\{g\left(|s_k|^2\right) + |s_k|^2 g'\left(|s_k|^2\right) - |s_k|^2 g\left(|s_k|^2\right)\right\} < 0 \tag{20.31}$$

を満たす行は, $\mathrm{E}\{|\mathbf{w}^H\mathbf{z}|^2\} = \|\mathbf{w}\|^2 = 1$ という制約の下での $\mathrm{E}\{G(|\mathbf{w}^H\mathbf{z}|^2)\}$ の極大となっている. 不等式が逆向きの場合は極小である. 上で, g は G の導関数で, g' は g の導関数である.

定理の特別な場合として $g(y) = y$, $g'(y) = 1$ のときには, 条件 (20.31) は,

$$\mathrm{E}\left\{|s_k|^2 + |s_k|^2 - |s_k|^2 |s_k|^2\right\} = -\mathrm{E}\{|s_k|^4\} + 2 < 0 \quad (>0, \text{極小}) \tag{20.32}$$

となる. したがって $\mathrm{E}\{|s_k|^4\} - 2 > 0$ のとき, すなわち s_k の尖度 (20.24) が正のときに, $\mathrm{E}\{G(|\mathbf{w}^H\mathbf{z}|^2)\}$ の極大が見つかる. これからわかるように, 実際には, 第 8 章

の基本的な場合と同様に，尖度の絶対値を最大化していることになる．

20.3.5 不動点アルゴリズム

次に，複素 ICA モデルの下での，複素信号に対する不動点アルゴリズムを示す．このアルゴリズムは $\mathrm{E}\left\{G\left|\mathbf{w}^H\mathbf{z}\right|^2\right\}$ の極値を探す．その導出は [47] に示されている．

白色化データに対する fastICA アルゴリズムは，

$$\begin{aligned}\mathbf{w} &\leftarrow \mathrm{E}\left\{\mathbf{x}\left(\mathbf{w}^H\mathbf{x}\right)^* g\left(\left|\mathbf{w}^H\mathbf{x}\right|^2\right)\right\} \\ &\quad - \mathrm{E}\left\{g\left(\left|\mathbf{w}^H\mathbf{x}\right|^2\right) + \left|\mathbf{w}^H\mathbf{x}\right|^2 g'\left(\left|\mathbf{w}^H\mathbf{x}\right|^2\right)\right\}\mathbf{w} \\ \mathbf{w} &\leftarrow \frac{\mathbf{w}}{||\mathbf{w}||}\end{aligned} \quad (20.33)$$

である．

実数モデルの場合とまったく同様に，一つの成分に対するこのアルゴリズムは，ICA 全体の推定に拡張できる．8.4 節の直交化の方法における転置の操作を，単にエルミート操作 (共役転置) に置き換えるだけでよい [47]．

20.3.6 独立部分空間との関連

ここで述べた複素 ICA への取り組み方は，20.2.2 項で論じた独立部分空間や，20.2.1 項で論じた多次元 ICA のそれとよく似ている．

複素 ICA では，$\left|\mathbf{w}^H\mathbf{z}\right|^2$ に対して非ガウス性の尺度を適用したが，それは部分空間への射影のノルムと解釈できる．その部分空間は複素数の実部と虚部に対応して 2 次元である．部分空間法とは対照的に，基底ベクトルの一つは，もう一つの基底ベクトルから直ちに決定される．独立部分空間分析の場合には，独立部分空間の決定には，乗じられる $k \times k$ の直交行列の不定性がある．複素 ICA の不定性はそれより軽くて，各成分に絶対値 1 の複素数倍の不定性がある．

結局，複素 ICA は独立部分空間法の特別な形であることがわかる．

20.4 結語

この章の前半の二つの節の内容は，すべて，独立性の仮定以外にもデータについて知っていることがある，という場合に関するものであった．スパース性の事前分布を用いることで，混合行列のスパース性に関する知識を推定方法に取り入れた．これは共役事前分布を使うアルゴリズム上の工夫で非常に簡単にできた．

一方，独立部分空間やトポグラフィック ICA の方法においては，独立成分を本当に見出すことは不可能で，その代わり，独立な成分の群を見つけることができる，あるいは従属性の構造が見えるような成分達を見出すことができる，と仮定する．独立成分が複素数値であるのは，この部分空間構成の特別な場合である．

この章で扱わなかったもう一つの拡張は，いわゆる半暗中 (semiblind) の方法である．つまり，混合機構に関してかなりの事前情報がある場合である．その極端な場合は，混合機構がほとんど完全に既知で，手法の「暗中」の側面は消えてしまう．このような半暗中の方法は，適用問題自体に極めて強く依存する．通信技術に関連するいくつかの方法が第 23 章で扱われる．密接に関連のある一つの理論的な枠組みが，[285] で提案された「主」独立成分分析である．[415] は脳の画像化に対する半暗中の方法の応用例である．

第IV部

ICAの応用

第 21 章

ICAによる特徴抽出

　観測された信号の統計的な生成モデルを構成することは，信号処理における基本的な取り組み方の一つである．その場合，生成モデルの中の成分達がデータの表現を与えることになる．その表現を用いて，圧縮，雑音除去，パターン認識などの仕事ができる．この方法は，また神経科学的な視点からも有用で，大脳皮質一次感覚野の神経の性質をモデル化するのに役立つ．

　本章では，我々が自然画像と呼ぶ，広く用いられている信号の族を扱う．これは我々が日々の生活でお目にかかる画像のことである．たとえば自然の景色とか，人間の生活環境とかが描かれている画像である．ここでは次のような作業仮説を設定している．つまり，この信号の族は十分に一様なものであり，それらの信号の観測値を用いて統計的モデルを立て，後にそのモデルを用いて，圧縮や雑音除去をはじめとする信号処理ができるということである．

　我々はもちろん，自然画像の主要なモデルとして，独立成分分析 (ICA) を用いる．また第 20 章で導入した ICA の拡張も考えることにする．ICA は，画像処理や視覚研究で用いられている，画像の低い処理階層での最も高度な表現方法に，非常に似たモデルを与えることを示す．これらの方法は，どちらかというと発見的に正当化されてきたのだが，ICA はこれに統計的な正当性を与えてくれる．

21.1　線形表現

21.1.1　定義

　画像表現には，観測データの離散線形変換に基づくものが多い．x と y で位置が示される画素の階調の値を $I(x,y)$ で表した，白黒画像を考える．画像処理で用いられる多くの基本的なモデルでは，画像 $I(x,y)$ を何らかの特徴，つまり基底関数 $a_i(x,y)$

の線形の重ね合わせで表す．つまり，

$$I(x,y) = \sum_{i=1}^{n} a_i(x,y) s_i \tag{21.1}$$

である．ここで s_i は確率的な係数で，各画像 $I(x,y)$ によって異なるものである．あるいはまた，すべての画素の値を一つのベクトルに集めて $\mathbf{x} = (x_1, x_2, \ldots, x_m)^T$ とすることもできる．この場合，表現は基本的な ICA とまったく同様に，

$$\mathbf{x} = \mathbf{As} \tag{21.2}$$

と書ける．ここでは，変換される成分の数と，観測された変数の数が等しいと仮定する．もっとも一般にはそうなるとは限らない．この種の線形重ね合わせモデルは，隠蔽関係などの，高い階層における非線形現象が起こらないような低い階層において，有用な記述法である．

実際には，モデル (21.1) によって一つの画像全体をモデル化するとは限らない．我々は，むしろ画像の一部，「パッチ」とか「窓」と呼ばれる小区画に対してモデルを適用する．たとえば 8×8 の画素の小区画に画像を分割し，それらの小区画 (窓) にモデルを適用することになる．その場合，境界の影響を避けるように注意する必要がある．

画像処理に用いられる標準的な線形変換には，たとえばフーリエ変換，ハール変換，ガボール変換，コサイン変換などがある．それぞれ好ましい性質がある [154]．最近になって注目されている方法に，周波数に基づく方法 (フーリエ，およびコサイン変換) のよい性質を，画素ごとの基本的な表現に組み合わせるというものがある．ここではそのような方法のいくつかを手短に紹介する．詳細についてはその主題についての教科書，たとえば [102] や [290] を参照されたい．

21.1.2 ガボール解析

ガボール解析，またはガボールフィルタは，画像処理において広く用いられているものである [103, 128]．これらの関数は三つのパラメータ，すなわち空間位置，方向，空間周波数に関して局所的である．これは空間的に局所的でないフーリエ変換や，周波数や方向に対して局所的でない画素ごとの表現と，対照的である．

画像に用いられるのは2次元のガボール関数であるが，まず簡単のため1次元の関数を考えよう．1次元のガボール関数は，

という形である．ここで，

- ガウス型の変調関数の中の α は，関数の空間的な広がりの幅を決める．
- x_o はガウス関数の中心，すなわち関数の位置を決める．
- β は振動の空間周波数，つまりフーリエ領域における関数の位置である．
- γ は調和振動の位相である．

$$g_{1d}(x) = \exp\left(-\alpha^2(x-x_o)^2\right)\left[\cos(2\pi\beta(x-x_o)+\gamma) \\ +i\sin(2\pi\beta(x-x_o)+\gamma)\right] \quad (21.3)$$

実際には式 (21.3) のようなガボール関数は，実部と虚部の二つの関数を定義している．それら二つとも同じように重要であり，複素関数を用いた表現を用いるのは，主として計算の便利さが理由である．1 次元ガボール関数の典型的な例が図 21.1 に示されている．

2 次元ガボール関数を作るには，まず 1 次元ガボール関数を一つの次元の軸方向にとり，次に他の次元軸のガウス関数を，包絡線としてそれに乗ずればよい．つまり，

$$g_{2d}(x,y) = \exp\left(-\alpha^2(y-y_o)^2\right)g_{1d}(x) \quad (21.4)$$

とする．ここで，ガウス状の包絡線の中のパラメータ α は，二つの方向で同じである必要はない．また，この関数は (x,y) の直交変換によって，与えられた角度だけ回転することができる．図 21.2 に典型的なガボール関数の実部と虚部を示す．

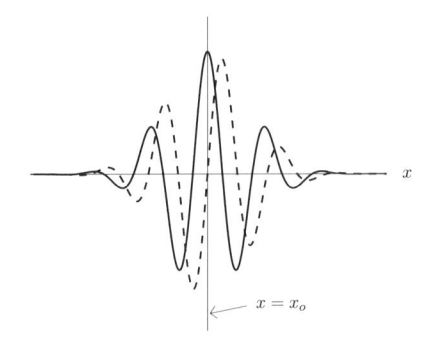

図 21.1　1 組のガボール関数．これらの関数は周波数と空間の両方に関して局所的である．関数の実部を実線で，虚部を破線で示した．

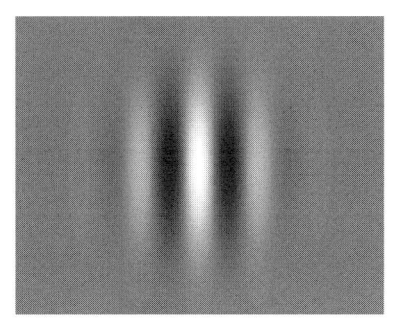

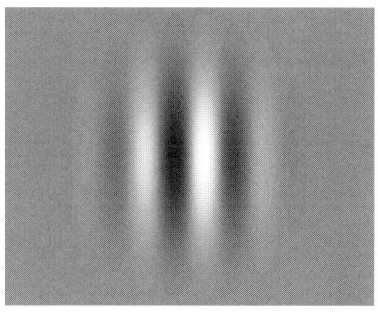

図 21.2 1 組の 2 次元ガボール関数．これらの関数は，空間周波数，空間，方向に関して局所的である．実部が左，虚部が右に示されている．これらの関数は回転していない．$g_{2d}(x,y)$ の値を白黒の階調として表している．

ガボール解析は，多重解像度解析 (multi-resolution analysis) の一つの例である．その意味は，画像が，異なる解像度あるいは空間周波数において，別々に解析されるということである．なぜならば，ガボール関数はパラメータ α を変えることによって関数の幅を変えることができ，また β を変えることによって異なる空間周波数をもつ関数を作ることができるからである．

データの有用な表現を得るために，どのようなパラメータの値の組み合わせを用いるべきかは，未解決問題である．多くの種類の解が存在するが，たとえば [103, 206] を参照していただきたい．次に論ずるウェーブレット基底は，一つの解を与える．

21.1.3 ウェーブレット

上と密接な関連のある多重度解析のもう一つの方法が，ウェーブレットを用いる方法である [102, 290]．ウェーブレット解析のもとになるのは，ウェーブレット母関数と呼ばれる一つの見本関数 $\phi(x)$ である．基底関数達 (1 次元) は，この基本関数の平行移動 $\phi(x+l)$ と，伸張 (dilation) またはリスケーリングと呼ぶ $\phi(2^{-s}x)$ によって得られる．そこで我々の用いる関数の族は，

$$\phi_{s,l}(x) = 2^{-s/2}\phi\left(2^{-s}x - l\right) \tag{21.5}$$

となる．s と l は，それぞれ伸張と移動量を表す．伸張のパラメータ s はウェーブレットの幅を表し，位置の指数 l はウェーブレット母関数の位置を表す．したがって，ウェーブレットの基本的な性質は，異なる伸長率 (スケール) における自己相似性である．ϕ は実数値関数であることに注意されたい．

ウェーブレット母関数は普通，空間周波数領域とともに空間でも局在している．二つの代表的な例を図 21.3 に示す．

2 次元ウェーブレット変換は，2 次元フーリエ変換と同じように，まずすべての行 (または列) の 1 次元ウェーブレット変換を行い，次にそれをさらに 1 次元ウェーブレット変換して得る．2 次元ウェーブレット基底ベクトルのいくつかを，図 21.4 に示す．

ウェーブレット表現もガボール変換とまったく同様に，空間と空間周波数領域の両方において局在化するという重要な性質をもっている．主な相違点は以下のとおりである．

- 位相パラメータはなくて，すべてのウェーブレットは同一の位相をもつ．そこ

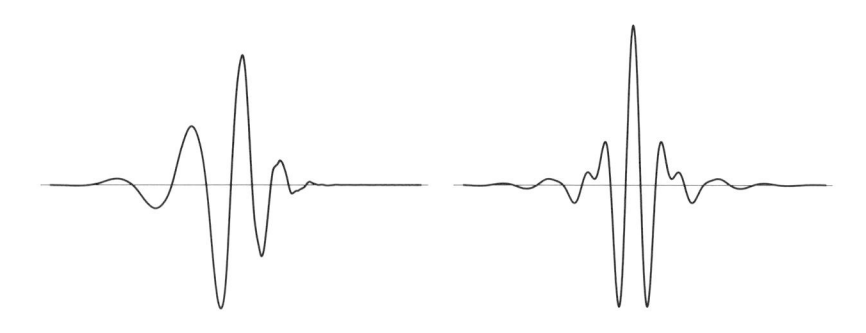

図 21.3 代表的な母 (マザー) ウェーブレット．左は Daubechies の母ウェーブレットで，右は Meyer のそれである．

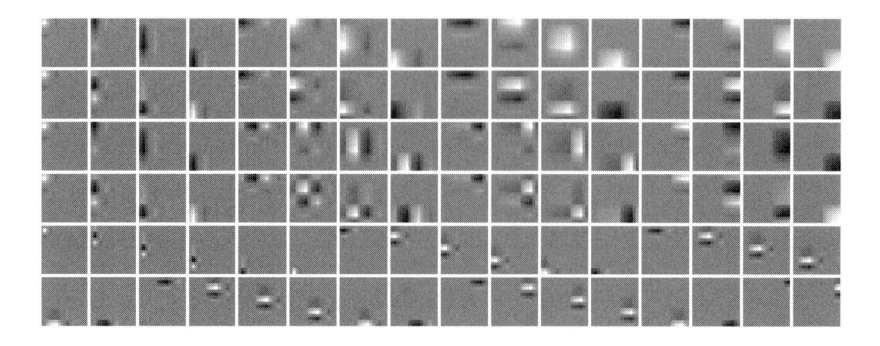

図 21.4 2 次元ウェーブレットの一部．

ですべての基底関数は似ている．一方，ガボール解析では，実部と虚部を組み合わせるので，異なる位相をもつ二つの基底ベクトルがあり，またその位相パラメータは変化させることができる．ガボール解析では，棒状の関数や刃状の関数があるが，ウェーブレット解析の基底関数は通常それらの中間的なものである．

- ウェーブレットの幅と周波数(ガボール関数の α と β に当たる)は独立に変化しない．それらの間には厳密な対応がある．
- 通常ウェーブレットには，方向のパラメータもない．現れる方向は垂直方向と水平方向だけであり，水平方向と垂直方向のウェーブレットがいろいろな伸長率をとると，その方向が変わる．
- ウェーブレット変換は1次元空間の直交基底を与える．これに対して，ガボール関数は直交基底を与えない．

ウェーブレット解析の与える基底は，その幅と空間周波数の関係が，基底が直交基底となるように固定されている，ということもできるだろう．その一方では，ウェーブレット表現はガボール表現と比較して，基底関数が方向をもたず，またすべて同一の位相をもつという意味においては劣っている．

21.2 ICAとスパース符号化

前節で考えた変換は固定された変換であり，基底ベクトルは一度決められたら，データにかかわらず固定される．しかし多くの状況では，データから基底を推定するのもおもしろいのではないだろうか．式(21.1)の表現を推定することは，すべての i と (x, y) に対して s_i と $a_i(x, y)$ を決定することであり，その際画像の信号，現実には画像の小区画，つまり窓の信号であることが多いが，$I(x, y)$ の十分な数の観測があるとする．

ここでは簡単のため，$a_i(x, y)$ は可逆な線形系を構成する場合に限ることとするので，特に行列 $\mathbf{A}$ は正方行列である．すると逆問題の解は，

$$s_i = \sum_{x,y} w_i(x, y) I(x, y) \tag{21.6}$$

で与えられる．ここで w_i は逆フィルタを形成する係数である．標準ICAの表記法を用いると，

$$\mathbf{a}_i = \mathbf{A}\mathbf{A}^T \mathbf{w}_i = \mathbf{C}\mathbf{w}_i \tag{21.7}$$

と書けることに注意しよう．これはフィルタ $\mathbf{w}_i$ と対応する基底ベクトル $\mathbf{a}_i$ との間の簡単な関係を示している．基底ベクトル $\mathbf{a}_i$ は，$\mathbf{w}_i$ 中の係数に自己相関行列で与えられるフィルタ行列によるフィルタをかけることによって得られる．自然画像データの場合，自己相関行列は対称的な低域通過形のフィルタ行列であることが多く，したがって基底ベクトルは基本的にフィルタ w_i を平滑化したものとなる．

すると問題は，データから変換を推定するのにどのような原理を用いるべきかということになる．ここで我々の出発点となるのは**スパース符号化**と呼ばれる表現原理で，これは最近信号処理でも，また視覚系の理論においても注目されているものである [29, 336]．スパース符号化においては，データベクトルは基底ベクトル集合を用いて表されるが，そのとき**同時に用いられる (活性化する) 基底ベクトルの数は少数のみである**ようになっている．ニューラルネットワークで解釈すると，各基底ベクトルは 1 個の神経素子に対応し，係数 s_i はそれらの活動度を表している．したがって，与えられた窓に対して，わずかな数の神経素子のみが活動することになる．これと同値であるが，スパース符号化を，**一つのニューロンに注目したとき，それがごくまれに活性化する**と表現もできる．これは係数 s_i 達の分布がスパースであることになる．スパースな分布とは，ラプラス分布 (あるいは二重指数分布) のように，0 に鋭い最大をもち長い裾を引くようなものである．一般にスパース性は優ガウス性を意味すると考えてよい．

最も簡単な場合として線形的なスパース符号化を考えると，本章の枠組みに適合する．その場合，線形スパース符号化変換を，成分のスパース性の尺度を作り，線形変換の中でそれを最大化するものを選ぶという方法で推定できる．実際には，スパース性は優ガウス性と密接な関係があるから，尖度やネゲントロピーの近似値などの非ガウス性の尺度は，スパース性の尺度と解釈することもできる．したがって，スパース性の最大化は非ガウス性の最大化の一つの方法であり，第 8 章で見たように，非ガウス性の最大化は独立成分の推定の一方法である．同時に，スパース符号化は変換の目的の別の解釈を可能にする．

スパース符号化の応用は，たとえばデータ圧縮や雑音除去に見られる．与えられたデータ点に対して，独立成分のうち 0 でないのは少数だけだから，このデータ点を符号化するのに，これら 0 でない成分のみを符号化すれば，データ圧縮ができる．雑音除去への応用には，試験法 (閾値) を決めて，真の活性化成分を見出して，他の成分はほとんど雑音のみを観測しているとして 0 と設定する．これが 15.6 節で述べた雑音除去法の直観的な解釈である．

21.3 画像から ICA の基底を推定する

前節で見たように，ICA とスパース符号化は，自然画像や他のデータから特徴を推定する方法として，本質的に同値である．ここでそのような推定の例を見ることにする．用いた一連の画像は，以前に使った自然の風景である [191]．一例を図 21.7 (p.437) の左上に示した．

最初に注意すべきことであるが，画像データに ICA を適用して通常得られる一つの成分に，局所的な平均画像強度，あるいは直流成分とも呼ばれるものがある．この成分の分布は通常スパースではなく，しばしば劣ガウス的ですらある．したがって，少なくともスパース符号化の解釈をしようという際には，この成分は他の優ガウス的成分とは別に扱わなければならない．したがって，すべての実験例において，我々はまず局所平均値を引いた後で，その他の成分について適切なスパース符号の基底を推定する．これでデータは 1 次元失ったことになるので，データの次元を，たとえば主成分分析 (PCA) などを用いて減らさなければならない．

まず，画素が平均 0 で分散 1 になるように，各画像を線形演算で正規化した．16×16 画素からなる画像の小区画 (窓) を 10000 個，各画像の無作為に選んだ位置から切り出した．各窓から，上で述べたように局所平均を差し引いた．雑音を除去するため，データの次元を 160 に減らした．このように前処理されたデータセットを，tanh を非線形関数とする fastICA アルゴリズムの入力として用いた．

図 21.5 は得られた基底ベクトルを示す．基底ベクトルは，明らかに空間，空間周波数，方向に関して局所的である．したがって，抽出された特徴は**ガボール関数と密接な関連がある**．実際，これらの基底関数を ガボール関数で最小 2 乗近似することができる．4.4 節を参照されたい．これによる当てはめの程度はよく，ガボール関数はこれらのよい近似であることがわかる．あるいはまた，ICA 基底関数の多くが棒状や刃状に見えるので，それらの形状によって特徴づけることもできよう．

これらの基底ベクトル達は，だいたい似たような特徴を，いろいろな伸縮率で表現しているという点で，**ウェーブレットにも似ている**．これはつまり，空間周波数と包絡線の幅 (つまり基底ベクトルが覆う範囲) とが独立ではないことを意味する．しかしながら，ICA の基底ベクトルは，ウェーブレットよりもずっと多くの自由度をもっている．特に，ウェーブレットはたった二つの方向しかもたないのに対し，ICA ベクトルはずっと多くの方向性をもっているし，ウェーブレットは位相差をもたないが，ICA ベクトルは幅広い位相差をもっている．最近のウェーブレットの拡張のいくつか，たとえばカーブレットなどは，ICA 基底ベクトルにずっと近いものである．[115]

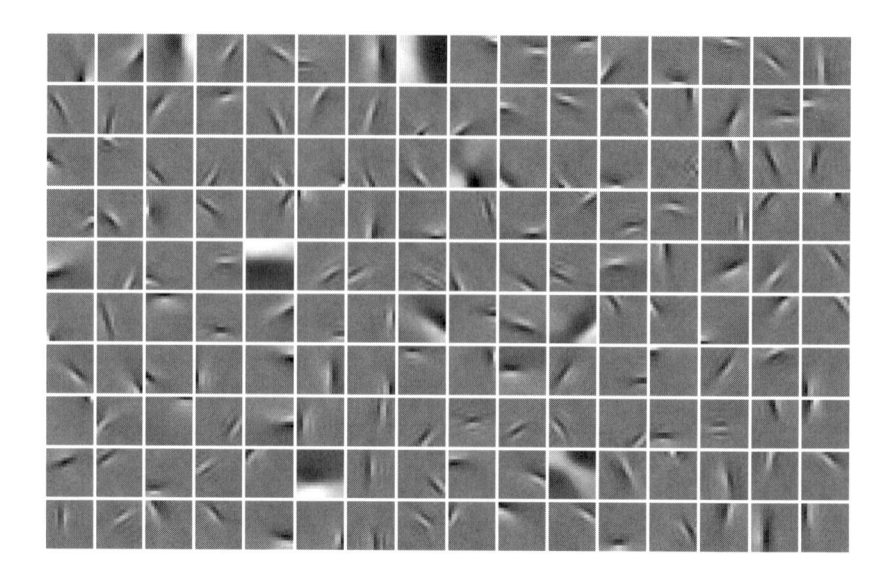

図 21.5 自然画像の小区画(窓)に対する ICA 基底ベクトル．基底ベクトルは空間，周波数，方向に関して局所的な特徴を表していて，したがってガボール関数と似ている．

はその紹介である．

21.4 スパース符号縮小による画像の雑音除去

15.6 節では，雑音のある ICA モデルの推定に基づいた，雑音除去法について述べた．ここではそれを画像の雑音除去に応用する方法を示す．データとしては前節と同じ画像を用いる．計算量の節約のため，ここでは画素数 8×8 の画像を用いた．15.6 節で説明したように，基底ベクトルはさらに直交化された．そこで基底ベクトルは，独立成分というよりは直交スパース符号と考えることができる．

21.4.1 成分の統計量

スパース符号による縮小は，変換領域における独立成分の分布はスパースであるという性質に基づいているので，この要求がどの程度満たされているかを調べてみる．同時に，15.5.2 項で述べたパラメトリック化のうち，どれが隠れている(独立成分の)

分布を近似するのによいかも調べる．

分布のスパース性は，ほとんどの非ガウス性の尺度を用いても測ることができる．我々が選んだのは最も広く用いられている正規化尖度である．その定義は，

$$\kappa(s) = \frac{\mathrm{E}\left\{s^4\right\}}{\left(\mathrm{E}\left\{s^2\right\}\right)^2} - 3 \tag{21.8}$$

である．我々のデータでは各成分の尖度は，平均してだいたい5であった．基底に直交化を施しても，尖度はそれほど大きくは変化しなかった．すべての成分の分布は優ガウス的であった．

次に，観測された分布の当てはめをするため，いろいろなパラメトリック化の方法を比較した．自然の景色の画像に対して得られた，直交している8×8のスパース符号変換の中から，一つ($\mathbf{a}_i$)を無作為に取り出した．まずノンパラメトリックな方法であるヒストグラム法を用いて成分($\mathbf{s}_i$)の分布関数を推定し，この表現からその対数密度関数と縮小のための非線形関数を，図21.6に示したように求めた．次に観測された密度分布に対して，15.5.2項で述べたパラメトリック化の密度関数を当てはめた．どの成分も密度はラプラス密度よりもスパース的であったので，スパース性の非常に高いパラメトリック化の関数(15.25)が選ばれた．この密度モデルから導かれた密度と縮小のための非線形関数は，それらの非パラメトリック推定とかなりよく合っていることがわかるであろう．

これでわかるように，自然画像のデータについて求められたスパース符号化の基底

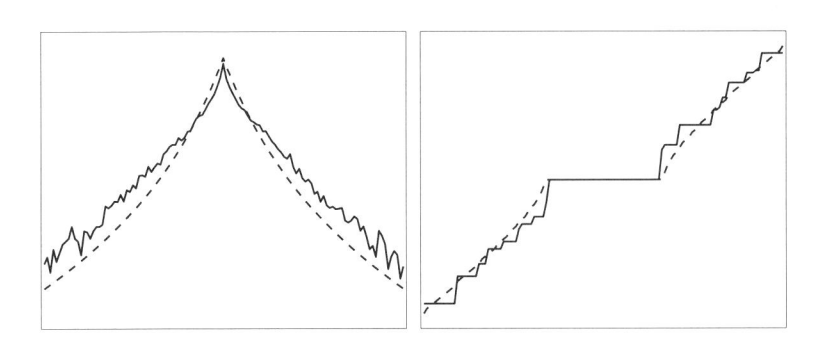

図 21.6 窓の大きさが8×8の，自然の風景の直交化ICA変換から，無作為に選ばれた1成分の分析(IEEE Press©2001 IEEEの転載許可を得て[207]から転載)．左: 非パラメトリック的に推定された対数密度関数(実線)と最適にパラメトリック化されたもの(破線)．右: 非パラメトリック的な縮小非線形関数(実線)と我々のパラメトリック化による縮小関数(破線)．

は，非常に非ガウス的であるから，スパース性の仮定は正当である．

21.4.2 窓に関する注意

スパース符号による縮小の理論は，一般の確率ベクトルに対して展開されたものである．この枠組みを画像に適用するときには，いくつかの問題が生じる．この方法を画像に適用する最も単純な方法は，画像をいくつかの窓に分けて，各窓に別々に雑音除去を施す方法である．しかしこのやり方にはいくつかの欠点がある．窓の間の境界ができたために，その両側の部分の間の統計的従属性が無視され，その結果ブロック化によるアーチファクトが生じ，方法が平行移動に対して不変ではなくなってしまう．アルゴリズムは，窓設定のための格子に対する画像の正確な位置に敏感になる．

この問題を解決するため，我々は**滑る窓**の方法を採用した．これは画像を重なりのない窓に分割するのではなく，画像のすべての可能な $N \times N$ の窓をすべて雑音除去するのである．すると結局各画素に対して N^2 個の異なる推定値を得ることになり，これらの値の平均を最終的な結果として選択する．この滑る窓の方法の根拠は，もともとかなり発見的なものであるが，次のような二つの見方によって正当化したい．

第一の見方は**スピン周回**である．最近導かれたウェーブレット縮小 (wavelet shrinkage) 法は，平行移動に対して不変ではない．なぜならば，これは一般的にウェーブレット分解の性質ではないからである．そこで Coifman と Donoho [87] は，データのウェーブレット分解を平行移動したものすべてに対して，ウェーブレット縮小を適用し，その結果の平均を最終的な雑音除去後の信号として採用することを提案し，その方法をスピン周回と呼んだ．容易にわかるように，我々の滑る窓の方法は，窓に対するアルゴリズムをスピン周回させて適用することにほかならない．

滑る窓の第二の見方は**フレーム法**である．データベクトルを与えられたベクトル達の線形結合で表すとき，そのベクトルの数がデータの次元より大きいとする．すなわち，$m < n$ に対して $m \times n$ 行列 $\mathbf{A}$ とベクトル $\mathbf{x}$ が与えられているとし，$\mathbf{x} = \mathbf{As}$ における $\mathbf{s}$ を求めよ，という問題である．これは無限個の解をもつ．その古典的な解は，$\mathbf{A}^+$ を $\mathbf{A}$ の擬似逆行列としたとき，$\hat{\mathbf{s}} = \mathbf{A}^+ \mathbf{x}$ で与えられる最小ノルム解である．この解はしばしばフレーム法の解と呼ばれる [102]（このような「過完備基底」に関しては第 16 章も参照）．

さて，画像の可能な窓位置にあるすべての基底窓を，画像全体に対する過完備な基底と考える．すると我々の用いる変換が直交変換であれば，滑る窓のアルゴリズムは，フレーム法による分解をした後，各成分を縮小して画像を再構成することと同値である．

21.4.3 雑音除去の結果

実際の雑音除去の実験のため,自然風景の画像から無作為に1枚を選び,標準偏差0.3 のガウス性雑音を加えた(原画像の画素値の標準偏差は 1.0).次に比較の基準として,その画像をウィーナフィルタ (4.6.2 項) を用いて雑音除去した.次に直交化したICA 変換 (8×8 の窓の) の推定と,求められた各成分に対して適切に推定したパラメトリック化の関数によって決まる非線形縮小関数を用いて,スパース符号縮小法を適用した.図 21.7 は代表的な結果である [207].見た目では,スパース符号縮小法は,画像の特徴を残しながら,雑音除去が一番うまくいっているようである.ウィーナフィルタは雑音を除去しきれていない.我々の方法は特徴抽出の働きをしているように見える.つまり,雑音を含んだ画像にも明らかに見える特徴を残し,雑音によると思われるその他のすべてのものを切り捨てる働きである.このように,非線形の縮小

図 21.7 自然画像の雑音除去 (IEEE Press©2001 IEEE の転載許可を得て [207] から転載).雑音レベル 0.3.左上: 原画像.右上: 雑音付加後.左下: ウィーナフィルタ適用後.右下: スパース符号縮小の結果.

関数のおかげで，雑音を効果的に減少できるのである．

このように，スパース符号縮小法は有望な雑音除去法である．雑音除去の結果は，伝統的なフィルタ法の結果とは定性的にかなり異なるもので，ウェーブレット縮小やコアリングの結果に近いものである [116, 403, 476]．

21.5 独立部分空間とトポグラフィック ICA

基本的な特徴抽出方法は，前節までと同じく線形的特徴と線形フィルタを用いるものである．より高度な方法が，系に非線形性を導入することによって得られる．ICA に関連していうと，これは線形的特徴の間の従属性を考慮に入れた非線形性ということになろう．

本当のところは，確率ベクトルを独立な成分に分解することは，一般には不可能である．無相関の成分を得ることは常に可能で，fastICA はこれを行うのである．画像の特徴抽出において高次相関を調べてみれば，ICA 成分が独立でないことは明らかである．20.2 節ではそのような高次の相関について述べ，残っている従属性を考慮した ICA モデルの拡張を提案した．

ここでは 20.2 節で提案された拡張のうちの二つ，独立部分空間分析とトポグラフィック ICA を，画像特徴抽出に適用する [205, 204, 206]．これらは，特徴抽出の線形の枠組みを拡張する興味深い方法である．データとその前処理は 21.3 節と同様である．

図 21.8 は，部分空間の次元を 4 としたときの，40 個の特徴部分空間の基底ベクトルを示したものである．一つの部分空間に属するすべての基底ベクトルは，だいたい同一の方向と空間周波数をもっていることがわかる．それらの位置は同一ではないが，互いに近いところにある．位相はかなり異なっている．したがって，部分空間への入力の射影のノルムは，入力の位相とは比較的独立となる．実はこれが，独立部分空間分析の動機の一つである，不変特徴部分空間の原理の意図するところなのである．したがって各特徴部分空間は，二つの直角フィルタ[1]を組み合わせたものの一般化と考えられる．これは，方向と空間周波数において局所的であるが，位相に関しては不変で，位置のずれに対してもある程度不変であるような，非線形特徴を与えるものである．詳細は [204] を参照されたい．

---

[1]. 訳注: quadrature filter. 全通過型で位相を 90 度偏位させるフィルタ．

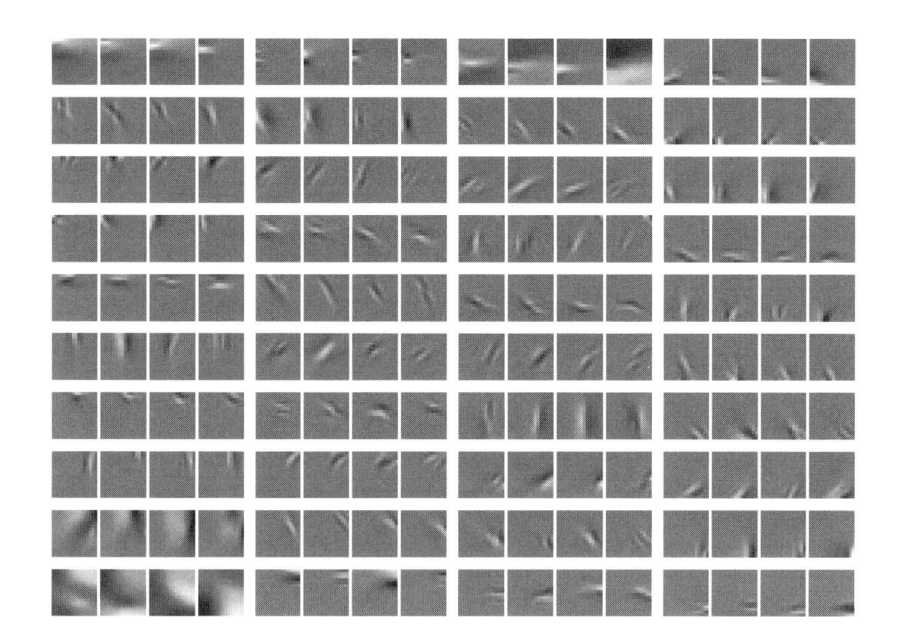

図 21.8 自然画像データの独立部分空間 ([204] から転載). モデルにより画像窓に対してガボール関数に似た基底ベクトルが得られる. 四つの基底ベクトルからなる各組は, 一つの独立特徴部分空間, または一つの複雑細胞に対応する. 一つの部分空間中の四つの基底ベクトルは, 方向と場所と周波数に関して似ている. 対照的に, それらの位相は非常に違っている.

トポグラフィック ICA においては, 近傍関数を, 各近傍が 2 次元トーラス[2]格子上の 3×3 の 9 個のユニットからなるように定義した [247]. 得られた基底ベクトルは図 21.9 に示される. これらの基底ベクトルは, 画像データの通常の ICA で得られた基底ベクトルと非常に似ている. 加えて, これらのベクトルは明らかにトポグラフィックな構造をもっている. 20.2.3 項において, 独立部分空間分析とトポグラフィック ICA との関係を論じたのだが, その関係は図 21.9 で見てとれる. 図 21.9 で隣同士のベクトルは, 同じ空間周波数と同じ方向性を見せる傾向がある. それらの位置もまた互いに近い. 対照的に, それらの位相は非常に異なる. これは, これら基底ベクトルの近傍は, 一つの独立部分空間のようなものだということを意味している. 詳細については [206] を参照されたい.

---

[2] 訳注: ドーナツ状の面. これはどこにも端をもたないという特徴がある.

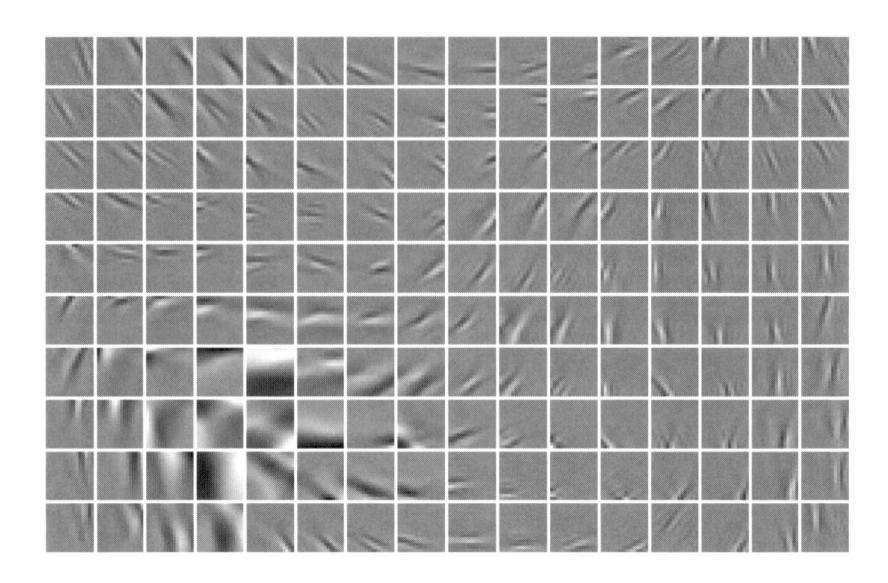

図 21.9　自然画像データのトポグラフィック ICA ([204] から転載). これもガボール関数のような基底ベクトルを作る. 方向と, 場所または周波数 (あるいは両方) の近いもの同士が近くにある. 近くの基底ベクトルの位相は非常に異なっていて, 各近傍は位相不変性を持っている.

21.6　神経生理学との関連

　信号処理への応用以外にも忘れてはならないことは, スパース符号化はそもそも哺乳類の一次視覚野 (V1) における画像の表現のモデルとして発展したことである.

　その場合, フィルタ $w_i(x,y)$ は皮質の単純細胞の受容野として, s_i は与えられた窓画像 $I(x,y)$ に対するそれらの活動度として定義できる. [336] で示されたことだが, 自然の風景の窓画像達からなる入力を与えてこのモデルの推定を行うと, 得られるフィルタ $w_i(x,y)$ は V1 における単純細胞のもつ三つの性質をもつ. すなわち, 局所的であり, 方向性があり, 帯域通過型である. 得られたフィルタ w_i を, サルの皮質の単一ニューロンの記録から得られたものと比較すると, ほとんどのパラメータについてよい一致が得られた.

　その一方で, 独立部分空間は, 皮質で視覚入力を分析するもう一つの重要な細胞群である, 複雑細胞のモデル [204] と考えることもできる. 実際, 現れてくる不変性は, 複雑細胞で見られる不変性とよく似ている. 最後に, トポグラフィック ICA は, 視覚

野における神経細胞のトポグラフィックな構造のモデルと考えることができる [206].

21.7 結語

ICA を使って，さまざまなデータから独立な特徴を抽出することができる．これを行うには，信号から小区画(窓)を切り出し，それらを多次元信号と考えて ICA を適用するのである．これはスパース符号化と密接に関連している．つまり，同時に活動している特徴がごく少数となるような特徴抽出である．我々は自然画像から特徴抽出することを考えたが，これによって得られる分解は，ウェーブレット解析またはガボール解析によって得られるものと，密接な関係がある．得られる特徴は，空間周波数と空間において局所的で，また方向性もある．これらの特徴は，ウェーブレットやガボール関数と同じようにして，画像処理に用いることができる．また，視覚野の単純細胞の受容野のモデルとしても使える．

ICA による線形特徴抽出に加えて，ICA の拡張で非線形特徴を得ることもできる．独立部分空間分析によって，位置や位相に対して不変な特徴を得ることができ，また，トポグラフィック ICA によって得られる特徴達も同じ不変性をもち，さらにトポグラフィックな構造を示す．これらのモデルは，基本「独立」成分の間の高次の相関を調べるのに便利である．ウェーブレット係数やガボール係数の間の，高次の相関も調べられている [404, 478]．ICA に基づいた混合モデルで，さまざまな混合を異なる文脈として解釈するようなものもある [273].

ICA の枠組みは，他の種類のデータ，たとえば色彩や立体の画像 [186, 187]，ビデオ画像 [442]，音声信号 [37]，ハイパースペクトル画像 [360] などの特徴抽出に用いることもできる．

第 22 章

脳機能の可視化への応用

　脳の解剖学的および機能的な可視化の新しい方法の到来によって，現在では，生きている人間の脳から膨大なデータを集めることが可能となった．そこで重要になってきたことは，データから本質的な特徴を抽出して，データを見やすく表現したり，解釈を容易にすることである．これは独立成分分析 (ICA) にとって，大変に期待できる応用分野である．この分野は急速に発展していて，かつ重要だというだけではなく，脳機能の可視化技術のいくつかは，ICA モデルに非常によく合うのである．特に脳波 (EEG: Electroencephalogram) と脳磁図 (MEG: Magnetoencephalogram) がそうである．脳波と脳磁図は，それぞれ脳内の神経電流が作る電位差，ならびに磁界である．ここでは脳機能の可視化について，特に脳波と脳磁図を中心に概観する．

22.1　脳波と脳磁図

22.1.1　脳の可視化の技術の種類

　生きた人間の脳を非侵襲的に，つまり何らの外科的処置なしに研究するため，解剖学的あるいは機能的な脳の可視化の方法が，いくつか開発されてきた．その一つのグループが，脳の解剖学的 (構造的) な画像を高い空間分解能で得るもので，コンピュータ X 線断層像 (CT: Computerized Tomography) と磁気共鳴画像法 (MRI: Magnetic Resonance Imaging) である．もう一つのグループは，ある時刻に脳のどの部位が活動しているかということに関する，**機能的な情報**を与えるものである．このような脳の可視化法は，与えられた課題を行うのに脳のどの部分が必要か，という疑問に答えるのに役立つ．

　脳機能の可視化法のよく知られた例として，ポジトロン CT (PET) や，機能的 MRI (fMRI: functional MRI) がある．これらは，代謝活動の変化を探知するものである．

PETやfMRIの時間分解能は，脳内の代謝反応の速度が遅いことから，数秒という範囲に限られている．

　ここでは，時間的分解能が高いという特徴をもつ，もう一つのタイプの脳機能の可視化についてのみ考えることにする．これは脳内の**電気的活動**を計測することによって可能になる．電気活動は，神経系での信号伝達と処理の手段の基本となるものである．ミリ秒程度の時間分解能で，神経のダイナミクスに関する情報を非侵襲的に得ることができるのは，電気活動の計測だけである．時間的分解能と引き換えに，空間的分解能はfMRIのそれより悪く，条件がよくて5mm程度である．このグループの測定法の中で基本的な，脳波 (EEG) と脳磁図 (MEG) について，次に解説する．これは[447]に基づいている．[162]も参照されたい．

22.1.2　脳内の電気活動の測定

神経細胞と電位　　人間の脳には，10^{10}から10^{11}くらいの数の神経細胞がある[230]．これらの細胞が，基本的な情報処理単位である．神経間の信号伝達は，電気活動のごく短い時間の急激な高まりである活動電位によって行われる[1]．活動電位がそれを受容する神経に伝達されると，後シナプス電位と呼ばれる，より長く持続するが，より弱い電位に変換される．個々の活動電位や後シナプス電位は非常に微弱で，現在の技術では非侵襲的に計測するのは不可能である．

　幸いなことに脳内では，任意の一時点において，比較的強い後シナプス電位をもっている神経は，一部位に固まって存在する傾向がある．したがって，それらの神経達が発生する電流の和は，測定可能な大きさになることがある．これは，頭皮の数箇所に電極を配置して電位分布として測定できる．これが脳波である．より高度な方法が，その電流から作られる磁界を測定する脳磁図である．

脳波と脳磁図　　賦活された脳の部位の全電流は，しばしば電流双極子としてモデル化される．多くの状況において，ある一時点での脳活動は，数少ない双極子のみでモデル化できると仮定できる．これらの双極子達は，頭外で測定される磁界分布とともに電位分布も作る．脳磁界のほうが脳波よりも局在性がよい．それは，脳と測定電極との間には電気伝導度の異なる多くの層があるため，脳波では位置情報がぼかされて

---

[1]. 訳注：より正確にいうと，よく知られているとおり，多くのシナプスでは伝達物質を介した化学的伝達が行われる．

しまうが，脳磁図はこの影響を受けないからである．このように，脳磁図が脳波よりずっと高い空間分解能をもつということは，脳磁図の有利な点の一つである．

脳波は，研究や臨床目的で脳内の電気活動を計測するのに非常に広く用いられている．実際現在までのところ，脳波は最も広く用いられてきた脳活動描出の手法である．脳波測定には，自発的な活動の測定と誘発電位の測定がある．誘発電位とは，たとえば聴覚や体性感覚など，特定の刺激によって引き起こされる活動である．通常の臨床用の脳波計は，頭皮上に均等に配置した 20 個程度の電極を用いる．最先端の脳波測定には，数百個の電極を使うこともある．信号対雑音比は通常とても低い．背景に分布する電位は $100\mu V$ 程度の大きさで，誘発電位はそれより 2 桁も小さいことがある．

脳磁図測定は脳波測定と基本的には似た情報を与えるが，空間分解能がより高い．脳磁図は，主として脳の認知機構の基礎研究に用いられている．脳からの弱い磁界を測定するには，超電導量子干渉素子 (SQUID: Superconducting Quantum Interference Device) を用いた磁束計が必要である．測定は磁気シールドルームで行われる．素子の超電導の特性は，温度 −269°C の液体ヘリウム中に浸すことによって確保される．本章で述べる実験は，ヘルシンキ工科大学の低温研究所に設置されている，Neuromag 社製の Neuromag-122^{TM} を用いて行われた．この装置の全頭皮センサ配列は，122 個のセンサ (平面方向の勾配測定用のグラジオメータ) からなっている．センサは，デュワー (SQUID が入っている保冷ビン) のヘルメット形をした底面の 61 個の部位に 2 個ずつ置かれ，底面の法線方向の磁界の，二つの接線方向に関する勾配を測定する．122 個の測定は同時に行われる．センサは，主としてその直下の，頭皮の接線方向に向いている電流源に対して感度が高い．

22.1.3　基本 ICA モデルの正当性

脳波や脳磁図の研究に ICA を適用するに際して，いくつかの条件が満たされることを仮定している．すなわち，統計的に独立な信号源が存在すること，センサではそれらが瞬時に線形的に混合されること，さらに独立成分や混合過程の定常性である．

独立性の規準は，関連する信号の振幅分布間の統計的な関係のみを考慮したもので，神経回路構造の形態や生理学を考慮していない．したがって，その正当性は実験条件に依存し，一般的に考慮することはできない．

脳波や脳磁図の信号のエネルギーのほとんどは 1kHz 以下にあるので，マクスウェル方程式のいわゆる準静的近似が成立するから，各瞬時を別々に扱うことができる[162]．したがって，信号の伝搬は瞬時に起こり，時間遅れを取り入れる必要はなく，

瞬時混合の過程は正当である．

脳波や脳磁図の非定常性はよく知られている [51]．潜在的な信号源を確率過程と考えたとき，独立成分の代表的な分布の存在を保証するには，定常性は理論上は必要である．しかし，バッチ式の ICA アルゴリズムの実装では，データは確率変数とみなされ，それらの分布は全部のデータから推定される．したがって，信号の非定常性によってモデルの仮定が実際に破綻したことにはならない．これに対して，混合行列 $\mathbf{A}$ の定常性は決定的に重要である．幸いこの仮定は，広く受け入れられている神経の信号源モデルと矛盾しない [394, 309]．

22.2 脳波と脳磁図中のアーチファクトの特定

脳波と脳磁図への ICA の最初の応用として，アーチファクトの分離を考えよう．アーチファクトとは，ここでは脳活動で生成される信号以外の外乱で，たとえば筋電図のようなものである．代表的な例は眼球の筋活動によるアーチファクトである．

特に眼球からのアーチファクトの特定と除去を中心とした要約が [56, 445] に見られる．最も簡単で最も広く用いられている方法は，アーチファクトの特徴の指標 (たとえば振幅のピーク，周波数成分，分散や傾きなど) が，決められた閾値を超えた時間部分のデータを捨ててしまうことである．これによりデータがかなり減るし，また視覚追跡の実験など，眼球の活動が活発なときの脳活動の測定という，興味ある実験はまったくできないことになる．

もう一つの方法は，測定する別の入力 (たとえば眼電図，心電図や筋電図) に回帰される部分を測定値から差し引くことである．これは EEG により多く用いられるようであるが，場合によっては MEG にも用いられるだろう．注意すべきことは，これが脳活動の記録に，新たなアーチファクトを加えてしまう可能性もあることである [221]．他の方法には，信号空間への射影 [190] や，アーチファクトのモデルとしての電流双極子の寄与を減ずる方法がある．これら二つの方法を用いるには，アーチファクトの生成源のよいモデルか，アーチファクトの振幅が脳波や脳磁図のそれよりずっと大きいときのデータが相当量必要である．

ICA によるアーチファクト除去では，アーチファクト生成過程の正確なモデルは必要ない．これは，この方法の「暗中^{ブラインド}」の側面である．またアーチファクトが主に見える特別な観測期間や，別の入力信号なども必要としない．これはこの方法の「教師なし」の側面である．このようなことから，ICA はアーチファクトの特定と除去のための方法として期待される．実際に [445, 446, 225] で，ICA のみによってアーチファク

トが推定できることが示されている．アーチファクトは他の信号からかなり独立であり，モデルが要求する独立性は相当程度満足することがわかった．

脳磁図中のアーチファクト除去の実験では，脳磁図は上で述べた 122 チャネル全頭形の磁束計を用いて磁気シールドルーム内で記録した．典型的な眼球からのアーチファクトを得るため，被験者はまばたきと左右の急速眼球運動をするように指示された．さらに筋電によるアーチファクトを得るため，歯を 20 秒も噛みしめるよう指示された．さらにもう一つのアーチファクトとして，シールドルーム内にディジタル腕時計を持ち込み，磁束計のヘルメットから 1m 離れたところに置いた．図 22.1 は実験で計測した全部で 122 チャネルのうちの 12 チャネルで，アーチファクトに汚染された脳磁図を示している．眼球や筋活動などいくつかのアーチファクトの構造が見てとれる．

ICA を利用したアーチファクト抽出の結果が図 22.2 に示されている．IC1 と IC2 の成分は，明らかに異なる二つの筋肉の活動であり，IC3 と IC5 はそれぞれ眼球の水平運動とまばたきである．さらに，心拍やディジタル腕時計など，信号対雑音比のより小さな干渉も抽出された (それぞれ IC4 と IC8)．IC9 はおそらくセンサの不良であろう．IC6 と IC7 は呼吸によるアーチファクトか，あるいは過学習 (13.2.2 項) が原因

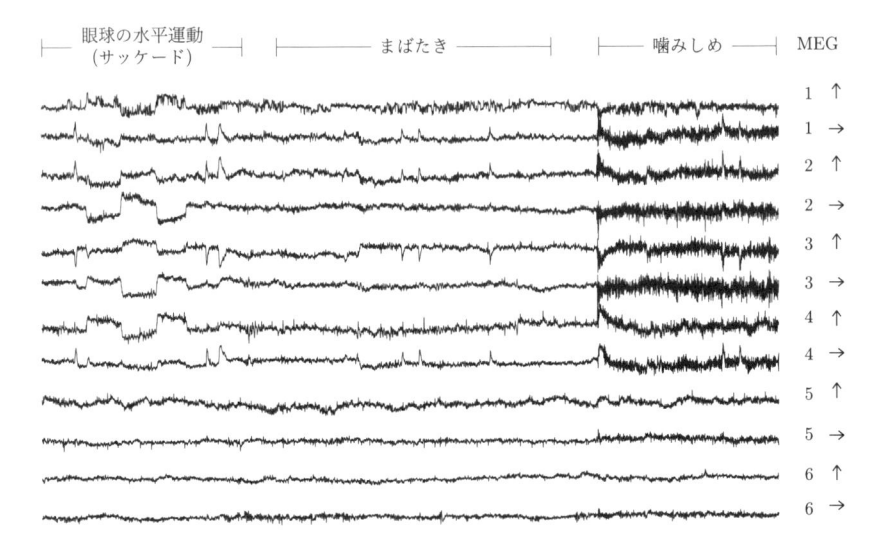

図 22.1 前頭，側頭，および後頭からの 12 個の自発 MEG 信号．データはいくつかの異なるアーチファクトを含んでいる．眼球運動，筋活動，心電図，環境磁気雑音などである．

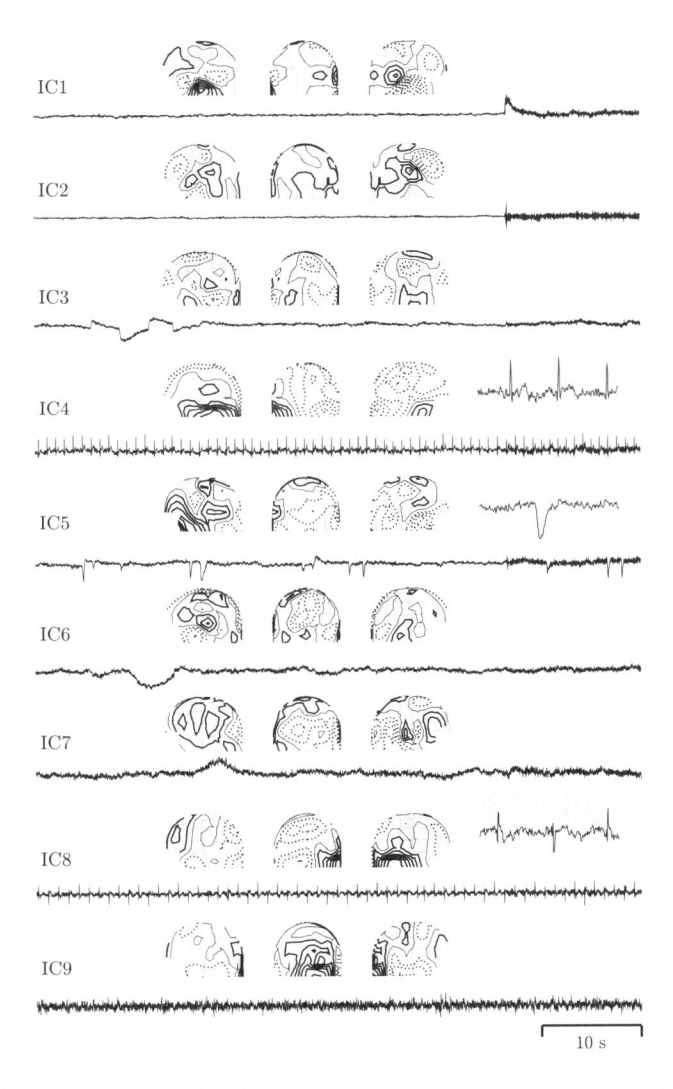

図 22.2 fastICA アルゴリズムによって見出された MEG 中のアーチファクト (MIT Press の許可を得て [446] から転載). 各独立成分による等磁界線図が, 対応する信号の上に 3 領域に分けて描かれている. 実線は頭から出る磁束, 破線は中に入る磁束を表す. 信号の拡大図もいくつか示されている.

の山であろう．各成分の右側頭，後頭，および左側頭上の磁界パターンが示されている．これらの磁界パターンは，混合行列の列から計算される．

22.3 誘発脳磁界の解析

　誘発脳磁界，すなわち外部刺激によって引き起こされる脳磁界は，脳の認知機構の研究の基本的な手法の一つである．誘発脳磁界の最も進んだ解析方法は，しばしば，まず専門家が注意深く全データを観察することから始まる．データは生データであったり，繰り返し刺激に対する何回かの反応を平均したものであったりする．各時点において，データにできるだけ近い信号を再現できる，一つまたは複数の神経信号源を，多くの場合は電流双極子としてモデル化する [238]．したがって，どの時点のデータをその「当てはめ」に使用するか，また信号源のモデルにどのような種類のものを選ぶか，ということが決定的に重要である．ICA を使えば，測定値に対して何ら事前に構造を課すことなく，暗中分解（ブラインド）が行える．

　事象関連活動に ICA を適用する方法が，最初，聴覚誘発電位の暗中分離（ブラインド）に導入された [288]．この方法はさらに発展して，聴覚および体性感覚誘発脳磁界に用いられた [449, 448]．興味深いことに，これらの研究で見つかった独立成分の中で最も際立ったものは，双極子のような性質をもっているようである．双極子モデルでこれらの信号源の位置推定をすると，推定位置は脳内のしかるべき部位と一致した．したがって，誘発反応の研究で従来から用いられている双極子モデルが，ICA によって正当化されたことになる．しかし，さらに研究を進めれば，双極子モデルの制約は強すぎるという場合も出てくると思われる．

　[448] において，皮膚の振動刺激に対する反応を調べる実験では，振動によって音も発生してしまったが，混入した音に対する脳の反応と振動刺激に対する反応を，ICA によって区別することができた．この種の信号分解には，主成分分析 (PCA) がよく使われてきたが，第 7 章で見たように，PCA は実際には独立成分を分解することはできない．実際，この実験で主成分を計算してみると，ほとんどの主成分は，依然として体性感覚反応と聴覚反応の両方を含んでいた [448]．それとは対照的に独立成分を計算すると，等価電流源は刺激に応じて予想される脳の場所に現れ，感覚の種類を識別できた．

　もう一つの研究 [449] では，聴覚誘発反応の加算平均結果のみを用いた．刺激は，200 個の音のバースト (1kHz の音が 100ms 持続するもの) で，刺激間隔 1 秒で被験者の右耳に呈示された．図 22.3 は，全頭の 122 個の平均聴覚誘発反応を示したものであ

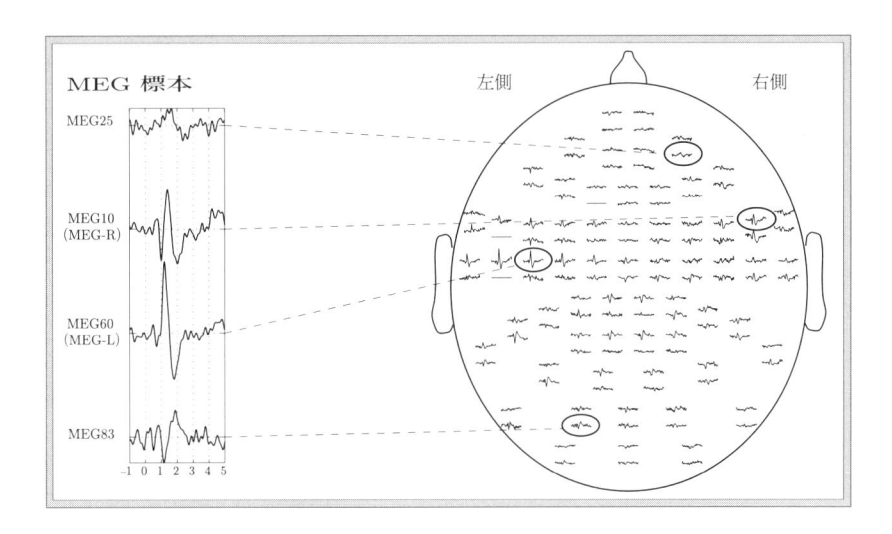

図 22.3　200 回の音刺激に対する MEG の誘発反応の平均 ([449] から転載し翻訳).左半球と右半球の MEG 信号の代表として MEG10 と MEG60 のチャネルを MEG 標本に示す.図中横軸の刻みは 100ms を示していて,刺激開始前 100ms から開始後 500ms にわたっている.

る.左の挿入図は,そのうちのいくつかを拡大したもので,後の例との比較のために示した.

図 22.4 (a), (b) を見ると,PCA は脳の複雑な反応を分解することはできないが,ICA はよりきれいでスパースな反応成分を抽出していることがわかる.図 22.4 (a), (b) の各成分に対応する,左側頭,頭頂,右側頭における等磁界曲線が示されている.第 1 主成分については,右半球にも左半球にも,双極子からのような磁界分布の形が明瞭に見えることに注意したい.これは,誘発反応をうまく分割することができないことを示している.それに続く主成分においては,構造性がだんだんと希薄になっていく.

独立成分に対応する磁界分布の形からは,左半球の誘発反応は分離されて IC1 と IC4 にあることがわかる.IC2 は右半球により強く存在し,IC3 に対応する磁界分布の形には,明瞭な構造性は見られない.さらに,IC1 と IC2 とは,普通 N1m として分類される反応に対応していることがわかる.これは,刺激の開始後約 100ms の潜時で現れるものである.IC1 の潜時のほうが短いが,これは主に刺激された耳と逆側の活動を反映したものであり,このような実験についてよく知られていることと一致する.

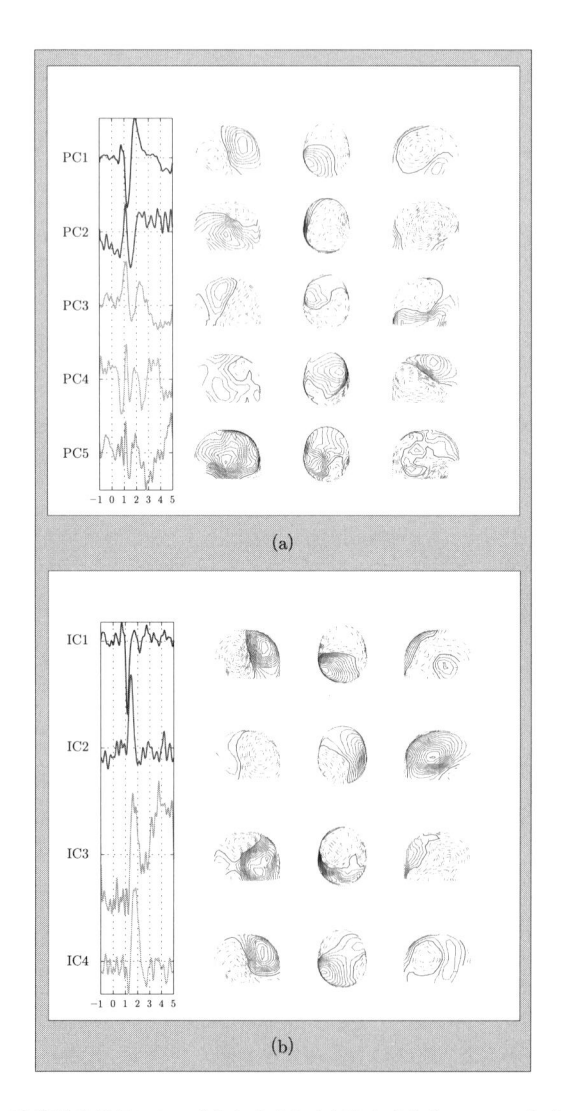

図 22.4 聴覚誘発磁界からの (a) 主成分と (b) 独立成分 ([449] から転載). 各成分について，活動電位と対応する等磁界曲線の 3 方向からの図を示す．

22.4　他の測定法への ICA の応用

ここで報告した脳波・脳磁図の結果以外に，ICA は脳の可視化の他の方法や医用生体信号にも応用されている．

- ICA の機能的磁気共鳴画像 (fMRI) への応用には 2 種類の方法がある．一つは独立な空間的活動パターンの分離 [297] で，もう一つは独立な時間的パターンの分離である [50]．これら二つの方式の比較は [367] に見られる．これらを組み合わせたものが時空間 ICA である．20.1.4 項を参照されたい．
- 光学的イメージングとは，頭蓋に穴をあけて脳の表面を直接「撮影」することである．これに対する ICA の応用は [374, 396] に見られる．これは fMRI 信号の場合と同じく，図 12.4 (p.283) のように画像の混合を分離することである．この場合のための理論が [164, 301] で展開されている．また，イノベーション過程も有用であるかもしれない (13.1.3 項と [194] を参照)．
- 脳の可視化からは離れるが，心電図信号 [31, 459] や神経磁界信号 [482] から，アーチファクトを除く方法についても述べておこう．考え方は脳磁図のアーチファクト除去と非常に似ている．それに関する研究はさらに [32, 460] にも見られる．また神経科学の分野での応用に，細胞内カルシウムスパイクの分析 [375] がある．

22.5　結語

本章では ICA を脳からの信号の解析に応用した例を示した．

まず，ICA を使うと，脳波や脳磁図からさまざまなタイプのアーチファクトを，それらが背景の脳活動よりも大きいときですら，除去することができる．

次に，ICA により誘発磁界や電位を分解することができる．たとえば，皮膚振動刺激の際に，体性感覚の誘発反応と聴覚の誘発反応を区別することができた．また，聴覚誘発反応で，同側と逆側の主反応を区別することもできた．さらに，統計的独立性以外の何の仮定も置かずに行った独立成分分析によって，通常の電流双極子モデルが作る磁界分布のような分布を得た．独立成分に対応する等価電流双極子は，用いられた刺激で活性化が予想される脳の部位に現れた．

その他，fMRI や光学的イメージング，心電図などの医用生体データにも ICA の応用が提案されている．

第 23 章
通信技術への応用

 この章では，独立成分分析 (ICA) と暗中信号分離 (BSS) の通信技術への応用を扱う．以下では，符号分割多重アクセス (CDMA: Code Division Multiple Access) 通信方式に焦点を当てる．通信技術におけるこの分野には，ICA や BSS の有意義な応用方法があるからである．まず「多ユーザ検出」と CDMA 通信を紹介した後，CDMA の信号の数学的モデルを提示し，それが雑音のある ICA モデルに当てはまることを示す．次に，CDMA データに ICA や BSS を応用する三つの方法についてより詳しく述べる．それらは，簡単化した複雑度最小化法でフェージングのある伝送路を推定する方法，自然勾配アルゴリズムの拡張による畳み込み混合の暗中分離法，そして複素数値 ICA を用いて従来の CDMA 受信機の性能を改善する方法である．これらの応用における最終的な目標は，目的のユーザの情報を受信することであるが，これを達成するには，伝送路のフェージングや遅延時間など伝送路上に介在するものを，まず推定しなければならない．章末では，ICA の通信技術に対する他の応用や，関連する暗中手法の通信における応用に関する文献をあげる．

23.1 多ユーザ検出と CDMA 通信

 携帯電話のような無線通信系における本質的な問題の一つに，共有し合っている伝送媒体を複数の使用者に分割することがある．これには**多重アクセス**の技術が必要である．多重アクセスシステムの主要な目標は，システムの各ユーザが，他のユーザが同時に同じ資源を使用していても，通信できるということである．システムの利用者数が増えるにつれ，共有の資源をできるだけ効率的に使用することが必要となる．この二つの要求事項が，数多くの多重アクセス技術の開発を導いた．

 図 23.1 は最も一般的な多重アクセス方式を図示したものである [378, 410, 444]．周波数分割多重アクセス方式 (FDMA: Frequency Division Multiple Access) では，各

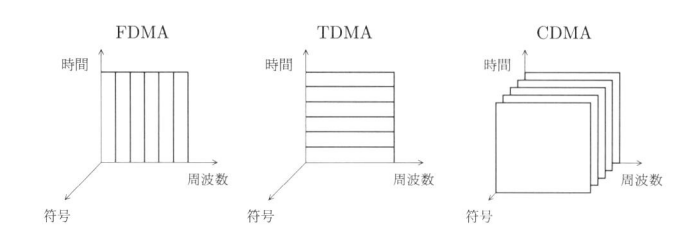

図 23.1 多重アクセス方式 FDMA，TDMA，CDMA の模式図 [410, 382]．

ユーザは自分専用の，他と重なり合わない周波数帯域を割り当てられる．これにより他のユーザからの干渉を受けない．時分割多重アクセス方式 (TDMA: Time Division Multiple Access) は，時間領域において同じ考え方を用いるもので，各ユーザ固有の時間 (複数の期間のこともある) が割り当てられる．一人のユーザは，あらかじめ決められた時間の間だけデータの送受信ができ，その期間は他のユーザは沈黙状態にある．

CDMA [287, 378, 410, 444] では，周波数領域も時間領域も分割されておらず，複数のユーザが同じ周波数帯域を同時に使用する．ユーザは自分固有の符号をもっていて，それによって識別される．大雑把にいうと，ユーザは情報信号 (データ記号) を共有の媒体を通じて送る前に，自分の符号を乗じるのである．伝送に際しては，複数のユーザが同じ周波数帯を同時に使用するので，信号は伝送媒体上で混ざり合う．受信機では，各ユーザ固有の符号を使って，混ざり合った信号の中からそのユーザの情報信号を識別できる．

最も簡単な場合，この符号は ±1 の疑似乱数列であり，**チップ系列** (chip sequence) とか**拡散符号** (spreading code) などと呼ばれる．我々が扱うのは直接拡散 [378] であり，その多重アクセス方式は DS-CDMA と呼ばれる．DS-CDMA では，各ユーザの狭帯域のデータ記号 (情報ビット) は，まず周波数領域で拡散された後に，共有する媒体を通じて実際に伝送される．拡散は，各ユーザのデータ記号 (情報ビット) に，ユーザ固有の広帯域のチップ系列 (拡散符号) を乗ずることにより行われる．チップ系列は情報ビット系列よりずっと速く変化する．これにより，伝達される信号の周波数スペクトルが拡散される．このような**スペクトル拡散技術**は，同時に送られる信号からの干渉に対して，伝送をより頑健にするので有用である [444]．

例 23.1 　図 23.2 は CDMA 信号の形成の例である．最上段の図には，伝送したいユーザの 4 個の記号 (情報ビット) $-1, +1, -1, +1$ が示されている．中段にはチップ系

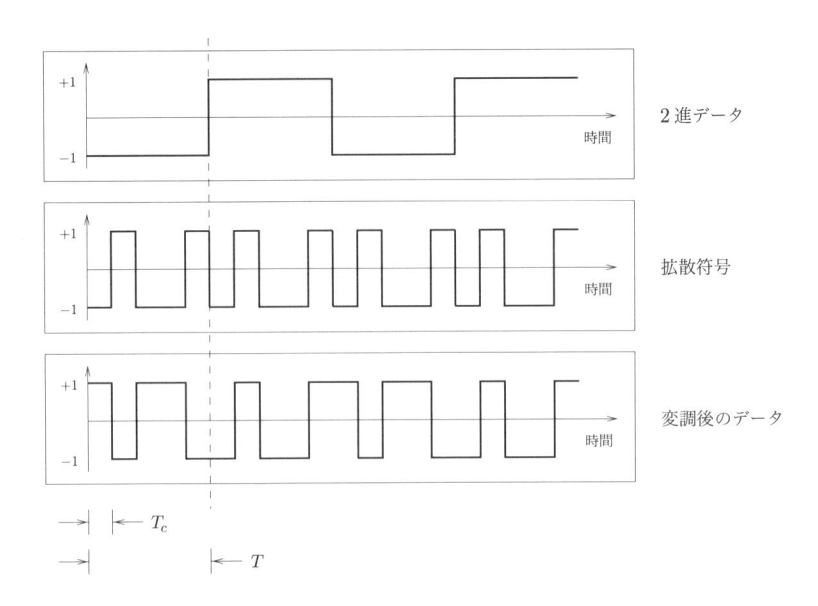

図 23.2 CDMA 信号の構成 [382]．上: 伝送されるユーザの 2 値記号．中: ユーザに与えられた拡散符号(チップ系列)．下: ユーザ記号と拡散符号を乗じて得られる変調 CDMA 信号．

列(拡散符号)が示されている．それは $-1, +1, -1, -1, +1$ である．各記号にチップ系列を同じように乗ずる．それにより図 23.2 の下段の変調信号が得られ，それが伝送されることになる．拡散符号の中のチップは，データ記号中のビットの 5 倍の速さで変化する．

m 番目のデータ記号(情報ビット)を b_m と書き，チップ系列を $s(t)$ としよう．チップ系列の周期は T なので(図 23.2 を参照)，$t \in [0,T)$ のとき $s(t) \in \{-1, +1\}$ で，$t \notin [0,T)$ のとき $s(t) = 0$ である．チップ系列の長さは C チップで，各チップの継続時間は $T_c = T/C$ である．観測期間の中のビット数は N で表す．図 23.2 では観測期間に $N = 4$ 個の記号があり，チップ系列長は $C = 5$ である．

これらの記法を用いると，この簡単な例で時刻 t において現れる CDMA 信号 $r(t)$ は，

$$r(t) = \sum_{m=1}^{N} b_m s(t - mT) \tag{23.1}$$

と書ける．

DS-CDMA 信号を受信して，最終的には伝送されたデータ記号を推定したい．しか

しながら，符号の時間合わせと伝送路の推定の両方をまずやらなければならないことが多い．CDMA システム中で希望のユーザのデータ記号を検出することは，かつて移動体通信に用いられた TDMA や FDMA システムにおけるそれよりも複雑である．それは，各ユーザの拡散符号は多くの場合完全には直交しておらず，複数のユーザが同時に同じ周波数帯域を用いて伝送するからである．しかし CDMA システムは，より伝統的な方法に比較していくつかの有利な点がある [444, 382]．その伝送路容量はより大きく，同時に使う，そして場合によっては非同期的な，ユーザの数の増加に伴う性能の劣化は穏やかである [444]．したがって，CDMA 技術は将来の地球規模の無線通信システム技術の強力な候補である．たとえば，それはヨーロッパの第三世代の移動体通信システム UMTS として[1]，すでに選択されている [334, 182]．これにより，特にマルチメディアや高ビット速度のパケットデータなどの，新しい便利なサービスが可能になるだろう．

移動体通信システムにおいては，基地局で必要な(上りリンクの)信号処理と，携帯端末で必要な(下りリンクの)信号処理とは異なるものである．基地局は，異なるユーザからの信号すべてを検出しなければならないが，もてる信号処理の能力はずっと大きい．すべてのユーザの符号は既知であるが，遅延時間は未知である．遅延時間の推定には，簡単なマッチトフィルタ [378, 444] や部分空間を用いる方法 [44, 413]，あるいは最適だが計算量の膨大な最尤推定法 [378, 444] を用いうる．遅延時間の推定の後，フェージング過程など他のパラメータとデータ記号の推定ができる [444]．

下りリンクの(携帯端末での)信号処理においては，各ユーザは自分の拡散符号を知っているが，他のユーザの拡散符号は知らない．信号処理能力は，基地局のそれよりも劣っている．また，信号の数理モデルも多少異なっている．なぜならば，下りリンクでの通信においては，ユーザ達が同一の伝送路を共有するからである．これら下りリンクの処理の特徴のうち，特に最初の二つは，新しい効率的で簡単な解決法を必要とする．ICA と BSS の技術は，短い拡散符号と DS-CDMA システムを用いる下りリンクの信号処理に対して，新しい方法論を提供する．

図 23.3 は，都市環境における典型的な CDMA 伝送の状況を示す．信号 1 は基地局から車中の携帯端末に直接届く．それは途中の障害物の反射係数による減衰を受けないから，遅延時間最小で強度最大の信号である．図 23.3 の車には，より弱くより長い遅延を伴った信号 2 と 3 も到達し，**多重伝搬路**(multipath) を形成している．多

---

[1]. 訳注: NTT ドコモが推進している W-CDMA などもその例である．

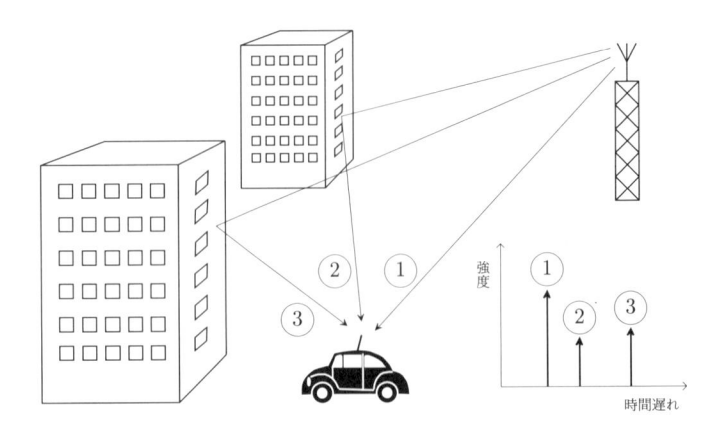

図 23.3　都市環境における多重伝搬の例.

重伝搬路があるため，信号は自信号と干渉を起こす．この現象は，**記号間干渉**[2] (ISI: InterSymbol Interference) と呼ばれている．拡散符号と適当な処理法を用いれば，多重伝搬路による干渉を軽減することができる [444].

ほかにも CDMA 受信を困難にする問題がいくつかある．そのうち最も深刻な問題の一つは，同一の周波数帯域が同時に占有されることによる，多重アクセス干渉 (MAI) である．拡散符号の長さを長くすれば MAI を軽減できるが，チップ速度一定の下ではデータ速度は遅くなる．さらに，近距離からの信号と遠距離からの信号を同時に受信した場合，**遠近問題**が生じる．もし信号の電力がユーザによって非常に異なると，ユーザの拡散符号間の相関が小さい場合でさえ，強い信号が弱い信号に与える干渉は深刻になる．FDMA や TDMA システムでは，異なるユーザが使う周波数帯域や時間区間が重ならないから，遠近問題は起こらない．

基地局においては，遠近問題は電力制御，もしくは**多ユーザ検出**で回避できる．多ユーザ検出を効率的に行うには，伝搬遅延，搬送波周波数，受信信号強度など，多くのパラメータが既知であるか，推定値がなければならない．これは下りリンクでは普通不可能である．しかしながら，拡散符号が十分短ければ，多ユーザ暗中(ブラインド)検出技術が適用できる [382].

CDMA に現れるその他の問題として，電力制御，同期，そしてすべての移動体通信システムに存在する伝送路のフェージングがある．フェージングとは，たとえば建物

---

2. 訳注：「符号間干渉」と呼ばれることのほうが多い．

や地形との位置関係が変化するために起こる，移動体通信における信号電力の変動である．これらの話題の詳細については [378, 444, 382] を参照されたい．

23.2　CDMA 信号のモデルと ICA

この節では，CDMA 信号の数理モデルを提示するが，この章ではこれを多少変形しながら調べることになる．このタイプのモデルと観測データの形成に関しては，[444, 287, 382] に詳しく論じられている．

式 (23.1) の簡単なモデルは K 人のユーザの場合に直ちに拡張できる．k 番目のユーザの m 番目の記号を b_{km} で表し，$s_k(\cdot)$ をユーザ k の 2 進チップ系列 (拡散符号) とする．各ユーザ k に対して，拡散符号は例 23.1 とほとんど同じように定義される．そこで K 人が同時に使用するとき合成された信号は，

$$r(t) = \sum_{m=1}^{N} \sum_{k=1}^{K} b_{km} s_k(t - mT) + n(t) \tag{23.2}$$

となる．ここで $n(t)$ は観測信号を汚染する加法的雑音である．

信号モデル (23.2) は，多重伝搬路や伝送路のフェージングを考慮していないので，まだ現実的なものではない．それらの要因を式 (23.2) に含めると，我々がほしい下りリンクの CDMA 信号モデルとして，時刻 t の観測データ $r(t)$

$$r(t) = \sum_{m=1}^{N} \sum_{k=1}^{K} b_{km} \sum_{l=1}^{L} a_{lm} s_k(t - mT - d_l) + n(t) \tag{23.3}$$

を得る．添え字 m は記号を，k はユーザを，l は伝搬路を区別するためのものである．d_l は，伝搬路 l の遅延を表すが，これは N 個の記号ビットの観測期間中は一定であると仮定する．同時に使用する K 人には，L 個の独立な伝搬路がある．a_{lm} という項は，m 番目の記号に対応する経路 l のフェージング係数である．

一般にはフェージング係数 a_{lm} は複素数である．しかし，式 (23.3) の実部を用いれば，通常の実数値 ICA モデルを式 (23.3) に適用できる．これが次の二つの節で論じる方法であるが，23.5 節で述べる最後の方法は，直接に複素数値データを用いる．

連続時間データ (23.3) はまずチップ周波数を用いて標本化されるので，1 記号当たり C 個の等間隔の標本が得られる．その結果の離散化された等間隔のデータ標本 $r[n]$ から，長さ C のデータベクトル

$$\mathbf{r}_m = (r[mC], r[mC+1], \ldots, r[(m+1)C-1])^T \tag{23.4}$$

が集められる．するとモデル (23.3) はベクトル形式で，

$$\mathbf{r}_m = \sum_{k=1}^{K} \sum_{l=1}^{L} \left[a_{l,m-1} b_{k,m-1} \underline{\mathbf{g}}_{kl} + a_{l,m} b_{k,m} \overline{\mathbf{g}}_{kl} \right] + \mathbf{n}_m \tag{23.5}$$

と書かれる [44]．ここで $\mathbf{n}_m$ は雑音ベクトルであり，引き続く C 個の雑音 $n(t)$ で構成される．ベクトル $\underline{\mathbf{g}}_{kl}$ は符号ベクトルの「前」の部分を示し，$\overline{\mathbf{g}}_{kl}$ は「後」の部分を示す．それらは，

$$\underline{\mathbf{g}}_{kl} = \left[s_k[C - d_l + 1], \ldots, s_k[C], \mathbf{0}_{d_l}^T \right]^T \tag{23.6}$$

$$\overline{\mathbf{g}}_{kl} = \left[\mathbf{0}_{d_l}^T, s_k[1], \ldots, s_k[C - d_l] \right]^T \tag{23.7}$$

で与えられる．ここで d_l は離散化された遅延時間 $d_l \in \{0, \ldots, (C-1)/2\}$ で，$\mathbf{0}_{d_l}^T$ は d_l 個の 0 が並んだ行ベクトルである．符号ベクトルの前部と後部が出てくるのは，遅延時間 d_l のためである．つまり，チップ系列は一般に一人のユーザの一つの記号の期間と一致せず，二つのビット $b_{k,m-1}$，$b_{k,m}$ にまたがるからである．この時間遅れの効果は，図 23.2 の拡散符号を右へずらしてみれば容易にわかる．

式 (23.5) のベクトルモデルは，行列モデルとして凝縮した形で表せる．N 個の連続するデータベクトル $\mathbf{r}_i$ からなるデータ行列を

$$\mathbf{R} = [\mathbf{r}_1, \mathbf{r}_2, \ldots, \mathbf{r}_N] \tag{23.8}$$

で定義する．すると $\mathbf{R}$ は，

$$\mathbf{R} = \mathbf{GF} + \mathbf{N} \tag{23.9}$$

と表現できる．ここで $C \times 2KL$ 行列 $\mathbf{G}$ は，KL 個の前部と後部の符号ベクトルすべてを含んでいる．つまり，

$$\mathbf{G} = \left[\underline{\mathbf{g}}_{11}, \overline{\mathbf{g}}_{11}, \ldots, \underline{\mathbf{g}}_{KL}, \overline{\mathbf{g}}_{KL} \right] \tag{23.10}$$

である．そして $2KL \times N$ 行列 $\mathbf{F} = [\mathbf{f}_1 \ldots \mathbf{f}_N]$ は，記号とフェージングの項を含んでいる．つまり，

$$\mathbf{f}_m = [a_{1,m-1} b_{1,m-1}, a_{1m} b_{1m}, \ldots, a_{L,m-1} b_{K,m-1}, a_{Lm} b_{Km}]^T \tag{23.11}$$

である．ベクトル $\mathbf{f}_m$ は，m 番目の前部と後部の符号ベクトルの組に対応する，すべてのユーザと伝搬路の記号とフェージングの積の項 $2KL$ 個を含んでいる．

物理的状況から，各ユーザと各伝搬路は少なくとも近似的には互いに独立である [382]．そこで，記号と対応するフェージングの項の積 $a_{i,m-1} b_{i,m-1}$ や $a_{im} b_{im}$ は，独立な信号源が生成したものと考えることができる．各ユーザの伝送する引き続く記号

は独立だと仮定しているから，一人のユーザ i について，これらの積は独立である．そこで独立な信号源 $a_{1,m-1}b_{1,m-1}, \ldots, a_{Lm}b_{Km}$ を $y_i(m)$ $(i = 1, \ldots, 2KL)$ と書く．ここで各 $2L$ 個の信号源が各ユーザに対応していて，係数 2 は前部と後部の存在からくるものである．

式 (23.9) と ICA との対応を見るため，雑音のある線形 ICA モデル $\mathbf{x} = \mathbf{As} + \mathbf{n}$ を行列形式で，

$$\mathbf{X} = \mathbf{AS} + \mathbf{N} \tag{23.12}$$

と書こう．データ行列 $\mathbf{X}$ の列は，データベクトル $\mathbf{x}(1), \mathbf{x}(2), \ldots$ であり，$\mathbf{S}$ と $\mathbf{N}$ も同様に，信号源ベクトル $\mathbf{s}(t)$ と雑音 $\mathbf{n}(t)$ を列に集めた行列である．行列形式の CDMA 信号モデル (23.9) を式 (23.12) と比較すれば，前者は雑音のある線形 ICA モデルと同じ形をしていることがわかる．明らかであるが，式 (23.9) の CDMA モデルにおいて $\mathbf{F}$ は信号源の行列で，$\mathbf{R}$ は観測データ行列，$\mathbf{G}$ は未知の混合行列である．

目的のユーザのパラメータと記号を推定するには，いくつかの方法がある [287, 444]．マッチフィルタ (相関器) は最も簡単な推定法であるが，異なるユーザのチップ系列が直交しているか，各ユーザの信号電力が同じである場合以外には，よい結果が得られない．マッチフィルタは遠近問題の深刻な影響を受けるので，厳密な電力制御なしには CDMA の受信には不適である．いわゆる RAKE 検出器 [378] は，基本的なマッチフィルタをいくらか改善したもので，多重伝搬路の存在を利用する．最尤 (ML) 法 [378, 444] は最適であるが，計算量が膨大で，またすべてのユーザの符号が既知である必要がある．しかし，下りリンクでの受信においては，目的のユーザの符号のみしかわからない．ある程度の性能を保ちつつこの問題を回避するため，たとえば [44] では部分空間を用いた方法が提案されている．しかしその方法は雑音に弱く，信号部分空間の次元が 1 記号中のチップ数 C を超えると使えない．これは多重伝搬により，中程度のシステム負荷であっても簡単に起こってしまうことである．CDMA 用に提案されているその他の半暗中(セミブラインド)の方法，たとえば最小平均 2 乗推定は，本章の後半や [287, 382, 444] で論じられている．

注意すべきことであるが，CDMA 推定問題にはある程度の事前情報があるから，完全に暗中(ブラインド)問題というわけではない．具体的には，伝送記号は 2 値で (より一般的には有限アルファベットからのもの)，拡散符号 (チップ系列) は既知である．その一方で，多重伝搬，伝送路のフェージングの可能性，さらに遅延時間などにより，目的のユーザの記号の分離は大変困難な推定問題であり，それ自体標準 ICA 問題よりも複雑である．

23.3 伝送路のフェージングの推定

23.3.1 複雑度の最小化

最近 Pajunen [342] が提案した複雑度最小化の方法は，標準 ICA の真の一般化の一つである．彼の方法においては，標準的 ICA で利用される信号源の空間的な独立性に加え，信号源に含まれる時間的情報も考慮されている．目標は，暗中信号分離において，利用できる情報は最適に利用しつくすことである．信号源が時間的に白色（無相関）である特別な場合には，複雑度最小化は標準的 ICA に帰着する [342]．複雑度最小化については 18.3 節において，より詳しく論じた．

コルモゴロフの複雑度を最小化するためのもともとの方法は，残念ながら小規模問題以外に対しては計算能力に対する要求が高すぎる．しかし，もし信号源がガウス的で時間的相関がかなり高く非白色であれば，最小化問題はずっと容易になる [344]．この場合，複雑度最小化の問題は時間的相関行列の主成分分析に帰着する．実際この方法は，第 18 章ですでに論じた 2 次の時間的統計量に基づく暗中信号源分離の一つの例にすぎない．たとえば [424, 43] を参照されたい．

以下では，この単純化された方法を，CDMA システムで目的のユーザの伝搬路のフェージング係数の推定に適用する．下りリンクのデータがレイリー（Rayleigh）フェージングする伝送路を伝搬する，という状況でシミュレーションすると，現在の標準的な解法である暗中最小平均 2 乗伝送路推定と比較して，かなりの性能の改善が見られる．この節の内容は，原論文 [98] に基づいている．

フェージング過程はガウス的で複素数値だと仮定する．するとフェージング過程の振幅はレイリー分布するので，これはレイリーフェージングと呼ばれる（[444, 378] を参照）．また，現実にはいつもそうとは限らないが，目的のユーザについての訓練系列（プリアンブル（preamble）とも呼ばれる）が利用できると仮定する．これらの条件下では，データの標本中で，目的のユーザからの寄与のみが時間的相関があるので，それを利用する．提案の方法の有利な点は，符号のタイミングを暗に推定するだけなので，それが伝送路推定を不正確にしないことである．

未知の信号源を分離する標準的な方法の一つに，分離された信号 $\mathbf{f}_m$ の相互情報量（第 10 章と [197, 344] を参照）

$$\mathcal{J}(\mathbf{y}) = \sum_i H(y_i) + \log |\det \mathbf{G}| \tag{23.13}$$

の最小化に基づくものがある．ここで $\mathbf{f}_m = [y_1(m), \ldots, y_{2KL}(m)]^T = \mathbf{y}$ であり，

$H(y_i)$ は y_i のエントロピー (第 5 章を参照) である．ところで，エントロピーは確率変数の最適な平均符号長と解釈することができる．したがって，相互情報量はアルゴリズムの複雑度を用いて，

$$\mathcal{J}(\mathbf{y}) = \sum_i K(y_i) + \log |\det \mathbf{G}| \tag{23.14}$$

と表すことができる [344]．ここで，$K(\cdot)$ は 1 記号当たりのコルモゴロフの複雑度で，y_i を記述するのに要するビット数で与えられる．信号に関する事前情報を用いると，符号化費用の近似的な表現が得られる．たとえば信号がガウス的であれば，独立性は無相関性と同値になる．すると，コルモゴロフの複雑度は 1 記号当たりの微分エントロピーに置き換えることができ，それはこの場合 2 次の統計量のみに依存する．

レイリー型のフェージングの伝送経路に対しては，互いに独立な信号源 $y_i(m)$ は平均 0 のガウス分布に従うことを考慮して，事前情報を構成することができる．たとえば伝送路損失係数を推定するために，目的のユーザへ，決められた長さの $b_{1m} = 1$ という定数の記号列を送るとしよう．信号 $y_i(m)$ $(i = 1, \ldots, 2L)$ を考える．ここで i は 1 番目のユーザの $2L$ 個の信号源を表す添え字である．すると $y_i(m)$ が，実際に 1 番目のユーザのすべての経路の伝送路損失係数を表すことになる．伝送路のフェージングをレイリー型と仮定したから，これらの信号はガウス的で時間相関がある．この場合，2 次統計量のみを用いて暗中信号分離（ブラインド）ができる．実際，コルモゴロフの複雑度を表現するのには，これらの信号を主成分分析を用いて符号化すればよい [344]．

23.3.2　伝送路推定*

$\mathbf{y}_i(m) = [y_i(m), \ldots, y_i(m - D + 1)]$ を，上で述べたような各信号源 $y_i(m)$ $(i = 1, \ldots, 2L)$ の，最近の D 個の標本からなるベクトルとする．ここで D は遅延項の数で，現在の記号を推定するために考慮する時間相関の範囲を示している．これらのうちの任意の一つの信号源に含まれている情報量は，その D 個の主成分を表現するのに必要な符号長で近似できる．それら主成分の分散は，時間相関の行列 $\mathbf{C}_i = \mathrm{E}[\mathbf{y}_i(m)\mathbf{y}_i^T(m)]$ の固有値として与えられる [344]．伝送経路は独立であると仮定したから，信号源の全エントロピーは，主成分のエントロピーの和となる．ガウス的確率変数のエントロピーは分散の対数で与えられることから，各信号源のエントロピーとして，

$$H(y_i) = \frac{1}{2L} \sum_{k=1}^{2L} \log \sigma_k^2 = \frac{1}{2L} \log \det \mathbf{C}_i \tag{23.15}$$

を得る．これを損失関数 (23.13) に代入すると，

$$\mathcal{J}(\mathbf{y}) = \sum_{i=1}^{2L} \frac{1}{2L} \log \det \mathbf{C}_i - \log |\det \mathbf{W}| \tag{23.16}$$

を得る．ここで $\mathbf{W} = \mathbf{G}^{-1}$ は分離行列である．

分離行列 $\mathbf{W}$ を推定するには，損失関数 (23.16) を最小化する勾配法を用いればよく，その更新則は，

$$\Delta \mathbf{W} = -\mu \frac{\partial \log \mathcal{J}(\mathbf{y})}{\partial \mathbf{W}} + \alpha \Delta \mathbf{W} \tag{23.17}$$

である [344]．ここで μ は学習係数であり，α は慣性項で [172]，別の伝搬路に対応する極小値に陥って抜け出せなくなるのを防ぐためのものである．

分離行列 $\mathbf{W}$ の第 i 行を $\mathbf{w}_i^T$ とする．i 番目の信号源の相関行列 $\mathbf{C}_i$ のみが $\mathbf{w}_i$ に依存するから，損失関数の勾配を，ベクトル $\mathbf{w}_i^T = [w_{i1}, \ldots, w_{ic}]$ に関する偏導関数

$$\frac{\partial \log \det \mathbf{C}_i}{\partial w_{ik}}$$

を計算して表現できる．これらの偏導関数に対して，

$$\frac{\partial \log \det \mathbf{C}_i}{\partial w_{ik}} = 2 \operatorname{tr}\left(\mathbf{C}_i^{-1} \mathrm{E}\left[\mathbf{y}_i^T \frac{\partial \mathbf{y}_i}{\partial w_{ik}}\right]\right) \tag{23.18}$$

が導かれる [344]．$y_i(m) = \mathbf{w}_i^T \mathbf{r}_m$ であるから，

$$\frac{\partial \mathbf{y}_i}{\partial w_{ik}} = [r_{k,m}, \ldots, r_{k,m-L+1}] \tag{23.19}$$

を得る．ここで $r_{k,i}$ は，前に式 (23.4) と式 (23.9) を用いて定義した，観測行列 $\mathbf{R}$ の (k,j) 要素である．

残っているのは式 (23.16) の第 2 項の寄与による勾配の更新の計算である．

$$\log |\det \mathbf{W}| = \sum_{i=1}^{C} \log \|(\mathbf{I} - \mathbf{P}_i)\mathbf{w}_i\| \tag{23.20}$$

と書ける [344]．ここで $\mathbf{P}_i = \mathbf{W}_i \left(\mathbf{W}_i^T \mathbf{W}_i\right)^{-1} \mathbf{W}_i^T$ は，行列 $\mathbf{W}_i = [\mathbf{w}_1, \ldots, \mathbf{w}_{i-1}]$ の列ベクトルで張られる空間への射影行列である．そこで損失関数を分けることができ，行列 $\mathbf{W}_i$ の列で張られた空間に含まれ，すでに推定された成分を考慮することによって，各独立成分が一つずつ見出される．

我々の主たる興味は，通常目的のユーザに対応している電力最大の伝搬路にあるので，独立成分のうちそのようなものだけを推定すれば十分である．この場合射影行列

P_1 は零行列となる．すると分離行列の第 1 行 $\mathbf{w}_1^T$ に関する式 (23.17) の勾配は，

$$\frac{\partial \log \mathcal{J}(\mathbf{y})}{\partial \mathbf{w}_1^T} = \frac{1}{D}\mathrm{tr}\left(\mathbf{C}_1^{-1}\mathrm{E}\left[\mathbf{y}_1^T \frac{\partial \mathbf{y}_1}{\partial \mathbf{w}_1^T}\right]\right) - \frac{\mathbf{w}_1^T}{\|\mathbf{w}_1^T\|} \tag{23.21}$$

と書ける．

最後の二つの標本のみを考慮に入れる特別な場合，つまり遅延 $D=2$ の場合だけを考えれば十分である．まず，白色化により 2 次の相関をデータ $\mathbf{R}$ から除去しておく．これは第 6 章で説明したように，標準的な主成分分析の範囲内で容易に行える．白色化の後の分離行列は直交行列となるから，式 (23.16) の第 2 項は消え，損失関数として，

$$\mathcal{J}(\mathbf{y}) \sim \sum \log \det \mathbf{C}_k \tag{23.22}$$

が得られる．ここで自己相関行列は 2×2 で，

$$\mathbf{C}_k = \begin{bmatrix} 1 & \mathrm{E}[y_k(m)\,y_k(m-1)] \\ \mathrm{E}[y_k(m)\,y_k(m-1)] & 1 \end{bmatrix} \tag{23.23}$$

で与えられる．

この場合，分離ベクトル $\mathbf{w}_i^T$ を求めるには，y_i の 1 次の相関係数の対称な表現である $\mathrm{E}[y_i(m)\,y_i(m-1) + y_i(m-1)\,y_i(m)]$ を順次最大化すればよい．結局，最大化すべき関数は，

$$J(\mathbf{w}) = \mathbf{w}^T \mathrm{E}\left[\mathbf{r}_m \mathbf{r}_{m-1}^T + \mathbf{r}_{m-1}\mathbf{r}_m^T\right]\mathbf{w} \tag{23.24}$$

となることがわかる．したがって，最重要伝搬路に対応する分離ベクトル $\mathbf{w}_1^T$ は，式 (23.24) の中の行列の最大固有値に対応する固有ベクトルで与えられる．観測データが有限集合であるための非対称性を避けるため，相関係数には対称な表現を用いた．これにより，普通は推定精度がよくなる．最後に，

$$a_{11} = \mathbf{w}_1^T \tilde{\mathbf{r}} \tag{23.25}$$

を計算して，目的の伝送路損失係数を分離する．ここで，$\tilde{\mathbf{r}}$ はデータベクトル $\mathbf{r}$ の白色化である．これを式 (23.8) の N 個のデータベクトルすべてについて行う．

23.3.3 比較と考察

前項で導出を含めて示した方法を，多ユーザ検出の標準的な手法で優れた性能をもつ，最小平均 2 乗誤差推定 (MMSE) と比較した [452, 287]．MMSE 法では，望みの信

号は，

$$a_{MMSE} = \mathbf{g_1}^T \mathbf{U}_s \mathbf{\Lambda}_s^{-1} \mathbf{U}_s^T \mathbf{r} \tag{23.26}$$

によって，(伸縮率を除いて)推定される．ここで $\mathbf{\Lambda}_s$ と $\mathbf{U}_s$ は，それぞれデータの相関行列 $\mathbf{RR}^T/N$ の固有値と対応する固有ベクトルを，同じ順序で並べたものである．ベクトル $\mathbf{g}_1$ は式 (23.10) で定義された行列 $\mathbf{G}$ の列で，目的のユーザのビット $b_{1,m}$ に対応するもの，つまり $\mathbf{g}_{11}$ か $\overline{\mathbf{g}}_{11}$ である．a_{MMSE} は，すべてのデータベクトル $\mathbf{r}_1, \ldots, \mathbf{r}_N$ について求められる．パイロット信号が 1 で構成されているならば，a_{MMSE} は伝送路損失係数を与える．

アルゴリズムの試験のため，符号長 $C = 31$ の疑似直交ゴールド符号を用いたシミュレーションを行った ([378] を参照)．ユーザ数は $K = 6$ で[3]，伝搬路数は $L = 3$ である．伝送経路の電力は，各ユーザに対して $-5, -5, 0$dB で，信号対雑音比 (SNR) は，主伝搬路に対して 30dB から 10dB まで変化させた．データの実部のみを使用した．観測期間長は $N = 1000$ 記号である．

1 番目のユーザに対するパイロット信号を 1 で構成して，我々のアルゴリズムを暗中(ブラインド)MMSE 法と比較した．最強の伝搬路に対応するフェージング係数を，両方の方法で推定した．図 23.4 はもともとのフェージング過程とその推定を示しており，正確さを比較できる．我々の方法で推定したフェージング過程は雑音を含んではいるものの，MMSE 法よりもいくらか正確である．図 23.5 は平均 2 乗誤差 (MSE) の値を，SN 比に対して示したものである．複雑度最小化のアルゴリズムは MMSE 法に比べると，特に低 SN 比において性能が明らかに向上している．勾配法における収束までの反復回数は，学習パラメータの値を $\mu = 1$ と $\alpha = 0.5$ とした場合，10〜15 回くらいであった．

提案された方法の現在の形では，目的のユーザ信号に対する時間相関の構造を得るために，訓練記号を必要とする．伝送路の性質が訓練期間中に速く変化するものだと，この方法ではデータ変調中に伝送路推定をすることはできない．それは，望みの信号の時間相関が失われるからである．この問題の解決はこれからの研究課題の一つである．最後に，ここで用いた簡単化された複雑度最小化以外に，信号源の時間的な構造を用いるような，他の暗中(ブラインド)分離方法も適用できるということを指摘しておく．そのような方法は第 18 章で論じられている．

---

[3]. 訳注: 回線交換の移動体通信での最大同時接続数は 20 程度としているそうである．パケット交換方式では数百以上にもなるという．

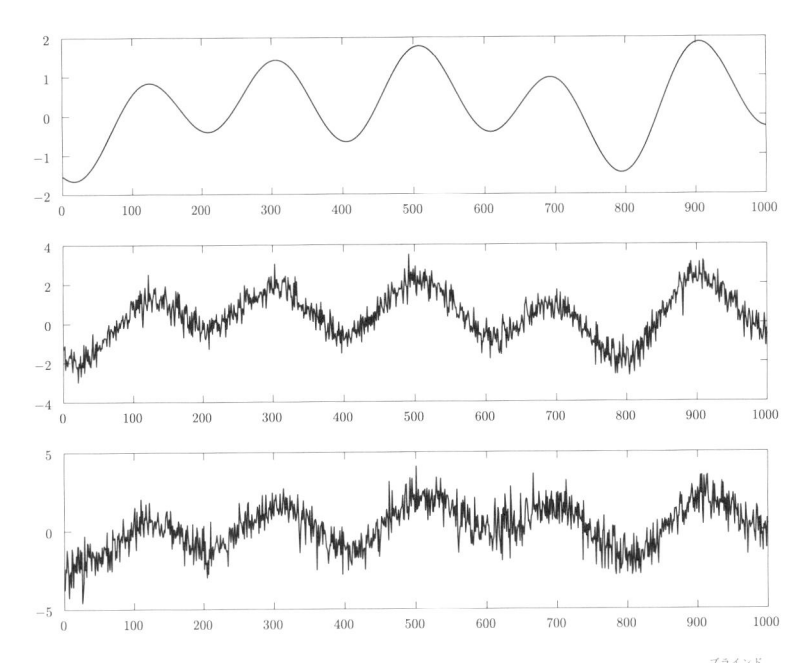

図 23.4 上: 原フェージング過程，中: 我々の方法による推定，下: 暗中(ブラインド) MMSE 法で得られた推定．信号対雑音比は 10dB.

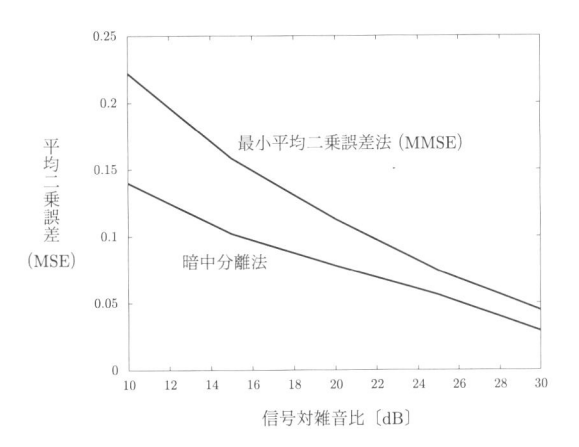

図 23.5 MMSE 法と我々の方法による平均 2 乗誤差を，信号対雑音比の関数として表したもの．ユーザの数は $K=6$.

23.4 畳み込み CDMA 混合の暗中分離*

さて次に，畳み込み混合のために開発された暗中信号源分離法を用いて，目的のユーザの記号列を推定することを考えよう．このような方法は第 19 章ですでに論じた．モデルは，独立な変数 (伝送される記号列) と，それが遅延したものの線形変換からなる．ここで遅延は単位時間遅れとする．遅延し畳み込まれた独立信号源を分離するため，情報量最大化の原理に基づく自然勾配アルゴリズム [79, 13, 268, 426] の拡張をする．比較実験によると，提案の方法は従来の記号推定法に勝るほどの検出能力がある．

23.4.1 フィードバック構造

ベクトルモデル (23.5) は，

$$\mathbf{r}_m = \sum_{k=1}^{K}\left[b_{k,m-1}\sum_{l=1}^{L}a_l\underline{\mathbf{g}}_{kl}\right] + \sum_{k=1}^{K}\left[b_{km}\sum_{l=1}^{L}a_l\overline{\mathbf{g}}_{kl}\right] + \mathbf{n}_m \tag{23.27}$$

と書き直せる．このモデルでは，伝送路は N 個の記号からなるブロックの間では一定であると仮定するので，前節のフェージング伝送路モデルとは少し違う．したがってフェージング係数 a_l は経路 l のみに依存し，記号を表す m には依存しない．この型の伝搬路はブロックフェージングするといわれる．前節と同様に，複素数値データの実部のみを扱う．これにより，実数値データ用に開発された ICA や BSS を CDMA に適用できる．

モデル (23.27) をさらに行列を用いて表すと [99],

$$\mathbf{r}_m = \mathbf{G}_0\mathbf{b}_m + \mathbf{G}_1\mathbf{b}_{m-1} + \mathbf{n}_m \tag{23.28}$$

となる．ここで $\mathbf{G}_0$ と $\mathbf{G}_1$ は，それぞれ原記号列と単位時間遅れの記号列に対応する，$C \times K$ 型の符号行列であり，混合行列 $\mathbf{A}$ に対応する．$\mathbf{G}_0$ と $\mathbf{G}_1$ の列ベクトルは，それぞれ拡散符号ベクトルの前部と後部にフェージング係数をかけたもの，つまり，

$$\mathbf{G}_0 = \left[\sum_{l=1}^{L}a_l\overline{\mathbf{g}}_{1l}, \cdots, \sum_{l=1}^{L}a_l\overline{\mathbf{g}}_{Kl}\right] \tag{23.29}$$

$$\mathbf{G}_1 = \left[\sum_{l=1}^{L}a_l\underline{\mathbf{g}}_{1l}, \cdots, \sum_{l=1}^{L}a_l\underline{\mathbf{g}}_{Kl}\right] \tag{23.30}$$

で与えられる．記号ベクトル $\mathbf{b}_m$ は，時刻 m における K 人のユーザの 2 値記号 (情報ビット) からなる．つまり，

$$\mathbf{b}_m = [b_{1m}, b_{2m}, \ldots, b_{Km}]^T \tag{23.31}$$

である．ベクトル $\mathbf{b}_{m-1}$ も同様に定義する．

式 (23.28) からわかるように，この CDMA 信号モデルは，遅延し畳み込まれた信号源の線形混合で，遅延時間の最大が単位時間である特別な場合である．すべての混合行列 (ユーザの拡散符号) と記号列が未知であると仮定することから，分離問題は「暗中」になる．この畳み込み BSS 問題を解く一つの方法は，フィードバック構造を用いることである．ユーザが互いに独立であると仮定すれば，9.3 節で論じたエントロピー最大化の原理を，ここでの BSS 畳み込み問題に適用することができる．ネットワークの係数の最適化には，[13, 79, 268, 426] において畳み込み混合のために拡張された自然勾配アルゴリズムが使える．

データベクトル $\mathbf{r}_m$ には，前処理として，白色化と K (ユーザ数) 次元への縮小化を同時に施す．PCA 白色化 (第 6 章) を用いると，白色化データ行列は，

$$\tilde{\mathbf{R}} = \mathbf{\Lambda}_s^{-\frac{1}{2}} \mathbf{U}_s^T \mathbf{R} \tag{23.32}$$

となる．

次に式 (23.28) を白色化されたものに対して書き直し，

$$\mathbf{v}_m = \mathbf{H}_0 \mathbf{b}_m + \mathbf{H}_1 \mathbf{b}_{m-1} \tag{23.33}$$

を得る．ここで $\mathbf{v}_m$ は白色化した入力信号ベクトルで，$\mathbf{H}_0$ と $\mathbf{H}_1$ は長方形状の行列 $\mathbf{G}_0$ と $\mathbf{G}_1$ に対応する，白色化した $K \times K$ 型の行列である．式 (23.33) より記号ベクトル $\mathbf{b}_m$ は，白色化データベクトル $\mathbf{v}_m$ とすでに推定された記号ベクトル $\mathbf{b}_{m-1}$ を用いて，

$$\mathbf{b}_m = \mathbf{H}_0^{-1}(\mathbf{v}_m - \mathbf{H}_1 \mathbf{b}_{m-1}) \tag{23.34}$$

と書ける．得られたネットワークの構造は図 23.6 のとおりである．

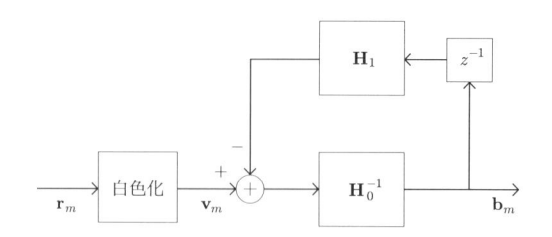

図 23.6　畳み込み CDMA 信号モデルのフィードバック回路.

23.4.2　半暗中分離法

このフィードバック構造に基づいて，CDMA 系における暗中記号検出のためのアルゴリズムを，以下に提案する．

1. 行列 $\mathbf{H}_0$ と $\mathbf{H}_1$ の初期値を乱数で与える．
2. 行列 $\mathbf{H}_0$ と $\mathbf{H}_1$ を，

$$\Delta\mathbf{H}_0 = -\mathbf{H}_0\left(\mathbf{I} + \mathbf{q}_m\mathbf{b}_m^T\right) \tag{23.35}$$

$$\Delta\mathbf{H}_1 = -\left(\mathbf{I} + \mathbf{H}_1\right)\mathbf{q}_m\mathbf{b}_{m-1}^T \tag{23.36}$$

によって更新する [79, 268, 426]．ここで $\mathbf{I}$ は $K \times K$ の単位行列で，$\mathbf{q}_m$ は記号ベクトル $\mathbf{b}_m$ の非線形変換である．非線形関数の代表的な例としては，シグモイド関数や3次の非線形性があり，これを $\mathbf{b}_m$ の要素ごとに適用する．

3. 行列 $\mathbf{H}_0$ と $\mathbf{H}_1$ の新しい推定を，

$$\mathbf{H}_i \leftarrow \mathbf{H}_i + \mu\Delta\mathbf{H}_i, \quad i = 0, 1 \tag{23.37}$$

によって計算する．ここで μ は小さな値の学習パラメータである．

4. 式 (23.34) によって記号ベクトル $\mathbf{b}_m$ の推定を得る．
5. 行列 $\mathbf{H}_0$ と $\mathbf{H}_1$ が収束していなければ第 2 段へ戻る．
6. 記号ベクトル $\mathbf{b}_m$ の最終推定の各要素に符号関数を適用する．これにより推定記号は $+1$ と -1 のビットに量子化される．
7. 訓練記号列に最もよく適合する列を目的のユーザの記号列とする．

もし目的のユーザの伝送遅延時間に関して何らかの事前情報が得られるならば，第 1 段の初期化でそれを利用できる．第 2 段の更新則は，[268, 426] で述べられている，より一般的な畳み込み混合用のアルゴリズムを，ここでの単位時間遅れのみという特

別な場合のために，修正したものである．フィードバックがあるために，第3段の学習係数 μ の値は，収束性を左右するものとなる．我々は μ を定数としたが，各反復ごとに対応するより巧緻な方法を用いれば，収束をより速くすることができるだろう．第5段での収束の判断は，行列の平均2乗ノルムを用いて行う．伝送系は2値差動であるから，第6段により推定したい記号の最も確からしい値が得られる．この検出器はすべてのユーザの記号を，その順番を除いて推定する．したがって，第7段で目的のユーザを識別するために，訓練用のパイロット信号が必要である．したがって上に示した方法は，半暗中分離法(セミブラインド)の一例といえる．

23.4.3　シミュレーションと考察

前項で示した方法を，多ユーザ検出で用いられる二つの標準的な方法，つまりマッチトフィルタ (MF) と最小平均2乗推定 (MMSE) 法 [378, 44, 382, 287] と比較した [99]．マッチトフィルタ推定器は単に，

$$b_{MF} = \text{sign}\left(\mathbf{g}_1^T \mathbf{r}\right) \tag{23.38}$$

であり，これをすべてのデータベクトル $\mathbf{r}_1, \ldots, \mathbf{r}_N$ について計算する．ここで $\mathbf{g}_1$ は式 (23.29) で定義された行列 $\mathbf{G}_0$ の，目的のユーザのビット $b_{1,m}$ に対応する列である．同様に，(線形) MMSE 記号推定器は，

$$b_{MMSE} = \text{sign}\left(\mathbf{g_1}^T \mathbf{U}_s \mathbf{\Lambda}_s^{-1} \mathbf{U}_s^T \mathbf{r}\right) \tag{23.39}$$

で与えられる．ここで行列 $\mathbf{\Lambda}_s$ と $\mathbf{U}_s$ は，式 (23.26) の下で定義されたものである．

注目すべきことであるが，式 (23.39) は式 (23.26) と同じ形で，ここではフェージングのある伝送路損失係数 a_{MMSE} ではなく，ビットの推定 b_{MMSE} を与えるという点だけが異なる．その理由は，前節において推定される量は，ビットと伝送路のフェージングの係数の積であり，パイロット訓練系列はすべてのビットが1であるからである．その一方で，本節のベクトル $\mathbf{g}_1$ は，$\mathbf{G}_0$ の定義 (23.29) からフェージング係数 a_l (観測期間中は一定である) をも含んでいる．

アルゴリズムの試験には，符号長 $C = 31$ の擬似直交ゴールド符号 [378] を用いた．ユーザ数は $K = 4$ または $K = 8$ で，伝送経路数は $L = 3$ とした．伝送経路の電力は各ユーザに対して $-5, -5, 0$ dB で，信号対雑音比 (SNR) は主伝搬路を基準として 30dB から 0dB に変化させた．データの実部のみを用いた．観測期間長は $N = 500$ とした．長さ $P = 20$ のパイロット訓練系列を，分離された信号源の記号列のはじめの部分と比較して，目的のユーザを識別した．学習パラメータは一定で $\mu = 0.05$ とし

た．以上のような環境で，収束には約 20 回の反復を要した．

図 23.7 に示した実験結果は，三つの方法による推定のビット誤差率 (BER) を比較したもので，より難しい $K=8$ の場合について，SN 比に対してプロットしたものである．$K=4$ のときの結果は定性的には同じなので [99]，ここには示していない．この図によれば，提案された半暗中（セミブラインド）畳み込み分離は，広く使われているマッチトフィルタ法や，線形最小平均 2 乗誤差推定と比較して，明らかによい推定成績をあげている．このように改善される基本的な理由は，MF や MMSE 法は受信信号の独立性を利用していないということにある．MMSE 推定は検出信号源を互いに無相関にする [287]．無相関性の仮定はずっと弱いものであるが，それでも単純なマッチトフィルタよりも性能は改善されている．我々の対象としている状況では，受信信号の独立性は合理的な仮定であって，図 23.7 を見ればその威力は明らかである．

この節では，記号推定のための，フィードバック構造に基づいたバッチ法を扱ったが，これを適応的なものに変えることも可能である．バッチ法の利点は，現在の記号ベクトルを推定するのに二つの観測ベクトルが使えて，そのため推定精度が向上することである．さらに，MMSE や MF 法と違って同期の必要がない．その理由は，各ユーザの伝搬路遅延時間は，混合行列の基底ベクトルの中で，暗に同時に推定されるからである．

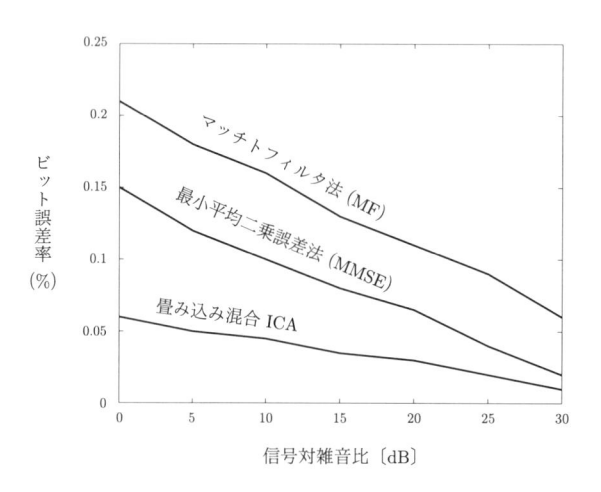

図 23.7 ビット誤差率 (BER) を畳み込み混合 ICA，最小平均 2 乗誤差 (MMSE) 法，マッチトフィルタ法について比較したもの．ユーザ数は $K=8$．

23.5 複素数値 ICA を用いた多ユーザ検出の改善*

一般に，ICA を CDMA に応用するときの欠点は，問題に関して手に入る事前情報を十分に利用することが難しかったり，時には不可能でさえあることである．どのような問題についてもいえることだが，事前情報を適切に利用すれば，普通，推定精度や全体的な性能はよくなるものだから，事前情報はできる限り利用したい．本節では，この問題に対する一つの可能解として，現在の標準的な受信機の構造に，ICA を処理の一要素として付加したものについて述べる．

この節では，RAKE-ICA と MMSE-ICA [382] という二つの受信機構造を，ブロックフェージングする CDMA の下りリンク環境において調べた．結果の数値を見ると，RAKE や部分空間 MMSE 検出器の性能は，ICA による後処理によって大きく改善された．その主な理由は，ICA が効率的に原信号の独立性を利用し，また，タイミングや伝送路推定の誤差の影響を直接的には受けないからである．一方，RAKE と部分空間 MMSE 推定器は，CDMA 問題に事前情報を適用することができる．これらの推定器は複素数値を用いるので，複素数値データに適合した ICA の方法を用いる必要がある．このため，複素数 fastICA アルゴリズム (20.3 節と [471] を参照) を用いた．

この節は [382, 383] に基づいている．興味ある読者はそれらを参照すれば，ICA を補助的に用いた CDMA 受信に関してさらに情報が得られる．

23.5.1 データモデル

連続時間モデルは，式 (23.3) のフェージング係数 a_{lm} が複素係数 a_l に置き換えられる以外は，式 (23.3) と同じである．したがって，各経路 l はそれ自身の損失係数 a_l をもっていて，それは N 個の記号 b_{km} $(m=1,2,\ldots,N)$ からなるデータブロックの間は変化しないと仮定する．もう一つの違いは，処理用の窓は前節では 1 記号長だったが，ここでは 2 記号長である．したがって，標本は式 (23.4) の C 次元ベクトルではなく，$2C$ 次元のベクトル

$$\mathbf{r}_m = (r[mC], r[mC+1], \ldots, r[(m+2)C-1])^T \tag{23.40}$$

の中に集められる．

標本化は記号と同期して行われるのではないから，式 (23.40) の中のベクトル標本 $\mathbf{r}_m$ は普通は三つの連続する記号 $b_{k,m-1}$, b_{km}, $b_{k,m+1}$ を含んでいる．2 記号長のデータ窓の長所は，それが必ず 1 個の完全な記号を含んでいるということである．

式 (23.27) と同様に，ベクトル (23.40) はおなじみの形

$$\mathbf{r}_m = \sum_{k=1}^{K}\left[b_{k,m-1}\sum_{l=1}^{L}a_l\underline{\mathbf{g}}_{kl} + b_{km}\sum_{l=1}^{L}a_l\mathbf{g}_{kl} + b_{k,m+1}\sum_{l=1}^{L}a_l\overline{\mathbf{g}}_{kl}\right] + \mathbf{n}_m \quad (23.41)$$

で表せる．前部と後部の符号ベクトル，$\underline{\mathbf{g}}_{kl}$ と $\overline{\mathbf{g}}_{kl}$ は，式 (23.6) と式 (23.7) とほとんど同様に定義される．ここでは，それらは単にもっと多くの 0 を含んでいて $2C$ 次元となっている．ただし後部の符号ベクトル $\overline{\mathbf{g}}_{kl}$ は，ここでは記号 $b_{k,m+1}$ と結びついていて，真ん中の記号 b_{km} のためには「中間」の符号ベクトル

$$\mathbf{g}_{kl} = \left[\mathbf{0}_{d_l}^T, s_k[1], \ldots, s_k[C], \mathbf{0}_{C-d_l}^T\right]^T \quad (23.42)$$

が定義されている．ここで $\mathbf{0}_{d_l}^T$ は d_l 個の 0 をもつ行ベクトルである．

再びデータベクトル (23.41) は，より凝縮した形で，

$$\mathbf{r}_m = \mathbf{G}\mathbf{b}_m + \mathbf{n}_m \quad (23.43)$$

と書ける．これは雑音のある線形 ICA モデルと同じ形である．$2C \times 3K$ 次元の符号行列 $\mathbf{G}$ は，混合行列 $\mathbf{A}$ に対応する．それは正則だと仮定され，符号ベクトルと伝搬路の損失を含んでいる．つまり，

$$\mathbf{G} = \left[\sum_{l=1}^{L}a_l\underline{\mathbf{g}}_{1l}, \sum_{l=1}^{L}a_l\mathbf{g}_{1l}, \sum_{l=1}^{L}a_l\overline{\mathbf{g}}_{1l}, \ldots, \sum_{l=1}^{L}a_l\underline{\mathbf{g}}_{Kl}, \sum_{l=1}^{L}a_l\mathbf{g}_{Kl}, \sum_{l=1}^{L}a_l\overline{\mathbf{g}}_{Kl}\right] \quad (23.44)$$

である．

$3K$ 次元の記号ベクトル

$$\mathbf{b}_m = [b_{1,m-1}, b_{1m}, b_{1,m+1}, \ldots, b_{K,m-1}, b_{Km}, b_{K,m+1}]^T \quad (23.45)$$

は記号からなり，独立 (またはだいたい独立) な信号源のベクトル $\mathbf{s}$ に対応する．符号行列 $\mathbf{G}$ と記号ベクトル $\mathbf{b}_m$ のどちらも，前部，中部，後部に対応する引き続く 3 組を含んでいることに注意してほしい．

23.5.2　ICA に基づく受信機

以下では，ICA 反復のための初期条件を与える二つの方法について，より詳しく考える．より完全な議論は [382] を参照されたい．受信機を構成していく出発点は，無

雑音の白色化データ[4]

$$\mathbf{z}_m = \mathbf{V}\mathbf{b}_m = \mathbf{\Lambda}_s^{-\frac{1}{2}} \mathbf{U}_s^H \mathbf{G} \mathbf{b}_m \tag{23.46}$$

である.

ここで $\mathbf{\Lambda}_s$ と $\mathbf{U}_s$ は,データの自己相関行列 $\mathrm{E}\{\mathbf{r}_m \mathbf{r}_m^H\}$ の,$3K$ 個の主要固有値と固有ベクトル(同じ順序の)からなる行列である.記号達は無相関,すなわち $\mathrm{E}\{\mathbf{b}_m \mathbf{b}_m^H\} = \mathbf{I}$ で,白色化データベクトルは条件 $\mathbf{I} = \mathrm{E}\{\mathbf{z}_m \mathbf{z}_m^H\}$ を満たすから,容易にわかるように,データモデル (23.43) に対して白色化行列 $\mathbf{V}$ はユニタリ行列になる.すなわち $\mathbf{V}\mathbf{V}^H = \mathbf{I}$ である.

白色化行列 $\mathbf{V}$ の一つの列だけを推定すれば十分である.たとえば,目的のユーザ ($k = 1$) の記号 b_{1m} は,ベクトル $\mathbf{v}_2$ をかけることによって,

$$\mathbf{v}_2^H \mathbf{z}_m = \mathbf{v}_2^H \mathbf{V} \mathbf{b}_m = [0\, 1\, 0\, 0\, \cdots\, 0]\, \mathbf{b}_m = b_{1m} \tag{23.47}$$

のように推定できる.

$\mathbf{V}$ と $\mathbf{G}$ の定義より,

$$\mathbf{v}_2 = \mathbf{\Lambda}_s^{-\frac{1}{2}} \mathbf{U}_s^H \sum_{l=1}^{L} a_{1l} \mathbf{g}_{1l} \tag{23.48}$$

がわかるが,これは分散的な伝送路に対する部分空間 MMSE 検出器 [451] そのものである.

式 (23.48) を用いて目的の記号 $b_{1,m}$ を分離することができるが,これは 2 次の統計量のみしか用いていない.その上,部分空間パラメータと伝送路利得や遅延の推定にはいつも誤差が伴い,式 (23.48) の分離能力を下げてしまう.そこで ICA を後処理の手段として用いると,式 (23.48) の分離能力を改善することができる.これが可能なのは,式 (23.48) の導出では信号源の独立性を用いていないからである.さらに部分空間 MMSE 検出器 (23.48) では,すでに目的のユーザを特定しているから,それを ICA の出発点とできるのは都合がよい.ユーザの特定は,ICA のみを用いたのでは不可能である.我々が MMSE-ICA と呼ぶ提案の DS-CDMA 受信機は,部分空間 MMSE 検出器を ICA 反復法で改良した構造をもつ.すでに 20.3 節で論じた複素数値 fastICA [47] が,ICA による後処理の目的にかなった方法である.それは複素数を扱うことができ,また一度に一つの独立成分を抽出するもので,我々の目的に十分である.

---

[4] ここではデータは複素数値だから,転置 T の代わりに,転置して複素共役をとるエルミート演算子 H が用いられる.

あるいはまた，既知であるか推定された記号を，ICA 反復の開始に用いることもできる．これは記号達が無相関であるからできることで，それにより $\mathrm{E}\{\mathbf{z}_m b_{1m}\} = \mathbf{v}_2$ となり，これまた部分空間 MMSE 検出器を導くからである．必ずしもすべての DS-CDMA 系に訓練記号が実装されているとは限らないので，記号を検出するのに，まず通常の RAKE 受信機 [378, 382]，つまり多重伝搬路相関器を用いるほうがよいだろう．RAKE 推定器は，マッチフィルタを単に多重伝搬路用に簡単に拡張したものにすぎない．あるいはまた，MMSE 法を記号の検出に用いてその出力を使ってもよい．こうして RAKE または MMSE によって得られた記号の推定結果を，次に複素数値 fastICA アルゴリズムを用いて改良する．そこでこのような検出器の構成を，それぞれ RAKE-ICA，および MMSEbit-ICA 検出器と呼ぶ．複素数値 fastICA アルゴリズムの大局的な収束は [382] で証明された．ICA 法には信号源の符号に関する不定性があるが，RAKE 受信機または部分空間 MMSE 検出器に基づいて符号を選択する比較器によって解決する．

提案の受信機の構造を以下に要約する．第 1 段においては，すでに述べられた三つの標準的な検出方法によって，k 番目の白色化符号ベクトル $\mathbf{v}_k$ が計算され，初期推定として用いられる．第 2〜5 段が，複素数値 fastICA アルゴリズム [47] によって，この初期推定を改良する手続きである．

ICA に基づく暗中干渉軽減の方法 [382]　　目的のユーザの番号を k とし，記号ベクトル $\mathbf{b}_m$ に対応する白色化データベクトルを $\mathbf{z}_m$ とする．定数 γ は，複素数値記号の場合には 2 で，実数値記号の場合には $\gamma = 3$ である（後者の場合，データ自身は複素数であるが，記号は実数である）．推定値はハット記号 $\hat{}$ で示す．暗中干渉軽減の反復アルゴリズムは次のとおりである．

1. 初期値を $\mathbf{w}(0) = \mathbf{v}_k/\|\mathbf{v}_k\|$ で与える．ここで $\mathbf{v}_{kl}$ は，
    (a) MMSE-ICA: $\mathbf{v}_k = \hat{\mathbf{\Lambda}}_s^{-1/2} \hat{\mathbf{U}}_s^H \sum_{l=1}^{\hat{L}} \hat{a}_l \hat{\mathbf{c}}_{kl}$
    (b) RAKE-ICA: $\mathbf{v}_k = \mathrm{E}\left\{\mathbf{z}_m \hat{b}_{km}^{RAKE}\right\}$
    (c) MMSEbit-ICA: $\mathbf{v}_k = \mathrm{E}\left\{\mathbf{z}_m \hat{b}_{km}^{MMSE}\right\}$
    から選択し，$t = 1$ とする．
2. 複素数値 fastICA アルゴリズム [47] の 1 回の反復

$$\mathbf{w}(t) = \mathrm{E}\left\{\mathbf{z}_m \left(\mathbf{w}(t-1)^H \mathbf{z}_m\right)^* \left|\mathbf{w}(t-1)^H \mathbf{z}_m\right|^2\right\} - \gamma \mathbf{w}(t-1) \tag{23.49}$$

を行う．
3. $\mathbf{w}(t)$ をそのノルムで割る．
4. $\left|\mathbf{w}(t)^H \mathbf{w}(t-1)\right|$ が十分 1 に近くなければ $t = t+1$ とし，第 2 段にもどる．
5. ベクトル $\mathbf{w} = \epsilon \mathbf{w}(t)$ を出力する．ここで $\epsilon = \mathrm{sign}\left(Re\left[\mathbf{w}(0)^H \mathbf{w}(t)\right]\right)$ である．

23.5.3 シミュレーション結果

アルゴリズムのテストには，ブロックフェージングする伝送路における，DS-CDMA 下りリンクのデータをシミュレートしたものを用いた．

最初の実験には，長さ $C = 31$ のゴールド符号を用いた．ブロック長は，2値位相シフトキーイング (BPSK) 記号 $M = 500$ 個分である．1ブロックの期間中は伝送路は固定した．ユーザ数は $K = 20$ で，多重アクセス干渉は 1 ユーザ当たり 5dB である．したがって全干渉電力は 17.8dB である．経路数は $L = 3$ である．伝搬路利得は平均 0 のガウス分布に従い，伝搬路遅延は区間 $\{0, 1, \ldots, (C-1)/2\}$ から無作為に選んだ．伝搬路利得と遅延は既知と仮定した．信号対雑音比は (チップマッチトフィルタの出力の)，目的のユーザを基準として 5dB から 35dB まで変えた．10000 回の独立試行を行った．ICA 反復には定数 $\gamma = 3$ を用いた．

図 23.8 は各方法のビット誤差率を，SN 比の関数として表したものである．

RAKE の性能は遠近問題のためにかなり貧弱である．その結果，RAKE-ICA による RAKE の性能の改善は，ごくわずかである．部分空間 MMSE 検出器では，SN 比の増大による誤差の減少が底打ち状態に陥る．その一つの理由は，部分空間の推定が不正確だからである．MMSE-ICA は信号部分空間としては同じ推定を用いるのだが，信号源の独立性を利用することができるので，同長の最適 MMSE 受信機の特性に，かなり接近した特性をもつようである．

図 23.9 は，これらの方法の性能をブロック誤差率で表したものである．1ブロック中のすべての記号が正しく推定できたときに，そのブロックが正しく推定されたとする．実時間処理を必要としない音声やデータのサービスでは，生のブロック誤差率が 10^{-1} 程度であれば十分である．実時間データサービスの場合には，10^{-2} 程度の生のブロック誤差率の値が必要である．図 23.9 によれば，RAKE-ICA では全体的な BER はそれほど改善できないにもかかわらず，BLER に関していえば，RAKE の性能を飛躍的に向上させることがわかる．

純粋に複素数のデータ ($\gamma = 2$) の場合を含む，もっと多くの数値実験の結果が [382, 383] にある．それらによれば，RAKE や部分空間 MMSE 検出器の推定値は，後処理

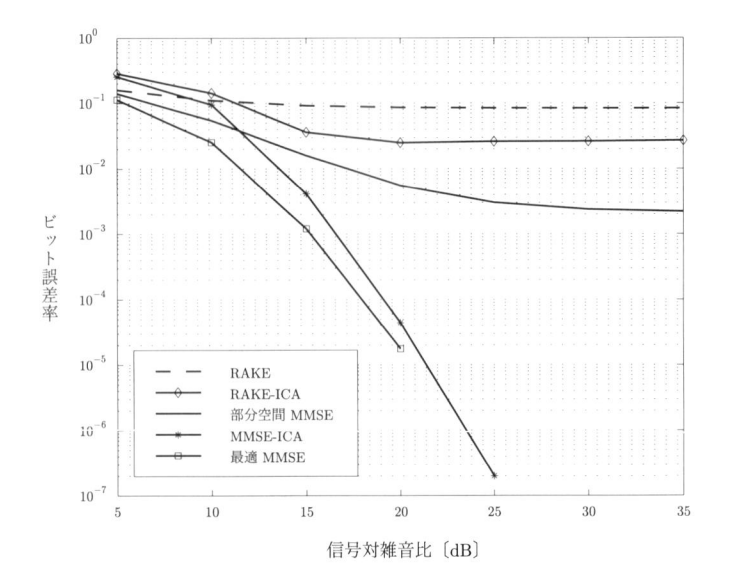

図 23.8 SN 比 $(5, \ldots, 35 \text{ dB})$ の関数としてのビット誤差率. システムには $K = 20$ のユーザがいて, 干渉する 1 ユーザ当たりの MAI は平均 5dB とした. BPSK データを用いた.

として ICA を用いると, 大きく改善される.

23.6　結語と参考文献

本章では, 基本 ICA (または BSS) の拡張として, 短符号 CDMA データに適用するいろいろな方法について論じた. ICA を CDMA へ応用することにより, かなりの性能向上を実現できると結論してよいだろう. 基本的にその理由は, 標準的な CDMA 検出法および推定方法は, 独立性という, 強いけれども現実的な仮定を利用していないからである. せいぜい受信する信号源の無相関性という, ずっと弱い性質を利用しているにすぎない.

CDMA 技術は, 何らかの形で将来の高性能移動通信系に使われると思われるので, 通信の分野で現在幅広く研究されている. ICA の通信分野における応用例のすべてに共通な特徴の一つは, それらほとんどが半暗中問題であるということである. 受信者は通信系について多少なりとも事前情報をもっているものである. たとえば,

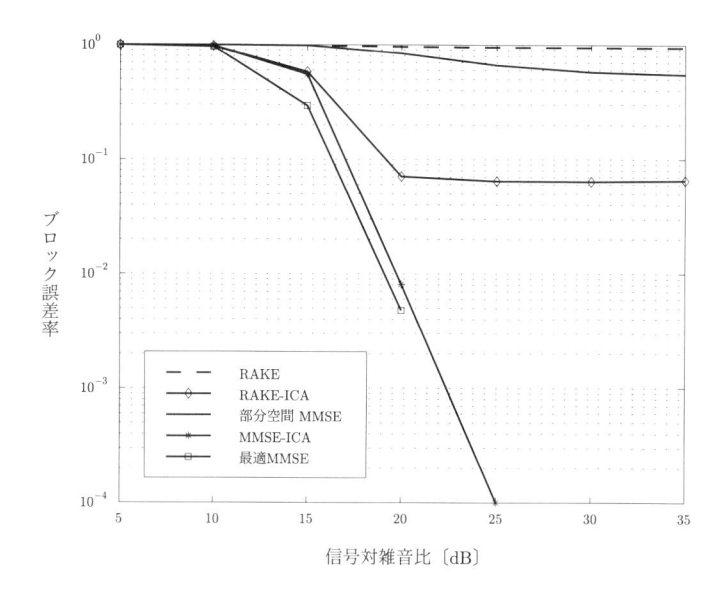

図 23.9 SN 比 $(5,\ldots,35\text{ dB})$ に対するブロック誤差率. システムには $K = 20$ のユーザがいて, 干渉する1ユーザ当たりの MAI は平均 5 dB とした. BPSK データを用いた.

少なくとも目的のユーザの拡散符号くらいは知っている. この事前情報を, 上手に暗中(ブラインド)ICA の方法と組み合わせれば, 最適な結果が得られるはずである. もう一つ重要な設計指針としては, 実時間で実行する実用的なアルゴリズムを作るためには, 計算量が膨大になってはならないということである.

ICA の方法の CDMA への応用は, たとえば文献 [223, 384, 100] でも扱われている. ほかに, 暗中(ブラインド)信号源分離の方法のいろいろな通信の問題への適用は, たとえば [77, 111, 130, 435] に見られる. 関連する暗中(ブラインド)同定や暗中(ブラインド)等化の技術は多くの論文で論じられている. たとえば [41, 73, 91, 122, 146, 143, 144, 158, 184, 224, 265, 276, 287, 351, 352, 361, 425, 428, 431, 439, 440] やそれらの中の参考文献を参照されたい. 通信技術における暗中(ブラインド)同定の方法の多くは, ICA の代わりに, 2次の時間的な統計量(時には適当なより高次の統計量)を利用している. 興味ある読者は, 通信技術や統計的信号処理に関する最近の会議録や雑誌を参照すれば, もっと多くの論文を見出せる.

第 24 章

その他の応用

この章では、金融の時系列や音声信号分離など、独立成分分析 (ICA) の他の応用について考える．

24.1 金融への応用

24.1.1 金融データ中の隠れた要因を探す

金融データに ICA を応用するというのは魅力的な考えである．共通の隠れた要因をもつと思われるような、並列に進行する金融の時系列データ、たとえば為替レートや日々の株の売買価格などが使えるような状況が考えられる．ICA によって、それらを駆動している機構が目に見えるようになるかもしれない．

株ポートフォリオの研究 [22] において、ICA はデータの隠れた構造をより直接的に観測する手段として、主成分分析 (PCA) を補完できることがわかってきた．もし、もともとの株価、つまりポートフォリオの最大限独立な混合を見つけることができれば、これにより、投資戦略を立てる上で危険を最小にできるかもしれない．

[245] において我々は ICA をこれとは異なる問題に適用した．同一の小売チェーンに属する数店の現金の流れについて、これに影響を与える各店に共通な基礎的要因を探ろうとしたのである．これによって、各要因が特定の一つの店舗に与える効果、ひいては個々の店舗がその周辺の環境においてとる経営活動の効果を分析できるだろうと考えた．

この場合、ICA モデルにおける混合は、並列の金融時系列 $x_i(t)$ である．ここで $i = 1, \ldots, m$ は時系列の区別で、t は離散時間である．各時系列 $x_i(t)$ に対して瞬時 ICA モデル

$$x_i(t) = \sum_j a_{ij} s_j(t) \tag{24.1}$$

を仮定する．したがって時変的な隠れ要因である独立成分 $s_j(t)$ の影響は，線形で近似できるとした．

何か独立な隠れた要因が存在するというのは，非現実的な仮定ではないだろう．たとえば，休日などによる季節変動や年ごとの変動などの要因や，さまざまな商品価格の変化など消費者の購買力に急激な変化をもたらす要因は，すべての小売店に影響を与えるだろうし，またそれらの影響は，互いにだいたい独立と考えてよいだろう．しかし，個々の経営者の方針や宣伝努力などによって，これらの要因が小売商品の売上にどのように影響するかは変わってくる．ICA によって，隠れた要因を分離し効果の重み係数を明らかにすることができるので，売上高の時系列のみを用いて，店舗をその経営方針に基づいて分類することもできる．

用いたデータは，同一の小売チェーンに属する 40 店舗の，140 週にわたる週ごとの売上高である．原データのいくつかの例が図 24.1 に示されている．横軸の単位は週で，第 1 週は 1 月から始まっている．たとえばクリスマスでの売上高の増加は，この

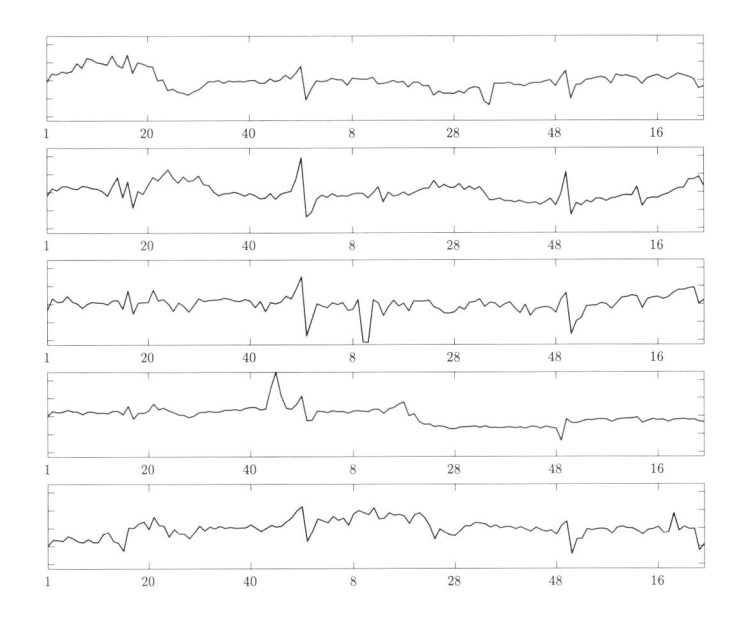

図 24.1　40 個の現金流出入の原時系列からの 5 個の標本 (平均を引き分散 1 に正規化済み，[245] から転載)．横軸は時間 (週) で，140 週にわたっている．

図に示した2年とも第51週とその前に見られる．

データはまずPCAで白色化された．もともとの40次元の信号は，4個の主成分で張られた部分空間に射影され，分散は1に正規化された．信号空間の次元は40から大幅に減少したわけである．このような現実の問題への応用における一つの問題は，独立成分の数に対する事前情報が何もないということである．時には第6章で見たように，データの共分散行列の固有値の構造を用いることができる．しかしこの例の場合には，固有値は主成分の数の増加とともに滑らかに減少し，信号空間の次元を明確に示さなかった．したがっていろいろな次元を試すより仕方ない．次元数を変えても，同じであるかよく似た独立成分がいくつか得られたとすれば，それらは次元の縮小によって出てきたアーチファクトではなく，隠れていた真の要因を示していると信頼してよい．

fastICAにより4個の独立成分 $s_j(t)$ $(j=1,\ldots,4)$ が推定された．図24.2に示されるように，fastICAアルゴリズムによって，原データ中に隠れていた明確に異なる要因が見つけられた．

それらの要因にはそれぞれの解釈ができる．最上段のものは，休日などによる急激な変化を表していて，最も目立つのはクリスマスの季節である．それに対して最下段のものは，ゆっくりとした季節変動を表していて，夏休みの影響が明らかである．3段目のグラフはそれよりもさらにゆっくりとした変動を示し，何らかの長期的な傾

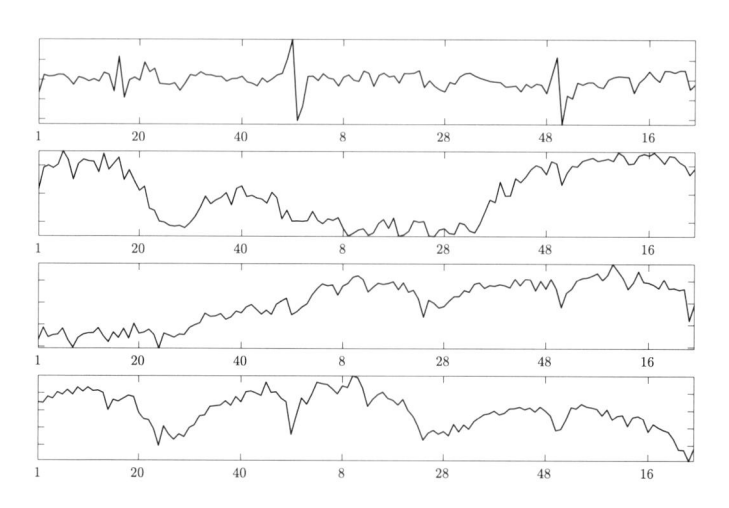

図 24.2 現金流出入のデータから得られた四つの独立成分．これらは基本的な因子であると思われる ([245] から転載).

向である可能性がある．最後の成分である2段目のグラフは，また他のものとは異なっている．これはこの小売チェーンの競争相手との相対的な競争力を表しているのかもしれないが，他の解釈も可能である．

推定するICの数を4個から5個にすると，4個のうち3個は実質的に同じままで，他の一つが二つの成分に分かれたようになる．求められた混合係数 a_{ij} を用いて，原時系列を分析してグループ分けすることもできる．この実験と結果の解釈についての詳細は [245] にある．

24.1.2 ICA による時系列予測

第18章で述べたように，ICA によって作られる信号 $s_j(t)$ は，原信号 $x_i(t)$ よりも少ないビットで表される傾向がある．つまり，それらはより構造的で規則的である．これから，[362] で提案されたように，信号 $x_i(t)$ を推定する方法として，まず ICA 空間で予測を行い，原信号空間へ変換して戻すという方法が考えられる．予測は，個々の信号の時間構造に応じて，異なる方法で別々に行うことができる．したがって予測過程において，ユーザとの何らかの対話的な手続きが必要となる場合もあろう．他の可能な方法としては，まず ICA コントラスト関数に予測誤差も含ませるように構成する方法がある．この線に沿った研究も報告されている [437]．

[289] において我々は以下のような基本的な手続きを提案した．

1. 各時系列から平均を引いて白色化した後(その結果各時系列は平均0で分散1となっている)，独立成分 $s_j(t)$ と混合行列 $\mathbf{A}$ を fastICA アルゴリズムで推定する．独立成分の数は変えられるようになっている．

2. 各成分 $s_j(t)$ に対して，雑音の影響を軽減するような非線形フィルタを施す．非常に低い周波数(長期的傾向や遅い周期的な変動)のある成分に対しては平滑化を，高い周波数や急激な変化がある成分に対しては，高域通過フィルタを施す．非線形平滑化をするには，信号源 $s_j(t)$ に対して平滑関数 f_j を施す．つまり，

$$s_j^s(t) = f_j [s_j(t+r), \ldots, s_j(t), \ldots, s_j(t-k)] \qquad (24.2)$$

とする．

3. 平滑化された各独立成分に対して個々に，たとえば自己回帰(AR)モデル [455] などを用いて予測を行う．予測は未来の数個の時点にわたって行われる．このため平滑化された信号源 $s_j^s(t)$ に対して予測関数 g_j を施す．つまり，

$$s_j^p(t+1) = g_j\left[s_j^s(t), s_j^s(t-1), \ldots, s_j^s(t-q)\right] \tag{24.3}$$

とする．続く時刻の予測は，長さ q の窓を，平滑化信号の測定値と予測値の上をずらしていけばよい．

4. 混合係数 a_{ij} を用いて各独立成分の予測値の荷重和をとることで，原時系列 $x_i(t)$ に対する予測値 $x_i^p(t)$ を得る．つまり，

$$\mathbf{x}^p(t+1) = \mathbf{A}\mathbf{s}^p(t+1) \tag{24.4}$$

で，時刻 $t+2, t+3, \ldots$ に対しても同様である．

この方法を試験するため，我々のアルゴリズムを 10 個の外国為替レートの時系列に適用してみた．ここでもまた，この時系列に影響を与えるような，いつくかの独立な要因があると仮定した．各種の経済指標，金利，さらに心理的な要因などは，通貨の変動に密接に関連しているから，それらは為替レートの下に隠れている要因であろう．予測ができなくても，独立成分のいくつかは，さまざまな外的要因が外国為替レートに与える影響を分析するのに役立つ [22]．

結果は，ICA 予測のほうが直接的な予測方法よりもよく，期待できるものであった．図 24.3 は我々の方法による予測の結果の一例である．上段は原時系列の一つ（混合）で，下段は ICA 予測による 50 時点先までの予測である．このアルゴリズムは特に転換点を大変うまく予測できるようである．表 24.1 は，古典的な AR 予測を用いた

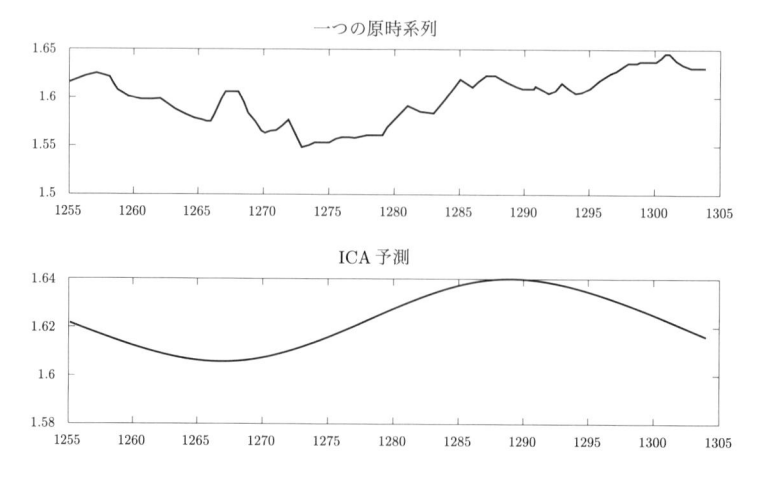

図 24.3 実際の金融データの予測．上が実際の時系列 (混合) の一つで，下が ICA 予測を 50 時点にわたって行った結果．

表 24.1 著者らの方法と古典的な AR 法で得られた予測誤差（単位は 0.001）．10 個の為替レートの時系列を元に得た 5 個の独立成分を使った．AR 予測の際の平滑の量を変えて実験した．

	誤差						
AR 予測における平滑の量	2	0.5	0.1	0.08	0.06	0.05	0
ICA 予測	2.3	2.3	2.3	2.3	2.3	2.3	2.3
AR 予測	9.7	9.1	4.7	3.9	3.4	3.1	4.2

結果と我々の結果の，誤差の比較を示したものである．最右列には，平滑化を行わなかったときの為替データの誤差の大きさを示してある．

ICA も AR も線形の技術であるが，非線形平滑化を行った．各独立成分の時系列のそれぞれに対して最適な非線形フィルタを施すと，独立成分の予測の性能はよりよくなるし，結果ももともとの時系列の直接の予測とは異なるものとなった．時系列中の雑音が大幅に軽減したので，隠れ要因のよりよい予測が得られた．モデルは柔軟性に富んでいるので，各独立成分に対して，平滑の程度や古典的な AR 予測の次数を自由に変えることができる．

実際には，特に現実の時系列解析においては，データは遅延や雑音や非線形性によって歪んでいるものである．それらのうちのあるものは，本書の第 III 部で述べたように，基本的な ICA アルゴリズムの拡張によって解決できる可能性がある．

24.2 音声信号の分離

第 7 章の最初で触れたように，ICA 研究の火つけ役となったものの一つがカクテルパーティ問題であった．簡単にいうと n 個の音源を複数個のマイクロフォンで録音し，それから 1 個の音源を分離しようというのである．実際に必要な信号源は一つ，たとえば一人の話者だけであって，他の音源はすべて雑音と考えられる状況はしばしばある．このときには雑音除去の問題となる．音声信号から雑音を分離したい典型的な例として，騒音のある車の中で人が携帯電話に向かって話しているような状況が考えられる．

マイクロフォンが一つしかない場合は，通常の雑音除去法を試みることになる．たとえば，線形フィルタや，もっと高度なウェーブレットやスパース符号縮小 (15.6 節

を参照)などの方法がある．しかし，これらの雑音除去法では十分な性能が得られないこともある．それがうまくいくのは，雑音の周波数特性が信号のそれとはっきり異なる場合だけである．雑音除去をさらに効率的にするため，複数のマイクロフォンを用いてみてはどうだろうか．現実の状況では，信号源に対するマイクロフォンの位置関係は一定にできないことが多いから，信号源推定は「暗中（ブラインド）」になる．このような場合にICAが有効で，問題は暗中（ブラインド）信号源分離となる．

音声信号の暗中（ブラインド）分離は，想像するほどたやすいことではない．なぜなら，基本ICAモデルは実際の混合過程の大変大まかなモデルであるからである．実は，第III部で述べた困難な問題のほとんどすべてに直面することになる．つまり，

- 混合は瞬時ではない．音声信号の伝搬はかなり遅く，そのため各マイクロフォンに到着する時刻は異なる．さらに，特に部屋での録音の際には，反響がある．したがってこの問題の定式化としては，畳み込みを含んだICAモデル(第19章)がより適切である．したがって状況は，伝搬が速い脳磁界(MEG)信号分離や，原理的にさえ時間遅れがあり得ない特徴抽出よりも，ずっと複雑なのである．実際，基本的な畳み込みICAモデルでも十分ではない可能性がある．なぜならば，遅れ時間を標本化周期の整数倍でモデル化したのでは，粗すぎて不十分な場合もあるからである．
- 2本だけのマイクロフォンを用いて録音することが多い．しかし，雑音源は一つの特定された音源であることは少ないから，ほとんどの場合信号源の数は2より多い．すると過完備基底の問題(第16章)を解かなければならない．
- 混合過程の非定常性も重要な問題である．話者とマイクロフォンの位置関係の変化によって，混合過程はめまぐるしく変化する可能性がある．たとえばマイクロフォンか話者が動いている可能性もある．話者が頭を回すだけでも変化してしまう．したがって混合行列は短時間で推定する必要がある．これは，そのために使えるデータ数が少ないということでもある．適応的な推定方法によりこの問題をいくらか軽減できるかもしれないが，混合過程が畳み込みであることから大変困難な問題であることに変わりはない．畳み込み混合においては，パラメータ数が非常に大きくなる場合がある．たとえば畳み込みのモデルとして1000個の時点からなるフィルタを使うとなると，モデル中のパラメータ数はほぼ1000倍になると考えてよい．満足な推定を得るために必要なデータ数は，パラメータ数とともに増加するから，混合行列が変化しすぎる前に得られる限られた数のデータで，モデルを推定することは不可能に近い．
- 雑音がかなり多い場合もある．強力なセンサ雑音がある場合があり，そのとき

は雑音のあるICAモデル(第15章)を用いるべきである．たとえ雑音がガウス的であるという基本的な場合でも，ICAモデルの推定に雑音は相当悪影響を与える．さらに，過完備基底を雑音としてモデル化することができるが，この場合雑音はあまりガウス的であるとはいえず，問題はさらに困難になる．

これらの困難を考えると，信号源に関する事前情報や，独立性と非ガウス性の仮定だけでは，不十分ではないかと考えられる．パラメータ数が多く混合行列が速く変化するような畳み込みICAモデルの推定には，信号や混合に関してもっと情報が必要であろう．まず，非ガウス性の仮定を，第18章で述べたいろいろな時間的構造の仮定と組み合わせることが考えられる．音声信号のもつ自己相関関数や非定常性を用いることもできよう [267, 216]．次に，混合行列に関する何らかの情報も用いうる．たとえばスパース事前分布 (20.1.3項) を用いうる．

さらに，現実の音声の分離においては，音声信号のより高度なモデルが必要となるだろう．音声信号は大変高度に構造化されており，自己相関関数とか非定常性とかはその時間構造の最も単純な側面でしかない．これを考慮した方法論は [54, 15] で提案されている．

以上に述べたような困難さゆえ，音声信号の分離は未解決部分が大きい問題である．この主題に関する最近の状況については [429] を参照されたい．主な理論的な問題の一つである畳み込みICAモデルの推定については，第19章で述べた．

24.3　他の応用例

他の応用例の中から以下をあげておく．

- テキスト文書の分析 [219, 229, 251]
- 無線通信 [110, 77]
- 回転機械の監視 [475]
- 地震監視 [161]
- 反射の相殺法 [127]
- 核磁気共鳴スペクトル法 [321]
- 暗^{ブラインド}中信号源分離の双対問題である選択的伝送．一組の独立信号源をあらかじめ適応的に混合した後で，非分散的な物理的な混合過程に通すことで，遠く離れた場所で各信号源が別々に観測できるようにする．

このほかの応用例は ICA'99 と ICA2000 ワークショップの会議録 [70, 348] に見られる．

参考文献

[1] K. Abed-Meraim and P. Loubaton. A subspace algorithm for certain blind identification problems. *IEEE Trans. on Information Theory*, 43(2):499–511, 1997.

[2] L. Almeida. Linear and nonlinear ICA based on mutual information. In *Proc. IEEE 2000 Adaptive Systems for Signal Processing, Communications, and Control Symposium (AS-SPCC)*, pages 117–122, Lake Louise, Canada, October 2000.

[3] S.-I. Amari. Neural learning in structured parameter spaces—natural Riemannian gradient. In *Advances in Neural Information Processing Systems 9*, pages 127–133. MIT Press, 1997.

[4] S.-I. Amari. Natural gradient works efficiently in learning. *Neural Computation*, 10(2):251–276, 1998.

[5] S.-I. Amari. Natural gradient learning for over- and under-complete bases in ICA. *Neural Computation*, 11(8):1875–1883, 1999.

[6] S.-I. Amari. Estimating functions of independent component analysis for temporally correlated signals. *Neural Computation*, 12(9):2083–2107, 2000.

[7] S.-I. Amari. Superefficiency in blind source separation. *IEEE Trans. on Signal Processing*, 47(4):936–944, April 1999.

[8] S.-I. Amari and J.-F. Cardoso. Blind source separation—semiparametric statistical approach. *IEEE Trans. on Signal Processing*, 45(11):2692–2700, 1997.

[9] S.-I. Amari, T.-P. Chen, and A. Cichocki. Stability analysis of adaptive blind source separation. *Neural Networks*, 10(8):1345–1351, 1997.

[10] S.-I. Amari and A. Cichocki. Adaptive blind signal processing—neural network approaches. *Proceedings of the IEEE*, 86(10):2026–2048, 1998.

[11] S.-I. Amari, A. Cichocki, and H. H. Yang. Blind signal separation and extraction: Neural and information-theoretic approaches. In S. Haykin, editor, *Unsupervised Adaptive Filtering*, volume 1, pages 63–138. Wiley, 2000.

[12] S.-I. Amari, A. Cichocki, and H.H. Yang. A new learning algorithm for blind source separation. In *Advances in Neural Information Processing Systems 8*, pages 757–763. MIT Press, 1996.

[13] S.-I. Amari, S. C. Douglas, A. Cichocki, and H. H. Yang. Novel on-line adaptive learning algorithms for blind deconvolution using the natural gradient approach. In *Proc. IEEE 11th IFAC Symposium on System Identification, SYSID-97*, pages 1057–1062, Kitakyushu, Japan, 1997.

[14] T. W. Anderson. *An Introduction to Multivariate Statistical Analysis*. Wiley, 1958.

[15] J. Anemüller and B. Kollmeier. Amplitude modulation decorrelation for convolutive blind source separation. In *Proc. Int. Workshop on Independent Component Analysis and Blind Signal Separation (ICA2000)*, pages 215–220, Helsinki, Finland, 2000.

[16] B. Ans, J. Hérault, and C. Jutten. Adaptive neural architectures: detection of primitives. In *Proc. of COGNITIVA'85*, pages 593–597, Paris, France, 1985.

[17] A. Antoniadis and G. Oppenheim, editors. *Wavelets in Statistics*. Springer, 1995.

[18] J.J. Atick. Entropy minimization: A design principle for sensory perception? *Int. Journal of Neural Systems*, 3:81–90, 1992. Suppl. 1992.

[19] H. Attias. Independent factor analysis. *Neural Computation*, 11(4):803–851, 1999.

[20] H. Attias. Learning a hierarchical belief network of independent factor analyzers. In *Advances in Neural Information Processing Systems*, volume 11, pages 361–367. MIT Press, 1999.

[21] A. D. Back and A. C. Tsoi. Blind deconvolution of signals using a complex recurrent network. In J. Vlontzos, J. Hwang, and E. Wilson, editors, *Neural Networks for Signal Processing*, volume 4, pages 565–574, 1994.

[22] A. D. Back and A. S. Weigend. A first application of independent component analysis to extracting structure from stock returns. *Int. J. on Neural Systems*, 8(4):473–484, 1997.

[23] P. F. Baldi and K. Hornik. Learning in linear neural networks: A survey. *IEEE Trans. on Neural Networks*, 6(4):837–858, 1995.

[24] Y. Bar-Ness. Bootstrapping adaptive interference cancellers: Some practical limitations. In *The Globecom Conf.*, pages 1251–1255, Miami, 1982. Paper F3.7.

[25] D. Barber and C. Bishop. Ensemble learning in Bayesian neural networks. In M. Jordan, M. Kearns, and S. Solla, editors, *Neural Networks and Machine Learn-

ing, pages 215–237. Springer, 1998.

[26] H. B. Barlow. Possible principles underlying the transformations of sensory messages. In W. A. Rosenblith, editor, *Sensory Communication*, pages 217–234. MIT Press, 1961.

[27] H. B. Barlow. Single units and sensation: A neuron doctrine for perceptual psychology? *Perception*, 1:371–394, 1972.

[28] H. B. Barlow. Unsupervised learning. *Neural Computation*, 1:295–311, 1989.

[29] H. B. Barlow. What is the computational goal of the neocortex? In C. Koch and J.L. Davis, editors, *Large-Scale Neuronal Theories of the Brain*. MIT Press, Cambridge, MA, 1994.

[30] H. B. Barlow, T.P. Kaushal, and G.J. Mitchison. Finding minimum entropy codes. *Neural Computation*, 1:412–423, 1989.

[31] A. Barros, A. Mansour, and N. Ohnishi. Removing artifacts from electrocardiographic signals using independent component analysis. *Neurocomputing*, 22:173–186, 1998.

[32] A. K. Barros, R. Vigário, V. Jousmäki, and N. Ohnishi. Extraction of event-related signals from multi-channel bioelectrical measurements. *IEEE Trans. on Biomedical Engineering*, 47(5):583–588, 2000.

[33] J. Basak and S.-I. Amari. Blind separation of uniformly distributed signals: A general approach. *IEEE Trans. on Neural Networks*, 10(5):1173–1185, 1999.

[34] A. J. Bell. Information theory, independent component analysis, and applications. In S. Haykin, editor, *Unsupervised Adaptive Filtering, Vol. I*, pages 237–264. Wiley, 2000.

[35] A. J. Bell and T. J. Sejnowski. A non-linear information maximization algorithm that performs blind separation. In *Advances in Neural Information Processing Systems 7*, pages 467–474. The MIT Press, Cambridge, MA, 1995.

[36] A.J. Bell and T.J. Sejnowski. An information-maximization approach to blind separation and blind deconvolution. *Neural Computation*, 7:1129–1159, 1995.

[37] A.J. Bell and T.J. Sejnowski. Learning higher-order structure of a natural sound. *Network*, 7:261–266, 1996.

[38] A.J. Bell and T.J. Sejnowski. The 'independent components' of natural scenes are edge filters. *Vision Research*, 37:3327–3338, 1997.

[39] S. Bellini. Bussgang techniques for blind deconvolution and equalization. In

S. Haykin, editor, *Blind Deconvolution*, pages 8–59. Prentice Hall, 1994.

[40] A. Belouchrani and M. Amin. Blind source separation based on time-frequency signal representations. *IEEE Trans. on Signal Processing*, 46(11):2888–2897, 1998.

[41] A. Belouchrani and M. Amin. Jammer mitigation in spread spectrum communications using blind sources separation. *Signal Processing*, 80(4):723–729, 2000.

[42] A. Belouchrani and J.-F. Cardoso. Maximum likelihood source separation by the expectation-maximization technique: deterministic and stochastic implementation. In *Proc. Int. Symp. on Nonlinear Theory and its Applications (NOLTA'95)*, pages 49–53, Las Vegas, Nevada, 1995.

[43] A. Belouchrani, K. Abed Meraim, J.-F. Cardoso, and E. Moulines. A blind source separation technique based on second order statistics. *IEEE Trans. on Signal Processing*, 45(2):434–444, 1997.

[44] S. Bensley and B. Aazhang. Subspace-based channel estimation for code division multiple access communication systems. *IEEE Trans. on Communications*, 44(8):1009–1020, 1996.

[45] P. Berg and M. Scherg. A multiple source approach to the correction of eye artifacts. *Electroencephalography and Clinical Neurophysiology*, 90:229–241, 1994.

[46] D. Bertsekas. *Nonlinear Programming*. Athenas Scientific, Belmont, MA, 1995.

[47] E. Bingham and A. Hyvärinen. A fast fixed-point algorithm for independent component analysis of complex-valued signals. *Int. J. of Neural Systems*, 10(1):1–8, 2000.

[48] C. M. Bishop. *Neural Networks for Pattern Recognition*. Clarendon Press, 1995.

[49] C. M. Bishop, M. Svensen, and C. K. I. Williams. GTM: The generative topographic mapping. *Neural Computation*, 10:215–234, 1998.

[50] B. B. Biswal and J. L. Ulmer. Blind source separation of multiple signal sources of fMRI data sets using independent component analysis. *J. of Computer Assisted Tomography*, 23(2):265–271, 1999.

[51] S. Blanco, H. Garcia, R. Quian Quiroga, L. Romanelli, and O. A. Rosso. Stationarity of the EEG series. *IEEE Engineering in Medicine and Biology Magazine*, pages 395–399, 1995.

[52] H. Bourlard and Y. Kamp. Auto-association by multilayer perceptrons and singular value decomposition. *Biological Cybernetics*, 59:291–294, 1988.

[53] G. Box and G. Tiao. *Bayesian Inference in Statistical Analysis*. Addison-Wesley,

1973.

[54] M.S. Brandstein. On the use of explicit speech modeling in microphone array applications. In *Proc. IEEE Int. Conf. on Acoustics, Speech and Signal Processing (ICASSP'98)*, pages 3613–3616, Seattle, Washington, 1998.

[55] H. Broman, U. Lindgren, H. Sahlin, and P. Stoica. Source separation: A TITO system identification approach. *Signal Processing*, 73:169–183, 1999.

[56] C. H. M. Brunia, J. Möcks, and M. Van den Berg-Lennsen. Correcting ocular artifacts—a comparison of several methods. *J. of Psychophysiology*, 3:1–50, 1989.

[57] G. Burel. Blind separation of sources: a nonlinear neural algorithm. *Neural Networks*, 5(6):937–947, 1992.

[58] X.-R. Cao and R.-W. Liu. General approach to blind source separation. *IEEE Trans. on Signal Processing*, 44(3):562–571, 1996.

[59] V. Capdevielle, C. Serviere, and J.Lacoume. Blind separation of wide-band sources in the frequency domain. In *Proc. IEEE Int. Conf. on Acoustics, Speech and Signal Processing (ICASSP'95)*, volume 3, pages 2080–2083, Detroit, Michigan, 1995.

[60] J.-F. Cardoso. Blind identification of independent signals. In *Proc. Workshop on Higher-Order Specral Analysis*, Vail, Colorado, 1989.

[61] J.-F. Cardoso. Source separation using higher order moments. In *Proc. IEEE Int. Conf. on Acoustics, Speech and Signal Processing (ICASSP'89)*, pages 2109–2112, Glasgow, UK, 1989.

[62] J.-F. Cardoso. Eigen-structure of the fourth-order cumulant tensor with application to the blind source separation problem. In *Proc. IEEE Int. Conf. on Acoustics, Speech and Signal Processing (ICASSP'90)*, pages 2655–2658, Albuquerque, New Mexico, 1990.

[63] J.-F. Cardoso. Iterative techniques for blind source separation using only fourth-order cumulants. In *Proc. EUSIPCO*, pages 739–742, Brussels, Belgium, 1992.

[64] J.-F. Cardoso. Infomax and maximum likelihood for source separation. *IEEE Letters on Signal Processing*, 4:112–114, 1997.

[65] J.-F. Cardoso. Blind signal separation: statistical principles. *Proceedings of the IEEE*, 9(10):2009–2025, 1998.

[66] J.-F. Cardoso. Multidimensional independent component analysis. In *Proc. IEEE Int. Conf. on Acoustics, Speech and Signal Processing (ICASSP'98)*, Seattle, WA, 1998.

[67] J.-F. Cardoso. On the stability of some source separation algorithms. In *Proc. Workshop on Neural Networks for Signal Processing (NNSP'98)*, pages 13–22, Cambridge, UK, 1998.

[68] J.-F. Cardoso. High-order contrasts for independent component analysis. *Neural Computation*, 11(1):157–192, 1999.

[69] J. F. Cardoso. Entropic contrasts for source separation: Geometry and stability. In S. Haykin, editor, *Unsupervised Adaptive Filtering*, volume 1, pages 139–189. Wiley, 2000.

[70] J.-F. Cardoso, C. Jutten, and P. Loubaton, editors. *Proc. of the 1st Int. Workshop on Independent Component Analysis and Signal Separation, Aussois, France, January 11-15, 1999*. 1999.

[71] J.-F. Cardoso and B. Hvam Laheld. Equivariant adaptive source separation. *IEEE Trans. on Signal Processing*, 44(12):3017–3030, 1996.

[72] J.-F. Cardoso and A. Souloumiac. Blind beamforming for non Gaussian signals. *IEE Proceedings-F*, 140(6):362–370, 1993.

[73] L. Castedo, C. Escudero, and A. Dapena. A blind signal separation method for multiuser communications. *IEEE Trans. on Signal Processing*, 45(5):1343–1348, 1997.

[74] N. Charkani and Y. Deville. Self-adaptive separation of convolutively mixed signals with a recursive structure, part i: Stability analysis and optimization of the asymptotic behaviour. *Signal Processing*, 73:225–254, 1999.

[75] T. Chen, Y. Hua, and W. Yan. Global convergence of Oja's subspace algorithm for principal component extraction. *IEEE Trans. on Neural Networks*, 9(1):58–67, 1998.

[76] P. Chevalier. Optimal separation of independent narrow-band sources: Concept and performance. *Signal Processing*, 73:27–47, 1999.

[77] P. Chevalier, V. Capdevielle, and P. Comon. Performance of HO blind source separation methods: Experimental results on ionopheric HF links. In *Proc. Int. Workshop on Independent Component Analysis and Signal Separation (ICA'99)*, pages 443–448, Aussois, France, 1999.

[78] S. Choi and A. Cichocki. Blind signal deconvolution by spatio-temporal decorrelation and demixing. In *Proc. IEEE Workshop on Neural Networks for Signal Processing (NNSP97)*, pages 426–435, Amelia Island, Florida, September 1997.

[79] A. Cichocki, S.-I. Amari, and J. Cao. Blind separation of delayed and convolved sources with self-adaptive learning rate. In *Proc. Int. Symp. on Nonlinear Theory and Applications (NOLTA'96)*, pages 229–232, Kochi, Japan, 1996.

[80] A. Cichocki, S. C. Douglas, and S.-I. Amari. Robust techniques for independent component analysis with noisy data. *Neurocomputing*, 22:113–129, 1998.

[81] A. Cichocki, J. Karhunen, W. Kasprzak, and R. Vigário. Neural networks for blind separation with unknown number of sources. *Neurocomputing*, 24:55–93, 1999.

[82] A. Cichocki and L. Moszczynski. A new learning algorithm for blind separation of sources. *Electronics Letters*, 28(21):1986–1987, 1992.

[83] A. Cichocki and R. Unbehauen. *Neural Networks for Signal Processing and Optimization*. Wiley, 1994.

[84] A. Cichocki and R. Unbehauen. Robust neural networks with on-line learning for blind identification and blind separation of sources. *IEEE Trans. on Circuits and Systems*, 43(11):894–906, 1996.

[85] A. Cichocki, R. Unbehauen, and E. Rummert. Robust learning algorithm for blind separation of signals. *Electronics Letters*, 30(17):1386–1387, 1994.

[86] A. Cichocki, L. Zhang, S. Choi, and S.-I. Amari. Nonlinear dynamic independent component analysis using state-space and neural network models. In *Proc. Int. Workshop on Independent Component Analysis and Signal Separation (ICA'99)*, pages 99–104, Aussois, France, 1999.

[87] R. R. Coifman and D. L. Donoho. Translation-invariant de-noising. Technical report, Department of Statistics, Stanford University, Stanford, California, 1995.

[88] P. Comon. Separation of stochastic processes. In *Proc. Workshop on Higher-Order Specral Analysis*, pages 174 – 179, Vail, Colorado, 1989.

[89] P. Comon. Independent component analysis—a new concept? *Signal Processing*, 36:287–314, 1994.

[90] P. Comon. Contrasts for multichannel blind deconvolution. *Signal Processing Letters*, 3(7):209–211, 1996.

[91] P. Comon and P. Chevalier. Blind source separation: Models, concepts, algorithms and performance. In S. Haykin, editor, *Unsupervised Adaptive Filtering, Vol. I*, pages 191–235. Wiley, 2000.

[92] P. Comon and G. Golub. Tracking a few extreme singular values and vectors in signal processing. *Proceedings of the IEEE*, 78:1327–1343, 1990.

[93] P. Comon, C. Jutten, and J. Hérault. Blind separation of sources, Part II: Problems statement. *Signal Processsing*, 24:11–20, 1991.

[94] P. Comon and B. Mourrain. Decomposition of quantics in sums of powers of linear forms. *Signal Processing*, 53(2):93–107, 1996.

[95] D. Cook, A. Buja, and J. Cabrera. Projection pursuit indexes based on orthonormal function expansions. *J. of Computational and Graphical Statistics*, 2(3):225–250, 1993.

[96] G.W. Cottrell, P.W. Munro, and D. Zipser. Learning internal representations from gray-scale images: An example of extensional programming. In *Proc. Ninth Annual Conference of the Cognitive Science Society*, pages 462–473, 1987.

[97] T. M. Cover and J. A. Thomas. *Elements of Information Theory*. Wiley, 1991.

[98] R. Cristescu, J. Joutsensalo, J. Karhunen, and E. Oja. A complexity minimization approach for estimating fading channels in CDMA communications. In *Proc. Int. Workshop on Independent Component Analysis and Blind Signal Separation (ICA2000)*, pages 527–532, Helsinki, Finland, June 2000.

[99] R. Cristescu, T. Ristaniemi, J. Joutsensalo, and J. Karhunen. Blind separation of convolved mixtures for CDMA systems. In *Proc. Tenth European Signal Processing Conference (EUSIPCO2000)*, pages 619–622, Tampere, Finland, 2000.

[100] R. Cristescu, T. Ristaniemi, J. Joutsensalo, and J. Karhunen. Delay estimation in CDMA communications using a Fast ICA algorithm. In *Proc. Int. Workshop on Independent Component Analysis and Blind Signal Separation (ICA2000)*, pages 105–110, Helsinki, Finland, 2000.

[101] S. Cruces and L. Castedo. Stability analysis of adaptive algorithms for blind source separation of convolutive mixtures. *Signal Processing*, 78(3):265–276, 1999.

[102] I. Daubechies. *Ten Lectures on Wavelets*. Society for Industrial and Applied Math., Philadelphia, 1992.

[103] J. G. Daugman. Complete disrete 2-D Gabor transforms by neural networks for image analysis and compression. *IEEE Trans. on Acoustics Speech and Signal Processing*, 36(7):1169–1179, 1988.

[104] G. Deco and W. Brauer. Nonlinear higher-order statistical decorrelation by volume-conserving neural architectures. *Neural Networks*, 8:525–535, 1995.

[105] G. Deco and D. Obradovic. *An Information-Theoretic Approach to Neural Computing*. Springer Verlag, 1996.

[106] S. Degerine and R. Malki. Second-order blind separation of sources based on canonical partial innovations. *IEEE Trans. on Signal Processing*, 48(3):629–641, 2000.

[107] N. Delfosse and P. Loubaton. Adaptive blind separation of independent sources: a deflation approach. *Signal Processing*, 45:59–83, 1995.

[108] N. Delfosse and P. Loubaton. Adaptive blind separation of convolutive mixtures. In *Proc. IEEE Int. Conf. on Acoustics, Speech and Signal Processing (ICASSP'97)*, pages 2940–2943, 1996.

[109] P. Devijver and J. Kittler. *Pattern Recognition: A Statistical Approach*. Prentice Hall, 1982.

[110] Y. Deville and L. Andry. Application of blind source separation techniques to multi-tag contactless identification systems. In *Proc. Int. Symp. on Nonlinear Theory and its Applications (NOLTA'95)*, pages 73–78, Las Vegas, Nevada, 1995.

[111] Y. Deville, J. Damour, and N. Charkani. Improved multi-tag radio-frequency identification systems based on new source separation neural networks. In *Proc. Int. Workshop on Independent Component Analysis and Blind Source Separation (ICA'99)*, pages 449–454, Aussois, France, 1999.

[112] K. I. Diamantaras and S. Y. Kung. *Principal Component Neural Networks: Theory and Applications*. Wiley, 1996.

[113] K. I. Diamantaras, A. P. Petropulu, and B. Chen. Blind two-input-two-output FIR channel identification based on second-order statistics. *IEEE Trans. on Signal Processing*, 48(2):534–542, 2000.

[114] D. L. Donoho. On minimum entropy deconvolution. In *Applied Time Series Analysis II*, pages 565–608. Academic Press, 1981.

[115] D. L. Donoho. Nature vs. math: Interpreting independent component analysis in light of recent work in harmonic analysis. In *Proc. Int. Workshop on Independent Component Analysis and Blind Signal Separation (ICA2000)*, pages 459–470, Helsinki, Finland, 2000.

[116] D. L. Donoho, I. M. Johnstone, G. Kerkyacharian, and D. Picard. Wavelet shrinkage: asymptopia? *Journal of the Royal Statistical Society, Ser. B*, 57:301–337, 1995.

[117] S. C. Douglas. Equivariant adaptive selective transmission. *IEEE Trans. on Signal Processing*, 47(5):1223–1231, May 1999.

[118] S. C. Douglas and S.-I. Amari. Natural-gradient adaptation. In S. Haykin, editor, *Unsupervised Adaptive Filtering*, volume 1, pages 13–61. Wiley, 2000.

[119] S. C. Douglas, A. Cichocki, , and S.-I. Amari. A bias removal technique for blind source separation with noisy measurements. *Electronics Letters*, 34:1379–1380, 1998.

[120] S. C. Douglas and A. Cichocki. Neural networks for blind decorrelation of signals. *IEEE Trans. on Signal Processing*, 45(11):2829–2842, 1997.

[121] S. C. Douglas, A. Cichocki, and S.-I. Amari. Multichannel blind separation and deconvolution of sources with arbitrary distributions. In *Proc. IEEE Workshop on Neural Networks for Signal Processing (NNSP'97)*, pages 436–445, Amelia Island, Florida, 1997.

[122] S. C. Douglas and S. Haykin. Relationships between blind deconvolution and blind source separation. In S. Haykin, editor, *Unsupervised Adaptive Filtering*, volume 2, pages 113–145. Wiley, 2000.

[123] F. Ehlers and H. Schuster. Blind separation of convolutive mixtures and an application in automatic speech recognition in a noisy environment. *IEEE Trans. on Signal Processing*, 45(10):2608–2612, 1997.

[124] B. Emile and P. Comon. Estimation of time delays between unknown colored signals. *Signal Processing*, 69(1):93–100, 1998.

[125] R. M. Everson and S. Roberts. Independent component analysis: a flexible nonlinearity and decorrelating manifold approach. *Neural Computation*, 11(8):1957–1983, 1999.

[126] R. M. Everson and S. J. Roberts. Particle filters for non-stationary ICA. In M. Girolami, editor, *Advances in Independent Component Analysis*, pages 23–41. Springer-Verlag, 2000.

[127] H. Farid and E. H. Adelson. Separating reflections from images by use of independent component analysis. *J. of the Optical Society of America*, 16(9):2136–2145, 1999.

[128] H. G. Feichtinger and T. Strohmer, editors. *Gabor Analysis and Algorithms*. Birkhauser, 1997.

[129] W. Feller. *Probability Theory and Its Applications*. Wiley, 3rd edition, 1968.

[130] M. Feng and K.-D. Kammayer. Application of source separation algorithms for mobile communications environment. In *Proc. Int. Workshop on Independent Com-*

ponent Analysis and Blind Source Separation (ICA'99), pages 431–436, Aussois, France, January 1999.

[131] D.J. Field. What is the goal of sensory coding? *Neural Computation*, 6:559–601, 1994.

[132] S. Fiori. Blind separation of circularly distributed sources by neural extended APEX algorithm. *Neurocomputing*, 34:239–252, 2000.

[133] S. Fiori. Blind signal processing by the adaptive activation function neurons. *Neural Networks*, 13(6):597–611, 2000.

[134] J. Fisher and J. Principe. Entropy manipulation of arbitrary nonlinear mappings. In J. Principe et al., editor, *Neural Networks for Signal Processing VII*, pages 14–23. IEEE Press, New York, 1997.

[135] R. Fletcher. *Practical Methods of Optimization*. Wiley, 2nd edition, 1987.

[136] P. Földiák. Adaptive network for optimal linear feature extraction. In *Proc. Int. Joint Conf. on Neural Networks*, pages 401 – 406, Washington DC, 1989.

[137] J. H. Friedman and J. W. Tukey. A projection pursuit algorithm for exploratory data analysis. *IEEE Trans. of Computers*, c-23(9):881–890, 1974.

[138] J.H. Friedman. Exploratory projection pursuit. *J. of the American Statistical Association*, 82(397):249–266, 1987.

[139] C. Fyfe and R. Baddeley. Non-linear data structure extraction using simple Hebbian networks. *Biological Cybernetics*, 72:533–541, 1995.

[140] M. Gaeta and J.-L. Lacoume. Source separation without prior knowledge: the maximum likelihood solution. In *Proc. EUSIPCO'90*, pages 621–624, 1990.

[141] W. Gardner. *Introduction to Random Processes with Applications to Signals and Systems*. Macmillan, 1986.

[142] A. Gelman, J. Carlin, H. Stern, and D. Rubin. *Bayesian Data Analysis*. Chapman & Hall/CRC Press, Boca Raton, Florida, 1995.

[143] G. Giannakis, Y. Hua, P. Stoica, and L. Tong. *Signal Processing Advances in Communications, vol. 1: Trends in Channel Estimation and Equalization*. Prentice Hall, 2001.

[144] G. Giannakis, Y. Hua, P. Stoica, and L. Tong. *Signal Processing Advances in Communications, vol. 2: Trends in Single- and Multi-User Systems*. Prentice Hall, 2001.

[145] G. Giannakis, Y. Inouye, and J. M. Mendel. Cumulant-based identification of

multichannel moving-average processes. *IEEE Trans. on Automat. Contr.*, 34:783–787, July 1989.

[146] G. Giannakis and C. Tepedelenlioglu. Basis expansion models and diversity techniques for blind identification and equalization of time-varying channels. *Proceedings of the IEEE*, 86(10):1969–1986, 1998.

[147] X. Giannakopoulos, J. Karhunen, and E. Oja. Experimental comparison of neural algorithms for independent component analysis and blind separation. *Int. J. of Neural Systems*, 9(2):651–656, 1999.

[148] M. Girolami. An alternative perspective on adaptive independent component analysis algorithms. *Neural Computation*, 10(8):2103–2114, 1998.

[149] M. Girolami. *Self-Organising Neural Networks - Independent Component Analysis and Blind Source Separation.* Springer-Verlag, 1999.

[150] M. Girolami, editor. *Advances in Independent Component Analysis.* Springer-Verlag, 2000.

[151] M. Girolami and C. Fyfe. An extended exploratory projection pursuit network with linear and nonlinear anti-hebbian connections applied to the cocktail party problem. *Neural Networks*, 10:1607–1618, 1997.

[152] D. N. Godard. Self-recovering equalization and carrier tracking in two-dimensional data communication systems. *IEEE Trans. on Communications*, 28:1867–1875, 1980.

[153] G. Golub and C. van Loan. *Matrix Computations.* The Johns Hopkins University Press, 3rd edition, 1996.

[154] R. Gonzales and P. Wintz. *Digital Image Processing.* Addison-Wesley, 1987.

[155] A. Gorokhov and P. Loubaton. Subspace-based techniques for blind separation of convolutive mixtures with temporally correlated sources. *IEEE Trans. Circuits and Systems I*, 44(9):813–820, 1997.

[156] A. Gorokhov and P. Loubaton. Blind identification of MIMO-FIR systems: A generalized linear prediction approach. *Signal Processing*, 73:105–124, 1999.

[157] R. Gray and L. Davisson. *Random Processes: A Mathematical Approach for Engineers.* Prentice Hall, 1986.

[158] O. Grellier and P. Comon. Blind separation of discrete sources. *IEEE Signal Processing Letters*, 5(8):212–214, 1998.

[159] S. I. Grossman. *Elementary Linear Algebra.* Wadsworth, 1984.

[160] P. Hall. Polynomial projection pursuit. *The Annals of Statistics*, 17:589–605, 1989.

[161] F.M. Ham and N.A. Faour. Infrasound signal separation using independent component analysis. In *Proc. 21st Seismic Reseach Symposium: Technologies for Monitoring the Comprehensive Nuclear-Test-Ban Treaty*, Las Vegas, Nevada, 1999.

[162] M. Hämäläinen, R. Hari, R. Ilmoniemi, J. Knuutila, and O. V. Lounasmaa. Magnetoencephalography—theory, instrumentation, and applications to noninvasive studies of the working human brain. *Reviews of Modern Physics*, 65(2):413–497, 1993.

[163] F.R. Hampel, E.M. Ronchetti, P.J. Rousseuw, and W.A. Stahel. *Robust Statistics*. Wiley, 1986.

[164] L. K. Hansen. Blind separation of noisy image mixtures. In M. Girolami, editor, *Advances in Independent Component Analysis*, pages 161–181. Springer-Verlag, 2000.

[165] R. Hari. Magnetoencephalography as a tool of clinical neurophysiology. In E. Niedermeyer and F. Lopes da Silva, editors, *Electroencephalography. Basic principles, clinical applications, and related fields*, pages 1035–1061. Baltimore: Williams & Wilkins, 1993.

[166] H. H. Harman. *Modern Factor Analysis*. University of Chicago Press, 2nd edition, 1967.

[167] T. Hastie and W. Stuetzle. Principal curves. *Journal of the American Statistical Association*, 84:502–516, 1989.

[168] M. Hayes. *Statistical Digital Signal Processing and Modeling*. Wiley, 1996.

[169] S. Haykin. *Modern Filters*. Macmillan, 1989.

[170] S. Haykin, editor. *Blind Deconvolution*. Prentice Hall, 1994.

[171] S. Haykin. *Adaptive Filter Theory*. Prentice Hall, 3rd edition, 1996.

[172] S. Haykin. *Neural Networks - A Comprehensive Foundation*. Prentice Hall, 2nd edition, 1998.

[173] S. Haykin, editor. *Unsupervised Adaptive Filtering, Vol. 1: Blind Source Separation*. Wiley, 2000.

[174] S. Haykin, editor. *Unsupervised Adaptive Filtering, Vol. 2: Blind Deconvolution*. Wiley, 2000.

[175] Z. He, L. Yang, J. Liu, Z. Lu, C. He, and Y. Shi. Blind source separation using clustering-based multivariate density estimation algorithm. *IEEE Trans. on Signal*

Processing, 48(2):575–579, 2000.

[176] R. Hecht-Nielsen. Replicator neural networks for universal optimal source coding. *Science*, 269:1860–1863, 1995.

[177] R. Hecht-Nielsen. Data manifolds, natural coordinates, replicator neural networks, and optimal source coding. In *Proc. Int. Conf. on Neural Information Processing*, pages 41–45, Hong Kong, 1996.

[178] J. Hérault and B. Ans. Circuits neuronaux à synapses modifiables: décodage de messages composites par apprentissage non supervisé. *C.-R. de l'Académie des Sciences*, 299(III-13):525–528, 1984.

[179] J. Hérault, C. Jutten, and B. Ans. Détection de grandeurs primitives dans un message composite par une architecture de calcul neuromimétique en apprentissage non supervisé. In *Actes du Xème colloque GRETSI*, pages 1017–1022, Nice, France, 1985.

[180] G. Hinton and D. van Camp. Keeping neural networks simple by minimizing the description length of the weights. In *Proc. of the 6th Annual ACM Conf. on Computational Learning Theory*, pages 5–13, Santa Cruz, CA, 1993.

[181] S. Hochreiter and J. Schmidhuber. Feature extraction through LOCOCODE. *Neural Computation*, 11(3):679–714, 1999.

[182] H. Holma and A. Toskala, editors. *WCDMA for UMTS*. Wiley, 2000.

[183] L. Holmström, P. Koistinen, J. Laaksonen, and E. Oja. Comparison of neural and statistical classifiers - taxonomy and two case studies. *IEEE Trans. on Neural Networks*, 8:5–17, 1997.

[184] M. Honig and V. Poor. Adaptive interference suppression. In *Wireless Communications: Signal Processing Perspectives*, pages 64–128. Prentice Hall, 1998.

[185] H. Hotelling. Analysis of a complex of statistical variables into principal components. *J. of Educational Psychology*, 24:417 – 441, 1933.

[186] P. O. Hoyer and A. Hyvärinen. Independent component analysis applied to feature extraction from colour and stereo images. *Network: Computation in Neural Systems*, 11(3):191–210, 2000.

[187] P. O. Hoyer and A. Hyvärinen. Modelling chromatic and binocular properties of V1 topography. In *Proc. Int. Conf. on Neural Information Processing (ICONIP'00)*, Taejon, Korea, 2000.

[188] P.J. Huber. *Robust Statistics*. Wiley, 1981.

[189] P.J. Huber. Projection pursuit. *The Annals of Statistics*, 13(2):435–475, 1985.

[190] M. Huotilainen, R. J. Ilmoniemi, H. Tiitinen, J. Lavaikainen, K. Alho, M. Kajola, and R. Näätänen. The projection method in removing eye-blink artefacts from multichannel MEG measurements. In C. Baumgartner et al., editor, *Biomagnetism: Fundamental Research and Clinical Applications (Proc. Int. Conf. on Biomagnetism)*, pages 363–367. Elsevier, 1995.

[191] J. Hurri, A. Hyvärinen, and E. Oja. Wavelets and natural image statistics. In *Proc. Scandinavian Conf. on Image Analysis '97*, Lappeenranta, Finland, 1997.

[192] A. Hyvärinen. A family of fixed-point algorithms for independent component analysis. In *Proc. IEEE Int. Conf. on Acoustics, Speech and Signal Processing (ICASSP'97)*, pages 3917–3920, Munich, Germany, 1997.

[193] A. Hyvärinen. One-unit contrast functions for independent component analysis: A statistical analysis. In *Neural Networks for Signal Processing VII (Proc. IEEE Workshop on Neural Networks for Signal Processing)*, pages 388–397, Amelia Island, Florida, 1997.

[194] A. Hyvärinen. Independent component analysis for time-dependent stochastic processes. In *Proc. Int. Conf. on Artificial Neural Networks (ICANN'98)*, pages 135–140, Skövde, Sweden, 1998.

[195] A. Hyvärinen. Independent component analysis in the presence of gaussian noise by maximizing joint likelihood. *Neurocomputing*, 22:49–67, 1998.

[196] A. Hyvärinen. New approximations of differential entropy for independent component analysis and projection pursuit. In *Advances in Neural Information Processing Systems*, volume 10, pages 273–279. MIT Press, 1998.

[197] A. Hyvärinen. Fast and robust fixed-point algorithms for independent component analysis. *IEEE Trans. on Neural Networks*, 10(3):626–634, 1999.

[198] A. Hyvärinen. Fast independent component analysis with noisy data using gaussian moments. In *Proc. Int. Symp. on Circuits and Systems*, pages V57–V61, Orlando, Florida, 1999.

[199] A. Hyvärinen. Gaussian moments for noisy independent component analysis. *IEEE Signal Processing Letters*, 6(6):145–147, 1999.

[200] A. Hyvärinen. Sparse code shrinkage: Denoising of nongaussian data by maximum likelihood estimation. *Neural Computation*, 11(7):1739–1768, 1999.

[201] A. Hyvärinen. Survey on independent component analysis. *Neural Computing*

Surveys, 2:94–128, 1999.
[202] A. Hyvärinen. Complexity pursuit: Separating interesting components from time-series. *Neural Computation*, 13, 2001.
[203] A. Hyvärinen, R. Cristescu, and E. Oja. A fast algorithm for estimating overcomplete ICA bases for image windows. In *Proc. Int. Joint Conf. on Neural Networks*, pages 894–899, Washington, D.C., 1999.
[204] A. Hyvärinen and P. O. Hoyer. Emergence of phase and shift invariant features by decomposition of natural images into independent feature subspaces. *Neural Computation*, 12(7):1705–1720, 2000.
[205] A. Hyvärinen and P. O. Hoyer. Emergence of topography and complex cell properties from natural images using extensions of ICA. In *Advances in Neural Information Processing Systems*, volume 12, pages 827–833. MIT Press, 2000.
[206] A. Hyvärinen, P. O. Hoyer, and M. Inki. Topographic independent component analysis. *Neural Computation*, 13, 2001.
[207] A. Hyvärinen, P. O. Hoyer, and E. Oja. Image denoising by sparse code shrinkage. In S. Haykin and B. Kosko, editors, *Intelligent Signal Processing*. IEEE Press, 2001.
[208] A. Hyvärinen and M. Inki. Estimating overcomplete independent component bases from image windows. 2001. submitted manuscript.
[209] A. Hyvärinen and R. Karthikesh. Sparse priors on the mixing matrix in independent component analysis. In *Proc. Int. Workshop on Independent Component Analysis and Blind Signal Separation (ICA2000)*, pages 477–452, Helsinki, Finland, 2000.
[210] A. Hyvärinen and E. Oja. A fast fixed-point algorithm for independent component analysis. *Neural Computation*, 9(7):1483–1492, 1997.
[211] A. Hyvärinen and E. Oja. Independent component analysis by general nonlinear Hebbian-like learning rules. *Signal Processing*, 64(3):301–313, 1998.
[212] A. Hyvärinen and E. Oja. Independent component analysis: Algorithms and applications. *Neural Networks*, 13(4-5):411–430, 2000.
[213] A. Hyvärinen and P. Pajunen. Nonlinear independent component analysis: Existence and uniqueness results. *Neural Networks*, 12(3):429–439, 1999.
[214] A. Hyvärinen, J. Särelä, and R. Vigário. Spikes and bumps: Artefacts generated by independent component analysis with insufficient sample size. In *Proc. Int.*

Workshop on Independent Component Analysis and Signal Separation (ICA'99), pages 425–429, Aussois, France, 1999.

[215] S. Ikeda. ICA on noisy data: A factor analysis approach. In M. Girolami, editor, *Advances in Independent Component Analysis*, pages 201–215. Springer-Verlag, 2000.

[216] S. Ikeda and N. Murata. A method of ICA in time-frequency domain. In *Proc. Int. Workshop on Independent Component Analysis and Signal Separation (ICA'99)*, pages 365–370, Aussois, France, 1999.

[217] Y. Inouye. Criteria for blind deconvolution of multichannel linear time-invariant systems. *IEEE Trans. on Signal Processing*, 46(12):3432–3436, 1998.

[218] Y. Inouye and K. Hirano. Cumulant-based blind identification of linear multi-input-multi-output systems driven by colored inputs. *IEEE Trans. on Signal Processing*, 45(6):1543–1552, 1997.

[219] C. L. Isbell and P. Viola. Restructuring sparse high-dimensional data for effective retreval. In *Advances in Neural Information Processing Systems*, volume 11. MIT Press, 1999.

[220] N. Japkowitz, S. J. Hanson, and M. A. Gluck. Nonlinear autoassociation is not equivalent to PCA. *Neural Computation*, 12(3):531–545, 2000.

[221] B. W. Jervis, M. Coelho, and G. Morgan. Effect on EEG responses of removing ocular artifacts by proportional EOG subtraction. *Medical and Biological Engineering and Computing*, 27:484–490, 1989.

[222] M.C. Jones and R. Sibson. What is projection pursuit ? *J. of the Royal Statistical Society, Ser. A*, 150:1–36, 1987.

[223] J. Joutsensalo and T. Ristaniemi. Learning algorithms for blind multiuser detection in CDMA downlink. In *Proc. IEEE 9th International Symposium on Personal, Indoor and Mobile Radio Communications (PIMRC '98)*, pages 267–270, Boston, Massachusetts, 1998.

[224] C. Johnson Jr., P. Schniter, I. Fijalkow, and L. Tong et al. The core of FSE-CMA behavior theory. In S. Haykin, editor, *Unsupervised Adaptive Filtering*, volume 2, pages 13–112. Wiley, New York, 2000.

[225] T. P. Jung, C. Humphries, T.-W. Lee, S. Makeig, M. J. McKeown, V. Iragui, and T. Sejnowski. Extended ICA removes artifacts from electroencephalographic recordings. In *Advances in Neural Information Processing Systems*, volume 10.

MIT Press, 1998.

[226] C. Jutten. *Calcul neuromimétique et traitement du signal, analyse en composantes indépendantes*. PhD thesis, INPG, Univ. Grenoble, France, 1987. (in French).

[227] C. Jutten. Source separation: from dusk till dawn. In *Proc. 2nd Int. Workshop on Independent Component Analysis and Blind Source Separation (ICA'2000)*, pages 15–26, Helsinki, Finland, 2000.

[228] C. Jutten and J. Hérault. Blind separation of sources, part I: An adaptive algorithm based on neuromimetic architecture. *Signal Processing*, 24:1–10, 1991.

[229] A. Kaban and M. Girolami. Clustering of text documents by skewness maximization. In *Proc. Int. Workshop on Independent Component Analysis and Blind Signal Separation (ICA2000)*, pages 435–440, Helsinki, Finland, 2000.

[230] E. R. Kandel, J. H. Schwartz, and T. M. Jessel, editors. *The Principles of Neural Science*. Prentice Hall, 3rd edition, 1991.

[231] J. Karhunen, A. Cichocki, W. Kasprzak, and P Pajunen. On neural blind separation with noise suppression and redundancy reduction. *Int. Journal of Neural Systems*, 8(2):219–237, 1997.

[232] J. Karhunen and J. Joutsensalo. Representation and separation of signals using nonlinear PCA type learning. *Neural Networks*, 7(1):113–127, 1994.

[233] J. Karhunen and J. Joutsensalo. Generalizations of principal component analysis, optimization problems, and neural networks. *Neural Networks*, 8(4):549–562, 1995.

[234] J. Karhunen, S. Malaroiu, and M. Ilmoniemi. Local linear independent component analysis based on clustering. *Int. J. of Neural Systems*, 10(6), 2000.

[235] J. Karhunen, E. Oja, L. Wang, R. Vigário, and J. Joutsensalo. A class of neural networks for independent component analysis. *IEEE Trans. on Neural Networks*, 8(3):486–504, 1997.

[236] J. Karhunen, P. Pajunen, and E. Oja. The nonlinear PCA criterion in blind source separation: Relations with other approaches. *Neurocomputing*, 22:5–20, 1998.

[237] K. Karhunen. Zur Spektraltheorie stochastischer Prozesse. *Ann. Acad. Sci. Fennicae*, 34, 1946.

[238] E. Kaukoranta, M. Hämäläinen, J. Sarvas, and R. Hari. Mixed and sensory nerve stimulations activate different cytoarchitectonic areas in the human primary somatosensory cortex SI. *Experimental Brain Research*, 63(1):60–66, 1986.

[239] M. Kawamoto, K. Matsuoka, and M. Ohnishi. A method for blind separation for

convolved non-stationary signals. *Neurocomputing*, 22:157–171, 1998.

[240] M. Kawamoto, K. Matsuoka, and M. Oya. Blind separation of sources using temporal correlation of the observed signals. *IEICE Trans. Fundamentals*, E80-A(4):695–704, 1997.

[241] S. Kay. *Modern Spectral Estimation: Theory and Application*. Prentice Hall, 1988.

[242] S. Kay. *Fundamentals of Statistical Signal Processing - Estimation Theory*. Prentice Hall, 1993.

[243] M. Kendall. *Multivariate Analysis*. Griffin, 1975.

[244] M. Kendall and A. Stuart. *The Advanced Theory of Statistics, Vols. 1–3*. Macmillan, 1976–1979.

[245] K. Kiviluoto and E. Oja. Independent component analysis for parallel financial time series. In *Proc. Int. Conf. on Neural Information Processing (ICONIP'98)*, volume 2, pages 895–898, Tokyo, Japan, 1998.

[246] H. Knuth. A bayesian approach to source separation. In *Proc. Int. Workshop on Independent Component Analysis and Signal Separation (ICA'99)*, pages 283–288, Aussois, France, 1999.

[247] T. Kohonen. *Self-Organizing Maps*. Springer, 1995.

[248] T. Kohonen. Emergence of invariant-feature detectors in the adaptive-subspace self-organizing map. *Biological Cybernetics*, 75:281–291, 1996.

[249] V. Koivunen, M. Enescu, and E. Oja. Adaptive algorithm for blind separation from noisy time-varying mixtures. *Neural Computation*, 13, 2001.

[250] V. Koivunen and E. Oja. Predictor-corrector structure for real-time blind separation from noisy mixtures. In *Proc. Int. Workshop on Independent Component Analysis and Signal Separation (ICA'99)*, pages 479–484, Aussois, France, 1999.

[251] T. Kolenda, L. K. Hansen, and S. Sigurdsson. Independent components in text. In M. Girolami, editor, *Advances in Independent Component Analysis*, pages 235–256. Springer-Verlag, 2000.

[252] M. A. Kramer. Nonlinear principal component analysis using autoassociative neural networks. *AIChE Journal*, 37(2):233–243, 1991.

[253] H.J. Kushner and D.S. Clark. *Stochastic approximation methods for constrained and unconstrained systems*. Springer-Verlag, 1978.

[254] J.-L. Lacoume and P. Ruiz. Sources identification: a solution based on cumulants. In *Proc. IEEE ASSP Workshop*, Minneapolis, Minnesota, 1988.

[255] B. Laheld and J.-F. Cardoso. Adaptive source separation with uniform performance. In *Proc. EUSIPCO*, pages 183–186, Edinburgh, 1994.

[256] R. H. Lambert. *Multichannel Blind Deconvolution: FIR Matrix Algebra and Separation of Multipath Mixtures*. PhD thesis, Univ. of Southern California, 1996.

[257] R. H. Lambert and C. L. Nikias. Blind deconvolution of multipath mixtures. In S. Haykin, editor, *Unsupervised Adaptive Filtering, Vol. I*, pages 377–436. Wiley, 2000.

[258] H. Lappalainen. Ensemble learning for independent component analysis. In *Proc. Int. Workshop on Independent Component Analysis and Signal Separation (ICA'99)*, pages 7–12, Aussois, France, 1999.

[259] H. Lappalainen and A. Honkela. Bayesian nonlinear independent component analysis by multi-layer perceptrons. In M. Girolami, editor, *Advances in Independent Component Analysis*, pages 93–121. Springer-Verlag, 2000.

[260] H. Lappalainen and J. W. Miskin. Ensemble learning. In M. Girolami, editor, *Advances in Independent Component Analysis*, pages 75–92. Springer-Verlag, 2000.

[261] L. De Lathauwer. *Signal Processing by Multilinear Algebra*. PhD thesis, Faculty of Engineering, K. U. Leuven, Leuven, Belgium, 1997.

[262] L. De Lathauwer, P. Comon, B. De Moor, and J. Vandewalle. Higher-order power method, application in independent component analysis. In *Proc. Int. Symp. on Nonlinear Theory and its Applications (NOLTA'95)*, pages 10–14, Las Vegas, Nevada, 1995.

[263] L. De Lathauwer, B. De Moor, and J. Vandewalle. A technique for higher-order-only blind source separation. In *Proc. Int. Conf. on Neural Information Processing (ICONIP'96)*, Hong Kong, 1996.

[264] M. LeBlanc and R. Tibshirani. Adaptive principal surfaces. *J. of the Amer. Stat. Assoc.*, 89(425):53 – 64, 1994.

[265] C.-C. Lee and J.-H. Lee. An efficient method for blind digital signal separation of array data. *Signal Processing*, 77:229–234, 1999.

[266] T. S. Lee. Image representation using 2D Gabor wavelets. *IEEE Trans. on Pattern Analysis and Machine Intelligence*, 18(10):959–971, 1996.

[267] T.-W. Lee. *Independent Component Analysis - Theory and Applications*. Kluwer, 1998.

[268] T.-W. Lee, A. J. Bell, and R. Lambert. Blind separation of delayed and convolved

sources. In *Advances in Neural Information Processing Systems*, volume 9, pages 758–764. MIT Press, 1997.

[269] T.-W. Lee, M. Girolami, A.J. Bell, and T.J. Sejnowski. A unifying information-theoretic framework for independent component analysis. *Computers and Mathematics with Applications*, 31(11):1–12, 2000.

[270] T.-W. Lee, M. Girolami, and T. J. Sejnowski. Independent component analysis using an extended infomax algorithm for mixed sub-gaussian and super-gaussian sources. *Neural Computation*, 11(2):417–441, 1999.

[271] T.-W. Lee, B.U. Koehler, and R. Orglmeister. Blind source separation of nonlinear mixing models. In *Neural Networks for Signal Processing VII*, pages 406–415. IEEE Press, 1997.

[272] T.-W. Lee, M.S. Lewicki, M. Girolami, and T.J. Sejnowski. Blind source separation of more sources than mixtures using overcomplete representations. *IEEE Signal Processing Letters*, 4(5), 1999.

[273] T.-W. Lee, M.S. Lewicki, and T.J. Sejnowski. ICA mixture models for unsupervised classification of non-gaussian sources and automatic context switching in blind signal separation. *IEEE Trans. Pattern Recognition and Machine Intelligence*, 22(10):1–12, 2000.

[274] M. Lewicki and B. Olshausen. A probabilistic framework for the adaptation and comparison of image codes. *J. Opt. Soc. Am. A: Optics, Image Science, and Vision*, 16(7):1587–1601, 1998.

[275] M. Lewicki and T.J. Sejnowski. Learning overcomplete representations. *Neural Computation*, 12:337–365, 2000.

[276] T. Li and N. Sidiropoulos. Blind digital signal separation using successive interference cancellation iterative least squares. *IEEE Trans. on Signal Processing*, 48(11):3146–3152, 2000.

[277] J. K. Lin. Factorizing multivariate function classes. In *Advances in Neural Information Processing Systems*, volume 10, pages 563–569. The MIT Press, 1998.

[278] J. K. Lin. Factorizing probability density functions: Generalizing ICA. In *Proc. First Int. Workshop on Independent Component Analysis and Signal Separation (ICA'99)*, pages 313–318, Aussois, France, 1999.

[279] J. K. Lin, D. G. Grier, and J. D. Cowan. Faithful representation of separable distributions. *Neural Computation*, 9(6):1305–1320, 1997.

[280] U. Lindgren and H. Broman. Source separation using a criterion based on second-order statistics. *IEEE Trans. on Signal Processing*, 46(7):1837–1850, 1998.

[281] U. Lindgren, T. Wigren, and H. Broman. On local convergence of a class of blind separation algorithms. *IEEE Trans. on Signal Processing*, 43:3054–3058, 1995.

[282] R. Linsker. Self-organization in a perceptual network. *Computer*, 21:105–117, 1988.

[283] M. Loève. Fonctions aléatoires du second ordre. In P. Lévy, editor, *Processus stochastiques et mouvement Brownien*, page 299. Gauthier - Villars, Paris, 1948.

[284] D. Luenberger. *Optimization by Vector Space Methods*. Wiley, 1969.

[285] J. Luo, B. Hu, X.-T. Ling, and R.-W. Liu. Principal independent component analysis. *IEEE Trans. on Neural Networks*, 10(4):912–917, 1999.

[286] O. Macchi and E. Moreau. Adaptive unsupervised separation of discrete sources. *Signal Processing*, 73:49–66, 1999.

[287] U. Madhow. Blind adaptive interference suppression for direct-sequence CDMA. *Proceedings of the IEEE*, 86(10):2049–2069, 1998.

[288] S. Makeig, T.-P. Jung, A. J. Bell, D. Ghahramani, and T. Sejnowski. Blind separation of auditory event-related brain responses into independent components. *Proc. National Academy of Sciences (USA)*, 94:10979–10984, 1997.

[289] S. Malaroiu, K. Kiviluoto, and E. Oja. Time series prediction with independent component analysis. In *Proc. Int. Conf. on Advanced Investment Technology*, Gold Coast, Australia, 2000.

[290] S. G. Mallat. A theory for multiresolution signal decomposition: The wavelet representation. *IEEE Trans. on Pattern Analysis and Machine Intelligence*, 11:674–693, 1989.

[291] Z. Malouche and O. Macchi. Adaptive unsupervised extraction of one component of a linear mixture with a single neuron. *IEEE Trans. on Neural Networks*, 9(1):123–138, 1998.

[292] A. Mansour, C. Jutten, and P. Loubaton. Adaptive subspace algorithm for blind separation of independent sources in convolutive mixture. *IEEE Trans. on Signal Processing*, 48(2):583–586, 2000.

[293] K. Mardia, J. Kent, and J. Bibby. *Multivariate Analysis*. Academic Press, 1979.

[294] L. Marple. *Digital Spectral Analysis with Applications*. Prentice Hall, 1987.

[295] G. Marques and L. Almeida. Separation of nonlinear mixtures using pattern re-

pulsion. In *Proc. Int. Workshop on Independent Component Analysis and Signal Separation (ICA'99)*, pages 277–282, Aussois, France, 1999.

[296] K. Matsuoka, M. Ohya, and M. Kawamoto. A neural net for blind separation of nonstationary signals. *Neural Networks*, 8(3):411–419, 1995.

[297] M. McKeown, S. Makeig, S. Brown, T.-P. Jung, S. Kindermann, A.J. Bell, V. Iragui, and T. Sejnowski. Blind separation of functional magnetic resonance imaging (fMRI) data. *Human Brain Mapping*, 6(5-6):368–372, 1998.

[298] G. McLachlan and T. Krishnan. *The EM Algorithm and Extensions*. Wiley-Interscience, 1997.

[299] J. Mendel. *Lessons in Estimation Theory for Signal Processing, Communications, and Control*. Prentice Hall, 1995.

[300] Y. Miao and Y. Hua. Fast subspace tracking and neural network learning by a novel information criterion. *IEEE Trans. on Signal Processing*, 46:1967–1979, 1998.

[301] J. Miskin and D. J. C. MacKay. Ensemble learning for blind image separation and deconvolution. In M. Girolami, editor, *Advances in Independent Component Analysis*, pages 123–141. Springer-Verlag, 2000.

[302] S. Mitra. *Digital Signal Processing: A Computer-Based Approach*. McGraw-Hill, 1998.

[303] L. Molgedey and H. G. Schuster. Separation of a mixture of independent signals using time delayed correlations. *Physical Review Letters*, 72:3634–3636, 1994.

[304] T. Moon. The expectation-maximization algorithm. *IEEE Signal Processing Magazine*, 13(6):47–60, 1996.

[305] E. Moreau and O. Macchi. Complex self-adaptive algorithms for source separation based on higher order contrasts. In *Proc. EUSIPCO'94*, pages 1157–1160, Edinburgh, Scotland, 1994.

[306] E. Moreau and O. Macchi. High order contrasts for self-adaptive source separation. *Int. J. of Adaptive Control and Signal Processing*, 10(1):19–46, 1996.

[307] E. Moreau and J. C. Pesquet. Generalized contrasts for multichannel blind deconvolution of linear systems. *IEEE Signal Processing Letters*, 4:182–183, 1997.

[308] D. Morrison. *Multivariate Statistical Methods*. McGraw-Hill, 1967.

[309] J. Mosher, P. Lewis, and R. Leahy. Multidipole modelling and localization from spatio-temporal MEG data. *IEEE Trans. Biomedical Engineering*, 39:541–557,

1992.

[310] E. Moulines, J.-F. Cardoso, and E. Gassiat. Maximum likelihood for blind separation and deconvolution of noisy signals using mixture models. In *Proc. IEEE Int. Conf. on Acoustics, Speech and Signal Processing (ICASSP'97)*, pages 3617–3620, Munich, Germany, 1997.

[311] E. Moulines, J.-F. Cardoso, and S. Mayrargue. Subspace methods for blind identification of multichannel FIR filters. *IEEE Trans. on Signal Processing*, 43:516–525, 1995.

[312] K.-R. Müller, P. Philips, and A. Ziehe. $JADE_{TD}$: Combining higher-order statistics and temporal information for blind source separation (with noise). In *Proc. Int. Workshop on Independent Component Analysis and Signal Separation (ICA'99)*, pages 87–92, Aussois, France, 1999.

[313] J.-P. Nadal, E. Korutcheva, and F. Aires. Blind source processing in the presence of weak sources. *Neural Networks*, 13(6):589–596, 2000.

[314] J.-P. Nadal and N. Parga. Non-linear neurons in the low noise limit: a factorial code maximizes information transfer. *Network*, 5:565–581, 1994.

[315] A. Nandi, editor. *Blind Estimation Using Higher-Order Statistics*. Kluwer, 1999.

[316] G. Nason. Three-dimensional projection pursuit. *Applied Statistics*, 44:411–430, 1995.

[317] E. Niedermeyer and F. Lopes da Silva, editors. *Electroencephalography. Basic Principles, Clinical Applications, and Related fields*. Williams & Wilkins, 1993.

[318] C. Nikias and J. Mendel. Signal processing with higher-order spectra. *IEEE Signal Processing Magazine*, pages 10–37, July 1993.

[319] C. Nikias and A. Petropulu. *Higher-Order Spectral Analysis - A Nonlinear Signal Processing Framework*. Prentice Hall, 1993.

[320] B. Noble and J. Daniel. *Applied Linear Algebra*. Prentice Hall, 3rd edition, 1988.

[321] D. Nuzillard and J.-M. Nuzillard. Application of blind source separation to 1-d and 2-d nuclear magnetic resonance spectroscopy. *IEEE Signal Processing Letters*, 5(8):209–211, 1998.

[322] D. Obradovic and G. Deco. Information maximization and independent component analysis: Is there a difference? *Neural Computation*, 10(8):2085–2101, 1998.

[323] E. Oja. A simplified neuron model as a principal component analyzer. *J. of Mathematical Biology*, 15:267–273, 1982.

[324] E. Oja. *Subspace Methods of Pattern Recognition*. Research Studies Press, England, and Wiley, USA, 1983.

[325] E. Oja. Data compression, feature extraction, and autoassociation in feedforward neural networks. In *Proc. Int. Conf. on Artificial Neural Networks (ICANN'91)*, pages 737–745, Espoo, Finland, 1991.

[326] E. Oja. Principal components, minor components, and linear neural networks. *Neural Networks*, 5:927–935, 1992.

[327] E. Oja. The nonlinear PCA learning rule in independent component analysis. *Neurocomputing*, 17(1):25–46, 1997.

[328] E. Oja. From neural learning to independent components. *Neurocomputing*, 22:187–199, 1998.

[329] E. Oja. Nonlinear PCA criterion and maximum likelihood in independent component analysis. In *Proc. Int. Workshop on Independent Component Analysis and Signal Separation (ICA'99)*, pages 143–148, Aussois, France, 1999.

[330] E. Oja and J. Karhunen. On stochastic approximation of the eigenvectors and eigenvalues of the expectation of a random matrix. *Journal of Math. Analysis and Applications*, 106:69–84, 1985.

[331] E. Oja, J. Karhunen, and A. Hyvärinen. From neural principal components to neural independent components. In *Proc. Int. Conf. on Artificial Neural Networks (ICANN'97)*, Lausanne, Switzerland, 1997.

[332] E. Oja, H. Ogawa, and J. Wangviwattana. Learning in nonlinear constrained Hebbian networks. In *Proc. Int. Conf. on Artificial Neural Networks (ICANN'91)*, pages 385–390, Espoo, Finland, 1991.

[333] E. Oja, H. Ogawa, and J. Wangviwattana. Principal component analysis by homogeneous neural networks, part I: the weighted subspace criterion. *IEICE Trans. on Information and Systems*, E75-D(3):366–375, 1992.

[334] T. Ojanperä and R. Prasad. *Wideband CDMA for Third Generation Systems*. Artech House, 1998.

[335] B. A. Olshausen and D. J. Field. Emergence of simple-cell receptive field properties by learning a sparse code for natural images. *Nature*, 381:607–609, 1996.

[336] B. A. Olshausen and D. J. Field. Natural image statistics and efficient coding. *Network*, 7(2):333–340, 1996.

[337] B. A. Olshausen and D. J. Field. Sparse coding with an overcomplete basis set: A

strategy employed by V1? *Vision Research*, 37:3311–3325, 1997.

[338] B. A. Olshausen and K. J. Millman. Learning sparse codes with a mixture-of-gaussians prior. In *Advances in Neural Information Processing Systems*, volume 12, pages 841–847. MIT Press, 2000.

[339] A. Oppenheim and R. Schafer. *Discrete-Time Signal Processing*. Prentice Hall, 1989.

[340] S. Ouyang, Z. Bao, and G.-S. Liao. Robust recursive least squares learning algorithm for principal component analysis. *IEEE Trans. on Neural Networks*, 11(1):215–221, 2000.

[341] P. Pajunen. Blind separation of binary sources with less sensors than sources. In *Proc. Int. Conf. on Neural Networks*, Houston, Texas, 1997.

[342] P. Pajunen. Blind source separation using algorithmic information theory. *Neurocomputing*, 22:35–48, 1998.

[343] P. Pajunen. *Extensions of Linear Independent Component Analysis: Neural and Information-theoretic Methods*. PhD thesis, Helsinki University of Technology, 1998.

[344] P. Pajunen. Blind source separation of natural signals based on approximate complexity minimization. In *Proc. Int. Workshop on Independent Component Analysis and Signal Separation (ICA'99)*, pages 267–270, Aussois, France, 1999.

[345] P. Pajunen, A. Hyvärinen, and J. Karhunen. Nonlinear blind source separation by self-organizing maps. In *Proc. Int. Conf. on Neural Information Processing*, pages 1207–1210, Hong Kong, 1996.

[346] P. Pajunen and J. Karhunen. A maximum likelihood approach to nonlinear blind source separation. In *Proceedings of the 1997 Int. Conf. on Artificial Neural Networks (ICANN'97)*, pages 541–546, Lausanne, Switzerland, 1997.

[347] P. Pajunen and J. Karhunen. Least-squares methods for blind source separation based on nonlinear PCA. *Int. J. of Neural Systems*, 8(5-6):601–612, 1998.

[348] P. Pajunen and J. Karhunen, editors. *Proc. of the 2nd Int. Workshop on Independent Component Analysis and Blind Signal Separation*, Helsinki, Finland, June 19-22, 2000. Otamedia, 2000.

[349] F. Palmieri and A. Budillon. Multi-class independent component analysis (mucica). In M. Girolami, editor, *Advances in Independent Component Analysis*, pages 145–160. Springer-Verlag, 2000.

[350] F. Palmieri and J. Zhu. Self-association and Hebbian learning in linear neural networks. *IEEE Trans. on Neural Networks*, 6(5):1165–1184, 1995.

[351] C. Papadias. Blind separation of independent sources based on multiuser kurtosis optimization criteria. In S. Haykin, editor, *Unsupervised Adaptive Filtering*, volume 2, pages 147–179. Wiley, 2000.

[352] H. Papadopoulos. Equalization of multiuser channels. In *Wireless Communications: Signal Processing Perspectives*, pages 129–178. Prentice Hall, 1998.

[353] A. Papoulis. *Probability, Random Variables, and Stochastic Processes*. McGraw-Hill, 3rd edition, 1991.

[354] N. Parga and J.-P. Nadal. Blind source separation with time-dependent mixtures. *Signal Processing*, 80(10):2187–2194, 2000.

[355] L. Parra. Symplectic nonlinear component analysis. In *Advances in Neural Information Processing Systems*, volume 8, pages 437–443. MIT Press, Cambridge, Massachusetts, 1996.

[356] L. Parra. Convolutive BBS for acoustic multipath environments. In S. Roberts and R. Everson, editors, *ICA: Principles and Practice*. Cambridge University Press, 2000. in press.

[357] L. Parra, G. Deco, and S. Miesbach. Redundancy reduction with information-preserving nonlinear maps. *Network*, 6:61–72, 1995.

[358] L. Parra, G. Deco, and S. Miesbach. Statistical independence and novelty detection with information-preserving nonlinear maps. *Neural Computation*, 8:260–269, 1996.

[359] L. Parra and C. Spence. Convolutive blind source separation based on multiple decorrelation. In *Proc. IEEE Workshop on Neural Networks for Signal Processing (NNSP'97)*, Cambridge, UK, 1998.

[360] L. Parra, C.D. Spence, P. Sajda, A. Ziehe, and K.-R. Müller. Unmixing hyperspectral data. In *Advances in Neural Information Processing Systems 12*, pages 942–948. MIT Press, 2000.

[361] A. Paulraj, C. Papadias, V. Reddy, and A.-J. van der Veen. Blind space-time signal processing. In *Wireless Communications: Signal Processing Perspectives*, pages 179–210. Prentice Hall, 1998.

[362] K. Pawelzik, K.-R. Müller, and J. Kohlmorgen. Prediction of mixtures. In *Proc. Int. Conf. on Artificial Neural Networks (ICANN'96)*, pages 127–132. Springer,

1996.

[363] B. A. Pearlmutter and L. C. Parra. Maximum likelihood blind source separation: A context-sensitive generalization of ICA. In *Advances in Neural Information Processing Systems*, volume 9, pages 613–619, 1997.

[364] K. Pearson. On lines and planes of closest fit to systems of points in space. *Philosophical Magazine*, 2:559–572, 1901.

[365] H. Peng, Z. Chi, and W. Siu. A semi-parametric hybrid neural model for nonlinear blind signal separation. *Int. J. of Neural Systems*, 10(2):79–94, 2000.

[366] W. D. Penny, R. M. Everson, and S. J. Roberts. Hidden Markov independent component analysis. In M. Girolami, editor, *Advances in Independent Component Analysis*, pages 3–22. Springer-Verlag, 2000.

[367] K. Petersen, L. Hansen, T. Kolenda, E. Rostrup, and S. Strother. On the independent component of functional neuroimages. In *Proc. Int. Workshop on Independent Component Analysis and Blind Signal Separation (ICA2000)*, pages 251–256, Helsinki, Finland, 2000.

[368] D.-T. Pham. Blind separation of instantaneous mixture sources via an independent component analysis. *IEEE Trans. on Signal Processing*, 44(11):2768–2779, 1996.

[369] D.-T. Pham. Blind separation of instantaneous mixture of sources based on order statistics. *IEEE Trans. on Signal Processing*, 48(2):363–375, 2000.

[370] D.-T. Pham and J.-F. Cardoso. Blind separation of instantaneous mixtures of non-stationary sources. In *Proc. Int. Workshop on Independent Component Analysis and Blind Signal Separation (ICA2000)*, pages 187–193, Helsinki, Finland, 2000.

[371] D.-T. Pham and P. Garrat. Blind separation of mixture of independent sources through a quasi-maximum likelihood approach. *IEEE Trans. on Signal Processing*, 45(7):1712–1725, 1997.

[372] D.-T. Pham, P. Garrat, and C. Jutten. Separation of a mixture of independent sources through a maximum likelihood approach. In *Proc. EUSIPCO*, pages 771–774, 1992.

[373] D. Pollen and S. Ronner. Visual cortical neurons as localized spatial frequency filters. *IEEE Trans. on Systems, Man, and Cybernetics*, 13:907–916, 1983.

[374] J. Porrill, J. W. Stone, J. Berwick, J. Mayhew, and P. Coffey. Analysis of optical imaging data using weak models and ICA. In M. Girolami, editor, *Advances in Independent Component Analysis*, pages 217–233. Springer-Verlag, 2000.

[375] K. Prank, J. Börger, A. von zur Mühlen, G. Brabant, and C. Schöfl. Independent component analysis of intracellular calcium spike data. In *Advances in Neural Information Processing Systems*, volume 11, pages 931–937. MIT Press, 1999.

[376] J. Principe, N. Euliano, and C. Lefebvre. *Neural and Adaptive Systems - Fundamentals Through Simulations*. Wiley, 2000.

[377] J. Principe, D. Xu, and J. W. Fisher III. Information-theoretic learning. In S. Haykin, editor, *Unsupervised Adaptive Filtering, Vol. I*, pages 265–319. Wiley, 2000.

[378] J. Proakis. *Digital Communications*. McGraw-Hill, 3rd edition, 1995.

[379] C. G. Puntonet, A. Prieto, C. Jutten, M. Rodriguez-Alvarez, and J. Ortega. Separation of sources: A geometry-based procedure for reconstruction of n-valued signals. *Signal Processing*, 46:267–284, 1995.

[380] J. Rissanen. Modeling by shortest data description. *Automatica*, 14:465–471, 1978.

[381] J. Rissanen. A universal prior for integers and estimation by minimum description length. *Annals of Statistics*, 11(2):416–431, 1983.

[382] T. Ristaniemi. *Synchronization and Blind Signal Processing in CDMA Systems*. PhD thesis, University of Jyväskylä, Jyväskylä, Finland, 2000.

[383] T. Ristaniemi and J. Joutsensalo. Advanced ICA-based receivers for DS-CDMA systems. In *Proc. IEEE Int. Conf. on Personal, Indoor, and Mobile Radio Communications (PIMRC'00)*, London, UK, 2000.

[384] T. Ristaniemi and J. Joutsensalo. On the performance of blind source separation in CDMA downlink. In *Proc. Int. Workshop on Independent Component Analysis and Blind Source Separation (ICA'99)*, pages 437–441, Aussois, France, January 1999.

[385] S. Roberts. Independent component analysis: Source assessment & separation, a Bayesian approach. *IEE Proceedings - Vision, Image & Signal Processing*, 145:149–154, 1998.

[386] M. Rosenblatt. *Stationary Sequences and Random Fields*. Birkhauser, 1985.

[387] S. Roweis. EM algorithms for PCA and SPCA. In M. I. Jordan, M. J. Kearns, and S. A. Solla, editors, *Advances in Neural Information Processing Systems*, volume 10, pages 626 – 632. MIT Press, 1998.

[388] J. Rubner and P. Tavan. A self-organizing network for principal component analysis. *Europhysics Letters*, 10(7):693 – 698, 1989.

[389] H. Sahlin and H. Broman. Separation of real-world signals. *Signal Processing*, 64(1):103–113, 1998.

[390] H. Sahlin and H. Broman. MIMO signal separation for FIR channels: A criterion and performance analysis. *IEEE Trans. on Signal Processing*, 48(3):642–649, 2000.

[391] T.D. Sanger. Optimal unsupervised learning in a single-layered linear feedforward network. *Neural Networks*, 2:459–473, 1989.

[392] Y. Sato. A method for self-recovering equalization for multilevel amplitude-modulation system. *IEEE Trans. on Communications*, 23:679–682, 1975.

[393] L. Scharf. *Statistical Signal Processing: Detection, Estimation, and Time Series Analysis*. Addison-Wesley, 1991.

[394] M. Scherg and D. von Cramon. Two bilateral sources of the late AEP as identified by a spatio-temporal dipole model. *Electroencephalography and Clinical Neurophysiology*, 62:32 – 44, 1985.

[395] M. Schervish. *Theory of Statistics*. Springer, 1995.

[396] I. Schiessl, M. Stetter, J.W.W. Mayhew, N. McLoughlin, J.S.Lund, and K. Obermayer. Blind signal separation from optical imaging recordings with extended spatial decorrelation. *IEEE Trans. on Biomedical Engineering*, 47(5):573–577, 2000.

[397] C. Serviere and V. Capdevielle. Blind adaptive separation of wide-band sources. In *Proc. IEEE Int. Conf. on Acoustics, Speech and Signal Processing (ICASSP'96)*, Atlanta, Georgia, 1996.

[398] O. Shalvi and E. Weinstein. New criteria for blind deconvolution of nonminimum phase systems (channels). *IEEE Trans. on Information Theory*, 36(2):312–321, 1990.

[399] O. Shalvi and E. Weinstein. Super-exponential methods for blind deconvolution. *IEEE Trans. on Information Theory*, 39(2):504:519, 1993.

[400] S. Shamsunder and G. B. Giannakis. Multichannel blind signal separation and reconstruction. *IEEE Trans. on Speech and Aurdio Processing*, 5(6):515–528, 1997.

[401] C. Simon, P. Loubaton, C. Vignat, C. Jutten, and G. d'Urso. Separation of a class of convolutive mixtures: A contrast function approach. In *Proc. Int. Conf. on Acoustics, Speech, and Signal Processing (ICASSP'99)*, Phoenix, AZ, 1999.

[402] C. Simon, C. Vignat, P. Loubaton, C. Jutten, and G. d'Urso. On the convolutive mixture source separation by the decorrelation approach. In *Proc. Int. Conf. on*

Acoustics, Speech, and Signal Processing (ICASSP'98), pages 2109–2112, Seattle, WA, 1998.

[403] E. P. Simoncelli and E. H. Adelson. Noise removal via bayesian wavelet coring. In *Proc. Third IEEE Int. Conf. on Image Processing*, pages 379–382, Lausanne, Switzerland, 1996.

[404] E. P. Simoncelli and O. Schwartz. Modeling surround suppression in V1 neurons with a statistically-derived normalization model. In *Advances in Neural Information Processing Systems 11*, pages 153–159. MIT Press, 1999.

[405] P. Smaragdis. Blind separation of convolved mixtures in the frequency domain. *Neurocomputing*, 22:21–34, 1998.

[406] V. Soon, L. Tong, Y. Huang, and R. Liu. A wideband blind identification approach to speech acquisition using a microphone array. In *Proc. Int. Conf. ASSP-92*, volume 1, pages 293–296, San Francisco, California, March 23–26 1992.

[407] H. Sorenson. *Parameter Estimation - Principles and Problems*. Marcel Dekker, 1980.

[408] E. Sorouchyari. Blind separation of sources, Part III: Stability analysis. *Signal Processing*, 24:21–29, 1991.

[409] C. Spearman. General intelligence, objectively determined and measured. *American J. of Psychology*, 15:201–293, 1904.

[410] R. Steele. *Mobile Radio Communications*. Pentech Press, London, 1992.

[411] P. Stoica and R. Moses. *Introduction to Spectral Analysis*. Prentice Hall, 1997.

[412] J. V. Stone, J. Porrill, C. Buchel, and K. Friston. Spatial, temporal, and spatiotemporal independent component analysis of fMRI data. In R.G. Aykroyd K.V. Mardia and I.L. Dryden, editors, *Proceedings of the 18th Leeds Statistical Research Workshop on Spatial-Temporal Modelling and its Applications*, pages 23–28. Leeds University Press, 1999.

[413] E. Ström, S. Parkvall, S. Miller, and B. Ottersten. Propagation delay estimation in asynchronous direct-sequence code division multiple access systems. *IEEE Trans. Communications*, 44:84–93, January 1996.

[414] J. Sun. Some practical aspects of exploratory projection pursuit. *SIAM J. of Sci. Comput.*, 14:68–80, 1993.

[415] K. Suzuki, T. Kiryu, and T. Nakada. An efficient method for independent component-cross correlation-sequential epoch analysis of functional magnetic res-

onance imaging. In *Proc. Int. Workshop on Independent Component Analysis and Blind Signal Separation (ICA2000)*, pages 309–315, Espoo, Finland, 2000.

[416] A. Swami, G. B. Giannakis, and S. Shamsunder. Multichannel ARMA processes. *IEEE Trans. on Signal Processing*, 42:898–914, 1994.

[417] A. Taleb and C. Jutten. Batch algorithm for source separation in post-nonlinear mixtures. In *Proc. First Int. Workshop on Independent Component Analysis and Signal Separation (ICA'99)*, pages 155–160, Aussois, France, 1999.

[418] A. Taleb and C. Jutten. Source separation in post-nonlinear mixtures. *IEEE Trans. on Signal Processing*, 47(10):2807–2820, 1999.

[419] C. Therrien. *Discrete Random Signals and Statistical Signal Processing*. Prentice Hall, 1992.

[420] H.-L. Nguyen Thi and C. Jutten. Blind source separation for convolutive mixtures. *Signal Processing*, 45:209–229, 1995.

[421] M. E. Tipping and C. M. Bishop. Mixtures of probabilistic principal component analyzers. *Neural Computation*, 11:443–482, 1999.

[422] L. Tong, Y. Inouye, and R. Liu. A finite-step global convergence algorithm for the parameter estimation of multichannel MA processes. *IEEE Trans. on Signal Processing*, 40:2547–2558, 1992.

[423] L. Tong, Y. Inouye, and R. Liu. Waveform preserving blind estimation of multiple independent sources. *IEEE Trans. on Signal Processing*, 41:2461–2470, 1993.

[424] L. Tong, R.-W. Liu, V.C. Soon, and Y.-F. Huang. Indeterminacy and identifiability of blind identification. *IEEE Trans. on Circuits and Systems*, 38:499–509, 1991.

[425] L. Tong and S. Perreau. Multichannel blind identification: From subspace to maximum likelihood methods. *Proceedings of the IEEE*, 86(10):1951–1968, 1998.

[426] K. Torkkola. Blind separation of convolved sources based on information maximization. In *Proc. IEEE Workshop on Neural Networks and Signal Processing (NNSP'96)*, pages 423–432, Kyoto, Japan, 1996.

[427] K. Torkkola. Blind separation of delayed sources based on information maximization. In *Proc. IEEE Int. Conf. on Acoustics, Speech and Signal Processing (ICASSP'96)*, pages 3509–3512, Atlanta, Georgia, 1996.

[428] K. Torkkola. Blind separation of radio signals in fading channels. In *Advances in Neural Information Processing Systems*, volume 10, pages 756–762. MIT Press, 1998.

[429] K. Torkkola. Blind separation for audio signals — are we there yet? In *Proc. Int. Workshop on Independent Component Analysis and Signal Separation (ICA'99)*, pages 239–244, Aussois, France, 1999.

[430] K. Torkkola. Blind separation of delayed and convolved sources. In S. Haykin, editor, *Unsupervised Adaptive Filtering, Vol. I*, pages 321–375. Wiley, 2000.

[431] M. Torlak, L. Hansen, and G. Xu. A geometric approach to blind source separation for digital wireless applications. *Signal Processing*, 73:153–167, 1999.

[432] J. K. Tugnait. Identification and deconvolution of multichannel nongaussian processes using higher-order statistics and inverse filter criteria. *IEEE Trans. on Signal Processing*, 45:658–672, 1997.

[433] J. K. Tugnait. Adaptive blind separation of convolutive mixtures of independent linear signals. *Signal Processing*, 73:139–152, 1999.

[434] J. K. Tugnait. On blind separation of convolutive mixtures of independent linear signals in unknown additive noise. *IEEE Trans. on Signal Processing*, 46(11):3117–3123, November 1998.

[435] M. Valkama, M. Renfors, and V. Koivunen. BSS based I/Q imbalance compensation in communication receivers in the presence of symbol timing errors. In *Proc. Int. Workshop on Independent Component Analysis and Blind Signal Separation (ICA2000)*, pages 393–398, Espoo, Finland, 2000.

[436] H. Valpola. Nonlinear independent component analysis using ensemble learning: Theory. In *Proc. Int. Workshop on Independent Component Analysis and Blind Signal Separation (ICA2000)*, pages 251–256, Helsinki, Finland, 2000.

[437] H. Valpola. Unsupervised learning of nonlinear dynamic state-space models. Technical Report A59, Lab of Computer and Information Science, Helsinki University of Technology, Finland, 2000.

[438] H. Valpola, X. Giannakopoulos, A. Honkela, and J. Karhunen. Nonlinear independent component analysis using ensemble learning: Experiments and discussion. In *Proc. Int. Workshop on Independent Component Analysis and Blind Signal Separation (ICA2000)*, pages 351–356, Helsinki, Finland, 2000.

[439] A.-J. van der Veen. Algebraic methods for deterministic blind beamforming. *Proceedings of the IEEE*, 86(10):1987–2008, 1998.

[440] A.-J. van der Veen. Blind separation of BPSK sources with residual carriers. *Signal Processing*, 73:67–79, 1999.

[441] A.-J. van der Veen. Algebraic constant modulus algorithms. In G. Giannakis, Y. Hua, P. Stoica, and L. Tong, editors, *Signal Processing Advances in Wireless and Mobile Communications, Vol. 2: Trends in Single-User and Multi-User Systems*, pages 89–130. Prentice Hall, 2001.

[442] J. H. van Hateren and D. L. Ruderman. Independent component analysis of natural image sequences yields spatiotemporal filters similar to simple cells in primary visual cortex. *Proc. Royal Society, Ser. B*, 265:2315–2320, 1998.

[443] J. H. van Hateren and A. van der Schaaf. Independent component filters of natural images compared with simple cells in primary visual cortex. *Proc. Royal Society, Ser. B*, 265:359–366, 1998.

[444] S. Verdu. *Multiuser Detection*. Cambridge University Press, 1998.

[445] R. Vigário. Extraction of ocular artifacts from EEG using independent component analysis. *Electroenceph. Clin. Neurophysiol.*, 103(3):395–404, 1997.

[446] R. Vigário, V. Jousmäki, M. Hämäläinen, R. Hari, and E. Oja. Independent component analysis for identification of artifacts in magnetoencephalographic recordings. In *Advances in Neural Information Processing Systems*, volume 10, pages 229–235. MIT Press, 1998.

[447] R. Vigário, J. Särelä, V. Jousmäki, M. Hämäläinen, and E. Oja. Independent component approach to the analysis of EEG and MEG recordings. *IEEE Trans. Biomedical Engineering*, 47(5):589–593, 2000.

[448] R. Vigário, J. Särelä, V. Jousmäki, and E. Oja. Independent component analysis in decomposition of auditory and somatosensory evoked fields. In *Proc. Int. Workshop on Independent Component Analysis and Signal Separation (ICA'99)*, pages 167–172, Aussois, France, 1999.

[449] R. Vigário, J. Särelä, and E. Oja. Independent component analysis in wave decomposition of auditory evoked fields. In *Proc. Int. Conf. on Artificial Neural Networks (ICANN'98)*, pages 287–292, Skövde, Sweden, 1998.

[450] L.-Y. Wang and J. Karhunen. A unified neural bigradient algorithm for robust PCA and MCA. *Int. J. of Neural Systems*, 7(1):53–67, 1996.

[451] X. Wang and H. Poor. Blind equalization and multiuser detection in dispersive CDMA channels. *IEEE Trans. on Communications*, 46(1):91–103, 1998.

[452] X. Wang and H. Poor. Blind multiuser detection: A subspace approach. *IEEE Trans. on Information Theory*, 44(2):667–690, 1998.

[453] M. Wax and T. Kailath. Detection of signals by information-theoretic criteria. *IEEE Trans. on Acoustics, Speech and Signal Processing*, 33:387–392, 1985.

[454] A. Webb. *Statistical Pattern Recognition*. Arnold, 1999.

[455] A. S. Weigend and N.A. Gershenfeld. Time series prediction. In *Proc. of NATO Advanced Research Workshop on Comparative Time Series Analysis*, Santa Fe, New Mexico, 1992.

[456] E. Weinstein, M. Feder, and A. V. Oppenheim. Multi-channel signal separation by decorrelation. *IEEE Trans. on Signal Processing*, 1:405–413, 1993.

[457] R. A. Wiggins. Minimum entropy deconvolution. *Geoexploration*, 16:12–35, 1978.

[458] R. Williams. Feature discovery through error-correcting learning. Technical report, University of California at San Diego, Institute of Cognitive Science, 1985.

[459] J. O. Wisbeck, A. K. Barros, and R. G. Ojeda. Application of ICA in the separation of breathing artifacts in ECG signals. In *Proc. Int. Conf. on Neural Information Processing (ICONIP'98)*, pages 211–214, Kitakyushu, Japan, 1998.

[460] G. Wubbeler, A. Ziehe, B. Mackert, K. Müller, L. Trahms, and G. Curio. Independent component analysis of noninvasively recorded cortical magnetic dc-field in humans. *IEEE Trans. Biomedical Engineering*, 47(5):594–599, 2000.

[461] L. Xu. Least mean square error reconstruction principle for self-organizing neural nets. *Neural Networks*, 6:627–648, 1993.

[462] L. Xu. Bayesian Kullback Ying-Yang dependence reduction theory. *Neurocomputing*, 22:81–111, 1998.

[463] L. Xu. Temporal BYY learning for state space approach, hidden markov model, and blind source separation. *IEEE Trans. on Signal Processing*, 48(7):2132–2144, 2000.

[464] L. Xu, C. Cheung, and S.-I. Amari. Learned parameter mixture based ICA algorithm. *Neurocomputing*, 22:69–80, 1998.

[465] W.-Y. Yan, U. Helmke, and J. B. Moore. Global analysis of Oja's flow for neural networks. *IEEE Trans. on Neural Networks*, 5(5):674–683, 1994.

[466] B. Yang. Projection approximation subspace tracking. *IEEE Trans. on Signal Processing*, 43(1):95–107, 1995.

[467] B. Yang. Asymptotic convergence analysis of the projection approximation subspace tracking algorithm. *Signal Processing*, 50:123–136, 1996.

[468] H. H. Yang and S.-I. Amari. Adaptive on-line learning algorithms for blind separa-

tion: Maximum entropy and minimum mutual information. *Neural Computation*, 9(7):1457–1482, 1997.

[469] H. H. Yang, S.-I. Amari, and A. Cichocki. Information-theoretic approach to blind separation of sources in non-linear mixture. *Signal Processing*, 64(3):291–300, 1998.

[470] D. Yellin and E. Weinstein. Criteria for multichannel signal separation. *IEEE Trans. on Signal Processing*, 42:2158–2167, 1994.

[471] D. Yellin and E. Weinstein. Multichannel signal separation: Methods and analysis. *IEEE Trans. on Signal Processing*, 44:106–118, 1996.

[472] A. Yeredor. Blind separation of gaussian sources via second-order statistics with asymptotically optimal weighting. *IEEE Signal Processing Letters*, 7(7):197–200, 2000.

[473] A. Yeredor. Blind source separation via the second characteristic function. *Signal Processing*, 80:897–902, 2000.

[474] K. Yeung and S. Yau. A cumulant-based super-exponential algorithm for blind deconvolution of multi-input multi-output systems. *Signal Processing*, 67(2):141–162, 1998.

[475] A. Ypma and P. Pajunen. Rotating machine vibration analysis with second-order independent component analysis. In *Proc. Int. Workshop on Independent Component Analysis and Signal Separation (ICA'99)*, pages 37–42, Aussois, France, 1999.

[476] T. Yu, A. Stoschek, and D. Donoho. Translation- and direction- invariant denoising of 2-D and 3-D images: Experience and algorithms. In *Proceedings of the SPIE, Wavelet Applications in Signal and Image Processing IV*, pages 608–619, 1996.

[477] S. Zacks. *Parametric Statistical Inference*. Pergamon, 1981.

[478] C. Zetzsche and G. Krieger. Nonlinear neurons and high-order statistics: New approaches to human vision and electronic image processing. In B. Rogowitz and T.V. Pappas, editors, *Human Vision and Electronic Imaging IV (Proc. SPIE vol. 3644)*, pages 2–33. SPIE, 1999.

[479] L. Zhang and A. Cichocki. Blind separation of filtered sources using state-space approach. In *Advances in Neural Information Processing Systems*, volume 11, pages 648–654. MIT Press, 1999.

[480] Q. Zhang and Y.-W. Leung. A class of learning algorithms for principal component analysis and minor component analysis. *IEEE Trans. on Neural Networks*,

11(1):200–204, 2000.

[481] A. Ziehe and K.-R. Müller. TDSEP—an efficient algorithm for blind separation using time structure. In *Proc. Int. Conf. on Artificial Neural Networks (ICANN'98)*, pages 675–680, Skövde, Sweden, 1998.

[482] A. Ziehe, K.-R. Müller, G. Nolte, B.-M. Mackert, and G. Curio. Artifact reduction in magnetoneurography based on time-delayed second-order correlations. *IEEE Trans. Biomedical Engineering*, 47(1):75–87, 2000.

[483] A. Ziehe, G. Nolte, G. Curio, and K.-R. Müller. OFI: Optimal filtering algorithms for source separation. In *Proc. Int. Workshop on Independent Component Analysis and Blind Signal Separation (ICA2000)*, pages 127–132, Helsinki, Finland, 2000.

欧文索引

■ A ～ C

a posteriori density　34, 103
a priori density　34, 87, 103
Akaike's information criterion (AIC)　146
APEX　150
asymptotically stable fixed point　78
asymptotically unbiased　89
autocorrelation function　48
autocovariance　371
autoregressive moving average (ARMA)　55
autoregressive (AR) process　55

back propagation learning　152
Bayesian estimation　103
Bell-Sejnowski algorithm　231
best linear unbiased estimator (BLUE)　98
blind deconvolution　385
blind equalization　385
blind signal separation　4

cdf　16
centering　172
central limit theorem　37, 184
central moment　40
characteristic function　44
Chebyshev-Hermite polynomials　126
Chichocki-Unbehauen algorithm　266
chip sequence　453
code division multiple access (CDMA)　452
code length　118
coding　116
cofactor matrix　66
compression　144, 426
conditional density　31
conjugate gradient　72
conjugate prior　409
consistent estimate　89

correlation matrix　22, 51
covariance　23
cross-cumulant　45, 378
cumulant generating function　44
cumulant tensor　251
cumulative distribution function　16
cyclostationary　400

■ D ～ F

decorrelation　148, 176
deflationary orthogonalization　215
differential entropy　119, 244
discrete time signal　401

Edgworth expansion　126
efficiency　91
efficient estimate　91
electroencephalogram (EEG)　167, 442
entropy　116, 244
equivariant adaptive separation via
　　independence (EASI)　270, 309
ergodicity　52
error criterion　89
estimate function　267
expectation-maximization (EM)　102

feature extraction　426
Fischer information matrix　91
fixed point algorithm　233, 308
flops　308
forth-order blind identification (FOBI)　257
frequency division multiple access (FDMA)
　　452
functional MRI (fMRI)　442, 451

■ G ～ I

generative topographic mapping (GTM)　350
gradient descent　68

Gram-Charlier expansion　126
Gram-Schmidt orthogonalization　158

Hessian matrix　63

intersymbol interference (ISI)　456
inverse matrix　66

■ J 〜 L

Jacobian matrix　39, 63
Jeffrey's prior　406
joint approximate diagonalization of
　　　eigenmatrices (JADE)　256, 258
joint distribution function　19
joint probability density function　48

Karhunen-Loeve expansion　159
Kohonen's self-organizing map (SOM)　347
Kullback-Leibler (KL) divergence　122, 357
kurtosis　41

Lagrange method　80
Laplace distribution　42, 190
learning rate　68
likelihood　226, 247
likelihood function　99

■ M 〜 O

magnetic resonance imaging (MRI)　442
magnetoencephalogram (MEG)　442
marginal distribution　20
matched filter　459, 469
matrix gradients　64
maximum *a posteriori* (MAP) estimator
　　　107, 325
maximum likelihood (ML) estimator　99
method of frames　436
minimum description length (MDL) criterion
　　　146
minimum phase　386
minimum square criterion　95
MMSE　104, 463
MMSE-ICA　471
moment generating function　44
multilayer perceptron (MLP)　152, 356
multipath　455
multiple access　452
multiple access interference (MAI)　456

multiuser detection　456
multivariate gaussian distribution　34, 46

natural gradient　73, 270
near-far problem　456
negentropy　125, 202, 245
neural networks　40
noise　293, 312, 323, 483
noisy ICA　318
nonlinear factor analysis　361
nonpolynomial moment　230
normal distribution　17
novel information criterion (NIC)　153

objective function　299
Oja's rule　148
optimal filter　292
order statistics　250
orthogonalization　157
overcomplete bases　331
overfitting　352
overlearning　293

■ P 〜 R

pattern recognition　426
pdf　17
performance index　89, 308
post-nonlinear mixtures　342, 345
power method　254
principal component analysis (PCA)　139
principal FA　154
projection　80, 193
projection approximation subspace tracking
　　　(PAST)　150, 151
projection pursuit　218, 313
pseudoinverse　96

quasiorthogonality　336

RAKE-ICA　471
random variable　16
random vector　18
recursive least squares (RLS)　150
robust　201
robustness　92, 304

■ S 〜 U

second-order blind identification (SOBI)　374
semi positive definite　22

semiblind   423, 459
Shalvi-Weinstein algorithm   389
skewness   41
sliding window   436
smoothing   481
spaciotemporal ICA   411
sparse prior   407
sphering   156
spin-cycling   436
spread spectrum techniques   453
spreading code   453
stationarity   48
statistical independence   29
stochastic approximation   78, 148
stochastic process   47
strict sense stationary   48
subgaussian   42, 190
super efficiency   286
superconducting quantum interference device (SQUID)   444

supergaussian   42, 190

Taylor series expansion   67
TDSEP   374
Toeplitz matrix   51
trace   67
training sequence   460
transfer function equivariant   402

unbiased   88

■ V〜Z

vector gradient   62

wavelet   429
wavelet shrinkage   436
white noise   54
whitening   155, 176
wide-sense stationary (WSS)   50
Wiener filter   106

和文索引

■ 英数字

2次
　　——学習法　71
　　——のキュムラント　52
　　——の事前分布　406
　　——暗中同定法（second-order blind identification）　374
4次暗中同定法　257

AMUSEアルゴリズム　372
ARモデル　481

EMアルゴリズム　102

FIRフィルタ　401

ICA
　　——における制約　170
　　——の曖昧性　172
　　——の基底　433
　　——の定義　169
IIRフィルタ　401

KLダイバージェンス（KL divergence）　122, 357

MAP推定量　107, 325
MA過程　55
MLP回路網　356
M推定量　304

PCA　139
　　——による前処理　292
　　——を用いて圧縮　140

z変換　401

■ あ

赤池の情報量規準（Akaike's information criterion）　146
圧縮（compression）　144, 426
当てはめすぎ（overfitting）　352
アルゴリズム　299
　　——の選択　297
アンサンブル学習　356

一様分布　42
一致推定量（consistent estimate）　89
一般化
　　——ガウス族　43
　　——最小2乗推定　98
イノベーション過程　291
因子（factor）
　　——回転　155, 293
　　——分析　153
インパルス応答　402
インフォマックス　236

ウィーナフィルタ（Wiener filter）法　106
ウェーブレット（wavelet）　429
　　——縮小（—— shrinkage）　436
　　——母関数　429

エッジワース展開（Edgeworth expansion）　126
エルゴード性（ergodicity）　52
エロー＝ジュタンのアルゴリズム　264
遠近問題（near-far problem）　456
エントロピー（entropy）　116, 244

オヤの学習則（Oja's rule）　148
音声信号の分離　483
オンライン
　　——学習　76
　　——学習によるPCA　147
　　——型　87

■ か

ガウス
　——＝ニュートン法　72
　——＝マルコフ推定量　98
　——分布　17
過学習 (overlearning)　293
過完備 (overcomplete)
　——基底 (—— bases)　331
　——な画像基底　338
拡散符号 (spreading code)　453
学習係数 (learning rate)　68
カクテルパーティ問題　165, 391, 483
確率 (probability)
　——過程 (stochastic process)　47
　——的近似 (stochastic approximation)　78, 148
　——的勾配降下　75
　——的最急勾配法　148
　——分布　17
　——ベクトル (random vector)　18
　——変数 (random variable)　16
　——密度関数　17
荷重相関行列　257
画像の雑音除去　434
ガボール (Gabor)
　——解析　427
　——関数　427
　——フィルタ　427
カルーネン＝レーベ展開 (Karhunen-Loeve expansion)　159
カルバック＝ライブラー (Kullback-Leibler)
　——の損失関数　359
　——のダイバージェンス (—— divergence)　122, 357
頑健 (robust)　201
　——性 (robustness)　92, 304
慣性項　462
観測誤差　95

記号間干渉 (intersymbol interference)　456
擬似逆行列 (pseudoinverse)　96
期待値　21
　——最大化 (expectation-maximization)　102
機能的磁気共鳴画像 (functional MRI)　442, 451
逆行列 (inverse matrix)　66

逆伝搬学習則 (back propagation learning)　152
逆フィルタ　402
球面化 (sphering)　156
キュムラント (cumulant)
　——生成関数 (—— generating function)　44
　——テンソル (—— tensor)　251
強定常 (strict sense stationary)　48
共分散 (covariance)　23
　——行列　23, 51
共役 (conjugate)
　——勾配法 (—— gradient)　72
　——事前分布 (—— prior)　409
行列 (matrix)
　——型勾配 (—— gradients)　64
　——式　65
局所的自己相関　377
曲線の当てはめ　96
近似的同時対角化 (joint approximate diagonalization)　256, 258
金融への応用　478
グラム (Gram)
　——＝シャルリエ展開 (—— Charlier expansion)　126
　——＝シュミットの直交化法 (—— Schmidt orthogonalization)　158
クラメル＝ラオ (Cramer-Rao)
　——の下界　101
　——の不等式　91
クロスキュムラント (cross-cumulant)　45, 378
訓練系列 (training sequence)　460
結合 (joint)
　——（確率）密度関数 (—— probability density function)　20, 29, 33, 48
　——分布関数 (—— distribution function)　19
　——モーメント　23
高域通過フィルタ　290
光学的イメージング　451
広義定常 (wide-sense stationary)　50
高次の統計量　39
高速不動点アルゴリズム　197
勾配 (gradient)　62
　——アルゴリズム　231, 308

——降下法（—— descent） 68
誤差
　　——規準（error criterion） 89
　　——逆伝搬 110
ゴダードのアルゴリズム 387
コホーネンの自己組織写像（Kohonen's self-organizing map） 347
コルモゴロフの複雑度 382, 461

■ さ

再帰的最小2乗（recursive least squares）
　　——アルゴリズム 309
　　——法 150
最小（minimum）
　　——2乗規準（—— square criterion） 95
　　——2乗推定法 95
　　——位相（—— phase） 386
　　——位相フィルタ 403
　　——記述長規準（—— description length criterion） 146
　　——平均2乗誤差 272
　　——平均2乗誤差推定 104, 463
最大
　　——エントロピー 123
　　——事後確率推定量（maximum a posteriori estimator） 107, 325
最適
　　——フィルタ（optimal filter） 292
　　——理論 62
最尤推定（maximum likelihood estimator） 99
　　——のアルゴリズム 230
最良線形不偏推定量（best linear unbiased estimator） 98
雑音（noise） 293, 312, 323, 483
　　——除去 426, 432
　　——のある ICA（noisy ICA） 318
　　——部分空間 145

ジェフリーの事前分布（Jeffrey's prior） 406
時間
　　——的構造 370
　　——フィルタ 288
　　——平均 52
磁気共鳴画像法（magnetic resonance imaging） 442
時空間
　　—— ICA（spaciotemporal ICA） 411
　　——統計量 393

時系列予測 481
自己
　　——回帰移動平均（autoregressive moving average） 55
　　——回帰過程（autoregressive process） 55
　　——回帰モデル 481
　　——共分散（autocovariance） 371
　　——共分散関数 49
　　——相関関数（autocorrelation function） 48
　　——想起型の学習 152
事後密度（a posteriori density） 34, 103
自然勾配（natural gradient） 73, 270
　　——アルゴリズム 231
　　——最尤推定法 308
事前（確率）密度（a priori density） 34, 87, 103
実験による ICA アルゴリズムの比較 307
射影（projection） 80, 193
　　——行列 462
　　——近似部分空間追跡アルゴリズム（—— approximation subspace tracking） 150, 151
　　——追跡（—— pursuit） 218, 313
シャルビ＝ワインスタインのアルゴリズム（Shalvi-Weinstein algorithm） 389
主因子分析（principal FA） 154
周期定常的（cyclostationary） 400
修正 GTM 法 351
周波数分割多重アクセス方式（frequency division multiple access） 452
周辺分布（marginal distribution） 20
主曲線の方法 273
縮小（shrinkage）
　　——関数 326
　　——推定 326
主成分分析（principal component analysis） 139
　　——による前処理 292
　　——を用いて x を圧縮 140
順序統計量（order statistics） 250
準直交性（quasiorthogonality） 336
条件つき密度（conditional density） 31
神経
　　——細胞 443
　　——生理学 440
信号

──空間　145
──源雑音　319
新情報量規準 (novel information criterion)
　　　153
推定 (estimate)
　　──関数 (── function)　267
　　──誤差　88
　　──値　86
　　──理論　85
スパース (sparse)
　　──性の尺度　408
　　──な事前分布 (── prior)　407
　　──符号化　431
　　──符号縮小　329, 434
スピン周回 (spin-cycling)　436
スペクトル
　　──拡散技術 (spread spectrum
　　　　techniques)　453
　　──密度　53
滑る窓 (sliding window)　436

正規分布 (normal distribution)　17
生成的トポグラフィック写像 (generative
　　　topographic mapping)　350
性能指標 (performance index)　89, 308
制約条件 (constraint)
　　──つき最適化　79
　　──なし最適化　68
半暗中 (semiblind)　423, 459
　　──分離法　468
漸近 (asymptotically)
　　──的安定不動点 (── stable fixed point)
　　　　78
　　──的 (共) 分散　302, 303
　　──不偏 (── unbiased)　89
線形
　　──最小 2 乗法　95
　　──収束　70
　　──のフィルタ　106
センサ雑音　319
尖度 (kurtosis)　41

相関行列 (correlation matrix)　22, 51
相互
　　──共分散関数　49
　　──共分散行列　24
　　──情報量　121, 245, 247
　　──相関関数　49

　　──相関行列　24
相対的勾配　72

■ た

対称的直交化　158, 215
対数尤度関数　99
多次元 ICA　413
多重
　　──アクセス (multiple access)　452
　　──アクセス干渉 (multiple access
　　　　interference)　456
　　──伝搬路 (multipath)　455
多層パーセプトロン (multilayer perceptron)
　　　152, 356
畳み込み (convolution)
　　── CDMA 混合　466
　　──混合　391
　　──混合に対してフーリエ変換　396
　　──混合の ICA　385
　　──混合のための自然勾配型アルゴリズム
　　　　395
　　──信号分離　385
多チャネル暗中逆畳み込み　385
多入力多出力システムの暗中同定　385
多変量 (multivariate)
　　──ガウス分布 (── gaussian
　　　　distribution)　34, 46
　　──正規分布　34
　　──データ　1
　　──分布関数　18
　　──密度関数　18
多ユーザ検出 (multiuser detection)　456
短時間フーリエ変換　397
チェビシェフ＝エルミート多項式
　　　(Chebyshev-Hermite polynomials)
　　　126
逐次的直交化 (deflationary orthogonalization)
　　　215
チコツキ＝ウンベハウエンのアルゴリズム
　　　(Chichocki-Unbehauen algorithm)
　　　266
チップ系列 (chip sequence)　453
中心
　　──化 (centering)　172
　　──極限定理 (central limit theorem)
　　　　37, 184
　　──モーメント (central moment)　40

和文索引　531

超効率性 (super efficiency)　286
超電導量子干渉素子 (SQUID)　444
直交化 (orthogonalization)　157

通信技術　452

低域通過フィルタ　289
定常性 (stationarity)　48
テイラー級数展開 (Taylor series expansion)　67
テプリッツ行列 (Toeplitz matrix)　51
伝送路推定　461
テンソル
　——の固有行列　252
　——分解　254
伝達関数 (transfer function)　402

統計的独立性 (statistical independence)　29
等分散適応的分離 (EASI)　270, 309
特性関数 (characteristic function)　44
特徴抽出 (feature extraction)　426
独立部分空間　438
　——分析　414
トポグラフィック ICA　438

■ な

二重指数分布　42
ニュートン法　72
ニューラルネットワーク (neural networks)　40
ニューロン　40

ネゲントロピー (negentropy)　125, 202, 245
　——（エントロピー）の近似　203
　——を用いた高速不動点アルゴリズム　208
　——を用いた勾配法　205

脳
　——機能の可視化　442
　——磁図 (magnetoencephalogram)　442
　——波 (electroencephalogram)　167, 442

■ は

白色　27, 156
　——化 (whitening)　155, 176
　——化による前処理　193
　——化フィルタ　387
　——雑音 (white noise)　54
パターン認識 (pattern recognition)　426
バッチ (batch)
　——学習法　75
　——型　87
パラメータ　85
　——ベクトル　86
パワースペクトル　53
半正定値 (positive semidefinite)　22
半パラメトリック推定　227

非ガウス性　184
非線形
　——因子分析 (nonlinear factor analysis)　361
　——活性化関数型混合 (post-nonlinear mixtures)　342, 345
　——再帰的最小 2 乗学習則　283
　——最小 2 乗法　98
　——主成分分析　272, 273
　——相関　262
　——独立成分分析　341
　——部分空間則　278
　——暗中信号源分離 (ブラインド)　341
　——平滑化　483
　——無相関化　261
非多項式モーメント (nonpolynomial moment)　230
微分エントロピー (differential entropy)　119, 244
標本モーメント　93

フィードバック構造　467
フィッシャーの情報行列 (Fischer information matrix)　91
フーリエ変換　402
復元画像　144
複雑度最小化　460
複素
　——信号に対する不動点アルゴリズム　422
　——数値 ICA　471
　——数値データ　418
符号 (code)
　——化 (coding)　116
　——長 (—— length)　118
　——分割多重アクセス (—— division multiple access)　452

ブスガング (Bussgang)
　　──損失関数　277
　　──法　387
不動点アルゴリズム (fixed point algorithm)
　　233, 308
部分空間アルゴリズム　149
不偏 (unbiased)　88
暗中 (blind)
　　──逆畳み込み (── deconvolution)
　　　385
　　──信号源分離 (── signal separation)
　　　4
　　──等化 (── equalization)　385
フレーム法 (method of frames)　436
フロップ数 (flops)　308
分散 (variance)
　　──関数　49
　　──の非定常性　376

平滑化 (smoothing)　481
平均 (average)
　　──2乗誤差　89
　　──ベクトル　22
ベイズ
　　──推定法 (Bayesian estimation)　103
　　──の法則　31, 34
べき乗法 (power method)　254
ベクトル型勾配 (vector gradient)　62
ヘッセ行列 (Hessian matrix)　63
ヘッブ項　148
ベル＝セイノフスキーのアルゴリズム
　　　(Bell-Sejnowski algorithm)　231
偏差　88

ポリスペクトル　390

■ ま

前処理　288
マッチフィルタ (matched filter)　459, 469
窓　427
マルカート＝レーベンベルグ法　72

無相関　26
　　──化 (decorrelation)　148, 176
モーメント　20
　　──生成関数 (moment generating
　　　function)　44
　　──法　92
目的関数 (objective function)　299
モデルの次元　144, 296

■ や

ヤコビ行列 (Jacobian matrix)　39, 63
優ガウス的 (supergaussian)　42, 190
有効
　　──推定量 (efficient estimate)　91
　　──性 (efficiency)　91
尤度 (likelihood)　226, 247
　　──関数 (── function)　99
　　──方程式　99

余因子行列 (cofactor matrix)　66

■ ら

ラグランジュの未定乗数法 (Lagrange method)
　　80
ラプラス分布 (Laplace distribution)　42, 190
離散
　　──時刻信号 (discrete time signal)　401
　　──時刻フィルタ　401
　　──値独立成分　286, 325
累積分布関数 (cumulative distribution
　　　function)　16
劣ガウス的 (subgaussian)　42, 190

■ わ

歪度 (skewness)　41

【訳者紹介】

根本　幾（ねもと・いく）

学　歴	東京大学大学院工学系研究科博士課程修了（1976年）
	工学博士（1976年）
職　歴	東京電機大学工学部講師（1976年）
現　在	東京電機大学情報環境学部教授（2002年）

川勝真喜（かわかつ・まさき）

学　歴	東京電機大学大学院工学研究科博士課程修了（1997年）
	博士（工学）（1997年）
職　歴	東京電機大学工学部助手（1997年）
	東京電機大学情報環境学部講師（2002年）
現　在	東京電機大学情報環境学部准教授（2011年）

詳解　独立成分分析　信号解析の新しい世界

2005年 2月10日　第1版1刷発行　　　　ISBN 978-4-501-53860-6 C3004
2013年 1月20日　第1版5刷発行

著　者　Aapo Hyvärinen（アーポ・ヒバリネン）・Juha Karhunen（ユハ・カルーネン）・
　　　　Erkki Oja（エルキ・オヤ）
訳　者　根本　幾・川勝真喜
　　　　ⓒ Nemoto Iku, Kawakatsu Masaki　2005

発行所　学校法人　東京電機大学　〒120-8551　東京都足立区千住旭町5番
　　　　東京電機大学出版局　　　〒101-0047　東京都千代田区内神田1-14-8
　　　　　　　　　　　　　　　　Tel. 03-5280-3433（営業）03-5280-3422（編集）
　　　　　　　　　　　　　　　　Fax. 03-5280-3563　振替口座00160-5-71715
　　　　　　　　　　　　　　　　http://www.tdupress.jp/

[JCOPY]　＜(社)出版者著作権管理機構　委託出版物＞
本書の全部または一部を無断で複写複製（コピーおよび電子化を含む）することは，著作権法上での例外を除いて禁じられています。本書からの複写を希望される場合は，そのつど事前に，(社)出版者著作権管理機構の許諾を得てください。
また，本書を代行業者等の第三者に依頼してスキャンやデジタル化をすることはたとえ個人や家庭内での利用であっても，いっさい認められておりません。
［連絡先］Tel. 03-3513-6969, Fax. 03-3513-6979, E-mail: info@jcopy.or.jp

制作：㈱グラベルロード　　印刷：新灯印刷㈱　　製本：渡辺製本㈱
装丁：鎌田正志
落丁・乱丁本はお取り替えいたします。　　　　　　　　　Printed in Japan

東京電機大学出版局 出版物ご案内

入門 独立成分分析
村田 昇 著
A5 判 258 頁
多変量データ解析の新手法として注目の独立成分分析について，その枠組み，基準，アルゴリズムなどを系統立てて解説．音声分離やスパースコーディングなど応用例も網羅．

MATLAB による
ディジタル信号とシステム
足立修一 著
A5 判 274 頁
ディジタル信号とシステムの基礎となる理論的側面について解説．線形システムの表現，離散時間フーリエ変換等から，サンプリング，ディジタルフィルタなど応用例まで解説．

ビギナーズ
デジタル信号処理
中村尚五 著
A5 判 192 頁
信号を時間の世界で処理することを中心に，デジタル信号処理の基本概念から実用レベルまでをていねいに解説した入門書．

ユーザーズ
ディジタル信号処理
江原義郎 著
AB 判 208 頁
特別な基礎知識を前提としない，ディジタル信号処理の入門書．図や実例を用いてわかりやすく解説．初学者や信号処理システムユーザ，エンジニア向けの入門書．

数理科学セミナー
ウェーブレット入門
チャールズ K. チュウイ 著／桜井明・新井勉 訳
A5 判 306 頁
物理の基礎研究から信号処理，情報等の工学的応用まで，幅広い分野で活用されるウェーブレット解析の基礎知識を解説．

数理科学セミナー
ウェーブレット応用
信号解析のための数学的手法
チャールズ K. チュウイ 著／桜井明・新井勉 訳
A5 判 248 頁
時間周波数の局所化，多重解像度解析，正規直交ウェーブレット，双直交ウェーブレット，高速アルゴリズムなど，応用例を豊富に詳解．

数理科学セミナー
ウェーヴレットビギナーズガイド
榊原 進 著
A5 判 242 頁　CD-ROM 付
信号処理やデータ解析エンジニアなど，応用を目的とした技術者・研究者のためのウェーヴレット入門書．

カラー画像処理とデバイス
ディジタル・データ循環の実現
画像処理学会 編／小松尚久・川村尚登 監修
A5 判 354 頁
複合的ネットワーク型システムにおける，画像の一貫性と高品質確保のための，画像・信号処理技術と最新ハードウェア状況を解説．

画像処理工学
村上伸一 著
A5 判 194 頁
初学者を対象に，画像処理とはどのような技術を含み，どのように利用されているかを解説した入門書．

画像処理応用システム
(株)精密工業会画像応用技術専門委員会 編
A5 判 272 頁
計測・検査からはじまり，重要な基礎技術として各分野に広く応用される画像処理技術を解説．

定価，図書目録のお問い合わせ・ご要望は小局までお願いいたします．http://www.tdupress.jp/